Heinrich Walter

Bekenntnisse eines Ökologen

W0060892

Bekenntnisse eines Ökologen

Erlebtes in acht Jahrzehnten und auf Forschungsreisen
in allen Erdteilen mit Schlußfolgerungen

Heinrich Walter

o. Professor em., Universität Hohenheim in Stuttgart

6., durchgesehene Auflage

Mit 12 Abbildungen auf Tafeln, 2 Textabbildungen und 7 Kartenskizzen

Gustav Fischer Verlag · Stuttgart · New York
1989

Die Abbildung auf dem vorderen Umschlag zeigt eine durch Erdbeben und Vulkanismus geprägte Landschaft in Süd-Chile: Urwald an den Hängen, vorne Bambuseen – Gebüsch und im Hintergrund der rauchende Vulkan Villarica als stete Warnung – Sinnbild unserer heutigen Lage.

Foto: E. Walter

CIP-Titelaufnahme der Deutschen Bibliothek

Walter, Heinrich:
Bekenntnisse eines Ökologen: Erlebtes in acht Jahrzehnten
u. auf Forschungsreisen in allen Erdteilen mit Schlußfolgerungen/
Heinrich Walter. – 6., durchges. Aufl. – Stuttgart; New York:
Fischer, 1989. –
ISBN 3-437-30605-7

© Gustav Fischer Verlag · Stuttgart · New York · 1989
Wollgrasweg 49, D-7000 Stuttgart 70 (Hohenheim)
Alle Rechte vorbehalten
Satz: Bauer & Bökeler Filmsatz GmbH, Denkendorf
Druck und Einband: Wilhelm Röck GmbH, Weinsberg
Printed in Germany
ISBN 3-437-30605-7

Jubiläumsausgabe
zum
90. Geburtstag
des Autors
am 21. Oktober 1988

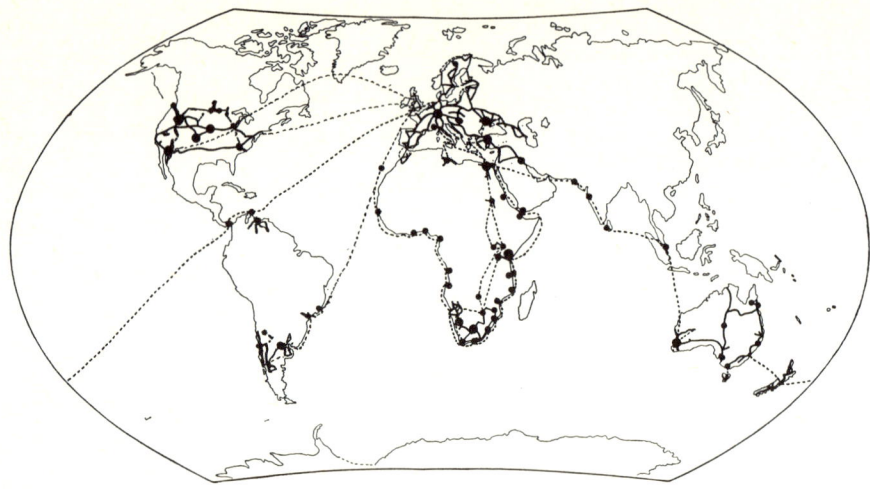

Die vom Verf. bereisten Gebiete: Punktiert mit Schiff oder Flugzeug, ausgezogene Linie mit Auto oder Bahn. Große Punkte: Untersuchungen an Hochschulinstituten oder Versuchsstationen. Für den sibirisch-zentralasiatischen Raum wurde die russischsprachige Literatur ausgewertet.

Vorwort zur 6. Auflage

Das Laboratorium des Ökologen
ist Gottes Natur
und sein Arbeitsfeld
die ganze Welt!

Das Vorwort zur ersten Auflage dieser «Bekenntnisse» schrieb ich am 21.10.1980, meinem 82. Geburtstag. Jetzt an meinem 90. Geburtstag ist bereits nach 8 Jahren die 6. Auflage fällig, fast 69 Jahre nach meiner Promotion in Jena am 13.12.1919. Einer gütigen Vorsehung verdanke ich, daß meine Jugendträume – der Entschluß, die Ursachen der so großen Verschiedenheit der Pflanzendecke auf allen Kontinenten zu erforschen – in Erfüllung gingen. Ich hatte bereits mit 14 Jahren die Pflanzendecke mit den nördlichen Nadelwäldern und riesigen Mooren am Finnischen Meerbusen über die Laubwälder und die Waldsteppe bis zur trockenen Steppe bei Odessa am Schwarzen Meer und südlicher die Mittelmeervegetation von Westanatolien und Griechenland bis zu der extremen Wüste südlich von Kairo in Ägypten gesehen. Fast ohne mein Zutun, aber zusammen mit meiner lieben Frau und unermüdlichen Mitarbeitern konnten wir unsere ökologischen Forschungen auf alle Kontinente mit Ausnahme der Antarktis ausdehnen.

Und das geschah, obgleich ich in die turbulentesten Ereignisse der Geschichte (in Rußland: 1. Weltkrieg und die Revolution; in Deutschland: Nachkriegs- und Nazizeit, 2. Weltkrieg und Kriegsgefangenschaft) hineingerissen wurde.

Der Mensch ist das Werkzeug der transzendenten Macht Gottes, wenn er sich ihr ganz anvertraut. Das verleiht ihm Sicherheit, befreit ihn von der Angst um die Zukunft und läßt ihn auch schwere Leiden ertragen. Ein als tödlich gemeldeter Autounfall im 72. Lebensjahr wurde zu einer Art Wiedergeburt und machte das achte und neunte Lebensjahrzehnt zu den wissenschaftlich produktivsten. Denn fast jedes Jahr erschien ein größeres zusammenfassendes Werk.

Streng naturwissenschaftliche Arbeitsweise und tiefe Religiosität sind durchaus vereinbar. Der naturwissenschaftliche Materialismus, verbunden mit Atheismus, kann nicht die Grundlage für die Weltanschauung eines Menschen bilden. Denn er berücksichtigt nur eine Seite der Wirklichkeit – die meßbare. Es handelt sich um eine Forschungsmethode, die zu den rasanten Fortschritten der Technik führte. Sie berücksichtigt jedoch nicht die für die Weltanschauung eines jeden Menschen viel wichtigere religiöse und ethische Wirklichkeit seines Innenlebens. Das muß die nach dem eigentlichen Sinn unseres irdischen Lebens suchende Jugend wissen. Dann wird sie diesen Sinn auch finden.

Man spricht heute viel vom Unterbewußtsein des Menschen. Man wühlt im Dunklen, sucht in die Finsternis vorzudringen, um dort die Lösung zu finden. Das ist ein Irrweg.

Was not tut, ist das Überbewußtsein, das Überrationale – den hellen göttlichen Funken, der in jedem Menschen glimmt, zu erkennen und auch zum Leuchten zu bringen, was durch ein ständiges Zwiegespräch mit dem Ewigen erreicht wird. Dann wird dieser Funken nach Vollendung des irdischen Lebens erstrahlen, um sich mit dem Ewigen Licht zu vereinen.

Der Mediziner und Psychotherapeut Balthasar Stähelin in Zürich hat in einem Vortrag gesagt, daß dem Menschen die Urglaubfähigkeit an die Zugehörigkeit zu einer transzendenten «Einheit» eigen ist, die sich nur zeitlich begrenzt als physisches, irdisches Leben manifestiert. Dieses Erlebnis erfüllt den Menschen mit einer Seligkeit, die ihm die Fähigkeit verleiht, alle Leiden auf sich zu nehmen und sie zu überwinden.

Auch uns blieben Leiden nicht erspart; mehrmals hatten wir uns mit dem bevorstehenden Tode abgefunden. Ich hatte nicht geglaubt, die russische Revolution 1917–1919 zu überleben. Dasselbe galt für uns beide im 2. Weltkrieg. Aber insgesamt verlief unser ereignisreiches Leben so, wie man es sich schöner nicht vorstellen könnte; denn Stipendien und Einladungen von ausländischen Institutionen sowie die Unterstützung einheimischer Behörden und der Forschungsgemeinschaft ermöglichten es, einen Kontinent nach dem anderen ökologisch zu erforschen. In ökologischer Hinsicht waren sie zum größten Teil noch weiße Flecken auf der Weltkarte. Und das geschah in vorwiegend noch schwach besiedelten Naturlandschaften, bevor sie durch den Menschen zerstört wurden.

Unsere Lebenserfahrungen und die daraus gezogenen Schlußfolgerungen sollen so dargestellt werden, wie sie erlebt wurden. Solche Erfahrungen prägen die Einstellung jedes Menschen zu seinen Mitmenschen und zum Leben als solchem.

In dieser als kalt und rational geltenden Zeit haben wir beide überall soviel herzliches Entgegenkommen, Unterstützung und großzügige Gastfreundschaft erfahren, daß wir uns als die Nehmenden oft beschämt fühlten. Unser Dank dafür sei hier nochmals allen ausgesprochen.

In den letzten Jahrzehnten, insbesondere nach dem 2. Weltkrieg, hat die Umweltzerstörung, der Einsatz von Großmaschinen zur Ausbeutung der Naturschätze selbst in den entlegensten Teilen der Erde und durch die Bevölkerungsexplosion in den Entwicklungsländern so gespenstische Ausmaße angenommen, daß die Existenz der nächsten Generation ebenso gefährdet erscheint, wie durch die Atomwaffen. Die immer stärkere Unruhe der Jugend ist deshalb nur zu verständlich.

Über Ökologie und Umweltzerstörung wird viel gesprochen, aber die bisherigen Maßnahmen reichen nicht einmal aus, um die weitere Zerstörung aufzuhalten. Die Katastrophen durch Fehlverhalten nehmen immer mehr zu. Eine radikale Wende der Lebensführung der Menschen ist notwendig. Die Wohlstandsgesellschaft darf nicht mehr weiter nach dem Motto leben: «Nach uns die Sintflut!».

Eine Änderung der Einstellung wird auch auf naturwissenschaftlichem Gebiet auf Grund der neuesten Erkenntnisse der Sub-Atomphysik gefordert. Es sei nur auf das Buch des Atomphysikers und Heisenberg-Schülers Fritjov Capra «Wendezeit und Bausteine eines neuen Weltbildes» verwiesen, das in vielen Auflagen und mehreren Sprachen erschienen ist.

In diesem Werk wird die heute auch bei Biologen vorherrschende mechanistisch-analytische Forschung abgelehnt und eine synthetisch-holistische Forschung gefordert, die vom Ganzen ausgeht, um die Teile zu verstehen.

Wir zitieren nur einige Sätze, die für die Biologie und Ökologie von besonderem Interesse sind:

«Es ist jetzt deutlich geworden, daß die Überbetonung der wissenschaftlichen Methode und des rationalen, analytischen Denkens zu Verhaltensweisen geführt hat, die zutiefst antiökologisch sind. Tatsächlich wird unser Verständnis des Ökosystems durch die innerste Natur des rationalen Geistes behindert.

Rationales Denken verläuft linear, während das ökologische Bewußtsein aus einer intuitiven Erkenntnis nichtlinearer Systeme entsteht.

Das Aufkommen der Newtonschen Naturwissenschaft schließlich machte die Natur zu einem mechanischen System, das manipuliert und ausgebeutet werden konnte.

Diese Kartesianische Vorstellung wurde dann auch auf die lebenden Organismen übertragen, die man als aus getrennten Teilen konstruierte Maschinen ansah.

Die moderne Physik kann den anderen Wissenschaften zeigen, daß wissenschaftliches Denken nicht zwangsläufig reduktionistisch und mechanistisch sein muß, sondern auch, daß ganzheitliche und ökologische Anschauungen ebenfalls wissenschaftlich einwandfrei sind .... Wissenschaftler brauchen nicht mehr zu zögern, ein ganzheitliches Bild zu übernehmen, wie sie es heute noch oft tun, aus Furcht unwissenschaftlich zu sein. Die moderne Physik kann ihnen zeigen, daß ein solches Weltbild nicht nur wissenschaftlich ist, sondern in Übereinstimmung steht mit den fortgeschrittensten Theorien über die physikalische Wirklichkeit.»

Die angedeutete Furcht habe ich nie gekannt, auch nicht, als ich als junger Assistent in Heidelberg, ebenso wie einige andere befreundete Fachgenossen vor 65 Jahren mit dem Rucksack und einigen Meßgeräten ins Gelände ging, um ökologische Probleme zu klären.

Unsere Arbeiten wurden von der damals herrschenden Zunft belächtelt und als unexakt und deshalb unwissenschaftlich kritisiert. Wie sehr sich die Zeiten geändert haben, ersah ich am 16. September 1982, als die Deutsche Botanische Gesellschaft auf ihrer 100-jährigen Jubiläumsfeier in Freiburg mich als Vertreter der ökologischen Forschungsrichtung zu ihrem Ehrenmitglied ernannte.

Das zeigte, daß die Ökologie sich durchgesetzt hat und sich auszuwirken beginnt, wenn auch die Wende zu einer neuen Lebenseinstellung sich nur sehr langsam anbahnt.

Unser «Haus im Grünen» (Luftaufnahme von Süden).

Meine persönliche Aufgabe am Lebensabend kann nun darin bestehen, diese Entwicklung durch eigene wissenschaftliche Arbeiten, so lange die Kräfte reichen, nach Möglichkeit zu fördern. Dazu braucht man Ruhe, die jetzt im neunten Lebensjahrzehnt in unserem kleinen «Heim im Grünen» gewährleistet ist.

Von meinem Schreibtisch schweift der Blick nach Süden über die Versuchsfelder der Universität und das Schloß Hohenheim sowie die weite Filderebene, bis zu dem Nordabfall der Schwäbischen Alb, über der im Winter die Sonne aufgeht und im Sommer sich die Gewitter entladen, nach denen sich oft ein Regenbogen spannt. Aber in Gedanken ist man noch viel ferner, jeweils in dem Teil der Erde, über den man gerade seine ökologischen Erfahrungen verfaßt. Dabei werden Erinnerungen wach an die herrlichen Landschaften und die verschiedenen Erlebnisse, so wach, als ob sie erst am Vortage stattgefunden hätten. Doch die Hauptarbeit ist getan!

Von dem abschließenden, die Forschung von sechs Jahrzehnten zusammenfassenden Werk «Die Ökologie der Erde (Geo-Biosphäre)» sind 3 Bände bereits erschienen und der letzte, vierte Band ist bald druckfertig. Dieses Werk wird zugleich ins Englische übersetzt und soll auch in Russisch erscheinen. Kurz zusammengefaßt erschien es bereits als UTB 14 (5. Aufl. 1984, 382 Seiten) unter dem Titel: «Vegetation und Klimazonen» und wurde in 6 andere Sprachen übersetzt.

Die mitteleuropäischen Verhältnisse werden in der «Allgemeinen Geobotanik» (UTB 287) behandelt, von der die 3. Auflage erschien.

Der Förderung der globalen ökologischen Forschung dient weiterhin das von uns 1968 an meinem 70. Geburtstage gegründete «A.-F.-W.-Schimper-Stipendium für ökologische Forschung in außereuropäischen Gebieten». Als Ruhepunkt für die Ausarbeitung von deren Ergebnissen haben wir unser Haus (Foto) bestimmt, das mit unserer Privatbibliothek und den über 10 000 Farbfotos meiner Frau von unseren Reisen, in den Besitz der Universität Hohenheim übergehen wird.

Diamantene Hochzeit 1984

Zu Weihnachten 1984 feierten wir unsere Diamantene Hochzeit (Foto). Als Gratulanten kamen auch der Präsident der Universität Hohenheim (links) und der Vertreter der Landeshauptstadt Stuttgart. Im Hintergrund sind unsere «geistigen Kinder» – die Veröffentlichungen mit den vielen Auflagen und den Übersetzungen in andere Sprachen (vgl. Seite 346–348).

Am Weihnachtsabend 1985 erhielt ich überraschend meine Ernennung zum Ehrenmitglied der «Ecological Society of America». Die Begründung lautete: «The category of Honorary Member was recently established to acknowledge the outstanding achievements of foreign ecologists and to call the attention of American ecologists to the advancements made by their colleagues in other nations.»

Nicht weniger überraschend war die außergewöhnliche positive Besprechung dieser «Bekenntnisse» und die sehr ausführliche Würdigung meiner Forschung durch den führenden Geobotaniker an der Universität Moskau, Prof. T. A. Rabotnow, im «Botanitscheski Journal», Band 69, Seite 984–987, 1984 (in Russisch).

Das war ganz unerwartet, denn nach dem Kriege stand ich in der UdSSR wegen meiner Tätigkeit im besetzten Gebiet (vgl. Seiten 122–150) auf der «Schwarzen Liste» – mein Name durfte nicht genannt werden. Als ich auf dem ersten Internationalen Botaniker-Kongreß nach dem Kriege in Stockholm (1950) das Wort zu meinem Vortrag ergriff, verließ die russische Delegation unter Sukatschews Führung geschlossen den Hörsaal. Aber in den Jahren 1968–1975 erhielt ich vom Verlag «Progress» aus Moskau 3 Bände der russischen Übersetzung meiner «Vegetation der Erde» und zwar als Luxusausgabe mit vielen farbigen Abbildungen. Des Rätsels Lösung erfuhr ich erst vor kurzem. Ein Schüler von Sukatschew schrieb mir, dieser hätte in seinen letzten Lebensjahren ihm gesagt, er hätte ein schlechtes Gewissen, denn er hätte Walter in Stockholm beleidigt. Da er nicht nur ein anerkannter Forscher war, sondern auch gute Beziehungen zu den Parteispitzen besaß, setzte er es durch, daß der Bann aufgehoben und eine Übersetzung meines Werkes in Moskau gedruckt wurde. Seitdem sind die Beziehungen zu den russischen Fachkollegen besonders freundschaftlich.

Solange die Kräfte noch reichen, wird die wissenschaftliche Arbeit fortgesetzt. Aber das Haus ist bestellt und unser Soll, wie ich hoffe, erfüllt.

Gottvertrauen ist der Schlüssel zur Lösung unserer Probleme und befreit uns von allen Ängsten und Sorgen. Das bedeutet aber auch:

«Nicht mein Wille, sondern Dein Wille geschehe.»
Gottes Wege sind für uns oft unergründlich.

Heinrich Walter

Inhaltsverzeichnis

Der Vater, Dr. med. Otto Walter (geb. am 22. 02. 1862 in Jewe, Estland; gest. am 28. 11. 1917 in Odessa) als Militärarzt im Ersten Weltkrieg (zu S. 10).

Die Mutter, Clara Walter, geb. Stromberg (geb. am 8. 11. 1866 in Narva, Estland; gest. am 30. 11. 1956 in Stuttgart-Hohenheim) nach dem Zweiten Weltkrieg (zu S. 209).

Die Schwester Trudl (Gertrud) 1892 – 1979 und der Bruder Max (Maximilian) 1894 – 1918 (zu S. 3).

Abb. 1. Die Eltern und die beiden älteren Geschwister des Verfassers.

Geheimer Rat Professor Dr. Ernst Stahl.   Geheimer Rat Professor Dr. W. Biedermann.

Abb. 2. Die Lehrer des Verfassers 1919 an der Universität in Jena (zu S. 43).

Abb. 3. Professor Dr. Ludwig Jost, bei dem der Verfasser als Assistent und Privatdozent am Botanischen Institut der Universität Heidelberg von 1920 – 1932 tätig war (zu S. 50).

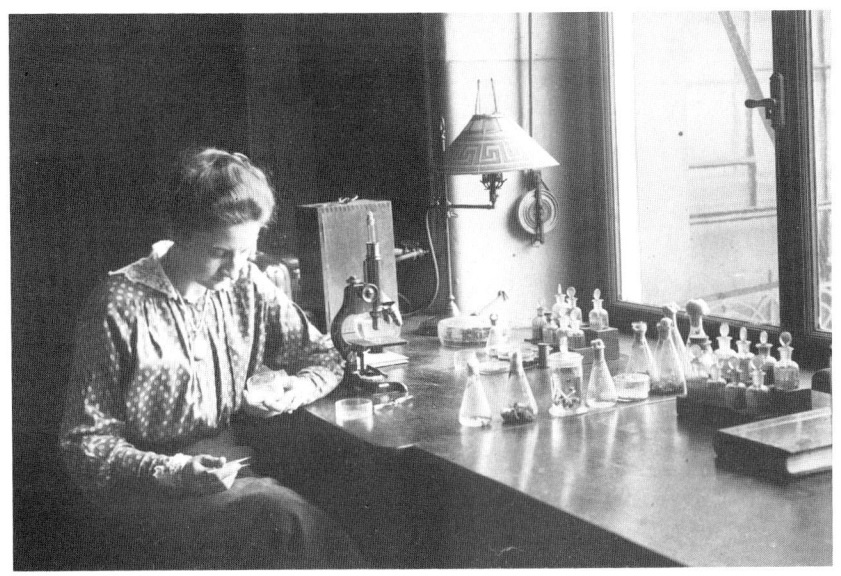

Abb. 4. Erna Schenck, Doktorandin von Professor Klebs in Heidelberg, 1918 mit ihren Pilzkulturen (zu S. 50).

Abb. 5. Der Verfasser als Junger Assistent am Botanischen Institut der Universität Heidelberg (zu S. 51).

Abb. 6. H. und E. Walter bei einer Mittagspause im Ostafrikanischen Graben im Januar 1935 während der ersten Forschungsreise in die Tropen (zu S. 97).

Abb. 7. Der Verfasser als Direktor des Botanischen Instituts und Gartens in Stuttgart nach der Rückkehr aus Afrika die Ergebnisse zusammenfassend (zu S. 101).

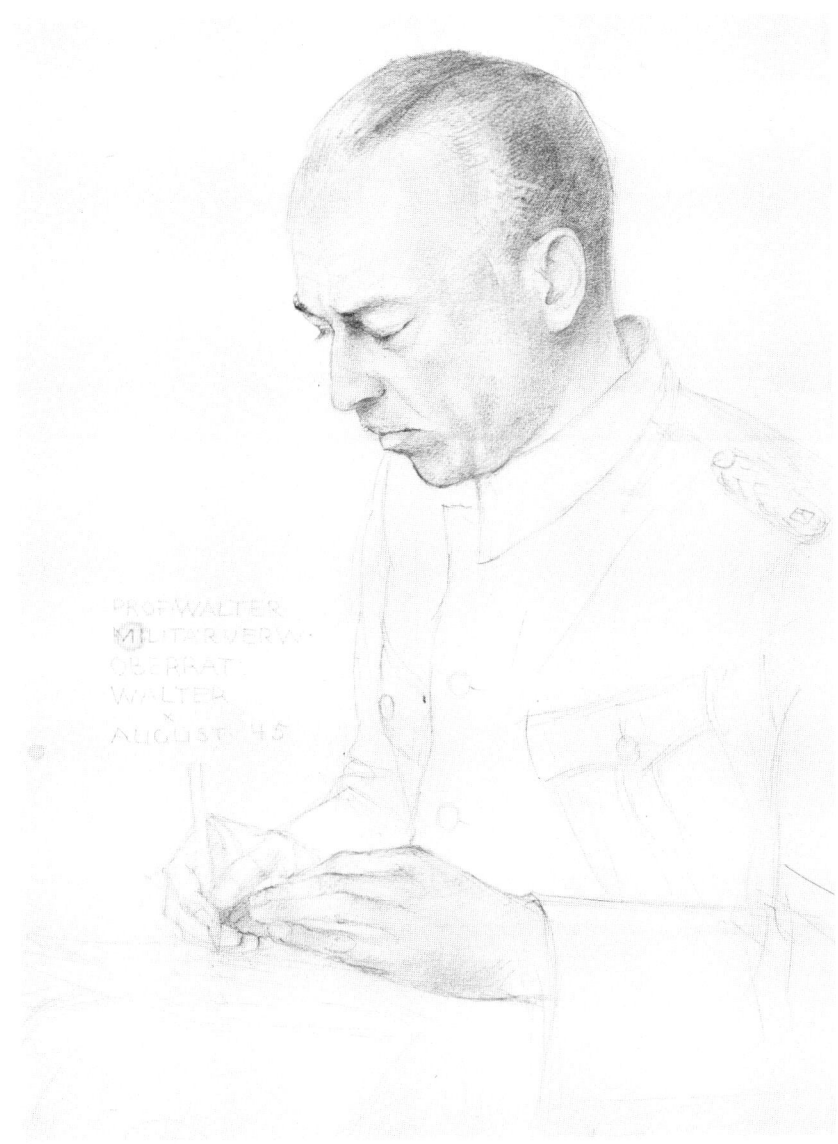

Abb. 8. Der Verfasser als Kriegsgefangener und Rektor der Lageruniversität St. Avold in Lothringen an seinen «Grundlagen des Pflanzenlebens» (Phytologie, Bd. I) schreibend (nach einer Radierung des Lagerkameraden Sonntag vom Gut Holzhausen, Kreis Höxter) (zu S. 174).

Abb. 9. Der Verfasser als Direktor des Botanischen Instituts und Gartens in Hohenheim.

Abb. 10. Die Frau und Mitarbeiterin des Verfassers, Dr. Erna Walter, in Hohenheim.

Abb. 11. H. und E. Walter am 17. 01. 1968 in den Venezuelanischen Anden in 4765 m Höhe (dahinter der Pico Bolivar, 5007 m ü. M.) am «Höhepunkt» ihres Lebens (zu S. 309).

Abb. 12. Überreichung der Ehrendoktor-Urkunde an den Verfasser im großen Festsaal der Wiener Hofburg am 17. 10. 1972 (zu S. 326).

Gibt es heute noch Wunder?

Von Wundern zu sprechen, scheint in unserer naturwissenschaftlich geprägten Welt für einen Naturwissenschaftler müßig zu sein. Molekularbiologie und Biochemie haben ja die Grundlagen des Lebens auf physikalisch-chemischer Basis aufgeklärt. Wo bleibt da noch Platz für Wunder? Und doch breitet sich in weiten Kreisen immer mehr Skepsis gegenüber den weltanschaulichen Aussagen der biologischen Wissenschaft aus. Können die Spezialisten, die das Leben nur aus ihren Laboratorien und in Retorten verarbeitet kennen, überhaupt das wahre Leben auf unserer Erde in seiner ganzen wunderbaren Mannigfaltigkeit sowie natürlichen Harmonie begreifen? Ist nicht das Ergebnis ihrer Arbeit nur ein Schema, nachdem durch Zufall und Selektion alles von selbst aus dem Nichts durch einen «Urknall» entstand?

Ich denke bei dem Wort «Wunder» an eine Schilderung von Maxim Gorki in seinem «Nachtasyl». Er erzählt da, wie abends vor dem Eingang des Asyls die Außenseiter der bürgerlichen Gesellschaft sitzen und darüber sprechen, ob es Gott gäbe oder nicht. Sie stritten lange miteinander, aber kamen zu keinem Schluß. Da wandte sich einer an einen armen Mönch, der still unter ihnen saß und sagte: «Du Bruder, Mann Gottes, du mußt es doch wissen, gibt es einen Gott oder gibt es ihn nicht»? Der Mönch lächelte und antwortete: «Wenn du an Gott glaubst, dann gibt es ihn, wenn du jedoch nicht an ihn glaubst, dann gibt es ihn nicht». Da dachten alle still nach, nur einer sagte: «So also ist es». Und sie gingen schweigend ins Haus, um sich schlafen zu legen.

Was bedeuten die Worte des Mönchs? Gott ist das Ewige Innerliche Licht. Für die innerlich Sehenden ist seine Existenz eine Tatsache, an der man nicht zweifeln kann, aber für die innerlich Blinden ist er nur eine leere Behauptung der anderen. Und es gibt heute viele solcher Blinden und noch mehr solche, die die Augen verschließen, weil sie das Licht nicht sehen wollen. Denn es könnte ihre Lebensgewohnheiten stören. Aber die Existenz dieses Lichtes wird dadurch nicht berührt. Ähnlich verhält es sich mit den Wundern. Wer an Wunder nicht glaubt, der kann sie nicht sehen. Ein moderner Mensch glaubt, er dürfe es sich nicht leisten, von Wundern zu sprechen. Er gebraucht das Wort «Zufall». Damit läßt sich alles erklären, nur nicht der Zufall selbst. Es gibt glückliche Zufälle und es gibt unglückliche. Aber sie halten sich nicht immer die Waage; denn es gibt Pechvögel und Sonntagskinder.

Ein Zufall ist ein Ereignis, das man nicht exakt als Glied einer Kausalkette erfassen kann. In meinem Leben waren solche «Zufälle» immer wieder von entscheidender Bedeutung. Sie und nicht meine Zukunftspläne haben meinen ganzen Lebensweg bestimmt, der im Rückblick wie nach einem vorher entworfenen Plan verlief. Die entscheidenden Wendepunkte wurden immer durch unerwartete Ereignisse oder Begegnungen bestimmt. Kritische Situationen wurden plötzlich gelöst. Auch verdanke ich nur solchen «Zufällen», die ich als «Wunder» empfinde, daß ich in der turbulentesten Zeit meiner Jugend, während der russischen Revolution, am Leben blieb. Mit dieser Revolution begann ein neues Kapitel in der Geschichte der Menschheit, das noch lange nicht abgeschlossen ist. Diese Zeit soll so geschildert werden, wie ich sie erlebte. Solche Wunder in weniger dramatischer Form haben auch weiterhin meinen Lebensweg bestimmt und mir Forschungen in allen Erdteilen ermöglicht. Alles das soll in schlichten Worten mehr in Form einer Plauderei unter Freunden oder im kleinen Kreis meiner Schüler erzählt werden. Rückschlüsse daraus mag jeder selbst ziehen, für mich persönlich sind sie eindeutig. Als wissenschaftlich arbeitender Ökologe fühle ich mich doch nur als Werkzeug einer Höheren Macht, die meinen Lebensweg und meine Arbeit bestimmt hat. Doch soll hier rückblickend auf acht Jahrzehnte weniger der rational denkende Forscher als vielmehr seine innere Einstellung zu Worte kommen. Es ist der Göttliche Funke im Menschen, der seinem Leben Sinn sowie ihm selbst Ruhe, Geborgenheit sowie innere Fröhlichkeit gibt und ihn unabhängig von der Meinung der anderen macht.

Mein Lebenswerk ist zugleich auch das meiner Frau Dr. Erna Walter, geb. Schenck. Ohne diese stete Begleiterin und unermüdliche Mitarbeiterin hätte ich die vielen Forschungsreisen und ihre Auswertung nicht durchführen können. Auch das ist eine glückliche Fügung, daß wir uns vor über 60 Jahren, gleich zu Beginn meiner akademischen Laufbahn, trafen.

Aber auch in dieser Auflage wollen wir nicht nur unseren Lebenslauf schildern, der bei jedem Menschen seine Besonderheiten aufweist, sondern es sollen im Teil B (Seite 330 ff.) die Schlußfolgerungen genannt werden, zu denen man im Hinblick auf die der Menschheit drohenden Gefahren kommen muß, wenn man als Ökologe die rasch fortschreitende Zerstörung des Lebensraumes auf der ganzen Erde im Laufe von 6 Jahrzehnten beobachtet.

Lokale Gegenmaßnahmen genügen heute nicht mehr, vielmehr handelt es sich um Probleme in globalem Ausmaße. Auf diese soll im zweiten Teil, wenn auch nur kurz, eingegangen werden: Es handelt sich um 2 Probleme:
1. Die Bevölkerungsexplosion in den Entwicklungsländern, und
2. die technische Explosion in den Industrieländern.

A. Lebenserfahrungen

Teil I

Jugendzeit in Rußland

1. Die «gute alte Zeit»

Meine Eltern waren Deutsche aus den Baltischen Provinzen und zwar aus Narva (Estland) und als solche russische Staatsangehörige.

Von den Vorfahren meines Vaters stammte ein Walter aus Köln. Er wanderte vor den napoleonischen Kriegen ins Baltikum aus. Ein anderer Vorfahr Zeibich war Gärtner in Dresden und überreichte Friedrich dem Großen bei einem Besuch in Sachsen einen Blumenstrauß, erhielt dafür einen goldenen Dukaten, aus dem später ein Siegelring gemacht wurde. Meine Großmutter mütterlicherseits, eine geborene Julie Lipp, stammte aus Stuttgart; sie war Lehrerin bei einer Familie aus Rußland, die in Bad Cannstatt zur Kur weilte und ging mit dieser nach Petersburg, wo sie meinen Großvater Stromberg heiratete. Der war Leiter eines großen Sägewerks in Narva, das Bauholz nach England exportierte. Dessen Vater stammte aus dem Rheinland, ging als junger Kaufmann nach England, wurde von seiner Firma als Vertreter nach Petersburg geschickt und heiratete eine Schottin aus dem Klan der Turnbulls, deren Wappen einen großen, schwarzen Stierkopf zeigt. Als ein schottischer König bei einer Besichtigung von einem wütenden Stier angegriffen wurde, sprang ein Mann aus der Gefolgschaft vor, packte den Stier im letzten Augenblick bei den Hörnern und warf ihn auf den Rükken. Für diese rettende Tat wurde er geadelt und Begründer des Klans Turnbull.

Mein Vater, Otto Walter, studierte an der damals noch deutschen Universität Dorpat in Livland Medizin, war dann einige Jahre Arzt an den Großfürstlichen Erzgruben im Ural (Eisen, Malachit, Gold), fand es dort jedoch zu einsam, bildete sich als Facharzt für Augenheilkunde in Königsberg aus und zog mit seiner jungen Frau Clara, geb. Stromberg nach Odessa ans Schwarze Meer. Er war dort zuerst als Oberarzt, später als Leiter am Augenhospital tätig, das im ganzen Süden Rußlands bis zum Don die an Trachom, der durch Fliegen verbreiteten «Ägyptischen Augenkrankheit», Leidenden zu betreuen hatte, um deren Erblindung zu verhüten.

In Odessa wurde ich am 21. 10. 1898 als drittes Kind meiner Eltern geboren. Meine Schwester war sechs Jahre, mein Bruder vier Jahre älter als ich (Abb. 1).

Die ersten 15 Jahre meines Lebens verliefen ruhig, in geordneten Bahnen.

Die Sommer in Odessa waren sehr heiß. Meine Mutter als Nordländerin vertrug sie schlecht. Deshalb schickte mein Vater sie in den Sommerferien mit uns Kindern zu den Verwandten nach Norden auf das Land oder an den Strand des finnischen Meerbusens. Denn die Schulferien waren lang, während der ganzen heißen Zeit vom 15. Mai bis 1. September. Odessa liegt etwa auf dem Breitengrade von Genua, Estland auf dem von Stockholm. Diese Strecke von über 1.500 km legten wir jährlich mit dem Schnellzug in 1 ½ Tagen zurück. Das Reisen war sehr bequem, es gab nur Liegeplätze zu viert in einem Abteil. Die russische Spurweite ist breiter als die deutsche und die

Wagen sind viel geräumiger. Man richtete sich wie in einem Hotel ein, hatte einen riesigen Proviantkorb mit lauter leckeren Dingen. Mit einem großen metallenen Kochtopf holte man kochendes Wasser aus einem gewaltigen Samowar in den Speisesälen der Bahnhöfe, ganz umsonst, und brühte sich im Wagen seinen eigenen Tee auf. Diese Mahlzeiten waren immer ein Vergnügen. Der Zug hielt nur wenige Male am Tag an Knotenpunkten mit großen Bahnhöfen. Zuerst raste er durch die trockene Steppenzone, die leicht hügelig und völlig baumlos war. Die Natursteppe gab es längs der Eisenbahn nicht. Es waren endlose Getreidefelder, meist Weizen, oder beweidete Brachäcker. Dazwischen lagen sehr vereinzelt die ukrainischen Dörfer, in Obstgärten versteckt, um einen großen Teich mit Silberpappeln. Nach einigen Stunden fanden sich in den tiefen Schluchten Eichen als Gestrüpp ein. Noch weiter nach Norden waren es schon Bäume und bald war man in der Eichenwaldzone mit Waldparzellen, Feldern sowie Wiesen, alle mosaikartig verteilt.

Schließlich wurde das Pripjat-Becken erreicht. Das ganze Land stand im Frühjahr unter Wasser. Die Flüsse waren über die Ufer getreten. Oft ragte nur der Eisenbahndamm aus dem Wasser hervor. Die Verbindung zwischen den Dörfern wurde mit Booten aufrechterhalten.

Dann folgte ein ausgedehntes Dünengebiet eines Urstromtales. Die Dünen waren mit Kiefern bewachsen, aber es waren auch nackte Wanderdünen dazwischen. Bald stellten sich die ersten Fichten ein. Um Wilna war die Landschaft stark hügelig mit einem eingeschnittenen, malerischen Flußtal. Noch wechselten Laubwälder mit Fichtenwäldern. Am nächsten Morgen zeigte die Landschaft jedoch schon ganz nordischen Charakter – nur Fichtenwälder und weite, weite Moorflächen. Die Eindrücke waren jedes Jahr wieder neu und prägten sich tief ein.

Besonders schön waren die Sommer bei meinem Onkel im Landpastorat, das einsam mit Kirche und Friedhof unweit vom Peipussee lag. Ringsherum waren nur estnische Bauernhöfe, einzeln in der Landschaft verstreut. Ein großes russisches Fischerdorf war vier Kilometer entfernt.

Zum Pastorat gehörte ein landwirtschaftlicher Betrieb und für die Kinder war ein Esel mit Wagen vorhanden. Mit diesem konnten wir herumfahren und häufig Wasserkringel beim Bäcker im Dorf holen, die sogenannten «Bubliki». Einen Esel hatte in dieser Gegend noch niemand gesehen. Das ganze Dorf lief zusammen und umringte uns. «Von vorne sieht es wie ein Pferd aus, aber der Schwanz gleicht dem einer Kuh, was ist das für ein wundersames Tier?» So hörte man die Leute fragen. Besondere Angst hatten vor dem Esel die Bauernpferde. Wenn wir langsam mit dem Eselkarren auf der Landstraße fuhren und es kam uns ein Bauer mit seinem Gefährt entgegen, bäumte sich das Pferd auf, um im nächsten Augenblick samt dem Wagen in die Felder durchzugehen. «Kurrat», (estnisch: zum Teufel) hörte man den Bauern schimpfen, aber er konnte nichts machen.

In Odessa besuchte ich die St. Pauli Realschule der deutschen Gemeinde, jedoch mit russischer Unterrichtssprache. Zu Hause wurde nur deutsch gesprochen. So wuchsen wir völlig zweisprachig auf. Aber Deutsch war die Muttersprache und in unseren Bücherschränken standen fast nur deutsche Bücher, natürlich auch die deutschen Klassiker. Man fühlte sich als Vertreter des Deutschtums, was ein vorbildliches Verhalten in der russischen Umgebung als unbedingt erforderlich erscheinen ließ. Viele Deutsche nahmen leitende Stellungen bei den Behörden, in akademischen Berufen, aber auch in der Geschäftswelt ein.

Als russische Staatsangehörige fühlten wir uns dem russichen Reich gegenüber verpflichtet, unsere Kräfte zur Entwicklung dieses weiten, fast unendlich großen Landes, auf das ein Sechstel der gesamten Erdoberfläche entfällt, zur Verfügung zu stellen. Es war noch so viel zu dessen Entwicklung zu machen. Eine lohnende Aufgabe!

Das gesellschaftliche Leben spielte sich mehr in deutschen Kreisen ab, der Verkehr war sehr ungezwungen. Doch war das Verhältnis zu den Russen, z. B. auch zu den russischen Mitschülern ein sehr gutes. Nur selten wurde in den Zeitungen von den extrem Rechten Panslawisten gegen den Einfluß der Deutschen in Rußland gehetzt. Man nahm es nicht ernst.

Zweimal waren wir im Sommer in Deutschland: Einmal im Isergebirge am Fuße der Tafelfichte und ein anderes Mal in der Seenlandschaft von Mecklenburg bei Neukloster. Die Ordnung in Deutschland imponierte uns anfangs sehr, ebenso die Pünktlichkeit der Züge und die festen Preise. Aber bald fühlte man sich beengt. Überall waren Wege, die man einhalten mußte, dazu die vielen Verbotstafeln mit Strafandrohungen; selbst auf dem Lande und im Walde konnte man sich nicht frei bewegen. Auch die Sommerfrische in Gastwirtschaften mit so vielen Menschen zusammen behagte uns wenig. Doch war das alles nach der Rückkehr bald wieder vergessen und Deutschland blieb das Idealland; aber in Rußland wollte man lieber leben.

In der Schule wurde man mit der russischen Literatur vertraut und wir schätzten sie sehr, wenn auch die psychologisch so eingehend geschilderten Charaktere uns fremd erschienen.

Das Lernen fiel mir leicht. Alle Fächer interessierten mich und mit den Hausaufgaben war man bald fertig. In Rußland war die beste Note die «5», die «2» war ungenügend, die «1» unter aller Kritik. Meine Zeugnisse waren gut, neben den 5ern selten eine 4. Mein Vater war zufrieden, aber er lobte nicht. Er fand, daß, wenn man begabt ist und gut lernt, man nur seine Pflicht tut; anderenfalls wäre man zu tadeln. Neben der Schule erwachte früh das Interesse für die Natur. Die so verschiedene Pflanzenwelt in der Steppe um Odessa und andererseits im Norden war zu auffallend. Ich fing an zu botanisieren und legte mir ein Herbar an. Die deutschen Naturkunde-Anleitungen für die Jugend, die wir zum Geburtstag bekamen, waren eine gute Hilfe. Auch der Lehrer für Naturkunde gab mir immer gern Ratschläge. Vergeblich suchte ich um Odessa und im Norden den Besenginster mit seinem interessanten Bestäubungsmechanismus, der im Kosmosbändchen so anschaulich beschrieben war. Erst 1919 beim Studium in Jena begriff ich, daß dieser Ginster ein atlantisches Element ist und im Osten überhaupt nicht vorkommt.

Auch ein großes Aquarium wurde angelegt. In den Quellen und Tümpeln am steilen Küstenabfall zum Schwarzen Meer gab es nicht nur Frösche und Kaulquappen, sondern auch Molche, Stichlinge und viele Wasserinsekten.

Ich bekam ein Mikroskop und untersuchte die Algen und Infusorien, aber auch die Gewebe der Höheren Pflanzen. Mein Patenonkel, der Chemiker werden wollte, aber den kaufmännischen Beruf ergreifen mußte, schenkte mir deutsche Jugendbücher als Einführung in die Chemie und zu Weihnachten eine kleine Laboratoriumseinrichtung.

Wir hatten damals noch Petroleumlampen und ich fand es unrationell, daß so viel Wärme oben aus dem Glaszylinder entwich. Deswegen befestigte ich darüber einen Kolben mit Wasser und einen Kühler. Während ich die Schulaufgaben machte, konnte ich gleichzeitig destilliertes Wasser herstellen und mein Laboratorium wie auch die Privatpraxis meines Vaters damit versorgen. Ich war sehr stolz auf diese Erfindung.

Als ich einmal Bromwasser in meinem Zimmer, in dem ich auch schlief, herstellte, zog ich mir eine Vergiftung der Lunge zu. Dazu kam eine Erkältung und es folgte eine schwere Rippenfellentzündung. Als diese vorbei war, wurde mir Luftveränderung empfohlen. Mein Vater nahm Urlaub und zugleich eine Stelle für eine Rundfahrt als

Schiffsarzt auf einem russischen Passagierdampfer an, der von Odessa über Konstantinopel (heute Istanbul), Smirna (heute Ismir) und Piräus (den Hafen von Athen) nach Alexandria fuhr und dann nach einer Woche dieselbe Strecke wieder zurück. Mich konnte er in seiner Kabine mitnehmen. Ich war begeistert, aber ich sollte noch mehr Glück haben.

Es war das Jahr 1912 und der türkisch-italienische Krieg war ausgebrochen. Die Dardanellen und die Bucht von Smirna waren vermint. Nur am Tage konnte man die Minenfelder passieren. Ein Lotse fuhr voraus und der Dampfer ganz langsam in seinem Fahrwasser den gewundenen freien, nicht verminten Weg hinterher. Einmal kam der Dampfer in einer scharfen Kurve nicht herum. Er stoppte, hisste vorne ein Segel und der Wind vollzog die Wendung.

Die Landausflüge waren für einen 14jährigen Jungen höchst interessant und bildend. Die Akropolis, damals noch ohne jeglichen Touristenverkehr, imponierte mir besonders. Die Geschichte der Hellenen hatte ich schon in der Schule durchgenommen. Mein Vater und ich verbrachten einen halben Tag ganz alleine dort oben.

Von Alexandria konnte man für 5 Tage nach Kairo fahren. Die Pyramiden mit der Sphinx kamen mir so bekannt vor; zu häufig hatte man sie auf Bildern gesehen. Aber ihre Größe war gewaltig. Auf die Cheopspyramide durfte ich leider nicht. Ich sollte mich ja erholen.

Auf der Rückfahrt waren wir gerade durch das Minenfeld in die Bucht von Smirna eingefahren, da kam uns der Agent von der Schiffslinie aufgeregt entgegengefahren und berichtete, die Italiener hätten die Dardanellen mit der Flotte angegriffen, die Türken hätten deshalb zusätzlich Schwimminen ins Wasser geworfen, wodurch die Durchfahrt für längere Zeit versperrt sei. Das veranlaßte Rußland, ein 24stündiges Ultimatum zu stellen und die sofortige Räumung der Dardanellen von Minen zu verlangen. Es konnte jeden Augenblick ein Krieg ausbrechen, wir mußten den türkischen Hafen sofort, noch vor Sonnenuntergang, verlassen, um im Kriegsfalle nicht beschlagnahmt zu werden. Die Sonne stand tief am Horizont. Es ging wieder zurück durch das Minenfeld nach Piräus. Dort wurde die weitere politische Entwicklung abgewartet. Dadurch hatten wir Zeit, Athen und die Umgebung genauer anzusehen. Die Passagiere verließen das Schiff und fuhren mit der Bahn zurück. Mein Vater als Schiffsarzt mußte bleiben, somit auch ich.

Nach 2 Wochen hatte sich das Verhältnis zwischen Rußland und der Türkei beruhigt. Die Hafengebühren in Piräus waren sehr hoch. Der Dampfer wurde nach Smirna zurückbeordert, wo er in der Bucht vor Anker liegen blieb, um die Räumung der Minen in den Dardanellen abzuwarten.

Ich hatte mich mit dem zweiten Offizier angefreundet, dessen Kabine voll mit Terrarien war. Er fing Schlangen, Eidechsen und Schildkröten. Wir segelten an Land und machten weite Beutestreifzüge. Ich fand diese Verzögerung der Heimreise herrlich.

Unser Dampfer hatte in Alexandrien Frühgemüse für Odessa geladen. Die Verdecke waren voller hoch gestapelter Lattenkisten mit Tomaten, Kohl und Zwiebeln, gut vertäut. Im Laufe der Zeit fing das Gemüse in der prallen Sonne an zu faulen. Es stank fürchterlich. Man konnte sich an Deck nur auf der dem Winde zugewandten Seite aufhalten. Die Ladung durfte jedoch in Athen nicht gelöscht werden, denn der Kapitän war verpflichtet, das Gut in Odessa abzuliefern.

Nach weiteren zwei Wochen hieß es, die Dardanellen würden bald wieder befahrbar sein. Wir dampften dorthin ab. Vor den Dardanellen ankerten bereits etwa 200 Dampfer der verschiedensten Nationen und Größen, die alle in das Schwarze Meer wollten. Sie wurden gruppenweise durch die Minen geschleust. Wir kamen nicht gleich dran und mußten 3 Tage direkt vor den Hügeln von Troja warten. Mit dem zweiten Offizier kreuzte ich im Segelboot herum. Als wir zurück wollten, fanden wir in dem Gewirr von Schiffen unser eigenes nicht. Plötzlich kam uns ein furchtbarer Gestank entgegen. Jetzt wußten wir, daß wir gegen den Wind zu fahren hatten.

In Odessa wurde das ganze Gemüse auf einen Frachtkahn geladen, aufs offene Meer gefahren und über Bord geworfen. Das hätte man billiger haben können. Aber Vorschrift ist Vorschrift.

Ich hatte lange Zeit die Schule versäumt, wurde aber trotzdem versetzt. So hatte ich nun alle Vegetationszonen von der Wüste über die Pflanzenwelt des Mittelmeeres bis in den Norden kennengelernt und das weckte mein Interesse. Ich wollte Forschungsreisender werden, war jedoch kränklich und nervös. Ich sollte nicht turnen und nicht kalt baden. Im Geheimen beschloß ich das zu ändern, alles zu meiden, was der Gesundheit schadet, nicht zu rauchen, keinen Alkohol zu trinken und durch Training Körper und Willen zu stärken. Ich unternahm lange Wanderungen durch die Steppenlandschaft selbst in der größten Mittagshitze, kam halb verdurstet nach Hause, stellte ein Glas Wasser auf den Tisch, legte die Uhr daneben und befahl mir, fünf Minuten mit dem Trinken zu warten. Die Zeit schien ewig lang und die Versuchung war groß, aber ich hielt durch. Bald merkte ich, daß die Selbsterziehung Erfolg hatte. Dem Prinzip, nicht zu rauchen und keinen Alkohol zu trinken, blieb ich mein ganzes Leben lang treu. Alles Zureden oder Hänseleien in Gesellschaften ließen mich kalt, selbst wenn man mich als «wassersüchtig» bezeichnete. Ich habe es nie bereut. Es hat mir auch sonst geholfen, meinen Standpunkt, wenn es notwendig war, gegen die Mehrheit zu verfechten.

2. Der Weltkrieg bricht 1914 aus

So kam das Jahr 1914. Der zweite Balkankrieg hatte ein Ende gefunden, ohne daß er sich ausgeweitet hatte. Da schreckte das Attentat von Sarajewo erneut ganz Europa auf, aber man hoffte auf eine Beilegung der Krise zwischen Österreich und Serbien. Mein Onkel, der älteste Bruder meines Vaters, der Propst auf der großen Ostseeinsel Ösel war, lud mich zu den Sommerferien zu sich aufs Pastorat auf dem Lande bei Jamma ein. Er hatte einen Sohn, der fast gleichaltrig mit mir war. Ösel kannte ich noch nicht und freute mich sehr, etwas Neues kennen zu lernen. Es war meine erste Reise allein in den Norden, doch sorgten Bekannte dafür, daß ich in Riga auf den Dampfer nach Arensburg auf Ösel kam. Dort wurde ich abgeholt und es ging mit der Pferdepost etwa 40 km nach Jamma. Auf ganz Ösel gab es keine Eisenbahn. Das Pastorat mit dem Garten und den Ländereien lag mit der Kirche nur einen Kilometer vom Ostseestrande entfernt auf der schmalen Landzunge Sworbe. Ich verstand mich mit meinem Vetter sehr gut und fühlte mich in der Familie wohl. Mein Onkel war durchaus nicht puritanisch eingestellt, sondern dem praktischen Leben gegenüber offen.

Es wurde von ihm erzählt, daß er einmal nach einer Beerdigung zu Fuß im Talar und mit der großen Bibel in der Hand bedächtig nach Hause schritt. Als er an seinem Gemüsegarten vorbei kam, sah er, daß seine Schweine eingedrungen waren und in den Beeten herumwühlten. So wie er war, lief er hinein und jagte sie mit der schweren Bibel hinaus. Eine durchaus ungewöhnliche Verwendung der Heiligen Schrift. Wir badeten im Meer, wanderten viel; Ösel erwies sich als ein Paradies für Pilze; ich sammelte und bestimmte sie. Ich hatte auch vor, mich auf das Latinum als Externer vorzubereiten; denn dieses wurde von einem Realschüler für die Universitätsreife verlangt und es stand fest, daß ich Naturwissenschaften studieren würde. An der Realschule legte man das Abitur 1 Jahr früher ab als am Gymnasium. Ich hatte Privatstunden in Latein genommen und konnte beim gleichzeitigen Ablegen der Prüfung in Latein 1 Schuljahr gewinnen und schon mit 17 Jahren mit dem Studium beginnen.

Von Politik hörte man nicht viel. Alles war in Jamma so friedlich und still. Der Sommer war sehr sonnig und trocken. Auf dem Festland brachen infolgedessen riesige Waldbrände aus. Durch die hoch aufgestiegenen Rauchwolken war selbst auf Ösel die Sonne verdunkelt und stand als rote Kugel am Himmel. Noch ein weiteres Ereignis machte den Sommer bemerkenswert. Im Juli trat Sonnenfinsternis ein und in Arensburg war sie 3 Minuten total – etwas, was man nicht so leicht erlebt. Wir fuhren am Tage vorher dorthin. Die Fahrt mit einem Pferdewagen, die bei einmaligem Wechsel der Pferde etwa 6 Stunden dauerte, war einzig schön. Man konnte so richtig die Landschaft genießen, den Wald und die Wiesen, vor allem die malerischen Laubwiesen, die der Weide und zugleich der Holznutzung dienten. Es waren gruppenweise zerstreut stehende Birken und Grauerlen mit Gebüsch aus Hasel, Weißdorn und Heckenrosen – wie ein schöner Park. Birken lieferten das beste Brennholz, die weiße Borke brennt schon im frischen Zustand – man braucht zum Anheizen weder Papier noch Anmachholz. Man hörte auf der Fahrt das muntere Trappeln der Pferde, die Zurufe des Kutschers und einzelne Peitschenhiebe. Ich saß am liebsten auf dem erhöhten Bock neben dem Kutscher und ergriff auch zwischendurch die Zügel.

Die Sonnenfinsternis verfolgten wir, ausgerüstet mit berußten Glasplatten, um in die Sonne schauen zu können. Das Vorrücken des Mondschattens verfolgten wir mit dem Fernrohr.

Mitten am Tage breitete sich ein fahles Licht aus, die Hunde wurden unruhig, die Hühner zogen sich in ihren Stall zurück und die Hähne fingen an zu krähen. Es wurde immer dunkler, direkt unheimlich.

Plötzlich sah man einen Schatten wie ein schwarzes Tuch über das Meer und das Land rasch herankommen. Im nächsten Augenblick war die Sonne schwarz und nur die Korona bildete einen unregelmäßigen leuchtend roten Ring um sie. Die 3 Minuten schienen endlos. Da brach der erste Sonnenstrahl durch und der schwarze Schatten entfernte sich rasch. Es wurde immer heller. Die Tiere wurden wieder munter und bald war es wieder ein normaler Tag. Die Leute munkelten: «Das ist ein schlimmes Omen. Wir gehen furchtbaren Zeiten entgegen». Wie recht sollten sie diesmal behalten!

Als wir das nächste Mal nach Arensburg kamen, wurden wir nichtsahnend durch die Nachricht erschreckt – Deutschland habe Rußland den Krieg erklärt, die Einfahrt zum Rigaer Meerbusen sei vermint, die deutsche Flotte hätte sich in der Nähe gezeigt, jegliche Verbindung mit dem Festland wäre unterbrochen. Alle Leuchtfeuer auf der Insel wurden gelöscht, die Fischer durften nicht mehr zum Fischen ausfahren, jegliche Nachrichtenvermittlung an den Feind sollte verhindert werden.

Mir schien das alles furchtbar interessant, aber mein Onkel sagte sorgenvoll: «Junge, Junge, du weißt nicht, wieviel Not, Elend und Tod ein Krieg bedeutet.»

Er sollte den Krieg nicht überleben. Als der Siegesmarsch der russischen Armee nach Berlin ausblieb, witterte man überall Spione. Besonders verdächtigt wurden im Baltikum die lutherischen Geistlichen. Gegen meinen Onkel wurde Anzeige erstattet, er würde nachts vom Kirchturm aus Lichtzeichen an die deutsche Flotte blinken. Dieser Unsinn genügte, um ihn zu verhaften und wie einen Schwerverbrecher ins Gefängnis in die Peterpaulsfestung nach Petersburg zu bringen. Nach wochenlanger Einzelhaft wurde er, bereits erkrankt, in das Transwolgagebiet verbannt, wo er bald verstarb. Auch sein jüngster Bruder, Pastor in Reval, mußte «nach § so und so» binnen 24 Stunden in die Verbannung nach Sibirien, wo er sich aber frei in der Stadt Irkutsk bewegen konnte und Nachhilfestunden in Latein und Griechisch gab. Als er dort den bewußten Paragraphen nachschlug, um den Grund seiner Verbannung zu erfahren, stand dort «Zerschneiden von Telegraphendrähten in Kriegszeiten».

Wie sollte ich nun nach Kriegsausbruch nach Hause kommen? Die Post kam nicht. Meine Mutter und Geschwister waren im Sommer in Estland gewesen. Für sie war die Fahrt nach Odessa einfacher; sie waren wohl schon dort.

Nach einiger Zeit wurde eine Motorbootverbindung an der engsten Stelle zwischen Ösel und dem Festland hergestellt. Ich sollte eine 80jährige Verwandte hinüberbringen. Mit Pferden fuhren wir zur Abfahrtstelle, dann mit dem Motorboot hinüber, erreichten eine Kleinbahn und mit dieser die Hauptstrecke. Ich lieferte die Verwandte ab und fuhr direkt nach Petersburg weiter.

Dort wimmelte es auf dem Bahnhof von Militärs und Zivilisten: Ich erfuhr, daß die meisten den Umweg über Moskau nach Odessa wählten, weil die direkte Strecke bei Wilna fast die Front berührte. An diesem Abend ging jedoch der Schnellzug über Wilna nach Odessa noch ab; ob er durchkommt, wußte niemand zu sagen. Ich hatte kein Geld für einen dreitägigen Umweg, beschloß, das Risiko auf mich zu nehmen und löste eine Fahrkarte für die direkte und mir gut bekannte Strecke.

Als ich den Zug bestieg, war ich der einzige Fahrgast im ganzen Wagen. Der Zug fuhr pünktlich ab. Ich beschloß mich bequem einzurichten, in einem Abteil zu schlafen, im anderen zu essen und im dritten zu lesen, wie in einem Apartment. Nachts wachte ich aber auf. Das Abteil war rot erleuchtet; ich schaute hinaus und sah, daß der Schnellzug durch brennenden Nadelwald raste. Die Waldbrände hatten also noch nicht aufgehört. Es war ein schaurig schönes Schauspiel, wie die feurigen Schlangen sich vorwärts fraßen, an einzelnen Bäumen plötzlich in die Höhe flammten, während andere unter Funkensprühen zusammenbrachen. Die Luft war voller Rauch und man mußte die Fenster geschlossen halten. Bekämpft wurde das Feuer auf so großen Flächen nicht, es mußte sich von selbst totlaufen, wenn es einen Moorrand erreichte oder der Wind umschlug. Der Zug war dank des Schutzstreifens zu beiden Seiten der Geleise nicht gefährdet. Lange schaute ich hinaus, schließlich legte ich mich doch wieder nieder, um zu schlafen.

Der Zug hielt, wir waren in Wilna; jetzt kam die Entscheidung! Alle Geleise waren von Militärzügen besetzt, Infanterie und Artillerie mit Geschützen auf offenen Plattformen. Auf den Bahnsteigen nur Militär. Ganz leise hörte man in der Ferne Kanonendonner. Ich wagte nicht den Wagen zu verlassen. Lange stand der Zug, dann setzte er sich in Bewegung, die Strecke war also frei.

Nach Süden zu bog die Eisenbahnlinie mehr nach Osten und entfernte sich von der Front. Das Risiko hatte sich gelohnt. Jetzt war keine Gefahr mehr.

Für die Fahrkarte hatte ich fast mein ganzes Geld ausgegeben, an Reiseproviant war nicht mehr viel übrig, und es dauerte noch über 24 Stunden bis zur Ankunft. Es fiel mir ein, daß man in den Speisesälen der großen Bahnhöfe an den Eisenbahnknotenpunkten immer fertige Suppe für 50 Kopeken bestellen konnte; das war der ukrainische «Borschtsch» – eine Kohlsuppe mit Tomaten und Kartoffeln. Die große Suppenterrine wurde vor einen gestellt, auf dem Teller bekam man ein großes Stück Siedfleisch und außerdem noch ein Kännchen mit dicker saurer Sahne und eine Schüssel mit Buchweizengrütze. Dazu standen Körbe mit Brötchen auf dem Tisch, die nicht berechnet wurden, auch wenn man 5 oder mehr aß. So bestellte ich mir morgens, mittags und abends einen Borschtsch und wurde für 1 Rubel und 50 Kopeken gut satt.

Zu Hause wurde ich wie ein verlorener Sohn mit großer Freude begrüßt. Meine Mutter und die Geschwister waren schon in den ersten Kriegstagen über Moskau gefahren in so stark überfüllten Zügen, daß die Fahrgäste durch die Fenster aussteigen

9

mußten. Dabei gingen die Scheiben in Brüche, es zog entsetzlich; drei Tage mußte man eingepfercht stehen. Sie waren völlig erschöpft und fast krank zurückgekehrt. Ich dagegen war auf meine Fahrt sehr stolz, sie stärkte mein Selbstvertrauen.

3. Die ersten Kriegsjahre

Meinen Vater traf ich zu Hause in Uniform an. Er war zum Militär als Arzt im Range eines Generals einberufen worden und wurde Chefarzt der Augenabteilung des großen Militärhospitals in Odessa (Abb. 1). Er hatte 1905 im russisch-japanischen Kriege als Militärarzt im Rang eines Obersten gedient und zwar in Sibirien. Ihm unterstanden damals die Augenabteilungen der Lazarette von Omsk, Krasnojarsk und Irkutsk am Baikalsee. Jedesmal, wenn er von Omsk nach Irkutsk fuhr oder umgekehrt, brauchte er mit dem Zuge eine Woche. Die transsibirische Eisenbahn war damals noch eingleisig und die Züge mit den Truppen und dem Nachschub zur 10.000 km von Moskau entfernten Front hatten Vorfahrt. Die anderen Züge mußten auf den Ausweichbahnhöfen warten, bis sie vorbeigefahren waren. Mein Vater schwärmte immer von Sibirien; der wolkenlose Winter bei 40° Kälte, völliger Windstille und Sonnenschein wäre nicht unangenehm, wenn man warm angezogen war mit gutem Ohren- und Nasenschutz und wenn man nicht zu tief atmete. In diesem Kriege konnte er zu Hause wohnen. Anstrengend waren die Massenuntersuchungen der Neueinberufenen auf ihre Sehtüchtigkeit. In Rußland gab es im Heer keine Brillenträger. Alle Kurzsichtigen wurden als untauglich freigestellt. Mit dem Augenspiegel konnte man die Kurzsichtigkeit feststellen, ohne daß der Betreffende die Möglichkeit hatte, eine solche zu simulieren. Mein Bruder hatte Glück. Er war Brillenträger, wurde freigestellt, konnte sein Studium abschließen und wurde gleich als Dipl. Ingenieur in Moskau beschäftigt. Ich war noch nicht ganz 16, einberufen wurden die 19jährigen, Rußland hatte Soldaten in Fülle und der Krieg konnte nicht lange dauern – so glaubte man. Odessa war sehr weit von der Front entfernt, so merkte man vom Kriege nicht viel. Der Schulunterricht (mein letztes Jahr vor dem Abitur) ging normal weiter. Denn auch die Lehrer an den Schulen wurden freigestellt. In Rußland waren Akademiker große Mangelware. Aber bald merkten wir, daß unsere Stellung als Rußlanddeutsche in einem Kriege mit Deutschland eine sehr zwiespältige war. Es war für uns keine Frage, daß wir unsere Pflichten dem russischen Reiche gegenüber voll erfüllen mußten, aber im Stillen war es für uns eine Beruhigung, daß die russische Armee an der Front nicht vorwärts kam und sogar sich bald immer weiter nach Osten zurückziehen mußte. Bei uns hing an der Wand eine Karte mit dem gesamten Frontverlauf, der mit Stecknadeln hervorgehoben wurde. Zwar meldete das Oberkommando dauernd einen siegreichen Ausgang der Kämpfe, die genannten Orte lagen jedoch immer weiter östlich. Die Folge davon war eine zunehmende Deutschenhetze in den Zeitungen. Das deutsche Heer hatte Belgien besetzt. Die russischen Zeitungen füllten sich mit Berichten über die Greueltaten der deutschen Soldaten in Belgien, die in Rußland niemand nachkontrollieren konnte. In den Schaufenstern der Zeitungsverlage wurden Fotos von schauerlich verstümmelten Kindern gezeigt mit von deutschen Soldaten abgehauenen Armen und Beinen. Es waren geschickte Fotomontagen. Die Deutschenhetze überschlug sich immer mehr und es wurden Andeutungen gemacht, die Deutschen seien ja auch in Rußland selbst in leitenden Stellungen. Wir vermieden es, in der Öffentlichkeit deutsch zu sprechen, bald wurde die deutsche Sprache offiziell verboten, auch beim Briefeschreiben. Es durften nicht mehr als 3 Deutsche zusammenkommen, sonst wurden sie unter dem Verdacht der Konspiration verhaftet. Unsere Kirchen blieben geschlossen. Den reichen, in ganz Südrußland verbreiteten deutschen Kolonisten wurde das Land weggenommen; da jedoch die deutschen Kolonisten die höchsten Erträge erzielten und kein Ersatz für sie vorhanden war, durften sie das Land noch bewirtschaften. Lebensmittel waren ja für die Kriegsführung unentbehrlich.

Andererseits schätzte man die Deutschen beim Militär sehr; sie waren pflichttreu, pünktlich und unbestechlich. Viele erhielten Kriegsauszeichnungen. Der Bruder meiner Mutter, der als Militärarzt den Rücktransport der Verwundeten über die Weichsel persönlich überwachen wollte, wurde auf der Brücke durch eine deutsche Granate getötet. Es war der erste Verlust in unserer Familie.

Die Siegesstimmung war beim Volk bald verschwunden, ebenso die Einsatzbereitschaft. Es schwirrten viele Gerüchte herum von Schiebungen bei der Versorgung des Heeres: Abgeschossene Granaten explodierten nicht; als man nachsah, waren sie mit Sand gefüllt. Kisten mit Speck wurden an die Front geschickt; sie waren plombiert, aber als man sie an der Front öffnete, war nur Salz darin. Die Etappe versuchte sich mit allen Mitteln zu bereichern. Das Geld für den Nachschub verschwand in vielen Taschen. Man hörte sogar, daß ein Zug mit Verwundeten auf ein Nebengleis geschoben wurde, um einen Militärtransport durchzulassen. Es war kalter Winter, der Zug wurde vergessen. Als man nachsah, waren die Verwundeten in dem ungeheizten Zug erfroren.

In der Schule hatte sich wenig verändert. Nur unser deutschstämmiger Direktor mußte entlassen und durch einen Russen ersetzt werden. Wenn vom Krieg gesprochen wurde, verhielten wir uns möglichst still. Aber einmal während einer Zeichenstunde fragte mich mein Nachbar direkt: «Wie ist es eigentlich, als Deutsche müßtet ihr doch für die Deutschen sein.» Es war nicht leicht, die richtige Antwort zu finden. Schließlich sagte ich, es sei in diesem Krieg natürlich für uns nicht leicht, aber meine Vorfahren und ich haben immer in Rußland gelebt und gearbeitet, hier sind wir geboren und hier war stets unser Heim. Es sei deshalb selbstverständliche Pflicht, als russische Staatsbürger auf russischer Seite zu kämpfen. Darauf erwiderte er, daß er dies nicht verstehe und auch in einer ähnlichen Lage nicht könnte. Mir wurde klar, in was für einer glücklichen Lage die Russen waren, alle sind in einem Staat vereint und bilden in keinem anderen Staat eine Minderheit. Uns konnte niemand helfen. Wir mußten sehen, wie wir mit unserer mißlichen Lage fertig wurden.

Im Frühjahr 1915 war das Abitur. Ich war in allen Fächern gut vorbereitet, eine gewisse Erregung spürt man vor den Prüfungen aber doch. Als sie angefangen hatten, war ich jedoch sehr ruhig und konnte alles genau überlegen. Die schriftlichen Prüfungen waren vorbei. Es kamen die mündlichen – eine davon in russischer Geschichte. Bei der mündlichen Prüfung mußte man einen Zettel mit verdeckter Nummer ziehen. Man sah dann im Programm nach, auf welchen Abschnitt sich die Nummer bezog, bekam 5 Minuten Zeit zum Überlegen und mußte dann über den Abschnitt ausführlich berichten. Die Lehrer hatten das Recht, noch andere zusätzliche Fragen zu stellen, taten es aber meist nur dann, wenn der Prüfling zu versagen drohte. Die Prüflinge wurden nach dem Alphabet aufgerufen. Das «W» ist der dritte Buchstabe im russischen Alphabet. Ich wäre als Siebter dran gekommen. Doch vor Beginn der Prüfung erschien plötzlich der Kreisschulinspektor, ein bekannter Deutschenfresser. Das Lehrerkollegium fragte, ob man mit der Prüfung beginnen könnte, die Prüflinge säßen bereits alle in dem großen Saal. Aber der Inspektor verlangte das Klassenjournal. Er ging die Namen der Prüflinge alle durch und rief dann mit lauter Stimme: «Walter Genrich» (russisch für Heinrich). Ich bekam einen Schrecken, er wollte also einen Deutschen fertig machen. Ich ging vor, zog einen Zettel, sah im Programm nach: Es war die Regierungs-zeit vom Zaren Paul I. Er war geistesgestört, ein Bewunderer von Friedrich dem Gro-ßen, und wurde vom Adel ermordet zugunsten seines Sohnes Alexander I. Ich wußte über alles gut Bescheid, wie es in dem Lehrbuch der russichen Geschichte stand und gab es so wieder. Der Lehrer wandte sich an den Inspektor, ob man die Prüfung been-den könne? «Nein», sagte dieser, «ich möchte noch einige Fragen stellen. Sagen Sie, Walter Genrich, der Zar Paul war doch ein etwas merkwürdiger Mensch?» «Ja», sagte ich, «wie ich berichtete, war er nicht ganz normal» – «Aber er war doch ein Romanow?» «Natürlich, er stammte aus dem Hause der Romanows.» Frage: «Kann denn ein Ro-manow ein unnormaler Mensch sein?» Das war die Falle, worauf wollte er hinaus, ich überlegte mir, was ich antworten sollte? Darauf fügte er hinzu: «Wo wurde er erzo-gen?» Aha, dachte ich, jetzt habe ich es und sagte laut: «In Gatschina von preußischen Offizieren.» – «Sehen Sie, sehen Sie, Walter Genrich, was preußische Offiziere selbst aus einem Romanow machen können.» Er stand auf, verabschiedete sich vom Lehrer-kollegium und ging hinaus. Ich bekam die beste Note 5. Alle anderen Prüfungen ver-liefen ohne Zwischenfälle. Auch das Latinum bestand ich am Gymnasium vor Leh-rern, die mich nicht kannten, allerdings nur mit der Note 3, aber das genügte, ich konn-te mich im Herbst an der Universität in Odessa immatrikulieren lassen. Diesen Som-mer blieben wir in Odessa. Ich beschäftigte mich zu Hause mit naturwissenschaftli-chen Studien.

Eines will ich noch vom letzten Schuljahr berichten. Es war an einem Herbstmorgen noch zu früh zum Aufstehen, aber ein merkwürdiges Geräusch hatte mich geweckt. Es mußte Kanonendonner sein: Abschuß – Pause – Einschlag mit Explosion. Das wiederholte sich längere Zeit. Es mußte wohl ein Übungsschießen sein. Das Donnern kam von der Seite des Meeres. Ich drehte mich um und schlief nochmal ein. Als ich in die Schule kam, war große Aufregung. Türkische Torpedoboote waren in den Hafen hereingefahren, hatten mehrere Schiffe versenkt und das Elektrizitätswerk beschos-sen. Dasselbe war auch in einigen anderen Häfen am Schwarzen Meer passiert. So be-gann der Krieg mit der Türkei ohne Kriegserklärung.

Die türkische Flotte war der Schwarzmeerflotte unterlegen. Aber beim Kriegsaus-bruch mit Deutschland wurden zwei im Mittelmeer befindliche deutsche Kreuzer «Breslau» und «Göben» vom Mutterland abgeschnitten. Sie flohen in die Türkei und wurden der türkischen Flotte unterstellt. Sie waren schneller als jedes Schiff der Schwarzmeerflotte und auch jedem einzelnen russischen Kriegsschiff an Feuerkraft überlegen. Sie benutzten diese Vorteile nach Ausbruch des Krieges mit der Türkei, um rasch einige Häfen zu überfallen und dann wieder im Bosporus zu verschwinden. Nach Odessa kamen sie nicht, weil sie zu leicht vom Kriegshafen Sewastopol auf der Krim hätten abgeschnitten werden können. Auf der Marinewerft in Nikolajew war aber ein noch stärkeres Kriegsschiff «Katharina die Große» fast fertig. Bald war es so weit und sie sollte die Probefahrt von Nikolajew nach Odessa machen. Man hatte gro-ße Angst vor Sabotage. Alle Straßen mit Ausblick auf den Hafen wurden gesperrt, nie-mand sollte das Schiff fotografieren können. Die Probefahrt verlief gut und die «Ka-tharina» dampfte nach Sewastopol, dem idealen Kriegshafen auf der Krim, ab. Es ist ei-ne ganz von Bergen umringte Bucht mit einem schmalen Eingang, den jeweils nur ein Schiff passieren konnte. Die «Katharina» lief ein, sie war gerade an der schmalsten Stelle, da ertönte eine Explosion und das Schiff versank. Nur das Oberdeck und die Masten ragten aus dem Wasser. Die Schwarzmeerflotte war wie in einer Mausefalle gefangen. «Breslau» und «Göben» liefen gleichzeitig aus dem Bosporus aus. Sie konn-ten nunmehr frei operieren. Besser konnte eine Sabotage nicht klappen.

Am 1. September begannen die Vorlesungen an der Neurussischen Universität in Odessa. Neurußland hieß das ganze südliche Gebiet, das unter Katharina der Großen von der Türkei erobert worden war. Sie und Alexander der Erste hatten die deutschen Kolonisten in das Land gerufen, um es urbar zu machen.

In Rußland dauerte ein Universitätssemester von September bis Weihnachten, das zweite von Mitte Januar bis in den Mai. Dann kamen die langen Sommerferien. Zwei Semester bildeten ein Kursjahr. Am Ende des ersten Jahres mußten 3 Prüfungen abgelegt werden, am Ende des zweiten solche in 5 Fächern, am Ende des 3. in 7 Fächern, am Ende des vierten Jahres kamen dann die Hauptprüfungen. Wer die Pflichtprüfungen nicht ablegte, konnte die Vorlesungen des nächsten Semesters nicht belegen. Die Anwesenheit der Studenten während des Semesters wurde kontrolliert. Am Eingang saß der Pförtner und bei ihm mußte man sich morgens eintragen. Ob man dann in die Vorlesung ging, blieb jedem selbst überlassen.

Ich stürzte mich mit wahrer Begeisterung auf das Studium. Die Vorlesungen waren gut. Man konnte sich nicht spezialisieren, sondern mußte sich mit allen naturwissenschaftlichen Fächern beschäftigen. Ein Biologe hatte also nicht nur zusätzlich in Chemie und in Physik eine oder mehrere Prüfungen abzulegen, sondern auch in Anatomie des Menschen, in Kristallographie mit Mineralogie und in den höheren Semestern auch noch in Geologie, Palaeontologie sowie Genetik, während die Mikrobiologie ein Zusatzfach war. Für jedes Fach wurden mehrere Prüfungen abgelegt, z. B. in Botanik getrennte für Allgemeine Botanik, Spezielle Botanik und Pflanzenphysiologie. Man konnte sehr viel lernen, wenn man wollte, aber auch sehr wenig. Bei den Prüfungen war auch das Zettelsystem mit Nummern für bestimmte Abschnitte. Viele Studenten lernten nur einen Teil der Fragen. Zogen sie die richtige Nummer, dann kamen sie durch, sonst hatten sie Pech. Sie durften aber die Prüfungen mehrmals wiederholen und einmal mußten sie ja Glück haben. Auch zogen viele das Studium hinaus und beschäftigten sich mehr mit Politik. Wenn sie die letzten Prüfungen ablegten, hatten sie den Inhalt der ersten Prüfungen schon wieder vergessen. Schließlich hatten sie alle Prüfungen abgelegt, aber das Wissen war gering. Es gab ewige Studenten, verheiratete; die Kinder gingen in die Schule, der Vater war Student, gab Nachhilfestunden und hatte keine Zeit, sich selbst vorzubereiten, die Mutter verdiente auch etwas hinzu. Die Familie kam jedoch auf keinen grünen Zweig und lebte von der Hand in den Mund. Mein privater Lateinlehrer z. B. war ein solcher Student.

Ich brachte in Botanik und Chemie gute Vorkenntnisse mit; doch erst die Vorlesungen vermittelten den richtigen Einblick in die wissenschaftlichen Grundlagen. Die meisten Vorlesungen arbeitete ich abends an Hand von Büchern noch aus. Die Lehrbücher waren meist Übersetzungen von deutschen Lehrbüchern, auf schlechtem Papier gedruckt, aber dafür billig. In der Universitätsbibliothek waren sie meist ausgeliehen, aber für die deutschen Originalwerke interessierte sich niemand. Deshalb lieh ich mir diese für dauernd aus und arbeitete sie durch. Dadurch konnte ich mich auch wissenschaftlich zweisprachig ausdrücken, was mir 1919 so sehr den Erwerb des Doktorgrades in Jena erleichterte.

Das erste Universitätsjahr 1915/16 verlief ohne Störungen durch den Krieg, obgleich die Front näher gerückt war. Rußland zwang Rumänien, Deutschland den Krieg zu erklären. Infolgedessen wurde es von deutschen Truppen besetzt. Die rumänischen Offiziere der geschlagenen Armee amüsierten sich in Odessa. Es waren richtige Salonsoldaten, die von den Russen nicht für voll genommen wurden. Aber der Krieg machte sich doch immer mehr auch in der Etappe bemerkbar, die Verluste an Menschen waren enorm hoch, die Versorgung des Heeres wurde immer schwieriger. Vieles war knapp, aber zu essen gab es im Hinterland immer noch genug. Doch wurde das

Volk kriegsmüde und sah den Sinn des Krieges nicht ein. In der Türkei waren die Russen vorwärts gekommen und hatten Trapezunt und Erserum eingenommen, aber dann fror die Front auch dort ein. Der Durchbruch der Alliierten durch die Dardanellen, um eine direkte Verbindung zum Schwarzen Meer herzustellen, war mißlungen. Der Bosporus und die Dardanellen waren von den Deutschen so stark befestigt worden, daß die lange Schlacht an den Dardanellen mit einer sehr blutigen Niederlage endete. Die gelandeten alliierten Truppen mußten zurückgezogen werden. Eine Luftwaffe gab es in diesem Kriege nicht. Die Flotte war gegen die Uferbefestigung zu schwach. Diese Schlacht hat sich tief in das Gedächtnis des einfachen türkischen Volkes eingeprägt und begründete die deutsch-türkische Waffenbrüderschaft. Als ich 1954/55 Gastprofessor in Ankara war, galt der «Aleman» (Deutsche) selbst auf dem Lande als treuer Freund und man traf viele, die an den Dardanellen mitgekämpft hatten.

Es wurden Hilfskräfte für das Heer in den Sommerferien unter den älteren Schülern und Studenten angeworben. Man konnte nicht beiseite stehen und nicht in den Ferien nichts tun.

Der militärische Wirtschaftsstab brauchte Studenten, die das für das Heer einzukaufende Heu zu begutachten hatten. Die russische Armee war ja nicht motorisiert. Die vielen Pferdegespanne beim Troß und vor allem die Pferdezugkräfte für die gesamte Artillerie mußten mit Heu versorgt werden. Die frontnahen Gebiete waren völlig ausgeplündert. Man griff auf die Reserven im Steppengebiet zurück. Diese Tätigkeit lag mir fachlich nahe und ich meldete mich, wurde in eine quasi militärische Uniform gesteckt und nach ganz kurzer Unterweisung in das Gebiet nördlich von Odessa geschickt. Dort mußte ich die großen mit Gras bedeckten Flächen nach einem bestimmten Schlüssel bonitieren und für Kaufverträge empfehlen oder nicht.

Diese Arbeit war mit weiten Fahrten verknüpft. Man übernachtete auf Gutshöfen. Da nur eine Eisenbahnstrecke durch das Gebiet von Odessa nach Norden führte, mußten alle Fahrten mit der Pferdepost unternommen werden. Einmal legte ich 145 km in einem Stück mit mehrmaligem Pferdewechsel zurück, war aber so müde, daß ich fürchtete, aus dem offenen Wagen zu fallen. Es war eine herrlich weite und offene, kaum hügelige Steppenlandschaft. Oft sah man morgens in der Ferne eine Kirchturmspitze, die allmählich sich immer mehr über den Horizont erhob, bis man nach vielen Stunden Fahrt das Kirchdorf erreichte. Es lag stets um einen von alten Silberpappeln umgebenen großen Teich, der von Gänsen und Enten bevölkert wurde. Darum herum waren die kleinen Hütten der ukrainischen Bauern mit niedrigen Aprikosen- und anderen Obstbäumen angeordnet. Die Hütten waren aus an der Luft getrockneten Lehmziegeln gebaut, mit Stroh gedeckt, sauber weiß gekalkt mit blauen Streifen um Fenster und Türen. Ein ebenso weiß getünchter Herd stand offen neben dem Eingang unter einem Baum; während der heißen Sommerzeit wurde draußen gekocht. Kleine Hütten und Schuppen dienten dem Vieh und den Hühnern als Unterschlupf. Alles sah freundlich und sauber aus. Innen waren die Fußböden mit einem Gemisch von Lehm und Mist, wie mit Beton, ausgelegt und immer sauber gefegt. Über dem Dorf thronte etwas erhöht die Kirche mit ihrer großen und den vielen kleinen Kuppeln.

Die Steppe war im Frühsommer in ihrer üppigsten Entwicklung, leider nicht mehr die ursprüngliche Federgrassteppe, sondern die kultivierte mit endlosen großen Äckern und Grünland in den leichten Senken, die im Frühjahr nach der Schneeschmelze längere Zeit unter Wasser standen. Auch die Mähwiesen waren alle schon viele Jahre genutzt worden. Gedüngt wurden sie nicht. Die dunkelschwarze Erde, die für ihre Fruchtbarkeit bekannte Steppen-Schwarzerde oder Tschernosjom, enthielt im Humus einen großen Vorrat an Pflanzennährstoffen. Ausschlaggebend für die Ernteerträge war die Schneehöhe im Winter. Von ihr war der Wasservorrat im Boden abhängig, der dem Getreide bis zur Reife zur Verfügung stand. Ein schneearmer Winter bedeutete eine schlechte Ernte. Die Sommerniederschläge allein reichten nicht aus.

Auf den Mähwiesen war das beste Gras eine wilde Quecke, als «Pyrej» bezeichnet, die eine Höhe von einem Meter erreichte. Je stärker dieses Gras vertreten war, einen desto größeren Wert hatte das Heu. Besonders eindrucksvoll sind die Steppenläufer: Verschiedene Gewächse mit kugeligen Fruchtständen von $\frac{1}{2}$–1 m Höhe brechen im trockenen Zustand bei Wind leicht unten ab und werden über die Steppe gerollt. Oft verhaken sie sich und bilden Ballen von mehreren Metern, die von dem immer starken Wind in großen Sprüngen fortbewegt werden. Dabei fallen die Samen aus den Fruchtkapseln nacheinander heraus, was die weite Verbreitung dieser Arten fördert.

Aus weiter Ferne kommen sie, huschen für einen Augenblick an einem vorbei und verschwinden wieder – ein Gleichnis für die Begegnung mit so vielen Menschen im Leben!

Diese langen Fahrten bei frischem sonnigen Wetter und mit dem weiten, weiten Blick ringsherum bis zum Horizont waren dazu angetan, seinen Gedanken nachzuhängen.

Ich hatte mich gerade eingearbeitet, als mich ein Telegramm erreichte, der Professor der Botanik, Hrynewecki, biete mir an, ihn auf einer Expedition in die kolchischen Wälder im Kaukasus zu begleiten. Eine Forschungsreise in ein wenig bekanntes Gebiet! Sollte ein Traum meiner Kinderjahre in Erfüllung gehen?

Sobald es mir möglich war, reiste ich nach Odessa zurück, meldete mich beim Professor und überzeugte mich, daß die Forschungsreise wirklich geplant war.

Die Expedition sollte das Vorkommen von wichtigen Arzneipflanzen feststellen, die nicht mehr aus dem Ausland importiert werden konnten und die man in den Lazaretten brauchte. Ich konnte den Hilfsdienst aufgeben und bereitete mich im Botanischen Institut, das mit dem Botanischen Garten weit draußen am Hang über dem Meer lag, auf die Reise vor.

Die kolchischen Wälder bilden ein Dreieck zwischen dem Schwarzen Meer und dem Großen sowie dem Kleinen Kaukasus. Das Klima ist subtropisch, feucht und regenreich (bis zu 4000 mm im Jahr bei Batum). Man kann in diesem Gebiet Tee und Orangen kultivieren. Auch in der Eiszeit war es hier relativ warm, so daß man in diesen Wäldern noch Baum- und Straucharten findet, die im übrigen Europa ausstarben. Alles, was über die üppige Flora bekannt war, mußte studiert werden. Auch die Ausrüstung wurde vorbereitet. Mitten in diese emsige Arbeit platzte die Nachricht, die Reisegelder seien nicht bewilligt worden. Eine große Enttäuschung! Aber die neuerworbenen Kenntnisse über den Kaukasus waren auch etwas wert. Ich setzte bis zum Ende der Ferien die Arbeiten im Institut fort.

Im Herbst begann das dritte Semester. Gleich nach der ersten Zoologievorlesung bat mich der Professor zu sich ins Dienstzimmer. Hier fragte er mich, ob ich bereit wäre, als Hilfsassistent beim Praktikum mitzuwirken. Er würde mit mir zuerst die zu untersuchenden Objekte durchnehmen; ich müßte dann die Studenten entsprechend unterweisen. Natürlich war ich sofort einverstanden. Ich lernte durch dieses Privatkolleg mehr, wurde dafür bezahlt und war nun bis auf Kost und Unterkunft im Elternhaus völlig selbständig. Studiengebühren brauchte ich nicht zu bezahlen, da mein Vater Dozent an der medizinischen Fakultät war und eine Spezialvorlesung über Augenheilkunde las. Der Professor fügte noch hinzu, daß er, sobald der Krieg beendet wäre, mir ein Stipendium für ein Zoologiestudium in Deutschland besorgen würde. Ich hatte mehr an Botanik gedacht, aber warum sollte ich nicht Zoologe werden.

Die weitere Entwicklung der Ereignisse konnte niemand voraussehen.

Vor Weihnachten fing ich an, mir Gedanken zu machen. Der Jahrgang 1897 war schon vor einiger Zeit einberufen worden. Meiner war der nächste und der Krieg nahm immer noch kein Ende. Nach Weihnachten erfuhr mein Vater, daß mein Jahrgang im März einberufen werden würde. Nun wurde es ernst. Bei der Einberufung kamen alle Studenten zu einem Schnellkursus in eine Infanterieschule und wurden nach zwei Monaten zu Offizieren befördert, an denen es besonders mangelte. Dann kamen sie sofort an die Front und mußten bei der starken Feuerkraft der deutschen Armee damit rechnen, daß sie bei einem Sturmangriff fielen. Die Offiziere mußten ja immer als erste aus dem Schützengraben heraus; nur dann folgten ihnen die Soldaten.

Der Gedanke, mein Leben in diesem unsinnigen Krieg gegen die Deutschen hingeben zu müssen, gerade jetzt, wo meine wissenschaftliche Laufbahn begann, war mir entsetzlich. In schlaflosen Nächten rang ich mit Gott, ob das wirklich sein müßte?

Als Kleinkind hatte ich zur Entlastung meiner kränklichen Mutter ein Kindermädchen gehabt, das ständig auf mich aufpaßte. Es war eine ältere, unverheiratete Russin, die bei meinem Vater im Ural gedient hatte und die er als besonders zuverlässig geschätzt hatte. Er ließ sie kommen und sie schenkte mir ihre ganze unverbrauchte Mutterliebe. Sie war eine einfache, aber tief religiöse Frau, von einer Religiosität, wie man sie nur beim russischen Menschen findet: Alles kam von Gott, man brauchte sich keine Gedanken zu machen. Auch das Leid wurde einem von Gott bestimmt zu seinem Besten, man mußte auch dafür dankbar sein.

Es ist kaum ein Volk so zum Leiden befähigt; das ist die große Stärke der Russen gegenüber dem Westeuropäer. Sie ließ das Volk auch die 240-jährige Herrschaft der Tartaren überstehen, um diese schließlich völlig zu unterwerfen.

Diese selbstverständliche Frömmigkeit brachte sie mir als Kind bei und diese blieb mir auch in den späteren Jahren erhalten. Es ist alles andere als eine dogmatische, kirchliche Frömmigkeit. Vielmehr ist es eine ständige Verbindung mit Gott auch im täglichen Leben. Mit allen kleinen Sorgen wendet man sich an Ihn und dankt Ihm für jedes kleine Glück. Nun kam für mich die Bewährungsprobe. Stundenlang rang ich nachts und schrie innerlich die Worte heraus: «Nicht mein Wille, sondern Dein Wille geschehe, aber wenn es möglich ist, lasse diesen Kelch an mir vorübergehen.» Ich durchlebte in Gedanken jeden Augenblick eines Sturmangriffes, die Verwundung und den Tod allein am Boden auf dem Schlachtfeld, ich lag in Schweiß gebadet. Schließlich war ich so weit, jedes Schicksal von Gott anzunehmen. Plötzlich gewann ich die innere Ruhe wieder.

Da las ich eine Anzeige der Sergejewschen Junkerschule für schwere Feldartillerie in Odessa, daß im Februar ein neuer sechsmonatiger Kursus zur Ausbildung von Offizieren beginne; Freiwillige mit guten naturwissenschaftlichen Kenntnissen (Physik, Chemie, Mathematik) könnten sich melden! War das nicht ein Zeichen von oben? Eine längere Ausbildung! Die schwere Feldartillerie brauchte nicht mit dem Bajonett zu stürmen. Nicht nur die Überlebensmöglichkeit war größer, sondern man mußte den Feind nicht eigenhändig umbringen.

Ich beriet mich mit meinem Vater. Er riet mir zu. Ich füllte meine Meldung aus, fügte die Zeugnisse bei und schickte sie ab. Bald kam Antwort, ich sei angenommen und müsse den Dienst am 1. Februar antreten. Die Würfel waren gefallen. Ich kam zum Militär. Ich ahnte noch nicht, daß es unmittelbar vor dem Ausbruch der Revolution geschah.

Es gärte schon lange. Auch die Studenten hatten geheime Zusammenkünfte, an denen ich nicht teilnahm. Mein Standpunkt war, die Russen mußten ihr Schicksal selbst bestimmen. Ich, als Deutscher darf mich nicht einmischen.

Einmal kam ich um 9 Uhr zur Physikvorlesung. Vor dem Eingang in den Hörsaal standen zwei Studenten und hielten mich an: «Heute wird gestreikt, Kollege geh nicht hinein.» Ich fragte, warum gestreikt würde. Sie meinten, es müsse mir genügen, daß gestreikt wird. Das ärgerte mich, ich erwiderte, wenn ich den Grund nicht erführe, dann streike ich nicht. Ich wäre auf der Universität, um zu studieren. Ich ging hinein; es waren nur 3 Studenten im großen Hörsaal, aber die Vorlesung wurde abgehalten. Mittags bekam ich einen Zettel, ich müßte mich um eine bestimmte Stunde in einem bestimmten Hörsaal als Streikbrecher vor dem studentischen Ehrengericht verantworten. Ich ging hin und wurde gefragt, warum ich mich dem Streik nicht angeschlossen hätte. Ich antwortete dasselbe wie am Morgen. Nach einer Beratung in meiner Abwesenheit, teilte man mir mit, das Ehrengericht erteile mir eine Rüge wegen unkameradschaftlichen Verhaltens. Damit war der Fall erledigt. Die Kommilitonen wußten, daß ich mein Studium wirklich ernst nahm. Dieser Streik war nur eine Kraftprobe, um die Reaktion der Behörden zu testen. Sie reagierten nicht. Ein Schwächezeichen. Bedeutsamer waren die Vorgänge in St. Petersburg, das seit Kriegsbeginn Petrograd hieß. Dort trieb ein Wundermönch aus Sibirien, Rasputin, bei Hofe sein Unwesen. Er hatte namentlich die Zarin überzeugt, daß, solange er lebe, der Zarenfamilie nichts geschehen würde. Es hieß sogar, er hätte dem Zaren geraten, mit Deutschland Frieden zu schließen. Als Mann des Volkes wußte er, wie kriegsmüde das Volk war. Das ging der nationalistischen Klique zu weit, die von den Alliierten unterstützt wurde. Einige Adlige taten sich zusammen, ermordeten Rasputin und warfen den Leichnam von der Brücke in die Newa. Obgleich man ihre Namen kannte, geschah nichts. Der Zar war zu schwach, die Zarin hatte mit Rasputin alle Hoffnung verloren. Die Krise nahm bedenkliche Dimensionen an. Gewitterschwüle lag politisch über dem Lande. Es mußte bald zu einer Auseinandersetzung kommen.

4. Militärdienst und Beginn der Revolution

Am ersten Februar 1917 fuhr ich in die Artillerieschule, legte die Zivilkleidung ab, wurde ärztlich untersucht und völlig neu eingekleidet. Ich war nun Junker. Die Artillerieschule umfaßte 2 Batterien. Ich gehörte zur zweiten. Zu einer Batterie gehörten etwa 50 Junker. Wir schliefen in einem großen Schlafsaal. Jeder hatte neben dem Bett ein niedriges Schränkchen und einen Stuhl. Auf diesem mußte nachts die Kleidung in einer bestimmten Ordnung hingelegt werden. Der Saal war nachts schwach beleuchtet. Am Tisch saß der Wachthabende.

Am Tage begann zunächst der übliche Drill: Strammstehen, in militärischer Haltung gehen, Ehrenbezeugung vor einem Offizier und vor einem vorübergehenden General, vor dem man Front stehen mußte. Auf die Frage, wie er einen stehenden General zu grüßen hätte, antwortete der junge Junker: «In Front stehen.» Wielange er denn in Front stehen würde? Antwort: «Ich werde ein Weilchen stehen und dann weiter gehen.» An einem stehenden General mußte man nämlich mit einer gewöhnlichen Ehrenbezeugung vorbeigehen. Alles das mußte man beherrschen, bevor man Sonntagsurlaub bekam. Ein Junker durfte sich draußen nicht blamieren. Es wurde eine extra Prüfung abgenommen, bei der viele durchfielen, wenn sie z. B. auf dem glatten Parkett ausrutschten. An die Disziplin gewöhnte ich mich rasch.

Die körperliche Ertüchtigung durch Exerzieren, Turnen und Reiten tat mir gut. Die Reitstunden waren nicht leicht. Die Zahl der Reitpferde reichte nicht aus, deshalb mußten auch die Zugpferde der Geschütze genommen werden. Das waren sehr starke

Pferde. Man begann gleich mit Reiten im Sattel ohne Steigbügel. Beim Kommando zu Beginn der Reitstunde: «An die Pferde», stürzten alle vor und jeder versuchte, ein Reitpferd zu bekommen. Gelang das nicht, war die Reitstunde eine Qual; der Pferderücken der Geschützgäule war so breit, daß man sich mit den Knien kaum anklammern konnte und beim Springen über Hindernisse oft herunterfiel; dabei mußte man unbedingt die Zügel festhalten. Wehe, wenn einem Junker das Pferd davonlief. Der Reitlehrer, ein Major, war ein Sadist und auch ein Junker konnte «aus Versehen» einen Peitschenhieb erhalten. An das Hindernis ritt man hintereinander heran und die Reitpferde nahmen es ohne weiteres. Die schweren Zugpferde liebten es dagegen nicht zu springen. Kurz vor dem Hindernis brachen sie aus der Reihe und umgingen es, auch wenn man die Zügel noch so fest anzog. Dann mußte man allein das Pferd vors Hindernis führen, vor dem Hindernis erhielt es vom Reitlehrer einen scharfen Peitschenhieb und sich aufbäumend sprang es hinüber. Dabei ohne Steigbügel im Sattel zu bleiben, war nicht leicht, selbst wenn man sich an der Mähne festhielt, was nicht erlaubt war.

Sehr interessierte mich der theoretische Unterricht: Ballistik mit viel Mathematik, Chemie der Sprengstoffe und des rauchlosen Pulvers, Taktik, Fortifikation, d. h. Ausbau der Artilleriestellungen, Physik der Meßgeräte usw. Unser Kommandeur unterrichtete die mathematischen Fächer, was für mich günstig war, da mir diese leichter fielen als den anderen. Was die Arbeit an den Geschützen anbelangte, so bezog Rußland die modernen Modelle aus dem Ausland und zwar einerseits von Schneider-Creuzot aus Frankreich (Geschütze mit Schraubverschluß), andererseits aber auch von Krupp aus Deutschland mit dem einfacheren Keilverschluß. Man mußte den Verschluß auseinander- und wieder zusammensetzen können.

Der Sonntagsurlaub wurde uns länger als üblich vorenthalten. Wir waren von der Außenwelt ganz abgeschnitten. Wir wußten nicht, was das bedeuten sollte. Allmählich sickerte etwas durch: Es gäbe Unruhen. Plötzlich kam der Befehl für beide Batterien zum Ausmarsch in die Stadt. Als wir die Straßen der Innenstadt erreichten, waren die Häuser rot dekoriert, überall viel Volk, man winkte uns mit roten Fähnchen zu. Dann kam der Befehl zum Parademarsch. Es ist merkwürdig, wie man beim Parademarsch seine Individualität verliert und zum automatischen Glied der ganzen Reihe wird, sich nur im Takt der Marschmusik bewegend; nur so kann die ganze 16er Reihe wie ein Mann marschieren. Wir defilierten an einem Podium vorbei, auf dem Kerenski in großer Pose stand mit einem roten, breiten Band um den Leib. Auf diesem stand vorne «Sozial» und auf dem Rücken «Demokrat». Es war klar, die Revolution war im vollen Gange. Er rief uns etwas zu, wir antworteten «Hurrah». Dann ging es in die Schule zurück. Später erfuhren wir folgendes: Wenige Tage nach unserem Eintritt in die Schule meuterte die Baltische Flotte und die Werftarbeiter in Kronstadt. Sie umstellten das Winterpalais in Petrograd (heute Leningrad). Der Zar wurde zur Abdankung gezwungen und zog sich mit der Familie nach Zarskoje Selo, der Sommerresidenz, heute Puschkino genannt, zurück. Von den Parteien blieben nur 3 übrig: Eine für eine konstitutionelle Demokratie (KD – daher Kadetten genannt) und 2 sozialistische Parteien, davon eine mit minimalen Forderungen, deshalb «Menschiwiki» (russ. Kleinere), die andere mit maximalen Forderungen nach völliger Abschaffung des Privateigentums. Das waren die «Bolschewiki» (russ. Größere), an deren Spitze gleich Lenin trat, der zur Förderung der Revolution von der deutschen Regierung im plombierten Eisenbahnwagen aus der Schweiz nach Rußland durchgelassen wurde. Was für Folgen das für die ganze Welt haben würde, ahnte man in Deutschland nicht. Ohne Lenin wären die Kommunisten in Rußland vielleicht nicht an die Macht gekommen. Die beiden ersten Parteien hielten an der Allianz mit Frankreich und England fest und wollten den Krieg fortsetzen, die dritte war gegen den Krieg und gewann damit bald die Oberhand.

Man hatte uns nach Eintritt in die Schule nicht auf den Zaren vereidigt, was merkwürdig war. Die Offiziere der Schule wollten abwarten, wie sich die Dinge entwickeln würden. Wir erfuhren von den Ereignissen nichts. Die Leitung wartete zu lange. Revolutionierende Soldaten des Odessaer Militärbezirks drohten die konterrevolutionäre Junkerschule mit Waffengewalt zu stürmen. Da erst entschloß sich der leitende General, mit dem Marsch durch die Stadt, den Anschluß der Junkerschule an die Revolution zu demonstrieren.

Die erste provisorische Regierung wurde von den Kadetten unter Miljukow gebildet. Unsere Vereidigung auf diese Regierung vollzog sich ganz informell durch Unterschrift auf einem Formular. Aber die Tinte hatte kaum Zeit trocken zu werden, da bewies die Regierung, daß sie wirklich nur eine provisorische war. Denn sie wurde gestürzt; an die Spitze trat der Poseur und Dilettant Kerenski. Unser Eid galt also nicht mehr, er wurde auch nicht mehr erneuert. Die Ereignisse überstürzten sich.

Die Alliierten verlangten eine Entlastungsoffensive von der russischen Revolutionsregierung, sonst könnte sie auf keine Unterstützung rechnen. Alle Reserven wurden nach Galizien gebracht. Es begann die Brusilow – Offensive, bei der die Österreichischen Linien durchbrochen wurden, jedoch unter sehr schweren Verlusten. Aber bald kamen deutsche Verstärkungen und der Vormarsch der Russen stockte. Der Sieg verwandelte sich in eine Niederlage. Trotzdem wurde die Fiktion einer kämpfenden Front weiterhin aufrechterhalten. Die Deutschen verhielten sich ruhig. Sie wollten die Revolution zur Auswirkung kommen lassen.

Die revolutionären Neuerungen in unserem Dienst ließen nicht auf sich warten. Die erste Verordnung betraf die Änderung der Antwort der angetretenen Soldaten auf die Begrüßung des Offiziers. Die Antwort lautete früher im Chor in 6 Takten «Gesundheit-wünschen-Eurer-Hoch-wohl-geboren». Jetzt durfte man antworten: «Guten Tag Herr Major oder Oberst». Das waren im Russischen nur 4 Takte. Die meisten waren für den neuen Gruß, aber einige Reaktionäre behielten den alten bei. Die Folge war, daß nach den lauten 4 Takten, noch 2 leise nachhinkten. Es klappte nie richtig.

Wir bekamen häufiger Urlaub, jeden Abend nach dem Dienst, nicht nur sonntags. In den Reitstunden zeigte sich der Reitlehrer nicht mehr, sondern nur noch der Stallmeister. Der Reitlehrer wußte, wie verhaßt er bei den Junkern war und fürchtete, man würde ihn aus Rache durchprügeln. Aber sonst blieb das Verhältnis zu den Offizieren unverändert.

Nach der ersten Hälfte des Kurses wurde ich zu meinem größten Erstaunen zum Gehilfen des Feldwebels befördert. Ich hatte die besten Noten und keine disziplinären Verfehlungen. Zum Feldwebel hatte man mich nicht gemacht, da ich fast der Jüngste unter den Junkern war. Ich war heilfroh, denn nichts lag mir ferner als eine militärische Karriere. Feldwebel wurde ein älterer Haudegen, der von der Front mit Kriegsauszeichnungen kam und zum Offizier befördert werden sollte. Es war ein netter, wenig gebildeter Mann. Wir verstanden uns sehr gut.

Nun hatte ich den anderen Junkern gegenüber eine gehobene Stellung, von der ich aber möglichst keinen Gebrauch machen wollte. Ich beschloß, meinen Dienst immer korrekt auszuführen, aber keinen Deut mehr und alle Freiheiten der Revolution voll auszuschöpfen. Die Revolution mußte ja zu einem raschen Kriegsende führen.

Es kam eine neue Verordnung: Niemand sollte gezwungen werden, abends an dem gesungenen slawonischen Gebet teilzunehmen. Die Verordnung wurde vor der angetretenen Batterie vor dem Gebet vorgelesen. Wer nicht teilnehmen wollte, solle 3

Schritte vortreten. Im ersten Augenblick rührte sich niemand. Mir schoß es durch den Kopf, warum sollte ich als Evangelischer an dem mir fremdartigen Gebet teilnehmen, wenn ich nicht mußte. Ich trat allein drei Schritte vor, aber nach mir fast alle anderen. Der Offizier machte ein verdutztes Gesicht. Er gab uns das Kommando «Wegtreten». Wir gingen hinaus und die wenigen verbliebenen sangen das Gebet, das sehr kläglich klang. Das wiederholte sich hinfort jeden Abend. Das war keine antireligiöse Demonstration, sondern eine für die Freiheit und gegen den Krieg.

Es wurden Wahlen für die verfassungsgebende Versammlung ausgeschrieben. Das Militär wählte nicht mit, sonst hätte ich wohl meine Stimme den Bolschewiken gegeben, nur weil sie allein gegen den Krieg waren. Sie errangen nicht die Mehrheit, aber doch einen so ansehnlichen Anteil an Vertretern, daß sie unter Anwendung brutaler Gewalt die verfassungsgebende Versammlung sprengen konnten. Diese kam nie zum Zuge.

An der Front wurde die Wählbarkeit der Offiziere eingeführt. Vor jedem Sturmangriff wurde abgestimmt, ob die Mehrheit dafür war. Sie war es natürlich niemals. Die Deutschen griffen auch nicht an. Es begann die Verbrüderung in den Schützengräben. Die Deutschen sparten dabei nicht an Schnaps, wie man hörte. Zum Teil verkauften die russischen Soldaten ihre Waffen und gingen nach Hause.

Erst in den letzten Wochen unseres Kurses begannen wir mit Schießübungen auf schwimmende Ziele im Meer.

Jeder konnte nur einmal aus dem Maschinengewehr schießen, nur einmal eine alte Kanone ohne Rücklauflafette abfeuern. Man mußte beim Abschuß seitlich stehend an einem Seil ziehen und die ganz leichte Kanone sprang nach dem Abschuß zurück. Sie wurde vor dem nächsten Abschuß wieder vorgerollt und neu gerichtet. Man mußte auch vom Beobachtungsposten aus das Feuer der Batterie lenken, d. h. die Entfernung von den Zielen messen und sowohl sie wie auch den Winkel telefonisch an die Batterie durchgeben und dann nach der Lage der Einschläge zu dem Ziel die Angaben korrigieren. Links vom Aussichtsposten befand sich am Meeresstrand ein Damenbad, in das man direkten Einblick hatte; die scharfen Zielfernrohre waren nicht nur auf die Ziele gerichtet, sondern schwenkten zwischendurch immer nach links ab.

Einmal ritt man auch aus, diesmal mit Steigbügeln. Damit war die praktische Ausbildung beendet. Es hieß, wir würden das alles viel besser an der Front lernen. Man könne nicht Munition für Übungen vergeuden. Die Schlußprüfungen waren abgeschlossen, es stand im August die Beförderung bevor. Die Artillerieschule hatte vakante Offizierstellen von den verschiedenen Fronten erhalten. Die Junker konnten diese in der Reihenfolge ihrer Zeugnisnoten wählen. Ich durfte als erster wählen.

Die meisten vakanten Stellen waren natürlich an der Westfront gegen die Deutschen, einige an der türkischen Front, eine für die Uferartillerie in Trapezunt an der nordanatolischen Küste. Dort waren kolchische Wälder, über die ich so viel gelesen hatte und die ich wegen der abgesagten Expedition nicht gesehen hatte. Sollte ich doch noch jetzt dazu die Gelegenheit bekommen?

Am Tage der Beförderung kam der direkt vorgesetzte Offizier zu mir und fragte mich, für welche Stelle ich mich entschieden hätte? Ich antwortete: nach Trapezunt. Darüber war er entsetzt, ich würde die ganze Schule blamieren, der erste müßte an die Westfront gehen!

Man konnte jetzt nach der Revolution schon offen sprechen. So erklärte ich ihm, er wüßte, daß ich Deutscher wäre, wenn ich den Befehl bekäme, an die Westfront zu gehen, dann würde ich natürlich gehorchen. Wenn man mir jedoch die Wahl ließe, so müßte er es verstehen, daß ich eine andere Wahl träfe. Darauf konnte er nichts sagen.

Er selbst war polnischer Abstammung, aber er versuchte, mich noch zur türkischen Front zu überreden. In Trapezunt sei ja überhaupt kein Krieg. Ich blieb hart.

Am nächsten Tag standen wir zum ersten Male in Offiziersuniform im großen Parkettsaal ausgerichtet vor dem Tisch, an dem die Generalität saß. Mein Name wurde als erster aufgerufen.

Ich trat 3 Schritte vor, salutierte und sagte laut «Uferartillerie Trapezunt», machte eine Kehrtwendung und trat zurück. Keiner sagte etwas, der nächste wurde aufgerufen.

Danach bekam man die Feldausrüstung, eine Woche Urlaub und den Marschbefehl mit den Reisekosten. Nach Trapezunt auf dem Landweg waren es fast 3000 km um den ganzen Kaukasus herum. Die Reisekosten wurden noch immer nach einer Verordnung aus der Zeit Katharinas der Großen berechnet, als es noch keine Eisenbahn gab und man mit Pferden befördert wurde. Das Reisegeld hieß «Progonnyje» (Renngeld). Als Offizier hatte ich Anspruch auf einen Wagen mit 2 Pferden, die höheren Ränge mit 4 Pferden. Eine solche weite Reise mit Pferden und vielen Übernachtungen ergab selbst nach den Preisen der damaligen Zeit eine ganz hübsche Summe. Dann konnte man auf dem Bahnhof eine Eisenbahnfahrkarte 3. Klasse lösen und als Offizier mit einer solchen in der Zweiten Klasse fahren. Dienstreisen waren somit ganz einträglich, ein Grund, weshalb die Behörden keine neue Verordnung herausgaben. Sie hätten sich ja ins eigene Fleisch geschnitten.

Zunächst konnte ich den Schnellzug nach Tiflis benutzen. Die Fahrt dorthin dauerte 3 Tage und 3 Nächte. Denn die Bahnstrecke führte durch die ganze osteuropäische Steppe, dann am Nordrand des Großen Kaukasus bis zum Kaspischen Meer, darauf an dessen Ufer entlang nach Süden bis zum Erdölzentrum Baku und schließlich wieder zurück nach Westen am Südrand der Hauptkette, den Kurafluß aufwärts bis Tiflis. Die Reise war anstrengend, im Kriege gab es keine Liegeplätze. Die Züge waren überfüllt, besonders jetzt nach der Revolution. Man konnte nur sitzen und zwar zweistöckig, d. h. auch auf den oberen Liegeplätzen. Am zweiten Tag stieg ein junges Mädchen ein aus einer deutschen Kolonie an der Molotschna. Sie saß mir gegenüber und wir unterhielten uns die ganze Nacht sehr angeregt leise, aber auf deutsch. Mein Nachbar bemerkte: «Das hätten sie früher nicht gedurft». «Ja», antwortete ich, «die Revolution wurde ja gemacht, um uns allen die Freiheit zu geben.» Darauf schwieg er.

Am Nordfuß des Kaukasus wuchsen schöne Laubwälder, dann kam das trockene Dagestan-Gebirgsmassiv, schließlich das Kaspische Meer. Bei Baku war eine richtige Wüste und halbwüstenhaft, namentlich jetzt im August, war auch das Kuratal. Nur am Gebirgshang lagen viele deutsche Kolonien, die Weinbau betrieben.

In Tiflis kam ich in der Nacht an. Auf der Kommandantur erhielt ich ein Zimmer in einem Hotel zugewiesen. Alles war jedoch mit Offizieren überfüllt. Ich bekam nur ein Feldbett im Gang, wo schon andere schliefen. Übermüdet warf ich mich darauf und schlief sofort ein. Gegen Morgen wachte ich auf und schaute mich um. Neben mir an der Wand saßen Wanzen, in vielen Reihen eine neben der anderen. Ich nahm meinen Stiefel und begann sie totzuschlagen, aber es waren zu viele. Ich drehte mich um und schlief weiter.

Auf der Kommandatur teilte man mir, als ich mich wegen der Weiterreise erkundigte, mit, daß kein Offizier an die türkische Front geschickt würde, der nicht von den dortigen Soldatenräten gewählt wäre. Die kolchischen Wälder, ich hatte meine Pflanzenpresse im Feldgepäck nicht vergessen, rückten erneut in die Ferne.

Man hatte in Tiflis nichts zu tun, und konnte die interessante Stadt ansehen. Die Bevölkerung bestand überwiegend aus Georgiern, von den Russen als Grusinier bezeichnet, ein isolierter Volksstamm mit ganz unverständlicher Sprache und eigener Schrift, die entfernt an die hebräische Schrift erinnert. Die Georgier hatten früher ein großes eigenes Reich, waren griechisch-katholisch geworden, wurden dann von den benachbarten muselmanischen Völkern arg bedrängt und stellten sich unter russische Schutzherrschaft, was dazu führte, daß sie in das Reich eingegliedert wurden und einen russischen Gouverneur bekamen. Sie waren jetzt nicht russenfreundlich gesinnt und wollten nach der Revolution wieder ihre Freiheit.

Rußland hatte durch die Schutzherrschaft im Kaukasus festen Fuß gefaßt und begann, das ganze Gebirge zu erobern. Es hat ein Jahrhundert gedauert, bis der letzte Widerstand der Bergvölker bezwungen war und der Anführer Dzhamil sich im wilden Dagestan ergab.

Die Frauen der Georgier sind wegen ihrer Schönheit bekannt. Die Männer sind auch sehr stattlich, ganz schwarzhaarig und mit schwarzen, funkelnden Augen. Jeder trug vorn am Gurt einen großen Dolch, der locker in der Scheide saß. Man mußte, namentlich jetzt nach der Revolution in russischer Militäruniform, auf der Hut sein.

Sehr orientalisch mutete die Altstadt an, auch die türkischen Bäder in dunklen Gewölben, mit heißen und kalten Wasserbecken; ein Masseur knetete einen richtig durch.

Vom Davidberg, auf den eine endlose Treppe hinaufführt, hat man einen herrlichen Ausblick auf die Stadt und die umliegenden Berge. Zur russischen Universität gehört ein botanischer Garten, wohl einer mit der schönsten Lage in einem engen Tal mit vielen Wasserfällen. Wenn man aus der Stadt kommt, muß man einen Berg im langen Tunnel durchqueren. Man tritt aus dem Dunkeln heraus und plötzlich liegt das schöne Tal vor einem. Oben auf dem Berg befindet sich das botanische Institut, wo die Arbeiten entstanden, die ich in Odessa studierte, als ich mich auf die geplante Expedition vorbereitete.

Das Klima von Tiflis hat Mittelmeercharakter, etwa wie in Florenz. Auf dem Markt wurden frische Feigen und Granatäpfel verkauft, die ich noch nie gegessen hatte. Die frischen Feigen schmeckten süßlich, aber ohne Aroma; die getrockneten würde ich vorziehen. In den Granatapfel biß ich wie in einen Apfel hinein und spuckte gleich wieder aus. Der ganze Mund wurde einem von den Gerbstoffen zusammengezogen. Als ich den Granatapfel halbierte, merkte ich, daß man nur den roten Saft in den Blasen um die Kerne genießen kann. Er schmeckte säuerlich, wie der von roten Johannisbeeren.

Der Kommandeur von Tiflis wollte sich von den vielen herumlungernden Offizieren, die aus der Etappe kamen und nicht zur Front konnten, befreien. Alle Artillerie-Offiziere bekamen Marschbefehl zur Kaukasischen Reserve-Batterie in Jekaterinodar, das heutige Krasnodar, am Kuban im Nordkaukasus.

Es gab zwei Möglichkeiten dahin zu kommen: Den direkten Weg über den Hauptkamm des Kaukasus auf der historischen Grusinischen Heerstraße über den Kreuzpass in 2380 m Höhe oder aber mit der Bahn wieder um den Kaukasus herum nach Baku und das Kaspische Meer entlang nach Norden.

Diese Strecke kannte ich bereits. Im Hochgebirge über der Waldgrenze war ich dagegen nie gewesen. Es reizte mich. Ein zweiter Offizier schloß sich mir an. Die grusinische Heerstraße war für ihre landschaftliche Schönheit berühmt, aber man mußte mit Pferden zwei Tage über das Gebirge fahren. Man riet uns ab. Die Bergvölker seien unruhig. Zumindest könnten wir unser Gepäck verlieren. Aber wir ließen uns nicht überreden. Revolver hatten wir, allerdings nur 12 Schuß Munition. Ich hatte aus dem Revolver noch keinen Schuß abgegeben, hoffte es auch nicht tun zu müssen. Alle anderen Offiziere fuhren mit der Bahn.

Ganz in der Frühe trafen wir beide uns auf der Pferdepoststation mit dem Gepäck. Der Kutscher und der Schaffner, schwarzhaarige Georgier, beide mit großen Dolchen, sahen ganz gefährlich aus. Wir bekamen die beiden Plätze auf dem Rücksitz. Das Gepäck wurde hinten angebunden. Man hatte uns gesagt, oft würde es während der Fahrt unbemerkt abgeschnitten, wenn ein Gebirgsbach so stark rauscht, daß man sonst nichts hört, und die Pferde im Schritt aufwärts gehen.

Es kamen noch einige Reisende, alles Georgier. Dann fuhren wir los.

Der Weg führte anfangs die Kura aufwärts durch ein sich verengendes Tal. Nahe der Einmündung des linken Nebenflußes Aragwa liegt der Ort Mtzchet mit einer schönen grusinischen Kirche. Von hier aus biegt die Grusinische Heerstraße nach Norden in das eigentliche Gebirge und folgt dem Aragwa-Tal aufwärts. In den unteren Lagen erscheinen die Hänge kahl und nur mit wenigen Büschen besetzt. Sie werden alle von Ziegen beweidet. Höher hinauf sah man kaukasische Laubholzarten: Eichen, Hainbuchen, Ahorn und darüber eine Höhenstufe mit der orientalischen Buche, die sehr an die mitteleuropäische erinnert. Ihr mischten sich Tannen bei. Alle Wälder in der Nähe der Heerstraße sind durch Holznutzung und Waldweide stark degradiert. Zwischendurch sieht man Bergdörfer in schwer zugänglicher Lage. Die Häuser aus Stein, das untere Stockwerk ohne Fenster nur mit Schießscharten zur Verteidigung eingerichtet. Die Grusinische Heerstraße ist die einzige, die über einen relativ niedrigen Paß führt. Sie war das Einfallstor für die vielen Völker, die aus den Steppen im Norden nach Transkaukasien einbrachen. Heute ist Grusinien eine eigene Sozialistische Sowjet-Republik und die grusinische oder georgische Sprache wird gefördert. Tiflis heißt Tbilisi. Stalin war Georgier. Ich hatte an der Universität einen sehr guten Freund – den Georgier Kutateladze.

In Rußland wurden viele grusinischen Anekdoten erzählt. Ein Beispiel: Ein Grusinier erzählt einem russischen Bauern von den Apfelsinen, die in seinem Lande wachsen. Der Bauer hat noch nie eine gesehen und möchte wissen, wie diese Frucht aussieht. «Wie soll ich dir das erklären?» sagt der Grusinier. «Kennst du eine Birne?» Der Bauer bejaht. «Sieht ihr gar nicht ähnlich», lautete die Erklärung.

Aber zurück zu der Fahrt. Der anfängliche Staub und die Hitze wichen im Gebirge einer angenehmen Kühle. In größerer Höhe sah man die orientalische Fichte, die hier ihre Ostgrenze erreicht. Es fing an zu dunkeln. Wir sollten vor dem letzten Anstieg in Mleti übernachten.

Als wir dort waren, sah man kein Licht, es herrschte völlige Finsternis. Der Wagen hielt vor einer, wie es schien, großen Scheune. Der Schaffner leuchtete mit seiner Laterne den Weg zu einer offenen Tür und verließ uns. Das Gepäck blieb im Wagen. Innen war ein Raum, dessen Boden mit Stroh bedeckt schien. Man hörte, daß andere Menschen darin schliefen. Hier hätte man uns leicht erdolchen können, aber alles blieb ruhig; wir tasteten nach einem freien Platz, wickelten uns in die Militärmäntel und schliefen nach der langen Fahrt rasch ein. Als es hell wurde, ging ich hinaus. Das Gepäck war noch am Wagen. Wir befanden uns an der Baumgrenze. Man sah den Weg, der in steilen Serpentinen durch die alpinen Matten zum Kreuzpaß hinaufführte. Der Wagen konnte hier nur langsam Schritt fahren, deshalb ging ich zu Fuß voraus und schnitt die Serpentinen ab. Ich war zum ersten Mal in der alpinen Welt und wollte mir die Pflanzen ansehen. Sie waren für mich neu. Die Luft war wunderbar frisch, nur wenig über 0° C. Man sah ringsherum die Bergriesen mit Schnee bedeckt. Aber die Steigung in der ungewohnten Höhe war beschwerlich; man mußte tief atmen.

Schließlich war der Paß, auf dem ein steinernes Kreuz steht, erreicht. Der Wagen kam, ich stieg ein und nun ging es im Trab abwärts, denn die Neigung war zunächst gering.

Der Kreuzpaß scheidet das Aragwatal vom Terektal, das nach Norden entwässert. Der Weg bleibt zunächst auf einem Plateau. Bald kam der gewaltige Kasbek (5040 m hoch) in Sicht, das kaukasische Matterhorn, aber höher als der Montblanc. Der höchste Berg, der Elbrus (5633 m hoch) ragt wie eine große schneebedeckte Kuppel mit 2 stumpfen Gipfeln etwas weiter im Westen über die ganze Hauptkette hinaus. Es ist ein erloschener Vulkan.

Wir kamen zum Ort Kasbek mit einer Poststation, in der man Tee mit Fladenbrot erhalten konnte, das ganz frisch köstlich schmeckte. Der Teig wird einfach wie ein Fladen auf einem großen heißen Stein ausgebreitet und ist rasch gebacken. Von hier bricht der Terek in einer langen tiefen Klamm durch das Gebirge nach Wladikawkas (heute Ordzhonikidze) durch. Es ist die berühmte Darjalschlucht. Der Fluß füllt den Boden der Klamm aus. Daneben ist kein Platz für einen Weg. Dieser verläuft vielmehr in einer gewissen Höhe über dem Fluß in der Felswand, oft ganz in die Felswand eingehauen. Die Wände der Klamm sind so hoch, daß der obere Rand meist in den Wolken verschwindet. Nur einige Sträucher können sich in den Felsspalten halten. Sonst ist alles nackter Stein.

Die ganze Klamm ist von dem Rauschen des wild dahinfließenden Wassers erfüllt. Wenn man etwas sagen will, muß man schreien. Die Pferde kennen den Weg und laufen im schnellen Trab auch um steile Kurven herum. Man glaubt, der Wagen würde im nächsten Augenblick in die Tiefe stürzen.

Es wurde schon Nachmittag, als das Tal sich weitete und Felder, Obstgärten sowie Siedlungen wieder zu sehen waren. Wir befanden uns auf der Nordseite des Hauptkammes. In Wladikawkas verließen wir den Wagen, das Gepäck war unversehrt. Von hier aus konnten wir mit der Bahn das nicht mehr weite Jekaterinodar erreichen.

Am nächsten Tage trafen wir die Offiziere, die mit der Bahn gefahren waren. Sie glaubten klug zu handeln, hatten aber ihr ganzes Gepäck verloren.

Als ihr Zug nachts vom Kaspischen Meer nach Westen abbog und unmittelbar am Fuß des wilden Dagestan-Gebirgsmassives fuhr, wurde er plötzlich durch eine Sperre auf dem Bahngeleise angehalten. Sofort begann ein Beschuß aus dem Dunkeln heraus von beiden Seiten, so daß sich alle Reisenden flach auf den Boden warfen.

Als sie genügend eingeschüchtert waren, kamen bewaffnete Dagestaner an den Zug und verlangten, daß alles Gepäck zum Fenster herausgeworfen würde. Widerstand war nicht möglich. Als morgens Militärverstärkung kam und der Zug weiterfuhr, waren die Räuber längst in den Bergen verschwunden.

In Jekaterinodar war die Reserve-Batterie in der Markthalle untergebracht. Die Kanonen standen auf dem Marktplatz. Die Zahl der Soldaten, die aus der Etappe kamen oder aus Lazaretten als kriegsdiensttüchtig wieder zur Truppe entlassen waren, war sehr groß. Sie waren rot gesinnt und wollten keinen Dienst tun. Auch Offiziere gab es viel zu viele. Wir suchten uns Privatzimmer und kamen einmal am Tage zur Markthalle. Der einzige Dienst war, daß man 24 Stunden als wachthabender Offizier die Zeit in der Markthalle verbrachte, wo auch der Sold ausgezahlt wurde. Jeder kam nur einmal nach dem Los dran.

Als ich die Wache übernahm, war die Stimmung sehr erregt. Den Tag zuvor wollte der wachthabende Offizier eine Disziplinlosigkeit ahnden. Die Soldaten rotteten sich zusammen und schlugen ihn nieder. Man sagte, er wäre getötet worden. Jekaterinodar war von den Stanitzen (Dörfern) der Kubankosaken umgeben. Diese waren gegen die Revolution. Die Soldaten fürchteten, daß die Kosaken die Tat sühnen und nachts die Markthalle umstellen würden; deshalb übernachteten sie auf dem Friedhof, wo sie sich am sichersten fühlten. Die Kosaken ihrerseits glaubten, die roten Artilleristen würden die Macht ergreifen und ihre Vororte mit den Geschützen beschießen; sie zogen sich ebenfalls auf den Friedhof zurück. Dort sollen sie sich getroffen haben, zu einem Kampf kam es jedoch nicht. Meine Wache verlief ohne Zwischenfälle, aber ich war froh, als ich abgelöst wurde.

24

Zu tun hatte man nichts. Ich fand zum Glück in der Stadtbibliothek ein Lehrbuch der Geologie und Paläontologie – Fächer, die erst in den letzten Semestern gelesen werden. Ich lieh mir die Bücher aus und studierte sie in meinem Zimmer eifrig. So wurde die Zeit nicht nutzlos mit Kartenspiel, Rauchen und Trinken vertan.

Einmal schloß ich mich 3 Offizieren an, die in den Altwässern des Kubanflusses fischen wollten. Die Auen, die sehr ausgedehnt sind, interessierten mich. Als Proviant nahmen wir uns ein Brot, Speck und eine Wassermelone mit und gingen los. Bald waren wir in diesen völlig ursprünglichen Auen mit Wald, Wiesen und Sümpfen angelangt. Einer kannte einen Pfad, der zu einem Fischerunterstand führte. Die Hütte stand auf hohen Stelzen, man mußte auf einer Leiter hinaufklettern; denn im Frühjahr steht das Wasser sehr hoch. Die Altwasser sind so fischreich, daß mit dem mitgebrachten Angelgerät bald eine Reihe von Fischen gefangen war. Sie wurden über offenem Feuer gebraten. Man legte sich anschließend schlafen, aber nun kamen die Mücken oder Schnaken, so daß die Nacht doch sehr unruhig wurde. Nachdem es hell wurde, machte man sich auf den Rückweg.

Inzwischen war in Petrograd die Oktober-Revolution ausgebrochen. Lenin hatte die Macht an sich gerissen und auch Moskau eingenommen. Er wollte mit der Roten Armee ganz Rußland in seine Hand bekommen. Das hatte zur Folge, daß sich Widerstand von Seiten derjenigen formierte, die, wenn auch nicht für den Zaren, so doch für die frühere Ordnung und die Erhaltung des Privateigentums waren. Die Vorboten der Weißen Armee zur Bekämpfung der Roten machten sich bemerkbar.

Auch in Jekaterinodar wurde eine geheime Offiziersversammlung abgehalten und eine Liste aller Offiziere aufgestellt.. Auch mein Name wurde natürlich eingetragen. Das paßte mir gar nicht, ich wollte mich als Deutscher nicht in die russischen Angelegenheiten mischen. Sollten sie selbst entscheiden; ich hoffte nach Deutschland zu kommen und wollte vorher neutral bleiben. Zu meinem Entsetzen sah ich nun, daß dieses nicht möglich war. Noch trug ich die Uniform eines russischen Offiziers. Ein Neutraler würde von beiden Seiten als Verräter betrachtet werden. Der Krieg war praktisch zu Ende, sollte ich nun am Bürgerkrieg teilnehmen müssen? War man einmal dabei, so kam man nicht mehr heraus, wer nicht mitmachte, wurde sofort erschossen. Was sollte ich tun?

Da geschah wieder ein Wunder! Vakante Stellen für die türkische Front waren eingetroffen, man sollte sich melden.

Das tat ich sofort, indem ich darauf hinwies, daß ich einen Marschbefehl nach Trapezunt hatte. Von den anderen hatte keiner Lust, so wurde mir die Stelle überlassen. Damit gewann ich Zeit und in der besetzten Türkei würde kein Bürgerkrieg ausbrechen.

Da traf ein Telegramm von meiner Mutter ein: «Vater schwer erkrankt, versuche sofort zu kommen.» Ich wies das Telegramm vor und bat um einige Tage Urlaub. Ich könnte von Odessa direkt mit dem Schiff nach Trapezunt fahren, was einfacher wäre als auf dem Landwege von Jekaterinodar. Auch das wurde genehmigt. Die ganze Kriegsführung war ja nur noch eine Farce. Aber der Schein wurde gewahrt. Ich fuhr also los. Die Fahrt war nicht unproblematisch. Die Bahnstrecke führte durch das Gebiet der Kuban- und Donkosaken, aber auch durch Gebiete, die in der Hand der Roten waren. Die Kosaken holten die roten Soldaten aus dem Zug heraus, die anderen die Offiziere. Wie sollte man durchkommen? In den Zügen war es kalt. Ich zog deshalb den Militärmantel mit den Schulterklappen an, aber über diesen meinen schmutzigen Regenmantel, von dem ich die Schulterklappen abnahm. Die Offizierskokarde an der Mütze war unverdächtig, denn das erste was die revolutionären Soldaten machten, war, daß sie sich eine Offizierskokarde an die Mütze hefteten. Wenn der Zug an einer

Station hielt, dann schaute ich rasch heraus, ob Kosaken oder Rote auf dem Bahnsteig waren. Im ersteren Falle warf ich den Regenmantel ab und saß als Offizier im Abteil, im zweiten hüllte ich mich in den Regenmantel und kauerte mich schlafend in die Ecke. Ich kam unbehelligt durch und hatte fast die Hauptstrecke nach Odessa vom Norden erreicht. Aber nun kam eine weitere Schwierigkeit. Das Eisenbahnnetz war zerrüttet. Der Kohlenachschub klappte nicht. Die Lokomotiven wurden zum Teil mit Holz beheizt; der Dampfdruck im Kessel war so niedrig, daß der Zug kaum vom Fleck kam. Man konnte zwischendurch aussteigen und neben dem Zug hergehen. Bei dieser Geschwindigkeit wäre ich selbst nach einer Woche noch nicht in Odessa angekommen. Der Knotenpunkt Shmerinka an der Hauptstrecke war schließlich erreicht. Ich mußte den Zug wechseln. Auf dem Bahnhof konnte man nicht mehr essen; ich ging in eine nahe gelegene Wirtschaft, die einem Juden gehörte.

Dieser war über alles unterrichtet. Er gab mir einen Tip: Der Schnellzug von Norden würde in 2 Stunden kommen, aber er wäre immer überfüllt, man käme nicht hinein; doch würde hier ein Waggon angehängt, der auf dem Nebengeleise bereit stehe. Ich fand ihn und stieg gleich ein. Er wurde tatsächlich angehängt und sofort gestürmt. Ich war aber schon drin. Der Zug fuhr fast normale Geschwindigkeit. Nach einigen Stunden sah ich in der Ferne den hohen Kirchturm der Kathedrale – dem Sobor – von Odessa über dem Horizont. Wir waren also nahe. Wer aber hatte die Macht in Odessa? Es war immer eine unruhige Stadt gewesen. Ich wollte nicht zu guterletzt auf dem Hauptbahnhof bei einer Kontrolle festgenommen werden. Der Zug hielt an einer Vorortstation, was er normalerweise nicht tat. Ich stieg eiligst aus, um mit der Straßenbahn nach Hause zu fahren. Es sah alles ruhig aus, keine roten Fahnen, auch die Straßenbahnen fuhren.

Zu Hause empfing mich meine Mutter froh, aber weinend.

Meinem Vater ging es sehr schlecht. Er hatte Lungensarkom, einen rasch um sich greifenden Krebs und nur noch wenige Tage zu leben. Aber er war ruhig und bei vollem Bewußtsein. Meine Mutter erzählte, als er mich bei der Abfahrt in den Kaukasus zum Bahnhof gebracht hatte, soll er sehr unglücklich immer wieder gesagt haben: «Den Jungen sehe ich nicht wieder.»

Wahrscheinlich war ihm als Arzt sein Zustand klar. Ich hatte schon früher beobachtet, wie er plötzlich mit der linken Hand den Puls fühlte. Das Herz arbeitete wohl schon damals unregelmäßig. Nun sah er mich doch wieder. Einige Tage später traf auch mein Bruder aus Moskau ein, wo alles drunter und drüber ging. Die ganze Familie war somit beisammen.

Mein Urlaub lief ab; doch kannte der Arzt auf der Kommandantur meinen Vater und auch seinen Zustand. Er schrieb mich einfach krank und ich konnte weiter bleiben. Es spielte ja gar keine Rolle, ob ich nach Trapezunt kam oder nicht.

Mein Bruder und ich wollten die Nachtpflege von meinem Vater übernehmen. Aber er sagte, diese Nacht würde nichts passieren, wir sollten alle schlafen. Am nächsten Tag bat er uns spät abends, ihn in den Sessel zu setzen. Wir blieben bei ihm. Nach einer Weile wollte er wieder ins Bett gelegt werden. Wir hoben ihn auf, er war sehr abgemagert und leicht geworden. Als wir ihn trugen, streckte sich sein Körper und als wir ihn hinlegten, merkten wir, daß er nicht mehr lebte. So leicht und bewußt war er gestorben. Wir weckten die Mutter und die Schwester.

Mein Vater war als Kirchenrat in der deutschen Gemeinde sehr tätig gewesen, obgleich er nie in die Kirche ging und die monistischen Sonntagspredigten von Wilhelm Oswald aus Deutschland bestellt hatte, ebenso die Werke von Haeckel. Er war naturwissenschaftlich eingestellt und in seiner Art gottgläubig, sprach aber nicht darüber.

Die evangelische Kirche war das Zentrum für alle Deutschen in Odessa und das schätzte mein Vater besonders. Unter den Deutschen in Odessa gab es 3 Gruppen: Das waren die Baltendeutschen, die Deutschen aus den Kolonien um Odessa und die Reichsdeutschen, meist reichgewordene Handwerker. Sie besaßen große Bäckereien, Wurstfabriken und viele Geschäfte, z. B. die deutsche Buchhandlung u. a. m.

Diese Gruppen trafen sich nur in der Kirche, während sie gesellschaftlich kaum Kontakt hatten. Es war ein richtiges Cliquenwesen. Dies war meinem Vater ein Dorn im Auge. Er wollte alle zusammenbringen und ergriff die Initiative, um für alle einen deutschen Verein zu gründen. Es gelang ihm etwa um 1910. Er wurde der 1. Präsident und es gab einen großen Eröffnungsball, an dem alle teilnahmen.

Auf einem solchen Ball lernte man sich früher besser kennen als heute. Es gab viele Gesellschaftstänze. Jeder Herr konnte jede Dame zum Tanz auffordern; es gab auch Damenwahl. Ein Tanzlehrer dirigierte die Tänze.

Ich war auch mit auf diesem ersten Ball, aber noch viel zu jung und langweilte mich.

Eine gewisse Annäherung der verschiedenen Gruppen kam zustande. Der Verein wurde natürlich während des Krieges aufgelöst, lebte jedoch nach der Revolution wieder auf. Es wurden große Pläne geschmiedet; man wollte eine deutsche Autonomie. Mein Vater warnte vor diesem Optimismus. Er war aber zu der Zeit schon krank und zog sich zurück.

Wegen seiner Verdienste als Kirchenrat wurde mein Vater nach seinem Tode in der Kirche aufgebahrt. Es kamen viele Menschen zur Trauerfeier.

In Rußland war es üblich, daß der Trauerzug durch die ganze Stadt zum weit außerhalb liegenden Friedhof ging. Die Menschen auf der Straße blieben stehen, nahmen den Hut ab und bekreuzigten sich. Die Beerdigung meines Vaters erfolgte am letzten Tag, an dem sie noch ungestört vor sich gehen konnte, denn am darauffolgenden Tag begannen die Unruhen. Es wurde geschossen, ohne daß man genau wußte, wo und warum. Die Menschen wagten sich nicht auf die Straßen.

Dann trat wieder Beruhigung ein.

Ich mußte mich nun nach der Überfahrt nach Trapezunt erkundigen. Auf der Kommandantur wurde mir aber mitgeteilt, in Trapezunt wäre die Pest ausgebrochen und die Schiffe weigerten sich, diesen Hafen anzulaufen. Man legte mir nahe, mich für eine ukrainische Armee zu melden, die aufgestellt werden sollte; dann könnte ich in Odessa bleiben und weitere Weisungen abwarten. Die Ukrainer strebten die Ablösung vom russischen Reich an; doch gab es noch keine ukrainische Regierung. Es war ein heilloses Durcheinander.

Ich konnte kein Ukrainisch. Zur Zarenzeit wurde diese Sprache unterdrückt und nur unsere Dienstboten, die vom Lande kamen, sprachen halb ukrainisch, halb russisch.

Solange ich nicht vom Militär entlassen war, konnte ich mich nicht an der Universität immatrikulieren, aber nach der Anmeldung zu den Ukrainern war es wenigstens möglich, zu Hause zu bleiben.

Lenin hatte mit Deutschland und Österreich inzwischen den Brest-Litowsker Frieden geschlossen. Wir konnten das unserem Vater noch vor seinem Tode berichten. Er starb im Bewußtsein, der Krieg sei zu Ende.

Außer den Bolschewiken erkannte jedoch keine Partei den Frieden an. Der Friedensvertrag gab den Deutschen das Recht, die Ukraine zu besetzen, aber sie zögerten damit. Nur eine österreichische Truppe bewegte sich von Norden auf Odessa zu, doch kam sie nicht weiter. Statt dessen wurde die Stadt unerwartet von der Roten Armee nach kurzem Kampf erobert. Einen organisierten Widerstand gab es nicht. Die ukrainische Armee existierte nur auf dem Papier. Nun war es auch mit ihr zu Ende.

In ihrem Siegestaumel proklamierten die roten Machthaber in großen Anschlägen das Ende des Krieges. Niemand, der es nicht wollte, brauchte Militärdienst zu leisten; er würde nach Haus entlassen. Das war der Augenblick, auf den ich gewartet hatte. Ich mußte ihn nutzen.

Gleich am nächsten Tag machte ich mich zum Wehrbezirkskommando auf, nicht als Offizier, sondern als Genosse, der die Nase vom Krieg voll hatte. Im Gebäude des Kommandos war am Tage vorher kurz gekämpft worden; zum Teil war es in Brand geraten. Alle Akten und Formulare waren aus den Schränken herausgeworfen worden und lagen auf dem Boden herum, aber die Rotgardisten und ein Halbwüchsiger hatten in der Schreibstube die Führung.

Ich traf einen anderen getarnten Offizier, der dieselbe Absicht hatte wie ich. Wir fanden die Entlassungsformulare, füllten sie aus und ließen sie unter Berufung auf die Proklamation unterschreiben: Wir hätten den Krieg satt. Ohne hinzusehen wurde die Unterschrift geleistet. Nun brauchten wir noch einen Dienststempel, denn ohne diesen galt in Rußland kein Papier. Aber der Stempel war verbrannt; man riet uns, zum Oberkommando der roten Truppe zu gehen, das sich im Gouverneurspalais am Boulevard über dem Hafen eingerichtet hatte.

Wir machten uns sofort auf den weiten Weg. Straßenbahnen gingen nicht. Vor dem Eingang zum Palais stand ein Wachtposten mit aufgepflanztem Bajonett, das er uns vor den Bauch hielt: Niemand dürfte hinein. Ich zog unsere Entlassungsformulare heraus, schwenkte sie dem Soldaten vor der Nase und rief mit erhobener Stimme: «Befehl vom Wehrbezirkskommando, dies muß sofort gestempelt werden.» Daraufhin ließ er uns durch. Gleich unten war eine Schreibstube mit vielen Rotarmisten. Ich wiederholte nochmals laut den Befehl. Einer rief: «Mitka! Hol den Stempel.» Ohne auf die Formulare zu schauen, ohne etwas zu fragen, drückte er den Stempel auf unsere beiden Formulare. Das war geschafft! Jetzt brauchten wir nur noch den endgültigen Entlassungsschein.

Wir gingen sofort zu der entsprechenden Stelle hin. Dort waren keine Roten, sondern der frühere Oberst versah noch seinen Dienst. Wir brauchten ihm nichts zu sagen, er wußte gleich Bescheid. Ohne mit der Wimper zu zucken, veranlaßte er das Notwendige und überreichte uns die Entlassungsscheine. Ich trennte mich von meinem Kameraden und rannte zur Universität. Dort legte ich das Papier vor. Meine früheren Akten wurden herausgeholt. Drei Semester hatte ich studiert, die nächsten drei war ich beim Militär, aber nach den Bestimmungen mußten sie mir angerechnet werden. Ich erhielt eine Bescheinigung, daß ich 6 Semester studiert hätte und gleichzeitig wurde mir der Studentenausweis ausgehändigt. Ich war überglücklich; nun war ich wieder Student und damit Zivilist. Ich war frei!

Es war auch höchste Zeit. Denn nachdem die roten Machthaber sich eingerichtet hatten, begann die Säuberung von den Konterrevolutionären und zu diesen gehörten ohne Ausnahme die Offiziere. Die Haussuchungen wurden nachts durchgeführt. Alle Bewohner mußten sich ausweisen, wer das nicht tun konnte, wurde als verdächtig mitgenommen. Wäre ich noch Offizier gewesen, hätte ich mich nicht ausweisen können, nun hatte ich den Studentenausweis und Studenten standen noch nicht auf dem Index. Natürlich wurden auch bekannte Kapitalisten und Gutsbesitzer festgenommen, die vom Lande in die Stadt geflüchtet waren.

Das Schicksal der Festgenommenen war so gut wie besiegelt. Offiziere wurden meist auf die Panzerschiffe der Roten Schwarzmeerflotte gebracht, die in den Hafen von Odessa zur Unterstützung eingelaufen waren und auf diesen gefesselt und entweder über Bord oder in die Feuerung unter den Kesseln geworfen. Die anderen kamen in ein Gebäude mit einem großen Keller. Man stellte sie an den oberen Rand der Treppe, gab ihnen einen Genickschuß und warf sie hinunter. Ein Sohn, der die Leiche

28

seines Vaters suchte, mußte sie mit dem Beil freimachen; denn es war Winter und die blutigen Leichen waren zusammengefroren.

Es begann die schrecklichste Terrorherrschaft. Dazu kam, daß die Gefängnisse geöffnet wurden. Alle Schwerkriminellen kamen frei und schlossen sich zu Verbänden zusammen.

Sie erhielten Waffen und gingen nachts auf Plünderungen aus. Wer auf der Straße in der Dunkelheit angetroffen wurde – die Straßenbeleuchtung fiel völlig aus – den zog man nackend aus, und er konnte froh sein, wenn er mit dem Leben davon kam. Auch in die Häuser drangen diese Banden ein. Wenn ihnen nicht aufgemacht wurde, sprengten sie die Eingangstür mit einer Handgranate. Die Folge davon war, daß nachts alles Leben auf der Straße erstarb.

Nur einmal fand ein Wohltätigkeitsfest zugunsten der Hinterbliebenen gefallener Revolutionäre statt. Um dieses Fest zu ermöglichen, gaben die Verbände früherer Krimineller in einer offiziellen Ankündigung ihr Ehrenwort, daß in dieser Nacht jeder sicher die Straßen passieren könne. Sie würden dafür sorgen.

Sonst war es so, daß vor Dunkelwerden alle Fenster und Türen des unteren Stockwerkes verbarrikadiert wurden. Einige Waffen hatten die Hausbewohner versteckt. Um den Banden entgegentreten zu können, wurden Verbindungswege über die Dächer der Nachbarhäuser geschaffen. Fand ein Überfall auf ein Haus statt, dann kamen die Nachbarn über die Dächer zu Hilfe. Das bedeutete einige Sicherheit, denn ihr Leben wollten die Banden nicht riskieren. Wir blieben vor einem Überfall bewahrt.

Merkwürdigerweise verlief das Leben in der Stadt am Tage scheinbar normal; denn man mußte sich ja mit dem Notwendigsten versorgen. Ich gab Privatstunden und hatte einen weiten Weg dorthin. Auf dem Rückweg ertönten einmal plötzlich Schüsse, die Kugeln schwirrten die Straße entlang. Ich sprang in einen offenen Hauseingang und wartete ab. Als alles längere Zeit ruhig blieb, wagte ich mich wieder hinaus, hielt aber von da an dauernd Ausschau nach der nächsten Deckung.

Die Schwarzmeerflotte war noch ungenierter. Sie plünderte am Tage, aber nur die großen Geschäfte. In der Hauptstraße kamen vor einem großen Tuchladen Lastwagen vorgefahren, große Tuchballen wurden herausgetragen und auf die Wagen geladen. Der Verkehr auf der Straße ging weiter, als ob das ein ganz normaler Vorgang wäre.

Die Fußgänger gingen zwischen den Matrosen an den Lastwagen vorbei. Es waren gespenstische, schreckliche Zeiten, die einem jetzt nachträglich als ganz unglaubwürdig erscheinen und doch hatte man sie mehrere Wochen miterlebt. Die österreichischen Truppen kamen und kamen nicht näher.

Da wurden in Odessa plötzlich große Plakate angeschlagen mit dem Befehl, daß alle Männer zwischen 18 und 45 Jahren sich bei Todesstrafe um 8 Uhr morgens bei einer bestimmten Kaserne zur Einberufung in die Rote Armee zu melden hätten. Mein Bruder und ich berieten uns, was zu tun sei. Sich nicht zu melden war zu gefährlich. Wir wollten uns im Hintergrund halten und die Entwicklung der Dinge beobachten.

Wir kamen vor 8 Uhr hin, das Tor der Kaserne war noch geschlossen. Auf dem Platz davor standen schon viele Männer und bald war der Platz dicht besetzt. Wir hielten uns hinten, um jederzeit weggehen zu können.

Die Roten Machthaber hatten nicht bedacht, daß in einer Stadt mit 600 000 Einwohnern über 100 000 Männer im Alter von 18–45 Jahren vorhanden sind. So bekamen sie vor der Menge Angst, denn nichts war organisiert. Das Tor blieb geschlossen und die Menge wurde zornig. Drohungen ertönten, gegen das Tor wurde mit Fäusten gehämmert. Es wurde brenzlich und wir beschlossen uns zu drücken. Kurze Zeit darauf kamen Lastwagen mit bewaffneten Rotgardisten und trieben mit einigen Salven aus Maschinengewehren die Menge auseinander. Damit war die Einberufung in die Rote Armee beendet.

Wir mußten sehen, wie wir uns über Wasser hielten. Das Geld verlor ständig an Wert, denn jede Stadt und jeder Truppenteil druckte Papiergeld und doch war es noch ein Zahlungsmittel, wenn auch bereits der Tauschhandel begann.

Meine Mutter vermietete die Praxisräume meines Vaters mit der Einrichtung an einen Arzt. Meine Schwester gab Sprachunterricht an der vom Deutschen Verein gegründeten Mädchenschule, die bei Kriegsausbruch von der Kaufmannschaft als Kommerzschule unter einem russischen Direktor weiter geführt wurde.

Mein Bruder arbeitete an der nach der Revolution wieder erscheinenden deutschen «Odessaer Zeitung», zum Teil als Reporter.

Eines Tages kam er von einem Gang in die westliche Vorstadt zurück und rief: «Die Deutschen sind da.» Wir hielten das natürlich für einen schlechten Witz, aber er versicherte, er hätte selbst die deutschen Soldaten an der Einfallstraße in die Stadt gesehen.

Was war geschehen?

Um mit der Besetzung der Ukraine zu beginnen, wurde von der deutschen Heeresmacht in Rumänien ein Landsturmregiment, es waren Bayern, auf Lastwagen verladen und nach Odessa in Marsch gesetzt. Die Wagen konnten unbehelligt bis zum Stadtrand durchfahren. Dort hielten sie an, Posten wurden aufgestellt und ein Offizier mit weißer Fahne fuhr im PKW in die Stadt, um zwecks Übergabe der Stadt mit der roten Besatzungsmacht zu verhandeln. Lange fuhr der Offizier in der Stadt unbehelligt umher, bis er sich zur Kommandantur durchgefragt hatte. Dort war jedoch der Kommandant betrunken und nicht verhandlungsfähig. Sein Vertreter ließ den Offizier und seinen Fahrer kurzerhand festnehmen.

Doch die Ankunft eines Parlamentärs hatte sich in der Stadt herumgesprochen und das Volk strömte zur Kommandantur und wollte den deutschen Offizier sehen. Da die Menge eine drohende Haltung einnahm, mußte man ihn holen und die Verhandlung aufnehmen. Die Deutschen konnten sich auf den Brest-Litowsker Friedensvertrag berufen, den Lenin abgeschlossen hatte. Dagegen konnten die Roten nichts einwenden, Lenin war ihr Führer. Es wurde ausgemacht, daß die Rote Armee und die Flotte 3 Tage Zeit hätten die Stadt zu räumen, dann mußte sie der deutschen Wehrmacht übergeben werden. In diesen 3 Tagen wurden die Geschäfte noch gründlich geplündert. Dann marschierte der bayrische Landsturm ein bis zum Boulevard, wo sich das Rathaus (Duma) und das Gouverneur-Palais befanden. Vom Boulevard aus war der ganze Hafen aus über 50 m Höhe zu übersehen. Dort hielten die deutschen Truppen an und richteten ihre Maschinengewehre auf die Panzerschiffe im Hafen. Diese dampften ohne einen Schuß abzugeben nach Sewastopol ab.

Ich hatte diesen Einzug miterlebt und war begeistert. Auch die Bevölkerung war auf den Straßen, als sie aber die kleinen Bayern mit den dicken Bierbäuchen sah, machte sie sich lustig. Die Bevölkerung hatte sich die deutschen Soldaten anders vorgestellt. Ich lief noch voller Freude zur Universität und berichtete den Kommilitonen über das Geschehene. Sie schwiegen still und sagten kein Wort. Da begriff ich, was für sie die Besetzung des russischen Gebietes durch den früheren Feind bedeutete und ging rasch nach Hause.

5. Als Dolmetscher und Schiedsrichter in der Ukraine

Die Bevölkerung atmete auf. Die Schreckensherrschaft war vorbei. Es trat Ordnung ein und das Leben verlief wieder normal. Die Besetzung war kein Akt der Feindschaft, sondern der Vollzug der Bestimmungen des Friedensvertrages, der völkerrechtlich nicht zu beanstanden war. Denn er wurde mit der einzigen Macht in Rußland abgeschlossen, die es effektiv gab, wenn sie auch noch nicht fest im Sattel saß. Das war für uns Deutsche in Rußland von Bedeutung, wir konnten mit der deutschen Heeresleitung Kontakt aufnehmen, ohne daß es uns als Verrat am russischen Volk ausgelegt werden konnte. Wir wollten wieder Mittler zwischen Deutschen und Russen sein. Solche Mittler wurden gebraucht, z. B. vertrauenswürdige Dolmetscher.

Die Besetzung der Ukraine verlief planmäßig. Nur in Nikolajew, wo sich die Marinewerft mit extrem roten Arbeitern befand, wurde auf die deutschen Truppen beim Einzug in die Stadt geschossen; doch war der Widerstand nur schwach und rasch überwunden. Nicht straff organisierte und disziplinierte bewaffnete Kräfte können nichts ausrichten.

Die Stimmung der breiten Massen in den besetzten Zonen änderte sich rasch. War es anfangs eine Erleichterung und gewisse Dankbarkeit für die Befreiung vom Terror, so machte sich bald ein Mißmut breit. Schuld daran war die deutsche Gründlichkeit und das Beharren auf belanglosen Kleinigkeiten. Es begann mit der Bestimmung der Müllabfuhr, die zweisprachig angeschlagen wurde mit der Unterschrift des deutschen Stadtkommandanten unter Strafandrohung.

In Odessa vollzog sich die Müllabfuhr bisher folgendermaßen: In einer dunklen Ekke des Hofes der einzelnen großen Wohnhäuser stand eine halb offene große Kiste. In diese warf jeder seinen Müll, vor allem Küchenabfälle, hinein. Wenn die Kiste überquoll, dann wurde der Müllwagen vom Hausverwalter, Dwornik genannt, angefordert. Er kam, entleerte die Kiste und fuhr den Müll ab. In der Ecke, in der die Müllkiste stand, stank es fürchterlich, aber man hielt sich, wenn man vorbeiging die Nase zu. Man hatte sich daran gewöhnt und es war etwas ganz Natürliches, daß der Müll stank.

Jetzt auf einmal verlangte der Kommandant, der Müll müsse wöchentlich abgefahren werden und die Eimer wären am Straßenrand zur Abfuhr aufzustellen. Solch dumme deutsche Erfindungen! Wozu dieser Umstand? Bisher hatten wir mit dem Müll gelebt, warum sollten wir es jetzt plötzlich nicht mehr? Die Deutschen machten sich unbeliebt. Sie wollten alles besser wissen und Lehrmeister sein. Sollten sie uns doch nach unserer Façon selig werden lassen, so meinte das Volk.

Tatsächlich sind die Reichsdeutschen, die unter sich in ihrem kleinen Land leben, schlechte Psychologen. Erst der einzelne Deutsche, der ins Ausland geht, lernt sich anderen Sitten und Gebräuchen anzupassen.

Diese Verordnung war nicht die einzige, die böses Blut machte. Das veranlaßte uns, im engen Kontakt mit den Militärbehörden vermittelnd, soweit möglich einzugreifen. Freiwillige Helfer wurden von der Heeresgruppe Eichhorn gesucht. An ein Studium war nicht zu denken. Deshalb meldeten wir uns, mein Bruder und ich. Wir wurden jetzt mit einem deutschen Marschbefehl in die Verwaltungszentrale nach Kiew geschickt. Von dort mußte ich an die Etappenkommandantur 132 nach Luzk in Wolynien im Grenzgebiet der früheren Frontlinie, die weiterhin eine nur mit spezieller Erlaubnis zu passierende Demarkationslinie blieb.

Ich wurde der Kommandantur als Dolmetscher zugeteilt, bekam Sold und wohnte mit einem älteren Unteroffizier aus Berlin, dem Schreibstubenältesten, im Kommandanturgebäude. Sonst gehörte die Truppe zum sächsischen Landsturm.

Mein Bruder war zunächst in Kiew, kehrte jedoch nach Odessa zurück, da man ihm eine Tätigkeit zumutete, die er als früherer russischer Staatsbürger nicht übernehmen wollte. Er sagte nicht, um was es sich gehandelt hatte. Er blieb dann weiterhin an der wieder erscheinenden «Odessaer Zeitung» tätig.

Ich war in der Kommandantur der einzige, der russisch konnte. Mir wurde gleich großes Vertrauen entgegengebracht. Ich hatte den ganzen Verkehr mit dem Publikum abzuwickeln und trug dabei meine russische Uniform, aber ohne Abzeichen. So wußten die zur Kommandantur kommenden, an wen sie sich zu wenden hatten.

Infolge der Nähe der Demarkationslinie gab es viel zu tun. In Wolynien waren vor dem Kriege auch viele deutsche Kolonisten gewesen. Sie wurden bei Kriegsausbruch sofort ausgesiedelt. Jetzt kamen sie zurück. Die Demarkationslinie durchschnitt Wolynien in der Mitte. Viele Kolonisten wollten in die Heimat, die auf der anderen Seite der Linie lag. Sie brauchten dafür einen besonderen Passierschein. Diese Scheine mußte ich ausstellen und alle Familienangehörigen mit Namen, Geschlecht und Alter anführen. Das war nicht so leicht, man mußte dabei viel Geduld haben. Die Familien waren sehr kinderreich mit oft bis zu 10 Kindern. Der Vater und die Mutter mußten lange überlegen, in welcher Reihenfolge und in welchem Jahr die Kinder geboren waren, da sie keine schriftlichen Unterlagen hatten. Der Adjutant unterschrieb die von mir ausgestellten Passierscheine unbesehen. Das sprach sich herum und die ortsansässigen Händler wollten das benutzen, von mir auch Passierscheine zu erhalten, um Waren mit Vorteil von der einen zur anderen Seite zu schmuggeln. Ich brauchte mich nur auf der Straße zu zeigen, so wurde ich gleich bestürmt. Sie wollten dafür fürs Rote Kreuz stiften und schoben mir Geldscheine in die Tasche, die ich aufs Pflaster warf.

Die Bevölkerung in diesen Grenzstädten war oft zu 80 % jüdisch. Um das zu verstehen, muß man wissen, daß im zaristischen Rußland für Juden eine Siedlungsgrenze bestand. Sie durften nur in den westlichen Teilen wohnen, einschließlich der früheren polnischen Gebiete, die zu Rußland gehörten. Die Siedlungsgrenze verlief entlang des Dnjepr. Östlich davon konnte sich nur ein Jude bewegen, der ein akademisches Diplom besaß. Außerdem durften die Juden in den westlichen Gebieten kein Land besitzen und waren auch von der Beamtenlaufbahn ausgeschlossen. Es blieb ihnen nichts übrig, als Handel zu treiben und das taten sie mit Fleiß und so großer Ausdauer, daß die Russen nicht konkurrenzfähig waren, d. h. der ganze Handel in diesen Gebieten lag in jüdischen Händen. Das wieder rief den Neid und den Haß der russischen Bevölkerung hervor, der sich periodisch in Pogromen entlud.

Den Anlaß gaben meist Verleumdungen, daß die Juden vor dem Passahfest für die Zubereitung ihres ungesäuerten Brotes das Blut von einem unschuldigen christlichen Kind verwendeten. Diese Pogrome wurden mit furchtbarer Grausamkeit durchgeführt, wogegen die Behörden immer nur sehr spät eingriffen. Die Juden waren die Prügelknaben und immer an allen Verfehlungen der Behörden schuld.

Sie konnten dieses qualvolle Leben nur ertragen, weil sie so streng an ihrem hebräischen Glauben hingen; den Sabbat hielten sie genau ein. Wollte man am Samstag in einer jüdischen Wirtschaft etwas essen, dann machte der Wirt alles fertig, durfte jedoch kein Feuer anzünden. Er brachte dem Gast die Streichhölzer und dieser mußte in der Küche das Feuer anmachen. Ebenso durfte der Wirt an diesem Tage auch kein Geld in die Hand nehmen. Er führte den Gast zur Kasse, dieser legte das Geld hinein und nahm sich das Wechselgeld im Beisein des Wirtes heraus.

Viele Juden trugen noch lange schwarze Kaftane mit einer schwarzen Kappe auf dem Kopf, aus der vor den Ohren zwei lange Locken heraushingen, die sog. Pejssaken.

Auch das Studium an allen russischen Universitäten war für Juden erschwert.

Es wurden von ihnen nur 10% aller Studierenden zugelassen und nur solche mit den besten Abiturzeugnissen.

Dadurch wurde eine Elite ausgelesen und die jüdischen Ärzte und Anwälte galten als besonders tüchtig. Von den kaufmännisch Tätigen wurden nur wenige reich. Das Gros mit sehr kinderreichen Familien lebte im Elend. Es waren meist Trödler, die mit alten Sachen handelten, aber auch kleine Handwerker, die zuverlässig und billig arbeiteten.

Natürlich gab es auch abtrünnige Juden, die sich taufen ließen. Dann stand in ihrem Paß unter Religion: «Griechisch-Orthodox aus dem hebräischen Glauben». Damit war ihre jüdischen Abstammung immer noch offenkundig. Deshalb traten einige zuerst zum evangelischen Glauben über und anschließend zum griechisch-orthodoxen, denn dann lautete der Vermerk «aus dem evangelischen Glauben». Es konnte sich also um einen Deutschen handeln, zumal die Familiennamen deutsch klangen, wie z. B. Rosenzweig, Silberstein und ähnlich.

Neben meinem Dolmetscherdienst hatte ich auch die Transporte von deutschen Rückwanderern aus den Verbannungsgebieten zu versorgen, die in Güterzügen die Station Luzk passierten. Man mußte feststellen, wie viele Personen in einem Güterwagen waren und eine dementsprechende Menge an Brot und Konserven hineinreichen.

So kam der Sommer 1918. Da wurde mir plötzlich eine andere, interessantere Tätigkeit übertragen, nämlich die eines Schiedsrichters, obgleich ich erst 19 Jahre alt war.

Es kam in Wolynien zu Streitigkeiten zwischen den rückkehrenden deutschen Kolonisten und den in den Nachbardörfern verbliebenen russischen Bauern oder den meist polnischen Gutsbesitzern.

Bei Kriegsausbruch mußten die deutschen Kolonisten binnen 24 Stunden das im Kriegszustand erklärte Gebiet verlassen, d. h. sie kamen ins Transwolgagebiet. Sie mußten alles zurücklassen und konnten nur Handgepäck mitnehmen. Das ganze lebende und tote Inventar mußte in 24 Stunden verkauft werden. In dieser Notlage bekamen sie fürs Vieh oder ihr Wohnungsinventar von den russischen Bauern praktisch nichts. Im Friedensvertrag war jetzt vereinbart worden, daß die deutschen Kolonisten nicht nur auf ihr Land und in ihr Haus zurückkehren durften, sondern auch, daß alle Notverkäufe ungültig seien und die Deutschen Anrecht auf ihr früheres Eigentum hätten. Natürlich leisteten die russischen Bauern nach 4 Jahren Eigentum an den damals so günstig erworbenen Dingen, Widerstand und es kam zu Zusammenstößen. Deshalb wurde ein ukrainisch-deutsches Schiedsgericht gebildet, das in der unteren Instanz in einem jeden Kreis aus einem ukrainischen und einem deutschen Schiedsrichter bestand. Waren sich diese beiden Schiedsrichter einig, so war ihr Urteil endgültig, wenn nicht, dann gingen die Akten zur nächst höheren Instanz. Es wurde betont, daß die Richter nicht nach formal juristischen Gesichtspunkten zu urteilen hätten, sondern nach bestem Wissen und Gewissen.

Für Luzk ernannten die ukrainischen Behörden einen älteren Gutsbesitzer, der polnischer Abstammung war, als deutschen Richter schlug die Kommandantur mich vor und ich wurde auch ernannt. Ich nahm mir vor, absolut unbestechlich zu urteilen und ein wirklicher Mittler zu sein, also nicht die Deutschen gegenüber den Russen zu begünstigen, sondern gerecht zu urteilen, um so mehr als ich bald merkte, daß der andere Richter nur für die Polen eintrat, während ihm die Ukrainer oder Russen vollkommen gleichgültig waren. War die eine Partei polnisch, so urteilte er so parteiisch, daß wir uns kein einziges Mal einigten, in allen anderen Fällen stets. Aber wir versuchten meist einen Urteilsspruch zu vermeiden, sondern ich redete zunächst mit den Deutschen, der andere mit den Ukrainern, um sie zu einer freiwilligen Regelung zu bewegen.

Ich schärfte den Deutschen ein, es dürfe keine Feindschaft verbleiben, denn sonst würde man sich an ihnen rächen, wenn die deutsche Schutzmacht nicht mehr da wäre. Wir machten entsprechende Vorschläge und meist kam es dann auch zu einer Einigung, die im Protokoll vermerkt wurde.

Ein gerechtes Urteil war oft nicht leicht.

Einige Fälle sollen das zeigen:

1) Ein russischer Bauer hatte beim deutschen eine Kuh für kaum eine Mark gekauft. Er hatte nun mit seiner eigenen 2 Kühe. Dann kam das Militär und requirierte Vieh zur Versorgung des Heeres. Jede Familie durfte nur eine Kuh behalten. Der Bauer gab seine Kuh ab, weil die deutsche viel mehr Milch gab. Jetzt kehrte der Kolonist zurück und verlangte seine Kuh; der Russe würde ohne Kuh bleiben. Hätte er die deutsche Kuh nicht genommen, so wäre ihm seine Kuh geblieben.
Vorschlag: Die Kuh wird geschätzt und derjenige, der die Kuh haben will, zahlt dem anderen den halben Preis.

2. Ein anderer hatte keine Kuh gehabt und nur die des Deutschen durch den Krieg am Leben erhalten, was nicht leicht war, denn es gab kaum Futter. Das Militär nahm alles weg. Die Kuh hatte inzwischen 2mal gekalbt. Wem gehören die Kälber?
Vorschlag: Der Deutsche bekommt die Kuh, der Russe behält die Kälber.

3. Der russische Bauer hat im Frühjahr das Land des Deutschen bestellt, das Getreide reift. Wem gehört die Ernte?
Vorschlag: Sie ernten gemeinsam und teilen den Betrag untereinander.

4. Die deutschen Häuser standen während des Krieges leer. Das benutzten die russischen Bauern und schlachteten sie aus. Der eine brauchte eine Tür, der andere ein Fenster oder sie nahmen Balken heraus und bauten diese in ihre Häuser ein. Nun will der Deutsche seine Einzelteile zurück haben. Soll man mehrere Häuser zerstören, damit der Deutsche sein Recht erhält? Auch hier kamen nur Zahlungen von Entschädigungen in angemessener Höhe in Frage.

Nur wenn die eine Partei eine russische Frau war, die von einem Deutschen z. B. eine Nähmaschine besaß, war eine Einigung nicht möglich. Die Frau warf sich zu Boden und heulte: «Ich arme Witwe, niemand tritt für mich ein, von allen werde ich verfolgt und beleidigt.» Alles gütliche Zureden half nichts. Sie heulte nur um so lauter.

Viele Deutsche trauten dem Frieden nicht und nahmen lieber Geld. Sie hatten die Möglichkeit, in Ostpreußen auf den Gütern zu arbeiten. Wie ich hörte, waren sie später sehr verbittert; denn sie wurden dort von den deutschen Gutsbesitzern und deren Verwaltern wie polnische Saisonarbeiter behandelt und nicht wie Landsleute und frühere freie Bauern.

Die Tätigkeit als Schiedsrichter war mit weiten Fahrten mit Pferdewagen im ganzen Bezirk verknüpft, so daß ich dieses Laub-Nadel-Mischwaldgebiet mit seinen landschaftlichen Schönheiten kennen lernte. Aber es wurde auch auf uns einmal aus dichtem Gebüsch heraus geschossen. Der Schuß ging fehl.

Als Schiedsrichter erhielt ich ein ganz gutes Gehalt. Die einzige Möglichkeit, das Geld anzulegen, war, deutsche Kriegsanleihe zu zeichnen. Auch diese wurde nach der deutschen Kapitulation fast ganz entwertet. Immerhin gab sie mir die Möglichkeit, mich 1919 ein halbes Jahr in Jena knapp über Wasser zu halten und mein Studium abzuschließen. Meinem Bruder gelang es im Sommer 1918, sich ins Baltikum nach Riga durchzuschlagen, das auch vom deutschen Heere besetzt war. Er hatte dort an der Technischen Hochschule studiert und fand jetzt eine Anstellung als Ingenieur.

Meine Mutter wollte nach dem Tode meines Vaters nicht in Odessa bleiben, sondern ihre über 8ojährige Mutter in Dorpat betreuen. Es gelang meiner Schwester, für sie beide von den deutschen Behörden eine Reisegenehmigung mit einem Rückwandererzug zu erhalten. Der Haushalt in Odessa wurde aufgelöst, nur einige Einrichtungsgegenstände durften sie im Güterwagen mitnehmen. Aber in Holoby unweit von Luzk an der Grenze des früheren Kriegsgebiets änderte sich die Spurweite der Bahn. Alles aus dem Zuge wurde ausgeladen und beide blieben mit ihren Kisten in einem sehr primitiven Flüchtlingslager liegen. Zum Glück konnten sie mich in Luzk verständigen. Mit einem Empfehlungsschreiben der Kommandantur gelang es mir, ihren Weitertransport in einem Güterwagen zu erwirken. Als sie schließlich nach 2 Wochen in Dorpat eintrafen, war meine Großmutter kurz vorher gestorben; doch konnten sie in ihrer kleinen Wohnung im Haus der verheirateten Schwester meiner Mutter unterkommen.

6. Studium in Dorpat und Ankunft in Deutschland

Im September 1918 hörte ich, daß in Dorpat von der deutschen Heeresmacht eine deutsche Universität eröffnet würde. Meine Mutter wollte mich in der Nähe haben und ich wollte mein Studium abschließen. Die Tätigkeit als Schiedsrichter näherte sich dem Ende. Die Kommandantur hatte inzwischen an meiner Stelle einen anderen Dolmetscher erhalten. Mit einem sehr günstigen Zeugnis von der Kommandantur in der Tasche reiste ich nach Dorpat ab, konnte bei meiner Mutter und Schwester wohnen und ließ mich in die gerade eröffnete Universität immatrikulieren.

Für Botanik war ein sehr guter Professor vom Militär freigegeben worden. Es war Professor Peter Claußen. Außer mir war nur noch ein lettischer Student im großen Praktikum. Im Soldatenheim Luzk hatte ich in der Bibliothek das «Lehrbuch der Botanik für Hochschulen» gefunden, das alles enthält, was man für die Doktorprüfung brauchte. Ich benutzte jede freie Minute, um den Stoff durchzuarbeiten. Das kam mir jetzt bei den praktischen Übungen zugute. Professor Claußen war ein begeisterter Lehrer. Er saß den ganzen Tag bei uns und entwarf von allen botanischen Objekten räumliche Zeichnungen, um sie zu erläutern. Ich hob sie alle auf, sie kamen mir später, als ich in Heidelberg Assistent war, beim Unterricht sehr zustatten. In einem Monat hatte ich die Entwicklungskunde aller wichtigen Pflanzengruppen durchgenommen, so viel wie sonst in 2 Semestern. In Dorpat las Kurt Wegener Meteorologie, dessen Bruder durch seine Kontinentalverschiebungstheorie berühmt wurde. Der Zoologe war ein alter baltischer Professor, ein bekannter vergleichender Anatom.

Aber diese schöne Studienzeit nahm ein jähes Ende. In Deutschland war im November die Revolution ausgebrochen, der Kaiser dankte ab und ging nach Holland; das Heer mußte kapitulieren.

So verschwand das deutsche Militär aus Dorpat in einer Nacht ohne jede Ankündigung. Sie waren einfach weg und natürlich auch alle an der Universität Tätigen. Nur der Zoologe blieb, bei ihm konnte ich vergleichend anatomisch weiter arbeiten. Was würde nun kommen?

Bald hörte man, daß von Osten rote Truppenteile heranrückten und am nächsten Tage Dorpat besetzen würden. Nun mußte man wieder mit einer Terrorherrschaft rechnen. Aber ich konnte meine Mutter und Schwester nicht alleine lassen und blieb. Wir wohnten im Hause meines Onkels, der als Arzt weniger gefährdet war. Er hatte jedoch 4 Söhne, die sich zum deutschen Militär gemeldet hatten und zur Ausbildung sich in Deutschland befanden. Das war belastend. Dummerweise hatten sie zur Erinnerung verschiedene Militärgegenstände nach Dorpat geschickt: Uniformteile, aber auch Patronen. Diese durften bei einer Haussuchung auf keinen Fall gefunden werden. Wir machten uns deshalb an ihre Vernichtung durch Verbrennen und entfernten die Asche. Aber was sollte man mit den Patronen tun? Sie durften nicht im Hause bleiben. Es war Winter und es lag tiefer Schnee. Meine Schwester nahm sie in den Muff und wir gingen beide in die verschneiten Anlagen auf dem Domberg. Es war niemand zu sehen. Die Patronen wurden einzeln in den Schnee geworfen und versanken. Als wir zurück kamen, dunkelte es. Plötzlich fiel mir ein, daß ich im Koffer meinen Offizierssäbel mitgenommen hatte. Der würde mich verraten. Aber wie kann man einen Säbel vernichten? Einen so langen Gegenstand konnte man auch nicht unbemerkt wegtragen. Etwas mußte jedoch geschehen. Es schneite, so trug ich ihn unbemerkt in den großen Garten und vergrub ihn im Schnee in der Hoffnung, daß frischer Schnee darauf fiele und er bis zum Frühjahr verborgen bliebe. In der Nacht aber trat Tauwetter ein. Die Rote Armee rückte ein. Zu meinem Entsetzen bemerkte ich am nächsten Morgen, daß der Säbel schon fast sichtbar war. Der Garten war von den Nachbarhäusern einsehbar. Wenn ich den Säbel nun einfach holte, würde man es bemerken und mit Denunzianten mußte man rechnen. Wo sollte ich ihn im Haus verstecken? Da fiel mir ein, daß zwischen unserem Hause und dem mehrstöckigen Nachbarhaus eine absolut unzugängliche etwa handbreite Spalte war. Das war der richtige Ort.

Mit einer großen leeren Kiste ging ich in den Garten, stülpte sie über den Säbel, brachte für andere unsichtbar den Säbel in die Kiste, sammelte etwas Laub dazu und trug sie ins Haus. Dort wurde der Säbel, damit er von weitem nicht erkennbar war, in zwei schwarze lange Damenstrümpfe gesteckt; ein Bindfaden wurde daran befestigt und an diesem ließ ich ihn von einem Dachfenster aus in den Spalt hinunter und warf den Bindfaden nach. Dort liegt er wohl heute noch, wenn nicht eines der beiden Häuser inzwischen abgerissen worden ist.

Der Terror begann schon nach kurzer Zeit. Zuerst wurden die evangelischen Pastoren und die adligen Gutsbesitzer, die sich in die Stadt verzogen hatten, sofort vor ihren Häusern erschossen. Ein anderer Onkel von mir, der aus Moskau hierher geflohen war, sah den Wagen mit den aufgeschichteten Leichen am hellichten Tage an seiner Wohnung vorbeifahren.

Später fingen die nächtlichen Hausdurchsuchungen an. Verdächtige wurden abgeführt; sie mußten im Walde ihr Grab selber graben, wurden dann erschossen und hineingeworfen. Eines Nachts plötzlich wurde auch bei uns gegen die Haustüre getrommelt. Mein Onkel öffnete; es war eine Hausdurchsuchung. Wen wollten sie holen?

Ich schlief in einer kleinen Kammer, die nur durch eine dünne Bretterwand vom Dachboden abgetrennt war, aber einen anderen Eingang hatte. Plötzlich wurde mir eiskalt, es schoß mir durch den Kopf – ich hatte mich ja, als ich ankam, nicht nur beim Wohnungsamt melden müssen, sondern als ehemaliger russischer Offizier auch bei der deutschen Kommandantur. Dort wurde meine Anschrift eingetragen. Haben am Ende beim überhasteten Abzug die Deutschen diese Liste nicht vernichtet und ist sie in die Hände der Roten gefallen? Dann war es mein Ende, die Hausdurchsuchung galt mir. Was sollte ich tun? Widerstand leisten war sinnlos, sie würden sich nur an meiner Mutter und Schwester vergreifen. Also sich ruhig und gelassen ins Unvermeidliche schicken. Als die Schritte die Treppe heraufkamen, zitterte ich trotzdem am ganzen Leibe. Sie gingen auf den Dachboden und fingen an, Kiste nach Kiste zu rücken, aufzubrechen und zu durchsuchen. Ich war nur durch eine dünne Wand von ihnen getrennt und zitterte weiter, achtete nur darauf, kaum atmend, mich nicht durch ein Geräusch zu verraten. Es dauerte wohl eine halbe Stunde, die schlimmste meines Lebens. Ich hatte mehrmals alle Phasen der Hinrichtung im Geiste durchlebt. Dann verließen sie den Dachboden, kommen sie jetzt zu uns? Aber die Schritte gingen in das untere Stockwerk, die Haustür schlug zu, die schweren Tritte verhallten auf der Straße. Ich erwachte zu neuem Leben! Bei der Haussuchung wurde nach den Söhnen meines Onkels gefragt, ob sich einer hier aufhielte.

Meinem Bruder war es gelungen, sich noch vor dem Abzug der deutschen Truppen Ende Oktober 1918 nach Deutschland durchzuschlagen. Er fand eine Anstellung bei einer Baufirma in Breslau. Von dort hatten wir eine Karte von ihm erhalten und wähnten ihn in Sicherheit.

Dann brach die Postverbindung ab. Erst kurz vor Weihnachten kam ein Brief aus Breslau, aber die Handschrift war uns fremd. Der Brief war über einen Monat unterwegs gewesen. Einer seiner Kollegen teilte uns mit, daß mein Bruder 8 Tage nach dem Eintritt in die Firma an der damals so schweren Grippe erkrankte, eine Lungenentzündung kam hinzu und setzte seinem Leben ein Ende. Schon am 9. November 1918 war er verstorben. Ein furchtbarer Schlag für uns . . . Es war das traurigste Weihnachten, das ich je erlebte. Ich arbeitete emsig ganz allein im Zoologischen Institut, nur um mich abzulenken. Aber auch an die Sylvesternacht denke ich mit Schrecken zurück. Die Rote Armee hatte die Ablieferung aller alkoholischen Getränke bei Androhung der Todesstrafe befohlen. Mein Onkel aus Moskau wollte, daß wir Sylvester bei ihm verbrächten. Der Onkel, bei dem wir wohnten, gestand, daß er noch eine Flasche Wein, Liebfrauenmilch, bei sich im Keller hätte, die wollte er stiften, zugleich um dieses verdächtige Stück los zu werden. Aber wie sollte man eine Flasche durch die Stadt zum Hause des anderen Onkels bringen, denn mit Kontrollen von Tragtaschen mußte gerechnet werden. Wieder mußte meine Schwester den Botendienst übernehmen. Die Flasche wurde in den Muff gesteckt und der Hals in den einen Ärmel. Es war nicht zu erkennen, daß sie etwas bei sich trug. Wir beide kamen am Abend gut durch die Stadt bis zur Parterre-Wohnung meines Onkels.

Die Läden zur Straße wurden sorgfältig geschlossen, man saß ziemlich bedrückt beisammen. Mein Onkel hatte eine Art Galgenhumor. Als die Kirchenglocken langsam mit 12 Glockenschlägen den Beginn des Neuen Jahres ankündigten, wurden die Gläser mit Wein gefüllt, mein Onkel hob seines mit den Worten: «Laßt uns darauf trinken, daß das Neue Jahr . . .», da wurde mit Fäusten von der Straße gegen die Läden getrommelt: Haussuchung? und die Gläser mit Wein sowie die Flasche standen auf dem Tisch. Alle wurden kreidebleich. Wohin damit? Da wurde wieder gegen die Läden geschlagen. Rasch alles unter den Tisch gestellt, man mußte öffnen. Mein Onkel ging zitternd zur Haustür und machte auf. Da stand der andere Onkel davor, er wäre nach einem Krankenbesuch vorbeigekommen und wollte uns alles Gute zum Neuen Jahr wünschen. Wir verwünschten ihn innerlich. Der Schreck saß zu tief in den Gliedern. Man brach die Feier ab und verabschiedete sich. Das Jahr 1919 hatte begonnen. Wird man es überleben?

Da kamen wieder die Anschläge wie in Odessa: Alle Männer zwischen 18 und 45 Jahren hätten sich bei Todesstrafe in die Rote Arme zu melden. Ich mußte hin. In der Schreibstube saß ein Rotgardist mit einer Liste. Er sah durchaus gutmütig aus. Ich erklärte ihm, meine Heimat sei Odessa, ich sei durch den Krieg hierher verschlagen, hier würde doch nur eine estnische rote Armee aufgestellt? Dies bejahte er. Ich verstünde aber kein Wort estnisch, wäre es da nicht besser, wenn man mich nach Rußland schickte? Das leuchtete ihm ein, ich sollte warten, bis ich einen Marschbefehl nach Moskau bekäme und vorläufig nach Hause gehen. Ich hatte Zeit gewonnen. Und es geschah wieder ein Wunder!

Nach 2 Tagen waren die roten Truppen weg und am nächsten Tage rückte eine geschlossene Formation von finnischen Truppen ein, die über Reval ihrem stammesverwandten Volk der Esten zu Hilfe kam.

Die Finnen wie die Esten gehören zum finno-ugrischen Stamm der mongolischen Rasse, der ursprünglich ganz Nordeuropa und Sibirien besiedelte. Im Gegensatz zu den eigentlichen Mongolen hat dieser nordische Stamm flachsblondes Haar und ist blauäugig. Finnisch und estnisch sind so ähnlich, daß sich beide Völker verständigen können, aber doch völlig anders als die europäischen Sprachen. Nun wehten nach der deutschen Flagge und anschließenden roten die finnische und estnische vor dem Rathaus.

Jetzt kamen Aufrufe zur Meldung in die estnische weiße Armee. Noch handelte es sich um Freiwillige, aber wie lange? Den Esten fühlte ich mich am wenigsten verpflichtet. Ich war jetzt der einzige, der für Mutter und Schwester sorgen konnte. Ich mußte mein Studium beenden und versuchen, nach Deutschland zu kommen. Auch meine Mutter war dafür.

Der einzige Weg war von Reval per Schiff. Also fuhr ich nach Reval, wohin mein Onkel aus der sibirischen Verbannung wieder zurückgekehrt war. Er leitete als Pastor die dortige große Diakonissenanstalt. In seiner Familie war ich in den Sommerferien mehrmals gewesen und hatte den viel jüngeren Vettern Unterricht in der russischen Sprache erteilt. Im Baltikum wurde fast nur deutsch oder estnisch, bzw. im südlichen Teil lettisch gesprochen.

Ich wurde sehr freundlich aufgenommen. Es war Winter und das Meer war zugefroren; doch konnte sich das ändern, wenn der Wind von der anderen Seite das Eis von der Hafeneinfahrt wegtrieb. Ich wollte nicht in dieser schweren Zeit faul herumsitzen und warten. Die Diakonissenanstalt brauchte Arbeiter zum Zersägen und Spalten von Holz zum Heizen. Mit drei Esten, die ich nicht verstand, arbeitete ich 8 Stunden täglich. Zuerst schmerzten mir alle Glieder. Aber bald hatte man sich an die harte Arbeit gewöhnt. Es war interessant, die einfache Handarbeit im Gegensatz zur Kopfarbeit kennen zu lernen. Doch nach einiger Zeit wurde das Sägen öde. Es dauerte lang, bis ein großer Stamm zersägt war. Die lange Zweimannsäge ging gleichmäßig hin und her. Immer dieselbe Bewegung, man brauchte an nichts zu denken, konnte sich aber auch nichts überlegen. Die Zeit wollte mir gar nicht vergehen.

Anders war es beim Holzspalten. Jeder Klotz hatte seine Eigenheiten, man mußte sich überlegen, wo er sich am besten spalten ließe und mit dem Beil auf diese Stelle zielen. Wenn man richtig traf und mit einem Hieb den Klotz auseinander brach, so machte das richtig Spaß und wurde nicht langweilig.

Nach einem schweren Schneefall mußte die lange Straßenfront freigeschippt werden. Das war auch eine schwere, aber schöne Arbeit in der reinen Winterluft, die damals noch nicht durch Auspuffgase verpestet wurde. Ich erhielt denselben Lohn wie die Arbeiter und wollte meinem Onkel für Kost und Unterkunft Geld geben, er lehnte es jedoch ab, ich sollte das Geld besser fürs Studium verwenden.

Durch Zufall lernte ich einen Balten, Herbert Kordes, aus Petrograd kennen, der auch nach Deutschland wollte, um dort ebenfalls Naturwissenschaften zu studieren.

Zu zweit war es oft leichter zu reisen. So schauten wir oft gemeinsam vom hohen Domberg auf das vereiste Meer hinaus.

Eines Tages hatte der Wind schließlich das Eis weggeschoben, das Meer war frei. Nun konnte man auf eine Schiffsverbindung hoffen. Bald kam mein Kamerad, der mehr freie Zeit hatte und meldete, daß ein englisches Frachtschiff mit Nachschub und Munition für die finnischen Truppen eingelaufen sei. Außerdem würden sich mit diesem Schiffe russische Offiziere, die aber Polen waren, einschiffen, um sich der polnischen, gegen die Roten kämpfenden Armee anzuschließen.

Ich ging zu einem der Offiziere hin und sagte ihm, daß ich aus Odessa wäre und zusammen mit einem Freund von hier fort wollte. Ob wir uns ihrer Gruppe bis Libau anschließen könnten. Er meinte, es würde wohl gehen, er müsse aber einiges Geld zum Schmieren haben und nannte eine nicht ganz kleine Summe. Ich gab ihm das Geld, wir sollten am Abfahrtstage zum Schiff kommen. Wir besorgten uns bei den estnischen Behörden eine Ausreisegenehmigung. Wir erhielten diese nach Unterschrift einer Erklärung, daß wir nie wieder nach Estland kommen würden. Mit dieser Genehmigung kamen wir am Tage der Abfahrt früh morgens durch die Hafensperre und fanden das Schiff, sahen auch die polnischen Offiziere und gingen an Bord. Unser Mittelsmann sagte, wir sollten uns einfach zu den anderen dazu setzen. Das Schiff sollte um 10 Uhr abfahren. Ich merkte, daß der Mittelsmann niemanden bestochen hatte, das Geld war in seine eigene Tasche gegangen, er hatte überhaupt nichts gemacht. Wir hatten keine Genehmigung mit dem Schiff zu fahren und wären bei einer Kontrolle von Bord gewiesen worden.

Es wurde 11 Uhr, dann 12 Uhr. Nichts deutete auf eine Abfahrt. Wir saßen wie auf Kohlen. Dann wurde verkündet, rote Unterseeboote seien in der Nähe gesichtet worden, das Schiff könne die Ausfahrt nicht riskieren. Alle sollten morgen wiederkommen.

Als wir aus dem Hafen heraus waren, schlug ich vor, zum englischen Konsul zu gehen, um eine Genehmigung zur Fahrt von ihm zu erbitten.

Ich erzählte dem Konsul wieder die übliche Geschichte, daß ich in meine Heimat nach Odessa wollte, legte den Studentenausweis vor und fragte, ob wir nicht mit dem Dampfer bis Libau mitfahren dürften? In seiner Einfalt fügte mein Freund hinzu, daß wir dann von dort weiter nach Deutschland wollten. «Was nach Deutschland?» fragte mißtrauisch der Konsul. Ich griff sofort ein und erklärte, in Polen würde gekämpft, wir müßten deshalb einen Umweg nach Westen machen. Der Konsul beruhigte sich und stellte uns eine entsprechende Bescheinigung aus.

Am nächsten Tage fühlten wir uns auf dem Dampfer mit der Bescheinigung in der Tasche viel wohler. Und tatsächlich stach der Dampfer bei ruhigem schönen Wetter in See. Er hatte keine Fracht, so daß wir in der Nacht in den Laderaum steigen konnten, um uns dort einen Schlafplatz zu suchen.

Am nächsten Morgen, es war der 1. Mai 1919, legte der Dampfer in Libau (Kurland) an und wir gingen eiligst von Bord. Hier war ein baltisches Freiwilligen Korps und noch eine deutsche Kommandantur. Aber es war ein Generalstreik proklamiert worden. Wir mußten alle Entfernungen mit dem Handgepäck zu Fuß zurücklegen, bis wir endlich die Kommandantur fanden.

Hier zog ich aus meiner Tasche die Bescheinigung der Luzker Kommandantur hervor und machte damit einen solchen Eindruck, (darin stand, alle deutschen Stellen sollten mich unterstützen), daß wir einen Militärfahrschein bis Berlin erhielten.

Der Zug ging nur bis Memel. Wir stiegen früh morgens aus und waren auf deutschem Boden. Wir hatten es geschafft! Doch waren wir furchtbar hungrig und wollten uns in einer Wirtschaft stärken. Da wir jedoch weder Fleisch- noch Brotmarken hatten, bekamen wir nichts. Bis zum Abgang des Zuges nach Berlin waren es noch 2 Stunden. Wir gingen zur Hafenmole und blickten trübselig auf das Meer hinaus. Nun waren wir in Deutschland und mußten verhungern. Niemand gab uns selbst gegen Geld etwas zu essen.

Wir blieben auch bis Berlin ohne Essen. Dort suchte ich den Unteroffizier auf, mit dem ich in Luzk in einer Stube gehaust hatte. Er machte ein verlegenes Gesicht, als er mich sah und sagte gleich, er könne nichts für mich tun, erklärte jedoch, wie wir Reiselebensmittelmarken bekommen könnten. So bekamen wir auch für 3 Tage Marken und konnten mit diesen ein karges Mittagessen bestellen. Wenigstens wich die Furcht zu verhungern. In einem Hotel erhielten wir dann ein Zimmer für eine Nacht.

Mein Dorpater Professor Claußen war Dozent an der Berliner Universität, deshalb waren wir zunächst bis Berlin gefahren. Wir suchten ihn auf und er beriet uns freundlich. Er meinte, mir käme es doch sicher darauf an, möglichst rasch meinen Doktor zu machen. Dies sei in Berlin schwierig, aber er kenne in Jena Professor Stahl, der zwar 70 Jahre alt, aber noch im Amt am Botanischen Institut der Universität Jena sei. Diesem wolle er über mich berichten, Stahl würde mir sicher weiter helfen.

Bei meinem Freund Kordes war die Lage nicht so kritisch. Er war zwar älter als ich, aber Studienanfänger. Sein Vater, ein Chemiker, war international anerkannter Spezialist für die Einrichtung von Schwefelsäurefabriken und wurde von allen Ländern zu diesem Zweck angefordert, so daß er seinem Sohn genügend Mittel zur Verfügung stellen konnte. Leider war dieser schwer herzkrank. Er wollte sich mir anschließen und auch in Jena studieren. Wir fuhren am 3. Mai dorthin, gingen gleich zur Universität und ließen uns immatrikulieren. Ich wurde als Staatenloser eingeschrieben.

Aber mit dem Studium in Deutschland begann ein ganz neuer Abschnitt meines Lebens.

Teil II

Beginn der akademischen Laufbahn in Heidelberg und erste große Forschungsreise

1. Promotion in Jena

Am 3. Mai 1919 traf ich mit meinem Freund Herbert Kordes in Jena ein, um auf Anraten von Professor Claussen bei Ernst Stahl zu promovieren. Gerade in Jena, der einzigen deutschen Universitätsstadt, von der ich eine gewisse Vorstellung hatte. Mein Bruder bekam in Odessa aus Deutschland die Jugendzeitschrift «Der gute Kamerad». In dieser war eine lange Erzählung mit vielen Fortsetzungen gewesen «In Jena ein Student», die auch ich mit großem Interesse gelesen hatte. Mit Erstaunen merkte ich jetzt, daß selbst nach dem Kriege das Studentenleben unverändert geblieben war. Die Verbindungen spielten noch eine große Rolle. Nachmittags flanierten die Studenten mit ihren farbigen Mützen und Bändern auf der Johannisstraße und betrachteten die jungen Mädchen. Aber alles das interessierte mich nicht. Es hieß, mit dem wenigen Geld in einer völlig fremden Umgebung unter allen Umständen das Studium abzuschließen.

Auf dem Sekretariat der Universität legte ich die Übersetzungen meiner russischen Papiere vor, die von der Etappenkommandantur 132 bestätigt waren. Sechs Semester in Odessa wurden anerkannt, ich kam ins siebente und im achten durfte man promovieren. Werde ich solange durchhalten und die Arbeit abschließen?

Claussen wollte meinetwegen an Stahl schreiben. Mittlerweile schrieb ich mich ins Große Botanische Praktikum ein und belegte die Vorlesung über Ökologie, die Stahl hielt und die Spezielle Botanik von Detmer. Als Nebenfächer wollte ich Zoologie und Chemie nehmen. In Chemie fühlte ich mich stark genug, in Zoologie wollte ich den Prüfer Plate kennen lernen, den Nachfolger vom berühmten Haeckel und belegte Allgemeine Zoologie. Haeckel, der sich in sein Museum zurückgezogen hatte, habe ich noch auf der Straße getroffen. Außerdem mußte für den Dr. phil. in Jena Philosophie bei Eucken belegt werden.

Mit Kordes fanden wir noch am selben Tag ein bescheidenes Zimmer mit Morgenkaffee am Fuße des Jenzig. Um Geld zu sparen, benutzten wir die Straßenbahn nicht sondern liefen zu Fuß die paar Kilometer zur Universität. Auch einen guten Mittagstisch fanden wir bei Frau Sonnenschein, einer unverheirateten, sehr fülligen Dame, die eine richtige Studentenmutter war und sich für jeden einzelnen interessierte.

So konnte mit dem Studium begonnen werden. Kordes war noch Anfänger und belegte die Grundvorlesungen und die ersten Praktika. Im Großen Praktikum fragte mich Stahl, was ich gemacht hätte, ich sagte, daß ich bei Claussen alle Niederen Pflanzen durchgenommen hatte. Ich bekam deshalb die Zapfen der Nadelhölzer und sollte auf Handschnitten die Geschlechtsorgane untersuchen. So vergingen mit den Vorlesungen zwei Wochen sehr schnell und ich nahm an, Claussen müßte schon an Stahl geschrieben haben. Deshalb fragte ich Stahl, ob ich eine Doktorarbeit bekommen könnte; er meinte, er habe gesehen, daß ich gut vorbereitet sei, er wolle es sich überlegen.

Am nächsten Tag brachte er mir einen Zweig vom Wilden Wein, bei dem an den Blattrippen winzige durchsichtige Kügelchen saßen. Ich sollte mir anschauen, was das sei. So begann ich mit der Arbeit «Über die Perldrüsen bei Ampellideen» (der Pflanzenfamilie, zu der der echte Wein und der wilde gehören).

Nach weiteren 2 Wochen sagte Stahl mir, er hätte einen Brief von Claussen bekommen, er ließe mich grüßen. Also hatte ich die Arbeit erhalten, bevor Claussen über mich berichtet hatte. Ich erschrak nachträglich über meine Frechheit. Stahl, ein sehr ideenreicher Mann auf ökologischem Gebiet, hatte eine Vermutung über die Entstehungsursache der Perldrüsen geäußert, ich sollte prüfen, ob sie stimmte. Salzanreicherung und Trockenheit sollten die Zellen an der Atemhöhle unter einer Spaltöffnung zu starkem Wachstum anreizen, so daß ein kleines Kügelchen mit der Spaltöffnung an der Spitze als Auswuchs entstand.

Es gelang mir sehr bald durch Zufuhr einer Salzlösung in die Zweigstücke der Weinreben bei großer Trockenheit im Heizraum der Gewächshäuser Zweige zu erhalten, bei denen an den Blattstielen und allen Blattrippen so viele Perldrüsen saßen, daß sie wie mit Kristallen übersät erschienen. Auch die anatomisch-zytologischen Untersuchungen verliefen erfolgreich. In drei Monaten hatte ich so viel Material beisammen, daß Stahl mir sagte, ich solle die Arbeit zusammenschreiben. Ich hatte großes Glück gehabt.

Schwieriger war die materielle Seite des Studiums. Durch den verlorenen Krieg war die deutsche Kriegsanleihe, die ich in Rußland gezeichnet hatte und die mein einziges Kapital war, fast völlig entwertet. Ich konnte den Mittagstisch nicht bis zum Herbst bezahlen. Ich mußte in der Volksküche essen. Sie war billig, aber auch sehr schlecht. Es war eine Holzbaracke, halb zerfallen am Saale-Ufer, nur ein Tisch und Bretter zum Sitzen. Es kamen alte, verwahrloste Tippelbrüder. Wenn sie aus dem Napf aßen, floß der Speichel aus dem Munde. Im Napf bekamen wir in Wasser gekochte Nudeln. Sie füllten den Bauch, aber satt wurde man nicht. Es half nichts, ich mußte mich überwinden.

Nach einer Woche sagte mir Kordes, Frau Sonnenschein hätte ihn gefragt, warum ich nicht mehr käme. Als sie hörte, daß ich in der billigen Volksküche äße, wollte sie mich sprechen. Ich ging hin und erklärte ihr den Grund meines Fernbleibens. Darauf fragte sie mich, wieviel ich in der Volksküche zahle. Ich nannte die lächerlich geringe Summe. Darauf sagte sie mir, ich müsse mich besser ernähren, ich könne für denselben Preis bei ihr essen. Ich wollte es nicht annehmen, aber sie beruhigte mich, bei einem spiele der Preis keine Rolle. Dieser gütigen Frau verdanke ich es, daß mein Geld gerade bis zur Promotion reichte und ich gesund blieb.

Inzwischen war eine regelmäßige Schiffsverbindung zwischen Deutschland und dem Baltikum für Rückwanderer eingerichtet worden. Ich konnte, da ich in Jena wohnhaft war, eine Einreisegenehmigung für meine Mutter und Schwester nach Jena erwirken. Auch der jüngere Bruder von Kordes kam, um mit dem Studium der Chemie in Jena zu beginnen. Ich mußte eine billige Wohngelegenheit für meine Mutter, Schwester und mich suchen. Die beiden Brüder zogen zusammen.

Durch Zufall las ich eine Anzeige, daß im «Bergschlößchen» in Zwätzen, einem Dorf 5 km von Jena, zwei Zimmer mit Kammer vermietet würden. Es war ein uraltes Gebäude: Unten die Gaststube, darüber die Zimmer, die so niedrig waren, daß man mit der Hand an die Decke kam, die Wände waren sehr dick, die Fenster winzig. Aber die Wirtin, Frau Leutholf, war sehr nett, der Mann war Metzger und arbeitete auswärts, und der Preis war niedrig. So zogen wir ein und fühlten uns wohl und geborgen. Ich fand einen Fußweg durch Schrebergärten und war in einer Stunde im Botanischen Institut – ein wohltuender Gang morgens ganz früh und nachmittags zurück, gesunde Bewegung. Die Straßenbahn benutzte ich nie.

Sonntags brachte uns Frau Leutholf das Mittagessen. Es bestand aus Suppe, Kaninchenbraten und Thüringer Klößen aus rohen geriebenen Kartoffeln hergestellt. Jeder Kloß hatte einen Durchmesser von etwa 10 cm. Für die Damen rechnete Frau Leutholf je drei Klöße, für mich fünf. Es war in dieser kargen Zeit ein Festessen, aber trotzdem bekamen meine Mutter und Schwester nur einen halben Kloß herunter und ich anderthalb. Es blieben also achteinhalb Klöße nach. Das würde Frau Leutholf uns nie verzeihen. Aber wohin mit den Klößen? Im großen Zimmer war ein Ofen in der Wand, er wurde im Sommer nicht geheizt. Also kamen 8 Klöße hinein und einen halben ließen wir in der Schüssel nach. Als Frau Leutholf zum Abräumen heraufkam und den halben Kloß sah, sagte sie enttäuscht, sie hätten wohl nicht geschmeckt, wir hätten ja nicht alle aufgegessen. Wir beteuerten, sie hätten herrlich geschmeckt, aber wir hätten es nicht ganz geschafft. Die Klöße im Ofen wurden nach und nach morgens zum Frühstück gegessen, so sparten wir Brot.

Meine Schwester wollte sich in Berlin um eine Tätigkeit bemühen. Dort hatte sie eine Jugendfreundin, die nach dem Tod ihrer Eltern mit einem älteren Dienstmädchen, einem Familienfaktotum, zusammen wohnte. Bei dieser Freundin konnte meine Schwester unterkommen. Mit der ersten Stelle ging es schief, aber dann kam sie bei der Reichstagsverwaltung an, als eine der zwei Sekretärinnen des Direktors im Hauptbüro. Ihre Hauptarbeit war die Vorbereitung der jeweiligen Tagesordnung der Reichstagssitzungen, Auskunfterteilung an Abgeordnete, Ministerien und Publikum und anderes mehr. Ihre Sprachkenntnisse kamen ihr sehr zugute. Es war eine interessante Tätigkeit im Zentrum der Politik. Sie blieb bis 1944 dort.

Meine Mutter fuhr nach Stuttgart, um dort ihren fast 90jährigen Onkel Lipp zu betreuen, dessen Kinder sehr stark beschäftigt waren. Sie konnte sich in die engen Verhältnisse in einem alten Haus sehr schwer hereinfinden, aber war vorläufig versorgt. So blieb ich allein und wurde von Frau Leutholf umsorgt. Auch dieser einfachen Frau verdanke ich viel.

An der Universität war ich bald als «Ukrainer» allgemein bekannt, denn meine einzige Kleidung war die alte russische Offiziersuniform. Zum Teil sahen mich die Kommilitonen scheel an, aber das störte mich nicht. Es hatte auch sein gutes, denn auch den Professoren fiel ich auf, z. B. Geheimrat Biedermann, der in der medizinischen Fakultät die Verdauungsphysiologie las, also über die verschiedenen Enzyme mit den Co-Enzymen, über die er arbeitete. Das interessierte mich und ich hörte die Vorlesung schwarz. Biedermann war der beste Freund von Stahl (Abbildung 2). Durch diesen erfuhr er, wer ich sei. Das sollte für mich von entscheidender Bedeutung werden.

Man konnte sich keine zwei verschiedeneren Typen vorstellen als Stahl und Biedermann. Stahl war klein mit einem langen Bart, wie ein schüchternes Heinzelmännchen, Biedermann groß und stattlich, ein richtiger Geheimer Rat mit lauter Stimme. Beide waren unverheiratet. Stahl war auch sehr sparsam. Es wurde erzählt, er wäre nach Frankfurt gereist, mit einem Köfferchen von seiner Tante, auf dem groß «Gute Reise» gestickt war. Abends auf dem Bahnhofsplatz in Frankfurt, sagte er sich, diese großen Hotels sind nichts für dich. Er ging in eine enge Seitengasse und fand ein Lokal mit einer roten Laterne davor. Das schien ihm eine bescheidene Unterkunft zu sein. Er ging hinein und sah zu seinem Schrecken viele junge nur wenig bekleidete Mädchen. Diese erblickten ihn und riefen: «Hurrah, da kommt der Onkel aus Amerika». Da entfernte er sich schleunigst.

Ein anderes Mal, war er bei einem großen Festessen. Ihm gegenüber saß Biedermann. Es wurde Braten herumgereicht. In seiner Schüchternheit erwischte Stahl das größte Stück und bemühte sich vergeblich es auf seinen Teller zu bekommen. Das sah Biedermann und rief mit dröhnender Stimme: «Ja Stahl iß ordentlich, heute kostet es nichts.» Aber Stahl hatte das neue Botanische Institut in Jena auf seine Kosten erbauen lassen und es dem Staat, der die Gelder nicht bewilligen wollte, geschenkt. Wer macht das heute noch?

Stahl verdankten wir auch unser Schneckenessen. In seiner Vorlesung hatte er zu den Studenten einmal gesagt, der Eiweißmangel bei der Ernährung sei derzeit die größte Gefahr; dabei könnte man sich umsonst viel Eiweiß zuführen, wenn man die Weinbergschnecken an den umliegenden Muschelkalkhängen nach einem Regen, wenn sie herauskämen, sammeln würde. Er gab auch die Anweisung, man könne sie auch im Sommer essen, man müsse sie aber zuerst 3 Tage hungern lassen, damit sie den Darm entleeren, sie dann in kochendes Wasser werfen, den Schneckenkörper mit der Gabel aus dem Gehäuse drehen, den Schleim abstreichen und sie dann zubereiten.

Wir beschlossen mit Kordes das zu tun. Sonntags regnete es und wir hatten bald einen Rucksack voll mit Schnecken. Wir gingen ins Institut, suchten ein großes Glasgefäß heraus, entluden den Schneckensegen in dasselbe, legten eine Glasplatte drauf und gingen nach Hause (wir wohnten damals noch zusammen). Am Montag gingen wir noch vor dem Beginn des Unterrichts ins Institut, um nach den Schnecken zu sehen. Das große Gefäß war leer! Die Schnecken konnten die Glasplatte heben. Schleimgänge am Boden und an der Wand zeigten den Fluchtweg. Wir machten uns rasch daran, sie wieder einzusammeln und die Schleimspuren zu beseitigen. Dieses Mal beschwerten wir die Glasplatte mit mehreren Ziegelsteinen. Nach drei Tagen nahmen wir die Schnecken nach Hause und baten die Wirtin, sie uns zuzubereiten. Diese wandte sich mit Abscheu ab und weigerte sich, auch nur eine Schnecke zu berühren. Also mußten wir selber die Schnecken im kochenden Wasser abtöten und sie aus dem Gehäuse drehen. Aber wie sollte man den Schleim entfernen? Nach langem Überlegen fanden wir einen Ausweg – sie mit unseren Zahnbürsten abzubürsten. Dann wurden sie auf einer Pfanne mit etwas Fett angeröstet. Aber sie schmeckten gräßlich nach Erde. So viel Arbeit, jetzt mußte das Eiweiß auch gegessen werden. Wir baten die Wirtin, uns viel Spinat zum Abend zu bereiten, mischten die Schnecken fein zerschnitten hinein und aßen das ganze mit Todesverachtung. Aber weiterhin verzichteten wir auf diese Art der Eiweißzufuhr. Stahl war Elsässer, wahrscheinlich kannte er die Zubereitung der französischen pikanten Saucen, mit denen die Schnecken gegessen werden.

Im August reichte ich die Doktorarbeit ein und hatte in den Ferien mehr Zeit. Biedermann wußte das durch Stahl, bat mich zu sich und fragte, ob ich nicht eine kleine Enzymarbeit bei ihm im Institut machen wolle. Er hatte festgestellt, daß pflanzliches Protoplasma von Magensaft (Pepsin) und dem Enzym der Bauchspeicheldrüse (Trypsin) nicht verdaut würde. Erst, wenn man das pflanzliche Protoplasma mit Äther behandelt, um die Fettstoffe zu entfernen, bauen die Enzyme das Eiweiß ab. Er schloß daraus, daß das lebende Protoplasma eine lockere Verbindung von Fetten mit Eiweiß sei. Diese Verbindung müßte zunächst gelöst werden, was bei der Verdauung wahrscheinlich durch fettabbauende Lipasen geschah. Es interessierte Biedermann, ob das auch für die Nährhefe gelte, die in dieser Zeit viel zur Ernährung verwendet wurde (Zugabe zu Suppen, Tunken usw, ähnlich wie Sojabohnenmehl). Er schlug vor, ich solle das prüfen.

Ich war froh, in persönlichen Kontakt zu Biedermann zu kommen, und arbeitete nun im physiologischen Institut. Die Nährhefe wurde ohne und mit Vorbehandlung mit Äther der Einwirkung der Enzyme ausgesetzt und die Wirkung unter dem Mikroskop verfolgt. Sie wurde viel besser verdaut als pflanzliches Protoplasma. Im physiologischen Institut wurden weiße Mäuse als Versuchstiere gehalten. Ich fütterte einige mit Pillen aus Brot und Nährhefe und untersuchte den Kot. Die Hefezellen waren leer, also wurden die Eiweißstoffe verdaut. Nährhefenplasma steht somit dem tierischen Eiweiß näher als dem pflanzlichen. Biedermann ließ die Arbeit unter meinem Namen in Pflügers Archiv, Band 181 (1920) drucken. Sie erschien als erste meiner Arbeiten noch vor der Dissertation.

Stahl hatte meine Arbeit noch begutachtet, dann jedoch erkrankte er an Grippe und starb. Die Vertretung übernahm der Extraordinarius Prof. Detmer, ein langjähriger Mitarbeiter und Freund von Stahl, der ebenso alt war und sehr wärmebedürftig. Er ließ sein kleines Dienstzimmer den ganzen Sommer über heizen. Wenn man ihn aufsuchte und die Tür zu seinem Zimmer öffnete, dann prallte man vor der Hitzewelle zurück, darauf sah man im Dunst seine Gestalt, denn er rauchte eine Zigarre nach der anderen den ganzen Tag. Schließlich erkannte man, daß er ein Buch direkt vor der Nase hielt und es mit einer Lupe las. Er war fast blind, trotzdem machte er im Anschluß an seine Systematik-Vorlesung auch botanische Exkursionen um Jena mit seinen berühmten Orchideen-Standorten. Er selbst sah die Pflanzen nicht mehr. Er kannte aber die Wuchsorte so genau, daß er an der richtigen Stelle des Fußpfades stehen blieb und sagte hier wächst die und die Art. Es stimmte immer.

Im botanischen Institut wurden vom Assistenten auch Colloquien abgehalten. Jeder ältere Student mußte über eine bestimmte Veröffentlichung referieren. Ich bekam als Aufgabe, über die Arbeit von Stahl über Exkretion zu referieren, auf die sich meine Doktorarbeit stützte. Ich kannte die Arbeit sehr genau und bereitete mich kaum vor, machte mir nur einige Notizen, um die Reihenfolge der Probleme festzuhalten. Es war mein erster Vortrag.

Als ich anfing und im Hörsaal meine Stimme zum ersten Mal deutlich hörte, wurde ich so verwirrt, daß ich mit einem Mal den Faden ganz verlor. Ich hielt mich nur noch an die Notizen und brachte stotternd einiges zusammen. Der Vortrag war miserabel und es war ein Glück, daß Stahl nicht dabei war. Ich war sehr deprimiert, da kam der Assistent zu mir und sagte, er wolle mir für den Vortrag besonders danken, denn offensichtlich mache mir die deutsche Sprache noch große Schwierigkeiten. Ich ließ ihn in dem Glauben.

Es war eine Lehre für das ganze Leben. In Zukunft überlegte ich mir jeden Vortrag und jede Vorlesung sehr genau und sagte sie vorher in einem leeren Raum laut vor. Später war es nicht mehr nötig, aber die genaue Vorbereitung behielt ich bis zum Schluß bei. Meinen Doktoranden riet ich immer vor dem ersten Referat, dieses jemandem vorher laut vorzutragen, um sich an die eigene Stimme zu gewöhnen. Ich erzählte ihnen von meinem ersten Mißgeschick.

Der Tag für das Rigorosum wurde auf den 13. Dezember festgelegt. Die Prüfer waren Detmer in Botanik, Plate in Zoologie und Knorr in Chemie. Letzteren sah ich in der Prüfung zum ersten Mal.

Die Monate vorher arbeitete ich sehr intensiv in Zwätzen in meinem kleinen Stübchen. Ich mußte ja die Prüfung in deutscher Sprache ablegen, hatte jedoch den Stoff zum größten Teil in Odessa russisch gehört. Es verlief alles gut. Ich erhielt «Magna cum laude» und war nun Dr. phil.

Als ich nach der Prüfung nach Zwätzen kam, zählte ich mein Vermögen. Es waren insgesamt 4.– Mark, mehr nicht. Ich mußte mich also sofort nach einem Verdienst umsehen. Wo fand ich so rasch etwas?

Da fiel mir ein, daß der Hausmeister und Laborant am Physiologischen Institut vor kurzem gestorben war und Biedermann dringend einen Ersatz brauchte. Diese Arbeit war ich bereit vorübergehend zu übernehmen, um in Verbindung mit der Universität zu bleiben. Der Hausmeister mußte alles machen: die Öfen heizen, denn es war keine Zentralheizung vorhanden, die Versuchstiere füttern und in den Laboratorien helfen. Aber warum sollte ich es nicht tun und in der freien Zeit wissenschaftlich arbeiten. Ich ging gleich zu Biedermann und erklärte ihm meinen Wunsch. Aber er wollte nichts davon wissen, sondern sagte, er kenne den Botaniker Kniep in Würzburg gut und wolle ihm schreiben, ob er nicht eine Stelle für mich wüßte. Da mußte ich ihm sagen, daß ich keinen Tag ohne Verdienst bleiben könnte. Darauf sprach er mit seinem Extraordinarius für physiologische Chemie, der eine Hilfskraft brauchte, um die chemischen Reagenzien für die Praktika und die Übungsanalysen zu richten. Dieser war bereit, mir 100 Mark monatlich für diese Arbeit zu zahlen. Damit konnte ich wie bisher knapp auskommen.

Bald las ich in einer botanischen Zeitschrift ein Stellenangebot der Landwirtschaftlichen Versuchsstation in Halle, die einen Assistenten für 150 Mark monatlich zum 1. März 1920 suchte. Es war auch sehr wenig, aber ich bewarb mich und erhielt die Stelle.

So ging meine Zeit in Jena zu Ende. Es war nicht nur eine harte Arbeitszeit, sondern sie hat mir auch viel Schönes gegeben. Vor allem die langen Wanderungen sonntags in der schönen Umgebung von Jena, bei denen man die interessante Flora kennen lernte. Eine geologische Exkursion führte Saale-aufwärts aus dem Muschelkalkgebiet um Jena in das Buntsandsteingebiet mit sauren Böden und viel moosreichem Nadelwald. Der Wechsel der Flora war sehr auffallend und hier fand ich zum ersten Mal in voller Blüte den Besenginster, den ich in Osteuropa vergebens gesucht hatte.

Auf den Exkursionen um Jena wurde immer so viel von pontischen Steppenelementen gesprochen, zu denen die vielen schönen Orchideen gerechnet wurden. Der Assistent meinte, die würde ich alle aus meiner Heimat Odessa kennen. Aber ich hatte keine einzige gesehen. Erst sehr viel später wurde mir klar, daß man in Deutschland bei den Steppenheide-Arten der trockenen, warmen Kalkhänge nicht zwischen den von Osten einstrahlenden Steppenelementen und den von Süden stammenden Arten des nördlichen Mittelmeergebietes, zu denen die Orchideen gehörten, unterschied.

Die Vorlesung über Ökologie von Stahl befriedigte mich wenig. Er brachte viele interessante Tatsachen, aber es fehlte der große allgemeine Überblick, den man im kleinräumigen Mitteleuropa auch nicht erhalten konnte. Allerdings hatte Stahl Forschungsreisen nach Mexico und nach Java gemacht, also eine ganz andere Welt gesehen. Aber auch von dort brachte er nur Einzeltatsachen.

Das ist die Schwäche fast aller Vorlesungen. Sie werden mit Einzeltatsachen vollgespickt, die man viel besser den Lehrbüchern entnehmen kann, die großen Zusammenhänge gehen dabei meist verloren.

Ich war mir im klaren darüber, daß ich zwar den Doktor erworben hatte, daß jedoch mein Wissen noch sehr lückenhaft war. Es war auch kein Wunder; denn meine acht Semester standen ja nur auf dem Papier, in Wirklichkeit waren es nur wenig über 4½ geregelte Semester gewesen. Es galt also noch vieles nachzuholen.

Besonders anregend waren von Jena aus die Ausflüge nach Naumburg, Weimar und andere Stätten mit Kunstdenkmälern, etwas was es in dieser Art in Osteuropa nicht gibt; denn dort fehlt durch das Tatarenjoch das Mittelalter sowie die Renaissance, und der Klassizismus wurde importiert. Dagegen war es für mich, der ich im Ausland aufgewachsen war, sehr schwer, gesellschaftlichen Kontakt zu bekommen. Gerade diese damaligen besseren Kreise, im Gegensatz zu den einfachen Leuten, schienen mir merkwürdig gehemmt und engherzig zu sein. Ein ungezwungener Verkehr, wie bei uns zu Hause, bei dem ein unangemeldeter Besuch, auch wenn er unbekannt war, einfach mit an den Familientisch gesetzt wurde, war undenkbar.

Die gute Stube oder der Salon ist mehr ein Museumsraum und hat den Zweck, einen Einblick ins Familienleben zu verhindern. Selbst die Kommilitonen, die in den Vorlesungen nebeneinander saßen, sprachen selten miteinander, wenn sie nicht einander vorgestellt wurden. Besonders die Verbindungsstudenten wirkten unnatürlich und eingebildet. Viele verloren ihre steten Hemmungen und legten ihre Maske erst unter dem Einfluß von Alkohol ab. Wahrscheinlich ist dieser deshalb so beliebt. Ohne ihn gab es keine Geselligkeit. Mit dem Wein wird, wie sonst nirgends auf der Welt, ein Kult getrieben. Wein zu trinken und erst recht eine Weinprobe ist fast eine heilige Handlung.

Doch machten mein Freund Kordes und ich die Bekanntschaft mit dem Studenten der Germanistik Louis und zwei jungen Mädchen, die alle aus dem Baltikum stammten. Letztere verdienten sich ihren Lebensunterhalt durch Büroarbeiten und luden uns einmal zu einer Tasse Kaffee zu sich ein; es ergab sich eine sehr ungezwungene Unterhaltung, wobei auch das Thema Schüchternheit angeschnitten wurde. Das war ein schwacher Punkt bei mir. Trotz meines Arbeitseifers waren mir junge Mädchen durchaus nicht gleichgültig, aber kam ich mit ihnen zusammen, so fand ich nicht den leichten Ton, sondern überlegte immer, worüber sprichst du nun und das umsomehr, je besser mir das Mädchen gefiel. Deshalb stellte ich jetzt den beiden die Frage, wer von uns dreien der schüchternste sei und war überzeugt, sie würden mich nennen. Aber sie nannten einen der Freunde. Ich war so überrascht, daß ich sofort wieder fragte, wer denn der am wenigsten Schüchterne sei, worauf die Antwort kam: «Nun, Sie natürlich!» Ich war platt. Doch gleichzeitig war ich von diesem Minderwertigkeitsgefühl befreit. Wenn die Mädchen nicht merken, wie schüchtern ich bin, dann brauche ich mir auch keine Gedanken zu machen und kann mit ihnen genauso reden, wie mit jedem anderen. Kleine Ereignisse – große Wirkung.

Schüchternheit ist eine Art Eitelkeit, die Angst sich zu blamieren und der Wunsch, einen guten Eindruck zu machen. Aber die Unbefangenheit ist auch eine Gefahr, insbesondere, wenn man später als junger Dozent der «scientia amabilis» viele Schülerinnen in Praktikum und Vorlesung hat und merkt, daß ihr Eifer nicht nur dem Wissensdrang entspringt und noch dazu in Heidelberg! Ein tragischer Fall lehrte mich, eine wie große Verantwortung man trägt, so daß man sich nicht ausleben, sondern ständig zügeln muß, um Unheil zu verhindern.

Es kamen mir folgende Worte als Verhaltungsmaxime:
Die Tage, die vorübergehen,
Du wirst sie niemals wiedersehen.
Was du gefehlt in deinem Leben,
Es gut zu machen nimmermehr,
Wird dir in Zukunft je gegeben.
Drum handle so, daß dich's nicht reut,
Wenn du zum Hades steigst hernieder,
Was einmal war, kehrt nicht mehr wieder
Und was getan ist, ist getan.

2. Zwischenspiel in Halle a. d. Saale

Noch bevor ich nach Halle ging, kam plötzlich ein Brief von Professor Jost aus Heidelberg: Kniep hätte ihm mitgeteilt, ich suche eine Assistentenstelle, er brauche einen Assistenten zum 1. April, das Gehalt sei gering, aber mit 32 Jahren gebe es eine Zulage, er nehme an, ich sei etwa so alt.

Assistent bei Jost! dessen Werk «Vorlesungen über Pflanzenphysiologie» ich in Odessa so gründlich studiert hatte! Ich sprang vor Freude fast bis zur Decke, schrieb ihm aber, daß ich leider erst 21 bin, was ihn, wie er mir später sagte, sehr amüsiert hatte.

In Halle war eine monatliche Kündigung ausgemacht. Ich konnte also am 1. März gleich zum 1. April kündigen.

Als ich beim Dienstantritt dem Leiter der Versuchsstation Dr. Heinze gleich mitteilte, daß ich eine günstigere Assistentenstelle in Heidelberg gefunden hätte und zum 31. März kündigen wolle, war er natürlich wenig erfreut, meinte aber, er hätte den Behörden gleich mitgeteilt, daß man für 150.– Mark monatlich niemanden finden würde. Er gab mir keinen Arbeitsauftrag. Ich mußte meine Dienstzeit natürlich absitzen und benützte die Zeit, um alle Methoden der Bodenanalysen und der Futtermittelanalysen für mich auszuprobieren. Das wäre meine Aufgabe gewesen. So konnte ich die Zeit nützlich verwenden und diese Kenntnisse kamen mir später in Südwestafrika sehr zustatten. Ein Zimmer hatte ich in der Friedensstraße 24 in einer vornehmen Villa gefunden bei einem pensionierten Gymnasialprofessor für alte Sprachen, dem seine Schwester den Haushalt führte. Wahrscheinlich hatte das Wohnungsamt sie gezwungen, ein Zimmer zu vermieten und sie vermieteten das, welches man in guten Familien am wenigsten benutzt – die gute Stube oder den Salon. Es war ein großes Zimmer mit einem riesigen Fenster mit Blick auf die Straße und den gegenüberliegenden Park. Ins Zimmer war ein Bett und Waschtisch hereingestellt und ein Teil der guten Möbel drin gelassen. Es wirkte unharmonisch und ungemütlich, aber für einen Monat machte es nichts aus. Fürs Zimmer mit Morgenkaffee zahlte ich 50.– Mark. Es blieben mir zum Leben 100.– nach, in einer größeren Stadt herzlich wenig. Ich habe auch diesen Monat sehr gehungert. Meine Wirtin hatte Mitleid und brachte mir zwischendurch einen Teller Brei. Bis auf den üblichen Morgengruß, bestanden sonst zu den Wirtsleuten keine Beziehungen. In einem Geschäft sah ich sehr billigen Heringsrogen ausgestellt. Rogen ist nahrhaft, ich kaufte ein Pfund. Aber er war so salzig, daß man ihn nicht essen konnte. So mußte ich ihn zunächst in der Waschschüssel mehrmals ausspülen, bis ich ihn mit Brot essen konnte.

In der Friedensstraße, einige Häuser weiter, wohnte der Archäologe Professor Stern, der etwa 1910 aus Odessa an die Universität nach Halle berufen worden war. Er hatte sich einen Namen mit Ausgrabungen der altgriechischen Kolonien an der Nordküste des Schwarzen Meeres, insbesondere bei Chersones, gemacht. Sein jüngster Sohn war mit meinem Bruder sehr eng befreundet gewesen, doch früh gestorben. Ich war jünger, war aber auch im Hause bei Stern gewesen. Ich beschloß deshalb, einen Besuch zu machen, wurde jedoch sehr kühl empfangen, einmal zu einem sehr steifen Mittagessen eingeladen und damit war Schluß. Netter und ungezwungener war der Verkehr bei einer baltischen Flüchtlingsfamilie, die sehr dürftig lebte. Sehr angetan war ich von einer öffentlichen Veranstaltung, den eine Gruppe der Wandervogeljugend gab, ein Frühlingsfest mit Gesang und Tanz. Ich hatte diese Bewegung nicht gekannt, später aber unter meinen Studenten viele gehabt, die aus ihr kamen und bei Exkursionen auf den langen Fußmärschen immer lustig sangen.

Die Zeit in Halle wäre mir kaum in Erinnerung geblieben, wenn nicht plötzlich in der zweiten Märzhälfte der Spartakisten-Aufstand ausgebrochen wäre. Halle wurde besonders stark betroffen.

Die Roten wollten die Stadt einnehmen, stießen aber auf den Widerstand einer Freiwilligen Truppe aus erfahrenen Frontsoldaten. Diese besetzten ein hohes Schulgebäude gleich hinter unserem Hause, stellten oben auf einem Türmchen ein Maschinengewehr auf und schossen über unser Haus hinweg in den Park hinein, wo rote Gruppen vermutet wurden. Plötzlich wachten in mir alle schrecklichen Erinnerungen aus Rußland auf. Sollte ich hier nochmals den ganzen Terror mitmachen? Ich war wie betäubt. Halle war vom Umland abgeschnitten, die Züge gingen nicht. Man konnte nicht hinaus.

Mein Fenster ging direkt in die Richtung der Spartakisten. Wenn von dort das Maschinengewehrfeuer erwidert würde, konnte eine Salve ins Zimmer hereingehen. Meine Wirtsleute schliefen auf der anderen Seite des Hauses. Ich fühlte mich ohne Deckung im Schußfeld, rückte das Bett in die Längsrichtung zum Fenster, stellte alle Matratzenteile als Kugelfang am Kopfende auf und legte mich dahinter direkt auf den Bettrost; so fühlte ich mich etwas sicherer. Die Schießerei nahm schließlich ein Ende. Bald darauf erhielt ich einen Zettel von Professor Stern, ich möchte doch abends herüberkommen. Es waren viele Herren aus der Nachbarschaft dort, und es wurde uns eröffnet, man wolle eine Bürgerwehr begründen, um die Friedensstraße auf der Parkseite zu bewachen, damit man nicht nachts überrumpelt würde. Professor Stern verteilte Gewehre, die er organisiert hatte. Er selbst beteiligte sich nicht. Die Parole wurde ausgegeben und wir rückten aus. Der Gedanke, nun in Deutschland in einen Bürgerkrieg verwickelt zu werden, dessen Grausamkeit ich kennengelernt hatte, war für mich furchtbar. Ich war ziemlich verzweifelt und fühlte mich sehr allein. Niemand, mit dem man sprechen könnte. Lauter fremde Leute, die ganz unpersönlich waren. Verbittert dachte ich, um ihn zu beschützen, war ich Professor Stern gerade gut genug, sonst kümmerte er sich um mich nicht.

Ich schaute von meinem erhöhten Posten in den tieferliegenden dunklen Park hinunter. Alles war sehr ruhig. Da plötzlich vernahm ich unter mir leise Schritte von mehreren Menschen, die sich näherten. Ich verlangte die Parole. Sie antworteten nicht. Ich hob für alle Fälle das Gewehr. Sie gingen aber so langsam und ich hörte, daß sie sich miteinander unterhielten, durchaus nicht wie ein Feind beim Angriff. Ich rief sie lauter an und sie gaben die Parole. Gott sei Dank! Nur die Bürgerwehr. Ob sie überhaupt etwas ausrichten konnte? Vielleicht hatte aber ihr Bestehen schon eine psychologische Wirkung. Schließlich wurde ich abgelöst und konnte nach Hause gehen und schlafen. Denn inzwischen war die Lage so ruhig, daß ich den Dienst im Labor nicht schwänzen durfte. So ging es die nächsten Tage weiter. Aber neben dem Dienst am Tage noch nachts Wache stehen, brachte mich völlig herunter. Da las ich in der Zeitung, daß die Zugverbindung in den Süden wieder aufgenommen wird. Diese Gelegenheit benutzte ich, schrieb an Professor Stern, daß ich mit dem ersten Zug abreisen würde und deshalb das Gewehr abgebe. Es dauerte noch einige Tage, bis ein Zug nach Stuttgart ging, wo ich meine Mutter kurz sehen wollte, um gleich weiter nach Heidelberg zu fahren. Es war der erste April 1920. Erst nach 50 Jahren kam ich nochmals nach Halle, um im Rahmen der Deutschen Akademie der Naturforscher «Leopoldina» einen Vortrag zu halten, der viele Jahre schon fällig war. Denn die Akademie, die nichts mit dem DDR-Regime zu tun hat und die von Professor Kurt Mothes als Präsidenten sehr neutral geleitet wurde, hatte mich 1962 zum Mitglied gewählt. Damals vermied ich jedoch in die Ostzone zu fahren. Zu meinem 50. Doktorjubiläum hatte aber die Universität Jena mein Doktordiplom erneuert, mit der Bedingung es in Jena abzuholen. So fuhr ich im Frühjahr 1970 dorthin und anschließend nach Halle. Bei der kleinen Feier im Rektorat las der Dekan aus den Akten das Gutachten von Stahl über meine Arbeit vor und aus dem Prüfungsprotokoll auch die Prüfungsfragen. Es war der Kreislauf des Stickstoffs gewesen – eine damals neue, sehr aktuelle Frage, inzwischen eine, die ich den Landwirtschaftsstudenten im Vorexamen häufig gestellt habe.

Jena machte einen sehr heruntergekommenen Eindruck. Das Zeiß-Hochhaus paßte nicht ins Landschaftsbild. Die Stadt war bis Zwätzen herangewachsen. Das Bergschlößchen stand noch, die Familie Leutholf war weg. Zwätzen jedoch wie alle Dörfer war ganz heruntergekommen. Ein trauriges Wiedersehen, aber die Menschen freuten sich mit jemandem aus dem Westen ihre Sorgen offen besprechen zu können.

An das Zusammensein mit Mothes in Halle denke ich gerne zurück. Die Stadt war mir dagegen gänzlich fremd, keine schöne Erinnerung.

3. Alt-Heidelberg, du feine . . .

Am 2. April 1920 traf ich in Heidelberg ein, in Heidelberg mit seiner so schönen und klar gegliederten landschaftlichen Umgebung: Die Oberrheinische Tiefebene, ein 40 km breiter Grabenbruch, der sich von Basel bis Mainz erstreckt und aufgewölbte Ränder hat, den Schwarzwald und Odenwald im Osten und die Vogesen und den Pfälzerwald im Westen; am Westhang des Odenwalds die klimatisch begünstigte Bergstraße und an deren Südende dort, wo das Neckartal sich trichterförmig in die Rheinebene öffnet, auf dem linken Neckarufer die eingeengte Altstadt von Heidelberg, während die Vororte, Rohrbach im Süden und Neuenheim mit Handschuhsheim im Norden, sich frei in die Ebene erstreckten.

Heidelberg ist die älteste Universität Deutschlands, alt waren damals, als ich hinkam, auch die Institute, «alt und nicht ehrwürdig», wie der Geologe sagte. Das galt auch vom Botanischen Institut in einem kleinen Garten zwischen Bismarckplatz und Plöck eingezwängt. Klebs hatte die frühere Dienstwohnung seines Vorgängers zu dem Institut ausgebaut. Jost übernahm es nach Klebs Tode als Flüchtling aus dem durch den Krieg verlorenen Straßburg. Mittel zu einem Ausbau waren nicht vorhanden. Es war geplant, die Institute aus der Stadt herauszulegen. Mit dem Botanischen Garten hatte man kurz vor Ausbruch des Krieges begonnen. Er lag 4 km draußen hinter Neuenheim. Aber seitdem ruhte alles. Alle Institutsangehörigen benutzten Fahrräder, um die Verbindung mit dem Garten aufrechtzuerhalten. Autos waren damals noch eine Rarität. Zum Glück! Heidelberg war noch ein ruhiges Städtchen. Heute hat es durch den Verkehr viel von seinem Charme verloren.

Jost war ein idealer Chef (Abb. 3). Er ließ den Assistenten viel Freiheit: die Hälfte der Arbeitszeit fürs Institut, die andere Hälfte für eigene wissenschaftliche Arbeit. Ich faßte sofort volles Vertrauen zu ihm. Mit mir zusammen wurde am selben Tage als Assistentin Erna Schenck eingestellt, die Tochter des Botanikers H. Schenck in Darmstadt. Sie hatte bei Klebs ihre Doktorarbeit abgeschlossen (Abb. 4) und promovierte wie ich gleich nach dem Tode ihres Doktorvaters. Sie kannte sich in Heidelberg gut aus und zeigte mir die Stadt und die Umgebung. Wir beide mußten mit dem knappen Assistentengehalt auskommen, so kam es, daß man zusammen in die Volksküche ging, die den Studenten als Mensa diente. Es gab zwei Volksküchen und die Qualität des Eintopfs, den man bekam, war an den einzelnen Tagen sehr verschieden. Deshalb rief man zunächst an, was es gäbe und entschied sich dann für die eine oder andere Volksküche. Aber bald wurde das ruchbar und es wurde keine Auskunft mehr erteilt. Zwischen uns entstand gleich ein freundschaftliches Verhältnis und 1924 wurde sie meine Frau und Lebensgefährtin auf allen Forschungsreisen in der ganzen Welt. Ihr Vater war in Brasilien und Mexico gewesen, hatte den Kindern viel erzählt, so daß auch bei ihr früh der Wunsch wach wurde, unbekannte Länder kennen zu lernen. Dieses Zusammentreffen am 2. April 1920 war eine richtige Fügung.

Sonst waren am Institut noch der Extraordinarius Hugo Glück, ein Morphologe und Systematiker, Spezialist für Wasserpflanzen, ein Original, von dem ich noch berichten werde, sowie der Privatdozent Lieske, mikrobiologisch interessiert und unzertrennlich mit seinem Meerschweinchen, das immer bei ihm war oder in seinem Zimmer herumlief und einen mit Gequietsch empfing, wenn man hinein kam. Außerdem arbeiteten im Institut noch einige Doktoranden von Jost. Nicht zu vergessen ist auch der Hausmeister Winter, ein großer Hundezüchter.

Der Vorteil der kleinen, alten Institute war, daß man mit allen in ständigem Kontakt stand, wie in einer großen Familie. Ich war in diesem Kreise der jüngste und wurde als «Wunderkind» bezeichnet, selbst jünger als die meisten aus dem Kriege kommenden Studenten (Abb. 5).

Meine erste Aufgabe war die Vorbereitung der großen experimentellen Vorlesung, die Jost im Sommer als «Allgemeine Botanik» auch für die vielen Medizinstudenten hielt. Sie war reich an Demonstrationsmaterial, Tafeln und physiologischen Experimenten, die klappen mußten. Ein physiologisches Praktikum fehlte mir. Jetzt konnte ich es nachholen. Ich bereitete die Vorlesung nicht nur vor, sondern hörte sie auch mit viel Gewinn mit an.

Gleich für die erste Vorlesung mußte man lebende Substanz – das Protoplasma – beschaffen. Zu diesem Zweck fuhr man mit dem Rade das Neckartal aufwärts bis zum Harlaß, wo sich eine Gerberei befand. In ihren Lohehaufen lebt ein Schleimpilz, *Fuligo varians*, dessen dünne Fäden als nacktes Protoplasma die Lohe, d. h. die ausgebrauchte Eichenrinde durchziehen. Man nimmt eine größere Menge Lohe mit diesen dünnen, gelben, schleimigen Fäden mit und muß im Laboratorium den beweglichen Pilz herauslocken. Zu diesem Zweck wird die Lohe auf ein Blatt Filtrierpapier gelegt, dessen oberes Ende in ein Gefäß mit Wasser taucht, so daß ein langsamer Wasserstrom von oben nach unten durch das Papier fließt. Das veranlaßt den Lohepilz gegen den Strom (rheotaktisch) auf das Papier hinauszukriechen, so daß man ihn schön demonstrieren kann. Man hatte dann reines Protoplasma vor sich, das sonst bei Höheren Pflanzen in vielen Zellen eingeschlossen ist. Sofort mußte ich an meine Verdauungsversuche mit Nährhefe denken. Mit diesem nackten Plasma konnte man viel besser arbeiten. Ich besprach mich mit Jost und er riet die Untersuchung durchzuführen. So kam die dritte Arbeit «Ein Beitrag zur chemischen Konstitution des Protoplasmas» (Biochem. Ztschr. 122, 1921) zustande. Es zeigte sich, daß das Protoplasma der Schleimpilze sich wie das von Höheren Pflanzen verhält und nicht wie das der Nährhefe.

Josts Spezialgebiet war die Reizphysiologie. Er war sehr kritisch und ließ die Ergebnisse anderer nachprüfen, wenn sie ihm nicht eindeutig erschienen. Er gab mir eine Arbeit von Blaauw, nach der die Reizkrümmungen der Pflanzen bei einseitiger Einwirkung des Lichts nur auf verschiedenes Wachstum der verschieden gereizten Seiten zurückzuführen sein sollten. Jost war damit gar nicht einverstanden. Er riet mir die Arbeit zu lesen und mir zu überlegen, ob ich nicht die Ergebnisse nachprüfen wolle. Mir schien die Arbeit von Blaauw und die Deutung der Ergebnisse sehr einleuchtend. Eine Nachprüfung könnte mit einem anderen Reiz geschehen – mit hydrotropischen Krümmungen, d. h. unter Einwirkung von verschiedener Feuchtigkeit. Jost war damit einverstanden.

Um andere Reize auszuschalten, mußte in einer Dunkelkammer mit konstanter

51

Temperatur gearbeitet werden, was bei den Ablesungen in Abständen von wenigen Minuten sehr anstrengend war. Denn man mußte in der Kammer bleiben oder dauernd nach der Uhr sehen und rasch hinlaufen. Aber nach einigen Monaten konnte ich die Ergebnisse vorlegen, die Blaauws Ansicht vollkommen bestätigten. Ich fügte einige theoretische Betrachtungen bei und legte das Manuskript Jost vor. Nach einigen Tagen gab er es mir zurück mit der Bemerkung, so könnte ich es nicht drucken lassen. Gegen die Versuchsergebnisse hatte er nichts einzuwenden, aber der theoretische Teil müsse wegbleiben. Ich sah es nicht ein. Wir einigten uns, daß er die Arbeit ohne Kommentar an den Herausgeber der «Zeitschrift für Botanik», es war Kniep in Würzburg, sendet. Wenn Kniep Einwände hätte, dann müßte ich das Manuskript umarbeiten. Doch Kniep nahm die Arbeit ohne Vorbedingung an. Sie erschien 1921 (Wachstumsschwankungen und hydrotropische Krümmungen bei Phycomyces nitens). Ich rechnete es Jost sehr hoch an, daß keine Mißstimmung aufkam. Nicht jeder Ordinarius hätte so gehandelt.

Meine floristischen Kenntnisse waren noch sehr unvollständig. Die botanischen Exkursionen hielt Prof. Glück ab, er hatte gegen meine Teilnahme nichts einzuwenden.

Wie ich sagte, war er ein Original, unverheiratet und ungepflegt. Auf den Exkursionen lief er mit einem großen Schirm in der Hand allen voraus, die Exkursionsteilnehmer kamen kaum mit, von einem Standort einer seltenen Pflanzenart zum anderem. Mir lag jedoch daran, möglichst alle Pflanzenarten kennen zu lernen, so scheute ich mich nicht, ihn dauernd im Gehen zu fragen. Ein solches Interesse war ihm ungewohnt und er gab gerne über alles Auskunft. Nur so konnte man etwas bei ihm lernen. Systematisch war er sehr bewandert, aber Physiologie war für ihn keine Botanik. Seine Einseitigkeit kommt in folgendem zum Ausdruck: Er hatte eine besondere Seerose in Italien gesucht und war von Norditalien bis vor die Mauern von Rom gekommen und da, so erzählte er mir, wollte er seinen alten Lateinlehrer ärgern und ihm sagen: «Ich bin bis nach Rom gekommen und bin nicht hineingegangen». Er fügte hinzu: «Sagen Sie, Herr Doktor, können Sie sich vorstellen, daß an diesen alten Mauern etwas Interessantes zu sehen ist?». Beim Botanisieren in Ungarn verdächtigte ihn die Polizei wegen seines Aussehens, daß er ein Spion sei. Er wurde festgenommen und es dauerte lange, bis man ihm glaubte, daß er ein Botanikprofessor sei. Auf einer Exkursion hatte er sein Vesperbrot vergessen; er ging in einen Bäckerladen und nahm sich einige Brötchen. Als er fragte, was es kostet, sah die Bäckersfrau seine Kleidung mitleidig an und sagte: «Vergelts Gott». Aber als Wasserpflanzenspezialist war er international bekannt. Deshalb lud ein englischer Lord, der ähnliche Interessen hatte, ihn auf sein Schloß ein, damit er die Wasserflora der Umgebung untersuche. Er bekam ein großes Zimmer, in dem viele Glasschränke mit kostbarem Porzellan standen. Als der Lord nach einigen Tagen Glück in seinem Zimmer aufsuchte, um sich nach den Sammelerfolgen zu erkundigen, blieb er erstarrt an der Tür stehen. Glück hatte aus den Schränken die wertvollen Gefäße auf den Tisch gestellt und aus jedem schaute eine Wasserpflanze heraus.

Das Sommersemester verging rasch und schön. Im August kam eine Anzeige, daß junge Biologen gesucht würden, um bei der Reblausbekämpfung in den Weinbergen Südwest-Badens zu helfen. Das war ein kleiner Nebenverdienst und zugleich Ferien in guter Luft. Ich meldete mich und Erna Schenck machte mit, ebenso ein botanisch interessierter Chemie-Doktorand Tüxen. Wir fuhren nach Haltingen nördlich von Lörrach, waren in einem Gasthaus untergebracht und hatten in den Weinbergen am Hang jeden 10. Weinstock zu untersuchen. Jeder arbeitete mit einem Mann, der eine Wurzel von der Rebe ausgrub und wir mußten diese mit der Lupe auf das Vorhandensein der verdächtigen Schwellungen genau prüfen. Infizierte Weinberge sollten vernichtet und der Boden mit Giftmitteln versetzt werden. Zum Glück waren unsere Weinberge intakt. Zwischen den Rebreihen standen Pfirsichbäume mit herrlichen reifen Früchten. Die Versuchung war zu groß. Zwischendurch wich man von der Reihe ab und holte sich einen Pfirsich. Mit einmal ertönte eine wütende Stimme: «Suchet Ihr Rablüs unter die Pfirsichbom?» Es war eine schöne Zeit, man hatte Gelegenheit, auch im Rhein zu baden, sonntags Ausflüge in den Schwarzwald zu machen, freundete sich mit der Dorfjugend an und Tüxen holte sich später aus Haltingen seine Frau.

Im Wintersemester konnte ich meine Mutter zu mir nehmen. Ich fand ein sehr großes Zimmer, das man unterteilen konnte, in einem alten Patrizierhaus am Karlsplatz direkt unter dem Schloß. Der Garten reichte am Hang bis zum Schloß hinauf. Das Zimmer hatte noch Steinboden, aber mit einem Donneröfchen konnte man es heizen und auch im selben Raum kochen. Die Vermieter legten Wert auf sehr ruhige Bewohner. Sie waren alt, sehr eigen, aber nett, so daß meine Mutter zuweilen zu ihnen hinauf gehen konnte. Ich war froh, nicht mehr allein zu sein und auf die Volksküche verzichten zu können.

Im Wintersemester erhielt Jost plötzlich einen Ruf an die Marburger Universität als Nachfolger des verstorbenen Arthur Meyer. Das botanische Institut dort lag mitten in einem schönen botanischen Garten und war räumlich viel besser ausgestattet. Jost nahm den Ruf an, blieb aber im Sommer noch in Heidelberg, weil er in Marburg keine Wohnung fand. Er wollte mich nach Marburg mitnehmen und schickte mich voraus, damit ich mich dort umsähe und wenn er nachkäme, schon alles kenne. So zog ich mit meiner Mutter nach Marburg, wo wir oben auf dem Berge, direkt über dem botanischen Institut 2 Zimmer mit Küchenmitbenutzung bei einer älteren Dame fanden.

4. Marburger Zwischenspiel

Die Stellung der Universität war 1921 in Marburg eine ganz andere als in Heidelberg. Durch den lebhaften Fremdenverkehr, vor allem der vielen Amerikaner, hatte Heidelberg etwas Weltoffenes. Die Universität und die Studenten spielten nicht die vorherrschende Rolle wie in Marburg, das eine richtige kleine provinzielle Universitätsstadt war. Die studentischen Verbindungen feierten ihre Stiftungsfeste ganz öffentlich. Sogar die Prüfungstermine mußten darauf Rücksicht nehmen. Mit Musik und einem Wagen voller Bierfässer zogen sie zum Bismarckturm hinaus; ohne Musik und einem Wagen voller Bierleichen kamen sie heim. Eine Verbindung schlug auf Tonnen mit Brettern Tische und Bänke in der Ketzerbach, einer Sackgasse, auf und jeder Bürger konnte sich mit zum Biertrinken setzen, wobei den ganzen Tag gesungen wurde: «Der Ketzerbach ein Hu-ja-ja, Hu-ja-ja, der Ketzerbach ein Hu-ja-ja, Huu-jaa-jaa!» Besonders stark unter den Verbindungen waren die Pharmazeuten in Marburg vertreten und mit diesen hatte ich es hauptsächlich zu tun, weil sie nicht nur Allgemeine und Spezielle Botanik im Institut hörten, sondern auch Pharmakognosie, alles mit entsprechenden Übungen. Alle Vorlesungen hielt während des Interregnums Prof. Nordhausen, der Extraordinarius. Er war sehr durch seine Schwerhörigkeit gehemmt, was die Studenten ausnutzten, indem sie für die anderen, aber nicht für ihn hörbar freche Bemerkungen über ihn machten. Nordhausen war ängstlich darauf bedacht, daß während seiner Vertretung im Institut nichts wegkam. Alle Schränke mit Apparaten wurden unter Verschluß gehalten, so daß man praktisch wissenschaftlich nicht arbeiten konnte. Aber ich hatte genug zu tun, um mich in die Pharmakognosie und die Drogenuntersuchungen einzuarbeiten. Das Hobby von Nordhausen war die Bienenzucht, was man daran erkannte, daß er zuweilen mit stark verschwollenem Gesicht ins Institut kam, wenn die Bienen ihn gestochen hatten. Außer mir war in dieser Zeit nur ein zoologischer Doktorant als Hilfsassistent im Institut tätig.

In Marburg gab es eine Burse für Auslandsdeutsche, an der Seminare abgehalten wurden. Das interessierte mich. Ich nahm daran Teil und bekam Kontakt zu einer großen Gruppe von Siebenbürger Deutschen, die in Marburg studierten. Die Kasseler Gegend war ja ihr Ursprungsland gewesen. Ich nahm immer an allen geselligen Veranstaltungen teil. Die Siebenbürger waren fröhlich und sangeslustig. Im Seminar kam auch die Wehrpflicht zur Sprache. Ich übernahm das Gegenreferat und brachte meine Erfahrungen aus dem ersten Weltkrieg vor, die für die Ablehnung der allgemeinen Wehrpflicht zeugten. Das war dem Seminarleiter nicht recht, er wies jedoch auf die besondere persönliche Situation hin. Aber in der hätten sich auch die Siebenbürger befunden, wenn im Krieg Rumänien nicht so rasch von Deutschland überrannt worden wäre.

Botanisch war die Umgebung von Marburg wenig interessant. Die Flora im Buntsandsteingebiet ist arm, ebenso auf der Grauwacke des Schiefergebirges. Erst gegen Gießen hin wurde sie reicher. Ich nahm regelmäßig an den sehr guten geologischen Exkursionen teil.

Erna Schenck wollte mir den richtigen Deutschen Rhein zeigen und wir trafen uns in Caub und liefen über Rüdesheim zur Germania herauf. Sie war aber sehr enttäuscht, als ich beim ersten Blick auf den Rhein ausrief: «Was, so klein ist er»; denn schon die Narova in Estland ist als Strom viel imposanter und erst recht die breite Neva bei St. Petersburg. Aber die Landschaft ist mit den vielen Burgen sehr romantisch, nur wirkt im Vergleich zu Osteuropa alles lieblich, aber kleinräumig. Es fehlt die Weite.

Im Herbst wurden Stipendien für einen Kurs auf Helgoland in den Berichten der Deutschen Botanischen Gesellschaft ausgeschrieben. Ich bewarb mich darum, ebenso Erna Schenck von Heidelberg aus. So lernten wir gemeinsam die geheimnisvolle Welt des Meeres mit den Algenwäldern kennen, die an den Klippen von Helgoland so schön ausgebildet ist und die man während Niedrigwasser auch vom Land so leicht erreichen kann. Wer die Algen nur als Alkoholmaterial im Praktikum kennenlernt, kennt ihre Schönheit nicht. Mich interessierte das ökologische Problem der Algenzonation und vor allem die kleine Alge *Bangia fuscopurpurea* in der obersten Spritzzone. Bei Sturm wird diese Alge vom Meerwasser bespült, bei stiller See und Sonnenschein trocknet sie ganz aus und ist mit Salzkristallen bedeckt, aber bei Regen wird sie von reinem Wasser benetzt. Wie hält sie diese Extreme aus?

Unter dem Mikroskop konnte man das Volumen des Zellinhalts mit kleinen Vakuolen in Meerwasser, nach Übertragung in destilliertes Wasser oder in konzentrierte Salzlösung ausmessen und feststellen, daß das Plasma im destillierten Wasser stark aufquillt und die inneren Zellwandschichten zusammenpreßt, während diese aufquellen, wenn das Plasma in konzentrierter Salzlösung ganz entquillt. Bisher hatte man in der botanischen Literatur immer den Quellungszustand des Plasmas als konstant betrachtet, weil angeblich das Quellungswasser ganz fest gebunden ist. Auch das antagonistische Verhalten der Membran war neu, ebenso das Fehlen einer Plasmolyse. In einem Algenfaden fand man stets einige zerdrückte tote Zellen, die dem Auf- und Entquellen nicht standhielten und abstarben. Die obere benachbarte Zelle bildete am basalen Ende dann Haftfäden-Rhizoiden aus, die innerhalb der gequollenen inneren Zellwandschichten abwärts wuchsen. Diese Verhältnisse kausal zu entwirren, war eine lohnende Aufgabe und in Marburg setzte ich die Untersuchungen mit ähnlicher Fragestellung an Süßwasseralgen fort.

Der Winter 1921/22 ist mir in schlechter Erinnerung. Denn in unserem Hause, in dessen drittem Stockwerk wir wohnten, waren die Wasserleitungs- und Abwasserröhren an der Außenwand des Hauses verlegt, als ob man in den Tropen wäre. Als eine lange Frostperiode einsetzte, fror alles zu. Man war ohne Wasser und hatte keinen Ausguß. Alles Wasser mußte eimerweise aus dem Keller geholt werden, dort mußten auch die Eimer geleert werden. Und das im fortschrittlichen Deutschland! Ich litt weniger darunter, da ich mich den ganzen Tag im Institut aufhalten konnte, aber meine Mutter hatte es sehr schwer.

Da kam eine weitere Überraschung. Jost schrieb, daß er in Marburg keine Wohnung finde, während man ihm in Heidelberg eine große Villa zur Verfügung stellen wolle. Er hätte sich deshalb entschlossen, den Ruf nach Marburg doch nicht anzunehmen. Er habe jedoch ausdrücklich vereinbart, daß ich meine Stelle in Heidelberg wieder bekäme und mir das Jahr in Marburg angerechnet würde. Ich war über diese Wende sehr froh. Auch die Möglichkeit, mich in Heidelberg zu habilitieren, wurde mir zugesichert.

Den Ruf nach Marburg bekam nun Claussen, mein Lehrer in Dorpat. Er kam zur Besichtigung des Instituts und bot mir an, bei ihm als Assistent in Marburg zu bleiben. So mußte ich zwischen Jost und Claussen wählen. Aber ich kam zu dem Schluß, Claussen sei ein ausgezeichneter Lehrer, aber er war pedantisch bis zum Perfektionismus und veröffentlichte fast nichts, weil es ihm immer noch nicht genau genug war. Die Forschungsfreiheit wie bei Jost hätte ich nicht gehabt; und auf die kam es mir an. So wählte ich Heidelberg. Nach vielen Jahren kurz vor seiner Emeritierung besuchte ich nochmals Claussen in Marburg. Er zeigte mir voller Stolz die vielen vorzüglichen Tafeln zur Entwicklungsmorphologie der Pflanzen, die er alle selbst gezeichnet hatte. Ich flehte ihn an, diese doch zu veröffentlichen, aber er meinte, es sei noch zu früh. Er wolle das Institut seinem Nachfolger in absoluter Ordnung hinterlassen. Alle Apparate waren katalogisiert und mit ihren Fotos und Gebrauchsanweisungen in dicken Folianten beschrieben. Alles tip top. Es war eine Tragödie, daß mehrere Botaniker, die den Ruf als Nachfolger erhielten, ihn ablehnten mit der Begründung, die Einrichtung des Instituts genüge ihnen nicht. Seitdem habe ich einen Horror vor dem deutschen Perfektionismus. Nur wenige Doktorarbeiten waren bei Claussen gemacht worden, jede hatte viele Jahre in Anspruch genommen. Was wäre aus mir in Marburg geworden?

5. Wieder in Heidelberg und Dozentur

Nun folgten wieder viele schöne Jahre. Prof. Lieske verließ das Institut und an seine Stelle kam Frl. Dr. von Ubisch, die gute genetische Arbeiten gemacht hatte, aber in den schwierigen 40er Jahren war. Ich sollte das tägliche Große Praktikum vormittags betreuen, Frl. von Ubisch nachmittags. Die Studenten konnten wählen, ob sie vor- oder nachmittags arbeiten wollten. Die Studenten vertrugen es nicht, daß man sie herablassend behandelte, ich war in ihrem Alter, so kamen alle vormittags ins Praktikum und nachmittags nur einige wenige, die vormittags keinen Platz mehr fanden.

Das botanische Institut lag gegenüber dem zoologischen, man schaute direkt durch die Fenster hinein. Es ergab sich eine sehr nette Gruppe von jungen Botanikern und Zoologen, viele aus der Wandervogelzunft. Es wurde viel über Tod und Teufel diskutiert oder man traf sich abends zu einem ungezwungenen Zusammensein. Es gab auch fröhliche Faschingsveranstaltungen. Ich konnte nachholen, was mir während des Studiums nicht vergönnt gewesen war.

Inzwischen machte sich immer mehr die Inflation bemerkbar. Sie wurde so arg, daß man sein Gehalt täglich in der Frühe abholen mußte; denn um 12 Uhr kam der neue Kurs heraus und das Geld war nur noch die Hälfte wert. Vor 12 Uhr mußte man es in Waren anlegen, einerlei was man kaufte. Bald rechnete man nur mit Millionen, dann sogar in Billionen. Aber plötzlich führte der Direktor der Reichsbank Schacht eine neue Mark ein, deren Wert durch eine bestimmte Getreidemenge garantiert war und man hatte Ende 1923 wieder eine stabile Währung, nur hatten alle ihr Kapital verloren. Ich hatte keins und wurde somit nicht betroffen. Der Spuk war wie durch ein Wunder vorbei. Man konnte sich wieder der Arbeit widmen.

Inzwischen hatte ich meine zellphysiologischen Untersuchungen fortgesetzt und durch Zufall bei einer Wanderung in einem Bächlein mit sehr reinem Wasser die Alge *Lemanea* gesammelt. Es ist eine von den seltenen Rotalgen, die im Süßwasser leben. In ihr fand ich besondere vakuolenfreie Zellen (Karposporen), die es mir erlaubten genaue Messungen der Protoplasmaquellung auszuführen, meine Arbeit über «Protoplasma- und Membranquellung bei Plasmolyse» abzuschließen und sie als Habilitationsschrift einzureichen. Sie sollte die ganze Richtung meiner weiteren Arbeiten bestimmen.

Man kann sich frühestens 6 Semester nach der Promotion habilitieren. Diese Frist war gerade abgelaufen und die Fakultät nahm die Arbeit an. So wurde ich 1923 mit 24 Jahren Dozent. Die jungen Kollegen an den anderen Instituten murrten darüber, daß Jost mich so früh zugelassen hatte, aber Ruhland, der sehr kritisch war, hatte in einem Referat die Arbeit sehr gut besprochen, was auch Jost befriedigte.

Nun mußte ich das Thema meiner Antrittsvorlesung bestimmen. Mit einem Mal erwachte wieder das Interesse für die ökologische Vegetationskunde. Ich hatte nebenbei dauernd versucht, mich auf pflanzengeographischem Gebiet zu orientieren. Jost gab mir Gradmanns «Pflanzenleben der Schwäbischen Alb». Das war etwa die Richtung, aber mehr populär als wissenschaftlich. Die klassischen Werke von Schimper und Faber über die Vegetation der Erde begeisterten mich sehr, ich konnte sie jedoch für Deutschland nicht anwenden. Oltmanns «Pflanzenleben des Schwarzwaldes» war eher für den Schwarzwaldverein als für Biologen geschrieben. Auch öffentliche Vorträge an Universitäten mit pflanzengeographischen Themen waren meist populär und mit vielen schönen Lichtbildern illustriert. Mir schwebte eine streng wissenschaftliche Pflanzengeographie vor, oder, wie man heute sagt, eine ökologische Geobotanik.

Schließlich wählte ich als Thema der Antrittsvorlesung: «Die Vegetation Osteuropas und des Kaukasus in Abhängigkeit von Klima und Boden». Um den Hörern eine visuelle Vorstellung dieser Gebiete zu geben, konnte ich Diapositive verwenden, die Klebs 1912 auf einer Exkursion ins untere Wolgagebiet und den Kaukasus gemacht hatte. Der Hörsaal war voll und der Vortrag ein Erfolg.

Wenn man sich in ein neues Gebiet einarbeiten will, so ist das beste Mittel, eine entsprechende Vorlesung anzuzeigen. Dann muß man sich über alle Fragen Klarheit verschaffen und merkt sofort, wo man sich nicht sicher fühlt. Deshalb zeigte ich als erste Vorlesung an: «Einführung in die Pflanzengeographie Deutschlands» (1stündig). Vorlesungen der Privatdozenten sind keine Pflichtvorlesungen. Sie müssen gehalten werden, wenn außer dem Dozenten noch zwei Studenten anwesend sind. «Tres faciunt collegium», lautet die Bestimmung. Auch zu mir kamen zunächst nur wenige, die mich gut kannten. Aber das Interesse wuchs, es sprach sich herum, und ich hatte die Genugtuung, daß gegen Ende des Semesters die Zahl der Hörer zunahm; es kamen viele Schwarzhörer, aus reinem Interesse.

Im ersten Jahr machte die Vorlesung viel Mühe, aber mit der Zeit hatte ich immer mehr Material beisammen und konnte eine allgemeine Übersicht geben. Sehr zugute kam mir eine Tagung der Oberrheinischen Geologischen Vereinigung im Federseegebiet, auf der ich Gams traf.

Er kannte sich in Mooren und der ganzen postglazialen Vegetationsentwicklung aus und konnte mir alles im Federsee-Gebiet erläutern. Er besaß ein Haus am Bodensee und lud mich ein, mit Studenten, die er unterbringen könnte, eine Exkursion unter seiner Führung im Bodenseegebiet zu organisieren, was ich auch tat. Für die großen Ferien wurde ein Stipendium an der Biologischen Station in Lunz am See (Nieder-Österreich) ausgeschrieben. Sie liegt in einer herrlichen Gebirgsgegend, allerdings gehen die Berge nur wenig über die Waldgrenze hinaus. Auch dort kannte sich Gams gut aus. Erna Schenck war wieder dabei. Zu dritt durchstreiften wir die ganze Gegend und übernachteten mehrere Tage in der Oberseehütte in 1100 m Höhe. Gams beachtete die Zusammenhänge zwischen Standortbedingungen und Pflanzengemeinschaften, also die ökologischen Verhältnisse, was mir weiter half.

Von großer Bedeutung war auch die Möglichkeit, an einer Exkursion von Oltmanns, der den botanischen Lehrstuhl in Freiburg inne hatte, in die Hochalpen zur Freiburger Hütte an der Roten Wand teilzunehmen. Zwar war diese Exkursion mehr floristischer Natur, aber ich lernte die reiche Flora der Kalkalpen und die herrlichen Berge kennen.

Oltmanns, dessen Spezialgebiet die Algen waren, hatte am so günstig gelegenen Institut in Freiburg die Exkursionen sehr gut organisiert. Der Kaiserstuhl, der Isteiner Klotz, das Feldberggebiet und die Alb bei Geisingen, alles bekannte Florengebiete mit xerothermen oder alpinen Reliktstandorten, waren von Freiburg aus leicht zu erreichen. Darüber hinaus war aber Oltmanns auch der einzige Botaniker, der große Exkursionen ins Ausland organisierte, nach Österreich ins Hochgebirge und an die Oberitalienischen Seen. 1923 durfte ich nochmals an der Letzteren teilnehmen, die mich tief beeindruckte. Auf ihr traf ich wieder mit Erna Schenck zusammen, die inzwischen die Assistentenstelle in Heidelberg aufgegeben hatte, da sie nicht die Absicht hatte sich zu habilitieren, was die Voraussetzung für ein längeres Verbleiben war. Sie arbeitete sich einen Winter in die Probleme der angewandten Botanik an der Biologischen Anstalt in Berlin ein, um dann eine Stelle zuerst in Kleinwanzleben, wo Zuckerrüben gezüchtet wurden, und darauf an der Weinbauschule in Oppenheim anzunehmen. Das linksrheinische Gebiet war damals von den Franzosen besetzt. Männer gingen deshalb ungern dorthin, weil sie zu sehr der Willkürherrschaft ausgesetzt waren. Für Frauen war die Gefährdung geringer.

Beim Wiedersehen auf dieser Exkursion haben wir uns heimlich verlobt und heirateten zu Weihnachten 1924. In Heidelberg fanden wir eine kleine Wohnung in der Schröderstraße. Meine Mutter wohnte in unserer Nähe und versorgte bald darauf meine Schwester in Berlin, die dort eine eigene Wohnung hatte. Sie blieb dort, bis sie im zweiten Weltkrieg ausgebombt wurde.

Nach der Heirat konnten wir die pflanzengeographisch-ökologische Arbeit auf den Exkursionen, die ich nun im Rahmen meines Lehrauftrages intensiv ausbaute, gemeinsam fortsetzen. Es kam zu einer Arbeitsteilung. Meine Frau Erna spezialisierte sich auf das Fotografieren und die Bearbeitung der Sammlungen, was sie von ihrem Vater her gut kannte, während ich mich ganz den ökologischen Untersuchungen widmete. Das bedeutete für mich, namentlich später auf den großen Forschungsreisen, eine sehr große Entlastung.

Inzwischen hatte gerade das Zeitalter der «Experimentellen Ökologie» begonnen. Schimper und Warming hatten ihre ökologischen Ansichten hauptsächlich auf Grund von Beobachtungen geäußert. Jetzt begann man sie experimentell zu überprüfen. Fitting hatte die osmotischen Verhältnisse bei Wüstenpflanzen plasmolytisch geprüft (1911), Montfort beschäftigte sich seit 1918 mit dem Problem der physiologischen Trockenheit der Hochmoore und konnte sie nicht bestätigen, Stocker (1923) bestimmte quantitativ die Transpiration der xeromorphen Heidepflanzen unter natürlichen Bedingungen. Der Wasserfaktor in seiner Bedeutung für die Entwicklung der Pflanzen wurde zum Hauptthema. Ich ging vom Quellungszustand des Protoplasmas aus, der von der Zellsaftkonzentration abhängt, und veröffentlichte 1924 die Arbeit «Plasmaquellung und Wachstum». Außerdem schrieb ich eine kritische Zusammenfassung über den «Wasserhaushalt der Pflanze in quantitativer Betrachtung» (1925) und das «Xerophytenproblem in kausal-physiologischer Betrachtung» (1926). In Lunz am See war mir der Leiter der Station, Prof. Ruttner, so freundlich entgegengekommen, daß ich mit meiner Frau in den Ferien eines jeden der folgenden Jahre dort im Gelände arbeitete. Man traf viele österreichische Biologen und empfing in Gesprächen viel Anregung.

Mit diesen experimentellen ökologischen Problemen versuchte ich im Anschluß an die Vorlesung die Studenten auf ganztägigen Exkursionen vertraut zu machen. Diese Art der Umweltforschung war damals etwas ganz Neues und stieß auf großes Interesse. Es wurden vergleichende Temperaturmessungen und Evaporationsmessungen an verschiedenen Standorten gemacht, auf denen auch das Licht gemessen wurde, um die Unterschiede zwischen Sonnen- und Schattenstandorten zu demonstrieren. Ebenso wurden Bodenprofile nicht nur angesehen, sondern pH-Werte und $CaCO_3$-Gehalt bestimmt. Die Protokolle wurden eingesammelt und am nächsten Tage im Institut ausgewertet, von den Reliktarten auch Arealkärtchen gezeichnet.

Als besonders günstig erwiesen sich die nahen Dünen in der Rheinebene bei Sandhausen. Dort konnte man leicht die Wurzelsysteme ausgraben. Hier setzte ich auch meinen ersten Doktoranden O. H. Volk an, der später den Lehrstuhl für Pharmakognosie in Würzburg übernahm. So kam ein sehr eifriger Arbeitskreis zustande, mit dem man größere Exkursionen machen konnte. In den Pfingstferien waren wir meist eine Woche im Schwarzwald, wo ein sehr interessierter Förster uns eine Hütte zur Verfügung stellte, in der alle übernachten und auch kochen konnten. Den Proviant mußte man in schweren Rucksäcken aus dem tiefen Murgtal zum Rombacher Hof hinauftragen. Die Hütte lag isoliert im Walde, waschen konnte man sich im kalten Bach, auch das Holz für den Herd mußte im Walde aufgelesen werden. Aber alle waren begeistert dabei. In einigen Stunden Fußmarsch konnte man das Wildsee-Moor bei Kaltenbronn erreichen mit seinen riesigen Latschenbeständen. Hier ließ sich an Moorprofilen auch der Aufbau des Moores erläutern. Mitgenommene Moorproben wurden einer Pollenanalyse unterzogen. Später wurden die großen Exkursionen immer weiter ausgedehnt bis an die Nordsee, in die Alpen mit ihren verschiedenen Höhenstufen und in das klimatisch sowie floristisch ganz andersartige Mittelmeergebiet. Gerade der Kontrast lehrt einen die Pflanzenwelt der eigenen Heimat besser zu verstehen. Alle Exkursionen waren mit Fußmärschen sowie Rucksackverpflegung verbunden, mit langen Pausen an ökologisch besonders interessanten Stellen. Nur so kann man eine Landschaft beobachtend und messend ganzheitlich erarbeiten und erleben. Die heutigen Exkursionen mit Autobussen und Momentaufnahmen an einzelnen weit voneinander entfernten Stellen hinterlassen einen viel zu flüchtigen Eindruck.

Mit der Zeit kam ein großes pflanzengeographisch-ökologisches Material zusammen und ich beschloß, es in einem Buch zusammenzufassen, wie ich es mir als wissenschaftliche Einführung gewünscht hätte, um anderen interessierten jungen Botanikern den Anfang zu erleichtern.

1927 erschien bei Gustav Fischer in Jena diese »Einführung in die allgemeine Pflanzengeographie Deutschlands« mit 458 Seiten Text und 170 Abbildungen sowie 4 Karten. Behandelt wurden alle Aspekte: Die floristische, die ökologische, die historische Geobotanik und die Vegetationskunde. Ich beschränkte mich ganz auf Mitteleuropa, weil die Leser nur dieses Gebiet aus eigener Anschauung kennen. Das Buch entsprach meiner Vorlesung.

Ich hatte nicht gedacht, daß es mir das Tor in die weite Welt öffnen würde, aber es fand auch im Ausland Beachtung. Überraschend erhielt ich 1928 die Einladung zur Internationalen Pflanzengeographischen Exkursion durch die Tschechoslowakei und Polen. Zu diesen alle 4 Jahre stattfindenden Exkursionen werden aus jedem Land nur wenige bekannte Wissenschaftler eingeladen. Die Reisekosten waren hoch und ich wollte nur den ersten Teil mitmachen. Aber der Veranstalter in Polen war Prof. Hrynievicki, mein erster Botaniklehrer an der Universität in Odessa, damals aber schon Warschau. Er schrieb mir, er könne mir einen Zuschuß für Polen vermitteln. So sahen wir uns nach 13 Jahren wieder.

Ich fühlte mich unter den Koryphäen der Exkursion sehr klein. Der alte Tansley aus Oxford und Rübel aus Zürich u. a. waren dabei. Die meisten waren floristisch interessiert, die kausale ökologische Richtung war kaum vertreten. Es herrschte ein sehr kameradschaftlicher Ton. Ich war sehr verlegen, als mir Palmgren aus Finnland schon in den ersten Tagen das Du anbot, denn er war schon über die 60 und ich nur 30. In einem weiteren Gespräch fragte er mich, warum ich mich nicht um das Rockefeller-Stipendium bewerbe, das die Amerikaner an junge Wissenschaftler unter 35 vergeben, um ihnen die Möglichkeit zu bieten, ein Jahr an ein oder zwei beliebigen Instituten im Ausland zu arbeiten; Jost solle mich doch vorschlagen. Ich hatte davon keine Ahnung, aber wollte dem Rat folgen.

Nach der Exkursion fuhr ich von Polen direkt nach Ungarn, weil ich ein Stipendium an der Forschungsstation Tihany (Balaton-See) erhalten hatte. Meine Frau kam auch dorthin.

Die Absicht war über Wasserökologie zu arbeiten und die kryoskopische Methode zur Bestimmung der Zellsaftkonzentration (also Plasmaquellung) zum ersten Male ökologisch anzuwenden. Dort war als Assistent Dr. Soó angestellt (später Vertreter der Botanik in Budapest). Zusammen machten wir zunächst Exkursionen zur Orientierung im ganzen Balatongebiet bis in die Teissebene. Mit den ökologischen Messungen hatte ich Glück; denn es war ein ungewöhnlich trockener Sommer und das Verhalten der Pflanzen im Gelände bei Wassermangel konnte gründlich untersucht werden. Die Methode bewährte sich sehr gut. Es waren die ersten Erfahrungen in einem Trockengebiet. Das Xerophyten-Problem fesselte mich sehr. Xerophyten sind an Trockenheit angepaßte Pflanzenarten.

Nach unserer Rückkehr nach Heidelberg schlug mich Jost der Rockefeller Foundation für ein Stipendium (Fellowship) vor. Nach einiger Zeit kamen zwei Wissenschaftler als Vertreter der Foundation aus Paris und unterhielten sich sehr intensiv mit mir und Jost. Bald darauf erhielt ich einen Brief, das Stipendium sei mir zugesprochen, ich würde 200 Dollar monatlich erhalten und die Reisekosten erster Klasse. Ich könnte mir im Ausland zwei Institute mit bekannten Wissenschaftlern aussuchen, um bei ihnen über mich interessierende Probleme zu arbeiten.

6. Als Rockefeller Fellow in den U.S.A.

Zunächst mußte ich mich um eine Beurlaubung für ein Jahr bemühen. Jost war einverstanden, für dieses eine Jahr einen Vertreter zu nehmen und die Universität beurlaubte mich als Dozenten, dem kurz vor der Abreise noch der Titel des apl. Professors verliehen wurde. Was die Wahl der Orte anbelangt, so wollte ich nach der Untersuchung in Ungarn weiter in einem echten Trockengebiet arbeiten. Nur dort war ja der Wasserfaktor von ausschlaggebender Bedeutung, so daß man dem Xerophytenproblem näher kommen konnte. In Europa war kein solches Trockengebiet vorhanden. Aber in Arizona in der Sonora-Wüste hatte die Carnegie Institution of Washington das «Desert Laboratory» in Tucson 1903 gegründet und D. T. Mac Dougal hatte interessante ökologische Untersuchungen an Kakteen durchgeführt. Das war der richtige Platz. Als zweiten wählte ich Lincoln in Nebraska, wo J. E. Weaver sehr intensiv in der Prärie arbeitete. Auf diese Weise konnte ich auch den amerikanischen Kontinent im Süden und im Norden der U.S.A. durchqueren und die Vegetationszonen mit denen in Osteuropa vergleichen.

Mac Dougal war aus Altersgründen vom Direktorposten der Forschungsstelle zurückgetreten, aber sein Nachfolger Forrest Shreve war bereit, mir einen Arbeitsplatz zur Verfügung zu stellen und die Apparate, die ich brauchte, vor allem eine hydraulische Presse zur Zellsaftgewinnung, zu besorgen. Auch bei Weaver klappte es.

Die Rockefeller Foundation war durchaus dafür, daß man seine Frau mitnimmt, übernahm jedoch für diese die Reisekosten nicht. Aber eine Tante meiner Frau streckte uns das Geld vor.

Die Dampferpassage auf einem Schiff der Cunard-Line wurde hin und zurück gebucht. Man erhielt gratis dazu zwei Tage freien Aufenthalt in London. Im September 1929 fuhren wir beide los.

Eine Schiffsüberfahrt nach Amerika war damals noch etwas besonderes. Wir genossen die 7 Tage auf See in vollen Zügen und machten bei den verschiedenen Bordveranstaltungen und Spielen mit. Die erste Seereise hinterläßt den größten Eindruck. Alles ist neu und interessant.

In New York mit seinem imposanten Blick vom Meere aus wurde man von einem Herrn der Foundation abgeholt und in einem Hotel im 40. Stock untergebracht. Einen Tag lang konnte man New York besichtigen, am nächsten Tag Washington, wobei wir abends schon bei Ernas reichen Verwandten in Baltimore waren. Wir wurden sehr freundlich aufgenommen. Wir schliefen in einem feudalen Appartement, das ein älterer Vetter mit seiner alten Mutter bewohnte. «Siehst Du», sagte die Mutter zum Sohn, «nun fehlt uns doch das dritte Badezimmer, wo sollen sich Erna und Heinz waschen?» Aber schließlich beschlossen Mutter und Sohn sich zusammen in einem Bad zu waschen. Wir bekamen das andere. Die Stadt mit Umgebung wurde uns gezeigt; ich konnte auch an der bekannten John Hopkins-Universität den Ökologen Livingston besuchen. Dann ging es mit der Bahn weiter nach Memphis im Südstaat Tennessee, wo ein anderer Verwandter Professor an der Universität war. Er zeigte uns die im vollen Gange befindliche Baumwollernte mit den schwarzen Arbeitern und die Auenwälder des gewaltigen Mississippi-Stromes. Die Bäume waren dicht mit Weinreben behangen, den amerikanischen Arten mit blauen Beeren.

Dann ging es mit der Bahn direkt nach Tucson in Arizona weiter. Arizona war damals für die Amerikaner, was für die Europäer Sibirien ist, ein unkultiviertes Land mit rauhen Sitten. Erst vor 30 Jahren hatten dort die Kämpfe mit den Appachen-Indianern aufgehört. Folgende Anekdote schildert die Vorstellung, die man sich von den Sitten machte: Onkel John aus Arizona besuchte seine Verwandten im Osten zu Weihnachten; er kam gerade herein, als der Weihnachtsbaum brannte; Onkel John sieht ihn, zieht den Revolver heraus und schießt alle Glaskugeln am Weihnachtsbaum ab. Unsere Verwandten bedauerten uns, daß wir gerade nach Arizona wollten.

Westlich vom Mississippi hört bald das Waldgebiet auf. Als wir morgens im Zuge aus dem Fenster blickten, waren wir gerade in der Übergangszone zur Prärie. In den Tälern und an den Nordhängen war noch Wald, sonst herrschte jedoch bereits die Prärie, also Grasland, vor. Bald zog sich der Wald immer mehr in die Täler zurück und schließlich verschwand er völlig. Endlos erstreckte sich das baumlose Grasland. Es war noch nicht wie in Südrußland kultiviert. Je weiter wir fuhren, desto niedriger wurde das Gras und schließlich sah man immer mehr den nackten Boden. Bei El Paso am Rio Grande berührten wir die mexikanische Grenze und alles war wüstenhaft. Am nächsten Tag war man in Arizona. Die Landschaft mit Kakteen und unbekannten Gewächsen war einem völlig fremd.

In diesen westlichen Gebieten mit damals geringem Verkehr waren die Schienenstränge leicht gebaut, die Geschwindigkeit der Züge deshalb gering. Nirgends gab es Bahnschranken. In der Nähe von Ortschaften ließ der Lokomotivführer eine Glocke läuten. Wenn sich zwei Bahnen kreuzten, so stand ein Stopschild. Der Zug hielt, der Lokführer schaute nach links und rechts, war keine Rauchfahne in der endlosen Ebene zu sehen, so konnte er weiter fahren. In Tucson, einer Stadt, fuhr die Bahn durch die Hauptstraße. Damit nichts passierte, ging vor der Lokomotive ein Bahnbeamter mit einer Glocke in der Hand und hinter ihm der Zug im Schrittempo. Und das war der «South Pacific Express».

a) In der Sonora-Wüste (Anhang Karte 1)

In Tucson holte Dr. Shreve uns am Bahnhof ab. Er erkannte sofort die Greenhorns. Wir übernachteten in einem kleinen Hotel. Die Luft war entsetzlich heiß und trocken. Der Körper war das noch nicht gewohnt. Alle Schleimhäute trockneten aus. In der Nacht mußte man dauernd Wasser trinken, um sie anzufeuchten. Aber das gab sich in den nächsten Tagen.

Am nächsten Morgen wurden wir abgeholt. Das Desert Laboratory lag mehrere Kilometer außerhalb der Stadt auf dem Tumamoc Hill, mitten in der unveränderten Kakteen-Wüste. Für uns hatte Shreve zum Wohnen einen ältlichen Bungalow am Fuße des Tumamoc Hills vorgesehen, ebenfalls mit Kakteen ringsherum. Es war klar, daß man bei den Entfernungen in U.S.A. unbedingt ein Auto brauchte, wenn man im Gelände arbeiten wollte. Vom Autofahren hatte ich keine Ahnung, aber Shreve meinte, das würden wir schon lernen. Zunächst brauchten wir Führerscheine. Auf dem entsprechenden Amt mußte man einen Fragebogen ausfüllen. Eine Frage lautete: Wie lange sind sie schon gefahren? Wir schrieben: Noch gar nicht. Die Beamtin nahm den Fragebogen und reichte uns die Führerscheine hinaus. So einfach war es in Arizona.

Später hatte ich auf diesen Führerschein hin den deutschen Führerschein erhalten. Zwar gab es eine kleine Prüfung der deutschen Verkehrszeichen, aber der Beamte interessierte sich mehr für Arizona. Inzwischen hatten wir in U.S.A. bereits 20 000 km zurückgelegt und waren sogar bei Arbeitsschluß durch Chicago gefahren. Daß ich dabei ohne Unfall durchkam, sehe ich als ein Wunder an, denn ich war nur gewohnt, in menschenleeren Gegenden zu fahren.

Anschließend suchten wir mit Shreve einen gebrauchten Dodge Brothers mit 2 Sitzen aus, ein altes Modell, daß hochbeinig war, also für Geländefahrten geeignet und im ersten Gang Steigungen von fast 45° bewältigte. Der Assistent, Dr. Mallery, war so freundlich, das Auto zu unserem Hause zu bringen und uns in den nächsten Tagen auf einer kaum benutzten Wüstenstraße Unterricht zu geben. Die Straße war sandig. Es machte nichts aus, daß ich im Graben landete; Mallery setzte sich ans Steuer und ich mußte schieben. So kamen wir heraus.

Von unserem Haus zum Laboratorium führte eine Einbahnstraße am Steilhang mit einigen Ausweichstellen hinauf. Als ich etwas fahren konnte, wagte ich es, zum Laboratorium zu fahren. Aber beim Herunterfahren kam ich ins Schwitzen. Zum Glück kam kein Wagen entgegen. Diese Strecke war eine gute Übungsstrecke für uns beide. Bald wagten wir, in die Stadt zu fahren und kleine Ausflüge zu machen. Dabei mußten wir durch ein sandiges Trockenflußbett und blieben in der Mitte stecken. Da kam ein Mexikaner hoch zu Roß mit Lasso; es wurde ans Auto gebunden, meine Frau setzte sich ans Steuer. Das Pferd zog und ich schob, bis wir auf festem Boden waren. Wir hatten noch nicht gelernt, daß man im Sand Luft aus den Reifen ablassen muß. Auf Plattfüßen kommt man allein heraus, muß aber dann die Reifen wieder aufpumpen.

Dr. Shreve kannte die Wüste wie seine 10 Finger. Er war als junger Mann an Tuberkulose erkrankt und zog deshalb in die Wüste, in der er Heilung fand. Er war sehr freundlich und führte uns in die Flora ein. Auch suchte er alle bisher durchgeführten ökologischen Arbeiten heraus, so daß wir rasch einen Einblick erhielten. Die Wüstenvegetation ist faszinierend: Die Säulenkakteen bis 12 m hoch, Kugelkakteen und kleinere Formen; dazu viele andere Typen: Hartlaubsträucher, solche mit weichen Blättern und eine Unmenge von kurzlebigen Sommerephemeren; denn die Regenzeit hatte am 24. September mit einem außergewöhnlich starken Regenguß (75 mm!) geendet und der Boden war noch gut durchfeuchtet. Dann folgten jedoch 97 vollkommen regenlose Tage, bis der schwache Winterregen einsetzte. Bald waren einige Versuche mit Kakteen angesetzt und dann wurden die verschiedenen ökologischen Typen während der zunehmenden Trockenheit beobachtet und fortlaufend Proben zur Bestimmung der Zellsaftkonzentration entnommen.

Mac Dougal besuchte mich und ließ sich meinen Arbeitsplan erläutern. Er war einverstanden, meinte aber, ich sollte mir nicht zu viel vornehmen und mich nur auf einige Versuche beschränken. Doch wollte ich diese günstige Arbeitsmöglichkeit maximal ausnützen.

Die Lage Tucsons ist einzigartig: Ein weites Tal, durch das der nur periodisch wasserführende Santa Cruz-River fließt, im Süden und Osten umrahmt von bis fast 3000 m hohen Bergen mit markanten Höhenstufen: Unten die Kakteenwüste, darüber Dornstrauch (Prosopis)-Savanne mit interessanten Blattsukkulenten (Agave, Yucca, Dasylirion und Nolina), dann immergrüne Eichen-Hartlaubwälder, noch höher herrliche Gelbkiefer-Wälder (Pinus ponderosa) und schließlich ganz oben Douglastannen-Nadelwälder. Alle Wälder vollkommen ursprünglich. Durch Blitzschlag entstehende Brände werden möglichst rasch von der forstlichen Brandwache gelöscht. Dieser Kontrast: In 4 Stunden konnte man damals mit dem Auto aus der heißen Wüste, in der man auch im Winter nur im Hemd umherlief, in den im Winter tief verschneiten Tannenwald mit langen Eiszapfen kommen. Das Gebirge erhielt erheblich mehr Niederschläge als das Tal.

Auch die Waldstufen wurden mit in den Arbeitsplan eingeschlossen. Allerdings konnte dort die Probenentnahme nur in großen Abständen erfolgen.

Bei den Preßsaft-Bestimmungen half mir meine Frau unermüdlich, so kam die Arbeit gut voran.

Ich war mit dem Verhalten der einzelnen Pflanzentypen so vertraut, daß ich schon bei der Probenentnahme die Zellsaftkonzentration voraussagen konnte. Blitzartig (intuitiv) wurde einem das Verhalten der Wüstenpflanzen klar. Es kommt ihnen darauf an, die «Aktivität des Wassers», die ich als «Hydratur» in Analogie zur «Temperatur», der Wärmeaktivität, bezeichnete, so hoch wie möglich zu halten, um den Ablauf der Lebensvorgänge zu sichern. Ohne daß ich mir damals dessen bewußt war, bedeutete das eine ganz neue thermodynamische Betrachtungsweise, die für die «Eigenfeuchten» (homoiohydren) Arten gilt, die beim Austrocknen absterben. Daneben findet man auch in der Wüste «wechselfeuchte» (poikilohydre) Arten, deren Aktivität ganz von der Feuchtigkeit ihrer Umgebung abhängt. Das sind die Niederen Pflanzen (Algen, Flechten, Moose), aber auch einige Wüstenfarne. Bei Trockenheit rollen sie die Blätter ein und man kann sie zu Pulver zerreiben, regnet es jedoch, so werden die Blätter gleich frisch und grün und wieder aktiv.

Durch diese neue Erkenntnis war der Erfolg der Reise gesichert. Aber eine Untermauerung durch eingehende Untersuchungen war notwendig. Wir beide führten über 1000 Gefrierpunktsbestimmungen zur Feststellung der Zellsaftkonzentration aus, die als Maß der Wasseraktivität dienten und überprüften die Theorie auch in der Prärie und im Gebirge.

Aber die mehr im Laboratorium oder nur kurzfristig im Gelände über den Wasserhaushalt arbeitenden Fachkollegen verhielten sich zurückhaltend. Ihnen fehlte die Erfahrung. Die Bestimmung weniger Proben sagte nichts aus. Man muß das Verhalten der Pflanzen an ihrem natürlichen Wuchsort lange Zeit in den verschiedenen Jahreszeiten dauernd selbst beobachten und ihre ständige Veränderung als Anpassung an die wechselnden Bedingungen miterleben. Dazu fehlt den meisten leider die Zeit und diese braucht ein Ökologe.

Es ist zugleich auch eine ganzheitliche Betrachtung des Wasserhaushalts, der die Grundlage für den Ablauf aller Lebenserscheinungen schafft, während sonst nur einzelne Vorgänge untersucht werden, die Transpiration, der Wasserstrom durch die Pflanze, die Turgeszenz oder die Wasseraufnahme.

Aber hier soll nicht ausführlicher auf wissenschaftliche Probleme eingegangen werden.

Kurz vor Weihnachten beschlossen wir, eine große Tour nach Nordarizona zu machen, um das Grand Colorado Canyon und verschiedene prähistorische Indianerbauten unterwegs anzusehen. Überall in der Wüste traf man auf frühere Spuren der Besiedlung durch Indianer. Direkt vor unserem Haus war eine Steinplatte mit einigen halbkugeligen Vertiefungen, in denen Maiskörner mit einem kugeligen Stein von Hand zermahlen wurden. In Tucson befand sich ein gutes Museum, in dem man sich über die einzelnen früheren Kulturepochen der Basketmakers orientieren konnte. Wir besichtigten auch in Gang befindliche Ausgrabungen von den ältesten Siedlungen mit Behausungen, die in den Boden eingelassen waren. Das Reservat der Papagos-Indianer war in der Nähe von Tucson, ebenso eine alte Mission aus spanischer Zeit, die St. Xaver Mission, ein Bau im charakteristischen spanisch-indianischen Stil. Auf der Straßenkarte von Arizona waren die historisch interessanten Stellen vermerkt.

Autofahren auch auf schlechten Straßen und im Gebirge hatten wir inzwischen gelernt. Vom Motor verstanden wir nicht viel. Die alten Modelle waren aber sehr stabil gebaut. Wir ließen uns noch von Mallery einige Anweisungen geben; ich wechselte ein Rad, um auch das zu können. Einige Tage vor Weihnachten ging es auf diese über 1000 km lange Tour bei Sonnenaufgang los.

Erstes Ziel war das Casa Grande Monument, der größte bekannte Indianerbau aus Lehmziegeln, dessen frühere Bestimmung nicht bekannt ist. Mittags in der größten Hitze hatten wir den unter Denkmalschutz stehenden Platz erreicht, parkten und wollten, nachdem der Wagen abgeschlossen war, den Bau besichtigen. Da zeigte Erna auf das Hinterrad und sagte «Flat tire» (= Plattfuß). Wir hatten alles, was mit dem Auto zusammenhing nur in Englisch gelernt. Ich wollte den Reifen gleich wechseln – die erste Bewährungsprobe. Aber alle Muttern, die ich lösen wollte, gingen nicht auf. Ich hatte doch das andere Hinterrad auf der rechten Seite probeweise ohne Schwierigkeiten gewechselt. Ich holte einen Holzknüppel und schlug aus aller Kraft auf den Schlüssel. Die Mutter ruckte etwas, aber nicht mehr. Ich arbeitete in voller Sonnenglut, war aufgeregt und fürchtete fast einen Hitzschlag zu bekommen. Es stand noch ein zweiter Wagen auf dem Platz, also wenigstens waren wir nicht allein. Erna beruhigte mich und wir beschlossen, die Casa zunächst anzusehen; aber sie interessierte mich wenig, ich überlegte nur, warum lösen sich die Muttern nicht? Die anderen Besucher waren in Blue Jeans. Die werden schon was von Autos verstehen und ich klagte mein Leid. Der Mann sagte, sein Bruder sei Mechaniker, der würde mir helfen. Nach der Besichtigung kamen sie zu unserem Wagen und fragten, in welcher Richtung ich den Schlüssel angesetzt hätte. Ich antwortete: «Wie immer bei einer Schraube nach links. Da zeigte er mir, daß auf der Mutter ein «L» stand, d. h. «Linksschraube». Bei alten Modellen waren auf der linken Seite bei den Rädern alles Linksschrauben, weil man glaubte, so könnten sie sich schwerer losdrehen; auf der rechten Seite waren normale Rechtsschrauben und ich hatte probeweise das rechte Rad gewechselt. Ich hatte somit nicht die Muttern gelockert, sondern mit aller Kraft zugehauen. Aber der Mechaniker hatte einen größeren Kreuzschlüssel und so gelang der Radwechsel.

Das Flicken des Reifens führten die Service Stations (Tankstellen) durch. Es wurde schon Nachmittag bis wir eine fanden. In Arizona waren sie dünn gesät. Man mußte deshalb stets einen Reservekanister mit Benzin bei sich haben.

Abends trafen wir auf ein Autokamp und beschlossen nach dem ereignisreichen Tag dort zu übernachten.

Es war ein kleines im Aufbau begriffenes Camp ohne Zufahrtsweg, vielmehr war der Graben von der Hauptstraße an einer Stelle zugeschüttet, gerade so breit, daß der Wagen herüberkam und dann fuhr man den Hang abwärts. Man meldete sich, bekam ein Häuschen mit einem Raum, in dem eiserne Bettgestelle standen, Tisch und Stühle sowie ein Petroleumherd, der oft stank, wenn man ihn benutzte. Schlafsäcke hatten wir mit, auch Kochgeschirr. Man zahlte pro Person und Nacht einen Dollar. Der Besitzer hatte einen kleinen Laden mit Konserven, Brot und Butter. Gemeinsame Duschen waren vorhanden. Am nächsten Morgen ging ich früh hinaus, schaute nach dem Auto: Verdammt! wieder ein Flat Tire. Ich verfluchte innerlich unseren Entschluß mit dem Auto und nicht mit dem Zug zu fahren.

Wir erfuhren später, daß die Service Stations, die bei dem geringen Verkehr sehr wenig verdienten, auf die Straße Nägel ausstreuten, um wenigstens am Reifenflicken zu verdienen.

In 100 m vom Camp war eine Service Station und ich beschloß, den Reifen aufzupumpen und dann rasch zur Station zu fahren. Ich hörte die Luft herauspfeifen, sprang in den Wagen, fuhr herauf zur Straße und verfehlte in der Aufregung mit einem Rad die aufgefüllte Stelle. Es saß im Graben fest – der Graben war gerade so breit wie die Räder. Alles Gasgeben half nichts, der Wagen rührte sich nicht. Verzweifelt stand ich daneben. Da kam ein anderer Bewohner des Camps. «Das haben Sie schön gemacht», sagte er. «Aber wie komm ich heraus?» antwortete ich. Er gab mir einen guten Rat. Man müßte ersten Gang, Rückwärtsgang, ersten Gang, Rückwärtsgang usw. schalten, um den Wagen in Schwingung zu bringen, dann spränge er heraus. Nach vielem Schalten im Rhythmus des Schwingens vom Wagen stand er plötzlich auf der Straße. Ich erreichte die Tankstelle noch bevor alle Luft heraus war und der Reifen wurde geflickt. Das war das Ende der Pechsträhne. Wir wichen auf Nebenstraßen aus, wo keine Nägel verstreut wurden und kamen ins Gebirge. Damals gab es in Arizona keine geteerten Straßen, bis auf die Hauptstraßen in den Städten. Bei dem trockenen Klima kam man von jeder Fahrt ganz verstaubt zurück.

Es gab unterwegs viel zu sehen. Ein Arboretum mit unendlich vielen Kakteen, großen und kleinen von einem reichen Eigentümer einer Kupfermine, der sein Schloß auf einem Felsen erbaut hatte; man konnte es nur mit einem Aufzug erreichen. Von den Natural Monuments wären «Petrified Forest» und «Crater Lake» zu erwähnen. Das erstere waren lange, liegende Baumstämme, völlig verkieselt, zum Teil in Stücke gebrochen (ein Handstück besitze ich noch), das andere war ein See, der durch den Einschlag eines riesigen Meteors entstanden war.

Besonders schön war Green Valley Cliff Dwelling: Ein schönes unberührtes canyonartiges Tal mit einer Pappelaue und senkrecht abfallenden Felswänden mit einer Halbhöhle in mittlerer Höhe. In dieser hatten vor Jahrhunderten Indianer ihre Häuser etagenförmig übereinander gebaut. Die Siedlung konnte weder von oben noch von unten erreicht werden, wenn man die Leiter heraufzog – eine sichere Zuflucht.

Wir wollten beim «Natural Bridge Monument» übernachten, wo ein Hotel war. Es war schon dunkel, als wir zum Wegweiser kamen und abzweigten. Tief unter uns sahen wir das Licht vom kleinen Hotel. Der Weg herunter war ganz schmal und in die Felswand eingehauen. Bei den scharfen Kurven leuchteten die Scheinwerfer nach vorn in den Abgrund. Vom Weg war nichts zu sehen. Ganz langsam im ersten Gang drehte man das Steuerrad, bis wieder der Weg im Licht erschien. Das ging bei einem steilen Gefälle die ganze Zeit so weiter. Wir brauchten lange, bis endlich das Licht in gleicher Höhe zu sehen war und man von der Felswand weg kam. Diese Nacht schlief ich kaum: Herunter bin ich gekommen, aber wie werde ich aus dem Canyon wieder herauskommen. Es gab keinen anderen Weg. Das Hotel war sehr nett, wir die einzigen Gäste. Die Natural Bridge bestand aus einem Felsen, der im weiten Bogen einen Bach hoch überspannte. Es war eine Wand gewesen, die der Bach durchbohrt hatte. Vom Wasser wurde viel Kalktuff abgelagert. Jeder Gegenstand, auch ein Strohhut, versteinerte in kurzer Zeit. Als wir losfuhren, klopfte mir das Herz, aber unser Dodge nahm im ersten Gang die Steigung mit Leichtigkeit und um die Kurven kam man am Tage ohne Schwierigkeit herum. Weiter ging es nach Norden.

Wir kamen ins Waldgebiet. Zuerst waren es Wacholder-Bäume mit einer Alligatorborke und niedrige Kiefern mit einzelnen runden Nadeln (Pinus monophylla). Mir war es neu, daß es so etwas gab; sonst stehen die Nadeln zu zweit oder mehr. Dann kamen die großen Gelbkiefern (Pinus ponderosa) mit 3 Nadeln im Büschel. Plötzlich tauchte vor uns eine Steilstufe aus riesigen Basaltsäulen auf. Es war das Colorado-Plateau – ein über Hunderte von Kilometern sich erstreckender Vulkanerguß, erstarrte Lava. In steilen Serpentinen ging es auf 2000 m NN hinauf. Oben war das Gelände völlig flach, mit schönem Kiefernwald und einzelnen offenen Wiesen dazwischen. Keine Siedlung. Der Weg führte völlig gerade auf das Colorado Canyon hin. Auf dem Boden lag eine dünne Schneedecke. Es fing an zu dunkeln und immer noch der schnurgerade Weg. Man mußte aufpassen, daß man nicht einschlief. So ging es endlos weiter. Schließlich Lichter, erleuchtete Hotels und Straßen. Aber für die großen Hotels hatten wir kein Geld und nahmen uns im Camp eine «Cabin», eine einfache Bretterhütte. Durch die Astlöcher konnte man die leuchtenden Sterne sehen und bei der starken Ausstrahlung fiel die Temperatur auf wohl −10°C. Im Raum stand ein Donneröfchen und ein Stapel Kiefernholz war daneben. Wir heizten bis zur Rotglut ein und machten uns Tee. In der Nacht brannte das Holz so rasch herunter, daß wir es in den Schlafsäcken nicht aushielten. Sie waren nur mit Kapok leicht gepolstert. So mußte abwechselnd stets einer Holz nachschieben, solange der andere schlief.

65

Am nächsten Tag gingen wir zum Aussichtspunkt. Man sieht zunächst nichts als den oberen Rand vom Canyon. Man ist von der Abschrankung nur drei Schritt entfernt und sieht immer noch nichts. Der letzte Schritt und mit einmal glaubt man, ins Erdinnere zu schauen, in eine in allen Farben schillernde Hölle, die ganz unten unter vielen Stufen liegt und vom Blick oft nicht erreicht wird. Es sind 1500 m Höhenunterschied. Nur an einigen Stellen, in Kurven erkennt man den schäumenden Colorado-Fluß, der alle diese Schichten durchsägt hat bis zum Kristallin tief unten. Es ist überwältigend! Und dann kommen Touristen im Auto, fahren bis an den Rand, werfen ohne auszusteigen einen Blick hinunter: «Very nice indeed», und fahren weiter. Sie haben das Canyon gesehen. Dabei ist das Bild von jeder Stelle wieder anders. Man kann es in Worten nicht beschreiben.

Wir hörten uns den sehr guten Vortrag des Rangers an über Entstehung und Aufbau des Canyons, verständlich aber doch wissenschaftlich einwandfrei, bekamen Schriften (alles umsonst) und beschlossen am nächsten Tag zu Fuß bis zum Colorado hinabzusteigen (nicht auf Maultieren mit Führer), um alles in Ruhe notieren zu können.

Erst waren einzelne Kiefern in den Felsritzen, die weiter unten kleineren Wüstensträuchern Platz machten. Unten am Colorado war es wie in einem Backofen; denn kein Lüftchen regte sich und die Sonne brannte. Hier waren wieder Kakteen, aber die großen Säulenkakteen fehlten. Ich wollte Proben zur Untersuchung entnehmen, zog meinen Rock aus und warf ihn achtlos beiseite. Als wir fertig waren und Erna alles fotografiert hatte, packten wir alles zum Aufstieg ein und ich zog meinen Rock an. Plötzlich fing mein Rücken wie von Feuer an zu brennen. Ich riß den Rock herunter. Was war geschehen! Er war auf einen Feigenkaktus gefallen und die Glieder desselben sind mit winzigen Stacheln besetzt, die Widerhaken haben. Sie gehen in die Haut hinein, aber selbst mit der Pinzette nicht heraus. Wir arbeiteten auch in Tucson mit diesen Kakteen und bei aller Vorsicht waren die Finger voll mit diesen Stacheln. Wir hatten aber gelernt, daß man sie heraus bekommt, wenn man die Finger mit einem Messer schabt. Es war unsere stete Beschäftigung abends, unsere Hände zu schaben, sonst eitern die Stacheln heraus. Nun mußte ich mein Hemd ausziehen und Erna schabte mir mit dem Messer den ganzen Rücken ab, einige Stacheln fühlte ich aber noch einige Tage lang.

Hinunter in den Canyon auf dem Fußweg kam man rasch, aber – bereits ermüdet – ging es sehr langsam hinauf. Es war tiefe Nacht und eisig kalt, als wir wieder den Ofen in der Cabin anheizen konnten.

Zurück wollten wir über den Little Colorado in die Painted Desert, den trockensten Teil des Colorado-Plateaus, das von bunten Mergeln der Juraschichten bedeckt ist, in das Reservat der Navajo-Indianer, dem zahlreichsten und gesündesten Stamm. Sie sind Nomaden mit Kleintierherden; nur diese nehmen mit der kargen Kost in der Wüste vorlieb. Die Frauen weben aus Wolle Teppiche, die Männer sind Silberschmiede.

Durch Zufall hörten wir, daß ein Teil des Stammes sich beim Hogan (kuppelförmiger Bau aus Kiefernstämmen) eines Medizinmannes versammelt hatte, um den Teufel aus einer Frau auszutreiben.

Wenn eine Frau einen Teppich webt, muß sie im Muster immer einen Fehler lassen, damit der Teufel herauskommen kann. Diese Frau vom Indianer «Goldzahn» (er war der erste, der einen Goldzahn vom Dentisten bekam) hatte einen fehlerlosen Teppich gewebt und der Teufel war in sie hineingefahren. Obgleich der Mann nicht daran glaubte, bestand sie darauf, daß der Medizinmann gegen den Teufel vorging, um ihn aus ihr auszutreiben. Aber daran mußten alle Verwandten teilnehmen. Für diese mußte viel Holz herangeschafft werden, denn nachts hielt man es nur um ein Lagerfeuer aus, dazu Proviant, Schafe, die man am Feuer braten konnte. Die Zeremonie dauerte eine Woche, die Nacht vom 23. zum 24. Dezember war die letzte.

Wir fuhren am 23. los. Zuvor waren wir noch durch die Hopireservation gekommen; es waren die Nachfahren von den Bewohnern der Cliff Dwellers. Da es keinen Krieg mehr gab (die Navajos waren ihre Feinde gewesen) wohnten sie jetzt in breiten Tälern, wo sie, wie früher die Cliff Dwellers, ihren Mais anbauten. Mit einem Stock wurden tiefe Löcher in den Boden gemacht und je ein Maiskorn hereingelegt. Das Korn mußte tief in den Boden gelegt werden, der im Frühjahr feucht war, weil die oberen Bodenschichten bald austrockneten und die Wurzeln in den tieferen feuchteren sich ausbreiten sollten. Der Mais brachte nur kleine Kolben, die Körner waren verschiedenfarbig, nicht nur gelb, sondern auch rot und bläulich. Merkwürdig war, daß die Hopis auch in der Ebene die frühere Bauweise beibehielten, die Häuser treppenförmig übereinander zu bauen und auf Leitern heraufzusteigen, um durch eine Tür hineinzugehen. Ein abseits stehender Bau hatte seinen Zugang durch ein Loch in der Decke. Es war der heilige Raum, in dem sich die Männer eines Clans versammelten. Keine Frau durfte hinein. An den Wänden der Wohnräume wurden die verschiedenfarbigen Maiskolben in Girlanden aufbewahrt. Die Hopis fertigten Kachinas an, kleine Nachbildungen der Götter mit Erdfarben angemalt, Puppen für die Kinder. Wir kauften eine zur Erinnerung.

Dann folgten wir einer Wagenspur zu dem Treffpunkt der Navajo-Indianer. Die Wüste war stark überweidet und fast vegetationslos, der Boden farbig, stellenweise mit Anzeichen von Versalzung. Die Juraschichten fielen in niedrigen Stufen ab. Sie waren Meeressedimente und enthielten Salze. Bei Tucson dagegen standen vorwiegend eruptive Gesteine an, weshalb es keine Versalzung gab.

So weit wir schauten, waren wir ganz allein. Die Spur ging immer weiter, einige andere kamen hinzu. Waren wir auf der richtigen? Es wurde etwas ungemütlich. Knochen von verendeten Tieren lagen herum. Da plötzlich ein einsamer Wegweiser. Der Pfeil zeigte die Richtung zum Treffpunkt. Auf einer Erhebung war ein Indianer zu Pferd, der uns beobachtete. Wir fuhren immer weiter und schließlich sahen wir den Rauch von Lagerfeuern und Menschen herum. Es war der richtige Ort beim Hogan des Medizinmannes. Außer uns sahen wir die Wagen einer Filmgesellschaft. Sie wollten den Tanz filmen, aber die Indianer verboten es. Sie waren dagegen, daß die Weißen im Kino über ihre heiligen Tänze lachten. Die Filmgesellschaft fuhr weg. Außer uns blieb nur ein Detektiv, der einen Mörder suchte. Aus einiger Entfernung beobachteten wir die fremdartige Szenerie. Am Tage waren keine Zeremonien, diese begannen erst nach Sonnenuntergang und müssen unmittelbar vor Sonnenaufgang abgebrochen werden. Nur im Hogan machte der Medizinmann aus verschiedenfarbigem Sand ein symbolisches Bild. Es war ziemlich kompliziert und er mußte vor Sonnenuntergang fertig werden und es wieder verwischen. Sonst bedeutete das ein Unglück. Um etwa 20–30 Lagerfeuer mit großen brennenden Holzstämmen lagerten die einzelnen Familien.

Die Männer kamen geritten. Sie hatten lange Haare und ein rotes Band um die Stirn, Frauen und Kinder fuhren mit dem Wagen. Aber einige waren schon «zivilisiert» und kamen im Auto. Männer und Frauen wie die Weißen gekleidet, die jungen Mädchen mit Stöckelschuhen und seidenen Strümpfen. Auf einem Platz, um den Baumäste aufgestellt waren, saßen Jünglinge und bereiteten die Masken für den nächtlichen Tanz vor. Nur Jünglinge tanzen und sie müssen sich zuvor am Tage reinigen. Ein Bad ist aber in der Wüste nicht möglich. Deshalb wird vor einer Felswand ein Feuer gemacht und sie stellen sich zwischen die Wand und das Feuer. Der Schweiß rinnt an ihnen herab und reinigt sie.

Die Sonne war untergegangen, es wurde schnell dunkel. Wir gingen näher heran. Die Indianer beobachteten uns ständig, aber wenn man hinsah, wandten sie den Blick sofort ab. Die Gesichter waren schön geschnitten, aber steinern. Man konnte nicht erkennen, ob sie freundlich oder feindlich gesonnen waren. Da kam aus dem Dunklen ein Zug, voran der Medizinmann hinter ihm paarweise die Tanzgruppe. Der Oberkörper der Jünglinge war nackt, vor dem Gesicht hatten sie furchtbar aussehende Masken, um den Schurz hingen verschiedene Gegenstände. Als letzter ging ein Spaßmacher. Er machte merkwürdige Gebärden, hielt sich die Nase zu, als ob es furchtbar stänke. Die Indianer lachten. Es war jedoch ein ganz kurzes Lachen, sofort wurden die Gesichtszüge wieder steinern. Ich zog mein Notizbuch heraus und wollte Notizen machen. Da traf mich der Blick des Medizinmannes, ein Blick, der mich veranlaßte, sofort das Notizbuch einzustecken. Die Gruppe trat vor den Eingang des Hogans. Die kranke Frau trat heraus und stellte sich neben den Medizinmann. Die Jünglinge gingen vorbei und sie streute auf deren nackte Oberkörper geheiligtes Maismehl. Darauf fing die Gruppe mit dem Tanz an: Sie sprangen auf der Stelle, schwangen in den Händen Rasseln und gaben Laute von sich, die etwa klangen: «Hoa hoa hohoho, ho ho . . .» und das in endloser Wiederholung. Der Tanz und der Rhythmus wurden immer schneller, bis die Tänzer erschöpft waren und abtraten. Darauf kam die nächste Tanzgruppe und dasselbe wiederholte sich wieder.

Während vor dem Hogan die Teufelvertreibungstänze ausgeführt wurden, fürchteten diejenigen, die mit dem Auto gekommen waren, daß ihre Kühler einfroren. Sie gingen zu den Autos und die Motoren heulten in der klaren Frostnacht, den Gesang der Tänzer übertönend. Zwei Welten nebeneinander, die eigentlich durch Jahrtausende getrennt sein müßten.

Wir wurden müde und gingen zum Auto, um zu schlafen. Aber es war im Wagen so eisig, daß wir sofort wieder zu den Feuerplätzen zurückkehrten. Man machte uns Platz auf einem dicken Baumstamm. Von der einen Seite war es glühend heiß, von der anderen eisig kalt. Man mußte sich abwechselnd mit dem Gesicht oder dem Rücken zum Feuer setzen.

Die erste Morgendämmerung zeigte sich. Da trat ein alter Indianer auf uns zu und sprach auf uns ein. Ein anderer übersetzte: «Er will Dir sagen, daß jetzt der heiligste Tanz kommt, der blaue Vogel.» Ich bedankte mich. Eine neue Gruppe trat auf und sang tanzend. Wir konnten keinen Unterschied gegenüber vorher feststellen. Aber wir kannten und verstanden die Feinheiten der Zeremonie nicht. Da der erste Sonnenstrahl. Sofort war alles aus. Ob die Frau gesund geworden war, weiß ich nicht, aber sie sah ganz normal aus.

Jetzt bildeten alle Männer einen Kreis und einer sprach. Das Wort «Washington» kam mehrmals vor. Ich nehme an, daß sie eine Petition machen wollten oder Einspruch gegen Maßnahmen der Amerikaner zu erheben beabsichtigten.

Es war heller Tag, da kamen die Filmleute mit ihren Kameras angefahren. Die Reiter formierten sich, galoppierten und täuschten Angriffe vor. Es war ein interessantes Bild, aber sie spielten Theater. Das durfte gegen Bezahlung gefilmt werden.

Wir gingen zum Auto und fuhren zu einer nahe gelegenen Schule der Amerikaner für Navajo-Kinder. Die Schule begann gerade. Auf dem Hof sammelten sich die Kinder, alle in der gleichen Uniform. Sie standen in Reih und Glied, die amerikanische Fahne, das Sternenbanner, wurde gehißt. Alle salutierten und gingen dann auf ein Kommando in die Klassenräume. Dieser Gegensatz! Die Jungen taten uns leid. Es wurde erzählt, daß die ausgebildeten Indianer, wenn sie nach Hause zurückkehrten, eine ältere Frau bekommen, deren Aufgabe es ist, dem Mann den ganzen Unsinn, den er von den Amerikanern gelernt hat, wieder gründlich auszutreiben.

Von der Schule führte ein deutlicher Weg durch die Wüste nach Williams an der Eisenbahnlinie. Es ging wieder durch unbesiedeltes Gebiet. Da fing der Motor plötzlich an zu stottern. Die Zündung fiel zwischendurch aus. Selbst leichte Steigungen mußte ich im zweiten Gang nehmen. Erna wollte, daß ich nachsehe, was los ist. Aber ich wußte ja nicht, ob der Motor dann wieder anspringt. Solange ich vorwärts kam, wollte ich näher an besiedelte Gebiete herankommen. Das Stottern wurde immer stärker, zuweilen mußte ich sogar in den ersten Gang. Da mitten in der Wüste 50 m von der Piste eine kleine Hütte und neben dieser ein alter Ford.

Wo ein alter Ford ist, ist auch ein Mann, der etwas von Reparaturen versteht. Ich bog zur Hütte ab. Ein Mann trat heraus. Ich klagte mein Leid, daß wohl die elektrische Leitung nicht in Ordnung ist. «Ich bin Elektriker, das werden wir bald haben», antwortete er. Aber er merkte, daß wir keine Amerikaner waren. Als er hörte, daß wir aus Germany kamen, war er besonders erfreut. Er sei nach dem Kriege in Köln bei der amerikanischen Besatzungstruppe gewesen, seine schönste Zeit. Aber er wäre an Tuberkulose erkrankt und beziehe Invalidenrente. Man hätte ihm geraten in der Wüste zu leben, so hätte er hier selbst die Cabin gebaut, führe einmal in der Woche mit seinem Ford zur nächsten Ortschaft und hole Wasser und Proviant. Er war ein Einsiedler, der sich über die schönen Sonnenauf- und -untergänge freute. Wir waren für ihn eine der seltenen Abwechslungen. Er fand den gebrochenen Draht bei der Batterie. Wir bekamen nachträglich einen Schreck, denn über der Batterie stand der Reservekanister, dessen Verschluß nicht ganz dicht war. Ein Funke und es hätte eine Explosion gegeben. «Was wir schuldig wären?» Wenn wir wieder in Germany seien, sollten wir ihm eine schöne Ansichtskarte senden. Wir notierten die Adresse und schickten später die Karte an ihn ab.

Nun ging es rasch vorwärts und zum Lunch waren wir an der Bahnstrecke bei Williams. Den Rückweg konnten wir über den großen Highway nehmen, der aber nichts Interessantes bot, oder den kurzen Weg über die White Mountains durch das Appachenland. Um diese Jahreszeit konnte ein Blizzard kommen – ein plötzlicher Schneesturm, bei dem oft ein Meter Schnee fällt. Dann hätten wir auf jeden Fall unser Auto nicht vor dem Frühjahr aus den Bergen herausbekommen. Auch für uns war es eine Gefahr. Aber der Himmel war so blau und wolkenlos. Wir brauchten nur 1½ Tage. Wir riskierten es.

Der Weihnachtsabend stand bevor. Wo werden wir ihn verbringen? Erna besorgte einige Kerzen und Draht. An der Straße standen so hübsche junge Kiefern. Wir sägten eine ab und banden sie hinten an die Stoßstange. Nun ging es eine kleine Straße nach Süden. Das Hügelland ging langsam in ein Bergland über, die Sonne stand schon tief, jetzt ging es in den Wald hinein und es wurde steiler. Bald lag etwas Schnee am Boden. Es fing an zu dunkeln, keine Spur von einer menschlichen Behausung. Also weiterfahren. Immer weiter in den dunklen Wald und die Berge hinein. Im Scheinwerferlicht sah man nur den verschneiten Weg. Wir schwiegen, es wurde ungemütlich. Endlich hörte die Steigung auf. Die Hochfläche war von einem schönen Kiefernwald bedeckt. Plötzlich tauchten vor uns viele Lichter auf, eine Feldbahn, erleuchtete Straßen, ein Schild von einer Bank und ein Hotel. Wir waren ins Zentrum einer Lumber Companie geraten. Diese kaufen ein riesiges Urwaldgebiet auf, richten ein Sägewerk ein, mit Häusern für die Angestellten und Arbeiter. Mit der Feldbahn werden die guten Stämme herangeschafft; wenn alles auf einer Fläche von sehr vielen Quadratkilometern ausgebeutet ist, hinterläßt man eine Wüstenei. Nur die brauchbaren Teile der Häuser werden mitgenommen, das andere verfällt und wird vom jungen Wald verdeckt.

Laute Tanzmusik klang aus dem Hotel, davor viele parkende Autos. Weihnachtsabend wird in Amerika wie ein Karneval gefeiert, alles mit bunten Papierketten ausgeschmückt. «Ein Doppelzimmer ist gerade noch frei», sagte man uns. Wir brachten das Gepäck, aber auch das Kiefernbäumchen herauf. Hier hörte man die Musik nur ganz gedämpft. Mit Draht banden wir das Bäumchen an die Stuhllehne, befestigten die Kerzen, stellten einige gute Konserven auf den Tisch und legten die 2 neuerworbenen Navajo-Teppiche als Weihnachtsgeschenk dazu. Die Kerzen brannten und die Gedanken gingen in die Ferne nach Deutschland ... Uns in den alkoholisierten Trubel zu stürzen, hatten wir keine Lust. Wir gingen hinaus in den herrlichen leicht verschneiten Kiefernwald. Der Himmel war klar, die Nacht in dieser Höhe kalt, aber zwischen den Kiefernkronen glitzerten in der trockenen Luft die Sterne zum Greifen nah. Nie mehr wieder haben wir Weihnachten so in der Natur gefeiert.

Am 25. Dezember fuhren wir sehr früh in der Stille weg. Alles schlief den Rausch aus. Nun konnten wir die Gebirgslandschaft genießen. Auf einer großen Lichtung standen die Wigwams der Appachen. Als ihr Führer Geronimo sich vor 30 Jahren ergab, hatte man ihm freies Geleit zugesichert, aber ihn doch gleich darauf eingesperrt. Er starb in der Unfreiheit. Was wird dieser Mann von den Weißen gedacht haben?

Es kam eine Mormonensiedlung. Ein großes Schild: Nicht anhalten! Typhusgefahr.

Bald ging es abwärts und nun kam eine Mine die «Christmas» hieß, gerade am ersten Weihnachtstage. Die Strecke war noch lang. Erst nach Mitternacht erreichten wir sehr ermüdet unser Häuschen am Fuß des Tumamoc Hill beim Desert Laboratory. Die große Fahrt war zu Ende!

Die restlichen Wintermonate in Tucson verliefen bei intensiver Arbeit sehr rasch. Während der Winterregenzeit fielen vereinzelt einige Regen. Die Temperaturen und damit auch die Verdunstung waren niedriger. Diese Feuchtigkeitsverhältnisse genügten, um ein Keimen der Winterannuellen zu ermöglichen. Es waren kleine Kräuter, die (im Gegensatz zu den an hohe Temperaturen angepaßten Sommerannuellen) Gattungen angehören, die uns vertraut waren, wie *Anemone, Delphinium* (Rittersporn), *Galium* (Labkraut), *Vicia* (Wicke), *Plantago* (Wegerich), *Rumex* (Sauerampfer) usw. Ein jetzt häufig auf bewässerten Äckern wachsendes Unkraut war unser Reiherschnabel *(Erodium cicutarium)*, ein Zeichen, daß das Klima von Arizona im Winter etwa unserem im Sommer entspricht, nur ist die Zahl der schönen warmen Sonnentage viel größer. Es ist verständlich, daß Arizona heute ein beliebter Winteraufenthalt für Touristen und Erholungssuchende ist.

Einen Staubsturm, wie wir ihn während der Trockenzeit einmal erlebten, als in den Zimmern trotz geschlossener Fenster später überall ein Millimeter Staub lag, gab es um diese Jahreszeit nicht. Dafür schloß aber die Winterregenzeit mit einem gewaltigen Guß ab, der in kurzer Zeit über 50 mm Regen brachte. Man erkannte die Wüste nicht wieder: Von den Bergen stürzten in jeder Rinne murmelnde Bäche, die Flächen im Santa Cruz-Tal wurden überschwemmt und der Fluß selbst führte ebenfalls viel Wasser. Auf diese Weise wurden alle Wasserspeicher im Boden wieder aufgefüllt und die Pflanzen konnten die folgende Trockenzeit überstehen.

Sehr interessant war es zu verfolgen, wie die Säulenkakteen während der Winterregenzeit immer praller und praller wurden, die Rippen gingen deutlich auseinander. Nun begann auch die Blüte der Kakteen und vieler Sträucher. Die Riesenkakteen bildeten an den Spitzen weiße, wenig auffallende Blüten und zwar nur an der wärmeren Südseite, aber viele kleine Kakteen waren bedeckt mit roten oder gelben Blüten.

Als Höhepunkt zum Abschluß unseres Aufenthalts organisierte der Direktor Dr. Shreve noch eine Expedition nach Mexico in die unbesiedelte südliche Sonora-Wüste und zwar nach Libertad am Golf von Californien. Diesen Namen findet man auf vielen Atlanten. Es ist aber keine Siedlung, sondern nur eine Wasserstelle mit einer Hütte, die von Fischern zuweilen benutzt wird. Die Wasserstelle ist sehr merkwürdig. Am

Strande sickert bei Niedrigwasser Süßwasser aus dem Sande. Man macht eine Grube, in der es sich sammelt, und schöpft es dann in ein Gefäß. Sobald die Flut kommt, wird diese Stelle vom Salzwasser überschwemmt. Man kann somit nur zweimal am Tage Süßwasser holen. Dafür ist es jedoch immer sauber.

Die Expedition mußte gut vorbereitet werden. In die wasserlose Wüste fährt man mit mehreren Wagen, damit man, wenn der eine ausfällt, mit dem anderen noch Hilfe holen kann. Proviant und Wasser mußten für eine Woche mitgenommen werden. In einem Wagen fuhren Shreve und Mallery, im anderen Erna und ich. Dazu stellte Shreve für die Dauer der Expedition noch einen schwarzen Koch ein, der einen leichten Lastwagen mit den Vorräten, Klapptischen und Stühlen fuhr. Geschlafen wurde im Freien in Schlafsäcken. Ich lernte dabei, wie man die besten Schlafstellen aussucht und wie man es einrichtet, daß man bequem liegt. Das kam mir bei unseren späteren Forschungsreisen in Afrika sehr zustatten:

In einem Tal soll man in der Wüste nie nächtigen; denn bei der starken Ausstrahlung bildet sich am Boden Kaltluft, die schwerer ist und fast wie Wasser in die Täler abfließt, so daß diese besonders kalt sind. Auf der Terrasse ist es oft 10° wärmer als im Tal. Sandboden eignet sich zum Liegen nicht; er wird durch das Körpergewicht zusammengepreßt und ist dann steinhart. Tonboden ist elastischer. Wenn man sich den Liegeplatz ausgesucht hat, macht man mit dem Spaten in der Mitte eine 20 cm breite und 10 cm tiefe Querfurche. Dann werden beim Liegen die Hüftknochen nicht belastet und tun einem am Morgen nicht weh; man wird nicht steif.

Mitte März brach die Wagenkolonne auf. Die Grenze nach Mexico erreichten wir um die Mittagszeit gerade, als der Grenzbeamte sein Dienstzimmer abschloß und nach Hause ging. Es war ein winziger Ort und er fühlte sich in diesem als König. Vorher auf der amerikanischen Seite waren wir rasch und höflich abgefertigt worden. Der Beamte bedeutete uns, vorm nächsten Morgen habe er keinen Dienst mehr. Nach langem Bitten ließ er sich erweichen, sein Dienstzimmer doch wieder aufzuschließen. Er setzte sich hoheitsvoll an den Tisch und ohne aufzublicken, winkte er mit dem Daumen den Einzelnen, ihren Paß vorzulegen. Als letzter kam der schwarze Koch dran. Da erklärte er, für Schwarze sei eine Sondergenehmigung notwendig, die nicht vorhanden war. Shreve betonte, daß der mexikanische Konsul in Tucson doch das Visum ausgestellt habe. Aber er erwiderte, der Konsul in Tucson gehe ihn nichts an, hier bestimme er: Der Koch dürfe nicht einreisen und damit ging er nach Hause und ließ uns stehen. Wir brauchten unbedingt den Koch mit dem Versorgungswagen. Was sollte man tun? Shreve wollte mit ihm sprechen und ging ins Haus vom Beamten, eine elende Hütte. Es dauerte sehr lange, aber dann kam er heraus und sagte alles sei in Ordnung. Ich fragte Dr. Shreve, wieviel es gekostet habe, aber er winkte ab.

Die Grenze zwischen U.S.A. und Mexiko ist wohl die schärfste Kulturgrenze zwischen Kanada und Feuerland auf den beiden amerikanischen Kontinenten: Nördlich von der Grenze die anglo-amerikanische streng rationale Kultur auch in der Bauweise, die Ortschaften und Städte mit den beginnenden Hochhäusern passen schlecht in die schöne Natur. Auch die Straßen paßten sich nicht der Landschaft an, sondern waren unschöne Eingriffe. Aber alles war praktisch, diente der Bequemlichkeit und dem Komfort, die Menschen immer höflich, aber doch kühl. Südlich von der Grenze dagegen findet man natürlich gewachsene Ansiedlungen; über den Häusern thronte meist die Kirche mit einer großen Kuppel, alles ruhte in der Landschaft und schmiegte sich ihr ganz natürlich an, dafür kein Komfort, aber gemütlich, wenn auch ärmlich und nicht immer sehr reinlich; die Menschen sind fröhlich und sehr gastfrei. Natürlich liebten sie die Amerikaner, die ihnen wirtschaftlich hoch überlegen waren, nicht und ließen sie es fühlen, wie dieser kleine Beamte.

Wie nicht anders zu erwarten, waren auch die Straßen schlecht. Wir berührten die Ortschaft Altar an einem Fluß, der zwar trocken war, jedoch im Flußbett Grundwasser führte, so daß man auch kleine Äcker bewässern konnte. Aber die sehr auf Hygiene bedachten Begleiter von uns vermieden den Kontakt mit den Menschen. Nur in einer kleinen Siedlung am zweiten Tag trat, als wir hielten, ein Mann morgens früh aus dem Haus (wir übernachteten fern von den Ortschaften im Freien) und grüßte. Als er hörte, daß ich ein Aleman (Deutscher) sei, mußten wir beide gleich ins Haus kommen und er setzte uns zum Frühstück frisch gebackene Tortillas vor. Es sind aus Maismehl auf heißen Steinen gebackene Fladenbrote. Sie schmeckten ausgezeichnet. Das war während der ganzen Fahrt die einzige Berührung mit der Bevölkerung. Dann begann das unbesiedelte, wasserlose Gebiet.

Wir blieben in der Kakteenwüste, es traten jedoch viele neue Formen auf, der Orgelpfeifen-Säulenkaktus und andere. Hier war es wärmer, das Land wenig über Meeresniveau und die Blüte war gegenüber Tucson weiter vorgeschritten. Abends suchte man sich einen schönen Lagerplatz aus. Wenn man nachts aufwachte, funkelten die Sterne über einem. Den Staub mußte man in Kauf nehmen. Mit dem Wasser zum Waschen war es nicht weit her. Eine Tasse pro Person wurde bewilligt. Man putzte sich die Zähne, gurgelte einmal und schluckte das Wasser hinunter. Dann ergriff man die Tasse mit den Zähnen, goß das Restwasser in die hohlen Hände und strich sich einmal über das Gesicht. Von den Augen und der Nase wurde der Staub dadurch entfernt, aber die Ohren blieben staubig. Am Tage wurde häufiger gehalten, Shreve wollte die Vegetation eingehend studieren. Die Mittagspause hielten wir im Schatten eines großen Baumes. Die Sonora-Wüste ist eigentlich mehr eine Halbwüste mit noch etwa 200 mm Regen pro Jahr, also nicht extrem vegetationsarm. An den Erosionsrinnen, die ja noch zusätzliches ablaufendes Wasser erhalten, stehen oft Sträucher sehr dicht und an günstigen Stellen auch Bäume. Im ganzen Gebiet gibt es viele Klapperschlangen, doch sind diese erst im heißen Sommer aktiv. Wir sahen in Arizona keine, erst später in Californien. Herrlich sind in der Wüste die Sonnenaufgänge und Untergänge.

Schließlich erreichten wir Libertad mit der Hütte und der Strandquelle. Einmal holte der Koch zu spät Wasser. Es war schon mit Meerwasser gemischt und der Kaffee schmeckte salzig.

Hier blieben wir 3 Tage und konnten herrlich im warmen Meer baden.

Auf einem Felsvorsprung, dem Punto Kino, war der Standort einer seltenen Art, *Idria columnaris*, die zu der kleinen Familie der Fouquieriaceen gehört, einer Pflanzenfamilie, die auf die Sonora-Wüste beschränkt ist. *Idria* ist ein Baum mit einem dicken, sehr weichen Stamm, aus dem nach allen Seiten etwa 30–50 cm lange sehr dünne Zweige abgehen, an denen die Blättchen in Büscheln sitzen; bei großer Dürre fallen sie ab. Zu diesem Typus mit fleischigen Stämmen gehören hier auch zwei Burseraceen-Sträucher (*Elaphrium*-Arten). Wir fanden diesen Typus später in Südwestafrika unter ähnlichen klimatischen Verhältnissen im Grenzgebiet zur Namib-Wüste. Dort gehörten diese Pflanzen aber ganz anderen Familien an. Die Zeit verging mit dem Notieren der Pflanzen, Probenentnahmen zur Untersuchung im Laboratorium und Fotografieren sehr schnell. Es tat uns leid, die Rückfahrt anzutreten, die wie die Hinfahrt ohne Zwischenfall verlief. Bei einer gut geplanten Expedition sollen keine Pannen auftreten, es darf deswegen keine abenteuerliche Unternehmung sein. In dieser Hinsicht hatte ich besonders viel gelernt.

Der Zeitpunkt der Abreise nach Lincoln/Nebrasca war nahe gerückt. Deshalb hatten wir vor der Abfahrt nach Mexico unseren Bungalow geräumt, um die 50 Dollar an Miete (25 % vom Stipendium) zu sparen und uns dafür ein Zelt für zwei Personen mit eingenähtem Boden zu kaufen. Jetzt stellten wir es auf dem Tumamoc Hill unfern vom Laboratorium auf. Am Tage konnten wir uns in letzterem aufhalten, uns dort waschen und die Mahlzeiten zubereiten. Wir kampierten also weiter. Morgens beim Lüften meines Schlafsacks fand Erna einmal in diesem einen jungen Skorpion. Wir beide, der Skorpion und ich, hatten uns aber in der Nacht nicht gestört.

Ich hatte die Rockefeller Foundation davon überzeugt, daß ich mein Auto nach Nebrasca mitnehmen müßte, weil ich sonst nicht im Gelände arbeiten könnte und bat mir die Reisekosten mit der Bahn erster Klasse von Tucson nach Nebraska in bar auszuzahlen. Sie gingen darauf ein und überwiesen mir die Summe. Sie war bedeutend höher als die Benzinkosten für die Fahrt und ich brauchte für Erna nicht die Eisenbahnfahrt zu bezahlen. Wir beschlossen deshalb einen großen Umweg zu machen von Tucson nach Westen bis Los Angeles, von dort nach San Francisco einschließlich Yosemite Park in der Sierra Nevada und dann weiter durch Nevada, Utah und Wyoming nach Nebraska. Wir hatten dabei besonderes Glück, als wir die weiten Strecken in Californien zurücklegten: Zwischen Standard Oil und Shell war ein Preiskampf ausgebrochen. Sie unterboten die Benzinpreise gegenseitig; die Preise fielen immer mehr, bis beide das Benzin umsonst abgaben! Man fuhr bei der Tankstelle vor, ließ voll einfüllen, sagte «Danke schön» und fuhr weiter. Leider dauerte der Kampf nur eine Woche. Dann einigten sich die Gesellschaften und ab San Franzisco mußte man wieder den vollen Preis zahlen.

Während dieser Fahrt sparten wir die Miete und kampierten im Freien an schönen Stellen. In den weiten Räumen des Westens konnte man das. Zwar kamen Überfälle beim Kampieren vor, aber die Räuber suchten sich nur lohnende Beute aus. Unserem alten, vollbepackten Wagen sah man an, daß nichts Kostbares zu holen war. Wir fühlten uns sicher.

Auch für das Essen gaben wir wenig aus, da wir von Konserven lebten. Mittags wurde draußen auf einem Holzfeuer ein großer Topf mit Wasser aufgestellt, die Konservendosen mit Suppe, Fleisch und Gemüse hereingelegt. Wenn das Wasser heiß war, fischten wir die Dosen heraus, öffneten sie und entleerten sie auf die Teller. Als Nachtisch gab es Fruchtkonserven oder frische Früchte. So lebten wir gut und konnten während der Reise noch Geld sparen.

b) In der Prärie und am Pikes Peak (Anhang Karte 1)

Vor der Abfahrt aus Tucson hielt ich noch im Beisein von Mac Dougal einen Vortrag über die Ergebnisse unserer Arbeit und den von mir neu eingeführten Hydraturbegriff. Mac Dougal äußerte sich sehr befriedigt und wird das wohl der Rockefeller Foundation berichtet haben.

Nach Californien wählten wir nicht den Highway, sondern Nebenstraßen durch die Wüste und das Reservat der Papago-Indianer. Nach dem guten Winterregen stand die Wüste in voller Blüte wie ein herrlicher Steingarten. Es blühten nicht nur die Kakteen, sondern auch die zarten vergänglichen Pflänzchen, die Ephemeren: Ganze Flächen mit dem gelben Mohn *Eschscholtzia*, der auch bei uns als Sommerblüher oft ausgesät wird, dann, als der Boden sandiger wurde, viele niedrige Nachtkerzen mit großen weißen Blüten und rot-violette Abronien (Nyctaginaceen) und viele andere. Wir nahmen uns Zeit, aber etwa 300–500 km mußte man am Tage schon zurücklegen. Die Entfernungen sind enorm. Bei Yuma, in einer extremen Wüste, fuhren wir über den hier mächtigen unteren Colorado-Fluß. Dann kam eine Strecke mit vegetationslosen Sanddünen, durch die jedoch eine schöne asphaltierte Straße für den regen Verkehr nach

Californien führte. Man durfte nur beim Parken nicht vom Asphalt, auch nur mit einem Rad, abkommen, sonst saß man fest und mußte sich herausziehen lassen. Es folgte das Imperial Valley mit dem Salton Lake, dessen Spiegel unter dem des Meeres liegt. Alles eine extrem trockene und heiße Gegend, aber mit Bewässerungskulturen. Bei India werden sogar Dattelpalmen kultiviert und Datteln verkauft. Etwas nördlicher ist die einzige Stelle, wo in den U.S.A. wilde Palmen wachsen, die bekannte Neowashingtonia! Hier befindet sich der teuerste Touristenort Palm Springs.

Es war schon dunkel, als wir die Lichter der großen Hotels in der Ferne sahen, aber Palm Springs kam für uns zum Übernachten nicht in Frage. Es war Vollmond. Ein kleiner Weg führte links ab. Wir folgten ihm, um weiter von der Hauptstraße abzukommen. Er führte zu einem murmelnden Bächlein, das von den San Jacinto Mnts kam. An ihm standen die Washingtonia-Palmen. Ein idyllischer Platz! Wir legten unsere Schlafsäcke aus, wuschen uns im Bach und schliefen herrlich. Am nächsten Morgen war es wenig über Null. Nach dem Frühstück sahen wir uns die Umgebung mit den Palmgruppen an. Unter einer lag eine Klapperschlange. Aber sie war kalt und bewegte sich kaum. Man konnte sie ohne Gefahr aus einem Meter Entfernung fotografieren. Als wir zur Straße fuhren, erblickten wir ein Schild: «No camping from here to Palm Springs.» Gut, daß wir es im Dunkeln nicht gesehen hatten, so hatte uns das Verbot in der Nacht nicht beunruhigt. Später erzählten wir, daß wir in Palm Springs übernachteten. Prompt kam die Frage: «Wieviel haben Sie dafür bezahlt?» Wir antworteten: «Überhaupt nichts.»

Durch Palm Springs fuhren wir ohne anzuhalten. Wir wollten zur Citrus Experiment Station in Riverside, mit deren Leiter Bartholomew ich im wissenschaftlichen Austausch stand. Riverside war ein vornehmer aber kleiner Ort, noch weit von Los Angeles entfernt. Heute soll es alles ein riesiger Stadtkomplex sein.

Wir waren nach dem Lunch in Riverside. Bartholomew war sehr nett, zeigte uns alles, führte uns durch die großen Orangenkulturen, die blühten und herrlich dufteten und sagte dann beiläufig, ob wir nicht mit ihm um 7 Uhr Dinner in der Mission Inn haben wollten. Wir nahmen dankend an. Inn hieß nach dem Wörterbuch Gastwirtschaft, also ein einfaches Lokal, folglich konnten wir in unserer Exkursionskluft hingehen und anschließend gleich nach Los Angeles weiterfahren.

Wir sahen uns Riverside an, fragten wo die Mission Inn ist, fuhren hin und wurden von Bartholomew am Eingang empfangen. Es war eins der vornehmsten Lokale im ganzen Westen. Ich wäre am liebsten im Boden versunken. Aber der Gastgeber verzog keine Miene, führte uns in den riesigen Speisesaal mit Parkettboden, auf dem ich mit den Nagelschuhen rutschte. An allen Tischen Leute in großer Toilette, die Damen mit Abendkleid und tiefem Dékolleté sowie kostbaren Pelzumhängen. Wir mußten durch den ganzen Saal Spießruten laufen, alle Blicke mißbilligend auf uns gerichtet zu dem Tisch, an dem uns Mrs. Bartholomew erwartete. Aber auch sie verzog die Miene nicht. Endlich saßen wir mit dem Rücken zu den anderen. Das schöne Menü konnten wir jedoch nicht ganz genießen.

Über die Mission Inn ist folgendes zu berichten. Die Bahnen in U.S.A. sind private Unternehmen. Die Southern Pacific Line hatte Huntington durch die Wüste gebaut. Er wußte, wie die Trasse gehen würde, und kaufte durch Mittelsmänner heimlich das Land um die zukünftige Trasse praktisch für nichts auf. Nachdem die Bahn gebaut war, hatte das Land an der Eisenbahn an Wert enorm zugenommen, so wurde Huntington so reich, daß er nicht wußte, was er mit dem Geld anfangen sollte. Er kam auf den Gedanken, in Mexico ein schönes altes Kloster mit Kirche, Kreuzgang und Nebengebäuden zu kaufen, es abzubrechen und aus den Steinen identisch in Riverside wieder aufzubauen. Es war ein Prachtbau, der nun als Exklusivhotel und Restaurant diente.

Mit dem Dinner war es noch nicht getan. Alle erhoben sich und gingen in die ganz schwach erleuchtete Kirche. Auf den Emporen nahm man Platz. Das Licht ging aus und vor dem Altarplatz wurde eine Jungfrau mit wallendem goldenen Haar und weißem Gewand angestrahlt. Sie hatte eine Harfe, spielte und sang dazu.

Als das vorbei war, ging man in die Katakomben (naturgetreu erbaut). In diesen waren lange Tische, auf denen Souvenirs standen, die Huntington auf seinen Welt-Vergnügungsreisen eingekauft hatte. Sie stammten aus aller Herren Länder. Da war ein herrliches altes Marmor-Taufbecken aus Italien bis zu deutschen Bierkrügen und Kuhglocken aus dem Allgäu, wertvolle Kunst bis zu dem schlechtesten Kitsch. Aber das Merkwürdigste war, daß bei jedem Gegenstand ein Preis stand; alles war verkäuflich als Andenken an die Mission Inn. Am Ende der Katakomben kam man in einen großen Raum und hier, oh Schreck! war ein Panoptikum: Es saß lebensgroß als Wachsfigur der Papst mit seinen Kardinälen in roten Talaren.

Wir gingen zurück in die Kirche. Sie war jetzt hell erleuchtet und es wurde im Kirchenschiff Jazz getanzt. Nun verabschiedeten wir uns und bedankten uns sehr für das einzigartige Erlebnis in der Mission Inn. Wir traten ins Freie. Der Vollmond schien und beleuchtete die herrlichen alten Gebäudeteile des früheren Klosters. Welche Stille, welcher Frieden! Wir gingen allein noch etwas herum. Dieser Kontrast im Land, in dem alles möglich ist.

Wir setzten uns in den Wagen und fuhren nach Los Angeles, wo wir Bekannte von der Schiffsüberfahrt besuchen wollten. Sie hatten uns eingeladen und wollten uns Los Angeles zeigen. Auf dem Stadtplan hatten wir uns ein Autokamp in der Stadt ausgesucht. Um etwa 2 Uhr nachts waren wir dort. Damals war auch Los Angeles keine große Stadt. Nachts war alles wie ausgestorben. Auch der Eingang zum Camp war dunkel. Wir fanden die Nachtglocke und läuteten. Nichts regte sich. Wir warteten und läuteten lauter. Plötzlich öffnete sich im zweiten Stock ein Fenster und eine furchtbare Schimpfkanonade ergoß sich über uns wegen der Ruhestörung. So etwas war uns in Amerika noch nicht vorgekommen. Schimpfen – das gibt es nicht! Schließlich als der Mann sich ausgetobt hatte, wagten wir zu sagen, wir kämen aus Deutschland und seien ganz fremd. Plötzlich rief der Mann, auf deutsch: «Aus Deutschland, Landsleute, ich bin aus Hamburg; warten Sie, ich mache gleich auf.» Nun wunderten wir uns über das Geschimpfe nicht mehr. Wir bekamen einen schönen Raum, gut eingerichtet, mit Waschgelegenheit dabei. Etwas teurer, wohl 3 Dollar, aber dafür doch preiswert. Wir schliefen uns prachtvoll aus. Mit den Bekannten fuhr man durch duftende Orangenplantagen nach Hollywood mit den schönen auf den Hügeln liegenden Villen der Filmstars. Heute soll alles ein mit Los Angeles vereintes Häusermeer sein. Am nächsten Tag ging es der Küste entlang nach Norden. Zwischen den Dünen konnte man windgeschützt kampieren und morgens, wenn noch kein Mensch am Strande war, baden. Aber bald wurde das Wasser empfindlich kalt. Der von Norden kommende Californische Strom machte sich direkt an der Küste bemerkbar. Etwas landeinwärts waren die Hänge wie am Mittelmeer mit dichtem immergrünem Gebüsch, dem Chaparral, bedeckt. Als ich in dieses vordrang, ertönte plötzlich ein Geräusch wie von einem Preßlufthammer – eine rasselnde Klapperschlange warnte. Mit einem Satz war ich wieder draußen.

Unser nächstes Ziel war Carmel bei Monterey, wo Mac Dougal eine kleine Nebenstation für seine Studien eingerichtet hatte. Aber sie war nicht besetzt. Wir übernachteten im Zelt im Garten. Monterey ist durch seinen «10 miles drive» bekannt. – Eine 10 Meilen lange romantische Felsküste mit den Villen der reichsten Amerikaner. Auf ins Meer vorragenden Felsen wachsen californische Zypressen und in der Brandung tummelten sich Seelöwen.

Von hier machten wir einen Abstecher zum Yosemite Park, ziemlich hoch im Gebirge der Sierra Nevada. Es ist ein durch Gletscher während der Eiszeit tief ausgehobeltes U-Tal, mit glattpolierten Dom-ähnlichen Gipfeln und von diesen abstürzenden Wasserfällen, wobei das Wasser, bevor es den Boden erreicht, ganz zerstäubt.

Wir kamen zum Einfahrtstor, als es dämmerte. Das Wetter war schlecht, es schneite. Man wird auf Waffen kontrolliert. Im Park darf man nicht schießen, obgleich die Bären frei herumlaufen. Der Ranger gab uns eine Wegkarte und kreuzte eine Stelle an, wo wir zelten könnten und wo es Wasser und Brennholz gäbe. Ich fragte ihn, ob wir das Zelt tagsüber stehen lassen können. Er antwortete, das wäre möglich, es würde nichts gestohlen, nur Eßvorräte dürften wir nicht drin lassen. Auf meine erstaunte Frage, warum diese nicht sicher seien, erklärte er, daß die Bären sie holen. Merkwürdig, dachte ich, daß er einen Platz anweist, wo Bären sind. Aber er mußte es ja wissen. Erna erzählte ich nichts davon.

Wir fanden den Platz, stellten das Zelt auf. Nach einem kurzen Imbiß krochen wir in die Schlafsäcke. Für alle Fälle legte ich das Beil und die Taschenlampe neben mich. Ich schlief bald ein, wachte jedoch auf, als jemand von der Abfalltonne neben unserem Zelt den Deckel abnahm. Daß die Touristen nicht bis zum Morgen warten können, dachte ich unwillig. Aber dann hörte ich, daß in der Tonne gewühlt wurde und die Konservendosen herumflogen. Das ist der Bär, ging es mir durch den Kopf. Im ersten Augenblick wollte ich die Taschenlampe nehmen und hinausleuchten. Aber wie wird der Bär das aufnehmen? Lieber abwarten. Erna schlief ruhig und hörte nichts. Nach einiger Zeit wurde alles ruhig und ich schlief wieder ein. Am Morgen schaute ich gleich hinaus. Richtig, im Schnee waren deutlich die Fährten vom Bär zu sehen; da berichtete ich Erna von dem Besuch in der Nacht.

Die Gebirgslandschaft im Park ist einzigartig. Nur einige Vorfrühlingsarten waren heraus. Da leuchtete ein roter dicker Kolben mit Blüten unter einem Baum im Schnee. Eine Pflanze ohne Blattgrün – also eine Moderpflanze, die sich mit Hilfe eines Pilzes von der toten organischen Substanz im Boden ernährt ähnlich wie unser Fichtenspargel. Um sie fürs Herbar zu trocknen, mußten wir den fleischigen Blütenstand in mehrere Längsschnitte zerlegen. Als wir im Museum die gesammelten Pflanzen zum Bestimmen vorlegten, bemerkte der Leiter streng, daß diese Art, die «Schneeflamme», absolut geschützt sei; da wir sie jedoch auf eine so interessante Weise präpariert hätten, wollte er nichts sagen, sie wäre ja für wissenschaftliche Zwecke gesammelt worden. Auf der Rundfahrt sahen wir am Hang unweit der Straße einen Braunbären friedlich liegen. Das mußte fotografiert werden. Ich stieg aus, nahm einen Laib Brot mit und warf ihm ein Stück zu, damit der Bär näherkäme. Er erhob sich und holte sich das Stück. Er sah so gemütlich aus, daß ich kühner wurde und ein Stück Brot in die Höhe hielt. Er kam, stellte sich auf die Hinterbeine (er war so hoch wie ich) und sperrte den Rachen auf. Ich warf das Stück hinein. Erna hatte noch nicht geknipst. Ich wiederholte dasselbe. Er richtete sich wieder auf, merkte aber, daß ich das große Stück Brot hinter dem Rücken hielt und schlug zu. Mit einem Satz sprang ich zurück, jedoch wurde der linke Arm von der Tatze getroffen, als ob jemand mit einer Eisenstange drauf geschlagen hätte. Aber schon war ich im Auto und schlug die Tür zu. Der Bär dachte gar nicht daran mich zu verfolgen, sondern trottete auf den früheren Platz zurück. Wir fuhren ein Stück weiter und untersuchten die Wunde. Der Rockärmel und das Hemd waren durch die Krallen zerrissen, aber der Arm blutete nur schwach und war schnell verbunden.

Diesen Vorgang berichtete ich Bekannten in Deutschland. Die Antwort kam: Alles hätten sie mir geglaubt, aber jetzt wollte ich ihnen einen Bären aufbinden. Ich war empört, die Narbe am Arm konnte man noch ein Jahr lang sehen.

Vom Yosemite Park war es nicht weit zum «Mariposa Grove of big trees», auch im Gebirge am Westhang gelegen, wo sich im Winter riesige Schneemassen ansammeln. Dort wachsen die über 3000 Jahre alten (Jahresringe wurden ausgezählt) Mammutbäume, die bis 100 m hoch werden und einen Stammdurchmesser bis 10 m besitzen. Man glaubt plötzlich, ein Zwerg geworden zu sein, von der Höhe des Heidekrauts. Es stehen andere alte Bäume daneben, doch sehen sie spindeldünn und niedrig aus. An einer Stelle fuhren wir durch ein Tor, das man durch einen Stamm gemacht hatte. Auf dem Baumstumpf eines gefallenen Riesen wurde eine Tanzfläche für viele Paare erstellt. Als diese Bäume keimten, herrschten in Ägypten die Pharaonen. Sie haben die ganze geschichtliche Zeit miterlebt.

Es ging wieder zur Küste nach Stanford zurück (Besuch beim Botaniker) und dann nach San Francisco mit der Golden Gate Brücke. Hier herrschen im Sommer infolge der kalten Meeresströmung häufige Nebel, so daß die Julimittel der Temperatur nur wenig über denen des Januar liegen.

Der Paß über die Sierra Nevada am großen Highway nach Salt Lake City am Großen Salzsee in Utah war gerade vom Schnee freigeschaufelt worden. Die weite Fahrt nach Nebraska ohne größeren Aufenthalt konnte beginnen. Die Schneemauern zu beiden Seiten der Straße über den Paß waren etwa 3 m hoch. Dann ging es hinunter in das große trockene Becken (Big Basin) zwischen den californischen Gebirgen und dem Felsengebirge (Rocky Mountains). In Nevada war es noch winterlich, nur die Tallagen fast schneefrei. Kurz vor Reno kamen wir in einen Blizzard. Wir hatten schon die ersten Häuser von Reno vor uns gesehen. Mit einem Male hatte man das Gefühl in eine Schneewand zu fahren. Der Weg war weg, alles gleichmäßig weiß. Der Scheibenwischer konnte den Schnee nicht beseitigen. Man konnte kaum etwas sehen. Zum Glück war vor uns ein Wagen mit einem Ortskundigen, der die Richtung kannte. Wir fuhren direkt hinter ihm her. Nach einigen Minuten war die Straße mit den ersten Häusern erreicht. Wir waren in Sicherheit! So plötzlich, wie er gekommen war, hörte der Schneefall auf. Wir fanden das einzige ziemlich schäbige Hotel. Reno war damals ein kleiner Ort, Nevada der ärmste Staat. Welch ein Wandel als ich 1969 wieder nach Reno kam! (Vgl. Teil X).

Damals war der Highway durch die Wüsten von Nevada und Utah nicht befestigt. Ein «Grader» mit einem riesigen Pflug hob einen tiefen Graben aus und warf die Erde auf die Straße. Erst von der einen, dann von der anderen Seite. Darauf fuhr eine Walze darüber und die Straße war fertig. Aber wehe nach einem Regen; sie war dann schmierig und die Ränder wie ein Brei. Wir hatten Pech: Auf den Blizzard folgte eine Regenfront, die direkt nach Osten zog. Am Tage überholten wir sie, in der Nacht, wenn wir schliefen, überholte die Regenfront uns. So quälten wir uns im Schlamm herum. Der Verkehr war fast Null, man konnte in der Mitte der Straße fahren. Die Ränder waren mit roten Fähnchen und Schildern «soft shoulders» (weiche Ränder) markiert. Einmal war jedoch ein vollbepackter alter Ford vor uns. Er fuhr sehr langsam. Mir riß die Geduld. Unglücklicherweise funktionierte meine Hupe nicht; der Führer im Ford konnte wegen des Gepäcks unseren Wagen nicht sehen. Ich entschloß mich, an einer besser aussehenden Stelle den Ford zu überholen, drückte auf den Gashebel und fuhr links mit hoher Geschwindigkeit heraus. Auf der Höhe des Ford merkte ich plötzlich, wie der Boden nachgab. Ich war im Graben, eine Schlammwelle schlug über den Wagen; automatisch riß ich das Steuer herum und kam durch den Schwung wieder auf die Straße quer vor dem Ford zu stehen. Er bremste rechtzeitig, war aber so erschrocken, daß er uns die Vorfahrt ließ. Ein Wunder, daß nichts geschah.

Endlich sind wir in Utah, sehen den Salzsee von weitem und beschließen, in Salt Lake City eine Ruhepause einzulegen in einem komfortablen Autokamp.

Die Stadt ist das Zentrum der Mormonen. Hier steht der Tempel, den nur die Strenggläubigen betreten dürfen, daneben das Tabernakel – der Versammlungs- und Konzertraum, eine gewaltige hölzerne, ovale Kuppel ganz aus Holz ohne einen einzigen eisernen Nagel erstellt. Als die Mormonen dieses damals nur von Indianern bewohnte Land auf ihrer Flucht erreichten, gab es in der Wildnis keine Nägel. Über die Mormonen wäre viel zu berichten. Wir kommen auf sie in Teil X zurück.

Wir machten einen Ausflug in die Berge in ein Schutzgebiet, aus dem das Trinkwasser für die Stadt entnommen wurde. Ich erinnere mich an ein Schild: «Halt das Wasser rein, Du trinkst es!» Besser als jede Verbotstafel.

Östlich von Utah überquerten wir die Wasatch-Mountains, die zum System des Felsengebirges gehören und kamen nach Wyoming in das Becken des Green River, der in den Colorado fließt. Das Gebiet ist noch trockener, eine durch die roten und gelben Felsen sehr farbige Landschaft. Auf einem niedrigeren Paß überquert man nochmals einen Gebirgsrücken und dann ist man im Präriengebiet. Zuerst dehnt sich die endlose Fläche der Great Plains mit einer kurzen Grasnarbe. Hunderte von Kilometern immer dasselbe: Viehherden, die zu weit auseinander liegenden Farmhäusern gehören, weit und breit kein Baum.

Nach Osten zu wird der Graswuchs höher und Weizenanbau wird möglich. Hier fällt etwas mehr Regen, die Meereshöhe nimmt ab, die Temperatur steigt. Bald ist das ganze Land durch Feldwege in Quadratmeilen geteilt und in der Mitte von jedem Quadrat liegt das kleine Farmhaus mit den großen Schuppen für die Maschinen. Die Eisenbahnstationen erkennt man von weitem an den riesigen Getreide-Silos. In diesem Gebiet wird der kleberreiche Hartweizen als Sommerweizen angebaut. Die Winter sind so kalt wie in Sibirien und schneearm. Endlich ist Lincoln in Nebraska erreicht – das neue Arbeitsfeld.

Wir wohnen in der Stadt in einem zweistöckigen Holzhaus. Jedes Haus hat zur Straße eine Veranda, auf der Schaukelstühle stehen. Nach Dienstschluß sitzen die Männer darin und legen die Beine auf das Geländer, so daß man von der Straße aus lauter Schuhsohlen sieht. Das Botanische Institut mit dem Laboratorium befand sich auf dem Universitätscampus. J. E. Weaver nahm uns gleich in die Prärie hinaus. Die Woodlawnprärie ist eine große Fläche mit noch ursprünglicher Langgrasprärie. Nur in kleinen Erosionsrinnen findet man niedrige Bäumchen und Sträucher – es sind die letzten Ausläufer der Laubwälder weiter im Osten, auf der anderen Seite des Missouri.

Weaver war ein hervorragender Kenner der Prärie und konnte einem die ökologischen Verhältnisse glänzend erklären. Das erleichterte das Einarbeiten sehr und ich begann bald mit der Entnahme und der Untersuchung der Proben.

Das Wetter war warm und die Pflanzendecke entwickelte sich zusehends. Bald war die Prärie eine blütenreiche natürliche Wiese. Der tiefe schwarze Prärieboden ist im Frühjahr so gut durchfeuchtet, daß selbst zarte Pflanzen keine Schwierigkeiten mit der Wasserversorgung haben. Die Zellsaftkonzentration war bei allen Arten niedrig, so daß Krisenerscheinungen, die mich besonders interessierten, nicht zu erwarten waren.

Der führende Ökologe in Amerika, F. E. Clements, mit dem Weaver früher zusammengearbeitet hatte, erfuhr durch Weaver, daß ich bei ihm arbeite und lud mich ein, auch zu ihm in sein alpines Laboratorium am Pikes Peak in Colorado zu kommen. Ich beschloß, die Arbeit in Nebraska zu unterbrechen, bis die Sommerdürre einsetzte und in der Zwischenzeit zu Clements zu gehen.

Nochmals durchfuhren wir die Prärie diesmal in Nord-Kansas und Colorado. Die Langgrasprärie ging langsam in die Kurzgrasprärie über, was man auf den Friedhöfen feststellen konnte. Diese waren bei der Erstbesiedlung in der noch ursprünglichen Prärie abgegrenzt worden und nur zu etwa einem Drittel mit Gräbern belegt, während der übrige Teil nur gelegentlich gemäht wurde. Sonst war alles ringsherum landwirtschaftlich genutztes Land.

Wir kamen nach Colorado Springs am Fuße vom Pikes Peak, von wo aus eine Zahnradbahn auf diesen wenig über 4000 m hohen Berg hinaufführte. Der ganze Berg war Wassereinzugsgebiet für die Stadt und absolutes Sperrgebiet. Nur Clements hatte die Erlaubnis, auf halber Höhe in seinem Laboratorium zu arbeiten. Eine Straße führte nicht herauf. Wir mußten unseren Wagen unten in Manitou unterstellen und mit unserem Gepäck per Bahn hinauffahren. Clements wies uns auf seinem Versuchsgelände eine ganz einsam auf einer Waldlichtung stehende Hütte zu, die auf einer Felsfläche mit einem herausragendem Felsblock erbaut war. Über letzterem stand im Zimmer ein großer Tisch. Ein kalter Bach war unser Eisschrank für die Butter. Merkwürdigerweise verschwand sie häufig aus dem im Wasser stehenden Topf. Schließlich merkten wir, daß die Chipmunks – Flughörnchen (ähnlich unseren Eichhörnchen) sie stahlen. Diese Tiere waren so zutraulich, daß eines einmal, als ich die Zeitung lesend draußen saß und ein Butterbrot aß, mir auf die Schulter sprang und das Butterbrot aus der Hand wegschnappte. Menschen, die ihnen etwas antun könnten, gab es in diesem riesigen Sperrgebiet nicht.

Es war herrlich, wieder ganz in der Natur zu leben – in einer so schönen Gebirgsgegend der mittleren Höhenstufe mit Gelbkiefern und Douglastannen sowie einer herrlichen Hochstaudenflora. Auch längs der Bäche und auf kleinen Mooren wuchsen schöne Blütenpflanzen.

Im kontinentalen Klima sind gegenüber den Alpen die Höhenstufen stark nach oben verschoben. Auf die Stufe mit Kiefer, Douglas- und Concolor-Tanne folgt eine Fichtenstufe (*Picea engelmannii*), die unserer entspricht, aber bis auf 3700 m hinauf reicht. In dieser Höhe ist das Relief sehr ausgeglichen, etwa wie beim Feldberg im Schwarzwald. Man glaubt im Mittelgebirge zu sein und merkt die große Höhe nur an der dünnen Luft.

Wir durften die Bahn für die Auffahrt benutzen. Die alpine Stufe war nur relativ begrenzt in einer Höhe von 4000 m um den Gipfel herum mit der Endstation, dem Aussichtsturm und einer Wirtschaft. Außerdem wurde hier eine Zeitung herausgegeben, die höchste Zeitungsausgabe der Welt! Natürlich war hier nur die Redaktion, die Druckerei dagegen in Manitou bei Colorado Springs.

Das erste Mal fuhr Clements mit uns hinauf, doch war er im Gelände nicht so bewandert wie Weaver. Er war vor allem der große ökologische Theoretiker von Amerika, der die Klimaxtheorie aufgestellt hatte, die sich bis heute in Amerika hält. Theoretisch ist sie sehr geistreich entworfen, entspricht jedoch nicht ganz der Wirklichkeit. Die Auffassung der russischen Ökologen von der zonalen und azonalen Vegetation stimmt mit den Tatsachen besser überein.

In seiner Art war Clements nicht so einfach wie Shreve und Weaver. Er war der große Gelehrte, sich seiner Bedeutung wohl bewußt, uns gegenüber jedoch sehr freundlich und besorgt, daß wir alles zum Arbeiten hatten.

Es war für mich sehr wichtig und interessant, nun auch die alpine und die Waldstufe in den Rahmen meiner Arbeiten einbeziehen zu können, also die Vegetation des humiden Gebirgsklimas.

Morgens war es immer vollkommen klar. Gegen 11 Uhr bildete sich um den Gipfel des Pikes Peak eine Wolke, die sich rasch vergrößerte und dunkel wurde. Gegen 12 Uhr gab es ein starkes Gewitter mit einem Regenguß. Das Wasser floß am Hang hinunter und längs der Felsfläche in unsere Hütte. Plötzlich stand in dieser das Wasser

20 cm hoch und wir sprangen auf die Stühle. Aber in der Wand war an einer Stelle am Boden ein Loch und durch dieses floß das Regenwasser bald ab, es war also eine Art automatischer Reinigungsanlage; man brauchte den Boden nicht zu kehren. Dieser Witterungsverlauf wiederholte sich im Sommer fast jeden Tag. Auch hier litten die Pflanzen ungeachtet des sehr flachgründigen felsigen Bodens keinen Wassermangel.

Aus dem Präriengebiet wurde dagegen um diese Zeit eine extreme Hitzewelle gemeldet, die mit großer Trockenheit gepaart war. Deshalb fuhr ich mit der Bahn für zwei Tage hin, um Vergleichsproben von Präriepflanzen zu sammeln, die auch, wie erwartet, höhere Werte ergaben. Die Präriepflanzen reagieren somit schon auf sehr kurze Dürreperioden stark.

Die Hitze gepaart mit hoher Feuchtigkeit war in Lincoln kaum zu ertragen. Das Hotelzimmer war glühend heiß. Ich rückte das Bett vor das Fenster und legte das Kopfkissen auf die Fensterbank, um etwas frische Luft zu erhalten. Zum Glück gab es außer einem Hahn für kaltes und heißes Wasser noch einen mit eisgekühltem Wasser, das man immer wieder zur Abkühlung trinken konnte.

Ich war froh, als ich wieder im Gebirge war. Dort bot sich die Gelegenheit, mit dem Alpinen Klub eine Besteigung der Berge mit dem Auto zu machen. Ausersehen hatte man Greys and Torreys Peak, die noch höher als der Pikes Peak waren.

Auf der Karte wurde der Treffpunkt in etwa 3000 m NN angegeben, bis zu dem eine einigermaßen befahrbare Straße führte. Dorthin fuhr jeder für sich und dort sollte im Freien übernachtet werden, um den weiteren Aufstieg am nächsten Tag gemeinsam vorzunehmen. Am Treffpunkt war früher ein mit Wasser betriebenes Sägewerk gewesen, seither bestand die Straße dorthin.

Als etwa 11 Wagen am Abend sich eingefunden hatten, fing es diese Nacht ganz unvorschriftsmäßig an zu regnen. Wo sollten wir schlafen? Zelte hatte niemand mitgenommen, unter den Bäumen tropfte es. Alle verkrochen sich in ihre Autos; es waren alles elegante geräumige Wagen. Uns war es im Zweisitzer zu eng. Wir gingen zu den Ruinen der Gebäude. Vielleicht war dort ein trockenes Plätzchen für unsere Schlafsäcke. Wir fanden keines, aber Erna sah hinter einem Mauerrest eine etwas verrostete Sprungfedermatratze für ein Doppelbett. Diese schleppten wir zum Auto, legten unsere Schlafsäcke darauf, krochen in diese hinein und zogen eine große wasserdichte Plane, in die wir die Schlafsäcke immer verpackten, über uns. Wir schliefen warm und trocken.

Beim Morgengrauen regnete es nicht mehr. Ein Kundschafter wurde ausgeschickt, um festzustellen wie die Wagenspur sei, die zu einer aufgelassenen Silbermine in über 3700 m NN führte. Die übrigen frühstückten mittlerweile. Der Mann kam zurück und meinte: «Allright, aber es gibt einige steile Stellen, die nach dem Regen glitschig sind, wir werden es schon schaffen.»

Die Kolonne formierte sich, wir waren die letzten. Es ging ganz gut. Da! Bei der steilen Stelle blieb der erste Wagen stecken. Es regnete wieder leicht. Das Kommando: «Die Frauen gehen zu Fuß, die Männer schieben die Wagen hinauf über die steile Stelle.» Alle, bis auf den jeweiligen Fahrer packten den Wagen und schoben ihn hinauf, dasselbe mit allen Wagen nacheinander. Dann kam ich dran mit dem alten Dodge. Ich schaltete den ersten Gang ein und kam ohne Hilfe, den anderen zuwinkend nach oben. Das Schieben der schweren Wagen in über 3000 m Höhe war anstrengend, weil die Luft schon sehr dünn war. Dasselbe wiederholte sich mehrere Male, bis wir die Reste der Silbermine erreichten. Darüber fingen Schutthalden an. Diese mußten wir zu Fuß hinaufsteigen. Als wir zum Gipfel kamen und uns auf die Aussicht freuten, setzte ein Schneesturm ein, so daß man die Hand vor den Augen kaum sah. Alle liefen, so schnell sie konnten, den Hang hinunter. Jeder, der die Silbermine erreichte, sprang in seinen

Wagen und fuhr ab; denn es wurde sehr kalt. Wenn jemand beim Abstieg sich den Fuß gebrochen hätte, wäre das unbemerkt geblieben. Sonst sind die Amerikaner doch so kameradschaftlich. Auch wir fuhren zurück und haben die anderen nicht mehr gesehen, da unser Wagen der langsamste war.

Eine besondere Freude war für uns, daß Stocker, der in Buitenzorg auf Java gearbeitet hatte, über Amerika zurückfuhr und uns besuchte. Wir holten ihn am Bahnhof in Colorado Springs ab. Er hatte noch von den Tropen her Shorts an, die man in Amerika damals nicht kannte. Alle blieben stehen und drehten sich nach ihm um. Wir verbrachten einige schöne Tage gemeinsam.

Einmal hatten wir wieder in der alpinen Stufe Proben gesammelt und beschlossen, zu Fuß zum Laboratorium hinabzusteigen. Es ging ein Fußweg längs der Bahn hinunter im großen Bogen. Wir wollten kürzen und die Luftlinie durch den Wald nehmen; es waren ja keine Steilstufen dazwischen. Wir gingen in den Fichtenwald an der oberen Waldgrenze hinein. Es war jedoch kein Wald wie bei uns, sondern ein Urwald, in dem alles tote Holz und ganze Stämme liegen blieben. Wir mußten diese umgehen oder über sie steigen, bzw. unter ihnen durchkriechen. In einer Stunde hatten wir nur einen halben Kilometer geschafft. Es war aussichtslos. Wir kehrten um und liefen auf dem Fußweg rascher heim. Urwälder aus Nadelholz ohne Fußweg sind undurchdringlich. Das hatten wir gelernt.

Der September kam heran. Mitte Oktober mußten wir uns nach Europa einschiffen. Auswertbares wissenschaftliches Material hatte ich genug. Wir wollten noch eine große Schleife über den Yellowstone Park auf dem Rückweg machen. Er ist nur im Spätsommer zugänglich, weil dann die Pässe auf den Zufahrtsstraßen frei sind.

Es war eine landschaftlich herrliche Fahrt: Zuerst nach Norden am Front Range entlang über Denver mit einem Abstecher in den Longs Peak Park, dann in nordwestlicher Richtung zu den Windriver Mountains und zu den Grand Tetons südlich vom Yellowstone Park. Auch diese Straße war damals nicht befestigt. Kurz vorher hatten lange Regenfälle die Besucher im Park festgehalten. Sie fuhren zurück, bevor der Weg trocken war und hatten im Schlamm tiefe Radspuren in Schlangenlinien hinterlassen. Jetzt war der Ton hart, aber mit dem Rad fielen wir immer wieder in die Radspur. Es blieb uns nichts übrig, als in die alte Radspur einzufahren und alle Schlangenwindungen mitzumachen.

Die Grand Tetons (4188 m NN) sind das amerikanische Matterhorn und sehr imposant. Von Süden kamen wir in den Yellowstone Park hinein. Der Wald ist eintöniger Kiefernwald, meistens nach Waldbränden aufgewachsen. Wenn man dann jedoch plötzlich in ein Becken mit Geysern und heißen Quellen kommt, wo alles brodelt und dampft, ist man sprachlos. Damals waren dort noch wenige Touristen. An den Old Faithfull, der etwa alle Stunde das überhitzte Wasser auf die Minute genau hinauswirft, konnte man bis an den Rand herantreten und beobachten wie das Wasser im Schlot plötzlich steigt, dann kurz absinkt, darauf etwas herausspritzt, wieder sinkt und dann hoch und immer höher bis 60 m hinausschießt. Wenn man auf der Windseite steht, ist es ungefährlich. Heute ist 50 m um den Krater alles abgeschrankt. Dann sind viele Reihen von Bänken, auf denen hunderte von Touristen sitzen, streng von Wächtern bewacht, wie in einem Theater.

Besonders eindrucksvoll waren die Sinterterrassen. Das Wasser floß von oben am Hang herunter und hatte durch Sinterbildung lauter Schalen gebildet, von deren Rand es von einer zur anderen heruntertropfte. Das Wasser in der Schale war leuchtend blau, der Sinter leuchtend weiß, aber meist durch im heißen Wasser lebende Bakterien oder Algen rötlich, gelblich und grünlich oder bläulich getönt, d. h. in allen Farben schillernd. Ich konnte mich von der märchenhaften Schönheit gar nicht losreißen.

Nach 40 Jahren kam ich wieder hin. Der Wasserzufluß war versiegt, alles rein weiß, aber ohne Wasser ganz tot wirkend.

Über alles in diesem wunderbaren Fleckchen Erde kann man nicht berichten. Nur noch zwei Begegnungen mit Bären: Wir hatten morgens früh auf dem Zeltplatz unser Frühstück auf dem Holztisch vor dem Zelt hingestellt, um zu frühstücken. Da kommt ein Braunbär und will sich seinen Teil holen. Rasch die Eßwaren in das Auto geworfen und dieses zugeknallt. Andere Camper kommen mit Geschrei heran. Der Bär zieht den Rückzug vor.

Bei einem Hotel kann man abends beim Abfallhaufen einen Grisly-Bären sehen, diese Bären sind gefährlich. Es ist eine Schranke in einiger Entfernung gezogen und an ihr sitzt ein Ranger mit Gewehr. Es dämmert. Am Abfallhaufen sitzen einige Braunbären und suchen sich was heraus. Plötzlich zucken sie zusammen und laufen davon. In diesem Augenblick tritt am Waldrand ein Grisly Bär heraus, ein gewaltiger Kerl vielleicht 1½ mal so groß wie ein Braunbär. Langsam geht er auf den Abfallhaufen zu, ohne uns zu beachten und beginnt zu fressen, ganz gemächlich. Die braunen Bären nähern sich ängstlich und versuchen, am anderen Ende des Haufens etwas zu erwischen. Da hebt der Grisly sein Haupt, sofort sind die anderen weg. Solch einRespekt! Es gibt noch eine Fülle anderer Tierarten, die man im Freien beobachten kann: Hirsche, Antilopen usw., Bisons nur durch ein Gitter. Diese sehen auch bösartig aus.

Das Yellowstone River-Canyon ist nicht so tief wie das vom Colorado. Es ist durch einen Wasserfall in Eruptivgestein eingeschnitten, schillert auch in allen Farben, fällt aber steil ohne Terrassen ab. Schön sind die weiten Seen. Wie froh bin ich, daß wir den Yellowstone Park und auch Arizona noch vor dem Massentourismus gesehen haben. Als ich nach 40 Jahren wieder in U.S.A. war (vgl. Teil X), erkannte ich vieles kaum wieder: Um den Old Faithfull war ein Rummelplatz entstanden, die Großstadt Tucson war um den Tumamoc Hill herum gewachsen, ein riesiger Flugplatz nahm dort die weite Ebene ein, auf die Berge führte eine breite Autostraße hinauf, die die Hänge zerschnitt, auf dem Gipfel mit dem lauschigen Tannenwald stand als militärische Einrichtung eine Radarstation und der Zutritt war gesperrt. Bald wird von der Natur nichts mehr übrigbleiben.

Die Zeit drängt, wir müssen nach Nebraska zurück. Durch das Osttor verlassen wir den Park. Die Straße führt durch die wilden Absaroka Mts., über die Big Horn Mts zu den Black Hills mit einem Goldvorkommen. Heute ist es eine große industrielle Anlage, aber als Freiluftmuseum wurde ein Goldgräberort mit den Blockhäusern aus Holz, dem Saloon usw. naturgetreu aufgebaut.

Wir erreichen Southdakota und müssen wieder einmal in ein Autocamp. Bisher schliefen wir immer im Freien und hatten oft nachts oder morgens stark gefroren, im Waldgebiet uns federnde Matratzen aus Fichtenzweigen gemacht, indem diese so ineinander geschoben wurden, daß nur die Zweigspitzen zu sehen waren. In der reinen Luft blieb man dabei immer gesund. Jetzt wieder im bewohnten Gebiet holten wir uns die Grippe. Als wir am nächsten Tag in den Bad Lands waren, fühlte ich mich so schlecht, daß ich nicht mehr am Steuer sitzen konnte. Erna fuhr weiter. In der Nacht im Hotel schwitzte ich sehr stark und am Morgen war es mir besser. Nun hatte es jedoch Erna gepackt. Wir mußten so rasch wie möglich Lincoln erreichen. Als wir dort ankamen, hatte Erna 40° Fieber. Sie bekam eine Arznei und erholte sich bald.

Wir nahmen von Weaver endgültig Abschied. Uns stand noch die lange Strecke bis zum Atlantik bevor auf guten Straßen, aber durch besiedeltes Gebiet. In Ames, Iowa, besuchte ich einen bekannten Botaniker und mußte einen Vortrag über meinen neuen Hydraturbegriff halten. In Chicago geriet ich abends in den dichten Berufsverkehr, kam aber ohne Zwischenfall durch. Ein Höhepunkt waren die Alleganys und Appalachian Mts, im Oktober mit der prächtigen roten Färbung der Zuckerahornwälder; man fuhr bei Sonnenschein wie durch ein Flammenmeer. Endlich war Baltimore erreicht, aber hier im Osten konnten wir unseren braven Wagen, auf dem wir 20 000 km zurückgelegt hatten, nur für einen lächerlichen Preis verkaufen. Ein Amerikaner kaufte ihn für seinen schwarzen Boy!

Mit der Bahn fuhren wir nach New York. Wir schifften uns auf der «Mauretania» ein – dem Schiff der Cunard Line, das lange Zeit als schnellstes das Blaue Band besaß, bis es dieses an einen deutschen Dampfer abgeben mußte. Es gab keine Touristenklasse, wir mußten eine Kabine zweiter Klasse nehmen, am Heck des Schiffes über der Schraube. Wegen des Blauen Bandes hatte der Dampfer so starke Maschinen, daß das Schiff dauernd zitterte. Dazu kam ein heftiger Sturm. Wenn die Schraube aus dem Wasser auftauchte, dröhnte es furchtbar. Das Schiff war schmal gebaut und schaukelte stark, so daß unsere Koffer in der Kabine von einer Seite auf die andere rutschten. Erna blieb während der ganzen Überfahrt, wie die meisten, in der Kabine. Ich wurde nicht seekrank. Im großen Speisesaal war zeitweise außer mir nur ein Herr und wir wurden von 10 Kellnern bedient. Der starke Rückenwind hatte zur Folge, daß wir nach dem Fahrplan zu früh in Southampton ankamen. Ohne Aufenthalt ging es nach Heidelberg. Die erste große über ein Jahr dauernde Forschungsreise war zu Ende.

Die Ergebnisse wurden in einem Buch «Die Hydratur der Pflanze und ihre physiologisch-ökologische Bedeutung» zusammengefaßt. Es erschien 1931 wieder im Verlage von Gustav Fischer in Jena. Die Arbeit wurde in Wien durch die Verleihung der Erzherzog Rainer-Medaille für besondere Verdienste um die Wissenschaft (Botanik) ausgezeichnet.

Damit war die Heidelberger Zeit abgeschlossen. Denn zum 1. April 1932 wurde ich nach Stuttgart berufen, um die Leitung des Botanischen Instituts und Gartens der Technischen Hochschule (heute Universität) zu übernehmen.

Der Abschied von Heidelberg fiel uns schwer, aber nun hatte ich ein selbständiges Arbeitsfeld. Der große Sprung war gelungen, wenn auch unter nicht sehr günstigen Bedingungen.

Teil III

Berufung nach Stuttgart und Forschungsreisen in Ostafrika sowie Südwestafrika und Südafrika

1. Lehrtätigkeit am Botanischen Institut Stuttgart

Die Aufgabe in Stuttgart war nicht einfach. An der Technischen Hochschule Stuttgart wurden Apotheker ausgebildet und im Studienplan für Pharamazeuten spielte die Botanik eine beträchtliche Rolle. Auch für die Lebensmittelchemiker, Textilchemiker und Geodäten waren botanische Vorlesungen und Übungen vorgesehen. Obwohl aus diesem Grunde die Chemische Abteilung auf die Botanik als Hilfswissenschaft nicht verzichten konnte, betrachtete der Senat sie als ein fünftes Rad am Wagen, das man nicht brauchte. Im Senat hatten natürlich die Techniker die Stimmenmehrheit, so daß die Existenzberechtigung der Botanik stets zur Diskussion stand.

Meinem Vorgänger, Prof. Harder, war es gelungen, die Botanik stark auszubauen. Er hatte es durchgesetzt, daß auch Biologen für das Lehramt ausgebildet werden konnten und daß in Botanik eine Promotion möglich war. Zwar fehlte ein zoologisches Institut, aber der Direktor der Naturaliensammlung, der Zoologe war, hielt außerdem die zoologischen Grundvorlesungen und Übungen ab. Die Nebenfächer Chemie und Physik waren stärker besetzt als an den Universitäten.

Die Räume des Botanischen Instituts befanden sich im Hauptgebäude der Technischen Hochschule nur 5 Minuten vom Hauptbahnhof entfernt, so daß Biologiestudenten aus dem ganzen Einzugsgebiet von Stuttgart gerne an der Technischen Hochschule studierten, konnten sie doch zu Hause bei den Eltern wohnen.

Als nun Harder den Ruf an die Universität Göttingen annahm, sollte die Botanik auf ein Minimum reduziert werden: Das Ordinariat wurde in ein planmäßiges Extraordinariat umgewandelt, von den Assistenten wurde nur einer belassen, der Etat des Instituts erfuhr eine rigorose Kürzung. Da ich nur ein Privatdozent war, konnte ich bei den Berufungsverhandlungen keine Forderungen stellen. Ich wurde Beamter auf Lebenszeit und hatte die Möglichkeit, ein wenn auch reduziertes Institut selbständig zu leiten. Ein kleiner botanischer Garten war in Cannstatt neben der Wilhelma vorhanden, leider weit vom Institut entfernt.

Die Belastung durch die Lehre war doppelt so groß wie an einer Universität, wo neben einem Ordinariat auch ein Extraordinariat für Botanik bestand. Denn neben dem Botanikunterricht, der für Botaniker, Pharmazeuten, Lebensmittelchemiker, Textilchemiker und Geodäten jeweils individuell verschieden gestaltet werden mußte, kamen für mich solche Fächer wie Pharmakognosie mit Untersuchung der Drogenpulver sowie Übungen zur Mikroskopie der Lebensmittel mit den Verfälschungen und der Textilfasern hinzu. Das alles mußte mit so geringen Hilfskräften bewältigt werden. Von Harder übernahm ich auch Botaniker der höheren Semester, die bald mit der Doktorarbeit oder der Staatsexamensarbeit begannen. Mein Glück war, daß unter diesen sich auch die Tochter des zuständigen Ministerialrats befand, eine sehr tüchtige Studentin, die wohl dem Vater von der großen Belastung berichtete. Er kam persönlich ins Institut, um Einblick in die Lage und meine Tätigkeit zu erlangen. Dabei ergab sich im Gespräch, daß ich von meiner Großmutter berichtete, die ja geborene Stuttgarterin war. «Das habe ich ja gar nicht gewußt», sagte er erstaunt und ich merkte, daß sein Interesse an dem 25%-Schwaben merklich wuchs. Ihm verdanke ich es, daß ich bald 2 Assistenten hatte und der Etat merklich verbessert wurde. Eine sehr große Entlastung war zudem, daß Dr. Maximilian Steiner zu mir nach Stuttgart kam. Er war nur wenig jünger als ich, brachte eine vorzügliche Schulung von Wien mit und half mir tatkräftig bei dem Pharmakognosie-Unterricht sowie bei allen mikroskopischen Übungen. Er hatte eine sehr gute Anstellung bei der Badischen Anilin in Ludwigshafen gehabt, aber gewichtige Gründe veranlaßten ihn, die Stelle aufzugeben und das letzte Jahr als Volontär bei mir in Heidelberg zu arbeiten. Er kam nicht gleich mit nach Stuttgart, weil er ein Stipendium von der Ithaca University (U.S.A.) erhielt und dort ein Jahr ökologisch über die Salzmarschen und Halophyten arbeitete. Seine Arbeit ist für das Halophytenproblem von grundlegender Bedeutung. Besonderen Wert legte ich beim Botanikunterricht auf die Exkursionen. Der eine Assistent, Dr. Haas, kannte die Umgebung von Stuttgart sehr gut und führte uns an die interessantesten Stellen, auch auf die Schwäbische Alb. Es wurden jedoch die Alpen auf der große Exkursion mit einbezogen und sogar die Oberitalienischen Seen bis zum Monte Rosa. Um ein Haar wäre dabei eine Studentin verunglückt. Beim Abstieg über die Endmoräne löste sich über uns von selbst ein großer runder Felsblock und sauste nur wenige Zentimeter an ihr vorbei in die Tiefe. Alpenexkursionen bedeuten immer eine große Verantwortung, zumal es neben guten Bergsteigern, die kaum zu zähmen sind, auch schwache Anfänger unter den Teilnehmern gibt.

Es schwebten mir ökologische Exkursionen mit Messungen vor. An die Erfahrungen in Arizona anknüpfend, schien es mir notwendig zu sein, ein großes Auto zur Verfügung zu haben. Die Firma Bosch verkaufte alte Veteranen. Mikrobusse gab es damals noch nicht, aber ich fand einen Horch Achtzylinder, in den 8 Personen und Gepäck hineingingen. Früher war es ein Luxuswagen gewesen, jetzt bereits veraltet mit einem Kupplungshebel außerhalb des Wagens mit Scheibenkupplung. Der Fahrersitz war rechts und mit der rechten Hand durchs offene Fenster bediente man die Kupplung. Den niedrigen Preis bewilligte mir das Ministerium. Die Hochschule besaß eine Sporthütte bei Degenfeld auf der Alb, sehr schön gelegen. Mit dem Sportlehrer war ich befreundet, so fuhren wir mit den Doktoranden dorthin und hatten eine gute Basis in der freien Natur.

Eine Überraschung brachte ein Brief von Ruhland gleich im ersten Jahr. Er teilte mir mit, daß in Ankara (Türkei) eine deutsche Hochschule eingerichtet würde, er sei in der Berufungskommission für Biologie und hätte mich für den Lehrstuhl für Botanik vorgeschlagen. Das Trockengebiet der Zentralanatolischen Steppe hätte mich sehr gereizt. Zum Glück brauchte ich mich nicht zu entscheiden. Denn über den Kopf von Ruhland hinweg hatte der türkische Botschafter mit einem Systematiker vom Botanischen Museum in Berlin verhandelt. Erst 1954 lernte ich dieses interessante Land als Gastprofessor in Ankara kennen.

Es kam das Jahr 1933 mit der Machtergreifung durch Hitler. Ich war froh, nicht mehr in Heidelberg zu sein, wo eine radikale Säuberung von nicht arischen Hochschullehrern vorgenommen wurde; zwei Mitarbeiter mußten auch das botanische Institut verlassen. Von der T.H. Stuttgart emigrierte nur ein bedeutender Mathematiker nach England, sonst merkte man nicht viel, insbesondere in unserer kleinen Abteilung für Chemie, Geologie und Biologie, in der sich alle gut verstanden. In diesem Jahr wurde auch das Deutsche Tropenstipendium 1934 des Auswärtigen Amtes für Botaniker ausgeschrieben. Viele deutsche Ordinarien hatten im Laufe der Jahre mit diesem Stipendium ein Jahr im botanischen Garten Buitenzorg auf Java gearbeitet, wo ein Deutscher, von Faber, Leiter des physiologischen Laboratoriums war. Mir fehlte jede Erfahrung in den Tropen. Ich wollte sie jedoch als Ökologe kennen lernen und nicht nur die Formenmannigfaltigkeit der tropischen botanischen Gärten. Java war eins der am dichtesten besiedelten Tropenländer, also mit einer weitgehend zerstörten Vegetation. Deshalb schien es mir zweckmäßiger zu sein, nach Ostafrika zu gehen, und zwar an die zu deutscher Zeit gegründete Versuchsstation Amani, die mitten im tropischen Regenwald des Ost-Usambara-Gebirges gelegen und von der englischen Mandatsmacht übernommen worden war. Von Amani war die Küstenmangrove bei Tanga leicht zu erreichen und auch der Kilimandscharo nicht allzuweit entfernt. Da der größte Teil von Ostafrika aus mannigfacher Savanne bestand, konnte man auf relativ kleinem Raum die verschiedensten Typen der tropischen Vegetation kennen lernen. Ich bewarb mich um das Stipendium. Das Institut konnte ich ruhig Dr. Steiner, der kurz vor der Habilitation stand, vertretungsweise übergeben. Der Unterricht hatte sich in den zwei Jahren gut eingespielt und Steiner hatte sich an ihm sehr aktiv beteiligt. Zwar stand ich als Nachfolger von Jost in Heidelberg als erster auf der von der Fakultät aufgestellten Liste, aber Jost teilte mir mit, daß ich mir keine Hoffnungen machen sollte, denn die neuen Machthaber hatten die Liste verworfen und wollten einen der Partei genehmen Kandidaten berufen.

Auch beim Tropenstipendium, das mir zugesprochen wurde, ergaben sich gewisse Schwierigkeiten. Da jedoch Hitler den Kolonialgedanken aufgegriffen hatte und die Wiedererlangung der früheren deutschen Kolonien anstrebte und ich in eine solche gehen wollte, wurden mir die RM 5000,– zur Verfügung gestellt. Allerdings gab es keine ausländischen Devisen: Ich konnte das Geld in Deutschland an eine Ostafrikanische Handelsgesellschaft einzahlen, die bereit war, mir in Tanga den entsprechenden Betrag in ausländischer Währung zur Verfügung zu stellen. Das British Colonial Office in London genehmigte mir einen Arbeitsplatz in Amani für botanische Forschungen. Somit war alles geregelt, auch mit der Beurlaubung von seiten der Hochschule klappte es. Die Abreise konnte im August 1934 erfolgen.

Kurz davor traf ich auf der Botanikertagung in Marburg den Biologielehrer an der Deutschen Schule in Swakopmund (Südwestafrika), Dr. G. Boss, der mir von der Namibwüste erzählte, in der 1934 ein Regen von noch nie beobachteter Stärke gefallen war, so daß alles blühte. Ich müßte mir das unbedingt anschauen.

Da die Woermann-Linie eine besondere Vergünstigung für Schiffsfahrten rund um Afrika einräumte, beschloß ich eine solche zu lösen, d.h. auf der Hinfahrt nach Ostafrika durch den Suezkanal und das Rote Meer zu fahren, zurück jedoch um das Kap der Guten Hoffnung herum und in Südwestafrika die Fahrt zu unterbrechen, um unter Führung von Dr. Boss die Namib kennen zu lernen. Meine Frau Erna kam natürlich auch mit. Wir waren sehr traurig, daß unsere Ehe kinderlos blieb. Aber man muß aus allem das Beste machen. Meine Frau konnte mich immer begleiten. Wir verlegten praktisch nur unsere Wohnung ins Ausland, hatten überall einen vereinfachten eigenen Haushalt, was viel günstiger war, als für einen einzelnen im Hotel zu wohnen; wir fühlten uns überall auf der Welt nach kurzer Zeit heimisch. Nur diesem Umstand ist es zu verdanken, daß ich so viele lange Forschungsreisen unternahm. Das war möglich, weil ich stets am Institut sehr tüchtige Dozenten hatte, für die es eine gute Schulung bedeutete, 1 Semester ein Institut zu leiten und den ganzen Lehrbetrieb zu übernehmen. Wie sie selber versicherten, lernten sie in dieser Zeit sehr viel, was ihnen später das erste Jahr nach einer Berufung erleichterte. Mein Institut mit einer kleinen Zahl von sehr guten und interessierten Studierenden der Botanik führte an der großen Technischen Hochschule ein isoliertes Eigenleben, unbeachtet von der sich in stürmischer Bewegung befindlichen politischen Außenwelt. Die Forschungsarbeit vollzog sich ungestört. Es gab keinen, der mich herausdrängen wollte.

2. Forschungen in Ostafrika: Mangrove, Urwald, Kilimandscharo

Die Reise begann mit einer Pechsträhne. Mit einer Schiffahrtskarte rund um Afrika und RM 30,– an Devisen für Landausflüge unterwegs bestiegen wir in Genua die «Watussi» (von den Passagieren «Wackeltussi» genannt) der Woermann-Linie. Ich wollte gleich meine Fahrkarte dem Obersteward, der uns die Kabine zuwies, übergeben, aber er meinte, das habe Zeit, wir sollten uns die 4 Stunden bis zur Abfahrt Genua ansehen. Ich steckte die Fahrkarte in die Brusttasche meines leichten Jacketts und wir schlenderten durch den Hafen und sahen uns den Fischmarkt an, wo es ein ziemliches Gedränge gab. Dann gingen wir auf die Burg hinauf und sahen uns am Straßenrand ein Spiel von Männern an, bei dem eine Kugel von einem Käppchen bedeckt wurde. Dann wechselte einer den Platz der verschiedenen Käppchen, worauf der andere sagen mußte, unter welchem die Kugel liegt. Er verlor dauernd, während ich immer genau wußte, wo die Kugel lag. Ich mischte mich ins Spiel und wollte auf das Käppchen zeigen. Der Mann verlangte zunächst die Einzahlung, die 10,– RM entsprach. Ich zahlte, er wechselte noch einige Mal die Käppchen. Ich wies auf eines hin. Er hob das Käppchen auf – keine Kugel darunter! Ich war auf einen ganz gemeinen Trick hereingefallen und hatte ein Drittel der Reisedevisen verloren. Die Männer vorher waren Lockvögel gewesen. Zufällig griff ich in die Brusttasche – der Fahrschein war weg. Den muß man mir im Gedränge auf dem Fischmarkt entwendet haben. Was jetzt? Doch waren wir ja auf der Passagierliste. Von Genua wollte ich nichts mehr sehen. Zurück zum Schiff und dem Obersteward berichtet. Er beruhigte mich, wir sollten nur zum Mittagessen gehen. Aber dann kam er doch, weil der Zahlmeister mich sprechen wollte. Ich ging gleich hin und meinte, sie hätten ja die Mitteilung von der Stuttgarter Vertretung, daß wir gebucht hatten. Doch war der Reederei nur die Anzahlung mitgeteilt worden, nicht die Restzahlung. Zwei Stunden blieben bis zur Abfahrt. Selbst eine telegraphische Rückantwort könnte nicht rechtzeitig eintreffen. Schließlich einigten wir uns: Sie würden brieflich um ein Duplikat der Fahrkarten in Stuttgart bitten, bis Tanga waren wir 17 Tage auf dem Schiff, bis dahin konnte das Duplikat des Fahrscheins an den Agenten in Tanga per Luftpost geschickt werden. Als das Schiff in der Bucht von Tanga vor Anker ging, kam der Agent mit dem Boot herangefahren und schwenkte schon von weitem den Fahrschein in der Hand. Aber bei der Ausfahrt aus Genua war ich doch sehr deprimiert. Es sollte noch schlimmer kommen!

In Port Said machten wir nur einen Bummel durch die Stadt. Man wurde dauernd von Halbwüchsigen belästigt, die Pornobilder zeigten und Bordelle anpriesen. Dann kam die Fahrt durch den Suez-Kanal.

Ich hatte vom Kapitän die Erlaubnis erhalten, auf dem höchsten Peildeck, noch über der Kommandobrücke, meteorologische Messungen zu machen (Temperatur, Strahlung, Feuchtigkeit und Verdunstung). Es war der schönste Platz auf dem Schiff – ruhig und Aussicht nach allen Seiten. Im Suezkanal sah man über die sandigen Böschungen hinweg. Ein merkwürdiges Gefühl war es, mit dem Schiff direkt durch die sandige extreme Wüste zu fahren; zwischendurch sah man Zelte von Nomaden oder Karawanen mit Kamelen sich langsam bewegen.

Nach kurzem Aufenthalt in Suez war man im Roten Meer, im August, dem heißesten Monat. Die Kabinen waren damals nicht klimatisiert. Das eiserne Schiff wurde in der Sonne glühend heiß. Unglücklicherweise hatten wir Rückenwind, der genau so stark war, wie der Fahrwind, d. h. auf dem Deck bewegte sich die Luft nicht, der Rauch aus dem Schornstein stieg senkrecht hoch. Ins Schwimmbad wurde Wasser aus dem Meer gepumpt. Es hatte 32 °C. Wenn man schwamm, floß einem der Schweiß von der Stirne; den die Suppe servierenden Kellnern tropfte er in den Suppenteller. Es war kaum auszuhalten, schlafen konnte man in der Nacht auch nicht und das über eine Woche lang. Im Hafen von Port Sudan sahen wir einen Sandsturm als schwarze Wand herannahen. Mein Aspirationspsychrometer zeigte 40 ½ °C, das Pische-Evaporimeter ergab den bisher höchsten gemessenen Wert von 5,1 cm^3/h. Das Unerträglichste bei dieser Hitze war die über dem Meer hohe Luftfeuchtigkeit von meist über 60 %. In Wüsten ist sie bei diesen Temperaturen unter 10 % und die starke Verdunstung von der Haut kühlt den Körper, man schwitzt nicht, das Hemd bleibt trocken.

Eine Bootsfahrt in Port Sudan zu den Korallenriffen erlaubte durch einen Glaskasten einen Blick in diese märchenhafte Welt zu werfen mit den seltsamsten gefärbten Fischen und anderem Getier. Nur im Roten Meer wachsen Korallen bis zur Oberfläche, weil es keine Gezeiten gibt, was die Beobachtung erleichtert.

Kaum waren wir aus dem Roten Meer heraus und im Indischen Ozean, da wurden wir vom indischen Monsun erfaßt. Die Temperatur sank auf 27 °C. Das erschien einem jedoch so kalt, daß einige Passagiere den Wintermantel anzogen. Der Monsun, der aus Südwest wehte, somit als Gegenwind, ist an der Küste so stark, daß die erzeugte Meeresströmung den Dampfer stark hemmt. Deswegen wich dieser weit in den Indischen Ozean aus, die Küste war nicht zu sehen.

Der nächste Hafen war Mombassa, wo man 2 Tage liegen blieb. Der an der Küste wachsende dichte Busch war gerodet, aber die riesigen, vorsintflutlich anmutenden Affenbrotbäume, die Baobabs, hatte man stehen gelassen. In der Bucht im Meereswasser sahen wir zum erstenmal die Mangroven, sonst viele schlanke Kokospalmen mit den Eingeborenen-Hütten darunter. In Mombassa selbst war ein dicht verbautes altes Araberviertel. Es war ein wichtiger Umschlagplatz für den Sklavenhandel gewesen, den die Araber betrieben. Diese Ostküste von Afrika gehörte zum Handelsbereich der Araber. Im Winter fuhren sie mit ihren einfachen Segelbooten (Dauhs) mit dem aus Nordosten wehenden Monsun nach Afrika und kehrten im Sommer mit dem Südwestmonsun wieder nach Arabien zurück. Der Arabereinfluß macht sich auch beim Kisuaheli bemerkbar, der Bantusprache, die allgemein in Ostafrika gesprochen wird. In diese sind viele Araberworte übernommen worden. Die Sprache muß man in Ostafrika beherrschen.

Wir hatten uns vor der Abfahrt mit ihr beschäftigt. Auf dem Schiff konnten wir bei einem alten Afrikaner, der wieder heraus fuhr, Stunden nehmen. Er war als Fischerei-Sachverständiger tätig gewesen und wurde von den Eingeborenen «Bwana Samaki» (Herr Fisch) genannt.

Von Mombassa war es bis Tanga nicht weit. Der Dampfer fuhr bei Flut durch eine offene Stelle des Korallenriffs in die Bucht hinein, die von Mangroven umsäumt wird, einem Wald im Meereswasser; bei Flut ragen nur die Kronen über die Wasseroberfläche heraus, bei Ebbe sieht man den ganzen Stamm.

Über die Mangroven waren in der Literatur sehr merkwürdige Angaben gemacht worden. Sie wachsen im salzigen Meereswasser, aber im Zellsaft ihrer Blätter sollte kein Salz enthalten sein. Das widersprach den Befunden von Steiner mit Marschpflanzen. Diese Frage wollte ich klären. Ich sollte die Proben entnehmen, sie per Luftpost nach Stuttgart schicken und Steiner konnte dort die Analysen ausführen. So war es ausgemacht worden.

Mit einem Motorboot wurden wir an Land gebracht und von dort in ein Hotel, das einem Deutschen gehörte, aber in einer lauten Straße lag und nicht sauber war: Die Drahtnetze an den Fenstern gegen die Moskitos waren nicht intakt, das Badezimmer wurde auch zum Schlachten benutzt. Wir konnten nach Amani nur mit einem Auto kommen, aber unsere Landsleute versuchten, an dem unerfahrenen Tropenforscher gut zu verdienen. Schließlich fanden wir einen Inder, der uns auf einem Lastwagen für wenig Geld hinbringen wollte.

Wir fuhren los; bald gab es eine Panne, die jedoch behoben wurde. Die Usambara-Berge kamen näher und es begann die Auffahrt auf 900 m NN. Die Nacht brach plötzlich herein und im Urwald, durch den der Weg herauf führte, war es ganz finster. Die Serpentinen wurden steiler. Plötzlich an einer Kreuzung viele Eingeborene, die den Wagen umringten und laut gestikulierend auf den Fahrer einredeten. Ich saß hinten auf unserem Gepäck. Es war etwas unheimlich für einen Neuling. Aber es handelte sich nur um Plantagenarbeiter, die nach der Arbeit nach Hause gingen und wissen wollten, wer herauf gebracht wurde. Bald darauf war Amani erreicht. Ein Engländer empfing uns und brachte uns in das Gästehaus. Am nächsten Tag sollten wir unser Häuschen am Urwaldrand beziehen und für uns selbst sorgen. Es erwies sich als das Wohnheim des Botanikers, der auf Urlaub in Europa war.

Wir schliefen etwas unruhig und erwachten beim Anbruch der Dämmerung durch lautes Stimmengewirr. Wir blickten hinaus und gewahrten einen Haufen von Männern in der damaligen Kleidung, einem Kansu, der wie ein langes Nachthemd aussah mit einer Art Fez auf dem Kopf. Als wir uns angezogen hatten, kam wieder derselbe Engländer, der für das Frühstück gesorgt hatte und berichtete, es hätte sich herumgesprochen, daß der erste Deutsche nach dem Kriege nach Amani gekommen sei und die Leute wollten ihm ihre Dienste anbieten.

Wir brauchten mindestens einen Hausboy, einen Koch und einen Boy, der mir im Laboratorium half. Diese mußten aus den hundert, die gekommen waren, ausgesucht werden. Der Engländer, Nutter, sprach gut Kisuaheli und half uns. Er war für die Verwaltung in Amani zuständig.

Nach einem langen Palaver hatten wir einen Hausboy, Saidi, einen Koch, Abdulla, und einen kleinen, fixen Boy, Ali, fürs Laboratorium, in das die Apparate gebracht wurden. Mit dem übrigen Gepäck bezogen wir das nette kleine Häuschen mit Veranda und den Möbeln des Botanikers Greenwood. Um die Verköstigung des Dienstpersonals brauchte man sich nicht zu kümmern. Wir erhielten Gemüse, Obst und Fleisch in Amani. Viel Auswahl gab es nicht: einen Tag Kohl und Salat, den anderen Salat und Kohl; an Obst bekamen wir Papaya und gute Apfelsinen, die jedoch in den Tropen auch im reifen Zustand ziemlich grün sind. Alles andere bestellte man in Tanga. Wöchentlich fuhr ein Lastwagen hinunter, nahm die Bestellungen mit und brachte die Waren herauf, meist Konserven. Die Bedienung sprach nur Kisuaheli und meine Frau mußte sehen, wie sie zurechtkam. Nachts waren wir allein im Haus und lauschten auf die Urwaldgeräusche. Besonders fielen uns laute Schreie direkt beim Hause auf. Wir fragten den Hausboy, was das sei. Er erklärte: lebt im Wasser, kann fliegen wie ein Vogel und ist gefärbt wie eine Apfelsine. Wir konnten uns nichts darunter vorstellen, bis wir Mr. Nutter fragten, der uns sagte, es seien Laubfrösche, die nachts auf die Bäume stiegen, große Sprünge machten (= fliegt wie ein Vogel) und auffallend gelb gefärbt sind. Im Hause gab es auf dem Dachboden viele Ratten, die nachts dort Wettrennen zu veranstalten schienen. Man mußte das Fleisch vor ihnen bewahren, indem man es im Gang an lang von der Decke herunter hängende Drähte hing. Aber einmal sahen wir, wie eine Ratte am Draht herunter und hinauf turnte. Am Tage ist der Urwald still. Nur selten hört man einen Vogel. Er wirkt trotz des üppigen Grüns fast tot. Aber nachts erwacht er. Vor allem war das laute Brüllen der Affen zu vernehmen. Das war alles sehr ungewohnt, aber mit der Zeit wurde es zum Alltag.

Herrlich ist der Morgen bei Sonnenaufgang. Es ist noch kühl, alles ist taunaß und man hört die vielen Vogelstimmen, vor allem die Wildtauben: U-dut-u-du-du-dut, so erklang es unaufhörlich. Aber bald wurde es schwül und man setzte draußen den Tropenhelm auf. Erst abends wurde es wieder kühler, zugleich jedoch feuchter. Oft war in Amani Nebel; die Temperatur fiel von 27 °C am Tage auf 19 °C abends und man fing an zu frieren, alles wurde klamm. Deshalb heizten wir den Kamin an, damit die Luft in den Zimmern trockener wurde. Bei der großen Feuchtigkeit fangen die Schuhe und die Kleider an zu schimmeln. Man bewahrt sie in luftdichten Tropenkoffern auf, in die man sie bei Sonnenschein, wenn die Luft trockener ist, hineinlegt.

Im Urwald war auch am Tage die Luft wasserdampfgesättigt. Der Verdunstungsmesser verlor oft tagelang praktisch kein Wasser. Beim Arbeiten im Urwald floß der Schweiß von der Stirn den Augenbrauen entlang zur Nase und tropfte dauernd von der Nasenspitze ab; man mußte das Notizbuch von sich weg halten, sonst wurde es naß. Nachts fällt der Tau auf die Baumkronen und morgens hört man, wie das Tauwasser von oben immer weiter nach unten tropft. Es handelt sich in Amani um einen montanen Urwald. Die vom Indischen Ozean kommende Luft steigt am Osthang auf, kühlt sich etwas ab und wird dabei feuchter. Der Westhang und das landeinwärts liegende West-Usambara-Gebirge sind schon trockener.

Die Verdunstung auf einer sonnigen Wiese ist dagegen ähnlich wie bei uns an einem warmen Sommertag nach Regen. Nachts ist sie auch dort gleich Null und die Pflanzen fangen an zu guttieren, d. h. an den Blattzähnen Wassertropfen auszuscheiden. An der Spitze der großen Colocasia-Blätter setzt nach Sonnenuntergang sofort ein ununterbrochener Strom von kleinen Wassertröpfchen ein. Auf diese Weise kann der Wasserstrom von der Wurzel zum Blatt auch bei 100 % Feuchtigkeit aufrecht erhalten werden. Alle Schattenblätter sind groß und zart, die Sonnenblätter dagegen kleiner und derber. Bei einigen Bäumen ist der Größenunterschied der Flächen wie 128 : 1.

Im Laboratorium brauchte ich zur Gefrierpunktbestimmung der Zellsaftkonzentration Eis aus dem Eisschrank. Mein Boy hatte noch nie Eis gesehen. Ich sagte ihm, das sei «Madji baridi» (kaltes Wasser) und legte ihm ein Stück auf die Hand. Er zuckte zusammen, als wenn das Feuer wäre. Aber später zeigte er jedem Eingeborenen, der ins Laboratorium kam, sehr stolz «Madji baridi».

Er war sehr fix, lernte die hydraulische Presse zu bedienen und war im Walde unbezahlbar. Alle Blüten und Blätter sind ja so hoch, daß man sie nur mit dem Fernglas erkennen kann. Er kletterte wie ein Affe am Stamm hoch und holte, was man brauchte. Wenn er durstig war, schlug er mit dem Haumesser einen Lianenstamm durch und hielt ein Gefäß darunter, das sich mit Wasser aus den Leitbahnen füllte, gutes steriles Wasser. Nur vor dem Chamäleon hatte er abergläubische Angst: Das sei ein böser Geist. Er erschrak sehr, als wir eines fingen. Wozu ich die Pflanzen ausspreßte, konnte er nicht verstehen, bis ich ihm sagte, das sei dawa (Medizin). Das leuchtete ihm ein und er war mit doppeltem Eifer beim Pressen. Wenn man ihn fragte, wann er am Nachmittag käme, zeigte er auf den Himmel und sagte, wenn die Sonne dort steht. Die Sonne ersetzt in den Tropen die Uhr: Sie geht immer fast genau um 6 Uhr auf und um 18 Uhr unter.

Die in Amani arbeitenden Wissenschaftler kamen uns sehr freundlich entgegen und luden uns ins Haus ein. Man merkte nichts vom Deutschenhaß aus dem Weltkriege. Nur der technische Leiter, ein Ingenieur, hatte ihn noch nicht überwunden und störte wiederholt unsere Versuche. Der Bodenkundler Milne gewährte mir Einblick in seine Bodenanalysen aus dem Walde. Sie hatten ergeben, daß der Urwaldboden äußerst nährstoffarm ist, was die Mißerfolge der ersten Farmer erklärte. Diese hatten angenommen, daß der Boden um so fruchtbarer ist, eine je größere Üppigkeit die Vegetation erreicht. Sie rodeten den Urwald und pflanzten Kaffee. Doch die Ernten versagten nach wenigen Jahren ganz. Mir wurde klar, daß die Nährstoffe in den Tropen nicht im Boden, sondern in der Vegetation selbst enthalten sind. Jährlich stirbt ein Teil der Vegetation (vor allem die Blätter) ab, die Streu wird sofort abgebaut und die in ihr enthaltenen Nährstoffe werden gleich wieder durch die Wurzeln aufgenommen. Rodet man den Wald und verbrennt das Holz, so werden die Nährstoffe vom Regen ausgewaschen und es verbleibt nur der unfruchtbare Boden. Eine Ausnahme bilden nur die jungen vulkanischen Gebiete. Die Gesteine enthalten dort viele Nährstoffe auch nach der Rodung. Deshalb sind solche Gebiete in den Tropen dicht besiedelt, z. B. der Kilimandscharo, Java, Mittelamerika usw.

Nachdem die Versuche in Amani angelaufen waren, zog es mich in die Mangrove an die Küste. Wir fuhren nach Tanga und fanden ein nettes Hotel außerhalb der Stadt unter Kokospalmen am Strande gelegen. Besonders bequem war die Mangrove auf der Toteninsel zu erreichen. Man brauchte nur hinüber zu rudern. Dort im wuchernden Gebüsch verborgen fanden wir die Gräber aus der ersten deutschen Zeit, lauter junge Männer, kaum über 20 Jahre alt. Sie wurden damals vom «Schwarzwasserfieber» dahingerafft – einer schweren Form der Malaria, die man früher nicht zu bekämpfen verstand.

In der Mangrove kann man nur bei Niedrigwasser im Schlamm watend herumlaufen. Es ist eine faszinierende Welt, nicht Land und nicht Wasser. Die Bäume haben merkwürdige Atemwurzeln, die nach oben aus dem Schlamm wachsen und den Wurzeln im Schlamm Luft zuführen, an den Zweigen sind Früchte, die in der Luft keimen und eine lange herunterhängende Wurzel bilden, die sich beim Abfallen sofort in den Schlamm eingräbt, so daß der Keimling nicht von der Flut fortgerissen wird, die Blätter sind dick und von Saft strotzend. Ebenso merkwürdig ist die Tierwelt: Der Schlammspringer – ein Fisch, der bei Flut mit seinen Flossen auf die Bäume klettert; wenn man sich nähert, so springen diese Fische wie Frösche hinunter ins Wasser. Sie besitzen zwei Augen, die sich auf dem Kopf wie zwei Halbkugeln emporwölben. Die Fische liegen oft im seichten Wasser, wobei sich nur die Augen über die Wasseroberfläche erheben. Sie sehen dadurch jedes heranfliegende Insekt und schnappen es durch einen Sprung in die Luft. Die andere merkwürdige Art sind die Winkerkrabben, bei denen nur eine kräftige Schere ausgebildet ist. Sie leben im Schlamm in Löchern, deren Ausgang sie mit der großen Schere versperren. Aber sie kommen, wenn alles ruhig ist, aus den Löchern heraus, stellen sich daneben auf und machen mit der großen Schere kreisende Bewegungen, wie Turner bei ihren Freiübungen.

Mangroven wuchsen auch an dem Fluß Mkulumuzi, der in die Tangabucht mündet. Zu deutscher Zeit machte ein Deutscher mit seinen eingeborenen Trägern hier Rast. Er fragte sie, ob es hier Krokodile gäbe. «Nein, Bwana, Krokodile gibt es hier nicht», antworteten sie. Der Deutsche zog sich aus und schwamm lange herum. Es wunderte ihn, daß die Eingeborenen, die badefreudig sind, am Ufer saßen und zuschauten. Als er herauskam, fragte er sie, warum sie nicht baden. «Es sind hier viele Haifische», war die Antwort. Nach diesen hatte man sie nicht gefragt.

Noch ausgedehntere Mangrovenflächen von vielen Kilometern Länge waren an der offenen Küste hinter den Korallenriffen. Alle diese Standorte wurden untersucht, Transpirationsmessungen und Mikroklimamessungen ausgeführt und viele Proben zur Zellsaftuntersuchung nach Amani mitgenommen. Die Ergebnisse der Salzanalysen von den nach Stuttgart abgeschickten Proben trafen ein. Alle Mangroven enthielten in den Blättern viel Salz, etwa so viel wie die Bodenlösung. Auch die durch Versalzung bedingte Zonation trat klar hervor. Die Literaturangaben waren somit falsch.

Diese Untersuchung war gerade abgeschlossen, da erkrankte ich schwer. In der Mangrove auf der Toteninsel war ich über eine Stelzwurzel gestolpert und hatte die Haut am Schienbein aufgeschürft. Die Wunde blutete leicht und ich beachtete sie nicht.

Man hatte uns zwar vor der Abfahrt über die verschiedenen Tropenkrankheiten aufgeklärt, aber niemand hatte gesagt, daß man in den Tropen jede Wunde mit Alkohol auswaschen soll, um eine Infektion zu verhindern. In Amani merkte ich, daß die kleine Wunde nach Wochen noch immer eiterte. Bei längerem Gehen bekam ich krampfartige Schmerzen. In Amani gab es eine Krankenschwester, die reinigte und verband die Wunde, aber das half nicht. Plötzlich in der Nacht fühlte ich mich schlecht, wollte Wasser trinken und fiel in Ohnmacht. Die Temperatur war 39 °C. Wohl Malaria dachten wir, also Chinin eingenommen. Aber anstatt periodisch zu fallen, stieg die Temperatur stetig über 40 °C weiter und das rechte Bein wurde bis oben steif – somit eine Blutvergiftung. In Tanga war ein deutscher Arzt Fregonneau. Meine Frau rief ihn an. Es war Regenzeit und die Wege ein Schlamm. Aber er kam durch und nahm mich sofort mit ins englische Krankenhaus in Tanga, da er am nächsten Tag auf Urlaub fuhr. Ich war der einzige in der Abteilung für Weiße. Die Schwester wies mir das Bett an und sagte ganz trocken, sie verstünde nicht, wie man so was bekäme; vor mehreren Wochen sei hier eine Frau gewesen, die hätte dasselbe am Arm gehabt und in drei Tagen wäre sie gestorben. Die Ärzte überlegten, ob man das Bein amputieren müßte, wollten es jedoch mit heißen Jod-Bädern versuchen. Diese wurden von schwarzen Boys gemacht. Die Schwester kümmerte sich nicht darum. Mir wäre das Bein verbrüht worden, wenn ich nicht selber die Temperatur des Wassers kontrolliert hätte. Die Nächte bei der Schwüle mit hohem Fieber und nachts unter dem Moskitonetz waren eine Qual. Die Schwester kam am Abend und wollte mir eine Spritze geben. Ich merkte, daß es Morphium war. Sie wollte nachts ihre Ruhe haben. Ich weigerte mich, doch sagte sie, der Arzt hätte es befohlen. Ich war so wütend, daß ich mich gegen das Einschlafen wehrte und mich beim Arzt am nächsten Tag beschwerte, ich wolle nicht süchtig werden. Am nächsten Abend brachte er mir einen Trunk und fügte hinzu, wenn er nicht wirkt, sollte ich mir von der Schwester nochmals dasselbe geben lassen. Ich trank ihn und merkte, daß es Chloralhydrat war, eine Lösung, die wir im mikroskopischen Praktikum zum Aufhellen der Gewebeschnitte benutzten. Es war mir bekannt, daß es ein Schlafmittel ist, welches in Deutschland schon lange nicht mehr verwendet wird. An Schlafen war nicht zu denken. Ich rief den Boy, er solle bei Sister nochmals das Mittel holen. Nach längerer Zeit kam er zurück und berichtete, Sister ließe sagen, sie wolle in der Nacht nicht gestört werden. Es war eine furchtbare Qual, am Morgen war ich so schlaff, daß ich die Hand nicht heben konnte. Ich ergab mich in mein Schicksal. Eine erlösende Müdigkeit breitete sich aus. Das war also der Tod, dachte ich ganz ruhig. Als die Schwester kam, um die Temperatur zu messen, sagte ich ihr, es sei aus. Sie steckte mir ohne ein Wort das Thermometer in den Mund und ging. Dann kam sie, schaute darauf und sagte schnippisch: «Was wollen Sie überhaupt, die Temperatur ist normal, unter 37°.» Es war die Krise gewesen. Mit einmal erwachte neuer Lebensmut in mir.

Die Schwestern in Ostafrika wurden glänzend bezahlt. Es meldeten sich hauptsächlich solche, die auf Abenteuer aus waren. Die Kranken waren eine lästige Beigabe. Um 16 Uhr gingen Ärzte und Schwestern zum Tennisspiel. Da wurde geflirtet. Neuzugänge mußten bis zum nächsten Morgen warten.

Nun war die Lebensgefahr vorbei. Meine Frau bat ich, die Versuche in Amani fortzusetzen. Sie tat es ungern, aber ich bestand darauf, sonst würde ich nicht gesund werden.

Durch die Infektion war die Hauptvene im rechten Bein blockiert, das Bein kraftlos. Die Ärzte meinten, sobald es mir besser gehe, müßte ich zurückfahren und ein Jahr mit hochgelegtem Bein im Bett bleiben, weil Embolie-Gefahr bestehe. Das wollte ich auf keinen Fall. Meine Frau hatte unser Pech ihrer Mutter berichtet. Diese war gerade bei einem Orthopäden in Behandlung und sprach mit ihm darüber, daß ich zurück müßte und ein Jahr liegen. Da sagte er ihr, heute würde das nicht mehr gemacht. Die Patienten bekämen einen sehr festen Zinkleimverband und müßten sich dann bewegen. Kurz entschlossen ließ meine Schwiegermutter sich alles mit Gebrauchsanweisung geben und schickte den großen Packen nach Ostafrika per Luftpost. Er kam an, ich las alles durch und sprach mit dem Arzt. Er meinte, er hätte davon gehört; aber er kenne die Behandlung nicht und würde die Verantwortung nicht übernehmen. Zum Glück war Dr. Fregonneau aus dem Urlaub zurückgekehrt. Mit dem sprach meine Frau. Auch er hatte diese Behandlung nicht angewendet, war jedoch bereit, sie zu versuchen. Er legte den ersten Verband im Krankenhaus an. Der englische Arzt sah interessiert zu. Dann sollte ich immer wieder einige Schritte gehen. Es ging von Tag zu Tag besser. Ich durfte auf der sonnengeschützten Terrasse liegen mit dem Blick auf die Bucht sowie die Toteninsel und das Leben am Strande beobachten: Das Auftauchen der Mangrove bei Ebbe und Untertauchen bei Flut, die vielen Ruderboote mit den singenden Eingeborenen, die zum Fischfang hinausfuhren. Abends, wenn die Terrasse beleuchtet war, und die Lampen die Insekten heranlockten, erschienen meine Freunde, die Geckos, helle durchsichtige Echsen mit Saugnäpfchen an den Zehen, die es ihnen erlaubten, senkrecht an den Wänden hinaufzulaufen. Mit gierigen Blicken verfolgten sie die Insekten, schlichen sich vorsichtig und geduckt an sie heran, um sie dann mit einem Sprung zu erhaschen. Auf diese Weise wurde die Zeit nicht zu lang.

Nach dem zweiten Verbandswechsel erlaubte mir Fregonneau nach Amani zurückzukehren. Dort konnte ich halb liegend meine Gefrierpunktbestimmungen machen. Meine Frau entnahm die Proben und führte die Transpirationsmessungen draußen durch. Nach vier Wochen fuhren wir zum Verbandswechsel zu Fregonneau hinunter. Ich fragte zaghaft, ob ich zum Kilimandscharo könne. Er lachte mich aus. Ich machte rasche Fortschritte und konnte schon 100 m auf einmal gehen. Wir hatten einen Schweizer, Bally, kennengelernt, der Arzneipflanzen sammelte und bereit war, uns in seinem Auto zum Kilimandscharo zu fahren, wo am Fuße bei Moschi eine Stuttgarter Familie, Klett, die Bally gut kannte, eine Kaffeepflanzung hatte.

Beim nächsten Male sagte Fregonneau eine weitere ärztliche Behandlung wäre nicht notwendig. Das Bein könne meine Frau verbinden. Gehen sollte ich so weit wie möglich. Ich fragte nochmals wegen der Kilimandscharo-Reise. Da sagte er ärgerlich: «Wenn ich es Ihnen verbiete, so gehen Sie doch, also gehen Sie!» Ich hatte das sichere Gefühl, meinen Tribut an Leiden bezahlt zu haben; jetzt würde alles gut verlaufen.

Nun schlossen wir alles in Amani ab. Kurz vor Weihnachten ging es ins Innere, Richtung Kilimandscharo los. Die Boxbodies sind in Ostafrika kleine offene Lastwagen, aber mit einem hölzernen Dach als Schutz gegen die Sonnenstrahlung. Vorne sa-

ßen Bally und meine Frau, hinten war das Gepäck und ein Platz, auf dem ich halblie-
gend, das rechte Bein hochgelegt, mitfahren konnte. Ich sah alles und konnte Notizen
machen, die Pflanzen brachte meine Frau herbei.

Kletts nahmen uns sehr herzlich auf. Wir feierten richtiges deutsches Weihnachten
bei großer Hitze inmitten einer fröhlichen Kinderschar. Unmittelbar über der Farm erhob sich der schneebedeckte 6000 m hohe Kibo-Gipfel des Kilimandscharo. Pläne
wurden geschmiedet, ich könne auf einem Maulesel reiten und das kranke Bein ihm
horizontal auf den Hals legen. Zum Gipfel ginge es so nicht, aber bis zum Kibo-Ma-
venzisattel in 4400 m Höhe käme der Esel mit mir hinauf. Dort hörte auch der Pflanzenwuchs auf. Nur einige Moose und Flechten kämen noch etwas höher auf dem
Schutt vor. Ich übte eisern das Gehen. Die Mission in Marangu stellte 10 Träger, die
den Proviant für eine Woche und die Apparate für die Messungen auf dem Kopf hinauf trugen.

Gleich nach Neujahr 1935 ging die Trägerkolonne von Marangu aufwärts los, ich
auf meinem sehr willigen Esel, meine Frau mit Frau Klett und Bally zu Fuß. In Afrika ist
es ja durchaus bei den Eingeborenen üblich, daß der Mann reitet und die Frauen ihm
mit den Lasten zu Fuß folgen. Es fiel somit unseren Trägern gar nicht auf.

In den Tropen am Äquator schwankt die mittlere Tagestemperatur im Laufe des Jahres kaum. Deshalb ist die Bodentemperatur schon in 60 cm Tiefe völlig konstant. Sie
entspricht zugleich der mittleren Jahreslufttemperatur an dieser Stelle. Ich wollte ein
Temperaturprofil für den Kilimandscharo ermitteln. Deswegen machten wir beim
Aufstieg mehrmals eine Pause, einer der Träger grub ein Loch aus und ich stellte die
Bodentemperatur in 60 cm Tiefe fest. Je höher wir kamen, desto niedriger war sie. Unten bei der Kaffeepflanzung in 1180 m NN war sie noch 21 °C, in der Urwaldzone darüber fiel sie langsam bis auf etwa 7 ° an der oberen Waldgrenze, in 4400 m war sie
noch etwa 4 °, doch konnte man bei dem felsigen Boden kein Loch graben. Die Schneegrenze mit der Jahrestemperatur 0 ° liegt am Kilimandscharo bei 5500 m NN.

Durch den Urwald führte damals nur ein schmaler Fußpfad. An einer Stelle lag ein
großer Haufen von Elefantenlosung. Ein Eingeborener steckte den Arm hinein, um
festzustellen, ob er noch warm, also der Elefant in der Nähe wäre. Im dichten Walde
begegnet man ihnen nicht gerne, weil man schwer ausweichen kann. Er war kalt, also
keine Gefahr.

Am oberen Waldrande liegt die Bismarckhütte, in der man auf Stroh übernachten
konnte. Am nächsten Tage ging es weiter. Der Wald wurde von Baumheide abgelöst,
die wie unser Heidekraut aussieht, aber 10 m hoch wird. Man glaubt als Zwerg unter
Heidekraut zu wandeln. Unter der Heide wuchs 2 m hoher Adlerfarn und am Boden
unser Bärlapp. Bald kam man in die offene alpine Vegetation hinaus, die keinerlei Ähnlichkeit mit derjenigen der Alpen hat und nicht so farbenprächtig ist. Der Pfad ging
langsam immer höher am Mawensi vorbei zur Petershütte. Schmelzwasserbäche
kreuzten den Weg. Durch diese wollte der Esel nicht gehen, ich mußte ihn herüberfüh-
ren. Abends erreichten wir die Wellblechhütte. Es war unter 10 °C. Die Träger froren
und sangen in ihrem Raum, um ein Feuer gelagert, Choräle, die sie vom Missionar gelernt hatten. Hier in 3900 m Höhe blieben wir mehrere Tage, um Messungen zu machen und zum Sattel in 4400 m aufzusteigen.

Der Kilimandscharo ist einzigartig und mit anderen Gebirgen nicht zu vergleichen.
Er ragt einsam empor, die umliegenden Gebirge sehen von oben wie kleine Hügel aus.
Aber oft sind sie von einer Wolkendecke verhüllt, auf die man wie auf ein wallendes
Meer hinabsieht. Die Strahlung ist sehr stark, in der Sonne ist es deshalb warm. Bei der
kühlen Lufttemperatur empfindet man sie angenehm und kann auf den Tropenhelm
verzichten, obgleich die Messung eine viel höhere Strahlung ergab als an der Küste.

Nicht die Strahlung ist in den Tropen gefährlich, sondern die geringe Abkühlung des Körpers durch Herabsetzung der Transpiration in der feucht-warmen Luft. Dadurch tritt bei Bestrahlung leicht Überhitzung des Körpers ein. Ein strahlungsundurchlässiger Sonnenschirm wäre zweckmäßiger als ein Tropenhelm.

Im Hochgebirge muß man stets eine warme Wolljacke dabei haben. Denn sobald eine Wolke die Sonne verdeckt, sinkt die Temperatur auf fast Null Grad. Zwischendurch kommen Schneeschauer, doch bleibt der Schnee nicht liegen. Merkwürdig ist, daß in 4 000 m Höhe plötzlich gruppenweise Schopfbäume von 5–6 m Höhe auftreten, die Korbblütler sind, also zu einer Familie gehören, die sonst aus Kräutern besteht.

Schön waren die Sonnenaufgänge, wenn die Sonne aus dem nächtlichen Wolkenmeer emportauchte und diese rot beschien. Die Tage vergingen rasch. Der Proviant ging zu Ende. Man mußte wieder hinab, schneller als herauf.

Von Moschi ging es weiter nach Westen, an Aruscha mit dem Vulkan Meru vorbei in den Ostafrikanischen Graben hinab – einem riesigen Grabenbruch, der in Äthiopien beginnt oder richtiger mit dem Toten Meer in Palästina und sich dann durch das Rote Meer nach Äthiopien hinzieht.

Das Klima im Ostafrikanischen Graben ist trocken. Kandelaber-Wolfsmilch und schön blühende Aloë wuchsen oft auf Felsen inmitten von Savannen. Das Gebiet ist unbesiedelt, nur bei einer Quelle, weiter im Norden, war die Farm Engaruka, auf der drei deutsche, verkrachte Studenten eine Konservenfabrik betrieben. Durch das Gebiet ziehen die Massais mit ihren Herden. Von diesen kauften sie billig Vieh und stellten daraus Fleischkonserven her. Als Arbeiter dienten ihnen Eingeborene, die nichts mit der Polizei zu tun haben wollten. Zuweilen verlangten sie Kost für einige Tage und verschwanden. Am nächsten Tage erschien eine Polizeistreife zur Kontrolle. Sie fand niemanden und zog ab. Sofort erschienen die Arbeitskräfte wieder. Sie besaßen einen guten Nachrichtendienst.

Diese Fahrt nach Engaruka wurde zum größten Erlebnis. Das Jahr war trocken, nur auf dem weiten Talboden des Grabens wuchs grünes Gras. Hierher hatte sich das ganze Großwild aus einer weiten Region zurückgezogen.

Wir folgten der Wagenspur nach Engaruka. Wohin man blickte, waren Herden von verschiedenen Antilopen, Zebras, Gnus, Giraffen, Scharen von Vögeln (Kronenkraniche und Sekretäre u.a.). Ich saß und notierte eifrig. Und das nicht in einem Naturschutzpark, sondern in freier Wildbahn. In eine Zebraherde fuhren wir hinein. Sie stob auseinander und wirbelte so viel Staub auf, daß wir halten mußten. Plötzlich rief Bally: «Löwen!» 4 große Löwen lagen etwa 100 m vor uns auf einer leichten Anhöhe vor einem Akaziengebüsch. Bally wollte näher heranfahren, ich hatte Bedenken. Wir hatten einen offenen Wagen und als einzige Waffe eine Schrotflinte von Bally. Die Löwen hatten das Motorengeräusch gehört und unseren Wagen erblickt. Sie erhoben sich langsam und gingen in den Busch hinein, um höher oben am Hang wieder herauszukommen. Etwas weiter waren hohe Akazien längs eines Wasserlaufes. Aber ihr Kronendach erschien von weitem ganz weiß. Als wir näher herankamen, erkannten wir unsere Störche, die hier überwinterten und dicht nebeneinander auf den oberen Ästen der Schirmakazien saßen.

Diese Landschaft war ein richtiges Paradies: Alle Tiere friedlich beieinander, aber doch nicht vermischt, sondern jede Art in Herden, die voneinander einen gewissen Abstand bewahrten, stets auf der Hut.

Zu dem Wasserlauf kamen alle Tiere zur Tränke. Durch die vielen Fährten war die Wagenspur verwischt, wir sahen sie nicht mehr. Es dunkelte rasch. Wir mußten wohl im Freien übernachten; denn im Dunkeln konnten wir Engaruka nicht finden. Wir beschlossen, auf eine freie Fläche hinauszufahren und als Schutz gegen die Löwen ein großes Feuer nachts zu unterhalten. Bally beschrieb mit dem Auto einen großen Kreis und plötzlich hatten wir wieder die Autospur. Sie führte durch eine Furt und auf der anderen Seite weiter. Nach einer halben Stunde sahen wir ein erleuchtetes Fenster der Farm.

In der Einöde ist jeder Besuch eine schöne Abwechslung. Das Haus war voll mit Jagdtrophäen, bei diesem Wildreichtum kein Wunder. Abends saß man lange zusammen, dann legten wir uns im Wohnzimmer in unseren Schlafsäcken auf den Boden. Das Haus hatte wie üblich ein Wellblechdach. Als Schutz gegen die Strahlung, wenn das Dach sich durch die Sonne erhitzte, waren darunter Matten gespannt. Auf diesen liefen auch hier in der Nacht die Ratten herum und ihre Kotteilchen rieselten durch die Matte auf uns herunter.

Am nächsten Tage besichtigten wir die Umgebung. Es waren um die Wasserstellen herum Reste von prähistorischen Siedlungen zu sehen. Wenige Jahre später hat in dieser Gegend Leakey vom Museum in Nairobi die Knochenfunde der ältesten bisher bekannten Menschen gefunden. Die ostafrikanische Savanne war vielleicht das Ursprungsland des Menschen. Hier konnte er vom Wild leben und pflanzliche Nahrung sammeln. Hier lernte er durch die Grasbrände auch das Feuer kennen und dieses in seinen Dienst zu stellen.

Die Rückfahrt in der Richtung zum Manyara-See mit alkalischem Wasser war ebenso interessant. Unsere Störche suchten sich jetzt auf einer sumpfigen Fläche ihre Nahrung. Dann sahen wir einen Gepard, der sich hinter einem Busch an eine davor stehende Antilope heranschlich. Diese hörte aber das Motorengeräusch und lief davon. So retteten wir ihr das Leben. Der Gepard drehte mißmutig ab. Die Thompson-Antilopen (Springböcke) sind wohl die grazilsten Tiere. Sie laufen oft mit dem Auto um die Wette in hohen Sprüngen über die Sträucher hinwegsetzend, ein wunderbarer Anblick. Wir konnten auf der Piste nur 60 km/h fahren. Sie überholten uns mit Leichtigkeit, liefen vor uns auf die andere Seite und bogen dann erst ab. Es schien eine Art Sport für sie zu sein. Über dem Manyara-See sah man rosa sich rasch bewegende Wolken. Sie bestanden aus unzähligen Flamingos, die auch im seichten Wasser in Scharen auf ihren langen Beinen standen. Im Schatten eines Baobabs ruhte man sich aus (Abb. 6).

Dann ging es an der Westseite des Grabens in die Höhe. Wir wollten noch zum Ngoro-Ngoro-Krater (über 20 km im Durchmesser), dem größten der Welt. Wir übernachteten auf einer Kaffee-Farm und bekamen sehr schlechten Kaffee vorgesetzt. Der gute wird verkauft, den schlechten aus unreifen Beeren trinken die Farmer selbst.

Am Kraterrand ist dichter Urwald. Von oben schaut man tief in den erloschenen Krater hinunter. Es ist eine abflußlose Fläche mit Wasserläufen und Seen, mit Sumpf und Grasland oder Savanne und überall Wildherden. Auch ein Tierparadies, heute unter Schutz gestellt. Wir hatten keine Zeit hinabzusteigen und beobachteten das Wild durch das Fernglas.

Darauf fuhren wir in einem Bogen nach Süden und am Rande der Massai-Steppe wieder zurück nach Moschi und durch die eigenartige Pflanzenwelt der Wüste zwischen dem Paré- und Westusambara-Gebirge nach Tanga. Wir mußten die «Woermann» erreichen, die uns ums Kap nach Südwestafrika bringen sollte.

3. Rund um Afrika und in die Namib-Wüste von Südwestafrika

Auf dem Dampfer «Woerman» waren viele Touristen, die eine Rundreise um Afrika machten. Der Dampfer hatte Hamburg im November verlassen und sollte im März wieder dort eintreffen. Unter den Passagieren waren viele ältere Damen, die Zeit hatten, den Winter in Europa überschlugen und die Kohlen sparten. Sie saßen auf Deck zusammen, tauschten ihre Beobachtungen vom Benehmen der Jugend an Bord aus und empörten sich sichtlich. Wir nannten sie die Kreuzspinnen.

Der Dampfer klapperte die ganze Küste von Ostafrika ab. Der nächste Hafen war Daressalam, dann die portugiesischen Häfen Mosambik, Beira und Lourenço-Marques, darauf die südafrikanischen Durban, East London, Port Elizabeth und Kapstadt. Es folgte Walfischbucht (Walvis Bay), wo wir den Dampfer wieder verlassen wollten. Meist fuhr der Dampfer nachts und lag am Tage im Hafen, um Güter aufzunehmen oder zu löschen. Von der Schiffslinie wurden Landausflüge veranstaltet, so daß man auch das Landinnere kennenlernen konnte; doch zogen es viele Passagiere vor, sofort einen Badestrand aufzusuchen, um sich zu sonnen und zu baden – das einzige was sie von Afrika kennenlernten. Die Vorstellung von diesem Lande war auch etwas merkwürdig. So fuhr man von Daressalam mit Autos nach Bagamoyo – der ersten Residenz der Deutschen. Von ihr waren nur einige Hütten der Eingeborenen und Kokospalmen übriggeblieben. Als wir dort ankamen, wurde laut gefragt: «Wo kann man hier Kaffee und Kuchen haben?» Die Enttäuschung war groß, daß es nichts gab, da habe sich der Ausflug gar nicht gelohnt. Da wir uns in Afrika schon auskannten, konnten wir wertvolle Beobachtungen während der Fahrt machen, vor allem über die Mangroven.

Mosambik ist eine Insel nahe an der Küste mit einer der ältesten portugiesischen Festungen in Afrika. In Beira an der Mündung des breiten Pungwe-Flusses, konnte man mit dem Motorboot weit aufwärts fahren, die vielen Flußpferde im Wasser beobachten und sich ein Bild von der Flußufervegetation machen. In diesem Hafen wurden Kupferbarren aus Nord-Rhodesien eingeladen. Ein Deutscher nahm uns abends mit in sein Haus und erzählte von dem Leben in einer portugiesischen Kolonie, in der es keine scharfe Trennung zwischen Weiß und Schwarz gab. Jeder Eingeborene, der nachweisen konnte, daß er in einem Bett schläft, Hosen trägt sowie mit Messer und Gabel zu essen versteht, konnte Portugiese werden mit den vollen Bürgerrechten. Trotzdem ist den Portugiesen die Integration nicht gelungen und auch sie gaben die Kolonien auf.

Lourenço-Marques bildet den Übergang vom tropischen schwarzen zum subtropischen weißen Afrika. Der Hafen ist leicht von Johannisburg per Bahn zu erreichen und der Einfluß von Südafrika macht sich stark bemerkbar: Große Hotels, ein weiter Badestrand, der von Südafrikanern frequentiert wurde. Wir studierten hier die Dünenvegetation.

Durban macht schon einen ganz europäischen Eindruck, im weißen Viertel mit den Hochhäusern an der Strandpromenade sieht man nur wenige Schwarze, selten Inder, die nach Natal für die Arbeiten auf den Zuckerrohrfeldern geholt wurden und heute einen beträchtlichen Teil der Bevölkerung ausmachen. Im indischen Viertel von Durban überwiegen sie absolut. Von Durban konnte man einen Ausflug ins Zulu-Reservat machen. Die Fahrt ging durch ein liebliches, schon stark kultiviertes Hügelland. Kurz vor dem Ziel fuhren wir von der Straße ab, um zu fotografieren. Wir wunderten uns, daß viele Zulus, vor allem Zulumädchen hierherkamen und hinter Büschen unter lautem Gekichter sich umzogen. Als wir zum Treffpunkt kamen, wurde es uns klar. Denn dort standen in einer Reihe die Mädchen in ihrer alten Tracht, d. h. fast unbekleidet nur mit Ketten und Schmuck behangen. Gegen Zahlung von einer Mark durfte man sie aus der Nähe fotografieren. Man forderte uns auf, auch in die Hütte hineinzuschauen; in dieser saß eine nackte Frau und stillte einen Säugling. Ich ging um die Hütte herum, dort stand ein Motorrad! Richtiges Touristentheater.

Als Hafen von East London dient der Unterlauf des Buffalo River. Hier ist man schon ganz aus den Tropen heraus. Das Klima ist warmtemperiert, die Vegetation ganz anders, die Stadt vollkommen europäisch, schöne Villen mit Gärten. Das gleiche gilt für Port Elizabeth. Bei der Fahrt landeinwärts sahen wir die interessante Sukkulentenlandschaft mit den vielen Wolfsmilch-Arten, aber auch das Gebiet, das durch die aus Amerika eingeschleppten Feigenkakteen verpestet war. An der Küste breiten sich weite Dünengebiete aus, die durch die australische *Acacia saligna* befestigt werden.

Am Kap der Guten Hoffnung, wo der warme Mosambik-Meeresstrom mit dem kalten Benguela-Strom zusammenstößt, war das Meer sehr unruhig. Von den ersten Seefahrern wurde diese stets stürmische Stelle als Teufelskap bezeichnet. Aber bald war man im Hafen von Kapstadt, das so herrlich am Fuße des Tafelsberges gelegen ist. Leider hatten wir nicht viel Zeit, die Umgebung kennenzulernen, es war auch der Gipfel der Sommerdürrezeit. Erst 1963 konnten wir die Flora und Vegetation dieses kleinen, aber an Arten besonders reichen Felsengebiets gründlich studieren.

Bei unserer Ankunft am 13. 2. 35 war Walfischbucht noch ein kleines Nest, mitten in der Sandwüste gelegen, die Straßen nicht befestigt, man mußte im tiefen Sande waten. Es wirkte deprimierend. Aber Swakopmund war nicht weit entfernt. Dort trafen wir Dr. Boss, der uns privat in der Nähe von der Schule und Kirche unterbrachte. Die Stadt trug vollkommen deutschen Kolonialcharakter. Nun begann wieder die intensive Arbeit. Wir hatten uns während der Schiffsreise gut ausgeruht und meinem Bein hatte die Ruhe gut getan. Ich konnte schon mit fest verbundenem Bein etwas weitere Strecken zurücklegen (vgl. Anhang Karte 2).

Die Namib ist eine der merkwürdigsten Wüsten: Es regnet praktisch nie, aber infolge der kalten Meeresströmung (Wassertemperatur das ganze Jahr nur 12°–16°C) herrscht an der Küste häufig Nebel, der die Sandoberfläche befeuchtet. Wenn man nachts aufwacht, hört man, wie das Wasser von den Dächern tropft. Die Hausfrauen fangen dieses Wasser auf und verwenden es, weil es weich ist, zum Wäschewaschen. Als Trinkwasser wird Grundwasser, damals aus dem Swakop-Rivier (Trockenfluß) verwendet. Es schmeckte deutlich salzig, wie natürlich auch der Kaffee. Die Swakopmunder hatten sich so daran gewöhnt, daß sie in Windhoek, wo gutes Wasser war, Salz in den Kaffee streuten; sonst schmeckte er ihnen nicht.

Dr. Boss hatte mit seinen Schülern mit Filtrierpapierpacken den Tau- und Nebelniederschlag aufgefangen, um einen Begriff von dessen Ausgiebigkeit zu erhalten, ich hatte Tauplatten mit und setzte die Messungen fort. Im Mittel machte ein Tau- und Nebelniederschlag zusammen nur 0,2 mm aus, maximal entsprach er einem Regen von höchstens 0,7 mm. Das ist sehr wenig. Diese Feuchtigkeit verdunstet sofort, wenn die Sonne scheint und die Bodenoberfläche sich erwärmt. Obgleich man mit 200 Nebeltagen im Jahr rechnen kann, sind die Namibflächen vegetationslos. Nur an Felswänden, an denen sich bei Treibnebel mehr Wasser kondensiert, fließt es in die Felsspalten ab und befeuchtet dort den Boden. An solchen Stellen wachsen interessante Sukkulenten.

1934 hatte es dagegen ganz unerwartet stark, fast 150 mm geregnet. Der Swakop führte viel Wasser und riß die Eisenbahnbrücke weg. Swakopmund war viele Wochen völlig abgeschnitten. Denn auch die Straße ins Inland war unterbrochen. Aber in der Wüste keimten Tausende von Samen und sie wurde zu einem Blütenmeer. In den Senken war der Boden so tief durchfeuchtet, daß die Pflanzen sich noch über ein Jahrzehnt halten konnten. 1935, als wir in die Namib kamen, war der Pflanzenwuchs noch sehr üppig. Eine solche günstige Gelegenheit hat man in der Namib im Jahrhundert nur ein- oder höchstens zweimal. Boss hatte in der Schule ein kleines Laboratorium eingerichtet und hatte die ersten ökologischen Versuche noch mit sehr primitiven Mitteln durchgeführt.

Die Namib bildet an der Küste von Südwestafrika einen 100 km breiten Streifen und steigt vom Meeresniveau ganz unmerklich bis auf 1 000 m am Innenrand an, um am Fuße eines Steilabfalls (Escarpment) zu enden. Zwischen Walfischbucht und Lüderitzbucht ist die Namib ein riesiges vegetationsloses Dünengebiet, nördlich davon eine Ebene, aus der sich viele Inselberge erheben. Außerdem wird die Ebene von Canyons des Swakop und des Kuiseb durchschnitten. In diesen tiefen Tälern mit Grundwasser wachsen Auenwälder mit hohen Akazienbäumen. Es sind Oasen in der menschenleeren Wüste, die jedoch im inneren Teil, wo schon etwas Gras wächst und einige Wasserstellen vorkommen, sehr wildreich ist (Springböcke, Oryx-Antilopen, als Gemsbock bezeichnet, Zebras, Strauße u. a.). In den Auenwäldern der Täler gab es früher auch Elefanten, Nashörner, selbst Löwen, doch wurden diese schon in der Mitte des vorigen Jahrhunderts von Jägern ausgerottet.

Die Küstennebel reichen etwa 50 km landeinwärts. Sie enthalten feinste Tröpfchen von Meereswasser, die durch die brandenden Wellen versprüht werden. Deshalb ist der Nebel leicht salzig, was eine Verbrackung der Äußeren Namib nach sich zieht. In diesem Teil besteht die Vegetation, soweit vorhanden, aus Salzpflanzen (Halophyten). An der Grenze zwischen der Äußeren und Inneren Namib findet man eine der merkwürdigsten Pflanzenarten, die es gibt, die *Welwitschia*, ein lebendes Relikt, das Zapfen bildet, also mit den Nadelhölzern verwandt ist, jedoch völlig anders aussieht. Wurzel und Stamm bilden ein rübenförmiges Gebilde, das sich 50 cm über den Erdboden erhebt; von dessen Breitseiten gehen zwei bandförmige Blätter ab, die einzigen, die überhaupt gebildet werden. Sie wachsen an der Basis immer weiter und trocknen an der Spitze, sich in mehrere Streifen aufspaltend, aus. Die Pflanze kann über 1 000 Jahre alt werden und so alt sind auch die Blätter. Die Länge des lebenden Teiles ist selten mehr als ein Meter, in trockenen Perioden ganz gering. Die Spitzen verwittern und werden vom Wind verweht. Sonst bildet der Stamm nur Blütensprosse mit männlichen oder weiblichen Zäpfchen.[1]

Boss fuhr mit uns in der Namib herum, so daß wir bald einen guten Einblick in die ökologischen Verhältnisse hatten und viele Proben nach Stuttgart mitnahmen. Zwischendurch wohnten wir auf einer Swakopfarm im Auenwald. Mit aus dem Boden gepumptem Grundwasser wurden hier auf bewässerten Beeten Gemüse, Luzerne und Blumen für Swakopmund angebaut. Mich interessierten die Grundwasser- und Versalzungsprobleme.

Den Höhepunkt bildete eine mehrtägige Exkursion mit Schülern zum Brandberg, dem höchsten Gipfel (2 600 m NN) in Südwestafrika in der Inneren Namib weiter im Norden. Man fuhr mit einem Lastwagen los und nahm Wasser, Proviant und Schlafsäcke mit. Die Route und die Termine werden vor der Abfahrt hinterlassen. Wenn man nicht rechtzeitig zurückkehrt, wird eine Suchexpedition ausgesandt. Die Autospuren bleiben in der Wüste lange erhalten, so daß man im Falle einer Panne gefunden werden kann. Nun, bei uns verlief alles nach Plan.

---

[1] Im Jahre 1885 hatte der Geograph A. Schenck, ein Onkel meiner Frau zwei Welwitschien fotografiert. Von diesen, die durch zwei benachbarte Steine zu erkennen waren, wurde nach 91 Jahren eine neue Fotografie veröffentlicht. Sie hatten sich nicht wesentlich verändert. So langsam wachsen die Wüstenpflanzen.

Die erste Nacht übernachtete man in der Nähe des Omaruru-Reviers. Das Wetter war klar. Wir zogen uns aus, krochen in die Schlafsäcke und legten die Kleider auf diese, um es wärmer zu haben. Als wir morgens aufwachten war dichter Nebel, unsere Wäsche und Kleider hatten sich mit Wasser vollgesogen, die Temperatur war wenig über 10 °C und es blies ein kühler Südwestwind vom Meere. Als man die nassen Kleider angezogen hatte, fror man entsetzlich und mußte einen Dauerlauf machen, bis man warm wurde. Bald kam die Sonne heraus, der Nebel verzog sich und ein heißer Wüstentag begann.

An diesem Tage erreichten wir Uis – eine Zinnmine mit Handbetrieb am Fuße des Brandberges und sahen dessen Granitmassiv vor uns liegen. Eine Besteigung dieses Wüstenberges mit den Schülern kam nicht in Frage, vielmehr fuhren wir wieder nach Süden zum Erongo, einem etwa 2 300 m hohen Granitblock, an dessen Fuße schon die ersten Farmen liegen. An den nackten Granitwänden fließt bei Regen das Wasser ab und befeuchtet den Boden am Fuße der Wand reichlicher, so daß dort eine für die Wüste sehr üppige und interessante Flora wächst. Auch die Farm wurde besichtigt, es handelt sich hier an der Trockengrenze des Farmlandes um reine Schaffarmen (Karakul) mit einigen Ziegen. Von der Farm führte eine Pad, wie die Naturwege genannt werden, zur Hauptpad und Bahnlinie. Wir verließen die Exkursion, um mit der damaligen Kleinbahn nach Nordosten mit Unterbrechungen über Omaruru, Otavi nach Grootfontein und dann nach Tsumeb (Kupfermine) und an die Grenze des Farmlandes gegen den Caprivizipfel (Polizeistation Nuragas) zu fahren. Auch die Mitte des Landes um Windhoek und Okahandja besuchten wir kurz. Dann ging es zurück nach Swakopmund. Eine weitere Woche war wieder der Namib gewidmet. Am 23. 3. 35 schifften wir uns in Walfischbucht ein. Es folgte eine interessante Fahrt die Westküste von Afrika entlang mit Landausflügen in Lobito und Luanda (Angola), Duala in Kamerun mit der westlichen Mangrove; ganz dicht am Fuße des Kamerunberges fuhr der Dampfer vorbei, der Urwald reichte bis ans Meer; es folgte Lagos in Nigeria, und Accra an der Goldküste. Hier wurde man auf offener Reede mit dem Kran im «Mammi Chair» ins schwankende Boot hinuntergelassen, von 20 paddelnden Eingeborenen durch die Brandung gefahren und Huckepack auf dem trockenen Strand abgesetzt. Dann ging es ins Hinterland mit den Kakao-Plantagen. An der Elfenbeinküste durfte man wegen Gelbfiebergefahr nicht an Land, wohl aber auf der schönen Insel Gran Canaria (Las Palmas). Am 19. 4. sahen wir Europa (Cap Finistère), am 22. 4. waren wir in Le Havre und am 23. 4. die Schelde aufwärts in Amsterdam, wo wir uns ausschifften.

Die kurzen Aufenthalte auf den Farmen in Südwestafrika vermittelten uns einen Einblick in die Farmwirtschaft. Hier in diesem Lande waren noch so viele ökologische Probleme zu lösen. Ich mußte unbedingt nochmals für längere Zeit dorthin. Die Gelegenheit dazu bot sich rascher, als ich dachte. Zunächst mußten die mitgebrachten Proben von Assistenten und Doktoranden aufgearbeitet werden. Schon 1936 erschienen die Arbeiten über die Mangrove (mit Steiner) und über die Namib unter Auswertung der Aufzeichnungen von Dr. Boss, die er mir bei der Abreise mitgab (Abb. 7).

Nach der Rückkehr mußte ich viele Vorträge sowohl über Ostafrika, als auch über Südwestafrika halten. Zunächst vor wissenschaftlichen Hörern, aber bald auch im Rahmen des Reichskolonialbundes bei dessen Veranstaltungen an verschiedenen Orten. Die Kolonialfrage wurde immer aktueller und es gab nur sehr wenige, die in diesen Jahren dort gewesen waren. An der Hochschule wurde ein Wettbewerb zwischen studentischen Arbeiten über aktuelle Probleme veranstaltet und alle am botanischen Institut studierenden Biologen beschlossen, eine Übersicht über die natürlichen Verhältnisse in den früheren deutschen Kolonien als Thema zu wählen. Ich konnte sie dabei beraten. Es kam eine sehr schöne Gemeinschaftsarbeit zustande.

Da erhielt ich unerwartet ein Schreiben vom Auswärtigen Amt, in dem es hieß, der Botschafter von Südafrika hätte eine Verbalnote übergeben mit der Mitteilung, die Südafrikanische Regierung würde sich freuen, wenn ich meine Arbeiten auf die Upper Karroo ausdehnen würde, wo man mir einen Arbeitsplatz an der Versuchsstation «Veld Reserve» in Fauresmith (Oranje Freistaat) zur Verfügung stellen könnte. Die Leiterin von diesem Laboratorium war Dr. Henrici, eine schweizer Ökologin, die sich für meine neuesten Arbeiten interessierte und wahrscheinlich die Einladung veranlaßt hatte. Sie lautete auf drei Monate. Ich teilte mit, daß ich bereit wäre, sie anzunehmen, wenn ich anschließend noch ein halbes Jahr in Südwestafrika arbeiten dürfte. Es war damals nicht mehr ganz leicht, ein Visum in frühere deutsche Kolonien zu erhalten, weil die Mandatsmächte schon mißtrauisch geworden waren. Insbesondere die Deutschen in Südwestafrika hatten sich politisch zusammengeschlossen und traten für die Rückgabe des Gebiets an Deutschland ein.

Ich erhielt das Visum, ebenso wurden mir die Mittel für die Reise von Berlin aus bewilligt unter der Bedingung, daß ich einen Biologen als Assistenten nach Südwestafrika zum Einarbeiten mitnähme. Bei mir arbeitete gerade Herr Huß an einer Staatsexamensarbeit über die Periodizität der guten und schlechten Regenjahre in Südwestafrika. Von der letzten Reise hatte ich Baumstammscheiben aus verschiedenen Teilen von Südwestafrika mitgebracht; die Breite der Jahresringe sollte Auskunft über die Regenmenge in den einzelnen Jahren in der Vergangenheit geben. Der älteste Baum war über 250 Jahre alt.

Für diese Arbeit konnte Herr Huß weiteres Material sammeln, um seine Doktorarbeit abzuschließen.

Unser Plan war, uns neben den ökologischen Fragen gründlicher mit den Problemen der Farmwirtschaft zu befassen. Denn in Südwestafrika, dem Mandatsgebiet, war niemand, der die Farmer beraten konnte. Sie selbst waren meist keine Landwirte, sondern kamen aus allen möglichen Berufen. Die Kenntnis der deutschen Landwirtschaft nutzte in diesem klimatisch völlig anderen Gebiet auch wenig, verleitete sogar, die heimischen Methoden anzuwenden, was zu Fehlschlägen führte.

Die Farmer kümmerten sich zwar um die Zucht ihrer Tiere, kannten jedoch die Weide, die Grundlage der Farmwirtschaft, nicht, konnten oft sogar die guten Futterpflanzen von den schlechten oder den Giftpflanzen nicht unterscheiden. Um die Wasserstelle beim Farmhaus war die Weide meist völlig ruiniert. Man hatte 4–5 km zu gehen, um die ursprüngliche gute Weide studieren zu können. Denn so weit entfernte sich das Vieh nur selten von der Wasserstelle.

Da die Flora von Südwest kaum bekannt war, mußten wir Pflanzen sammeln, was meine Frau übernehmen sollte. Das Botanische Museum in Berlin wollte die getrockneten Pflanzen bestimmen.

Ich mußte vor allem Proben von den Futterpflanzen in verschiedenem Zustand (Regenzeit–Trockenzeit) entnehmen. Der Futterwert wurde nach unserer Rückkehr an der Landwirtschaftlichen Hochschule Hohenheim ermittelt. Außerdem nahm ich mir vor, die Weideflächen qualitativ und quantitativ zu untersuchen, also auch die Futtermenge pro Hektar von Grasland über ebenem sandigen Boden in Abhängigkeit von der mittleren Jahresregenhöhe in den einzelnen Teilen des Landes zu bestimmen. Ökologisch stand im Vordergrunde das Savannenproblem, d. h. der Wettbewerb zwischen den Gräsern und Sträuchern. Es mußte die Besonderheit ihres Wasserhaushalts untersucht werden. Dazu brauchten wir eine einfache Laboratoriumseinrichtung. Diese nahm Herr Huß direkt nach SW-Afrika mit, während meine Frau und ich zuerst nach Südafrika fuhren. Das Deutsche Auslandsinstitut regte an, daß ich die deutschen Kolonien in «Kaffraria» unweit East London besuche und dort Lichtbildervorträge über die Heimat hielte. Sie gaben mir eine Diaserie mit. Die Reichsstelle für den Unterrichtsfilm wollte einen Schmalfilm über die Farmwirtschaft in Südwestafrika für die Schulen haben. Als Fotografin übernahm diese Aufgabe meine Frau zusätzlich.

Die rege Anteilnahme im Reich an den Auslandsdeutschen freute mich besonders, hatte ich doch früher erlebt, daß wir Rußlanddeutschen im Reich immer nur als Russen bezeichnet wurden und unsere Proteste nichts nutzten. Wir waren russische Staatsangehörige und damit in den Augen der Deutschen nur Russen. Das hatte sich gewaltig unter Hitler gewandelt. Es ist verständlich, daß wir das sehr begrüßten. Schwierigkeiten bereitete noch die Devisenfrage. Mir wurde der Betrag für die Forschungsreise nur in deutscher Währung zur Verfügung gestellt. Devisen gab es in Deutschland keine. Daran drohte das ganze Unternehmen zu scheitern. Da kam unerwartete Hilfe. Nach einem Vortrag in Berlin, in dem ich diese Schwierigkeiten erwähnte, sprach mich ein älterer Herr an und sagte, er sei ein Freund von Dr. Merensky und würde ihm nach Südafrika schreiben. Er sei überzeugt, daß er mir, wenn ich den Betrag auf sein deutsches Konto einzahle, den entsprechenden Betrag in Südafrika auszahlen würde.

Merensky war als junger deutscher Geologe nach Südafrika gegangen. In seinen Ferien prospektierte er in der Gegend der Oranje-Mündung. Bald fiel es dem Diamantenkonzern auf, daß er bei seiner Rückkehr vom Urlaub stets ein Säckchen mit schönen Diamanten von hohem Wert mitbrachte. Die Schürfrechte am Oranjemund hatte Merensky für sich gesichert. Der Konzern bot ihm an, diese Rechte gegen Zahlung von mehreren Millionen abzutreten. Merensky überlegte sich, daß er sich bei privater Ausbeutung der Fundstellen gegen den großen Konzern nicht durchsetzen würde, die angebotene Summe ihn aber zu einem der reichsten Menschen machen würde. Er willigte deshalb ein.

Er war Junggeselle und unterstützte hinfort Krankenhäuser, Schulen, die Wissenschaft und die Kunst. Auch ich verdanke ihm, daß die Forschungsreise nach Südwestafrika zustande kam. Im Verlaufe dieser Reise hörte ich, als ich in Windhoek war, daß Merensky dort weilte. Ich suchte ihn im Hotel auf, um mich für seine Hilfe zu bedanken. Ein bescheidener kleiner Mann trat mir entgegen. Als ich mich vorstellte, war seine Frage: «Wieviel Geld brauchen Sie noch, Herr Doktor?» Ich mußte ihm erklären, daß ich keines mehr brauche, sondern daß ich mich nur bedanken wollte. Das war ihm, wie es schien, noch nie passiert. Er war überrascht und schüttete sein Herz aus. Seit er das Geld hätte, wäre es mit der Ruhe dahin. Alle kämen und wollten etwas von ihm haben. Als in Deutschland wegen des Fehlens von Devisen ein Mangel an Platin eintrat, dem Edelmetall, das in der Chemie dringend gebraucht wird und auch für den Bau vieler Apparaturen benötigt wird, hat Merensky eine größere Platinmenge Hitler zur Verfügung gestellt. Das haben ihm die Engländer sehr übel genommen; nach Ausbruch des Krieges hat er Hausarrest auf seiner Farm in Südafrika bekommen.

4. Die Forschungsreise nach Süd- und Südwestafrika (Grundlagen der Farmwirtschaft)

Am 7. Juli 1937 schifften wir uns in Hamburg ein, liefen Las Palmas, Walfischbucht, Kapstadt sowie Port Elizabeth an und trafen am 28. 7. in East London ein, in dessen Hinterland die deutschen Siedlungen Berlin, Potsdam, Hannover, Braunschweig, Wiesbaden, Frankfurt und Heidelberg liegen.

Die Vortragsreise war von den Deutschen in East London vorbereitet worden. Wir besuchten die verschiedenen Ortschaften und waren erstaunt, wie ärmlich die Deutschen wohnten. Angesiedelt wurden 1858 zunächst die Angehörigen der Legion 85, die die Engländer für den Krimkrieg mit Rußland in Deutschland angeworben hatten. Doch kam diese Legion nicht mehr zum Einsatz und wurde deshalb nach Südafrika verschifft, um dort die Siedlungen gegen die kriegerischen Kaffern zu schützen. 1878 waren diese Kriege abgeschlossen. Es kamen weitere deutsche Siedler ins Land, alles arme Kleinbauern. Sie mußten ihr Land im Gegensatz zu den englischen Siedlern bezahlen und begnügten sich deshalb mit kleinen Landflächen oft von 10 ha. Um jedoch in diesem Gebiet rasch vorwärtszukommen, werden etwa 200 ha pro Farm gerechnet. So waren sie auch in Afrika Kleinbauern geblieben, die hauptsächlich Mais anbauten und für den eigenen Bedarf Gemüse und Obst (Orangen, Pfirsiche). Sie lebten ziemlich isoliert, das Zentrum war die Kirche. Auf diese Weise hatten sie ihre Muttersprache bewahrt. Wir übernachteten meist in Pfarrhäusern.

Die Lichtbildervorträge fanden in großen Scheunen statt. Die Hörer saßen auf über Fässer gelegten Brettern. Aber es war ein rührend begeistertes Publikum. Die Alten kannten noch die frühere Heimat. Als Lichtbilder mit einer verschneiten Winterlandschaft kamen, die es in Südafrika nicht gibt, sprangen die Hörer erregt von den Sitzen und riefen begeistert: «Ja, so war es, genau so war es.» Ich zeigte auch einige deutsche Trachtenbilder, da lachten die Jungen schallend. Sie kannten Trachten nur von Eingeborenen und konnten kaum glauben, daß Deutsche an Festtagen eine solche unbequeme Kleidung in den Dörfern trugen.

Wir hatten Gelegenheit, in einem Reservat der Xosas ein Fest zu sehen, bei dem 50 junge Mädchen mit Ketten behangen und sonst kaum bekleidet tanzten. Dieses Fest wurde noch unverfälscht gefeiert. Außer unseren Gastgebern und uns waren keine Weißen zugegen. Nachdem die Vorträge abgeschlossen waren, nahmen uns 2 deutsche Vertreter für medizinischen Bedarf im Auto auf ihre Rundreise zu verschiedenen Krankenhäusern in den südlichen Drakensbergen mit, um uns anschließend nach Fauresmith in unser Arbeitsgebiet zu bringen. So lernten wir diese herrliche Landschaft mit feuchten immergrünen Wäldern an den Osthängen der Gebirge, die dem Südostpassat ausgesetzt sind, kennen. Im Gegensatz dazu wiesen die Beckenlandschaften im Windschatten einen ariden Charakter auf mit von Gras bedeckten Hängen.

Die Fahrt führte von King Williams Town nach Stutterheim, wo wir nachts vom Hotel die Grasbrände sahen, die wie feurige Schlangen an allen Hängen hinaufkrochen – eine schaurig-schöne Illumination. Das jährliche Abbrennen zur Verbesserung der Weide wurde noch allgemein geübt. In Queenstown waren wir schon über 1 100 m hoch. Es war Winter mit Frostnächten, aber ohne Schnee; die Winter sind hier trocken und sonnig, also am Tage warm. Lady Grey liegt wie in einem Amphitheater, umgeben von Bergen mit farbigen Steilhängen – eine herrliche Landschaft. Umtali mit seinem Hospital ist schon ein Zentrum für die Kranken des Basutolandes, eines Eingeborenen-Staates mit stark erodierten, überweideten Flächen.

Bald war die innerafrikanische Hochfläche erreicht, das Land war fast eben. Am 5.8.37 trafen wir im «Veld Reserve» bei Fauresmith (Oranje Freistaat) ein, nachdem der Oranje Fluß überquert worden war. Die Station liegt in 1 362 m über dem Meer in der Upper Karroo, auch «Broken Veld» genannt. Unter «Veld» versteht man offene Graslandflächen, die bei Fauresmith durch Dolerit-Tafelberge in einzelne Teilflächen «zerbrochen» sind. Die Landschaft war für ökologische Untersuchungen sehr geeignet. Auf den steinigen Tafelbergen findet man eine typische Karroo-Vegetation mit vielen Sukkulenten, auf den Schutthängen wachsen meist immergrüne Sträucher, auch ein Verwandter des Ölbaums; unten, auf den Flächen hatte man reines Grasland, auf den Versuchsflächen der Station auch Karroo-Zwergsträucher. Längs dem Flußtal waren Reste des Auenwaldes vorhanden mit Bäumen, deren Wurzeln das Grundwasser erreichten. Es waren sehr günstige Verhältnisse für vergleichende ökologische Untersuchungen verschiedener Pflanzentypen, und zwar im Winter am Ende einer langen Trockenzeit, also unter extremen Bedingungen. Die Leiterin, Dr. M. Henrici, stellte uns ein Laboratorium mit den notwendigen Apparaten zur Verfügung, so daß mit den Arbeiten sofort begonnen werden konnte. Auch das umliegende Land lernten wir auf Exkursionen kennen.

Wir wohnten im nahegelegenen Fauresmith, bei einer Burenwitwe, die nur Afrikaans, d. h. burisch sprach: Sie war eine Künstlerin in der Anfertigung von Zuckerguß-Torten für Hochzeiten und Geburtstage. Die Eingangstür zur Küche ließ sich in der oberen Hälfte getrennt öffnen; wenn ihre Kuh von der Weide kam, steckte sie den Kopf in die Küche hinein. Der Boden der Küche bestand nach Burenart aus gestampftem Kuhmist und Lehm.

Fauresmith war die Endstation einer kleinen Nebenbahn, die durch die ganze Hauptstraße bis zum Endbahnhof fuhr. Wenn man fragte, wann der Zug ankäme, dann hieß es, ab 4 Uhr nachmittags jederzeit; denn der Zug hatte immer viele Stunden Verspätung. Die Rauchfahne der Lokomotive, die mit dem Zug auf das Hochplateau hinaufkeuchte, konnte man schon 2 Stunden vor der Ankunft über der weiten Grasfläche sehen. Einmal schien es, daß der Zug pünktlich ankommen würde. Dieses Ereignis sollte gefeiert werden. Der Bürgermeister wollte den Zugführer mit einem Blumenstrauß empfangen. Doch als der Lokomotivführer die Herren sah, winkte er von weitem ab und rief: «Ich bin der Zug von gestern.» Er hatte gerade 24 Stunden Verspätung.

Als wir von Fauresmith abreisten, fuhr mit uns eine Deutsche mit ihrer Tochter, die ein Haus in der Hauptstraße bewohnten. Der Zug war abgefahren, da merkte die Frau, daß sie die Fahrkarten vergessen hatte. Gerade fuhr der Zug am Hause vorbei und der Mann stand davor und winkte. Da rief die Frau: «Meine Fahrkarten liegen im Eßzimmer auf dem Tisch, bring sie mir.» Der Mann verschwand, setzte sich in sein Auto und bei der nächsten Haltestelle übergab er ihr die Fahrkarten.

Gleich einer der ersten Sonntage war ein trüber Tag und die Temperatur stieg kaum über Null Grad. Unser Zimmer konnten wir nicht heizen. Wir froren sehr. Da beschlossen wir, die, wenn man als Fremder ankommt, hier üblichen Besuche bei den Honoratioren zu machen. Wir wollten uns dabei bei ihnen aufwärmen. Aber überall, wohin wir auch kamen, waren die Räume ungeheizt und die Bewohner saßen in Wintermänteln vermummt zu Hause. Wir hatten keinen Wintermantel nach Afrika mitgenommen. Als wir verfroren wieder zurückkamen, legten wir uns in der wärmsten Kleidung einfach ins Bett.

Der Oranje Freistaat ist die Hochburg des Burentums, Engländer gab es keine. Hochgestellte Beamte baten mich sie zu besuchen, um mir gegenüber ihre Bewunderung für Hitler zum Ausdruck zu bringen. Die Olympiade in Berlin hatte ihre große propagandistische Wirkung auf das Ausland nicht verfehlt. Hätte sich damals Hitler mit dem Erreichten begnügt, dann wäre Großdeutschland vielleicht erhalten geblieben. Sein Größenwahn hat alles vernichtet.

Die Zeit in Fauresmith verging rasch. Mit den wissenschaftlichen Ergebnissen war ich zufrieden. Nun kam die Reise auf dem Landwege über De Aar – Uppington nach Südwestafrika. Wir hatten eine Menge Einladungen von deutschen Farmern erhalten, fingen mit den Besuchen im Süden an und zogen dann langsam nach Norden weiter. Aber auf einigen Farmen blieben wir länger, um genauere Untersuchungen durchzuführen (zuerst bei Mariental am mittleren Fisch-Fluß, vgl. Karte 2).

Der Hauptstützpunkt war die große Farm Voigtsgrund bei Mariental, die Albert Voigts gehörte, einem Pionier, der als Händler mit den Hottentotten (Namas) und den Hereros schon in der allerersten deutschen Zeit mit Ochsenwagen im Auftrag einer südafrikanischen Firma ins Land kam, um Waren gegen Vieh zu tauschen und dieses dann auf den Viehmarkt von Johannisburg zu treiben. Er erwarb viel Land in Südwestafrika und wurde einer der ersten Karakulzüchter von Südwest.

Als wir am 19.9.37 mit dem Zug in Mariental ankamen, waren dort einige Angestellte aus Voigtsgrund, das etwa 100 km von der Bahn entfernt lag, mit ihrem Wagen; sie erboten sich, uns nach Voigtsgrund mitzunehmen. Als wir am Morgen abfahren wollten, saßen sie jedoch mit Marientalern in der Bar und becherten. Ich drängte immer wieder, aber erst am Nachmittag waren sie, vollkommen angesäuselt, bereit zu fahren. «Gehen und stehen kann ich nicht, aber fahren, das kann ich», rief einer mit lauter Stimme. Ich überlegte mir, ob wir diese Fahrt riskieren sollten. Doch das Gelände war völlig eben, der Boden sandig, nur niedriges Gebüsch. Es konnte also eigentlich nichts passieren. Als wir ins Auto einstiegen, kam noch eine Kiste Bier und eine Schnapsflasche mit herein. Kaum waren wir abgefahren, da nahm der Fahrer im Fahren aus der Flasche einen großen Schluck und reichte sie weiter. Als sie zu uns kam, behielt sie meine Frau und gab sie nicht heraus. Nun wollte der Fahrer zeigen, daß er fahren konnte, und drückte den Benzinhebel durch. Der Wagen raste los. Ich protestierte, ich wolle doch genau die Gegend und die Pflanzen sehen. «Ganz wie Sie wollen, Herr Professor» und nun fuhr er mit 5 km die Stunde. Schließlich einigten wir uns auf ein mittleres Tempo. Da wurde in der Ferne eine Staubwolke sichtbar, es kam also ein Wagen entgegen. Wer könnte das sein? Es war ein Bekannter, der anhielt. Das mußte gefeiert werden. Die Bierkiste wurde herausgeholt und auf der Straße eins gehoben. Schließlich ging es wieder weiter. Das war der erste Eindruck von den Südwester Farmern.

Es war schon späte Nacht, als wir in Voigtsgrund eintrafen, auf der Farm war eine große Gesellschaft. Der Aubaas (Alter Herr) hatte Geburtstag. Alle Nachbarfarmer waren erschienen, alle Gästezimmer besetzt. Wir hatten den genauen Tag der Ankunft nicht angegeben. Das ist in Afrika immer schwierig. Eine peinliche Situation; schließlich wurden uns zwei Betten zugewiesen und wir schützten Müdigkeit vor und verzogen uns.

Aber bis auf die unglückliche Ankunft war unser Aufenthalt auf Voigtsgrund, wo wir etwa 2 Monate blieben, sehr schön. Wir erhielten ein Nebenhaus in etwa 1 km Entfernung vom Farmhaus. Huß traf ein, brachte aus Stuttgart mehrere Kisten mit Apparaten mit, so daß wir uns ein kleines Laboratorium einrichteten. Die meisten Messungen wurden am Standort gemacht. Verköstigt wurden wir auf der Farm, wo immer an die 20 Menschen um den Tisch saßen. Wir arbeiteten zu dritt sehr intensiv. Meine Frau filmte eifrig alle Arbeiten auf der Farm, auch den großen Staudamm auf dem Oberhof und die Arbeiten auf den bewässerten Luzernefeldern.

Einmal bei einem Gespräch mit dem Aubaas, dem Patriarchen, sagte dieser unerwartet, ich sei ja ein Professor, der arbeitet, das hätte er noch nie erlebt; es kämen viele Professoren nach Voigtsgrund, die würden sich aber stets nur unterhalten, und führen dann wieder weg.

Der Aubaas liebte auch von seinen ersten Fahrten mit dem Ochsenwagen aus der Union durch die Südkalahari nach Südwestafrika zu erzählen. Einmal hatte er mitten in der Kalahari eine Blinddarmentzündung mit furchtbaren Schmerzen gehabt. Die Begleiter konnten ihm nicht helfen, sie mußten weiter; denn die Kalahari war wegen des Mangels an Wasserstellen für Mensch und Ochsen gefährlich. Sie banden ihn fest an den Wagen und fuhren weiter. Sie mußten eine Durststrecke von 180 km durchqueren. Er krümmte sich und schrie vor Schmerzen. Als sie aus der Kalahari glücklich herauskamen, waren die Schmerzen weg. Nach seiner Rückkehr nach Johannisburg ließ er sich operieren, damit ihm das nicht ein zweitesmal passiere. Die Ärzte öffneten die Bauchhöhle und fanden keinen Wurmfortsatz. Er war bei der Entzündung völlig abgefault.

Albert Voigts war 1891 aus Deutschland zu dem Händler Wecke ins südliche Transvaal gekommen und von diesem, obgleich er erst 21 Jahre alt war, beauftragt worden, mit zwei Ochsenkarren voller Waren und einem Wagen nach Südwestafrika zu fahren. Die Waren sollten dort gegen Ochsen eingetauscht werden, die man auf dem Viehmarkt in der Goldstadt Johannisburg gut verkaufen konnte. Diese erste Fahrt möchte ich, so wie sie mir erzählt wurde, wiedergeben, um die Verhältnisse vor Beginn der Farmwirtschaft zu beleuchten:

Nachdem Voigts unter großen Anstrengungen den Molopo entlang nach Südwest gelangte, kam er in das Land der Hottentotten. Der Anführer Simon Kuper nahm ihn dort gleich fest und ließ ihn in einem Pontok (Eingeborenenhütte) von 20 Männern bewachen. Am nächsten Tag begann ein Verhör, Kuper verlangte Durchzugsgeld und die Karren wurden abgeladen. Zufällig kam der älteste Sohn von dem Hottentottenkapitän Hendrik Witboi mit bewaffneten Männern vorbei. Er holte Voigts aus dem Pontok heraus und es entspann sich folgendes Zwiegespräch:

«Ob Kuper ihm was getan hätte?» (V) «Nein!». «Was die Verhandlung zu bedeuten hätte?». (V) «Ja, der Kapitän wolle Durchzugsgeld haben.» «Ob er wisse, wer er sei?». (V) «Ja, der Sohn von Hendrik Witboi.» «Woher er das wisse?» (V) «Alle sprechen von Hendrik Witboi.» «Ob im guten oder schlechten Sinne?» (V) «Natürlich im Guten; denn wie könnte es anders sein!» «Ja, dann müßte er wissen, daß Kuper kein Kapitän sei, sondern nur der Vormann seines Vaters; er sei sein ältester Sohn und Bevollmächtigter.» (V) «Das habe er nicht gewußt.» «Er sage es ihm, damit er nicht mehr von Kapitän Kuper spreche. Wieviel sie ihm abgenommen haben?» (V) «Das könne er so nicht sagen, er müßte alles aufschreiben.» «Ja, dann solle er seinen anderen Weißen rufen, damit der nachsehe.»

Seine Gehilfe Brand u. a. zählten alles nach und errechneten einen Wert von 80 Ochsen. Ihm wurde versichert, daß er die haben sollte, er könne weiterziehen, die Ochsen würden ihm nachgeschickt.

Albert Voigts meinte, so rasch habe er seine Ochsen noch nie im Joch gehabt und sei fortgezogen. Am nächsten Abend am Lagerfeuer trafen die Ochsen ein. Witboi hatte diese kurz vorher den Hereros abgenommen. Albert Voigts ließ die Ochsen zurück, damit sie nach Transvaal getrieben werden konnten, und zog laut Befehl nach Rehobot. Aber Witboi war vor ihm dort und nahm ihm fast alle Sachen ab, damit die Hereros sie nicht bekämen. Er wolle sie ihm jedoch bezahlen. Der Storekeeper in Rehobot beruhigte ihn und rechnete aus, daß die Sachen 480 Ochsen wert seien. A. V. erschrak über die hohe Zahl, bekam jedoch die Ochsen und ließ sie mit 4 Jungen zurück, die sie weideten, bis zum Abtreiben nach Südafrika.

Albert Voigts zog nun nach Windhoek, wo die Deutschen Fuß gefaßt hatten zwischen den Hereros im Norden und den Hottentotten im Süden, um deren Kämpfe zu beenden.

Die weißen Händler, meist Engländer oder Afrikaner, versorgten sowohl die Hereros als auch die Hottentotten mit Waffen und Munition. François, der deutsche Vertreter, zitierte in Windhoek A. V. zu sich, da ein anderer Händler Wiese ihn angeschwärzt hatte. Zwei deutsche Reiter brachten A. V. auf die Festung und sperrten ihn ein. Am nächsten Tage wurde er verhört. François fragte ihn genau aus, traute ihm jedoch nicht und sagte: «Ob er wohl wüßte, was ein Ehrenwort ist». Als er es bejahte, meinte François: «Nee, das wüßte er wohl noch nicht. Er solle sein Ehrenwort geben, daß er nicht wegzöge.» Beim Herausgehen meinte der Feldwebel: «Der Alte ist ja verrückt.» A. V. mußte mehrere Tage bleiben. Schließlich durfte er ziehen, aber bei Osona wurden doch der Boden vom Wagen und die Räder abgeklopft, um festzustellen, ob sie nicht hohl wären.

Er traf darauf den Hererohäuptling mit 200 Mann in weißer Kleidung. A. V. mit seinen Leuten mußten vom Wagen herunter und zu Fuß laufen, die Hereros saßen auf. So kamen sie nach Okahandja, wo der oberste Herero Samuel ihn einsperren ließ. Doch der Missionar verwandte sich für ihn und bürgte für ihn. Es begann wieder ein Verhör im Pontok, wobei 40 Mann dabei waren, die dauernd an die Wand spuckten. A. V. wurde beschuldigt, daß er Witboi Munition gebracht hätte und ihm Samuel nur alte Lappen. Schließlich verlief alles friedlich, nur mußte er 20 Pfund zahlen. Auf seine Frage wofür, sagte man ihm für den Schatten des Baumes unter dem er lagerte (also eine Parkgebühr). Nun kamen andere, die Sachen gegen Ochsen tauschen wollten. Alles wurde verkauft, auch die Karren und die Ochsen. Für einen Zugochsen bekam er zwei andere. Mit dem leichten Wagen fuhr er nach Tsumeb, um das Land kennenzulernen, und dann nach Walfischbucht und auf dem Seewege zurück. Die Begleiter trieben die Ochsen auf dem Landwege nach Südafrika und trafen nach mehreren Monaten in Johannisburg ein. Albert Voigts gelangte bis Kapstadt. Dort hatte er kein Geld, sondern nur drei Decken, die niemand kaufen wollte. Doch traf er einen Herren, der gehört hatte, daß Wecke ihn nach Südwest geschickt habe. Er sollte aber beweisen, daß er Albert Voigts sei. Telegrafisch wurde bei Wecke angefragt. Es kam telegrafisch die Antwort: «Wenn er breit gebaut sei und die und die Merkmale habe, dann sei es Albert Voigts und man solle ihm Geld leihen.» Die Bahn ging nur bis Kimberley. Als er an den Fluß kam, auf dessen anderem Ufer der Laden von Wecke stand, hatte dieser Hochwasser und er mußte ihn durchschwimmen. Schließlich war die Fahrt beendet.

Nach dem Verkauf der Ochsen waren alle Kosten gedeckt. A. V. hatte 400 Pfund eingenommen, seine 3 Begleiter bekamen 100 Pfund. Im nächsten Jahr nahm er einen Kredit von 500 Pfund auf, schickte die Waren auf dem Seeweg nach Walfischbucht und fuhr selbst mit leerem Wagen durch die Kalahari. Das war eine wahre Lust und man konnte viel Jagen. Mit den Kapitänen wurde die Freundschaft erneuert. Sie bekamen Geschenke. In Okahandja wurden Fahrer angeworben. Mit zuerst 11 Fuhren, dann nochmals mit 20 wurden die Waren von Walfischbucht herangeholt und gegen Ochsen getauscht. Mehrmals mußte erworbenes Vieh nach Johannisburg getrieben und dort verkauft werden.

Albert Voigts war bald ein reicher Mann und besaß einen großen Landbesitz. Er wurde Farmer. Allein Voigtsgrund war über 40 000 ha groß.

Er hatte vom Tierzuchtinstitut in Halle die ersten Karakullämmer erhalten, aber die Schafzucht interessierte ihn wenig. Er wollte die Tiere für 20 000 Pfund verkaufen. Es kam auch ein Käufer. Es wurde lange geredet. Keiner wollte mit dem zu zahlenden Preis herausrücken. Aber Voigts war der Zähere. Schließlich bot der Käufer 40 000 Pfund. So viel hatte Voigts nicht erwartet. Er überlegte sich, daß also doch mit den Schafen Geld zu machen sei. Er verkaufte sie nicht und wurde Karakulzüchter, was ihm viel Geld einbrachte. Heute werden etwa 3 Millionen Persianerfelle jährlich aus Südwestafrika exportiert.

Von Voigtsgrund aus hatten wir Gelegenheit, auch die Nachbarfarmen zu besuchen und lernten das ganze Gebiet kennen. Zum Schluß konnten wir noch mit einem deutschen Karakulfellaufkäufer, der die entlegenen Farmen an der inneren Namibgrenze aufsuchte, eine lange Fahrt unternehmen. Mit ihm und seinem schwarzen Jungen fuhren wir zuerst nach Westen in die Naukluft, wo es einen ständig fließenden Wasserfall gab und einen Wald aus Feigenbäumen, dann den Steilabfall hinunter zur Namib mit den hohen Sanddünen. Es war ein äußerst interessantes Gebiet. Die Riviere hatten während der Pluvialzeit, die unserer Eiszeit entsprach, mächtige Kalkkrusten abgelagert und dann in diese schmale Canyons eingeschnitten. Ein solches nur einige Meter breites Canyon hatte unten eine ständige Wasserstelle, die von den Buren «Sesriem» genannt wurde; denn «sechs Ochsenriemen» mußte man zusammenknüpfen, um das Wasser im Eimer nach oben zu ziehen, wenn man die Ochsen tränken wollte. Die Riviere versickerten nach Regen vor den Dünen. Der Boden war hier feuchter und im Gegensatz zu der üblichen Grasvegetation wuchsen an solchen Stellen Akazienbäume. In diesem unbewohnten Gebiet sind die Leoparden häufig. Deshalb ging unser Begleiter zwischen den Felsen stets mit entsichertem Gewehr voraus. Unterhalb der Wasserstelle Gorasis beschlossen wir, im Freien um ein Lagerfeuer zu übernachten. Diese Wasserstelle war nur ein Tümpel im harten Gestein etwa 2 × 4 m groß, aber in der Wüste von großer Bedeutung, wenn sie dauernd Wasser enthielt, also einen Zufluß hatte. Eine Hammelkeule wurde über dem Feuer geröstet. Dann schnitt sich jeder ein Stück ab und riß mit den Zähnen kleinere Stücke zum Kauen ab. Dazu gab es nur trockenes Brot. Es war ganz dunkel geworden. Der Bratengeruch lockte die Hyänen an. Sie heulten um uns herum, griffen jedoch nicht an. Zuweilen traute sich eine so nahe heran, daß die Augen im Dunkeln aufleuchteten. Mit einem Schuß wurde die Hyäne dann vertrieben. Wir schliefen in unseren Schlafsäcken sehr gut.

Beim Morgengrauen wollte unser Begleiter sehen, ob ein Leopard zur Wasserstelle gekommen war. Er pirschte sich vorsichtig heran. Es bewegte sich etwas am Wasser. Wie er genauer hinsah, war es Herr Huß, der sich am Wasser rasierte. Er wurde furchtbar ausgeschimpft, erstens weil er ohne Waffe zur Wasserstelle gegangen war und zweitens, weil er das Wasser mit Seife verschmutzte, das wir für den Kaffee brauchten. Im allgemeinen verlangt man von Wasser zum Kaffeekochen nicht viel. Zuweilen sagt man zu dem trüben, vom Wild aufgewühlten Wasser: «Zum Händewaschen ist es zu dreckig, aber zum Kaffeekochen reicht es noch.»

Dann ging es weiter zu den Grenzfarmen. Überall wurde man zunächst mit einer «Kopje koffi» empfangen. Viele Fellaufkäufer werden herzkrank, weil sie täglich so viele Tassen Kaffee trinken müssen. Ablehnen wäre eine Beleidigung, darunter litte auch das Geschäft.

So ging es mehrere Tage weiter, bis wir im Bogen zurück mußten. Dabei kamen wir an einem Unikum vorbei – es war das Schloß Duwisib, das sich ein Deutscher hier in der Halbwüste errichtet hatte mit Türmchen und Zinnen. Am 3.11.37 verließen wir endgültig Voigtsgrund. Wir hatten kein eigenes Auto, sondern die Farmer, die sich über jeden Besuch freuten, brachten uns von einer Farm zur anderen.

Nun ging es in der Richtung nach Osten zur Südkalahari. Zuerst mußte man ein Kalkplateau überqueren – den Weißrand, dann kam man ins Auob-Gebiet, wo es artesisches Wasser gibt. Im starken Strahl kommt es aus dem Bohrloch heraus und wird zur Bewässerung von Weizenfeldern benutzt. Aber die Farmer gingen nicht umsichtig mit dem Wasser um. Sie bewässerten zu viel, wodurch der Grundwasserspiegel stieg, was in Trockengebieten mit hoher Verdunstung zu einer Versalzung des Bodens führt.

Dann begann das Sandgebiet der Kalahari. Der Sand hier ist nicht beweglich, vielmehr ziehen sich viele unbewegliche Dünenrücken fast in Nord-Süd-Richtung durch die Fläche in ziemlich regelmäßiger Entfernung voneinander. Die sehr weiten Flächen dazwischen sind mit Gras bedeckt, der lockere Sand der Dünen dagegen mit Büschen. Die Pad war 1937 noch nicht befestigt. Man versuchte mit Schwung so hoch wie möglich auf die Düne zu kommen und ließ den Wagen dann wieder zurückrollen, das nächste Mal in der Spur kam man schon etwas höher und wiederholte das solange, bis man auf den Kamm hinauf kam und auf der anderen Seite hinunterrollte. Wir wollten auf eine Farm bei der 16. Düne.

Nachdem wir uns einen Überblick über den südlichen trockeneren Teil von Südwestafrika verschafft hatten mit dem vorwiegenden Weidegras *Stipagrostis uniplumis* (Blinkhaargras), wollten wir den mittleren Teil des Landes genauer kennen lernen.

Stützpunkte mit längeren Aufenthalten waren hier die Farmen Hohenau noch zwischen den Glimmerschiefer-Bergen, aus denen das Khomashochland aufgebaut ist, die Farm Hessen unweit Gobabis schon fast am Rande der Kalahari sowie die Farm Okasondana, etwas nördlich und schon ganz im Sandfeld, wie der zu Südwest gehörende Teil der westlichen Kalahari genannt wird. Hier gab es schon die typischen Kalkpfannen und die großen sowie kleinen Vleis. Letztere sind leichte Senken in dem kaum hügeligen Relief der Sandflächen, in denen sich zur Regenzeit Wasser sammelt. Der abgesetzte Ton dichtet den Boden ab, so daß das Wasser nicht versickert, sondern nach Schluß der Regenzeit langsam verdunstet. Während der Regenzeit entwickeln sich in den Vleis Wasserpflanzen, am Rande auch Sumpfpflanzen, viele Vögel halten sich beim Wasser auf, auch Wild und das Vieh braucht die Wasserstellen bei den Viehposten nicht aufzusuchen, sondern bleibt zerstreut. In diesem Gebiet werden hauptsächlich Rinder gehalten. Für Schafe ist es schon zu feucht, sie leiden an Wurmkrankheiten und müssen dauernd behandelt werden.

Die mittlere Kalahari hat nichts mit einer Wüste zu tun. Sie ist nur ein Durstgebiet: Der Regen versickert im Sande; es gibt während der Trockenzeit kaum Wasserstellen. Deswegen war sie nur von Buschmännern dünn besiedelt. Diese verstehen es, während der Trockenzeit von saftigen Früchten und wasserhaltigen unterirdischen Knollen zu leben. Von krautigen Pflanzen sind gerade solche mit unterirdischen Wasserspeichern für dieses Sandgebiet typisch. Für das Herbar werden die Pflanzen möglichst mit den Wurzeln eingelegt. Hier war es schwierig. Oft war der Sproß nur etwa 30 cm hoch; wenn man jedoch die Wurzel ausgraben wollte, fand man im Boden eine kopfgroße Knolle. Hier ist die Heimat der Wassermelone mit sehr wasserreichen Früchten, nur sind diese bei der Wildform bitter, was jedoch den Buschmännern nichts ausmacht. Holzgewächse als niedrige Bäume sind sehr verbreitet, sie können ja mit ihren weitreichenden Wurzeln das im Sande verteilte wenige Wasser aufnehmen. Man hat in diesem Teil der Kalahari stets den Eindruck, als stünde man auf einer Waldlichtung, umgeben von einem dichteren Wald, aber das ist eine optische Täuschung. Geht man auf den Wald zu, wo weicht er zurück. Die Bäume stehen überall zerstreut. Es handelt sich um eine Baumsavanne mit Unterwuchs, aus höheren Gräsern. Das Gelände ist sehr unübersichtlich, man kann sich, wenn man kein Buschmann ist, leicht verirren. Das sollten wir erfahren.

Wir fuhren einer Wagenspur nach Osten folgend in die unbesiedelte Kalahari hinein. Als wir eine Palme am Wege stehen sahen, die sich hoch über die Bäume erhob, hielten wir, um zu fotografieren. Da hörten wir unweit die Stimmen von Buschleuten, die wir jedoch nicht sehen konnten. Wir gingen in der Richtung zu ihnen, aber sie entfernten sich immer wieder, so rasch wir auch gingen. Schließlich merkten wir, daß wir sie nicht einholen könnten und beschlossen zum Auto zurückzukehren. Wir schauten uns um, sahen den Wipfel der Palme und gingen darauf zu. Als wir hinkamen, war es eine andere, kein Auto! Wo waren wir? Wir hatten beim Gehen nicht auf die Richtung geachtet und die Orientierung verloren. Einem Buschmann passiert das niemals; man kann mit ihm kreuz und quer gehen, wenn man ihn fragt, wo der Ausgangspunkt wäre, zeigt er ohne zu überlegen in die richtige Richtung. Ohne diesen unterbewußten Orientierungssinn wären die Buschmänner schon längst in der Kalahari umgekommen. Wir dagegen erschraken: verirrt und kein Wasser bei uns! Wenn man in Panik gerät und in einer beliebigen Richtung losrennt, dann ist die Gefahr des Verdurstens sehr groß. Ich zwang mich zur Ruhe und überlegte. Die Wagenspur, der wir gefolgt waren, führte genau nach Osten. Wir waren vom Auto nach rechts abgebogen, also nach Süden. Wenn wir jetzt genau nach Norden gehen, dann müssen wir irgendwo die Spur kreuzen. Also wo war Norden? Einen Kompaß hatten wir nicht. Wenn die Sonne hier am südlichen Wendekreis mittags im Dezember genau im Zenit steht und man keinen Schatten hat, dann läßt sich die Himmelsrichtung nicht feststellen. Aber den ganzen Vormittag steht die Sonne genau im Osten und den ganzen Nachmittag genau im Westen. Es war noch vormittags, also mußten wir, um nach Norden zu gehen, die Sonne genau rechts haben. Wir gingen los, unverdrossen immer in derselben Richtung. Da war die Spur. Man atmete erleichtert auf. Auch unsere frische Spur war deutlich sichtbar, folglich mußte der Wagen weiter im Osten stehen. Wir gingen der Spur nach, sahen bald die Palme und bei ihr das Auto. Hinfort achteten wir genauer auf unseren Weg, um bei Fußmärschen immer zur Farm zurückzufinden.

Auf dieser Sandfeldfarm feierten wir das Weihnachtsfest 1937. Der kinderreiche Farmer, er war Hohenheimer Diplomlandwirt, hatte keinen Gästeraum, aber einen kleinen Schuppen, in dem ein Bett stand. Darauf konnte meine Frau schlafen, für mich legte er als Ruhelager einen Haufen leerer Säcke davor. Der Schuppen war so niedrig, daß man mit der ausgestreckten Hand das Wellblechdach erreichen konnte. Mittags war es jetzt im Hochsommer so heiß, daß man sich bis 15 h ausruhte. Aber das von der Sonne auf 60° erhitzte Wellblechdach, strahlte eine solche Hitze aus, daß meine Frau es auf dem Bett nur aushielt, wenn sie sich unter den aufgespannten Regenschirm legte. Auch ich hielt es auf den Säcken nicht aus. Ich hatte aber beobachtet, daß Hunde mittags in solchen Situationen immer unter den Tisch oder unter ein Bett krochen; also machte ich es ebenso und legte mich auf den blanken Boden unter das Bett. So konnten wir es aushalten.

Der 24.12., der Weihnachtstag, war ebenfalls sehr heiß und schwül. Als Weihnachtsbaum benutzt man in Südwest den Weißdorn – eine Akazie, deren Äste dicht mit 4 cm langen spitzen weißen Dornen besetzt sind. Beim Schmücken von diesem Baum sticht man sich gehörig, dafür kann man jedoch die Kerzen direkt auf die Dornen spießen. Bei der hohen Temperatur sind sie sehr weich. Wenn man zu früh die Kerzen anbringt, krümmen sie sich herunter.

Die Kinder sind so an ihren Weihnachtsabend gewöhnt, daß ein südwester Kind, welches Weihnachten in Deutschland verlebte, den Eltern auf die neugierige Frage, wie ihm der deutsche Tannenbaum gefallen hätte, schrieb: «Der Tannenbaum ist ja ganz schön, aber unser Weißdorn ist doch viel schöner.» Bei der Weihnachtsfeier kann man es im Raum kaum aushalten, denn zu der hohen Lufttemperatur kommt noch die Wärme der brennenden Kerzen. Man singt die Weihnachtslieder ohne Rock und den Schweiß von der Stirne wischend. Dazwischen geht man hinaus, um frische Luft zu schnappen.

Nach der Feier zogen wir uns kurz vor Mitternacht in unseren Schuppen zurück. Ich erwachte bald auf meinen Säcken, weil es mich kribbelte. Ich nahm die Taschenlampe und sah, daß ich von fliegenden Ameisen bedeckt war, die aus einer Spalte im Boden herauskrochen. Ich sprang auf, der ganze Raum war voll Ameisen, die hinauswollten. Wir mußten vor allem unsere Proben und Herbarpflanzen retten. Wohin mit diesen mitten in der Nacht? Zunächst hinaus in den Hof. Bald war der Schuppen ausgeräumt. Kaum standen die Sachen draußen, da donnerte es. Nun war uns der Ausbruch der Ameisen klar, sie schwärmen vor einem Regen. Aber jetzt mußten wir unsere Kiste vor dem Gewitterguß retten. Inzwischen hatten sich die Ameisen verzogen und wir konnten wieder alles zurücktragen. So war es eine unruhige Weihnachtsnacht.

Am 27.12. machten wir uns weiter nach Norden auf. Wir wurden zum Hotel Steinhausen gebracht und sollten dort am nächsten Tag von einem Farmer abgeholt werden.

Zu Sylvester wollten sich viele Farmer in diesem Hotel treffen, um zu feiern. Der Wirt überlegte, wie viele Bierflaschen er für die Feier kaltlegen mußte. Die Feiernden kamen am 31.12. frühzeitig und blieben die ganze Nacht bis zum Morgengrauen beisammen. Der Wirt rechnete, daß für alle zusammen, Frauen und Kinder mit eingerechnet, vielleicht 10 Flaschen pro Kopf genügen könnten. Er kannte seine Kunden.

Wir verbrachten einen Tag auf der Farm Hochfeld und sollten dann weiter zum Waterberg auf die große Farm Okosongomingo gebracht werden. Auf dem Wege dorthin merkte der Farmer, daß seine Batterie beim Fahren nicht aufgeladen wurde. Er mußte uns auf der nächsten Polizeistation absetzen und wir machten mit dem burischen Polizisten aus, daß er uns gegen Bezahlung in seinem Auto nach Okosongomingo bringt. Er hatte einen Personenwagen mit zwei Türen. Als wir einstiegen, merkten wir jedoch, daß der Rücksitz herausgenommen war und etwas Ziegenmist drin lag. Der Wagen wurde also auch für den Viehtransport benutzt. Aber dafür war für unser vieles Gepäck mehr Raum. Ich setzte mich neben den Fahrer und meine Frau hatte vorne Platz.

Wir waren eine Strecke gefahren, da stieg der Polizist aus, um den Reifendruck zu überprüfen. Unwillkürlich zog ich die Handbremse an. Aber er meinte, die Handbremse funktioniere nicht, der Wagen würde auch so stehen.

Die Farmen sind alle eingezäunt. Die Autowege gehen durch die Farm durch. An der Grenze der Farm, mußte man damals ein Tor öffnen, durchfahren und darauf wieder schließen. Aber als wir an eine Farmgrenze kamen, hielt der Polizist nicht vor dem Tor, sondern fuhr vom Wege in den Sand ab, bis der Wagen hielt, ging dann zum Tor, öffnete es, fuhr dann rückwärts mit dem Wagen auf die Straße und dann erst durch das Tor langsam durch. Nachdem er es wieder geschlossen hatte und sich ans Steuer setzte, fragte ich ihn erstaunt, warum er es so kompliziert mache. Da erklärte er mir, seine Fußbremse funktioniere nicht und wenn er mit zu viel Tempo vor ein Tor käme, könnte er nicht halten.

Ich dachte mir meinen Teil: ein Polizist, und fährt einen Wagen, der weder Fuß- noch Handbremse hat, das kann ja heiter werden. Das wurde es auch! Als wir näher zur Farm kamen, stand plötzlich eine Kuh auf dem Weg, bremsen konnte er nicht, also nichts wie vom Weg in den Busch hinein, bis der Wagen von selbst stand, dann zurück und langsam im ersten Gang vorsichtig an der Kuh vorbei. Allmählich gewöhnte man sich an dieses Theater, das sich noch mehrmals wiederholte. Unangenehmer wurde es, als vor dem Waterberg das Gelände leicht hügelig wurde. Aber schließlich kamen wir doch unversehrt in Okosongomingo an und feierten dort mit dem Farmer Sylvester.

Die Farm Okosongomingo liegt wunderbar; von dem hochgelegenen Farmhaus aus rotem Sandstein mit großer Terrasse hat man einen herrlichen Blick auf den Waterberg, einem aus rotem Sandstein aufgebauten Tafelberg. Seinen Namen hat er bekommen, weil in halber Höhe eine kräftige Quelle entspringt. Dieses Wasser wird benutzt, um die am unteren Hang gelegenen Citrus-Plantagen zu bewässern. Die Orangen und Grape-Fruits wurden an die Woerman-Linie geliefert zur Versorgung der anlaufenden Passagierdampfer. Die Farm selbst ist sehr groß. Der Farmer, Herr Schneider, war ein weitsichtiger Mann und erfahrener Kaufmann. Man konnte sich mit ihm über alles unterhalten. Er hatte auch gute Beziehungen zu südafrikanischen Behörden und legte mir ein sehr ausführliches Gutachten vor, daß südafrikanische Wissenschaftler über die Farmwirtschaft von Südwestafrika und ihre mögliche Entwicklung abgefaßt hatten. Er gab mir eine Abschrift mit, die mir später sehr geholfen hat, als ich meine Erfahrungen zusammenfaßte.

Unsere weitere Fahrt führte über Otjiwarongo nach Grootfontein und dann in das Otavi-Bergland und in die Gegend nördlich von Tsumeb. Bei der Polizeistation Tsintsabis sahen wir den südlichsten Affenbrotbaum, auch Baobab genannt, der schon die Sambesische Waldvegetation anzeigt.

Die Vegetation in diesem Teil unterscheidet sich stark von der des übrigen Südwest. Die mittlere jährliche Regenmenge erreicht 600 mm. In der Regenzeit sind die flachen Teile des Geländes überschwemmt und als Palmsavannen ausgebildet, dagegen tragen die kaum höheren, jedoch nicht überschwemmten Teile Wald, der in der Trockenzeit die Blätter abwirft. Fröste kommen praktisch nicht mehr vor, das Klima ist somit typisch tropisch und damit nicht Malaria-frei. Das Otavi-Bergland besteht aus Kalk und Dolomit. Auch die Berge sind ganz bewaldet, nur der blockige Dolomit ist trocken und von interessanten Sukkulenten bewachsen. Überall machen sich Karsterscheinungen bemerkbar. In zwei tiefen Einbruchtrichtern haben sich Seen gebildet, d. h. der Grundwasserspiegel tritt zu Tage. Auch in diesem Gebiet gab es viel zu filmen.

Der Januar ging zu Ende. Den Februar verbrachte ich bei Dr. Seydel, einem Botaniker, der in Königsberg promovierte und eine große Dattelpalmen-Kultur im Swakoptal bei Nudis hatte, die aber bei einem Hochwasser völlig zerstört wurde. Mit ihm botanisierte ich viel. Dann mußte ich nochmals nach Windhoek, um Vorträge zu halten.

Mir war aufgefallen, daß ich im Lande von der Polizei beschattet wurde. Wenn ich länger auf einer Farm war, erschien die Polizei, um angeblich das Vieh zu zählen, aber tatsächlich, wie die Farmer meinten, wohl um die Eingeborenen auszufragen, was ich auf der Farm mache. Hielt ich irgendwo einen Vortrag, so waren bei den hohen Temperaturen die Fenster vom Saal immer offen und man sah einen Polizisten auf- und abschreiten. Wahrscheinlich um sich über den Inhalt des Vortrages zu orientieren (ev. Nazipropaganda festzustellen). Als ich jetzt wieder in Windhoek war und mich morgens rasierte, klingelte es und die Pensionswirtin meldete, die Polizei wünsche mich zu sprechen. Ich bat die Herren zu warten, bis ich fertig rasiert und angezogen wäre und ging dann zu ihnen. Die Polizei wollte wissen, wie ich ins Land gekommen wäre, sie hätten alle Listen der in Walfischbucht eingetroffenen Passagiere durchgesehen, aber meinen Namen nicht gefunden. Ich erklärte lächelnd, das wäre auch nicht möglich gewesen; denn ich sei ja von der südafrikanischen Regierung offiziell eingeladen worden und dann mit deren Genehmigung auf dem Landwege mit der Bahn nach Südwestafrika gekommen. Sie machten ein verdutztes Gesicht und entschuldigten sich für die Störung so früh morgens.

Den letzten halben Monat verbrachten wir nochmals in der Namib, wo Herr Huß in Swakopmund vertretungsweise für einige Monate als Lehrer tätig war. Er kehrte erst nach uns nach Deutschland zurück.

Wir besuchten nochmals die Swakopfarm Palmhorst und dort hatten wir ein besonderes Erlebnis. Während der Reise hatten wir keine Zeit, uns um Politik zu kümmern. Abends als wir beisammen saßen, schaltete Herr Poser den Deutschlandfunk ein. Es war der 11.3.38. Da ertönten plötzlich Fanfaren, eine Sondermeldung wurde angekündigt. Wir erlebten in der Namib die Triumphfahrt von Hitler durch Österreich, auf die der Anschluß und die Bildung von Großdeutschland folgten. Wir saßen bis tief in die Nacht hinein und waren überwältigt. Wie anders präsentierte sich das Hitlerreich aus der Entfernung. Es war eine historische Tat, der Wunschtraum aller Deutschen war in Erfüllung gegangen. Man fragte sich unwillkürlich, ob man nicht doch zu sehr das Negative des Hitlerregimes in den Vordergrund stellte. Nach unserer Rückkehr fuhren wir bald nach Österreich und überzeugten uns, daß auch dort die erste Begeisterung echt war. Wer konnte damals ahnen, daß durch die Maßlosigkeit Hitlers nach 10 Jahren alles verspielt war und die Österreicher selbst eine Trennung wünschten.

Wir schifften uns am 17.3.38 in Walfischbucht mit vielen Kisten ein, die unsere Pflanzen- und Bodenproben wie auch die Herbarsammlungen enthielten.

In Deutschland warteten auf mich zunächst viele Unannehmlichkeiten mit der Partei. Es war mir aufgefallen, daß ich sowohl in Königsberg als auch in Halle an erster Stelle auf den Berufungslisten für Botanik stand und man mir schon gratulierte, dann jedoch im letzten Augenblick doch nicht berufen wurde. Auch hatte man mir versprochen, mich in Stuttgart zum persönlichen Ordinarius zu ernennen, das war jedoch bei der Rückkehr aus Südwest nicht erfolgt. Ich ging zum NS-Dozentenführer, der ein sehr anständiger Mann war, und fragte nach den Gründen. Dieser erkundigte sich in München und teilte mir mit, die Partei hätte ein Beförderungsverbot gegen mich erlassen. Ich ging hoch und verlangte eine Erklärung. Es erwiesen sich Verleumdungen der damals üblichen Art, wie angeblich kommunistische Gesinnung, besonders judophil, solche, die ausgestreut wurden, wenn man einen Konkurrenten ausschalten wollte. Ich verlangte, daß man mir die Möglichkeit gebe, mich zu rechtfertigen, mir also die belastenden Tatsachen nenne. Der Dozentenführer war derselben Meinung und wurde wieder in München vorstellig. Es wurde geantwortet, mir würde ein Termin genannt werden, an dem ich in München zu erscheinen hätte. Es vergingen viele Monate und es geschah nichts. Ich bestand auf der Vorladung. Nach der Rückkehr aus München teilte mir der Dozentenführer mit, das Beförderungsverbot wäre aufgehoben. Tatsächlich erfolgte später die Ernennung zum persönlichen Ordinarius. Also konnte man doch bei der Partei etwas erreichen, wenn man sich nicht alles gefallen ließ.

Die Lage des Botanischen Instituts in Stuttgart hatte sich verändert. Die Ausbildung der Pharmazeuten sollte in Württemberg nur noch in Tübingen erfolgen. Ich behielt jedoch die Ausbildung der Botaniker, was für mich das Wichtigste war. Ihnen konnte ich mich nun ganz widmen und die Exkursionen bis an das Mittelmeer ausdehnen. Die Belastung durch die Lehrtätigkeit verringerte sich, was gut war; denn Dr. Steiner verließ Stuttgart, um als Dozent für Botanik an der Universität in Göttingen tätig zu sein und später das pharmakognostische Institut in Bonn zu leiten.

Die Ergebnisse der letzten Forschungsreise mußten ausgewertet werden. Meine ökologischen Untersuchungen wurden 1939 veröffentlicht unter dem Titel: «Grasland, Savanne und Busch der ariden Teile Afrikas in ihrer ökologischen Bedingtheit.» Aus England kam eine Anfrage, ob diese Arbeit ins Englische übersetzt werden dürfte. Ich gab meine Einwilligung, doch wurde durch den Kriegsausbruch das Vorhaben vereitelt.

Die für die Farmwirtschaft wichtigen Ergebnisse erschienen in 4 Bändchen in einer für die Farmer verständlichen Form und behandelten 1) die natürlichen Grundlagen der Farmwirtschaft, 2) die Weidewirtschaft, 3) den Ackerbau auf den Farmen und 4) die tierische Ernährung im Zusammenhang mit dem Futterwert der Weidepflanzen. Der Druck erfolgte erst 1941 und der größte Teil der Auflage wurde bei einem Luftangriff auf Berlin im Verlagshaus Parey vernichtet.

Das Herbar teilten wir in zwei Hälften, von denen eine an das Botanische Museum in Berlin zur Bestimmung kam. Mit der Arbeit ging es dort gut voran, doch bevor sie abgeschlossen war, verbrannten unsere Sammlungen mit den unersetzlichen des Museums ebenfalls bei einem Luftangriff. Nicht besser erging es unserem Farmer-Film. Meine Frau hatte ihn zum Kopieren vorbereitet, aber bevor er vervielfältigt war, wurde auch er ein Raub der Flammen. Denn der Krieg war am 1. September 1939 ausgebrochen, nachdem 1938 die Krise infolge des Anschlusses vom Sudetenland noch durch das Münchner Abkommen vorübergehend beigelegt wurde.

Meine Tätigkeit im Rahmen des Reichskolonialbundes wurde nach der Rückkehr aus Südwestafrika noch intensiver. Auch an der Technischen Hochschule hielt ich eine Vorlesung über die früheren Kolonien Ost- und Südwestafrika, die einen solchen Anklang fand, daß sogar das Auditorium Maximum gefüllt wurde.

Im März 1939 kam plötzlich ein Ferngespräch aus Berlin. Es meldete sich der Direktor der Deutschen Bank und erklärte in Tripolis würde demnächst ein Internationaler Kongress für Tropische und Subtropische Landwirtschaft stattfinden; er sei vom Auswärtigen Amt beauftragt worden, die deutsche Delegation zusammenzustellen und wolle mich als Mitglied derselben dabei haben. Ich solle ihm innerhalb einer Woche mitteilen, ob ich dazu bereit wäre. Darauf antwortete ich, das brauche ich mir nicht zu überlegen, ich könne gleich zusagen, ich kenne Libyen noch nicht, es wäre für mich sehr wichtig, etwas mehr von Nordafrika zu sehen, ebenso die italienischen Kolonialmethoden daselbst zu studieren.

Eine so bequeme Forschungsreise habe ich nie mehr gemacht. Alles wurde von Berlin geregelt, Bahnfahrt bis Neapel und Schiffahrt nach Tripolis erster Klasse, vornehmstes Hotel und Tagegelder; das war ich nicht gewohnt.

Mitten in den Kongreß platzte die Besetzung der Tschechoslowakei durch die deutschen Truppen. Nun war der Krieg zwischen der Achse Berlin–Rom (Deutschland und Italien) mit den Alliierten (England und Frankreich) unvermeidlich. Die französischen Truppen in Tunis standen nicht weit von Tripolis entfernt. Alles brach Hals über Kopf nach Hause auf. Zusammen mit Dr. Domke vom Botanischen Museum in Berlin beschlossen wir zu bleiben und uns gründlich in Tripolitanien umzusehen. Das taten wir auch. Auf diese Weise lernte ich die dritte Wüste, die Nordsahara, bis zur Oase Gadames und die Randgebiete mit den Halfagras-Flächen und der *Ziziphus lotus*-Haufendünen-Landschaft kennen. Die Nordsahara war wieder ganz anders als die Namib, ganz abgesehen von der Sonora-Wüste Nordamerikas.

Sehr ruhig, bequem und befriedigt kehrten wir dann nach Hause zurück. Der Ausbruch des Krieges war zum letzten Mal verschoben worden. Ein halbes Jahr später brach er aus.

Wissenschaftliche Veröffentlichungen des Verfassers:
Über Ostafrika

Über den Wasserhaushalt der Mangrovepflanzen (Vorl. Mitteilung).
Ber. d. Schweizer Bot. Ges. *46*, 217-228, 1936.
Der Wasser- und Salzhaushalt der Ost-Afrikanischen Mangroven.
Ber. d. Dtsch. Bot. Ges. *54*, 76-79, 1936.
Die Ökologie der Ost-Afrikanischen Mangroven.
Zeitschr. f. Bot. *30*, 65-193 (mit M. Steiner), 1936
Nährstoffgehalt des Bodens und natürliche Waldbestände.
Silva *24*, 201-205 u. 209-213 (1936). Betrifft Urwald in Amani!
Zur Frage nach dem Endzustand der Entwicklung von Waldgesellschaften.
Der Naturforscher *13*, 1936.
Die Sisalkultur in Deutsch-Ostafrika.
Aus der Heimat *49*, 314-318, 1936.
Botanische Streifzüge in Deutsch-Ostafrika.
I. Die Uferzone und III. Das Küstenhinterland.
Aus der Heimat *51*, 44-55, 1939.
Botanische Streifzüge in Deutsch-Ostafrika.
II. Das Küstenland.
Aus der Heimat *52*, 281-288, 1939

Die ökologischen Verhältnisse in der Nebelwüste Namib. (Vorl. Mitteilungen.)
   Ber. d. Dtsch. Bot. Ges. *57*, 53-77, 1936.
Die ökologischen Verhältnisse in der Namib-Nebelwüste (Südwestafrika) unter Auswertung der
   Aufzeichnungen des Dr. G. Boss (Swakopmund).
   Jahrb. d. Wiss. Bot. *84*, 58-222, 1936.
Die Vegetationsverhältnisse in der Namib-Nebelwüste.
   Forsch. u. Fortschr. Jahrg. *12*, Nr 23/24, 1936.

Über Südwestafrika

Die Periodizität von Trocken- und Regenjahren in Deutsch-Südwestafrika auf Grund von Jahres-
   ringmessungen an Bäumen.
   Ber. d. Dtsch. Bot. Ges. *54*, 608-620, 1936
Das Wasserproblem in Deutsch-Südwestafrika vom biologischen Standpunkt aus.
   Der Biologe *6*, 110-118, 1937.
Grasland, Savanne und Busch der ariden Teile Afrikas in ihrer ökologischen Bedingtheit.
   Jahrb. f. wiss. Bot. *87*, 750-860, 1939.
Die Jahresringe der Bäume als Mittel zur Feststellung der Niederschlagsverhältnisse in der Ver-
   gangenheit, insbesondere in Deutsch-Südwestafrika.
   Die Naturwissenschaften *28*, 607-612, 1940.
Ökologische Untersuchungen in Deutsch-Südwestafrika und ihre Bedeutung für die Farmwirt-
   schaft.
   Ber. d. Dtsch. Bot. Ges. *57*, 53-77, 1939.
Der Nährwert südwestafrikanischer Futterpflanzen.
   Tropenpflanzer *43*, 1-12, 1940.
Die natürliche Weide in Deutsch-Südwestafrika als Ernährungsgrundlage für das Vieh.
   Deutsche Tierärztl. Wochenschrift *49*, 394-96, 497-98, 1941.
Naturweide (in Handbuch der tropischen und subtropischen Landwirtschaft, herausgegeben
   von G. Schmidt und Marcus).
   Bd. *II*, S. 393, 1943.
Die Farmwirtschaft in Deutsch-Südwestafrika
   (in 4 Teilen); zitiert auf Seite 347, Nr. 5
Walter, H. et al.: The deserts and semi-deserts of South Africa. In: Ecosystems of the World, Vol.
   12. Elsevier Sci. Publ. Co, Amsterdam (im Druck).

Über Libyen

Die Biologischen Grundlagen der Kolonisation in Libyen.
   Der Biologe *8*, 288-301, 1939.

Teil IV

Zweiter Weltkrieg. Als Wissenschaftler in Osteuropa

1. Die ersten zwei Kriegsjahre

Die Jahrestagung der Deutschen Botanischen Gesellschaft fand im August 1939 in Graz statt. Wir hatten kurz vorher ein kleines Auto (DKW mit Zweitaktmotor) gekauft und wollten die Fahrt nach Graz mit unserem Wagen zurücklegen. Anschließend an die Tagung fuhren wir an die Biologische Station nach Lunz. Da kam wie ein Blitz aus heiterem Himmel am 1. September in einer Sondermeldung die Mitteilung, daß die deutschen Truppen in breiter Front nach Polen einmarschierten. Zugleich kamen die Notverordnungen, wie Lebensmittelkarten, Sperrung der Benzinabgabe usw. Es herrschte eine bedrückte Stimmung. Es war klar, daß es diesmal zu einem Weltkrieg kommen mußte. Man saß den ganzen Tag am Radio, die Ereignisse überschlugen sich. Einerseits der unaufhaltsame Vormarsch in Polen, andererseits die Kriegserklärungen der Westmächte. Aber an der französischen Grenze blieb alles ruhig.

Wir hatten kein Benzin und konnten nicht nach Stuttgart zurück. Wie sah es dort im Institut aus? Fliegerangriffe wurden nicht gemeldet. Wir beschlossen in Lunz zu bleiben, bis man Benzin für die Rückfahrt erhalten konnte. Aber an wissenschaftliche Arbeit war unter diesen Umständen nicht zu denken.

Schließlich erhielten wir das Benzin für die Rückfahrt. Wir fuhren ab, ungewiß, ob wir ohne Zwischenfälle durchkommen würden. Bis München war nichts zu befürchten, dann näherten wir uns jedoch der französischen Grenze, also dem Kriegsgebiet und man mußte mit Truppenverschiebungen rechnen und Störversuchen durch den Feind. Aber nichts dergleichen erfolgte. Die Autobahn München–Ulm–Stuttgart war völlig tot, unser Wagen war der einzige. So angenehm und ungestört bin ich nie wieder auf der Autobahn gefahren. Einmal überholten wir eine kurze Militärkolonne. Sonst nichts.

Wir kamen rasch und unbehindert in Stuttgart an, stellten unseren neuen Wagen in die Garage und sollten ihn erst nach Kriegsende wieder benutzen. Wir mußten zwar im Kriege die Reifen und das Werkzeug abgeben, aber der Wagen wurde nicht beschlagnahmt. Später, als die Fliegerangriffe auf Stuttgart begannen, fiel eine Brandbombe auf die Garage, durchschlug das Dach und auch das Stoffverdeck des Wagens, zündete jedoch nicht. Als man alle Wagen melden mußte, schrieb ich, daß ich einen DKW besitze ohne Reifen und ohne Werkzeug und durch eine Brandbombe beschädigt. Auf einen solchen Wagen legte niemand Wert. Er blieb den ganzen Krieg in der Garage aufgebockt stehen. Als es nach dem Kriege wieder Reifen gab, beauftragte ich die Werkstatt, den Wagen in Ordnung zu bringen. Sie nähten den Riß im Verdeck des Wagens zu, legten die Reifen an, füllten Benzin ein, drückten auf den Anlasser. Der

Wagen sprang an und war im tadellosen Zustand, bis auf die Naht im Verdeck funkelnagelneu. Wir erregten überall Aufsehen; denn einen neuen Wagen konnte man sobald nach dem Kriege noch nicht kaufen.

Im Institut war man sehr erleichtert, daß der Chef wieder da war. Alle Männer bis auf meinen älteren Hausmeister waren weg. Ich war 41 Jahre alt und in Deutschland militärisch nicht ausgebildet, wurde folglich auch nicht einberufen. Das Semester fing normal an, aber ich hatte das Gefühl, Leiter eines Mädchenpensionats zu sein. Die Studentinnen arbeiteten sehr fleißig, genau wie man es wünschte, aber es fehlte der Widerspruch von Seiten der männlichen Studenten, die durchaus nicht alles als bare Münze annahmen, sondern vieles kritisch beurteilten. Das galt für die guten unter ihnen und ich hatte viele gute und zum Teil sehr kritische gehabt, so daß es oft lange Diskussionen gab. Dadurch bekam man selber Anregungen.

Ich arbeitete intensiv an dem Werk für die Reihe «Deutsche Forscherarbeit in Kolonien und Ausland», die Konrad Meyer im Verlag Parey-Berlin herausgab.[1]

Das bereits erwähnte Werk über die Farmwirtschaft in SWA fand bei den Behörden in Berlin eine sehr günstige Aufnahme. Damals ging man ja daran, auf dem Papier Afrika zwischen Deutschland und Italien aufzuteilen. Ich wurde weiterhin dauernd zu Vorträgen über Ost- und Südwestafrika herangezogen. Denn nur ganz wenige Deutsche hatten nach dem ersten Weltkrieg dort wissenschaftlich gearbeitet. Die «General Epp-Medaille für Verdienste um die Kolonien» wurde mir verliehen und ich gab meine Einwilligung, daß man mich als Anwärter zur Partei anmeldete. Das Parteibuch habe ich nicht erhalten. Aber das genügte, um ungestört wissenschaftlich arbeiten zu können. Einige Male mußte ich in meiner Wohnstraße für die NSV oder die verwundeten Soldaten sammeln, sonst ließ man mich völlig in Ruhe. Ich brauchte auch nicht zu irgend einer Parteiveranstaltung zu gehen. So vergingen die ersten Kriegsjahre trotz der atemberaubenden Weltereignisse ruhig, aber bald wurde auch ich mit hineingerissen.

2. Krieg mit der Sowjetunion. In der Dolmetscher-Kompanie

Anfang 1941 mußte man Fragebogen ausfüllen und die Kenntnisse der Fremdsprachen angeben. Ich hatte an erster Stelle die russische Sprache, an zweiter die englische und an dritter die französische genannt.

Auf einer Tagung in Ulm im Jahre 1941 wurde die Sondermeldung von der Kriegserklärung an die U.S.S.R. durchgegeben. Die Menschen waren bestürzt. An diesem Riesenreich war schon Napoleon zerbrochen. Ich vertrat die Ansicht, wenn man die Russen vom kommunistischen Joch befreit, sonst aber ihnen ihre Freiheit läßt, so könnte man das Volk als Verbündeten gewinnen. Tatsächlich ergaben sich in den ersten Tagen ganze Regimenter und ich erfuhr es selber, daß die Bevölkerung die deutschen Truppen als Befreier empfing. Aber die Behandlung der Kriegsgefangenen, die in den Lagern verhungerten, anstatt daß man sie ohne Waffen nach Hause entließ und

---

[1] Dr. Konrad Meyer war als Dozent in Göttingen am Pflanzenbau-Institut tätig und interessierte sich für meine Arbeiten. Als er als Hochschulreferent nach Berlin ans Reichsministerium berufen wurde, bot er mir die Nachfolge von Miehe am Institut für Landwirtschaftliche Botanik in Berlin an. Aber die Lage des Instituts im Zentrum von Berlin-Nord wirkte auf mich so deprimierend, daß ich es vorzog, in dem landschaftlich schöneren Stuttgart zu bleiben. Obgleich Meyers Wirken im Hochschulbereich allgemein begrüßt wurde, blieb er nach dem Zusammenbruch als SS-Mann mehrere Jahre in Haft, bekam jedoch einmal die Erlaubnis, unter Polizeibewachung die Professoren in Hohenheim zu besuchen. Ich freute mich ihn wiederzusehen.

die Propaganda, die Russen seien «weiße Neger», die man dumm halten müßte, damit sie die niedrigsten Arbeiten für das Herrenvolk der Germanen verrichten sollten, verdarb alles und war der Grund für den endgültigen Zusammenbruch des Deutschen Reiches.

Kurz nach Beginn des Rußlandfeldzuges bekam ich die Aufforderung, mich beim Wehrbezirkskommando in Stuttgart zu melden. Dort teilte man mir mit, die Wehrmacht brauche Dolmetscher für Russisch. Da ich diese Sprache beherrsche, solle ich mich freiwillig zur Wehrmacht melden. Es wurde hinzugefügt, wenn ich es nicht täte, würde man mich sofort einberufen. Ich sah die Notwendigkeit ein, daß alle Rußlandkenner jetzt gebraucht wurden; denn in Deutschland kannte man die Verhältnisse in Osteuropa nur wenig. So unterschrieb ich das vorgelegte Papier und bekam den Befehl, mich sofort bei der Dolmetscherkompanie im Norden von Berlin in der Stephansstr. 7 zu melden.

Ebenso plötzlich wie im ersten Weltkrieg wurde man aus dem gewohnten Leben herausgerissen.

Der Nachtschnellzug brachte mich nach Berlin. Mit vielen anderen, auch vielen Balten, die kurz zuvor aus dem Baltikum heim ins Reich umgesiedelt worden waren, wurde ich als Soldat eingekleidet und war nun «Schütze Walter». Der Dienst beim russischen Militär wurde nicht berücksichtigt.

Es begann der übliche militärische Drill, wie vor 24 Jahren, den ich mit Humor ertrug. Ein früherer Bankdirektor aus Riga, der zur falschen Zeit seinen Mund aufmachte, wurde vom Hauptfeldwebel so zusammengestaucht, daß ihm Hören und Sehen verging.

Der Soldat mußte ein dickes Fell bekommen und damit allen Situationen gewachsen sein. Das schien mir der Hauptzweck des Drills zu sein. Zugleich mußte er es lernen, jeden Befehl auszuführen, wenn ihm dieser noch so unsinnig erschien und dabei selbst Ungerechtigkeiten auf sich nehmen, ohne zu murren, dabei das Denken jedoch nicht völlig verlernen.

Ich traf bei dem vor dem Ende stehenden Kurs auch einen älteren Vetter; zu dem Kurs nach unserem kamen zwei jüngere Vettern, d. h. alles, was russisch sprechen konnte, traf sich in der Dolmetscherkompanie.

Bald verstand man sich anzupassen. Wir wurden ins Offizierskasino beordert, um die Fensterscheiben zu putzen mit Zeitungspapier und Wasser. Nach einiger Zeit kam der Hauptfeldwebel. Beim benachbarten Fenster fragte er den Soldaten, ob er fertig sei. «Jawohl, Herr Hauptfeldwebel», sagte derselbe. Da war aber doch noch ein Fliegenfleck und eine Schimpfkanonade ergoß sich über den Ärmsten. Daraus zog ich die Schlußfolgerung und antwortete auf dieselbe Frage: «Nein, Herr Hauptfeldwebel». Wir sollten nur weitermachen, hieß es darauf. Kaum war er weg, sagte mein Kamerad, ich solle mich nicht zu Tode arbeiten. Wir legten eine Pause ein, aber als der Hauptfeldwebel sich zeigte, rieben wir aus Leibeskräften die Scheibe und waren immer noch nicht fertig. Dasselbe beim dritten Mal. Da sagte er ungeduldig, daß es schon gut sei, wir sollten Schluß machen, er habe keine Zeit mehr.

Wir hatten auch Unterricht über die neue politische Gliederung der Sowjetunion, die Militärränge in der russischen Armee, die Geographie von Osteuropa usw. Dazu kamen schriftliche Übersetzungen oder Wiedergabe von vorgelesenen Texten, ohne daß man sich Notizen machen durfte.

Eines Tages beim Morgenappell verkündete der Hauptfeldwebel, die Dolmetscher-Kompanie müsse nicht nur mit und ohne Gesang durch die Straßen von Berlin und auf dem Exerzierplatz marschieren, sie müsse auch in Kultur machen. Es sollten also Vorträge gehalten werden. Wenn jemand das könne, solle er vortreten. Ich trat vor.

«Schütze Walter, worüber können Sie reden?» kam die Frage. Ich antwortete, ich wäre in Südwestafrika, der früheren deutschen Kolonie gewesen und könne darüber berichten. Das Thema wurde notiert. Ich bekam 4 Tage Urlaub zur Vorbereitung, obgleich ich sie nicht brauchte. Als der Tag kam, war der Hauptfeldwebel sehr nervös und fragte mich dauernd, ob ich nicht stecken bleiben würde. Ich versuchte ihn zu beruhigen.

Der Vortrag fand in einem großen Saale statt. Vorne saßen die Offiziere, dahinter alle anderen. Man bat mich, das Wort zu ergreifen. Nun wollte ich zeigen, wer ich bin! Ich begann damit, daß ich als Professor in Stuttgart vom Auswärtigen Amt die Mitteilung erhielt, daß die Südafrikanische Regierung in einer Verbalnote die Einladung an mich ausgesprochen hatte, meine Untersuchungen auf Südafrika auszudehnen, daß ich jedoch diese Einladung nur annahm unter der Bedingung, auch in Südwestafrika arbeiten zu dürfen, womit sich die Regierung in Pretoria einverstanden erklärte. Dann kam der Vortrag. Ich merkte, daß er den Eindruck nicht verfehlte, und der Applaus war groß.

Dieser Vortrag veränderte meine Stellung. Der Hauptfeldwebel behandelte mich mit Samthandschuhen und gab mir eine von den wenigen Eintrittskarten in die Berliner Skala. Mein Spind wurde nicht mehr untersucht. 2 Tage später mußte ich im Kasino die Treppe fegen, da kam der Kompaniechef herauf gegangen. Ich grüßte durch Strammstehen. «Nun, Herr Professor», sagte er lächelnd, «Sie werden wohl kaum gedacht haben, daß Sie Treppen fegen würden.» «Nein, Herr Major», sagte ich wie aus der Pistole geschossen. Er lachte. Das Schönste an der Ausbildung in Berlin war, daß meine Mutter und Schwester dort wohnten und ich, wenn ich Urlaub hatte, sie besuchen konnte. Ich brauchte nicht mit den anderen in die Kneipe zu gehen.

Zum Schluß kamen die Dolmetscherprüfungen, sowohl mündliche als auch schriftliche. Dann kam die Beförderung zum Sonderführer im Rang etwa eines Leutnants und die Abfahrt zur Front. Ich aber wurde nicht befördert, sondern als Schütze Walter dem Artillerie-Amt zugeteilt als Übersetzer bei einem Oberst Brabek, einem sehr gemütlichen Österreicher, der mich nur mit Herr Professor anredete und durchaus als Gleichgestellten behandelte. Seine Aufgabe war es, russische Beutegeschütze auf ihre Einsatzfähigkeit zu prüfen. Wahrscheinlich hatte man aus meinem Personalbogen gesehen, daß ich russischer Artillerie-Offizier gewesen war, und meinte mich in der Etappe besser verwenden zu können. Meine Aufgabe bestand darin, die erbeuteten Beschreibungen der russischen Geschütze und die Gebrauchsanweisungen ins Deutsche zu übersetzen. Aber das war rasch getan und ich hatte praktisch sehr wenig zu tun. Da kam mir der Gedanke, für die Deutschen eine kurze Einführung in die Vegetation des Europäischen Rußlands zu schreiben.

Meine Einführung in die Pflanzengeographie Deutschlands (1927) war, was den allgemeinen Teil betrifft, 1936 von Professor Alechin in Moskau ins Russische übersetzt worden. Aber den speziellen Teil ließ er weg und schrieb statt dessen einen neuen über die Vegetation des Europäischen Teils der Sowjetunion. Das Buch hatte ich von ihm erhalten. Auch sonst bekam ich viel russische Literatur, weil die russischen Botaniker wußten, daß ich ihre Arbeiten lesen konnte. Den speziellen Teil von Alechin und andere Arbeiten wollte ich auswerten. Vom Lande selbst hatte ich von meiner Schul- und Studienzeit eine gute Vorstellung.

Oberst Brabek war damit einverstanden, daß ich nicht untätig saß. Zuweilen mußte ich mit ihm zu Schießübungen mit russischen Geschützen in die Magdeburger Gegend fahren. Auf diesen Fahrten war ich natürlich nur Schütze Walter und mußte jeden Unteroffizier grüßen. Ich hatte jedoch keinmal schlechte Erfahrungen gemacht.

Mit meiner Arbeit über die Vegetation Osteuropas kam ich gut vorwärts, da erhielt ich vom Reichsministerium für Erziehung und Wissenschaft einen Ruf auf den Lehrstuhl für Allgemeine Botanik der neuen Reichsuniversität in Posen, die für die Wissenschaft ein Fenster nach Osten sein sollte, was gerade in der Richtung meiner augenblicklichen Interessen lag.

Ich reiste nach Posen, um mir das dortige Institut anzusehen. Es war von Professor Spohr, einem Balten, den ich persönlich kannte, eingerichtet worden. Er sollte die spezielle Botanik übernehmen. Für die allgemeine Botanik stand ein ganzes großes Stockwerk zur Verfügung. Die allgemeinen Verhältnisse in Posen gefielen mir wenig, vor allem die harte, erniedrigende Behandlung der Polen. So behandelt man einen besiegten Feind nicht, selbst wenn Posen früheres deutsches Land war. Das würde sich wohl nach Kriegsende ändern, dachte ich. Das Institut in Stuttgart war nicht ausbaufähig, weil es den Vermerk «künftig wegfallend» erhalten hatte, d. h. nach meinem Weggang wollte die Technische Hochschule auf die Botanik ganz verzichten, weil ja keine Pharmazeuten mehr ausgebildet wurden. Der Botanische Garten war in Posen viel größer und sollte ausgebaut werden. Man hatte viel Gelände für Feldversuche. Das alles bewog mich, den Ruf anzunehmen. Den Dienst antreten konnte ich allerdings als Heeresangehöriger nicht. Bald darauf kam eine Anfrage von Professor F. von Wettstein, ob ich bereit wäre, die Betreuung der Landwirtschaftlichen Wissenschaftlichen Einrichtungen im besetzten russischen Gebiet zu übernehmen, und zwar zunächst im ukrainischen Gebiet, später im Nordkaukasus. Diese Institute enthielten wertvolles Zuchtmaterial und waren für die Aufrechterhaltung der Landwirtschaft notwendig. Die Ukraine sollte die Versorgung der deutschen Bevölkerung mit Lebensmitteln garantieren, ihre Landwirtschaft mußte also funktionieren. Im Falle meiner Einwilligung würde ich aus dem Heeresdienst entlassen, teilte man mir mit, und als Militärbeamter in einem meiner zivilen Stellung entsprechenden Range eingesetzt.

Das war eine im Kriege, der alles zerstörte, aufbauende Tätigkeit. Ich würde dabei die Möglichkeit haben, im engen Kontakt mit den russischen Wissenschaftlern zu arbeiten und meine Kenntnisse des osteuropäischen Raumes stark zu erweitern. Ich sagte sofort zu und erhielt Marschbefehl zum Wehrbezirkskommando Stuttgart zwecks Entlassung. Ich war wieder Zivilist, mußte jedoch täglich mit der Einberufung als Militärbeamter rechnen. Inzwischen wohnte ich zu Hause in Stuttgart.

Das Botanische Institut in Stuttgart konnte doch nicht so rasch abgebaut werden. Vertretungsweise sollte es Dr. Marquart aus Freiburg weiterführen und die Biologen betreuen.

Die Einberufung ließ auf sich warten, so konnte ich das Buch über die Vegetation des Europäischen Rußland in Ruhe weiterbearbeiten, jetzt hatte ich meine ganze russische Literatur griffbereit und begnügte mich nicht mit den Angaben von Alechin.

Es wurde Winter 1941/42, das Manuskript wurde sofort gedruckt, wieder in der Reihe «Deutsche Forscherarbeit in Kolonien und Ausland». Es erschien Anfang 1942 und nach einem halben Jahr war die Auflage schon vergriffen. Es gab einen Überblick über das Klima, die Böden und neben der Vegetation wurde auch die landwirtschaftliche Nutzung berücksichtigt, so daß jeder der im Osten eingesetzt war, sich orientieren konnte. Ich beschloß nun, da nichts geschah, den Lehrstuhl in Posen zum Sommersemester zu übernehmen und beförderte in zwei Möbelwagen meine ganzen umfangreichen Sammlungen und die Bibliothek, auch die meines verstorbenen Schwiegervaters, des Botanikers Heinrich Schenck, sowie dessen Sammlungen aus Europa, Brasilien und Mexico dorthin. In Posen war ja im Institut kaum etwas vorhanden. Es war April 1942 geworden.

Als ich mein Dienstzimmer in Posen betrat, lag auf dem Tisch ein Dienstbrief. Es war die Einberufung nach Kassel, der zuständigen Stelle für Militärbeamte. Ich schaute auf das Datum – das Schreiben lag bereits ein halbes Jahr in Posen. Niemand hatte es für notwendig befunden, es mir nach Stuttgart zu senden.

Also reiste ich mit dem nächsten Zug nach Kassel ab und ließ meine Frau mit den Assistenten Dr. Borris und Dr. Schwerdtfeger in Posen zurück, um das Institut zu verwahren.

In Kassel legte ich den Einberufungsbefehl vor, der Feldwebel suchte die Akten heraus und sagte: «Auf Sie warten wir schon ein halbes Jahr», darauf ich: «Und ich ebensolange auf den Einberufungsbefehl, warum sorgten Sie nicht für die richtige Zustellung.» Darauf die Antwort: «Wir warten, bis die Herren sich selber melden.» Ich wurde wieder vollständig eingekleidet und bekam die Uniform eines Oberstleutnants, aber als Militärbeamter mit silbernen Raupen auf den Schulterklappen, jedoch mit viel Gold am Kragen. Meine Dienstbezeichnung war Oberkriegsverwaltungsrat, da es jedoch keinen Oberkrieg gibt, wurde sie später abgeändert zum Kriegsverwaltungsoberrat. Der Sprung vom Schützen Walter zum Rang eines Oberstleutnants, auf den ein Hochschulprofessor Anspruch hat, war sehr groß. Als ich so verwandelt auf die Straße ging, steckte ich meine rechte Hand fest in die Manteltasche, um nicht aus alter Gewohnheit einen Unteroffizier zuerst zu grüßen. Beim Mittagessen in der Gastwirtschaft saßen viele Offiziere bei Tisch. Da kam ein Soldat herein. Er sah sich um, ich war der einzige mit Raupen, so grüßte er mich als Rangältesten. Daß ich Militärbeamter war, schien ihm nicht bewußt zu sein. Vor dem Einsatz bekam ich noch kurzen Urlaub, um in Posen alles zu regeln.

Ich war dem Wirtschaftsstab Nordkaukasus zugeteilt, aber die deutschen Truppen kämpften im Frühjahr 1942 noch auf der Krim. Deshalb lautete mein Marschbefehl über Lemberg in Galizien nach Kiew.

3. Fahrt durchs Kriegsgebiet nach Kiew

Am 14. Mai 1942 bestieg ich in Posen den überfüllten Fronturlauberzug nach Lemberg, der in der Nacht durch das oberschlesische Industriegebiet sowie über Krakau fuhr und am Morgen schon Galizien erreichte. Dieses Gebiet mit einer ukrainischen Landbevölkerung und einer polnischen Oberschicht wurde von Stalin erst, nachdem Polen von uns besetzt war, der Sowjetunion einverleibt, hatte sich jedoch in den zwei Jahren nicht verändert.

Die weite Landschaft mutete mit den zerstreuten ukrainischen Dörfern, umgeben von vielen kleinen Feldern oder großen nassen Weideflächen mit blühenden gelben Sumpfdotterblumen, bereits östlich an. Vereinzelte Waldungen bestanden vorwiegend aus Eichen mit dichter Strauchschicht darunter und einem Teppich von blühenden Anemonen mit Schlüsselblumen. Die mitteleuropäische Buche fehlte bereits hier im Osten. Sandige Flächen waren mit Kiefern aufgeforstet. Die Festungsstadt Przemysl, die Maschinengewehr- und Artillerie-Einschläge an den Häusern erkennen ließ, erreichten wir mit Verspätung. Denn allenthalben waren Arbeiterkolonnen damit beschäftigt die Gleisanlagen zu erweitern, um den Kriegsnachschub zu erleichtern. Doch schließlich waren wir in Lemberg, wo auf dem Bahnhof ein dichtes Gedränge herrschte von deutschem Militär und den Ärmsten der Stadtbevölkerung, die ihre Dienste gegen Geld oder Lebensmittel anboten. Offensichtlich herrschte in der Stadt starke Hungersnot.

Ein Junge ergriff meine Koffer und brachte mich zur Kommandantur, die nur in einer überfüllten Straßenbahn zu erreichen war; denn wie überall im Osten, liegen die Bahnhöfe weitab vom Stadtzentrum in verwahrlosten Vororten, um den Stadtverkehr nicht durch die ebenerdigen Bahnübergänge zu stören.

Die Weiterfahrt nach Kiew konnte erst in zwei Tagen erfolgen und zwar mit einer Kolonne von Mercedes-Autos, die dorthin gefahren wurden. In der Zwischenzeit konnte ich mir die Stadt ansehen. Vom Schloßberg mit einem Kloster sah man auf das Stadtzentrum hinunter, mit großen staatlichen Gebäuden, Kirchen und Türmen, im polnischen westlichen Stil erbaut. In der Ferne erkannte man gerade noch in südwestlicher Richtung die Karpaten. Im Norden lagen die Vorstädte mit Fabriken und nach Osten verlief die schnurgerade Straße über Rowno nach Kiew.

Am Sonntag den 19. Mai verließen die 16 Autos frühmorgens Lemberg. Die Fahrer waren hilfsdienstwillige ukrainische Kriegsgefangene. Es herrschte das typische warme und sonnige ukrainische Maiwetter, wie stets zu Beginn meiner Schulferien in Odessa am 15. Mai.

Die an der Straße stehenden Heiligenfiguren, denen die Bolschewiken die Köpfe abgehauen hatten, zeigten, daß dieses früher polnische Gebiet katholisch war. Auf den Äckern wurde am Sonntag nicht gearbeitet.

In etwa fünf Kilometer Entfernung folgten Dörfer mit weißgetünchten Hütten, die von blühenden Kirschbäumen verdeckt wurden. Hübsch und sauber angezogene Mädchen spazieren untergehakt auf den Straßen, junge Männer, auch gut angezogen und in hohen Stiefeln, stehen herum. Und doch ist Krieg! An ihn erinnern die vielen ausgebrannten russischen Panzer und überschwere zerschossene Geschütze und Lastwagen, die am Rande der Autostraße liegen. Meist sind sie vor Ortschaften gehäuft, in denen sie versteckt waren, um dann herauszubrechen.

Die polnische Straße ist breit und geteert, stellenweise sind Frostaufbrüche und dann alles zerfahren. Jüdische Arbeitertrupps müssen diese Stellen mit Schotter ausbessern, z. T. sogar Bretter legen, Menschen, die nur in den Städten wohnten und nie schwer körperlich gearbeitet hatten.

Die Landschaft besteht meist aus Äckern, in tieferen Teilen auch Weiden, dazwischen kleine Waldungen. Die Birken sind grün, die Linden treiben aus, die Eschen blühen, die Eichen sind noch kahl. Es überwiegen aber Kiefernwälder. In einem schönen Kiefernforst machen wir Mittagspause. Die Traubenkirsche ist weiß vor lauter Blüten und duftet stark, Maiglöckchen kommen gerade aus dem Boden heraus, zahlreiche Anemonen und Schattenblümchen, wenige Heidelbeeren. Die Kiefern sind prächtig gewachsen.

Ein ukrainischer Fahrer pflückt einen großen Strauß aus blühenden Traubenkirschen-Zweigen, der viel besungenen «Tscherjomucha». «Schön ist die ukrainische Luft», sagt einer zu mir auf russisch, «die atmet man so leicht.» Ich muß ihm zustimmen, die trockene kontinentale Luft im Osten atmet sich viel leichter als die feuchte maritime im Westen.

Der Autoverkehr auf der Straße ist nicht sehr stark. Kolonnen mit Sonderführern überholen uns beim Halten zweimal. Entgegen kommen nur Fuhrwerke mit Rücksiedlern. Das Hab und Gut ist auf dem Leiterwagen, die Familie geht daneben zu Fuß. Die Wanderer in beiden Richtungen, Männer und Frauen, sind zahlreich, fast immer barfuß oder die Schuhe über die Schulter gehängt. Es gehört Ausdauer zum Wandern bei diesen großen Entfernungen, aber für die Einheimischen ist es die einzige Fortbewegungsmöglichkeit. Selten sieht man Radfahrer und diese meist gut angezogen. Ein Fahrrad ist schon ein Luxusgegenstand.

Auf einigen Hügeln erheben sich Schlösser des früheren polnischen Adels, von großen Parkanlagen umgeben.

In Brody wird getankt. Es ist eine farblose Stadt mit lauter einstöckigen Häusern. Viele sonntäglich geputzte Menschen sind auf den Straßen.

Gleich nach Brody ist die frühere galizische Grenze, jetzt die vom Reichskommissariat – Ukraine: Schlagbaum, Posten, Ausweiskontrolle. Wir sind im alten Rußland, was die noch erhaltenen russischen Kirchen mit ihren typischen Zwiebeltürmen beweisen.

Die Gegend ist hügelig, wir überqueren mehrere Flüsse. Im Ort Tarakanowo tanzt die Jugend auf der Straße.

Wir nähern uns Dubno. Die Landschaft ist sehr schön mit Eichenwäldern, aber auch Hainbuchenwäldern. Der Blick auf die Stadt mit dem Schloß und den Kirchen ist hübsch. Mädchen mit Schlüsselblumensträußen, ungarische Posten, 5 Soldatengräber am Straßenrand, etwas weiter ein Einzelgrab, gut gepflegt und umzäunt, dann einige Kreuze mit Stahlhelmen darauf. Dubno war eine Festung. Die Einnahme mußte mit Opfern erkauft werden. Auf den Festungswällen ungarische Soldaten, die aus Steinen ein großes ungarisches Wappen gemacht haben.

Wir müssen uns beeilen, Rowno zu erreichen. Die Stadt ist überfüllt mit Spaziergängern und deutschen Soldaten. In der Hauptstraße sind zweistöckige Häuser dicht aneinander gepreßt. Wir suchen nach der Wirtschafts-Inspektion-Süd.

Die deutsche Wegbezeichnung ist vorbildlich. Es sind nicht nur Wegweiser aufgestellt, sondern bei jedem Ort Angaben, ob Trinkwasser, Quartier und Dolmetscher vorhanden sind, ob Flecktyphusgefahr besteht, ebenso über Kommandantur, Tankstellen, Lazarett usw.

Um 19 h sind wir am Ziel. Ich habe fabelhaftes Glück und werde mit Hallo empfangen, denn der Leiter meiner Dienststelle in Berlin, Dr. v. Rosenstiel, und der in Kiew, Prof. Sommer haben sich hier mit dem Bodenkundler Prof. Meyer und dem Pflanzenzüchter Prof. Rudorf getroffen. Ich werde gleich in diesen Kreis aufgenommen.

Im Speisesaal der Wirtschafts-Inspektion kann man seinen Hunger stillen. Es gibt einen großen Teller mit Wurstaufschnitt, dazu schwarzes und weißes Brot mit Butter und Kaffee so viel man will. Dann geht es ins Quartier, ein nettes kleines Häuschen mit 3 Zimmern, Küche und Bad, still in einem schönen Garten gelegen. Die Wasserleitung funktioniert nicht, aber im Garten ist ein Brunnen, Bettwäsche ist auch nicht vorhanden, aber ich habe meinen Schlafsack. Die Hauptsache: es ist tip top sauber.

Um 21 h geht das elektrische Licht aus, aber niemand hat Lust ins Bett zu gehen. Es ist eine sternklare, warme ukrainische Nacht, wie sie Gogol besungen hat: «Ticha ukrainskaja Notsch» (Still ist die ukrainische Nacht). Wir saßen lange auf der Veranda und in dem Garten zusammen, andere kamen hinzu, auch 2 Sekretärinnen und eine Krankenschwester, man fühlte sich hoffnungsvoll und ahnte nicht die Schrecken, die der Krieg zum Schluß bringen würde.

Am nächsten Morgen kam frische kühle Luft ins Schlafzimmer, es wurde hell und um 6 h erhoben sich alle wohl ausgeruht. Wir beschlossen ein Vorfrühstück zu machen. Ich stiftete den Tee, die anderen hatten noch Brot, Butter und Eier von ihren Fahrten.

Dann ging man in den Speisesaal, wo täglich 300 Militärbeamte und Sonderführer verpflegt wurden. Die Dienststelle ist in einer großen Schule untergebracht, ein wahrer Ameisenhaufen. Da ich erfuhr, daß ich erst am nächsten Tage mit einem Auto weiterfahren konnte, zog ich mich wieder in den Garten zurück. Auf meinem Nachttisch hatte ich ein Buch gefunden, Gogols «Tote Seelen». Ich vertiefte mich in dieses und genoß die Ruhe. Zwischendurch holte ich meine Marschverpflegung für den nächsten Tag. War das ein Kriegseinsatz? Die Fahrt nach Kiew vollzog sich ohne Zwischenfälle. Das Auffallendste war die Veränderung der Kulturlandschaft in diesem schon lange sowjetischen Gebiet. Die Dörfer und die einzelnen Bauernwirtschaften waren verschwunden. An ihre Stelle traten die Kolchosen und Sowchosen sowie die Traktoren- und Motoren-Stationen. Endlose gleichmäßige Äcker bedeckten die Fläche. Für die Arbeiter waren einheitliche, in Reihen stehende kleine Häuser lieblos aufgestellt worden. Das Vieh war in riesigen Ställen zusammengefaßt, die Maschinen in großen Schuppen untergebracht. Alles völlig rational ohne Gefühl für das Wohnliche und das Schönheitsbewußtsein eines jeden Menschen.

Am Abend war Kiew erreicht und damit die erste Station meines Einsatzes.

4. Tätigkeit in Kiew

Am 21. Mai traf ich in Kiew ein und wurde der Forschungszentrale für Land- und Forstwirtschaft in der Westukraine zugeteilt. Diese Dienststelle arbeitete seit dem Herbst 1941. Ihr Leiter war Professor Sommer, vom Tierzuchtinstitut in Hohenheim. Er war mehr praktisch eingestellt und ein guter Organisator. Der Forschungsstelle waren alle landwirtschaftlich-biologischen Institute und Versuchsstationen unterstellt. Obgleich sie schon ein halbes Jahr bestand, so konnte bisher kaum an Forschung gedacht werden. Denn der extrem kalte Winter 1941/42 traf auch die Stadt Kiew sehr hart. Es gab kein Heizmaterial und die Lebensmittel waren äußerst knapp. Es war eine Transportfrage, denn alle Transportmittel wurden für das Heer gebraucht. Selbst Salz gab es in Kiew keines. Die nächsten Salzlager waren viele hunderte von Kilometern entfernt in den Salzseen des Faulen Meeres zwischen der Krim und dem Festlande. So wanderten viele zu Fuß hin und schleppten einen Sack mit Salz auf dem Rücken den langen Weg zurück. Denn Salz war fast ebenso viel wert wie Gold. Prof. Sommer hatte im Winter genug zu tun, um die Wissenschaftler notdürftig mit Nahrung und Heizung zu versehen. Alle dachten mit Grauen an diese Zeit zurück. Durch meine um ein halbes Jahr verspätete Einberufung zur Militärverwaltung war ich dieser schweren Zeit entgangen.

Jetzt im sonnigen Mai sah alles anders aus. Die Menschen atmeten auf und waren damit beschäftigt, draußen vor der Stadt kleine Landparzellen mit Gemüse zu bestellen. Das mußten auch die russischen Professoren tun, selbst die älteren unter ihnen. Da keine Straßenbahnen gingen, hatten sie einen weiten Anmarsch und Rückweg und dann noch die schwere Gartenarbeit. Viele waren am Rande ihrer Kräfte und sahen elend aus. Aber es galt zu überleben. Immer wieder organisierte Sommer für die Wissenschaftler Nahrungsmittel, die vom Heere nicht genommen wurden, meistens etwas mindere Qualität, aber die Menschen waren dankbar dafür.

Diese Sorgen hatten wir nicht. Ich bekam ein Zimmer in einem riesigen Gebäude der früheren sowjetischen Militärverwaltung direkt am hohen Ufer des Dnjeprs gelegen, in dem im Hinterhaus viele kleine Wohnungen für Offiziere gewesen waren. Die Front dieses Gebäudes in der Nikolska 3 sah imposant aus mit großen Wappen und Standarten in Stein, die Hinterfront dagegen war roh in Ziegel gelassen.

Alle Wohnungen waren gleich, mit Bad und WC (dunkel ohne jede Lüftung), alle Möbel normiert, nüchtern und lieblos, aber für Kriegsverhältnisse ausgezeichnet.

Das Zimmer teilte ich mit Hauptmann Schedl, Spezialist für Forstschadinsekten. Er war älter als ich, Tiroler von Geburt und galt als schwierig, weil er immer unzufrieden war. Wir verstanden uns jedoch sehr gut, waren beide wissenschaftlich interessiert.

Das Schönste am Zimmer war der Balkon. Man blickte von diesem direkt auf den

Dnjeprstrom etwa 50 m tiefer. Jetzt war es kein Strom, sondern durch das Frühlings-hochwasser ein Meer. Nach Nordosten war das gegenüberliegende Ufer nicht zu sehen. Denn dort mündete in den Dnjepr der Hauptnebenfluß Desna und beide zusammen überfluteten weite Flächen des sehr niedrigen Geländes auf dem linken Dnjepr-ufer. Dieser Ausblick auf das unbebaute, mit Sträuchern bewachsene grüne Steilufer unter einem und anschließend die unendlich weite Wasserfläche waren einzig schön. Man merkte nichts von der Großstadt und glaubte, auf dem Lande zu sein. Direkt ge-genüber sah man in etwa 3 km Entfernung die mit Kiefern bewachsenen Sanddünen der linken Uferseite, etwas südlicher die gesprengte große Brücke über den Fluß, die durch eingeschobene Pontons wieder befahrbar war. Auch sie wird 3 km lang gewe-sen sein, wenn man die aufgedämmten Enden über dem überschwemmten Land mit-rechnete.

Das Wohnen in der Nikolska hatte aber den Nachteil, daß man bis zur Dienststelle etwa 40 Minuten gehen mußte. Autos waren in Kiew Mangelware und durften nur zu Dienstfahrten gebraucht werden.

Aber dieser Morgen- und Abendspaziergang war nicht schlimm. Man kam durch Anlagen und die mit Bäumen bepflanzte Hauptstraße, den Krestschatik. Diese Haupt-straße bestand allerdings aus den Ruinen 4–6 stöckiger Prunkbauten aus der Zeit vor dem ersten Weltkriege. Sie waren nicht durch Kriegshandlungen zerstört worden, sondern durch von Roten gelegte Sprengkörper mit Zeitzündung. Die Roten nahmen an, daß in diesen Häusern nach der Einnahme der Stadt die Stäbe der Deutschen unter-gebracht würden. Die Sprengung sollte einige Tage später erfolgen und so die Spitze des Heeres vernichten. Sie erfolgte auch nach Plan, ob Verluste eintraten oder eine rechtzeitige Warnung erfolgte, erfuhr man nicht. Natürlich wurde die Sprengung von der Feindseite den Deutschen in die Schuhe geschoben als Greueltat, ebenso wie die Sprengung der herrlichen Hauptkirche in dem Kijewo-Petscherski Kloster, eines der größten Heiligtümer der Gläubigen; es stammte aus der ersten Zeit der Christianisie-rung und in den Katakomben waren die Reste vieler heiliger Mönchsbrüder aufbe-wahrt. Es war ein großer Wallfahrtsort gewesen, nach der Revolution jedoch ein Mu-seum, um den Gläubigen den Unsinn der Kirchenlehre zu beweisen.

Meine Aufgabe war es, das Geobotanische Institut der Ukrainischen Akademie der Wissenschaften zu betreuen und dessen Arbeiten zu überwachen – eine interessante und dankbare, für mich auch lehrreiche Arbeit.

Mein Buch, das ich noch als Schütze Walter schrieb – «Die Vegetation des Europä-ischen Rußlands» – war gerade rechtzeitig im Verlag Parey-Berlin erschienen. Es fand reißenden Absatz, denn es war die einzige Einführung in deutscher Sprache in die Ver-hältnisse der Pflanzendecke dieses Gebietes und ihre land- und forstliche Nutzung. Jetzt hatte ich in Kiew Gelegenheit, die einschlägige Literatur über die Ukraine in der Bibliothek des Geobotanischen Instituts ergänzend einzusehen. Ich hatte in Stuttgart auch ein spezielles Buch über die Vegetation und landwirtschaftliche Nutzung der Krim geschrieben. Auch das war bereits im Druck. Ich hoffte, sobald die Kriegshand-lungen auf der Krim abgeschlossen waren, dort den berühmten botanischen Nikita-Garten bei Jalta zu betreuen. Noch wurde Sewastopol belagert, aber es mußte bald fal-len, dann war der Weg frei.

Der Leiter des Geobotanischen Instituts der Akademie in Kiew war Professor Ju. D. Kleopow, ein noch junger, aber sehr begabter Wissenschaftler, der die Flora und Vegetation der Ukraine ausgezeichnet kannte. Er hatte eine viele hundert Seiten lange Doktordissertation verfaßt, die in Rußland eine Lebensarbeit ist, nicht wie bei uns der Abschluß des Studiums. Sie war in Leningrad eingereicht, aber durch den Krieg noch nicht öffentlich verteidigt worden, also auch noch nicht veröffentlicht. Sie behandelte die Florenelemente der osteuropäischen Laubwälder. Ich erhielt eine Kopie davon in russischer Sprache.

Noch bedeutsamer war seine große und sehr detaillierte Vegetationskarte der Ukraine, aus der die natürliche Vegetation in allen Einzelheiten hervorging. Da diese zum größten Teil in Kulturland umgewandelt worden war, mußte als Grundlage die große Bodenkarte der Ukraine von Professor Machow, der ebenfalls in Kiew war, verwendet werden. Diese enge Zusammenarbeit von Bodenkunde und Vegetationskunde hat sich als sehr ergiebig erwiesen.

Außer Kleopow waren noch andere Mitarbeiter im Institut, die sich mehr mit Teilproblemen beschäftigten. Aus Charkow war eine Taxonomin nach Kiew geflohen, Frau Professor Schostenko. Sehr erfreut war ich, in Kiew die Tochter des Erforschers des Kaukasus, vorwiegend in botanischer Hinsicht, Professor Raddes, anzutreffen. Radde war ein Deutscher und hatte schon 1899 einen dicken Band über die Kaukasusländer veröffentlicht. Seine Tochter heiratete den Nachfolger ihres Vaters, den im Kaukasus tätigen Botaniker Fomin, der eine große Flora des Kaukasus verfaßte. Er lebte nicht mehr. Frau Radde-Fomin war schon betagt und konnte viel von den früheren Zeiten im Kaukasus berichten.

Von allen Botanikern wurde ich mit großer Freude empfangen. Sie kannten mein 1936 ins Russische übersetztes Buch, und freuten sich besonders, mit mir Russisch sprechen zu können. Es ergab sich sofort ein sehr persönliches Verhältnis und wir diskutierten viel über wissenschaftliche Probleme.

Eine große Aufgabe, gleich am Anfang, war die Organisation einer Botanischen Tagung, an der alle Botaniker in der Ukraine teilnehmen konnten. Es meldeten sich etwa 120. Die Tagung sollte 3 Tage dauern, da sehr viele wissenschaftliche Vorträge angemeldet wurden. Schließlich war es so weit. Die Forschungszentrale wurde natürlich auch eingeladen. Die Vorträge wurden auf Russisch gehalten, für die deutschen Gäste gab ich nach jedem Vortrag eine Zusammenfassung in Deutsch.

Die Russen waren sehr begeistert. Nach vielen Jahren konnten sie wieder frei reden, ohne Angst vor Denunziationen zu haben. Da ich jedoch wußte, daß die Russen gerne und weitschweifig reden, sagte ich gleich bei der Eröffnung, daß bei der großen Zahl der Redner, für jeden Vortrag nur 20 Minuten zur Verfügung stünden und zehn Minuten für die Diskussion; falls jemand die 20 Minuten überschreite, müßte die Diskussion fortfallen.

Ich bat den ersten Redner, das Wort zu ergreifen. Er redete sehr schön, kam aber nicht zum Thema. Ich deutete mehrmals auf die Uhr. Er ließ sich nicht stören. Nach 20 Minuten stand ich auf und kam mit der Uhr auf ihn zu. Darauf sagte er: «So meine Damen und Herren, das war die Einleitung. Ich will nun zum Thema kommen.» Natürlich reichten ihm die 10 Minuten, die für die Diskussion vorgesehen waren, nicht aus. Ich mußte jedoch Rücksicht auf die anderen Redner nehmen. Die zwei nächsten Tage blieben die deutschen Gäste weg, so daß sich alles in russischer Sprache abspielte. Die Tagung war ein großer Erfolg. Alle gingen sehr befriedigt auseinander, aber in der Sowjetunion wurde die Tagung sehr übel vermerkt.

Zwischendurch versuchte ich die Sehenswürdigkeiten der Stadt kennen zu lernen. Das war nicht einfach, weil man alles zu Fuß machen mußte. Leicht erreichbar war die Kirche mit dem bekannten Denkmal von Wladimir dem Heiligen, das hoch, direkt über dem Dnjepr steht mit einer schönen Aussichtsterrasse in den Anlagen. Es war der heidnische Kiewer Fürst, der Gesandte nach Byzanz und Rom aussandte, damit sie ihm über die christlichen Gottesdienste berichteten. Diese kamen zurück und waren von dem Kirchengesang der griechisch-orthodoxen Kirche in Byzanz so begeistert, daß sich Wladimir im Jahre 988 entschloß, dieser beizutreten und nicht der katholischen Kirche in Rom. Damit waren die Weichen für die historische Entwicklung Rußlands gestellt. Der Westen hatte keinen Einfluß mehr auf deren Fortgang.Das westliche Mittelalter fehlt im Osten, stattdessen war dieser 240 Jahre unter tatarischer Herrschaft. Als sichRußland vom Joch befreite und Byzanz von den Türken erobert wurde, fühlten sich die Russen als Nachfolger von Byzanz und als Wahrer der eigentlichen christlichen Lehre. Sie kapselten sich vom Westen ab. Der Papst galt als der Antichrist auf Erden.

In der Nähe, auf dem Platz vor der Sophien-Kathedrale steht ein weiteres Denkmal, das an die zweite Weichenstellung in derselben Richtung erinnert, das Denkmal von Bogdan Chmelnitzki.

Zur Zeit Peters des Großen war der Führer der Ukraine Masepa, der zweite Mann war Bogdan Chmelnitzki. Die Ukraine mußte sich für Rußland oder für Polen entscheiden. Polen war katholisch und westlich. Masepa wollte sich mit seinen Truppen an Polen anschließen und verhandelte im geheimen mit diesen. Bogdan Chmelnitzkis Tochter verliebte sich in den älteren Masepa und floh aus dem elterlichen Hause zu ihm. Diese ihm angetane Schmach wollte Bogdan Chmelnitzki rächen und verriet den Plan von Masepa den Russen. Der Anschluß an Polen wurde rechtzeitig vereitelt und die Ukraine kam endgültig unter die Herrschaft von Rußland, d. h. in den östlichen Bannkreis. Seitdem gilt Bogdan Chmelnitzki als der Retter der Ukraine.

Sehr eindrucksvoll ist die Sophien-Kathedrale, die zweitälteste nach der im alten Nowgorod. Sie ist sehr klein, im byzantinischen Stil gebaut, mit quadratischem Grundriß und einem Zwiebelturm. Die Fenster sind klein, es herrscht im Inneren ein mystisches Dämmerlicht. Nur die brennenden Kerzen leuchten und in ihrem Licht die vergoldeten Teile der alten Ikonen.

Zuweilen setzte ich mich in den Anlagen auf die Ecke einer Bank, die zum Teil von Ukrainern besetzt war, und vertiefte mich scheinbar in die Zeitung, horchte jedoch auf die Gespräche. Die Ukrainer vermuteten nicht, daß jemand in deutscher Uniform russisch verstünde. Sie unterhielten sich völlig ungeniert. Ich hörte nie abwertende Bemerkungen über die Besatzungsmacht. Das Verhältnis war noch ein sehr gutes und änderte sich erst mit der Zeit durch die wahnsinnige Politik des Reichskommissars Koch, einem Bäcker von Beruf, soviel ich weiß, der überhaupt nichts über die Russen wußte. Keine Schule durfte im Reichskommissariat Ukraine eröffnet werden. Die Ukrainer sollten Analphabeten bleiben. Einige wildgewordene, an Größenwahn leidende Landwirtschaftsführer, die von einem kleinen Gehöft in Deutschland stammten und nun eine Kolchose mit Hunderten von Arbeitern verwalten sollten, behandelten diese entsprechend. Das mußte die Stimmung ändern und Haß hervorrufen.

Leider konnte man nicht die Kolchosen sofort wieder in Bauernhöfe zurückverwandeln und das Land unter die früheren Bauern verteilen. Denn die Sowjets hatten alle kleinen Ackerbaugeräte vernichtet, um die Kolchosen ganz von den Motoren- und Traktorenstationen abhängig zu machen. Die großen Maschinen waren noch da, aber es gab keinen Kraftstoff. Sie standen still. Die riesigen Äcker konnten nicht beakkert werden, überall wucherte das Unkraut. Aus Deutschland kamen Züge mit Pflügen, aber es waren keine Zugtiere da.

Die früheren Bauern waren sehr enttäuscht, daß sie weiter Kolchosarbeiter blieben und nun unter Fremdherrschaft, die nichts von dem Ackerbau in den Steppengebieten verstand und alles nach den Erfahrungen in Deutschland beurteilte, sogar an Rotklee-Anbau in diesem trockenen Klima dachte. Auf dem Lande hungerten die Menschen nicht. Für sich konnten sie doch noch genügend anbauen, aber für Deutschland war die Ukraine während des Krieges nicht die erhoffte Kornkammer geworden.

Die Bevölkerung machte einen sittlich einwandfreien Eindruck, so wie man sie aus der Zeit vor dem ersten Weltkriege kannte. Ein Beispiel: Es kursierte sowohl russisches Geld als auch deutsches im Handel, wobei eine RM gleich 10 Rubel gesetzt wurde. Es gab wieder Zeitungen in Russisch, die 2 Rubel kosteten. Ich kaufte eine und gab aus Versehen 2 RM und ging mit der Zeitung weg. Da kam der Verkäufer mir aufgeregt nachgesprungen, ich bekäme doch noch 18 Rubel heraus. Das beeindruckte mich sehr und ich gab ihm 3 Rubel extra.

Man sah viele deutsche Soldaten mit ukrainischen Mädeln in den Anlagen oder am Steilufer des Dnjepr, wo es viel Gebüsch gab, spazieren gehen. Aber das Benehmen war tadellos, nie habe ich etwas Anstößiges beobachtet.

Gerne hätte ich die weitere Umgebung kennengelernt. Einer aus der Forstabteilung war in den Kiefernwäldern auf der anderen Dnjeprseite gewesen und hatte schöne Pflanzenarten des pontischen Florenelements gesammelt, wie Federgräser (Stipa), die hohe Waldanemone (Anemone sylvestris), den Zwergseidelbast (Daphne cneorum), die Schwarzwurzel (Scorzonera) u. a. – alles Seltenheiten in Mitteleuropa. Aber an botanische Exkursionen war nicht zu denken. Ohne Auto kam man aus der Stadt nicht hinaus. In Rußland sind alle Städte von weiten, elenden Vorstädten und einer großen Fläche zerstörten Landes umgeben. Erst nach 10–20 Kilometern war man auf dem Lande oder im Wald.

Sehr beeindruckte mich eine Vorstellung im Theater, das sehr an das in Odessa erinnerte. Man gab eine Festvorstellung für Rosenberg, der nach Kiew gekommen war und für deutsches Militär. Es war richtiges russisches Ballett, das ja berühmt ist, mit den besten Kräften. Rosenberg hatte eine Loge für sich. Er setzte sich erst, wenn das Theater dunkel war und verschwand sofort, wenn es hell wurde, offenbar aus Angst vor einem Attentat.

Allmählich hatte sich im Kiewer Geobotanischen Institut alles eingespielt. Ich hatte mich auch wissenschaftlich genügend orientiert. Die wissenschaftlichen Aufgaben waren dem Institut gestellt. Es schien mir richtiger zu sein, jetzt den Nikita-Garten auf der Südkrim zu betreuen, zumal ich unterwegs auch den Botanischen Garten in Dnjepropetrowsk besichtigen sollte. Aber dazu war ein Auto unentbehrlich, eine Eisenbahnverbindung gab es noch nicht. Die Bahn wurde für die Front benötigt. Zwar war Sewastopol noch nicht eingenommen, aber doch so stark bedrängt, daß man jeden Tag mit der endgültigen Einnahme rechnen konnte.

Schedl mußte nach Rowno fahren und sollte am 20. Juni mit einem Auto für mich zurückkehren. Aber er hatte eine Panne und verspätete sich um einige Tage. Die Abfahrt wurde auf den 28. Juni festgelegt, da kam ein starker Regenguß. Da die große Straße nur bis Belaja Zerkow befestigt war und man auf unbefestigten Straßen nach Regen im Auto nicht weiter kam, verschoben wir die Abfahrt noch um zwei Tage. Schließlich am 30. Juni konnte ich Kiew verlassen. Alle im Institut nahmen rührenden Abschied. Ich solle möglichst bald wiederkommen. Ich erhielt einen riesigen Blumenstrauß und einen Sack mit Gurken. Den ersteren verteilte ich unter die Damen, den letzteren übergab ich dem Kasino.

5. Fahrt zur Krim

Mein Wagen war ein Viersitzer Mercedes in tadellosem Zustand. Er war nur 20 000 km gefahren. Als Fahrer bekam ich einen Kriegsgefangenen, der in einer Autowerkstatt gearbeitet hatte und beim Militär auch Fahrer gewesen war. Er hieß Alexander Malenikow und war 25 Jahre alt. Er war sehr stolz auf den schönen Wagen und pflegte ihn mit Liebe. Als wir aber eine lange Abfahrt hatten ins Dnjeprtal hinunter, nahm er den Gang heraus, drehte die Zündung ab und zog zum Bremsen die Handbremse an. Ich fragte ihn erstaunt, weshalb er nicht den zweiten Gang zum Bremsen nehme. Das dürfe man nicht, antwortete er, dann würde das Getriebe brechen, so hätte man es ihm beim Militär gelehrt; die Zündung schalte man aus, um bei der Abfahrt Benzin zu sparen. Ich mußte mich ans Steuer setzen und ihm zeigen, daß man im selben Gang hinunterfährt, den man zum Aufwärtsfahren braucht. Der Schaden, den die Handbremse erleidet, sei größer als die Benzinersparnis. Er war sehr erstaunt, daß das Getriebe heil blieb, ließ sich aber belehren.

Wir fuhren mit zwei Wagen, im zweiten Schedl mit seinem Fahrer, denn er mußte auch in den Süden, aber wieder nach Kiew zurückkehren. Das war sehr erfreulich; denn so konnte man sich bei Pannen helfen. Auch war Schedl beim Militär viel herumgekommen und wußte, wie man Benzin erhält. Wir bekamen den Tank voll, und 100 Liter in Scheinen. Das reichte für die weit über 1 000 km lange Fahrt nicht aus, man mußte sehen, wie man weiter kam.

Die Reiseroute war: Belaja Zerkow – Uman – Dnjepropetrowsk –Saporoshje – Askania Nova in Taurien – Perekop auf der Landenge und Simferopol auf der Krim. Von dort mußte man über den Gebirgspaß nach Jalta.

Als wir am 30. Juni abfuhren, hatten wir schönes Wetter und nach Süden wurde es immer sonniger und wärmer. Unter Regen hatten wir nicht zu leiden, nur unter dichten Staubwolken.

Ich hatte mir von Kleopow sagen lassen, wo ich unterwegs die Steppenvegetation studieren könnte, da ja die Steppe fast ganz umgeackert ist. Er riet mir die Kurgane zu untersuchen, die kegelförmigen Hügel der skythischen Gräber. Sie werden nicht umgepflügt und an ihren Hängen hat sich die Steppenvegetation erhalten und zwar an den Nordhängen stets eine mehr nördliche Variante und an den südlichen eine mehr südliche. Die Flächen waren klein, aber doch sehr typisch. So weit es möglich war, habe ich diesen Rat befolgt. Ein riesiges Reservat der südlichsten Steppe lernte ich dann in Askania Nowa kennen.

Die Fahrt bis zur Krim dauerte infolge der vielen Besichtigungen unterwegs bis Simferopol einen halben Monat. In Krementschuk, nachdem wir 650 Kilometer zurückgelegt hatten, hörten wir, daß Sewastopol gefallen war und die deutschen Heeresverbände von der Krim abgezogen würden, um im Nordkaukasus eingesetzt zu werden. Der Aufbau der landwirtschaftlichen Forschung konnte also auf der Krim beginnen.

Die Fahrt verlief ohne ernstliche Panne. Wir übernachteten am liebsten auf dem Lande bei Gebiets- oder Kreislandwirten, die Gästezimmer für mehrere Personen hatten und wo man tadellos verpflegt wurde. Es war sehr ruhig und friedlich auf diesen vormaligen Staatsgütern. In den Ortschaften oder größeren Städten kam man in Offiziersheimen unter oder man erhielt vom Quartieramt ein Zimmer im Hotel zugewiesen.

Zuweilen wurde man unterwegs unverhofft von der Militärpolizei kontrolliert. Ein Hauptmann war besonders penibel, er wollte nicht nur den Marschbefehl sehen, sondern auch die Autopapiere, Nummer vom Motor usw. Schedl fuhr als erster und wurde sehr genau kontrolliert; dann kam er zu mir. Ich zeigte den Marschbefehl. Während er diesen las, sah ich, wie eine Wanze an seinem Rock emporkroch. Ich machte ihn höflich darauf aufmerksam. Es war ihm sehr peinlich. Er gab mir den Marschbefehl zurück und ich konnte sofort weiterfahren.

Kiew lag noch in der Waldzone, dem Poljesje der Ukrainer. Auf der Fahrt kam man durch Laub- oder oft Kiefernwälder, bzw. Mischwälder. Aber bald fing die Waldsteppe an. Nur in der Ferne auf leichten Anhöhen sah man noch Waldinseln, sonst war überall der Horizont frei. Diese unendliche Weite, die man auch in der Wüste kennt, fasziniert einen immer aufs Neue. Man hat das Gefühl frei und unbeengt zu sein. Sie kann einen aber auch beängstigen, wenn man auf der Flucht ist, besonders im Winter, wenn es sich um eine weite Schneedecke handelt, bei trübem Himmel; da kommt man sich schutzlos und verloren vor.

Die erste Station war Belaja Zerkow; zu deutsch «Weiße Kirche». Sofort fielen einem die schönen Verse von Gogol aus seinem Drama Masepa ein, die man in der Schule im Literaturunterricht lernte, über die Nacht in dieser «Weißen Kirche» dem Sitz der ukrainischen Hetmane (Führer) mit ihrem Schloß und den großen Gärten herum. Diese Verse lauten in deutscher Übersetzung:

Still ist die ukrainische Nacht!
Durchsichtig der Himmel,
Die Sterne blitzen,
Die Luft will ihre Müdigkeit nicht bezwingen,
Kaum zittern der Silberpappel Blätter.
Ruhig leuchtet der Mond in seiner Höhe über der weißen Kirche
Und beleuchtet die üppigen Gärten
Sowie das alte Schloß der Hetmane.
Still ist die ukrainische Nacht!

Nachdem wir unser Quartier hatten, ging ich allein zur Kirche und in den Park mit dem Schloß und ließ diese Stimmung auf mich wirken. Es war wirklich so still, nur zuweilen hörte man einen Nachtvogel. Am Tage sah es anders aus. Die Kirche war kein Gotteshaus mehr und ziemlich verkommen. Das Schloß diente einer Volkseinrichtung und war ebenso wie der Park ungepflegt. Die Zeiten ändern sich.

Weiter ging es in den Süden. Wir kamen nach Uman. Hier hatte in der Zarenzeit ein Fürst auf seinem Großgrundbesitz über einem tief eingeschnittenen Flußtal ein Schloß oder besser Herrenhaus erbaut und das ganze Flußtal in einen Märchengarten verwandelt mit aufgestauten Seen und Inseln darin, mit dichten schattigen Baumbeständen und Wiesen mit Blumenbeeten. Es war jetzt der Erholungsort für die Bewohner des kleinen Städtchens und deshalb gut erhalten.

In die große Stadt am Dnjepr oberhalb der Stromschnellen, Dnjepropetrowsk, das frühere Jekaterinoslaw, kamen wir am 8. Juni. Hier mußte der Botanische Garten der Universität besichtigt werden. Früher war hier nur eine Technische Hochschule. Die jetzige Universität war keine Forschungs- sondern nur eine Lehranstalt, eigentlich ein Pädagogisches Institut zur Ausbildung von Lehrern. Es war nicht viel zu besichtigen, auch der Garten war erst vor kurzem angelegt worden. Er nahm eine große Fläche ein und fiel direkt zum Dnjepr ab. Die Fläche war von vielen tiefen Schluchten durchschnitten, was für das Anpflanzen verschiedener Arten, die bald feuchter, bald trockener stehen sollen, sich sehr günstig auswirken konnte. Der junge Direktor des Gartens begleitete mich. Da fiel mir auf, daß mehrere Schluchten zugeschüttet waren. Erstaunt fragte ich ihn, warum sie das Gelände planieren. Er schaute mich so merkwürdig von der Seite an und sagte dann: «Da drunter liegen die Juden von Dnjepropetrowsk». Ich sagte nichts und schämte mich. Ich hatte genug gesehen und wollte gleich die Fahrt in den Süden fortsetzen. Also stimmte die Vernichtung der Juden doch und war keine Feindpropaganda.

Bei Saporoshje, wo der Dnjepr das ukrainische Granitplateau durchbricht und früher die Stromschnellen bildete, hat die Elektrifizierung der Sowjetunion begonnen. Ein riesiger Damm staut den großen Strom in seiner ganzen Breite hoch auf und gibt so die Möglichkeit, die Wasserenergie in elektrische Energie umzuwandeln. Von hier aus verteilen die Hochspannungsleitungen in allen Richtungen den elektrischen Strom an die Industriezentren. Es war das erste Großunternehmen der Sowjetunion. Ein imposanter Bau. Aber wir mußten weiter und durften uns nicht aufhalten.

Nun waren wir in der richtigen Steppe, das Gelände wurde ganz flach. Alles nur Äkker, aber unbestellt und mit riesigen Disteln bedeckt. Auf Stalins Geheiß sollte die Steppe durch Gehölzstreifen in lauter Vierecke aufgeteilt werden. Die trockene Natur des Landes sollte durch den alles könnenden Menschen umgewandelt werden. Gehölzstreifen würden die trockenen Winde bremsen, die Schneeverwehungen verhindern, den Boden mit Schmelzwasser besser anfeuchten und auf diese Weise die Erträge erhöhen; Dürrejahre sollte es keine mehr geben. Umwandlung nicht nur des Menschen, sondern auch der gesamten Natur, war die Devise.

Diese Windschutzstreifen waren tatsächlich auch geschaffen worden, aber der erhoffte Erfolg blieb aus. Die Mißernten in Dürrejahren sind nicht weniger geworden. Immer noch muß die Sowjetunion in Amerika Getreide dazukaufen. Einst war es das größte Getreideexportland der Welt.

Auch die großen Straßen waren von Gehölzstreifen eingefaßt, um sie vor dem Verwehen durch Schnee im Winter zu schützen. Jetzt hatte dies den Nachteil, daß die von einem Wagen aufgewirbelte Staubwolke unbeweglich über der Straße liegenblieb. Man fuhr die ganze Zeit in dichtem Staub und hatte keine Sicht.

Endlich erreichten wir Askania Nova, das erste große Steppenreservat, das von Falz-Fein zu Beginn dieses Jahrhunderts begründet wurde. Askania Nova heißt «Neu-Anhalt». Katherina die Große stammte aus dem Hause Anhalt. Als nach den Türkenkriegen, die sie führte, ganz Taurien an Rußland fiel, erhielt das Haus Anhalt große Ländereien, die es aber nicht zu nutzen wußte. Es handelt sich hier bereits um die südliche sehr trockene Steppe, die extremen Dürren ausgesetzt ist. Die Steppe blieb im ursprünglichen Zustande erhalten. Schließlich erwarb der Rußlanddeutsche Falz-Fein, der sich im Lande auskannte, die ganzen Ländereien, um sie auf richtige Weise landwirtschaftlich zu nutzen. Er hatte aber auch große naturwissenschaftliche Interessen und schuf ein Steppennaturschutzgebiet, das 32 000 Hektar umfaßte; davon sollten 7 000 Hektar ganz unberührt bleiben, während der übrige Teil als Tierpark für afrikanische und asiatische Großwildarten diente. Verschiedene afrikanische Großwildarten sowie das asiatische Wildpferd wurden ausgesetzt in die freie Wildbahn. Dieser Großversuch, der auch im Ausland großes Aufsehen erregte, gelang überraschend gut. Das afrikanische Wild überstand die kalten Steppenwinter und vermehrte sich.

Die abenteuerliche Geschichte von diesem «Paradies in der Steppe» beginnt 1773 in Württemberg, als Herzog Karl Eugen den Soldaten Johann Melchior Fein zu weiteren 8 Jahren Dienst pressen wollte, dieser jedoch entfloh, und leitete als erster die deutschen Siedlungen im russischen Steppengebiet ein.

Obgleich dieses Ereignis nichts mit dem hier geschilderten Lebenslauf zu tun hat, so ist es doch ein Beispiel dafür, wie ein unbedeutender Vorfall große Wirkungen auf dem Gebiet des Naturschutzes nach sich ziehen kann. Die entsprechenden Vorgänge im Laufe von eineinhalb Jahrhunderten werden kurz im 1. Anhang auf Seite 349 bis 353 geschildert.

Als wir ankamen, erfuhren wir, daß ein Deutscher, der bei Falz-Fein gewesen war, als Betreuer des Naturschutzgebietes eingesetzt war. Die wertvollen Zuchttiere, vor allem Schweine, hatten die Russen rechtzeitig evakuiert, wohin wußte man nicht. Später fand ich sie im Nordkaukasus.

Wir wurden gastlich aufgenommen und blieben in Askania Nova drei Tage, um das Wild zu beobachten und die Steppenvegetation zu studieren. Mitte Juli war es schon sehr spät; denn die Höhe der Steppenentwicklung ist der Frühsommer. Jetzt sah man die Steppengräser schon in Frucht und z. T. in Sommerruhe. Aber eine Reihe von Spätblühern fanden wir noch, auch die interessanten Steppenläufer, die bereits früher in Teil I erwähnt wurden (Seite 15), waren reichlich vorhanden.

Ein Teil der unberührten Steppenfläche war vor einem Jahr durch Blitzschlag in Brand geraten und es war interessant, die Wirkung des Feuers auf die Zusammensetzung der Vegetation zu studieren. Sehr eigenartig berührte es einen, hier in der russischen Steppe Zebras, Elenantilopen, Gnus, Strauße, Flamingos, Pelikane usw. zu beobachten, die ich von Afrika her kannte. Eine Straußenmutter brütete die Eier aus. Man hatte ihr zu diesem Zweck eine Fläche mit Sand gerichtet, in dem sie eine Kuhle machen konnte. Der Steppenboden war dafür zu hart. Besonders beeindruckend waren die Pferderudel, die im Galopp über die Fläche liefen. In der Steppe fühlten sie sich in ihrem Element. Es waren kleine, flinke Tiere, die den Kosakenpferden ähneln. Diese waren ja ursprünglich gezähmte Wildpferde und zeichneten sich durch besondere Anspruchslosigkeit und Ausdauer aus.

Nun kam die letzte Etappe bis Simferopol auf der Krim. Die Nordküste des Schwarzen Meeres und die Landenge von Perekop (nur wenige Kilometer breit) sind in ständiger Senkung begriffen und dabei so niedrig, daß sie allmählich im Meere versinken. Die Steppengräser werden hier im regenärmsten Gebiet durch Wermut-Pflanzen ersetzt, so daß man fast von einer Halbwüste reden kann. Zugleich steigt der Spiegel vom salzigen Grundwasser immer höher, was das Auftreten einer Salzvegetation zur Folge hat. Weite Flächen sind vom Queller bedeckt, den man bei uns im Wattenmeer findet. Schließlich besteht die Fläche aus miteinander verbundenen Seen oder Buchten mit Salzwasser, die das «Faule Meer» oder «Siwasch» zwischen der Krim und dem Festlande bilden. Fast ist die Krim eine Insel. Im Sommer trocknen die Salzwasserbekken zum Teil aus und bedecken sich mit einer weißen Salzkruste oder der schwarze Schlamm, der nach faulen Eiern (Schwefelwasserstoff) riecht, tritt an die Oberfläche. Deshalb der Name «Faules Meer».

Auf der Südseite von letzterem steigt das Gelände ganz langsam an. An die Stelle der Salzpflanzen treten zuerst wieder Wermut und dann Steppengräser. Mit Annäherung an das Krimgebirge nehmen die Niederschläge ständig zu und auf einer Strecke von nur 100 km wiederholten sich die Steppenzonen, die wir zuvor durchfuhren, nur in umgekehrter Reihenfolge: Auf die trockene krautarme Steppenzone folgt die krautreiche, dann die Waldsteppe und am nördlichen Gebirgsfuß beginnt bereits wieder der Laubwald, vor allem aus Eichen.

Am 15. Juli hatten wir Simferopol erreicht und meldeten uns dort beim Wirtschaftskommando. Wir mußten drei Tage warten, bis die Straße nach Süden nach dem Abzug der Truppen aus dem eingenommenen Sewastopol freigegeben wurde. Dann erreichten wir über den Gebirgspaß nach insgesamt 1 800 km die Südkrim mit dem Nikita-Garten.

6. Im Nikita-Garten auf der Südkrim

Der schmale Küstensaum der Südkrim ist ein eigenartiger Fremdkörper in Osteuropa – ein Traumland für die Russen, ihre Riviera.

Obgleich die Krim auf dem Seewege sehr leicht von Odessa zu erreichen ist, hatte ich doch früher keine Gelegenheit gehabt, sie kennenzulernen. Alles war neu für mich.

Allerdings hatte ich bereits die Literatur über die Krim in einem Buch zusammengefaßt. Die Korrekturen waren schon fertig. Jetzt sah ich aber alles in Wirklichkeit.

Drei parallele Gebirgsrücken trennen die Südkrim von der vielmals größeren Nordkrim. Der nördliche Rücken, aus weichen tertiären Schichten aufgebaut, ist nur 320 m hoch, der mittlere aus Kreidekalken schon 530 m und der südlichste, ein Hochplateau aus Weißjura-Kalkstein, erhebt sich bis zu 1 543 m und fällt steil zum Meere ab. Das ist die eigentliche Jaila, auf türkisch Alm, weil sie als Sommerweide für Schafherden diente, die von weither herangetrieben wurden.

Dieser Steilhang schützt die Südküste vor den kalten Winden aus dem Norden, spielt also dieselbe Rolle wie die Alpen für die Riviera. Die Januartemperatur ist in Jalta + 4,2 ° C, aber es kommen doch vereinzelt Kälte-Einbrüche vor, so daß die tiefste gemessene Temperatur − 13,5 ° ist; deshalb fehlen die für die Riviera typischen immergrünen Steineichen und Lorbeerbäume. Auch Orangen kann man nicht kultivieren. Die Feuchtigkeit vom Schwarzen Meer erzeugt relativ starke Winterregen, während die heißen Sommer fast regenlos sind. Es handelt sich somit um ein mediterranes Klima im Gegensatz zu der Nordkrim mit den kalten Wintern und einem Regenmaximum im Juni. Die Jaila ist somit eine scharfe Klimascheide.

Die Südkrim war auch das letzte Refugium für die Türken am Nordufer des Schwarzen Meeres. Hier wohnten in ihren ganz orientalisch wirkenden kleinen Dörfern, wie z. B. Gursuf, die Krimtürken, von den Russen als Tataren bezeichnet. Bachtschisarai war die frühere Residenz mit einem orientalischen Schloß und einer Moschee – alles in Miniatur. Die Krimtürken bauten Tabak und Wein und nur für den eigenen Bedarf Mais, Getreide, etwas Gemüse und Obst. Sie wurden vor dem Kriege immer mehr durch die Touristen verdrängt. Der Zar hatte in Liwadia ein Sommerschloß direkt am Meeresufer.

Während des Krieges schlossen sich die Krimtürken nach der Eroberung der Krim den Deutschen an und beteiligten sich an der Partisanenbekämpfung in der unwegsamen Jaila. Zur Strafe wurden sie nach dem Kriege restlos nach Asien in die Verbannung ausgesiedelt, so daß dieser Volksstamm jetzt der Geschichte angehört.

Die Nordkrim war ein bevorzugtes Gebiet der deutschstämmigen ackerbautreibenden Kolonisten. Sie bildeten hier ein sehr bedeutsames Element. Ihre Zahl betrug 1939 noch 51 000, obgleich viele Mennoniten schon vor dem ersten Weltkriege nach Amerika auswanderten, da man sie zum Militärdienst heranziehen wollte, obgleich die Befreiung davon ihnen bei der Einwanderung garantiert worden war. Vor dem ersten Weltkrieg waren zwei Drittel des Ackerlandes in deutscher Hand. Ihre Kolonien erstreckten sich von Eupatoria bis Kertsch. Aber die Revolution mit der Kolchosierung traf sie vernichtend und die letzten Reste wurden während des Krieges verbannt.

Der Nikita-Garten mit seinen Forschungsinstituten spielt auf der Südkrim eine besondere Rolle. Der Garten wurde bereits 1812 begründet. Der erste Direktor war der Schwede Christian Steven.

Der Garten mit einer Fläche von 357 ha zieht sich vom Meeresstrand bis zu einer Höhe von 300 m am Gebirgshang hinauf. Auf 70 ha findet man hier etwa 1000 verschiedene Nutz- und Zierholzarten aus den Mittelmeerländern, Japan, China, Californien usw. Die 25 ha Obstversuchsanlagen enthalten ein reichhaltiges Sortiment von sehr zahlreichen Obstarten, darunter auch die Arten des Mittelmeerraumes, wie Mandel, Feige, Granatapfel, Ölbaum und Diospyros (Kakipflaume). Das Weltsortiment von Pfirsichen allein umfaßt 400 Sorten, die durch je ein bis vier Bäume vertreten sind. Das Weinreben-Weltsortiment besteht aus 500 westeuropäischen, 500 russischen und 300 asiatischen Rebsorten zu je vier Weinstöcken. Dazu kommen die technisch wichtigen Kulturen von Pflanzen mit ätherischen Ölen, wie Lavendel, Rosmarin, Eugenol- und Kampfer-Basilikum, Iris, Hyssopus, Rosen, oder Pflanzen, die für die Schädlingsbekämpfung wichtig sind, wie Pyrethrum. Von Zierpflanzen werden vor allem Tulpen, Nelken, Schwertlilien und andere gezüchtet. Die Baumkulturen sind teilweise über hundert Jahre alt; über ihr Verhalten im kalten Winter liegen genaue Beobachtungen vor.

Der leitende Gedanke bei der Gründung des Gartens war, die Exoten langsam an das Klima der Südkrim zu akklimatisieren, um sie dann in den Gärten des übrigen Rußland zu verwenden, sie also frostresistenter zu machen. Heute weiß man, daß die Veränderung der Frostresistenz bei einer Pflanze, wenn sie nicht von vornherein abhärtungsfähig ist, nicht erreicht werden kann. Erst die Selektion von Mutanten im Laufe vieler Generationen oder die Kreuzung mit frostresistenten Arten kann zum Erfolg führen. Bei Holzarten wird dieses Experiment im Laufe von Jahrtausenden auf natürliche Weise durchgeführt.

Doch kann die wissenschaftliche Bedeutung dieses Gartens nicht hoch genug eingeschätzt werden.

Es war deshalb für mich eine sehr dankbare Aufgabe, die Betreuung dieses Gartens zu übernehmen und ihn vor den Einwirkungen des Krieges zu bewahren. Zum Garten gehörte außerdem ein großes Naturschutzgebiet, um die einheimische Vegetation vor der Vernichtung durch die Kulturen oder den Tourismus zu schützen.

Von mediterranen Arten fand man hier: den östlichen Erdbeerbaum *(Arbutus andrachne)*, die Cistrosen *(Cistus tauricus)*, den Judasbaum *(Cercis siliquastrum)*, den Perükkenstrauch *(Cotinus coggygria)*, *Jasminum fruticans*, *Rhus coriaria*, *Pistacia mutica* und eine Reihe von krautartigen Arten. Die empfindlichen mediterranen Arten fehlten; in der Baumschicht dominierte der Hohe Wacholder *(Juniperus excelsa)* und die Flaumeiche, die ihre Blätter im Winter abwirft. Von letzterer war ein schöner alter Baum vorhanden mit dickem Stamm.

Nun sollte ich meine Arbeit auf der Krim aufnehmen. Zunächst mußte die Frage der Brotversorgung für alle Mitarbeiter des Gartens gelöst werden. Die Südkrim war ganz auf die Zufuhr von Getreide auf dem Seewege angewiesen, aber eine Schiffsverbindung gab es nicht. Eine Zufuhr durch Lastwagen kam nicht in Frage; denn diese wurden fürs Militär benötigt. Die Belegschaft des Botanischen Gartens, es waren etwa 500 Menschen, hungerte stark. Jeder versuchte für sich und seine Familie auf kleinen Parzellen Gemüse anzubauen. Die an diese Arbeit gewohnten Gärtner waren besser dran als die Wissenschaftler.

Nach vielen Verhandlungen mit verschiedenen Militärbehörden erfuhr ich schließlich, daß die Roten Truppen vor dem Abzug große Getreide-Lager mit Petroleum begossen und angezündet hatten. Aber die Getreidekörner brannten nicht, hatten jedoch einen Geruch nach Petroleum angenommen und wurden nicht fürs Militär verwendet. Dieses Getreide stellte man der Belegschaft des Gartens zur Verfügung. Es war besser als nichts. Auch sonst konnte einiges beschafft werden. Die Leute sahen, daß man ihnen helfen wollte und gewannen Vertrauen. Einige Tage später sah ich plötzlich eine Frau vorbeigehen, die wie ein mit Haut überzogenes Skelett aussah, völlig abgemagert und ohne Farbe. Ich fragte entsetzt, wer das sei. Man sagte mir, eine frühere Schreibkraft, die zu schwach war, um im Garten Gemüse anzuziehen und sich jetzt kaum noch aus dem Bett erheben könne. Ich war erschreckt, daß die Menschen zusehen können, wie eine Mitarbeiterin verhungert, und ordnete an, sie in den Sanitätsraum zu überführen, vorsichtig mit Milch zu ernähren und stiftete mein Kommißbrot dazu. Das geschah, am nächsten Tag kam sie ins Krankenhaus nach Jalta, aber es war bereits zu spät. Sie ließ mir ihren Dank aussprechen, verstarb jedoch.

Die Verwaltung des Gartens hatte für mich die Wohnung des Direktors einrichten lassen, sie war aber viel zu groß und lag inmitten der anderen Häuser. Auf dem Rundgang war mir ein kleines Häuschen aufgefallen, das ganz allein nur 50 m über dem Meer lag mit einer kleinen Veranda und herrlichem Ausblick auf das Meer. Auf meine Frage, wer darin wohne, sagte man, es sei das Gästehaus und stände eben leer. In dieses zog ich ein. Ich brauchte niemanden zu verdrängen und war allein in der Natur. Eine ältere Frau von 55 Jahren, die früher Krankenschwester in Odessa gewesen war, erklärte sich bereit, die Zimmer sauber zu halten und mittags sowie abends aus meiner Feldverpflegung und dem Gemüse, das ich vom Garten erhielt, ein warmes Mittagessen und Abendessen zu kochen. Sie bekam die Reste und damit auch eine bessere Verpflegung. Sie sorgte dafür, daß ich vom Garten genügend bekam, denn es war ja auch ihr Vorteil. Auch meine Wäsche wusch und flickte sie. Ich war gut versorgt.

Als ich mich am späten Abend schlafen legte, kam mir doch der Gedanke, wie schutzlos ich eigentlich sei, und wie leicht man mich allein unter 500 Russen umbringen könnte. Die nächste deutsche Truppe war in etwa 3–4 km Entfernung – eine Batterie auf einem Vorsprung der Küste, die die Einfahrt in den Hafen von Jalta verteidigen sollte. Diese Batterie sperrte nachts den Zugang von der Landseite mit einem Stacheldrahtverhau ganz ab, um sich vor Überraschungsangriffen der Partisanen, die noch im Gebirgswald saßen, zu schützen. Ich saß außerhalb des Drahtverhaus. Aber ich tröstete mich damit, daß ein Grund, mich umzubringen nicht bestand, da ich zum Helfen da war. Immerhin legte ich den Revolver neben mich auf den Nachttisch und verbarrikadierte die Tür mit Eimer und Wasserkanne so, daß es einen Höllenlärm geben mußte, wenn man sie öffnete. Ich mußte dadurch geweckt werden. Doch bald verlor ich die Bedenken und schlief immer ruhig und gut. Ich hatte ja den Russen gegenüber ein reines Gewissen.

Einmal, als ich durch den sehr dichten Garten auf den gewundenen Wegen ging, erfolgte in der Nähe eine Bombenexplosion. Mein erster Gedanke, die Partisanen kommen und schießen auf jeden Uniformierten. In der Nähe war ein Häuschen, in dem ein Gärtner mit seiner Familie wohnte. Ich ging hinein und beauftragte ihn, nachzuschauen, was die Explosion zu bedeuten hätte. Es dauerte ziemlich lange, bis er zurückkehrte und berichtete, in der Nacht hätte ein russisches Flugzeug eine Bombe auf die einzige Straße nach Simferopol abgeworfen, aber es sei ein Blindgänger gewesen und deutsche Soldaten hätten ihn gesprengt. Im Botanischen Institut, das nahe an der Straße lag, waren einige Fensterscheiben gesprungen, sonst war nichts passiert.

Allmählich lernte ich alle Institutsleiter und ihre Mitarbeiter kennen und besprach mit ihnen die Forschungsvorhaben. Es waren im Ganzen 28 Wissenschaftler im Nikita-Garten, ein jeder Spezialist für ein bestimmtes Gebiet, auch Chemiker zur Untersuchung der ätherischen Öle von den Parfümpflanzen oder der verschiedenen Weine. In einem Raum lagerten getrocknete Rosenblätter zur Gewinnung von Rosenöl.

Der Bedeutendste unter den Wissenschaftlern war wohl Rjabow, der den Obstbau unter sich hatte. Er zeigte mir die ganzen Anlagen. Wir unterhielten uns über die in der Sowjetunion so stark propagierten Arbeiten des praktischen Obstzüchters Mitschurin, der ebenso wie der berüchtigte Lyssenko behauptete, man könne die Natur der Pflanzen umändern. Beide waren Gegner der westlichen Genetik. Rjabow erzählte, daß sie gezwungen wurden, die Mitschurinsche «Mentormethode» anzuwenden. Die Ergebnisse waren völlig negativ, durften jedoch nicht veröffentlicht werden, weil Mitschurin ein Günstling von Stalin war.

Der für das Botanische Institut zuständige Professor Stankewitsch war abwesend. Das Institut ebenso wie das Herbar wurden von seiner jungen Schülerin, Simanskaja, betreut, die die Vegetation und Flora gut kannte und mir über verschiedene geobotanische Fragen Auskunft geben konnte. Sie hatte keine Eltern und lebte deshalb in einer kleinen Wohnung mit ihrer «Babuschka», der Großmutter, an der sie rührend hing und für die sie mit sorgen mußte. Sie hatten auch wenig Lebensmittel, deshalb lud ich sie ein, mit mir abends zu essen. Dann blieb mehr für die Babuschka übrig. Durch sie lernte ich die botanischen Verhältnisse auf der Krim kennen, sie führte mich auch durch das Naturschutzgebiet und benannte die für mich neuen Pflanzen.

Auf meinem Schreibtisch im Dienstzimmer fand ich wiederholt anonyme Briefe vor, in denen ich vor gewissen Mitarbeitern gewarnt wurde. Sie fabrizierten angeblich im Chemischen Institut Bomben. Einer versuchte den anderen anzuschwärzen, wahrscheinlich alte Zwistigkeiten austragend. Das war ja unter Stalin üblich, aber es wurde mir zu bunt. Ich machte einen Anschlag, anonyme Briefe werfe ich weg, wer Grund zu Klagen habe, solle sie mit voller Unterschrift mitteilen. Von diesem Tag an kam kein anonymer Brief mehr. Einmal wurden zugewiesene Lebensmittel verteilt. Der frühere Direktor, der von mir erwartete, ich würde ihm helfen, sein früheres Gut wiederzuerlangen, wollte sich die doppelte Ration zuweisen lassen. Da sagte ich vor allen sehr laut: «Das gibt es nicht, jeder bekommt dieselbe Ration, ob er glaube, daß die Professoren einen anderen Magen hätten als die anderen Angestellen?». Dieser Ausspruch machte bald die Runde und erhöhte meine Popularität bei den einfachen Leuten.

Eines Tages erhielt ich eine streng geheime Mitteilung, der junge rumänische König Michael wünsche den Nikita-Garten zu besichtigen und würde am nächsten Tage um 10 h eintreffen. Niemand dürfte etwas davon erfahren, ich hätte die Führung zu übernehmen. Ich machte einen Rundgang um zu sehen, ob alles in Ordnung sei und überlegte mir den Weg durch den Garten. Im Museum beanstandete ich, daß die großen Fotos an der Wand krumm und schief hingen und rückte sie zurecht. Die Russen lachten sich halb krank: Dieser pedantische Deutsche, ob es nicht einerlei sei, wie die Bilder hingen. Der Deutsche ist ja in der russischen Literatur als Pedant berüchtigt.

Am nächsten Tag fuhren mehrere Autos mit deutschen Offizieren und Soldaten als Bewachung pünktlich auf die Minute vor. Aus einem stieg der König mit seinem Adjutanten. Ich wurde vorgestellt. Auf meine Frage, was Majestät zu sehen wünsche, sagte er: «Nur den Garten.» Wir bogen gleich in den Garten ein. Vorne ging ich mit dem König und seinem Adjutanten, dahinter die begleitenden deutschen Offiziere, zu beiden Seiten deutsche Soldaten im Gebüsch oder auf dem Rasen neben dem Wege mit Maschinenpistole im Anschlag, um einen eventuellen Attentäter sofort niederzustrecken. Ich gab einen kurzen historischen Überblick vom Garten und erläuterte seine Zweckbestimmung. Darauf demonstrierte ich einige markante Gehölze, z.B. die Riesenmagnolie mit den fast tellergroßen weißen Blüten – ein Baum, der aus den Südoststaaten von Nordamerika stammt, oder den Guttaperchastrauch aus Südchina, der in den Blättern diesen kautschukähnlichen Stoff in Milchröhren enthält; er zieht Fäden, wenn man zwei Blatthälften auseinanderreißt. Auch die Stammpflanze der Orangen mit dreiteiligen Blättern und Dornen sowie einige andere Arten führte ich vor. Der junge König hörte sich die kurzen Erläuterungen stumm an und gab die Stücke von den demonstrierten Pflanzen dem Adjutanten, der sie einsteckte. Nach einer Stunde war der Gang beendet, der König bedankte sich kurz und die Autokolonne fuhr ab. Ich war froh, daß nichts passiert war. Wie erstaunt war ich, als am nächsten Tag ein hoher rumänischer General im Auto ankam und mich dringend zu sprechen wünschte. Ich erschien und er sagte mir, er wollte die Magnolie, den Guttaperchastrauch und die Stammpflanze der Orange sehen. Mich überraschten diese botanischen Interessen. Was war der Anlaß? Der König hatte beim Mittagessen mit seiner Generalität die Pflanzen, die der Adjutant mitgenommen hatte, demonstriert und die von mir gegebenen Erläuterungen wiederholt. Der General war über diese Kenntnisse von Majestät so erstaunt, daß er sich verpflichtet fühlte, sich persönlich zu orientieren.

Im Spätherbst 1944 sollte ich nochmals an diese Führung erinnert werden. Der Krieg näherte sich seinem schrecklichen Ende. Die Roten Truppen waren im raschen Vormarsch begriffen und hatten auch den Balkan erreicht. Ich war in Posen in meinem Institut. Da erhielt ich durch den Kurierdienst ein sehr sorgfältig verschnürtes Päckchen. Neugierig öffnete ich es. Ein sehr vornehmer blauer Kasten war darin. Ich öffnete diesen und mußte furchtbar lachen. Er enthielt einen hohen rumänischen Orden des Heiligen Michael mit Schwertern am Halsband zu tragen mit einer Danksagung für besondere Verdienste. Ein Orden mit Schwertern, also eine Auszeichnung für besondere Tapferkeit vor dem Feind. So gefährlich war also diese Führung gewesen. Das Päckchen war bereits unendlich lange unterwegs, bis es mich erreichte. Bald darauf kapitulierten die Rumänen, der König dankte ab und das Tragen rumänischer Orden wurde vom Obersten Befehlshaber verboten. So hatte ich nie Gelegenheit gehabt, den Orden anzulegen. Er blieb in Posen und wurde eine Kriegsbeute der Polen.

Es kamen auch viele deutsche Offiziere als Besucher in den Garten mit mehr oder weniger botanischem Interesse. Es waren nur flüchtige Begegnungen, an die ich mich nicht genauer erinnere. Später traf ich oft Leute, die sagten, wir hätten uns doch im Nikita-Garten auf der Krim kennengelernt.

Der Nikita-Garten hatte auch eine große Weinkellerei. Zum Glück hatten die Roten beim Rückzug allen Wein auslaufen lassen. Sonst wäre die Zahl der Besucher noch größer gewesen und Weinproben sind nicht mein Fall.

Mit einem Offizier machte ich eine Fahrt über Jalta zum Zarenschloß Liwadia und weiter zum Schloß von Woronzow in Alupka, bis nach Simeis. Das Zarenschloß Liwadia hatte stark gelitten. Der deutsche Stab feierte dort die Einnahme von Sewastopol. Da kamen russische Flieger und bombardierten das Schloß. Über so gute Verbindungen verfügten die Feinde. Bei der Kontrolle an einem Militärposten wurden wir gebeten, einen Partisanen, der mit dem Gewehr in der Hand überrascht und gefangen genommen war, mitzunehmen und ihn in Jalta bei der Kommandantur abzuliefern. Wir setzten ihn vorne neben den Fahrer und ich unterhielt mich mit ihm. Er schaute sich interessiert um und war erstaunt über das friedliche Straßenbild und die durchaus nicht ängstlichen Bewohner. Wenn er das gewußt hätte, dann hätte er seine Waffen längst niedergelegt, aber sie wurden dauernd von ihrem Sender mit Hetzmeldungen überschüttet: die Deutschen verhielten sich wie Vandalen und drangsalierten die Bevölkerung. Wir lieferten ihn ab, hoffentlich wurde er nicht vor ein Kriegsgericht gestellt, sondern zum Hilfsdienst eingezogen. Der Mann war nicht mehr gefährlich und politisch geheilt.

Die Zeit verging sehr rasch. Ich hatte den Tag über mit der Organisation der Verwaltung zu tun und las abends russische botanische Literatur. Es war August geworden und ich hoffte, den ganzen Betrieb bald in Ordnung zu haben, da traf plötzlich Dr. Mannsfeld, der deutsche Fischereisachverständige aus Kiew ein und überbrachte mir den Befehl, mich sofort zum Wirtschaftsstab Nordkaukasus in Woroschilowsk, das frühere Stawropol, zu begeben, und ihm mein Auto mit dem Fahrer abzuliefern. Der Abschied vom Nikita-Garten und der Krim fiel mir schwer. Auch die Angehörigen des Gartens waren bestürzt. Mich kannten sie und hatten zu mir Vertrauen. Wer würde jetzt den Garten übernehmen?

Mannsfeld mußte mich noch zur Bahn nach Simferopol bringen. Wir wählten den Umweg über Sewastopol, um die ganze Südkrim bis Kap Foros mit dem berühmten Kloster am Paß von Baidary zu sehen. Der Blick von dort auf die ganze Südkrim unter einem ist überwältigend. Dann ging es hinunter nach Sewastopol und damit in das hart umkämpfte Gebiet. Vor Sewastopol war die Straße durch Schnüre mit roten Fähnchen begrenzt. Das bedeutete, nicht geräumte Minenfelder, die man nicht betreten durfte. Ein starker Verwesungsgeruch machte sich breit. Man hatte die vielen russischen Gefallenen nur oberflächlich in dem harten Steinboden verscharrt; oft ragte noch ein Arm oder ein Bein heraus. Bald sah man die Bucht von Sewastopol – ein idealer Marinestützpunkt mit einer ganz schmalen von hohen Felsufern umsäumten Einfahrt. Aber wie sah die Stadt aus: Alle Betonbunker auf den Höhen durch den Beschuß mit den stärksten Kalibern geborsten, die Stadt durch das Trommelfeuer in Trümmern. Unsere Unterkunft war notdürftig geflickt. Die Verpflegung auch kümmerlich. Wir waren froh, als wir am nächsten Tag wieder in der freien Landschaft waren und im ersten Längstal mit Steppenwäldchen an den Hängen über Bachtschisarai, der Residenz der türkischen Sultane, nach Simferopol fuhren. Am 12. 8. 42 trafen wir dort ein. Am nächsten Tag trat ich die weite und ermüdende Eisenbahnfahrt nach Stalino an. Bis dorthin waren die Schienen bereits auf deutsche Spurweite umgelegt und es konnten die Züge fahren.

Die Russen hatten aus strategischen Gründen eine weitere Spurbreite gewählt, damit der Feind nicht beim Vormarsch die Gleise benutzen konnte. Aber das Umlegen auf ein schmäleres Gleis war eine sehr einfache Sache, dagegen das Umgekehrte beim Vormarsch der Russen im ersten Weltkrieg nach Ostpreußen sehr schwierig, weil die Bahndämme und die Eisenbahnbrücken sich alle als zu eng erwiesen und komplizierte Umbauten verlangten.

7. Im Nordkaukasus und Eröffnung der Landwirtschaftlichen Hochschule

Die 3-tägige Reise mit dem Zuge bis Stalino war sehr ermüdend. Dort blieb ich liegen, da ich auf eine Gelegenheit warten mußte, mit dem Auto nach Rostow am Don weiterzufahren. Stalino im Zentrum des Donez-Kohlenreviers war kein schöner Aufenthaltsort. Militärkolonnen bewegten sich wie in einem Ameisenhaufen nach allen Richtungen. Man wunderte sich, daß doch eine Ordnung vorhanden war und die einzelnen Kolonnen an ihr vorgegebenes Ziel gelangten. Das Kennzeichen der Stadt waren riesige Halden aus dem Abraum der Gruben neben den Schachttürmen. Die Zechen arbeiteten nicht, doch hoffte man sie wieder in Gang zu bringen, da die Kohle in einer Tiefe von nur wenig über 100 m lagerte. Es war sehr heiß und staubig. Zum Glück wurde ich in einer Schule außerhalb der Stadt neben einer Zeche untergebracht.

Ich gehörte jetzt zur Wirtschaftsinspektion A, Chefgruppe Landwirtschaft. Die Gruppe war gerade einen Tag vorher abgereist. Ich verlor eine Woche unnütz. Wie gut hätte ich diese Zeit im Nikita-Garten gebrauchen können, um die Organisation der Verwaltung abzuschließen.

Schließlich konnte ich mit einem Auto nach Rostow abfahren und Post dorthin mitnehmen. Am 23. 8. hatte ich den Don erreicht.

In Rostow waren die Verhältnisse ganz schlecht. In der Stadt war kein Wasser und kein Licht, die meisten Häuser beschädigt oder ohne Fensterscheiben. Entsprechend schlecht war die Unterkunft. Man mußte froh sein, daß es überhaupt eine gab. Wie viel schlimmer hat es die kämpfende Truppe. Nur die Etappe ist anspruchsvoll.

Das Wasser wurde in Tonnen aus dem Don geholt. Man durfte es nicht trinken. Zum Glück ging es am nächsten Tag weiter. Wir fuhren in zwei Autos zu vier Mann. Aber wir mußten inmitten von Militärkolonnen fahren, immer im dichten Staub. Mir taten besonders die Radfahreinheiten leid. Diese mußten den Staub noch stärker einatmen.

Wir erreichten unser Ziel Woroschilowsk (Stawropol) an diesem Tage noch nicht und mußten 80 km davor in einem russischen Dorf übernachten. Wir suchten uns ein sauberes Haus aus, ließen uns Heu in ein leeres Zimmer legen und Wasser für Tee kochen. Große Schwierigkeiten machte es, Gläser für den Tee zu erhalten. Man mußte im ganzen Dorf danach suchen. Die Bauern hatten nur Blechkrüge. Wir warteten draußen bis alles fertig war. Es hatte sich herumgesprochen, daß ich fließend russisch konnte. So kamen denn mehrere alte Männer auf mich zu und sagten auf russisch: «Herr Offizier, dürfen wir eine Frage stellen?» Ich sagte, sie sollten es ruhig tun. «Dürfen wir in der Kirche Gottesdienst abhalten?» Die Antwort lautete: «Selbstverständlich, ist denn die Kirche in Ordnung?». Die Männer: «Ja, wir haben das Getreide entfernt.» Ich: «Habt ihr denn auch Heiligenbilder?» Antwort: «Ja, die haben wir aus dem Versteck herausgeholt.» Ich: «Habt ihr denn einen Popen?» Sie: «Ja, den haben wir auch». Ich: «Nun, dann könnt ihr beten, aber vergeßt darüber die Arbeit nicht.» Sie: «Danke, Herr Offizier, wir werden es tun.» Nach einiger Zeit kamen sie nochmals. «Herr Offizier, dürfen wir noch eine Frage stellen?» Auf die bejahende Antwort fuhren sie fort: «Im Gottesdienst bei dem Hauptgebet muß man doch für die Regierung Gottes Segen erflehen; für welche Regierung sollen wir es jetzt tun?» Was sollte ich antworten? Zufällig standen wir vor einem auf eine Bretterwand aufgeklebten Bild von Hitler, unter dem stand: «Gitler – Oswoboditel», d. h. Hitler, der Befreier. Ich deutete auf das Bild und fügte hinzu, das sei jetzt ihre Regierung. Die Antwort befriedigte sie sehr, sie bedankten sich und versicherten, sie würden sich danach richten.

Später auf meinen Fahrten kam ich an riesigen reifen Baumwollfeldern vorbei. Die Kapseln waren aufgesprungen, die weißen Wattebauschen schauten hervor. Die Baumwolle mußte sofort geerntet werden, denn ein Regen konnte sie in diesem Zustande verderben.

Ich fuhr ins nächste Dorf und ließ den Dorfschulzen, den Starosta, holen. Hier entspann sich wieder folgendes Gespräch: (Ich) «Die Baumwolle ist doch reif?» (Er) «Jawohl, sie ist reif.» (Ich) «Dann muß man sie doch ernten, sonst verdirbt sie.» (Er) «Jawohl, man muß sie ernten.» (Ich) «Warum habt ihr denn nicht angefangen, es kann doch regnen?» (Er) «Es hat uns niemand befohlen, mit der Ernte zu beginnen.» (Ich) «Dann befehle ich es euch, morgen in der Frühe müssen alle mit der Ernte beginnen.» (Er) «Jawohl, wir werden beginnen.» Leider mußte ich weiter und konnte nicht kontrollieren, ob sie es auch taten. Nach der Revolution waren sie erzogen, nur das zu tun, was man ihnen befahl. Auch wollte niemand die Verantwortung übernehmen. Denn, wenn es nachträglich nicht gewünscht wurde, so wurde man nur zu oft beschuldigt und eventuell wegen Sabotage nach Sibirien ins Konzentrationslager verschickt.

Außerdem interessierte die Baumwolle die Kolchosarbeiter wenig. Sie hatten die Arbeit und mußten alles abliefern. Vom Getreide erhielten sie einen Teil als Deputat für ihre Ernährung.

Ein anderes Mal hatte ich mit Agronomen die Frage erörtert, warum jetzt in der Sowjetunion die Erträge so niedrig seien, während man früher von Odessa aus viel Getreide exportierte. Sie konnten jetzt offen reden und erklärten es mir.

Schuld daran waren zu einem großen Teil die Mähdrescher, die von den Motoren- und Traktoren-Stationen bei der Ernte eingesetzt wurden. Die Mähdrescher wurden zuerst in Amerika konstruiert und sind dort in den weiten Weizenanbaugebieten des Westens sehr geeignet, weil es im Herbst nicht regnet. Das reife Getreide kann lange auf dem Halm stehen, ohne daß es auswächst oder verschimmelt. Der Mähdrescher kann einen Monat lang einen Acker nach dem anderen abernten. In der Sowjetunion ist dagegen der Herbst regnerisch. Der Dreschplan wird aber im voraus festgelegt für jeden Tag.

Wenn es während der Ernte regnet, sagt der Agronom von der Kolchose dem Traktoristen, daß an diesem Tage nicht gedroschen werden dürfte, denn sonst blieben 25 % der Körner in der feuchten Ähre stecken. Der Traktorist antwortet, er hätte seinen Plan, den müßte er ausführen, sonst würde er zur Rechenschaft gezogen, alles andere kümmere ihn nicht. Er drischt mit dem Mähdrescher, dadurch entstehen Verluste von 25 %. Dann läd der Mähdrescher in Abständen das Korn in Säcken auf dem Acker ab. Diese müssen bei nassem Wetter sofort mit Lastwagen abgefahren werden. Aber im nassen Schwarzerdeboden bleiben sie stecken, können also das gedroschene Getreide nicht abholen. Wenn es mehrere Tage regnet, fängt das Getreide an auszuwachsen oder zu schimmeln. Die ganze Ernte geht bei schlechtem Wetter verloren, doch der Plan ist, wie gemeldet wird, erfüllt.

Das ist nur ein Beispiel für die Unsinnigkeit des Zentralismus vom grünen Tisch aus. In der Theorie klingt alles sehr schön, in der Praxis versagt das ganze System.

Woroschilowsk liegt auf einem Hochplateau, das mehr Regen erhält, so daß an den Hängen sogar Laubwald mit der orientalischen Buche wächst. Diese unterscheidet sich von unserer kaum.

Schon von weitem war bei der Anfahrt der sehr hohe schlanke Kirchturm von Woroschilowsk mit der Zwiebel zuoberst zu sehen. Das Plateau wurde beim Vormarsch umgangen und die Stadt ohne Kampf eingenommen. Eine typische Kleinstadt mit fast nur einstöckigen Häusern, viel Grün und Abwässergräben zwischen der Fahrbahn und den Fußsteigen. Diese Gräben waren offen und die Zahl der Fliegen unendlich groß, ein Grund, daß alle zunächst magenkrank wurden und später die infektiöse Hepatitis fast 50 % der Truppenangehörigen befiel. Auch ich litt an Durchfall. Auf meinen Besichtigungsfahrten sah ich jedoch auf einer Versuchsstation kindskopfgroße Zwiebeln, die ich nicht kannte. Eine nahm ich mit. Jeden Tag aß ich eine große Scheibe roh. Mein Magen wurde besser und vor der Hepatitis blieb ich bewahrt.

Die Chefgruppe hatte eine Wohnung in einem zweistöckigen Gebäude beschlagnahmt. An der Spitze stand ein sehr unbedeutender Landbauernführer – eine Parteigröße in Generalsuniform, auf die er sehr stolz war, sonst tat er wenig, fuhr in den Wald um zu jagen. Sein Adjutant, Major Dr. Stahl konnte mehr. Aber das Hauptanliegen war gut essen und trinken. Ich paßte nicht in die Gesellschaft und zog bald als Untermieter zu einem älteren, sehr netten Ehepaar in einem kleinen Häuschen mit Garten. Die Landwirtschaftliche Hochschule hatte mir das Zimmer vermittelt. Das Häuschen lag ihr gegenüber. Die Hochschule für Landwirtschaft und Tierzucht war ein zweistöckiges Gebäude von einem schönen Park umgeben; ein Nebengebäude war vom Militär besetzt.

Am 25. 8. war ich in Woroschilowsk eingetroffen, fand aber keine Arbeit vor. Die Chefgruppe war nur mit sich selbst beschäftigt. Einige Tage gingen nutzlos verloren, dann beschloß ich, die Hochschule zu inspizieren. Es stellte sich heraus, daß alle Professoren vorhanden waren, auch die Studenten. Der Vormarsch war so rasch gewesen, daß eine Evakuierung nicht möglich war. Nur die Professoren für Marxismus und Leninismus, also die Parteigrößen, waren geflohen. Alle waren sehr froh, daß ich als Vertreter der Besatzungsmacht kam und mich russisch mit ihnen unterhalten konnte. Der Botaniker holte einen Band von einer Zeitschrift hervor mit einem Referat über die Internationale Pflanzengeographische Exkursion 1928 durch die Tschechoslowakei und Polen mit einem Gruppenbild, auf dem er auch mich entdeckt hatte. Ich war somit als Wissenschaftler legitimiert. Der Kontakt war bald hergestellt. Mir wurde voller Stolz gezeigt, was alles an Sammlungen und Apparaten für den Unterricht und die Forschung vorhanden war. Für diesen entlegenen Winkel der Sowjetunion war es sehr beachtlich. Die Hochschule hatte viele Versuchsgüter und Schafzuchtstationen in der näheren und weiteren Umgebung. Eine besuchte die Chefgruppe und nahm mich als Dolmetscher mit. Dort entdeckte ich die Zuchtschweine von Askania Nova. Dem Leiter der Station wurde eingeschärft, daß diese sehr wertvollen Tiere unter allen Umständen zu erhalten seien und keines davon geschlachtet werden dürfe. Im übrigen sollte die Arbeit normal weitergehen. Verpflegungssorgen bestanden an der Hochschule nicht; denn von den Gütern kamen Produkte herein. Auch mir wurde frisches Fleisch zugeteilt, das für mich und meine ältlichen Hauswirte reichte, Gemüse wurde auf dem Markt genügend angeboten. Da ich kein Auto hatte, widmete ich mich ganz der Hochschule. Unterricht fand keiner statt, die Studenten lungerten auf den Straßen herum. Müßiggang ist allen Übels Ursprung, dachte ich. Warum sollte man den Unterricht nicht wieder aufnehmen? Die Front war weit entfernt, vor Grosnyj und hinter Maikop. Der Vormarsch war allerdings zum Stillstand gekommen, weil die Panzer ohne Benzin liegen blieben. Benzin wurde zwar per Flugzeug aus Rumänien herangebracht, aber das war nur ein Tropfen; denn das Flugzeug verbrauchte für den Transport selbst ein Drittel der Ladung. Von Stalingrad wurden sehr schwere Kämpfe gemeldet.

Die Professoren waren voller Freude, als ich von meinem Plan berichtete. Man brauchte jedoch die Genehmigung von oberster Stelle. In der Ukraine wäre dieser Plan aussichtslos gewesen, aber hier war keine Zivilregierung, sondern eine Militärverwaltung und die Militärs waren vernünftiger. Ihnen lag alles daran, daß es in den rückwärtigen Gebieten ruhig blieb und keine Partisanengefahr bestand. Das deutsche Heer kämpfte nicht gegen das russische Volk, sondern gegen die Gewaltherrschaft von Stalin. Nur die verbohrte Zivilverwaltung war russenfeindlich. Ich stellte deshalb über die Chefgruppe den sorgfältig begründeten Antrag an den Oberbefehlshaber der nordkaukasischen Front.

Kommunistische Lehrkräfte mußten unter den Hochschullehrern natürlich ausgeschlossen werden. Eine Dozentin für Schafzucht wurde mir als Mitglied der Kommunistischen Jugend (Komsomol) gemeldet. Ich ließ sie zu einem Verhör kommen. Sie gab es freimütig zu und sagte, die Arbeit mit der Jugend hätte ihr viel Freude und Befriedigung gegeben; man müßte sich für die Jugend einsetzen. Sie machte auf mich einen ausgezeichneten Eindruck, wirklich eine Jugenderzieherin und keine Parteiideologin. Eine Gefahr sah ich in ihr nicht. So erklärte ich ihr, daß sie durch ihre Parteibelastung nicht an der Schule unterrichten könne, ich riete ihr, allen Unannehmlichkeiten aus dem Wege zu gehen und auf einer entlegenen Schafversuchsstation praktisch-wissenschaftlich zu arbeiten, für die Schafe sei das nicht gefährlich.

Es war inzwischen September geworden. Das Wetter war trocken und sonnig, die Luft durchsichtig klar. Vom Plateau aus hatte man über die nordkaukasische Niederung einen Blick auf den 150 km entfernten Hauptgebirgskamm mit den Schneebergen, über denen sich noch höher die Kuppel des zweigipfeligen Elbrus mit 5633 m Höhe erhob. Zu Fuß versuchte ich die Umgebung kennen zu lernen, kam aber über die locker besiedelten Vorstädte mit kleinen Resten von Wäldern an den Hängen der erodierten Schluchten nicht hinaus. Die Jahreszeit war auch zum Botanisieren ungünstig. Die Herbstfärbung war herrlich, aber die Vegetation rüstete sich schon für den Winter. Früchte konnte man finden, nicht jedoch Blüten.

Am 4. September bekam ich den Auftrag mit einem Leutnant, einem jüngeren Pflanzenpathologen, im Auto die Institute im Gebiet von Essentuki, Pjatigorsk und Kislowodsk – den berühmten Mineralbädern und Kurorten im Nordkaukasus aufzusuchen. Das war eine schöne Aufgabe.

In diesem Gebiet waren eine Reihe von kleineren Versuchsstationen verstreut. Die Fahrt war herrlich, das Wetter unverändert sonnig, nachts kühlte es schon ab, aber am Tage war es immer schön warm, die Luft trocken und sehr klar.

Die Straße führte zunächst abwärts. Vor uns lag die Niederung, mit Steppen in Herbstfärbung. Die rötlichen und gelblichen Töne überwogen, im tiefsten Teil lag blau mit weißen Rändern ein Salzsee. Vor dem Anstieg zum Hauptkamm erhoben sich mehrere Lakkolite (Kuppen aus Eruptivgestein) mit dem Beschtau (= 5 Gipfel), dem höchsten, bei Pjatigorsk. Ich freute mich, diese Gegend kennen zu lernen, die mir aus der Literatur vertraut war. Der Dichter Lermontow, dem man mit die schönsten russischen Gedichte verdankt, wie «das Gebet», «der Engel», «der Prophet» u. a., war hier als Leutnant bei der Eroberung des Kaukasus eingesetzt gewesen. Hier schrieb er auch den «Helden unserer Zeit», seine Biographie, die in Pjatigorsk spielte. In Pjatigorsk ist er im Duell in jungen Jahren erschossen und begraben worden. Sein Denkmal konnten wir sehen. Er hat auch den Ausblick vom Berge direkt bei der Stadt auf den Hauptkamm des Kaukasus geschildert. Als wir dort übernachteten, stiegen wir vor Sonnenaufgang hinauf und sahen, wie die ersten Strahlen die höchsten Schneegipfel erleuchteten. Ein herrliches Bild.

Die Versuchsstationen in dieser Gegend waren Neugründungen ohne Geldaufwand. Der Staat richtet die landwirtschaftlichen Stationen nicht ein, sondern weist ihnen ein großes Gut zu. Aus den Einnahmen von den landwirtschaftlichen Erträgen sollen sie selbst die Institute aufbauen und die Forschungsarbeiten bezahlen, auch alle Mitarbeiter. Man muß dabei mit Jahren oder Jahrzehnten rechnen, bis überhaupt an Forschungsarbeit gedacht werden kann, insbesondere in einem sozialistischen Staat, in dem die Preise für landwirtschaftliche Produkte möglichst tief festgesetzt werden. Die Mitarbeiter konnten gut von den Produkten des Landes leben, aber kaum Geld für Apparate herauswirtschaften. Entsprechend waren die Forschungsergebnisse gering und höchstens bei der Lösung von rein praktischen Fragen zu erwarten.

Ich wurde überall mit Freuden begrüßt und erhielt auch genaue Auskunft, brauchte aber auch für die Information meist einen ganzen Tag. Mein Begleiter meinte, er hätte schon an verschiedenen Informationsfahrten mit anderen Sachverständigen teilgenommen, so genau hätte es jedoch keiner genommen; meist wäre der Besuch in einer halben Stunde nach einem Rundgang erledigt gewesen. Neu war für mich ein Institut für Seidengewinnung durch den Eichen-Seidenspinner. Dieser lebt von Eichenblättern, bildet Kokkons, die etwas größer sind als bei den Seidenraupen und die gewonnenen Seidenfäden sind etwas gröber als bei der echten Seide. Die Kultur ist besonders einfach: Man bedeckt einen Eichenbaum mit einem feinmaschigen Netz und läßt die Raupen im Freien, sammelt später die Kokkons ein. Der Leiter hatte neue Zuchten und fürchtete, daß sie durch Kriegseinwirkung verloren gehen könnten, hielt deshalb die abgelegten Eier bei sich unter dem Bett.

In Kislowodsk, dem größten Bad mit riesigen Kurheimen und einer schönen Promenade, erfuhren wir, daß die Karatschajer, ein kleiner türkischer Gebirgsstamm am Fuße des Elbrus, sich nach dem Abzug der roten Truppen gleich den Deutschen angeschlossen hatten, aber die Gelegenheit benutzten, eine meteorologische Station der verhaßten Russen im Gebirge auszuplündern und alle Apparate zu rauben. Wir beschlossen, diesen Klagen nachzugehen und die Karatschajer aufzusuchen und ihnen ins Gewissen zu reden.

Der Weg hinter Kislowodsk ging steil aufwärts und war eine einfache Gebirgsstraße, aber unser kleiner Mercedes schaffte es. Immer höher ging es hinauf, der Ausblick auf das Vorland wurde immer gewaltiger. In 2000 Meter Höhe direkt vor dem Elbrus liegt ein Hochplateau, das Weideland der Karatschajer. Es sind alles schöne weite Gebirgswiesenflächen, denn die Niederschläge sind am Gebirgsfuß schon viel höher. Die Wiesen sind sehr krautreich, vor allem der Anteil einer kaukasischen Anemonenart ist ziemlich groß.

Schließlich erreichten wir das Dorf mit kleinen, niedrigen, dicht gedrängten Hütten aus Lehmziegeln. Die Karatschajer erkannten die deutschen Uniformen und begrüßten uns mit Begeisterung. Ich konnte mich mit ihnen auf russisch verständigen. Wir machten einen Rundgang und fanden in verschiedenen Hütten meteorologische Meßinstrumente, wie Thermometer, Hygrometer usw. Ich benutzte die Gelegenheit um ihnen zu erklären, daß wir uns über ihre Freundschaft sehr freuen und sie gerne unterstützen würden gegen die Bedrängnis durch die Russen, daß jedoch diese Apparate, wie ich sähe, aus einer meteorologischen Station stammten und die meteorologischen Messungen für die Deutsche Armee sehr wichtig seien. Sie könnten mit den Apparaten nichts anfangen und müßten sie wieder dorthin bringen, wo sie herkämen. Sie machten einen verlegenen Eindruck und versprachen, es zu tun. Wir wollten uns verabschieden, aber sie baten uns noch etwas zu bleiben. Ihre Frauen hätten noch nie einen deutschen Offizier gesehen und wollten kommen. Nach einiger Zeit kamen auch viele Frauen, ohne etwas zu sagen, standen sie neugierig da und schauten uns an. Dann meinten wir, es sei genug, und fuhren zurück.

Diese Fahrt hatte eine Woche gedauert und war ohne Panne verlaufen. Darauf besuchte ich in der Nähe von Woroschilowsk die Pflanzenzuchtstation, die nicht zur Hochschule gehörte. Dort war eine Kreuzung zwischen Weizen und Quecke ausgeführt und ein ausdauernder Weizen gezüchtet worden, von dem ich oft in russischen Arbeiten gelesen hatte. Er wurde als ein großer Erfolg gefeiert. Man könne eine Weizenwiese dauernd unterhalten und jährlich ernten, ohne jährliche Bodenbearbeitung und Aussaat. Es sei also ein Grünland mit Weizenerträgen.

Es interessierte mich, diesen mehrjährigen Weizen in natura zu sehen. Aber ich war sehr enttäuscht. Die grüne Wiese war vorhanden, die Zahl der Weizenähren jedoch pro Hektar sehr gering und ein Abernten derselben kaum lohnend. Wie alles Neue in der Sowjetunion war auch dieser Erfolg sehr aufgebauscht worden. Man müßte erst durch weitere Züchtung das Fruchten stark erhöhen, bis ein Nutzen für die Praxis vorhanden wäre. Große Skepsis bei Erfolgsmeldungen ist immer am Platz.

Es hatte sich wie ein Lauffeuer im Nordkaukasus herumgesprochen, daß ein wissenschaftlicher Betreuer von den Deutschen eingesetzt wäre, der fließend russisch spräche. Mein Name war bald bekannt und es kam z. B. der Leiter der Bienenversuchsanstalt von weit her, um mich in Woroschilowsk aufzusuchen. Er hatte ein Manuskript mit interessanten Versuchen mitgebracht, das er mich bat, in Deutschland zu veröffentlichen. Er stellte medizinischen Honig her, indem er die Bienen mit Zucker fütterte, wobei er der Lösung verschiedene Arzneien zusetzte, z. B. Chinin. Die Bienen nahmen trotzdem den Zucker auf, so daß er Chininhonig erhielt. Man konnte diesen einnehmen, ohne daß man den bitteren Geschmack spürte. Er experimentierte weiter, setzte Blut zu und erhielt Bluthonig. Durch den Honig wurden die Zusätze konserviert und hielten sich unbegrenzt. So konnte er Honig mit leicht verderblichen Hormonen oder Enzymen herstellen, z. B. aus der Bauchspeicheldrüse. Man konnte sonstige Konservierungsmittel oder das Sterilisieren vermeiden.

Diese Versuche schienen mir bemerkenswert zu sein. Ich versprach ihm, seine Arbeit im Winter ins Deutsche zu übersetzen und einer Fachzeitschrift zum Druck zu schicken. Das tat ich auch und zwar schickte ich die Arbeit an den Herausgeber der größten Zeitschrift für Bienen- und Honigkunde. Leider erhielt ich die Arbeit mit einem entrüsteten Brief zurück. Die deutschen Imker kämpften seit Jahren für die Reinheit des deutschen Honigs und nun schlage ich vor, ihn mit verschiedenem Zeug zu verfälschen. Der Mann hatte nicht verstanden, daß es sich nicht um Honig als Genuß-mittel handelte, sondern um Arzneimittel für Kranke. Beim Rückzug aus Posen ging dann das Manuskript verloren. Ich weiß nicht, ob in der Sowjetunion der interessante Gedanke praktische Anwendung fand. Am 14.9. begann dann die zweite große Rund-fahrt in das Gebiet von Krasnodar bis an den Rand der nordkaukasischen Kette und auf die Taman-Halbinsel. Erst am 10. Oktober kamen wir zurück. Diesmal fuhr Dr. Klemm mit mir, ein guter Spezialist für Pflanzenschädlinge von der Biologischen Reichsanstalt in Berlin. Er als Balte konnte auch russisch sprechen, was eine große Hil-fe für mich war.

Auf dieser Fahrt habe ich enorm viel Neues gesehen und gelernt. Krasnodar ist das frühere Jekaterinodar, wo ich im ersten Weltkriege als russischer Artillerie-Offizier gewesen war. 25 Jahre waren seitdem vergangen. Es war jetzt eine große Stadt, in der ich mich nicht mehr auskannte. In ihr war eine neue höhere landwirtschaftliche Schu-le. Das Hauptgebäude von dieser war für ein Lazarett beschlagnahmt worden. Die Lehrkräfte klagten, daß ihre Bibliothek auf die Straße geworfen würde und eine SS-Einheit sie abtransportieren wolle. Ich fuhr sofort hin. Der Militärarzt ließ sich auf nichts ein, er brauche den Platz für seine Kranken und Verwundeten. Die Räumung konnte ich nicht verhindern. Ich redete aber mit der SS und machte ihr klar, daß ein Ab-transport dieser russischen Fachbücher nach Deutschland ein Unsinn wäre. Dort kön-ne sie niemand lesen, sie bezögen sich auch auf den Kaukasus und würden hier benö-tigt, um in unserem Interesse die landwirtschaftlichen Erträge im Nordkaukasus zu steigern. Tatsächlich ließen sie von ihrem irrsinnigen Vorhaben ab. Die Professoren kamen mit Handwägelchen und brachten die Bücher in einer Scheune vorläufig unter. Sie waren mir sehr dankbar.

Ein zweites Mal konnte ich Unheil verhüten, in dem sehr modernen Institut für Ta-bakanbau. In diesem Institut wurde im kühlen Kellerraum die Tabaksaat für den gan-zen Nordkaukasus aufbewahrt. Eine Maschinengewehr-Kompanie kam gerade, woll-te die Räume für ihre Geräte und Waffen beschlagnahmen und das Saatgut hinauswer-fen. Ich fragte die Soldaten, ob sie gerne rauchen, was sie bejahten. Darauf erklärte ich ihnen, daß es sich um die Tabaksaat für das nächste Jahr handele, wenn es vernichtet würde, dann gäbe es keinen Tabak und nichts zu rauchen. Sie waren einsichtig, ließen sich von mir überreden und suchten sich eine andere Unterkunft. Das Tabakinstitut war sehr modern eingerichtet und hatte einen guten Mitarbeiterstab. Ebenso gut wa-ren die Institute für Ricinus-Anbau (Ricinus-Öl ist für die Technik und die Flugzeug-motoren von Bedeutung), für Reisanbau und Baumwollanbau. Alle diese Kulturen waren für das Gebiet ganz neu. Früher hielt man sie wegen der kalten Winter für un-möglich, aber die Sommer sind ja heiß und lang genug, um den Anbau der einjährigen Kulturen zu ermöglichen. Man muß nur frühreifende Sorten benutzen. Diese zu züchten, war die Aufgabe der Institute.

Sehr überrascht war ich, als ich bei Maikop Teekulturen antraf. Wie konnte der Tee-strauch die eisigen Winter nördlich vom Gebirge ertragen? Dieses Problem wurde fol-gendermaßen gelöst: Der Strauch wurde im Herbst ganz heruntergeschnitten und mit Erde bedeckt. Im Frühling trieb er wieder aus und die jungen Triebe konnten geerntet werden. Ich ließ mir einen Beutel mit diesem Tee abfüllen und schickte ihn nach Deutschland. Wir haben lange diesen Tee getrunken; er hatte ein besonders gutes Aroma – es waren ja alles nur junge Triebe.

Hier am Nordhang des Gebirges, auf dessen Kamm die Frontlinie verlief, war man schon im Gebiet des Laubwaldes, vor allem mit Eiche. Aber gerade bei Maikop gab es weite Wälder mit Wildobstarten im Reinbestand, besonders viele Birnen. Das war ganz ungewöhnlich und nur aus der Geschichte des Gebiets zu verstehen. Es war im

19. Jahrhundert von dem türkischen Stamm der Tscherkessen dicht besiedelt. Sie hatten hier ihre Obstgärten. Im russisch-türkischen Kriege 1877/78 sympathisierten die Tscherkessen mit den Türken. Zur Strafe wurden sie nach dem Kriege alle in die Türkei ausgewiesen. Man war damals humaner, als im zweiten Weltkriege, in dem alle Fremdvölker nach Sibirien verbannt wurden und dort zu einem großen Teile umkamen. Die türkischen Dörfer verfielen, aber die Obstbäume wuchsen weiter, ihre Samen verbreiteten die Vögel. Da jedoch das Obst nicht samenecht ist, spalteten in der nächsten Generation viele Wildsorten heraus. Man kam aber auf den Gedanken, selbst die alten Stämme abzusägen und in die Rinde des Stumpfs Reiser von guten Sorten zu pfropfen. Das gelang, die Wälder wurden zu einem riesigen Obstgarten. In einer Konservenfabrik konnten die großen Mengen von anfallendem Obst an Ort und Stelle verwertet werden.

Am 3.10. kehrten wir nach Krasnodar zurück von unserem Vorstoß nach Süden und wollten nun nach Westen bis zur Meerenge von Kertsch. Am Unterlauf des Kuban-Flusses war auf Befehl von Moskau der Obst-Sowchos «Gigant» mit 2300 ha aufgebaut worden, den wir besuchten. Es war ein weiteres Beispiel für das Versagen der Planwirtschaft:

Hier im Unterlauf hat der Kuban-Strom so mächtige Uferwälle abgelagert, daß sein Wasserspiegel bei Hochwasser über der Oberfläche des umliegenden Geländes liegt. Infolgedessen steht das Grundwasser sehr hoch. Auf der von Moskau befohlenen Stelle mußte das Gelände zunächst entwässert und das Wasser in den Kuban gepumpt werden, bevor man Obstbäume pflanzen konnte. Sie wurzelten flach über dem hohen Grundwasserspiegel. Im Spätsommer und Herbst ist es jedoch so trocken, daß das Grundwasser tief absinkt. Die Bäume bleiben ohne Wasser und Bewässerung ist notwendig. Merkwürdigerweise wurde der Reis-Sowchos oberhalb von Krasnodar eingerichtet, wo der Kuban noch eingeschnitten im Gelände fließt. Dort mußte Wasser aus dem Kuban auf die Reisbeete gepumpt werden, die stets überstaut sein müssen. Auf meine Frage, warum man nicht den Obstsowchos dort angelegt habe, wo jetzt der Reissowchos ist, und für den Reisanbau den Unterlauf des Kubans gewählt hätte, antwortete der Sowchosleiter, er hätte gerade das vorgeschlagen, aber von Moskau kam die Antwort, der Plan müsse ausgeführt werden, um das Übrige hätte er sich nicht zu kümmern.

Es wurden also 10 000 Apfelbäume angepflanzt, fast alle von der guten Sorte «Semirenko». Das hatte zur Folge, daß die Äpfel alle gleichzeitig reiften. 20 t mußten täglich geerntet werden. Die Arbeitsspitze bei der Ernte war so groß, daß es an Arbeitskräften mangelte und Verluste eintraten.

Auf die Frage, ob denn dieser Großbetrieb unter diesen Umständen sich rentiere, kam die Antwort, das wisse er nicht. Das schien mir unbegreiflich, aber er berichtete, er müsse für jedes Jahr die für den Betrieb benötigten Mittel in Moskau beantragen und im Herbst die ganze Ernte an den Staat abliefern. Was mit dieser geschehe, zu welchem Preis die Äpfel abgesetzt würden, das erfahre er nicht. Nach der Besichtigung übernachteten wir in einer richtigen Staniza der Kubankosaken. Die Männer waren einberufen, die Frauen mußten alleine fertig werden und erfuhren von den Männern nichts. Eine Feldpost für die Soldaten der Roten Armee gab es nicht.

Die Hütte im ukrainischen Stil – die Kubankosaken sind Ukrainer im Gegensatz zu den Donkosaken – war blitzsauber. Wir bekamen gutes Essen (Milch, Eier, Brot und Butter), das wir bezahlten, und sehr saubere Betten.

Dann ging es weiter auf die Taman-Halbinsel mit vielen Baumwollfeldern und Reisfeldern in dem sumpfigen Gelände. Es handelte sich ja um einen Teil des sehr umfangreichen Deltas vom Kuban, ein Gelände kaum über dem Meeresspiegel. In Tjemrück, einem kleinen Hafen für den Fischfang, konnten wir bei einer deutschen Dienststelle übernachten. Wir bekamen Stör und Kaviar, von denen es beides im Überfluß gab, denn der Abtransport funktionierte nicht. Wir badeten in dem kaum salzigen Asowschen Meer, in das ja der Don mündet und das ständig Wasser durch die Meerenge von Kertsch an das Schwarze Meer abgibt, und schauten uns dann den Markt an. Auf diesem wurden in großen Körben Wassernüsse angeboten, die *Trapa natans*, die in großen Massen in den stillen Wassern des Kuban-Deltas wächst. Diese Frucht im Handel war mir neu. Wir kauften uns ein Pfund und probierten sie. Roh schmeckt sie jedoch nicht besonders, nur nach Stärke. Gekocht, als Kartoffelersatz, ist sie sicher sehr nahrhaft.

Weiter ging die Fahrt nach Taman, wo wir in der Meerenge badeten. Weiter nördlich an der engsten Stelle bauten Pioniere eine Brücke, um eine direkte Verbindung zwischen der Krim und dem Kaukasus herzustellen. Sie hat sich beim Rückzug 1943 sehr bewährt, da sonst die Truppen im Kaukasus in einer Falle gewesen wären.

Nachts versuchten Flugzeuge, die von der kaukasischen Küste kamen, die Arbeiten zu stören und warfen Bomben ab. Die deutsche Flak beschoß sie. Aus der weiten Entfernung sah das Ganze im Dunklen wie das Feuerwerk bei einem Fest aus, die Detonationen waren kaum hörbar. An Ort und Stelle war es grausiger Ernst, wie später bei den Bombenangriffen auf die deutschen Städte.

An Forschungseinrichtungen gab es auf der Tamanhalbinsel keine von Bedeutung. Deshalb fuhren wir über Anapa nach Krasnodar zurück und von dort nach Woroschilowsk.

Als wir am 10. Oktober dort eintrafen, hatten wir 2 200 km zurückgelegt. Die Fahrt war fast glatt verlaufen. Einmal hatten wir Schwierigkeiten bei der Benzinbeschaffung. Wir hatten zwar noch den Tank halbvoll, wollten ihn jedoch volltanken. Aber bei den Militärtankstellen war überall kein Benzin. Wieder kamen wir zu einer. Die Zapfstelle war nicht besetzt. Wir versuchten, ob Benzin da wäre und, siehe da, es kam Benzin heraus. Wir tankten voll und fuhren weg. Aber was war denn los! Aus unserem Wagen kam eine schwarze Rauchwolke. Wir schauten nach und stellten fest, daß wir kein Benzin, sondern Petroleum getankt hatten. Dieses war jedoch mit dem im Tank gewesenen Benzin verdünnt. Der Motor lief, es bestand nur die Gefahr, daß die Kerzen verrußten. Als wir wieder zu einer Tankstelle mit Benzin kamen, verdünnten wir das Petroleum weiter, so daß alles gut verlief. Schlimmer war bei einer Fahrt mit vielen Schlaglöchern ein Federbruch links hinten. Es war selbst für einen Mercedes zu viel gewesen. Sehr vorsichtig und langsam fuhren wir weiter. Einige Blätter der Feder hielten noch. Neben einer Traktoren- und Motorenstation war eine Militärwerkstätte. Aber der leitende Unteroffizier schaute den Wagen an und sagte: «Mercedes-Benz, für den haben wir keine Ersatzteile, da können wir nichts machen.» Auf meinen Einwand, ich hätte noch eine weite Fahrt vor mir, man könnte das doch ohne Ersatz-Federn irgendwie reparieren, hieß es: «Wir Deutschen machen es entweder richtig oder gar nicht.» Als Militärbeamter hatte ich keine Befehlsgewalt gegenüber Soldaten. Wütend sagte ich zu meinem Fahrer, er solle zur Traktoren-Station fahren. Dort ließ ich den Leiter rufen, zeigte ihm den Schaden und forderte, daß dieser in zwei Stunden behoben sein müßte, ich würde solange spazieren gehen. Ohne Widerspruch machten sich die Monteure gleich an die Arbeit, legten Eisenplatten unter, umschnürten alles mit Draht, schweißten es zusammen. Die Feder hielt bis zum Ende der Fahrt ausgezeichnet, nur war sie weniger elastisch, was jedoch kaum zu merken war.

Im Stillen dachte ich, wie wollen wir den Krieg gewinnen, wenn wir hier im fernen Kaukasus nicht improvisieren können, sondern stur dem Perfektionismus frönen.

Nun mußte ich die Ergebnisse meiner Fahrten auswerten. Für jedes Institut, das ich

147

besuchte, hatte ich einen vorläufigen Haushaltsplan aufgestellt. Zusammen mit dem Direktor und dem Buchhalter wurden die benötigten Mittel für das Personal und für die sachlichen Ausgaben festgestellt, nachdem die weiteren Forschungsaufgaben besprochen waren. Das konnte bei intensiver Arbeit innerhalb eines Tages geschehen. Die notwendigen Unterlagen waren ja vorhanden. Die Russen staunten! Bei ihnen hätte das immer ein halbes Jahr mindestens gedauert. Auf meine Frage warum, berichteten sie mir über den bürokratischen Weg, der eingeschlagen werden mußte. Finanziert wurden von Moskau nicht die Institute, sondern nur die geplanten Forschungsaufgaben. Wenn z. B. fünf verschiedene Vorhaben geplant wurden, so mußte die Arbeitszeit, die jeder Wissenschaftler für die einzelne Aufgabe benötigte, in Stunden für das Jahr angegeben werden; aber nicht nur für den Wissenschaftler, sondern auch für jeden Mitarbeiter bis hinunter zur Reinemachefrau. Dasselbe wurde auch für die Sachausgaben verlangt, selbst wie viele Papierbogen oder Bleistifte benötigt wurden. Deswegen arbeiteten neben dem Buchhalter immer noch viele Schreibkräfte. Im Endresultat mußte jeder voll beschäftigt sein und das für ihn vorgesehene Gehalt zum Leben erhalten.

Wenn es soweit war, fuhr der Direktor mit dem Buchhalter zu der zuständigen Behörde nach Moskau und legte den Plan vor. Bis dieser geprüft war, dauerte es lange. Es kam kaum vor, daß alle Vorhaben genehmigt wurden. Wenn es nur drei von den fünfen waren, so stimmte die ganze Rechnung nicht, keiner war vollbeschäftigt. Also fuhr man zurück und verteilte die Stundenzahl für das ganze Jahr auf drei Vorhaben, ebenso die Sachausgaben. Dann fuhr man nochmals nach Moskau. So wurde es oft August, bis der Haushalt des laufenden Jahres genehmigt war. Bei landwirtschaftlichen Versuchen mußte man aber im Frühjahr mit der Aussaat beginnen. Der verbliebene Herbst war eine tote Zeit. Bis Ende des Jahres hatte man jedoch die Ergebnisse der genehmigten Vorhaben vorzulegen, was gänzlich unmöglich war. Deshalb griff man zu einer List, man führte ohne Genehmigung verschiedene Untersuchungen im voraus durch und beantragte sie nachträglich. Die Ergebnisse lagen im Geheimen schon vor und konnten rechtzeitig zum Jahresende vorgelegt werden.

Es herrschte ein heilloser Bürokratismus und Leerlauf. Auf den Kolchosen wurde dem einzelnen nach den von ihm im Laufe eines Jahres geleisteten Arbeitsstunden der Lohn zugeteilt. Was in einer Stunde zu leisten war, wurde für jede Arbeit festgelegt. Etwa 10 % der Belegschaft hatten die Aufgabe, das geleistete Arbeitssoll draußen im Felde oder im Stall zu kontrollieren und aufzuschreiben. Für produktive Arbeit fielen sie aus.

Ich hatte nun einen Überblick über alle Institute im Nordkaukasus erhalten und arbeitete einen Verwaltungsplan aus. Es schien mir zweckmäßig zu sein, die im Westen befindlichen Institute zu einer Gruppe mit dem Zentrum in Krasnodar zu vereinen, die östlichen zu einer zweiten mit dem Zentrum in Woroschilowsk. Dann waren die Entfernungen nicht so groß und die Überwachung der Arbeiten leichter. Diesen Organisationsplan stellte ich graphisch dar und legte ihn der Chefgruppe vor. Das machte auf sie einen großen Eindruck, sie hatten damit etwas vorzuweisen. Sonst hatte die Chefgruppe von sich aus kaum etwas gemacht.

Inzwischen war vom Oberkommando nach einer Rückfrage in Berlin die Genehmigung zur Eröffnung der Landwirtschaftlichen Hochschule gekommen. Die Eröffnungsfeier sollte am 20. Oktober, zufällig fast an meinem 44. Geburtstage, stattfinden. Die Generalität wollte an ihr teilnehmen. In der Hochschule herrschte große Freude und die Vorbereitungen begannen gleich.

Die Vorlesungen begannen zwar am 20. Oktober, aber die offizielle Eröffnungsfeier fand erst am 31. Oktober statt. Die Eröffnungsrede vom Vize-Chef hatte ich aufgesetzt und gleich ins Russische übersetzt. Aber der Vize-Chef war nicht da und verlesen wurde die Rede von seinem Adjutanten Dr. Stahl. Drei Generäle hatten ihr Erscheinen angekündigt, unter ihnen sogar der Chef des Stabes der Heeresgruppe Kaukasus, Armee-General von Greifenberg. Die Feier wurde auf 10 h festgesetzt. Ich ging um 9 h 30 hin. Das Orchester für die musikalische Umrahmung war da, sonst aber kaum jemand. Pünktlich um 10 h wurde mir die Ankunft der Generäle mitgeteilt. Ich machte Meldung, führte sie durch den leeren Saal und bat sie in der ersten Reihe Platz zu nehmen. Die Musik fing gleich an. Die Generäle verzogen keine Miene.

Zum Glück war die musikalische Einleitung sehr lang und in der Zwischenzeit erschienen alle Hochschulangehörigen und der Saal füllte sich ganz. Danach verlas Dr. Stahl die Ansprache und ich las die russische Übersetzung vor. Dann sprach der Rektor, ein älterer Professor. Ich hatte seine Rede nach dem Manuskript ins Deutsche übersetzt. Er sprach jedoch ohne Manuskript und fand kein Ende. Die Rede war sehr offen und anti-sowjetisch. Das kostete ihm später das Leben. Beim Rückzug gingen die meisten Professoren mit den Deutschen fort. Der Rektor blieb und wurde von den Roten erhängt. Ich sagte, ich würde die Rede auf Deutsch etwas verkürzt wiedergeben und las das eigentliche, übersetzte Manuskript vor.

Den Abschluß bildete wieder Musik, auch eine Klavierkomposition eines Dozenten und Volkslieder auf der Balalaika.

Die Feier wurde für die Wochenschau gefilmt. Ein Bericht kam in Presse und Rundfunk. Nach 1½ Stunden war die Feier zu Ende und ein Rundgang durch die Laboratorien schloß sich an. In diesen war alles schön aufgestellt. Der General war sehr beeindruckt und gab den Befehl, das Nebengebäude der Hochschule, das noch vom Militär besetzt war, zu räumen. Als ich später dem Professor gegenüber meinen Unmut äußerte, daß nicht alle zu Beginn der Feier da waren, wurde mir geantwortet, sie seien gewohnt, daß solche Feiern mit großer Verspätung begännen. Ich hätte den Beginn auf neun ankündigen sollen, dann wären alle um 10 h dagewesen.

Mit dieser Eröffnung war meine Aufgabe erfüllt. Für den Winter gab ich den Auftrag, Material für ein Taschenbuch der Landwirtschaft des Nordkaukasus zusammenzustellen. Ich könnte dann eine kurze deutsche Übersicht schreiben. Den Winter in Woroschilowsk zu verbringen, schien mir verlorene Zeit zu sein. Ich mußte mich um das Institut in Posen kümmern. Bei Schnee und Kälte war man in der Stadt gefangen. Die 200 Studenten, davon 70 % weibliche (viele Männer waren im Kriege) hatten mit dem Studium Beschäftigung genug.

Es gelang mir, einen 3 monatigen Urlaub zu erhalten. Am 11. November wollte ich Woroschilowsk verlassen. Die Vorboten des Winters machten sich bemerkbar. Schon während unserer Rundfahrt gab es Nachtfröste. Vor dem 20. Oktober fiel plötzlich Schnee, der jedoch nicht liegen blieb. Im November setzte der Frost endgültig ein mit sehr starkem Rauhreif und einer Hochnebeldecke. Am 11. November bot sich eine Gelegenheit mit einer Ju 52 nach Stalino zu fliegen. Mit einem anderen Offizier fuhr ich früh zum Flugplatz, aber das Flugzeug war stark vereist. Wir warteten lange draußen, bis der Pilot den Flug absagte. Am nächsten Tag erging es uns ebenso. Am dritten war die Sicht besser, der Pilot wollte den Abflug riskieren. Wir fingen an mit vereinten Kräften die Eisschicht von den Flügeln des Flugzeuges abzuschlagen, da es sonst zu schwer war. Dann ließ der Pilot uns einsteigen, um zunächst einen Probeflug zu machen. Als das Flugzeug in der Luft war, sah man in der Wolkendecke ein Fenster vom blauen Himmel und der Pilot sagte, er wolle gleich weiterfliegen. Es war mein erster Flug und mir war doch etwas unheimlich zumute, da das Wetter nicht allzu günstig war. Durch das Fenster gelangten wir über die Wolkendecke in wunderbaren Sonnenschein mit den wogenden Wolken unter uns. Es war ein erhebender Eindruck. Aber nun drohte die Gefahr, daß russische Jäger uns erblickten und beschossen. Ein Soldat mit Maschinengewehr saß oben am Ausguck und meldete, die Luft sei rein. So über den Wolken im Sonnenschein war der Flug herrlich. Doch plötzlich erblickte ich vor uns eine hohe Wolkenmauer. Sie zu überfliegen war nicht möglich. Im nächsten Augenblick waren wir in der Wolke, nichts war zu sehen. Bald merkte ich, daß der Pilot herunterging, er wollte wohl Sicht haben. Das Flugzeug fiel rasch immer tiefer, immer tiefer. Man hatte das Gefühl, bald müßte man auf den Boden aufprallen. Aber dann konnte man durch Wolkenfetzen die Eisenbahnlinie nach Rostow unter uns sehen. Der Pilot bog nach Westen ab und nun war das Asowsche Meer unter uns. Plötzlich setzte ein dichtes Schneegestöber ein. Um die Sicht nicht zu verlieren, ging der Pilot ganz tief herunter und glitt über das Meer hinweg. Ganz nahe sah man die Wellen mit großen Schaumkämmen. Dann meldete der Pilot, er hätte die Mitteilung erhalten, daß der Flugplatz Stalino wegen eines Schneesturmes gesperrt wäre. Er müsse deshalb Taganrog am Nordufer des Asowschen Meeres anfliegen und dort landen. Bald darauf sah man die Küste, dann die Stadt und den Flugplatz. Die Sicht genügte zur Landung. Wir waren da. Im Gebäude am Flugplatz wärmten wir uns auf. Was nun? Wann der Flug fortgesetzt werden könnte, war ganz ungewiß. Mittags sollte ein Zug nach Stalino und weiter nach Dnjepropetrowsk gehen. Ich und einige andere beschlossen, den Zug zu wählen, der war ja nicht so stark vom Wetter abhängig. Wir fuhren zum Bahnhof, Platz war im Zuge genug, aber die Wagen wurden nicht geheizt und hatten nur Holzbänke. Man zog sich das Wärmste an, was man hatte. Wintersachen waren noch nicht ausgegeben worden. Man legte sich hin und fror. Die Eisenbahnfahrt war lang, zu sehen gab es nichts, alles flaches Land mit einer dünnen Schneedecke, darüber Hochnebel. Nur Grau in Grau. Zuweilen an Haltestellen einige Häuser, die sich schwarz aus dem Schnee heraushoben, einige nackte Bäume herum, sonst die Gegend ganz baumlos. Jetzt war die Weite nicht erhebend; im Gegenteil, sie wirkte entmutigend – eine endlose Öde. Die armen Soldaten, die bei solchem Wetter im Osten kämpfen mußten. Von Stalingrad kamen bedrohliche Nachrichten.

Ich war im Hinterland der Front weit herumgefahren. Was mir auffiel war, daß nirgends Reserven für den Notfall vorhanden waren. Nur ganz schwach besetzte militärische Dienststellen. Vorne nur eine dünne, sich über riesige Entfernungen erstreckende Front. Unwillkürlich kamen die Gedanken, was würde geschehen, wenn sie an einer Stelle durchbrochen würde, aber man verscheuchte diese Gedanken. Es durfte nicht sein! Noch wußte man nicht, wie bald dieser Fall eintreten würde. Endlos schien die Fahrt, es kam die Nacht, dann wieder ein Tag, dann nochmals eine Nacht. Zu essen hatte man nicht viel und immer die Kälte.

Endlich war man in Dnjepropetroswk. Ich fuhr gleich zu Dr. Weber, einem Botaniker, der als Meteorologe eingesetzt war, und den ich auf dem Wege zur Krim besucht hatte. Er nahm mich wieder gastlich auf, und ich schlief mich zunächst in der Wärme aus.

Dann ging es weiter nach Westen. An der Grenze wurde man entlaust. Das warme Bad war köstlich und schließlich war ich in Posen im Botanischen Institut und bei meiner Frau. Wie schön war das Wiedersehen, wie geborgen fühlte man sich!

Wissenschaftliche Veröffentlichungen des Verfassers über die USSR:
H. Walter: Die Vegetation Osteuropas, Nord- und Zentralasiens, 452 pp. mit 363 Abb., Gustav Fischer Verlag, Stuttgart, 1974.
– et al.: Continental deserts and semi-deserts of Eurasia. In: Ecosystems of the World, Vol. 5, Elsevier Sci. Publ. Co, Amsterdam, 1982.

Teil V

Die letzten Kriegsjahre und die Gefangenschaft

1. In Posen und erneuter wissenschaftlicher Einsatz in der Ukraine

Die lange Eisenbahnfahrt in dem ungeheizten Zuge von Taganrog bis Dnjepropetrowsk sollte schlimme Folgen haben. Erst war es nur eine Nervenentzündung im Arm, aber dann wurde plötzlich mein linkes Ohr völlig taub. Der Arzt im Posener Lazarett ordnete eine sofortige Operation des Mittelohres an, da ich sonst mein Gehör verlieren könnte und die Gefahr einer Gehirnhautentzündung bestand. Zum Glück trat beides nicht ein, aber eine Komplikation folgte auf die andere: Eine sehr schmerzhafte Gesichtsrose mit Fieber über 40°, dann schwoll die Lymphdrüse am Halse an und vereiterte. Es wurde Frühjahr, bevor ich aus dem Lazarett entlassen wurde. Das Wintersemester war vorbei, die Lehrtätigkeit konnte ich nicht aufnehmen. Der einzige Lichtblick in dieser Zeit war das Studium der ausgezeichneten Arbeiten des russischen Geographen Berg, der in Osteuropa die engen Beziehungen zwischen Klimazonen, der Vegetation, des Landbaues, aber auch des Lebensstils der Bevölkerung und der Art des Hausbaus auf dem Lande aufzeigte.

Sehr bedrohlich war die Lage an der Ostfront geworden: Stalingrad war verloren, der ganze Nordkaukasus geräumt. Man wagte noch nicht daran zu denken, was bevorstand, aber an einen Sieg glaubte kaum jemand mehr, obgleich die Propaganda ihn um so lauter verkündete.

Ich wurde nach Berlin an die Zentrale des Wirtschaftsstabes-Ost versetzt, und zwar an die Planungsstelle für die Betreuung der Landwirtschaftlichen Institute im Osten. Es war eine reine Büroarbeit, die Bearbeitung von riesigen Aktenbündeln, wobei meine Kenntnisse der russischen Sprache überhaupt nicht ausgenutzt wurden. Das war keine Tätigkeit für mich.

Durch Zufall traf ich Botaniker, die bei einer Forschungsstaffel waren und sich für einen kartographischen Einsatz in der Ukraine vorbereiteten. Ich erfuhr, daß die Staffel Dr. Schulz-Kampfhenkel unterstand, der als Fliegerleutnant in Nordafrika die Gefangennahme einer englischen «long range desert group» aus Wissenschaftlern miterlebte. Diese sollte Befahrbarkeitskarten für Umfassungsangriffe ausarbeiten. Es gelang Schulz-Kampfhenkel beim Oberkommando der Wehrmacht die Aufstellung einer solchen Staffel aus Wissenschaftlern zuerst in Afrika, dann auch an den anderen Fronten zu erwirken. In der Ukraine sollte die große bodenkundliche Karte von Prof. Machow (Akademiker in Kiew) überprüft werden. Prof. Machow konnte nur russisch, ein wissenschaftlicher Dolmetscher war notwendig, ich kannte schon die Gegend und die Bodenkunde interessierte mich als Ökologen sehr.

151

Ich nahm sofort Verbindung mit Dr. Schulz-Kampfhenkel auf. Er hatte besonders gute Beziehungen zum Oberkommando der Wehrmacht. Wissenschaftler, die er anforderte, wurden für die Forschungsstaffel stets freigestellt. Sein Gedanke war, nach dem Kriege würde Deutschland Wissenschaftler für Expeditionen in andere Länder brauchen; man müßte verhindern, daß sie als Kanonenfutter im Kriege umkamen. Er wollte sie deshalb als Wissenschaftler nützlich einsetzen.

Meine Anforderung zur Forschungsstaffel kam prompt, ich mußte vom Wirtschaftsstab-Ost freigestellt werden und gehörte nun diesem sehr lockeren, selbständigen Verband an, der direkt dem Oberkommando unterstellt war und sehr viel Freiheit genoß.

So kam ich im Juni 1943 wieder nach Kiew, wo wir uns sofort für die Expedition bis zur Krim formieren sollten, um mit den Arbeiten im Gelände zu beginnen.

Die Bodenkundler waren Professor Machow vom bodenkundlichen Institut der Akademie der Wissenschaften in Kiew, einer der besten Kenner auf diesem Gebiet und der Dozent Dr. Siegel aus Hohenheim, der das Machowsche Institut betreute; dazu kamen zwei junge Pflanzensoziologen, deren Aufgabe es war, Vegetationsaufnahmen zu machen. Ich interessierte mich sowohl für die Böden als auch für die Vegetation und vermittelte die Verständigung zwischen Professor Machow und den anderen. Von Machow konnte ich viel lernen. Es sei betont, daß die Bodenkunde von den Russen begründet worden war, und sie auf diesem Gebiet eine führende Rolle spielten.

Die Stimmung der Bevölkerung war durch die irrsinnige Politik, die in der Ukraine betrieben wurde, zu unseren Ungunsten umgeschlagen. An die Unbesiegbarkeit des deutschen Heeres glaubte man nicht mehr. Das gab die Möglichkeit, Partisanen einzusetzen, um die rückwärtigen Verbindungen zu stören. Es war nicht mehr möglich, frei im Lande herumzufahren. Deshalb bekamen wir militärischen Schutz, einen militärischen Kolonnenführer und einige Soldaten mit einem Maschinengewehr und Karabinern. Die Soldaten waren zugleich die Fahrer.

Man stellte uns geländegängige VW-Amphibienwagen zur Verfügung, die wie ein Boot gebaut waren und im Wasser von einer Schraube angetrieben wurden. Sie waren offen und natürlich nicht so komfortabel wie ein Mercedes. Der Platz für 4 Personen war beengt, die Sitze waren hart.

Zuerst wurden die Wagen erprobt, vor allem die Umschaltung von dem Radantrieb auf den Antrieb der Schraube im Wasser. Ein Altwasser bei Kiew bot dazu Gelegenheit. Das Ufer fiel etwa 2 m ziemlich steil zum Wasser ab, doch kamen wir an einer Stelle gut ins Wasser und schwammen wie ein Motorboot. Man stieß sich vom Ufer ab und schaltete die Schraube ein. Es war eine malerische Fahrt auf dem Altwasser, umgeben von Wald. Aber schwieriger war es, aus dem Wasser herauszukommen. Wenn der Grund steil abfiel, faßten die Hinterräder nicht. Wir versuchten es an verschiedenen Stellen; jedoch ohne Erfolg, bis wir an einer flachen Uferstelle so nahe heranfuhren, daß die Hinterräder faßten und der Wagen im ersten Gang aus dem Wasser herausfuhr. Mit sechs Wagen und schußbereitem Maschinengewehr, das auf dem vorderen montiert war, fuhren wir von Kiew ab.

Diesmal ging es zunächst mehr westlich in der Richtung Shitomir, Winniza. Es war die Waldzone am Südrand des Poljesje-Gebiets mit reinen Laubwäldern und mit solchen, denen die Kiefer beigemischt war. Da man häufig anhielt und Studien machte, waren die Tagesstrecken klein. Wir erreichten den Bug und fuhren diesen entlang. Sehr malerisch war das Bugtal dort, wo er das Granitplateau durchbrach und Stromschnellen bildete. Die Felsen waren mit schönen Kiefern bestanden. Dann bogen wir nach Uman in die Waldsteppe ab.

Auf der Bodenkarte waren im voraus die Stellen bezeichnet worden, wo an Hand eines Bodenprofils die Karte kontrolliert werden sollte. Wenn wir hinkamen, war bereits eine 3 m tiefe Grube ausgehoben, mit einer Steilwand an der Nordseite. An dieser wurde die Oberfläche geglättet, und Machow erläuterte Einzelheiten des Profils. Ich übersetzte seine Ausführungen, das Profil wurde mit den Angaben der Karte verglichen. Die Übereinstimmung war eine vorzügliche. So ging die Fahrt immer weiter nach Süden. Dabei nahm die Mächtigkeit der fruchtbaren Humusschicht von den verschiedenen Typen der Schwarzerde mit der zunehmenden Trockenheit des Klimas von über 150 cm allmählich bis auf kaum 40 cm ab.

Machow gab ausführliche Erläuterungen, es war für mich ein vorzüglicher Unterricht in Bodenkunde, ein Gebiet, mit dem ich mich wenig beschäftigt hatte. Er hatte auch eine Karte der Erosionsschaden infolge der Beackerung des Bodens entworfen. Da der Ackerboden frei den Niederschlägen ausgesetzt ist, werden auf geneigten Flächen die oberen, fruchtbarsten Humushorizonte abgeschwemmt, also das Bodenprofil geköpft. Auch diese Karte wurde auf ihre Genauigkeit geprüft. Am stärksten ist die Erosion dort, wo man sich dem eingeschnittenen Dnjeprtal nähert. Hier macht sich die Furchenerosion bemerkbar. Das in Rinnsalen abfließende Wasser bei der Schneeschmelze im Frühjahr oder nach Gewitterregen bildet im weichen Boden eine Furche, die sich rasch in die Tiefe, aber auch am Hang aufwärts gräbt. Da der Löß ein weiches Gestein ist und eine Mächtigkeit bis zu 50 m hat, bilden sich sehr tiefe Erosionstäler, die «Balki», die sich immer weiter in die Ackerflächen fressen, rückwärts und seitlich zugleich. Schließlich bleiben von der Fläche nur kleine Inseln übrig, die allseitig steil abfallen. Das Land geht für den Ackerbau, aber auch für die Beweidung verloren. Man versucht, das Umsichgreifen der Erosion durch Bepflanzung der Balki-Ränder zu verhindern. Die Wurzeln der Holzpflanzen sollen dem Boden Halt geben. Auch diese Maßnahmen, die zum Teil Erfolg hatten, sahen wir uns an.

Einmal mußten wir den Dnjepr überqueren. Am Ufer stand eine Fähre, die von einem alten bärtigen Mann bedient wurde. Er erwartete, daß wir mit der Fähre übersetzen würden, aber unsere Kolonne fuhr neben der Fähre in den Fluß, schaltete die Schrauben ein und durchquerte den Fluß. Der alte Mann sperrte den Mund auf und ich hörte ihn sagen: «So alt bin ich geworden, aber das habe ich noch nicht erlebt. Wie der Heilige Petrus gehen die Germanzy über das Wasser.»

Auch die weiten Auenwälder am Fluß, die ja in Rußland ganz natürlich geblieben sind und sich weit ausdehnen, wurden studiert.

Im Süden erreichten wir Cherson, am Unterlauf des Dnjepr gelegen. Von hier aus war es ganz nah nach Odessa, meiner Geburtsstadt. Aber ich hatte kein Verlangen, diese Stadt nach so langer Zeit wiederzusehen. Sie wäre mir ganz fremd erschienen und ich kannte dort keinen Menschen mehr. Lieber behielt ich die Stadt in alter Erinnerung der Schul- und Studienzeit. Sie war von Rumänen besetzt und man benötigte eine besondere Einreisegenehmigung.

Das ganze Land an der Nordküste des Schwarzen Meeres ist in ständiger Senkung begriffen (Seite 133), wie unsere Nordseeküste. Deshalb bilden die Flüsse kein Delta, sondern Ästuare, breite Mündungsschläuche, die in Südrußland als Fluß-Limane bezeichnet werden. Es sind die ins Wasser gesunkenen unteren Teile der Flußtäler. Der Dnjepr ist deshalb bei Cherson, einer verschlafenen, aber sympathisch anmutenden Stadt mit einer noch erhaltenen deutschen Kirche, sehr breit. Als Hafen hat jedoch Cherson nie eine Rolle gespielt. Die Limane sind seicht und für die Schiffahrt ungeeignet. Auf der linken, gegenüber der Stadt liegenden Seite des Dnjepr haben sich enorm weite Schilfbestände mit schmalen Wasser-Kanälen auf der versunkenen unteren Terrasse gebildet. Mit unseren Amphibienfahrzeugen konnten wir in diesem Schilfmeer

herumfahren und uns die wundervolle Wasserflora in den stillen Wasserbecken ansehen: Seelilien und Wasserkannen, Teichrosen und Wassernüsse, auch den schwim-
menden Wasserfarn Salvinia und verschiedene Wasserlinsen. Die Fischer hatten an
mehreren Stellen Reusen aufgestellt. Es war eine eigenartige, abgeschlossene Welt,
vom Menschen noch fast unberührt. Südlich davon schließt sich ein riesiges Sandgebiet an, das der nächst höheren Terrasse entspricht. Die Sande sind mit einer interessanten Vegetation bewachsen, aber zum Teil ist die Pflanzendecke dieser Sandsteppe
durch Beweidung aufgerissen und der Sand zu Dünen aufgeweht worden. Das
Grundwasser unter dem Sand steht nur 1–2 m tief, in den Dünentälern haben sich
kleine Seen gebildet, die von einem Saum aus Birken, Espen und Graupappeln, zuweilen auch Eichen umgeben sind. Diese Mulden werden als «Ssaki» bezeichnet, das
Sandgebiet heißt «Burkuti». Weniger tiefe Mulden sind verbrackt. Am Rande ist das
Gebiet besiedelt. Man kann Weinreben und Obstbäume pflanzen, die mit den Wurzeln den Grundwassersaum erreichen und gute Erträge geben.

Zwischen diesem Sandgebiet und der Küste des Schwarzen Meeres ist das Gelände
tischeben, nur einzelne Kurgane ragen daraus hervor. Die Neigung der Fläche ist ganz
unmerklich. Die südliche Steppe nimmt hier Halbwüstencharakter an, die Steppengräser werden durch Wermut-Halbsträucher verdrängt, die Böden sind keine Schwarzerde mehr, sondern Kastanienerden, die durch Salzstaub, der vom Faulen Meer herange-
weht wird, solonziert sind, d. h. vom Salz beeinfluß werden. Näher zum Meer liegt der
Grundwasserspiegel immer höher. Das kapillar aufsteigende Grundwasser verdunstet an der Bodenoberfläche, die leicht verbrackt ist, die Steppenpflanzen werden
durch Arten der Salzmarsch ersetzt. Nur Schafe nehmen dieses Futter an.

Typisch sind für diese Flächen die großen Schafställe für den Winter und die Zieh-
brunnen daneben, verstreut einzelne große Schafherden, die während der heißen Mittagszeit keinen Schatten finden und jeweils den Kopf unter den Leib eines anderen
Schafes stecken. Eine dichtgedrängte Schafherde, ohne daß ein Kopf zu sehen ist,
macht einen merkwürdigen Eindruck.

Je mehr man sich dem Meere nähert, desto höher steht das Grundwasser, desto stärker ist der Boden verbrackt. Schließlich wächst nur der salzhaltige Queller, den selbst
die Schafe nicht fressen. Auch dieser leidet unter zu hohem Salzgehalt und färbt sich
und die weiten Flächen rot.

Unmerklich geht das Land in das Meer über; will man baden, so muß man fast einen
Kilometer ins Meer hinausgehen, bis man bis zum Bauch im Wasser steht.

Das Land ist im Laufe des letzten Jahrtausends um 20 m abgesunken; das Meer
dringt immer weiter gegen das Land vor. Man erkennt es daran, daß die Kurgane, die
Grabmäler der Skythen, die auf festem Land vom Meere entfernt, errichtet wurden,
jetzt schon im Salzwasser stehen.

Es war ungemein interessant, dieses abgelegene und kaum besiedelte Gebiet zwischen unterem Dnjepr und dem Meer kennenzulernen. Auch die Bodenprofile ließen
deutlich die Versalzung des Bodens und die durch den Grundwasseranstieg fortlau-
fende Veränderung der einzelnen Horizonte erkennen. Die Führung von Machow war
ausgezeichnet.

Die Fortsetzung dieser Studien fand nochmals im Gebiet des Faulen Meeres statt,
wo die Zonation der Salzgesellschaften besonders deutlich zu erkennen war.

Länger hielten wir uns auch auf der Nordkrim auf, übernachteten in Eupatoria und
fuhren bis zum Westende im Norden der Krim, dem Leuchtturm Tarchankut. Die ganze Küste wird von flachen Haffen mit vorgelagerten, lang ausgezogenen Nehrungen
umsäumt. Der geologische Aufbau der Krim wurde besprochen.

Ein gutes geologisches Profil erhält man, wenn man die Straße benutzt, die quer durch die drei Gebirgszüge über Bachtschisarei und den 1100 m hohen Ai-Petri (= Heiliger Petrus)-Paß auf der Jaila führt. Oben waren immer noch Partisanen. Deshalb durften einzelne Autos auf dieser Straße nicht fahren. Aber wir waren ja eine bewaffnete Kolonne und wurden durchgelassen.

Am Fuße des ersten Höhenzuges hört die Steppe auf und beginnt die Waldsteppe mit Waldinseln, der zweite Höhenzug ist schon von Eichen-Mischwald bedeckt. Der dritte Höhenzug, die hohe Jaila, trägt auf dem allmählich abfallenden Nordhang, der höhere Niederschläge enthält, dichten Buchenwald, der jedoch weiter von der Straße entfernt lag. Dann war man auf dem Plateau der Jaila, das von grünen steppenartigen Wiesen bedeckt war.

Ich war erstaunt; denn die Jaila wurde immer als nackte verkarstete Kalkfläche geschildert. Das war sie auch früher; denn sie diente als Sommerweide für alle Schafherden der südlichen Steppe. Tausende von Schafen fraßen jedes Jahr alles Gras ab. Die kahle Jaila war die Folge der starken Überweidung. Durch den Krieg kamen jedoch seit 3 Jahren keine Schafe mehr herauf. Die Vegetationsdecke hatte sich erholt zu einer blühenden Wiesensteppe. Auch die Baumlosigkeit der Jaila ist die Folge dieser Beweidung. Die Buchen gehen bis an den Steilrand der Fläche herauf und auf der Fläche selbst findet man vereinzelt stark verbissene Buchenkuscheln. Hemmend auf den Baumwuchs wirken allerdings auch die auf der Fläche wehenden starken und eisigkalten Winterstürme; doch darf man keineswegs von einer alpinen Vegetation auf der Jaila sprechen. Die Arten sind meistens Elemente der Wiesensteppe und nur wenige alpine Arten mischen sich bei.

Nach Süden fällt die Jaila fast senkrecht ab. Man hat einen herrlichen Blick auf die ganze Südkrim mit Jalta und Alupka direkt unter einem. Für die Partisanen ideale Beobachtungsverhältnisse. Sie konnten sich hier solange halten, weil das verkarstete Gelände sehr unzugänglich ist und sie nachts von Flugzeugen der Roten Armee durch Abwurf von Lebensmitteln und Munition versorgt wurden.

Bei der Abfahrt kamen wir durch die schönen Wälder der Krimkiefer am Südhang und dann durch die Kulturlandschaft mit Weinreben und Obst. Wir fanden Unterkunft im Nikita-Garten und hatten einen Ruhetag.

So war ich nach einem Jahr wieder da und konnte die alten Bekannten begrüßen. Mein Nachfolger war ein studierter Apotheker, der die Belegschaft des Gartens gut betreute; aber er sprach kein Russisch, wodurch der Kontakt erschwert wurde.

Die Jaila und die Buchenwälder am Nordhang sollten genauer untersucht werden, bei der Auffahrt auch die Krimkiefernwälder. Vom Nikita-Garten ging ein kleiner Fahrweg direkt in Serpentinen herauf zum Fuß des höchsten Gipfels Tschatyrdag. Ein Krimtürke, der bei der Partisanenjagd eingesetzt war und ihre Verstecke kannte, wurde als Führer mitgenommen, damit wir nicht in eine Falle gerieten. Auf der Höhe am oberen Rand der Buchenwälder war der Weg von den Partisanen durch quer auf den Weg gefällte Bäume gesperrt worden. Das gab einen Aufenthalt, die Baumstämme mußten mit vereinten Kräften beiseite geschoben werden. Die Partisanen hatten sich jedoch aus diesem Teil zurückgezogen, so daß man in den Buchenwald hinein konnte. Es ist eine besondere Buche, eine Mittelform zwischen unserer und der orientalischen. Doch sind die Unterschiede so gering, daß sie durchaus denselben Eindruck macht und dieselben ökologischen Eigenschaften besitzt, wie unsere. Sie wächst hier auf Kalk, wie auf der Schwäbischen Alb und der Boden ist derselbe Humuskarbonatboden. An den Baumstämmen findet man die Lungenflechte, die ein Zeichen für sehr feuchtes Buchenklima ist, die Niederschläge erreichen 500–1000 mm, die mittlere Jahrestemperatur ist um 6 °C, die Vegetationszeit beträgt 4 Monate, – ein typisches Buchenklima, so weit im Osten. Auch die Krautschicht am Waldboden entsprach der auf der Schwäbischen Alb: Waldmeister, Ausdauerndes Bingelkraut, Zahnwurz, Knäuelgras, Pfirsichblättrige Wolfsmilch usw.

Dann wandten wir uns der Vegetation auf den großen Schutthalden am Tschatyrdag zu. Die interessanteste Art war hier *Cerastium bibersteinii* mit sehr dicht weiß behaarten Blättern und kleinen weißen Sternblüten. Es wird als «Krimsches Edelweiß» bezeichnet und gleicht dem, welches bei uns häufig in Steingärten angepflanzt wird.

Diese Fahrt war für mich ein großer Gewinn. Nun hatte ich einen guten Einblick in alle Teile der Krim erhalten. Es ist ein reizendes Fleckchen Erde, in seinem ganzen Ausmaß leicht zu übersehen und dabei so außerordentlich mannigfaltig mit seiner Halbwüste, Steppe, Eichen- und Buchenwäldern und der mediterranen Vegetation. Für einen Ökologen ein ideales Gebiet. Alle diese Beobachtungen konnten in meinen späteren Schriften verwendet werden.

Die Rückfahrt vollzog sich rascher und auf dem linken Dnjeprufer. Die zweite Terrasse ist hier so flach, daß sich selbst noch in der Waldsteppe abflußlose Flächen bilden, die aber nicht, wie in der Steppe, eine Salzbildung mit Kochsalz und Bittersalz aufweisen, sondern eine mit Sodabildung, was auf ein weniger arides Klima hinweist, das aber doch noch semiarid ist. Etwas weiter nach Norden wird es schon semihumid, die Sümpfe enthalten keine leicht löslichen Salze mehr, jedoch starke Ablagerungen von Kalk. Die typischen Pflanzen dieser Niederungsmoore sind bultenbildende Seggen (*Carex omskiana*). Nirgends kann man diese regelmäßige Abfolge so gut verfolgen wie hier auf einem Nord-Süd-Profil in der Ukraine. Noch nördlicher, im humiden Waldgebiet, bilden sich schon nährstoffarme, saure Hochmoore, denn das Grundwasser enthält Humussäuren und ist braun gefärbt.

Als wir in Kiew ankamen, sah die Lage an der Ostfront sehr bedenklich aus. Die Front näherte sich immer mehr Kiew selbst. Man mußte sie verkürzen; die Kräfte langten zur Verteidigung einer langen Front nicht aus.

Ich sollte in Kiew bleiben und am Botanischen Institut der Akademie die Ergebnisse dieser Fahrt und vor allem eine Arbeit über die natürlichen Grundlagen der Land- und Forstwirtschaft in der Ukraine ausarbeiten, was ich schon früher vorgehabt hatte. Der Nordkaukasus war nicht mehr aktuell.

Das Institut in Kiew hatte einen schweren Verlust erlitten. Der Leiter, Professor Kleopow, hatte eine Reise in seine frühere Heimat im Süden unternommen. Dabei war er an Typhus erkrankt und hatte in seinem Elternhaus nicht die richtige Pflege gehabt. Als er in ein deutsches Lazarett kam, war es zu spät, er verstarb.

Die deutsche Forschungszentrale war hauptsächlich damit beschäftigt, sich möglichst komfortabel einzurichten. Ein Haus wurde zu diesem Zweck von außen und innen renoviert; man ließ sogar Möbel aus Deutschland kommen. Dabei wurde die Lage immer ernster und die Front rückte immer näher. Gerade als alles fertig war und man in die neuen Räume hätte umziehen können, kam der Befehl, Kiew zu räumen. Es hieß, alle zwei- und mehrstöckigen Häuser würden vor dem Rückzug gesprengt. Das Botanische Institut war zweistöckig. Was sollte mit den wertvollen Sammlungen geschehen? Unter den Botanikern brach eine Panik aus. Sie fürchteten sich vor den Racheakten der Roten, und diese Furcht war nur zu begründet. Es wurde beschlossen, das Institut mit den Angehörigen nach Posen zu evakuieren. Im Gebäude des Botanischen Instituts war Raum vorhanden. Da die Kiewer an einer Flora der Ukraine arbeiteten, mußte natürlich auch das ganze Herbar mitgenommen werden, sowie die Bibliothek und alle Unterlagen. Es begann ein eiliges Packen. Alle halfen mit, nur zwei Botaniker blieben weg und waren nicht erreichbar. Sie hatten beschlossen, zu bleiben und hielten sich versteckt. Ich bekam den Auftrag, nach Posen vorauszufahren und Räume auch für andere Institute der Forschungszentrale zu beschaffen.

Diese Strecke von Posen nach dem Osten und zurück habe ich vielmals mit dem Zuge zurückgelegt. Die Reise war immer sehr anstrengend. An drei Ereignisse erinnere ich mich besonders gut.

Auf einer Station hielt einmal auf dem Nebengeleis ein Zug. Es war ein Judentransport nach Osten. Die Menschen waren in die Wagen hineingepfercht. Sie machten einen elenden verhungerten Eindruck, streckten die Hände hinaus und riefen: «Brot, Brot.» Sie wurden bewacht, jeder Kontakt war untersagt. Es war ein schrecklicher Eindruck.

Das zweite Erlebnis war, als ich den Zug in Dnjepropetrowsk nach Westen bestieg. Es war ein Wagen zweiter Klasse ohne einzelne geschlossene Abteile. Ich saß allein, aber daneben waren vier ganz junge SS-Offiziere vom Sicherheitsdienst. Sie fuhren auf Urlaub und hatten Schnaps mit, den sie dauernd tranken. Sie waren schon angetrunken und tauschten laut ihre Erlebnisse aus. Ich hörte, daß sie die Aufsicht über ein Judenlager gehabt hatten; jeden Tag wurde ein Teil der Insassen ausgesondert und am Rande von einem Massengrab erschossen. Sie erzählten, daß im Lager sehr hübsche Mädchen gewesen wären, mit denen sie Parties veranstalteten und mit denen sie tanzten. Zwei Schwestern gefielen ihnen besonders gut. Am nächsten Tage nach einem Tanzabend kamen diese dran, und sie mußten sie mit dem Revolver erschießen. Die Schwestern knieten nebeneinander vor dem Grab, gaben sich die Hand und sagten: «Wir dachten nicht, daß es sobald kommen würde.» Dann knallten sie sie ab.

Ich hatte den Eindruck, daß die Erinnerung an diese Untat sie das ganze Leben verfolgen würde und sie es nur noch unter der Einwirkung des Alkohols ertrügen.

Das dritte Erlebnis ist anderer Art und nicht so schrecklich. Auf der Rückfahrt war der Zug in Kowel, einem großen Knotenpunkt, abends eingelaufen und sollte über Brest-Litowsk nach Warschau weiter geleitet werden. Ich hörte, wie der Stationsvorsteher laut ausrief: «Es ist ein Wahnsinn, den Zug nachts durch dieses Sumpfgebiet zu leiten, er kommt nicht durch!» In solchen Gebieten legten die Partisanen Bomben unter die Geleise. Der Zünder war mit einem Draht gespannt, über dem direkt unter der Schiene eine Flasche mit Schwefelsäure befestigt wurde. Durch den Druck auf die Schiene, wenn der Zug darüber fuhr, wurde die Glasflasche zerdrückt, die ausfließende Schwefelsäure löste den Draht auf, der Zünder zündete die Bombe. Durch diesen Mechanismus wurde eine etwas verspätete Explosion erreicht. Denn die Eisenbahner hatten vor der Lokomotive einen offenen Plattform-Wagen, der schwer mit Steinen beladen war. Wenn die Explosion sofort erfolgte, so wurde nur dieser aus den Geleisen geworfen und die Lokomotive blieb unversehrt. Bei verzögerter Explosion wurde dagegen die wertvolle Lokomotive beschädigt.

Unser Zug fuhr ab. Ich saß in einem der hinteren Wagen. Bald wurde es dunkel. Da genügend Platz vorhanden war, legte ich mich hin und schlief ein. Plötzlich eine Detonation und der Zug blieb mit einem Ruck stehen. Die Soldaten sprangen mit ihren Gewehren aus den Eisenbahnwagen heraus. Es dämmerte leicht. Soweit man sah, nur Sumpf, kein Mensch, kein Haus. Alles blieb unheimlich still, offensichtlich war kein Feuerüberfall geplant. Es hatte aber die Lokomotive erwischt. Wir konnten nicht weiter und mußten warten, bis Hilfe kam. So legte man sich wieder hin und schlief weiter. Am Vormittag kam eine Lokomotive aus Kowel und zog den Zug wieder dorthin zurück. Man hätte auf den Fahrdienstleiter hören sollen. Nun fuhr der Zug über Lublin nach Warschau und weiter nach Posen, wo ich ohne weiteren Zwischenfall eintraf.

Die drohende Zukunft lastete schwer auf einem. In schlaflosen Nächten, sah man das Verhängnis auf sich zukommen. Doch was war zu machen? Die Pläne der Feinde waren grausam. Sie wollten die Deutschen ebenso vernichten, wie Hitler die jüdische Nation auslöschte. Man mußte vorläufig weiterleben. Unser aller Schicksal war in

Gottes Hand. Deswegen sprach man nicht mehr von der Zukunft und dachte nur an die Tagesaufgaben. Gott sei Dank, es wurde von mir persönlich nichts verlangt, was ich nicht mit meinem Gewissen vereinbaren konnte. Man hatte die Möglichkeit, anderen zu helfen. Auch jetzt wieder den evakuierten russischen Wissenschaftlern. Ich sollte ihnen in Posen eine vorläufige Bleibe schaffen. Für wie lange? Zu welchem Zwecke? – Das konnte niemand im voraus wissen.

2. In Posen 1943 und 1944

In Posen hatte sich auch einiges ereignet. Zu den 2 Assistenten war eine neue Mitarbeiterin, Erika Mayer, durch Zufall hinzugekommen. Meine Frau wohnte im Institut, da uns keine Wohnung in Posen zugewiesen wurde. Eines Tages schellte es und meine Frau öffnete. Ein junges Mädchen stand vor der Tür und fragte, wo das Chemische Institut sei. Sie hätte gerade das Abitur gemacht und wollte dort fragen, ob man sie dort einstellen könne. Meine Frau war so geistesgegenwärtig, daß sie sagte, da brauche sie nicht in das Chemische Institut zu gehen, hier sei das Botanische Institut und eine Mitarbeiterin, die Schreibmaschine schreiben könne, würde dringend benötigt, auch für Arbeiten etwa einer Sekretärin. Sie blieb und wurde eine sehr eifrige Mitarbeiterin, besonders für die Bearbeitung der wissenschaftlichen Manuskripte und übernahm auch die laufenden Büroarbeiten.

Sehr schlimm war das andere Ereignis, das unsere Familie betraf. Meine alte Mutter lebte mit meiner Schwester in Berlin. Meine Schwester wollte in den Urlaub fahren und meine Frau fuhr nach Berlin, um meine Mutter zu betreuen. In Berlin war schon mehrmals Alarm gewesen, ohne daß ein Luftangriff erfolgte. Meiner Mutter fiel es schwer, in den Luftschutzkeller zu gehen, so daß ihre Ärztin ihr riet, oben in der Wohnung zu bleiben. Gleich am Tage der Ankunft meiner Frau gab es wieder Alarm und beide blieben zunächst oben; als jedoch Detonationen zu hören waren, wollten sie rasch hinunter in den Keller gehen. Sie waren im Flur, da ein furchtbarer Krach, ein Einschlag, zum Glück im anderen Teil des Häuserblocks, aber von der Decke fielen Brocken herunter und trafen meine Mutter. Bald machte sich Brandgeruch bemerkbar; sie mußten aus dem Haus und wurden mit einem Lastwagen durch die brennenden Straßen in ein außerhalb Berlins gelegenes Krankenhaus gebracht. Meine Mutter hatte einen Schädelriß und mußte einen ganzen Monat vollkommen unbeweglich liegen, was ihr das Leben rettete. Auch meine Frau litt an einer Gehirnerschütterung noch lange Zeit. Da wir noch unsere Wohnung in Stuttgart hatten, konnten meine Mutter und Schwester dorthin ziehen. Bei diesem ersten schweren Angriff auf Berlin wurden auch die unersetzlichen botanischen Sammlungen in Berlin durch Feuer völlig vernichtet. Das Berliner Herbar war eines der größten der Welt gewesen.

Als ich aus Kiew in Posen eintraf, war meine Frau wieder dort tätig. Es gelang, die aus Kiew evakuierten Institute mit ihren Mitarbeitern in Posen unterzubringen, so daß sie weiter arbeiten konnten. Die Kiewer waren dankbar, der unmittelbaren Gefahr entronnen zu sein, an die weitere Zukunft wollte keiner denken. Es hieß, die Ukraine würde zurückerobert werden, dann kämen sie wieder dorthin. Diejenigen, die deutschstämmig waren, bekamen die deutsche Staatsangehörigkeit. Die Front war wieder weit. Alle lebten sich bald ein, staunten über die Waren, die es selbst jetzt noch in den Geschäften gab und die Damen kauften sich hübsche Sachen. Sie bekamen ihre Gehälter in deutschem Geld ausbezahlt.

Unerwartet traf auch das Herbarium aus der Krim ein und mit dem Herbarium die Botanikerin Simanskaja aus dem Nikita-Garten. Vor der Räumung der Krim war ein SS-Kommando in den Nikita-Garten gekommen, beschlagnahmte das Herbar zum Abtransport und zwang die Botanikerin, als die Betreuerin des Herbars, mitzukommen. Sie wehrte sich sehr, sie könnte doch ihre «Babuschka» nicht zurücklassen, wer würde für die alte Frau sorgen? Aber es half nichts; sie mußte mit dem Herbar ins Flugzeug und kam ebenfalls ins Botanische Institut nach Posen. Ich brachte die Botanikerin bei meinen aus dem Baltikum umgesiedelten Verwandten unter, die russisch sprechen konnten. Sie bekam ein gutes Zimmer und Verköstigung. Doch sie dachte nur an ihre Großmutter und war untröstlich. Später kehrte sie in die Ukraine zurück, aber ich hörte, daß sie verbannt wurde, obgleich sie völlig schuldlos war.

In diesem Winter arbeitete ich neben dem Unterricht, es gab nur wenige Studenten, am Ukraine-Buch und an den Erläuterungen zur Vegetationskarte von Kleopow. Auch das Krimbuch war bereits ausverkauft und der Verlag wollte ungeachtet der Kriegslage eine neue Auflage herausgeben. Ich hatte jetzt gute Unterlagen und eigene Kenntnisse von der Krim. Die Arbeit nahm einen ganz in Anspruch und lenkte von anderen Gedanken ab. Die Nachrichten von allen Fronten wurden immer düsterer. Deutschland war eingekreist, von allen Seiten stürmte der Feind herein. Irgend welche Friedensverhandlungen wurden abgelehnt. Wir durften darüber überhaupt nicht sprechen, es wäre Landesverrat gewesen. Durchhalten war die Devise, der Feind könnte bald nicht mehr. Der Sieg war uns sicher, hörte man überall.

Über Reserven, wie Amerika sie hatte, verfügten wir nicht. Doch solche Ansichten zu äußern, konnte einem das Leben kosten. Der politische Druck wurde immer mehr verschärft. Man sprach nicht über den Krieg und hörte nur die Wehrmachtsberichte im Rundfunk. Die Sondermeldungen wurden immer seltener. Die Unterseewaffe hatte versagt, die Luftüberlegenheit hatten wir verloren, die deutschen Städte waren den Luftangriffen wehrlos preisgegeben. Wenn unsere Flak noch so viele Flugzeuge abschoß, Amerika baute immer neue. Und doch kämpfte die Wehrmacht mit unvermindertem Mut, aber die Verbündeten fielen einer nach dem anderen ab.

In Posen war es noch ruhig; es war eine Stadt mit überwiegend polnischer Bevölkerung, die vor Luftangriffen geschont werden sollte. Das Jahr 1943 ging ohne einen Lichtblick zu Ende.

Die Forschungsstaffel, der ich noch angehörte, hatte eine Abteilung ebenfalls in Posen. Die Botaniker, zu denen Ellenberg gestoßen war, kamen zu den botanischen Colloquien ins Institut. Wir bekamen 1944 die Aufgabe Befahrbarkeitskarten für die Ostfront anzufertigen, d. h. solche, aus denen sofort zu ersehen war, wo Panzer durchkommen konnten und wo das nicht möglich war, wie durch Sümpfe und dichte Wälder, über steile Hänge usw. Die Vegetationskunde war somit von Bedeutung. Fast alles ließ sich bei genügender Vegetationskenntnis schon aus Luftbildern entnehmen. Um die Leistungen des neuen Tigerpanzers kennenzulernen, wurden wir für kurze Zeit zum großen militärischen Übungsplatz Grafenreuth abkommandiert. Der Panzer, in dem wir eine Probefahrt machten, war ein Ungetüm, aber doch kolossal beweglich. Er konnte sehr steile Hänge hinauf- und hinunterfahren, ebenso durch einen Wald, wenn die Stämme nicht zu dick waren. Er fuhr dabei an einen Baum heran, der vordere Teil ging am Baum aufwärts und warf ihn durch sein Gewicht nach vorne um. So legte der Panzer einfach eine Schneise durch einen intakten Wald. Aus Luftbildern konnte der Durchmesser der Stämme festgestellt werden und zwar folgendermaßen: Sieht man sich Luftaufnahmen im Stereoapparat an, so läßt sich mit einer besonderen Vorrichtung die Höhe der Bäume ausmessen. Zwischen der Höhe der Bäume und dem Stammdurchmesser besteht eine bestimmte Korrelation, so daß man beurteilen kann, ob der Panzer durch den Wald durchkommt oder nicht. Was die Sümpfe anbelangt, so ist der Flächendruck eines Panzers viel geringer als bei einem Wagen mit Rädern, weil er sehr breite Ketten besitzt, die mit einer großen Fläche auf dem Boden liegen. Den Vernässungsgrad eines Moores kann man auch aus dem Luftbild meistens beurteilen. Auf den Panzerkarten sollten alle Flächen, die aus einem bestimmten Grunde nicht durchgängig waren, herausgehoben werden. Das war sowohl für einen Panzerangriff wichtig, als auch bei der Abwehr von Panzerangriffen. Man mußte wissen, wo sie durchbrechen könnten und wo das nicht möglich war. Die Front nordwestlich von Kiew verlief durch ein solches Moorgebiet. Wir wurden dorthin geschickt, in den Bereich zwischen der vorderen Infanteriestellung und der Artillerie-Stellung. Angeblich sollte dort ein Panzervorstoß stattfinden. Als wir dorthin an die Front gelangten, sahen wir, daß alles nur ein Ablenkungsmanöver war. Es gab gar keine Panzer, sondern nur Panzerattrappen aus Holz und Pappe, die aus der Luft wie echte Panzer aussahen. Der Feind sollte getäuscht werden. Die Front war ruhig. Mehrmals am Tage schoß die russische Artillerie und unsere antwortete. Die Geschosse gingen über uns hinweg. Wir wateten im Sumpf herum und bezeichneten die verschiedenen Sumpftypen auf den Karten. Es waren mit Gehölz bewachsene Hochmoore, wie sie in diesem Gebiet typisch sind mit viel Sumpfporst. Meine Anwesenheit war eigentlich nicht notwendig. Die Auswertung der Karte lag in den Händen von Ellenberg, der ja ein erfahrener Pflanzensoziologe war, zugleich konnte er die Arbeit gut organisieren. Ich kehrte bald nach Posen zurück und nahm wieder meine Arbeit im Institut auf. 1944 erfolgte der erste Luftangriff auf Posen.

Nicht weit vom botanischen Institut war eine große Fabrik, in der Flugzeugteile hergestellt wurden. Dieser galt der Luftangriff. Er erfolgte am Ostersonntag, einem Tage, an dem die polnischen Arbeiter nicht in der Fabrik arbeiteten. Es war ein herrlicher, sonniger und klarer Frühlingstag. Meine Frau und ich beschlossen, einen Ausflug in die Umgebung zu einem hübschen See zu machen. Ich zog Zivil an, meinen Wanderanzug. Während dieser Wanderung hörten wir plötzlich eine große Bomberstaffel. Wir merkten, daß sie nach Posen flog und ahnten nichts Gutes. Wir kehrten sofort um und fuhren mit dem ersten Zug zurück. Zunächst konnten wir nichts Verdächtiges sehen, aber bis zum Institut kamen wir nicht. Ein Posten stand auf der Straße, weil vor dem Institut ein Blindgänger lag. Als ich mich als Direktor des Instituts zu erkennen gab, ließ er mich durch. Von außen waren keine Schäden zu erkennen, ich lief hinein durch das erste Stockwerk; alles war in Ordnung, dann in mein Institut im oberen Stockwerk. Ein leichter, ekliger Brandgeruch schlug mir im Gang entgegen. Ich schaute in jeden Raum hinein – nichts. Dann öffnete ich die letzte Tür zum Zimmer, in dem ich schlief – Rauch schlug mir entgegen, aber Flammen sah ich nicht. Die Fensterscheiben waren durch den Luftdruck zersplittert, der Boden war von feinen Scherben bedeckt. Durch das leere Fenster war ein Splitter von einer Brandbombe hineingeflogen und direkt auf mein Bett. Dieses stand nicht in Flammen, aber die Matratze schwelte und stank fürchterlich. Kurzentschlossen rollte ich sie zusammen und warf den Ballen zum Fenster hinaus. Die Gefahr eines Brandes war damit beseitigt; ich war gerade zur rechten Zeit gekommen. Die eigentliche Brandbombe war am Fenster vorbeigeflogen und brannte auf der Erde aus, ohne Schaden zu verursachen. Aber der Blindgänger lag noch vor dem Haus und konnte explodieren. Auf der Universität wies man mir und meiner Frau ein Gastzimmer zu, wo wir blieben, bis der Blindgänger ohne Schaden entschärft worden war. Dann konnten wir in das unversehrt gebliebene Institut zurück. Die Fabrik hatte schwer gelitten. Die Bomber hatten gut gezielt. Das benachbarte medizinische Institut hatte nur den angebauten großen Hörsaal verloren, der ausbrannte. Die Bombenangriffe wiederholten sich nicht mehr.

Von Posen aus mußte ich Dienstreisen nach Polen machen, um Karten zu beschaffen und dabei eine Reihe von Instituten besuchen, die unter deutscher Verwaltung standen. Dort, wo richtige Wissenschaftler die Betreuung übernommen hatten, kam ein modus vivendi zustande und die polnischen Wissenschaftler konnten weiterarbeiten. War dagegen ein Parteimann eingesetzt, der kein eigentlicher Wissenschaftler war, so kompensierte er seine Unkenntnis durch besonders forsches Auftreten. Am botanischen Institut der Universität Krakau mit besonders guter wissenschaftlicher Leistung unter Prof. Szafer hatte die Leitung ein Parteimann, der sich nur mit Farnen beschäftigt hatte. Dieser schaltete Szafer völlig aus. Das Institut mußte an einer Liste der polnischen Farne arbeiten. Ich traf nur einen Schüler von Szafer, Pawlowski an, den ich auf einer Exkursion in die Tatra 1928 kennengelernt hatte. Mir war die Behandlung der Wissenschaftler peinlich, aber eingreifen konnte ich nicht. Pawlowski traf ich nochmals 1971 in Griechenland kurz vor seinem tödlichen Unfall (Seite 323/4).

Im September war die Mutter meiner Frau, die allein in ihrem Haus in Darmstadt wohnte, beim Verdunkeln hingefallen und mußte im Bett liegen. Meine Frau fuhr hin. Am 13. 9. war Alarm. Die Mutter blieb im Bett. Es war der Angriff, der Darmstadt ganz zerstörte. Meine Frau lief aus dem Keller hinauf, um die Mutter zu holen. Sie wollten gerade die Treppe heruntergehen, da wurde das Haus getroffen und die Treppe weggerissen. Beide stürzten einen Stock hinunter und waren stark verletzt, die Mutter besonders schwer. Das Haus fing Feuer, in den Keller konnte man nicht, da der Zugang verschüttet war. Sie lagen beide noch während des Angriffs auf der Straße und sahen, wie das Haus herunterbrannte. Da kamen französische Kriegsgefangene, legten die Mutter auf eine abgebrochene Tür und brachten sie zum nächsten Verbandsplatz. Von dort kamen beide in ein Krankenhaus nach Dieburg. Die Mutter war schwer verletzt, sie hatte ihr Heim verloren und wollte nicht mehr leben; sie verstarb. Meine Frau hatte im Bein die Glassplitter von dem Flurfenster. Die Wunde wurde behandelt, verbunden und sie wurde in den Odenwald zu ihrer Schwester entlassen.

Ich erfuhr das in Posen erst im Oktober und beschloß, meine Frau aus dem Odenwald nach Posen zu bringen, wo nicht die dauernden Alarme waren. Die Bahnverbindungen waren schlecht; das letzte Stück mußte ich im Odenwald zu Fuß laufen. Wieder war Alarm, aber zwischen den Feldern und Wiesen fühlte ich mich sicher. Ich traf meine Frau. Die Beinwunde war nicht in Ordnung, aber am Stock konnte sie gehen. Sie war sofort bereit, nach Posen zu kommen, trotz der beschwerlichen Eisenbahnfahrt; bei der Ankunft hatte sie Fieber. Meine Frau wurde auf die Chirurgische Abteilung des Rotekreuz-Krankenhauses gebracht. Dort wurde sie sofort sehr gründlich und lange operiert, die ganze Muskulatur von oben nach unten geöffnet und die Gasbrandherde entfernt. Ich saß im Vorzimmer und wartete die ganze Zeit. Schließlich kam der Chirurg heraus und sagte, das Bein würde erhalten bleiben, aber es würde lange dauern. Selbst Weihnachten lag meine Frau noch im Krankenhaus.

Inzwischen hatte sich die Lage im Osten katastrophal verschlechtert. Mein Assistent, Dr. Borriss, war einberufen worden, die Assistentin Dr. Schwerdtfeger wurde beim Bau des «Ostwalls» eingesetzt, sie mußte dort die Verköstigung der Arbeitenden organisieren. Es blieb im Institut nur noch die Sekretärin Erika Mayer.

Nach Weihnachten wurde Posen zur Festung erklärt. Kein Militär durfte die Stadt verlassen. Der Landsturm wurde organisiert. Man saß in der Falle. War das das Ende?

Da erhielt die Forschungsstaffel plötzlich eine Sondergenehmigung, auf Befehl sich nach Westen abzusetzen. Ich wollte meine Frau mitnehmen, die noch nicht das Bett verlassen hatte. Der Oberarzt versprach, sie zur Bahn mit der Bahre bringen zu lassen. Es war der 20. Januar. Eine grimmige Kälte hatte eingesetzt. Für mich und meine Frau packte ich einen Wäschesack, brachte ihn mit dem Pelzmantel meiner Frau zur

Bahn. Auf dem Bahnhof war strenge Kontrolle. Aber mein Marschbefehl von oberster Stelle wurde anerkannt und ich auf den Bahnsteig durchgelassen.

Aus Königsberg wurde der Schnellzug nach Berlin um Mittag erwartet. Der Fahrdienstleiter verriet mir, daß auf einem Nebengeleise ein Wagen stehe, der an den Zug angehängt würde. Als die polnischen Träger mit meiner Frau auf der Bahre kamen, gingen wir hin, schoben die Bahre durch ein geöffnetes Fenster hinein und legten meine Frau auf einen gepolsterten Sitz. Ich deckte sie fest mit dem Pelz zu; der Wagen war nicht geheizt und die Temperatur tief unter Null Grad. Wir warteten. Es wurde Nachmittag, der Zug kam immer noch nicht. Es wurde Abend. Bei Königsberg wurde gekämpft. War die Strecke noch frei? Wird der Zug überhaupt noch kommen? Davon hing unser Schicksal ab. Anders konnte ich meine Frau nicht nach Berlin bringen. Es wurde dunkel. Unsere Hoffnung sank. Man mußte sich in sein Schicksal ergeben. Es war Mitternacht. Nochmals ging ich zum Fahrdienstleiter. Da sagte dieser: «Gerade ist die Abfahrt des Zuges von Thorn gemeldet, in etwa einer halben Stunde ist er da.» Wir atmeten auf und dankten Gott. Es war der letzte planmäßige Zug.

Der Zug lief ein und wurde gestürmt. Nun kam alles darauf an, daß unser Wagen angehängt würde. Da ein Stoß, die Rangierlokomotive war da und schob unseren Wagen zum Zuge. Der Wagen war noch nicht angekoppelt, als die Menschen schon um die Trittbretter an den Türen kämpften. Sofort war alles voll, die Gänge verstopft. Aber meine Frau lag sicher auf der Bank, an den Rand setzten sich noch einige hin. Der Zug fuhr an, wir waren aus Posen herausgekommen. Er fuhr normal, in vier Stunden waren wir in Berlin. Ich schob den Wäschesack in den Gang, hob meine Frau auf diesen, zog ihn bis zur Tür, hob meine Frau aus dem Zuge heraus und setzte sie wieder drauf. Wir waren auf dem Bahnsteig Berlin-Zoologischer Garten. Die Schwester meiner Frau war telegraphisch benachrichtgt worden. Sie kam mit einer Rotekreuzschwester und einem Rollstuhl. Sie hatte als Psychotherapeutin gute Beziehungen zu den Ärzten der Krankenhäuser, doch war nirgends ein Bett frei. Schließlich war ein Arzt bereit, ihr ein Bett im Luftschutzkeller zur Verfügung zu stellen. So war sie in ärztlicher Behandlung und brauchte sich bei Alarm nicht zu rühren.

Ich mußte zunächst zu einer Kartierergruppe im Oderbruch nach Frankfurt an der Oder und sah dort das furchtbare Elend der Flüchtlinge aus den Ostgebieten. Bei der Kälte erfroren viele in den Güterwagen. Wenn der Zug hielt, wurden die Leichen ausgeladen. Die panikartige, planlose Flucht war ausgebrochen, alle Deutschen versuchten, das Land hinter der Oder möglichst weit nach Westen zu erreichen, mit dem Auto, dem Pferdewagen, dem Fahrrad oder zu Fuß. Alle Verbindungen untereinander brachen ab. Selbst Familien wurden oft auseinandergerissen. Bald bekam ich Order, mich nach Erlangen zu begeben und dort bei der Zweigstelle im Botanischen Institut Panzerkarten für die Rheinebene, die ich aus meiner Heidelberger Zeit gut kannte, vorzubereiten. Wir hatten damals viele Exkursionen in die floristisch reichen Moore und Sümpfe gemacht. Luftbilder standen zur Verfügung. Den Direktor des Botanischen Instituts, Prof. Schwemmle, kannte ich gut. So wurde ich freundlich aufgenommen. Die Karten wurden benötigt, weil die amerikanischen Panzer von Westen sich schon der Rheinebene näherten. Die ganze Arbeit war illusorisch; denn bis die Karten fertig und für unsere Panzereinheiten greifbar wurden, war das Gebiet schon vom Feind eingenommen. Der Widerstand am Rhein mit den zerstörten Städten im Hinterland war Wahnsinn und sinnloses Blutvergießen. Wer das aber äußerte, wurde erschossen oder aufgehängt. Viele verloren dadurch das Leben. Man wurde Fatalist und führte die Befehle aus. Oder man legte sein Schicksal in Gottes Hand: «Dein Wille geschehe». Dies gab einem Halt und Ruhe. Niemand wußte, ob er die nächsten Tage überleben würde. Der völlige Zusammenbruch stand bevor.

Auch nach Wien wurde ich geschickt, um Karten von der Donauniederung zu besorgen, ebenso die Pegelstände der Donau bei Hochwasser zu ermitteln. Denn auch von Ungarn näherte sich der Feind. Ich bekam Quartier in der Innenstadt. Den Sonntag benutzte ich, um die Biologische Station in Lunz zu besuchen und den befreundeten Prof. Ruttner, den Leiter, wiederzusehen. Wir waren draußen, da kam ein Bombengeschwader und flog Richtung Wien. Als ich abends zurückkehrte, war eine Bombe direkt vor mein Quartier gefallen. Alle Scheiben waren weg und die Wände beschädigt. Wieder hatte ich Glück gehabt und war dem Angriff entgangen, während meine Frau jedes Mal in den Angriff hineingeriet.

Dann mußte ich von Erlangen aus in Göppingen bei Stuttgart Karten beschaffen. Die Eisenbahnlinie war durch Bombenangriffe beschädigt. Ich mußte mich von Militärautos mitnehmen lassen. Es kamen am Tage dauernd Tieffflieger, die die Straße beschossen. Wenn man einen bemerkte, sprang man vom Wagen und suchte Deckung im Wald. Schließlich gelangte ich nach Stuttgart und wunderte mich, daß alle Straßen menschenleer und tot waren. Da kam Entwarnung, wir waren bei Alarm hineingefahren, ohne es zu wissen. Der Angriff galt jedoch nicht Stuttgart, sonst hätte die Flak geschossen.

Es war der Befehl gekommen, Stuttgart von der Bevölkerung zu räumen, denn hier würde eine Wunderwaffe angewendet werden, bei der alles getötet und der Feind endgültig vernichtet würde. Man munkelte von Atombomben, aber niemand glaubte mehr den Verlautbarungen. Auf dem Wege nach Göppingen sah ich jedoch die Wirkung solcher Befehle. Flüchtlinge aus Stuttgart flohen zu Fuß aus der Stadt. Ich sah eine Frau mit Kinderwagen, einer Kleinen an der Hand und einem Rucksack mit der ganzen Habe auf dem Rücken.

Ich konnte in Stuttgart in meiner Wohnung übernachten, wo inzwischen meine Mutter und Schwester aus Berlin lebten. Das war ein frohes Wiedersehen. Ich schärfte ihnen ein, unter keinen Umständen die Wohnung zu verlassen und aus Stuttgart zu fliehen. Hier im Vorort Obertürkheim seien sie noch am sichersten.

Abends, es war schon dunkel, erscholl die Wohnungsklingel. Ich öffnete. Vor mir stand die Schwägerin aus Berlin. Sie erklärte, Berlin würde von Frauen und Kindern geräumt. Meine Frau hätte im Luftschutzraum das Gehen geübt. Die Wunde sei zugeheilt, sie hätte sie im Rollstuhl zur Bahn gebracht und sie alle, auch ihre Tochter und Haushalthilfe wären da und bäten um Unterkunft. Meine Frau mit den anderen sei noch in Obertürkheim auf dem Bahnhof, ich müßte meine Frau dort abholen, sie könnte den weiten Weg nicht gehen. Ich hatte einen Handwagen. Mit diesem ging ich zur Bahn. Die Koffer kamen auf den Wagen, auf diese meine Frau. Ich zog den Wagen die Asangstraße hinauf und die anderen schoben abwechselnd hinten. So kamen wir an. In allen Zimmern wurden Schlafstätten improvisiert. Die Hauptsache, alle waren in Sicherheit in einem kleinen Seitentälchen vom Neckar, weitab vom großen Verkehr.

Am nächsten Tage mußte ich nach Erlangen zurück und konnte mit dem Zuge bis Nürnberg fahren. Wir kamen ohne Tieffliegerangriffe durch, aber vor Nürnberg hatte der Zug keine Einfahrt. Während er stand, ertönten die Sirenen. Ich wollte aus dem Zug und in der Vorstadt einen Luftschutzraum suchen. Da wurde die Einfahrt freigegeben und der Zug fuhr bereits. Ein Wahnsinn bei Alarm einen vollbesetzten Zug in den Hauptbahnhof zu lassen. Diese waren gerade die Zielpunkte bei Luftangriffen. Der Zug fuhr ein, auf allen Gleisen Züge. Die Bahnsteige voller aufgeregter Menschen. Ich wollte zum Bahnhof hinaus. Vor dem Ausgang stand ein Polizist und ließ niemanden bei Alarm durch, nur mich und einen anderen Offizier. Ich fragte nach dem nächsten Luftschutzkeller, er wies auf die andere Seite des großen Bahnhofsplatzes. Wir beide rannten hinüber, fanden den Eingang, der gerade geschlossen werden sollte, und kamen noch hinein. Es war eine zum Bunker ausgebaute Straßenunterführung. Über uns nur der Unterbau der Straße, gegen einen Volltreffer kein genügender Schutz. Kaum waren wir drin, da kamen die Detonationen schon näher. Plötzlich ein furchtbarer Krach, der Bunker erzitterte, das Licht ging aus, es war ganz finster, die Frauen schrien, die Kinder weinten. Es war jedoch kein Volltreffer, vielleicht einer beim Bahnhof. Diesmal war ich mitten in einen Großangriff geraten.

Dann wurde es ruhiger, die Bomber hatten ihre Last abgeworfen. Wir warteten fast eine Stunde, es kam jedoch keine Entwarnung. Vielleicht funktionierte sie nicht? Wir öffneten die Panzertür. Es war kein Mensch zu sehen, alles völlig ruhig. Wir traten heraus, da hörte man wieder das Surren einer herannahenden Bomberstaffel. Hineingesprungen, die Panzertür zugeschlagen und schon kamen wieder die Detonationen, aber diesmal entfernter. Nochmals wurde eine Stunde gewartet, schließlich kam die Entwarnung. Es war der härteste Großangriff auf Nürnberg gewesen. Das Bahnhofsgebäude hatte stark gelitten, einige Häuser brannten. Ich schlug die Straße nach Erlangen ein. Es kam ein Militärlaster. Ich hielt ihn an, er fuhr in der Richtung Erlangen. Ich stieg auf und nun ging es in der Finsternis durch die Straßen, die von brennenden Häusern erleuchtet wurden. Ein schauerlicher Anblick. Dann erreichte ich das unversehrt gebliebene Erlangen. Auch dort gab es häufiger Alarm. Fürs Institut waren im Botanischen Garten Splittergräben hergerichtet worden. Dort traf man alle Institutsangehörigen und konnte sich angeregt unterhalten. Aber in meinem Privatquartier, einem schwächlichen mehrstöckigen Ziegelbau schien mir der Keller nicht sicher zu sein. Ich wollte nicht unter Schutt begraben werden. Das Haus stand einige Minuten vom Waldrand entfernt. Bei Alarm zog ich es vor, möglichst weit in den Wald zu laufen und bei Flakfeuer unter einem alten Baum Schutz vor Splittern zu suchen. Doch wurde Erlangen nicht angegriffen.

Die Amerikaner rückten rasch vor. Die Forschungsstaffel erhielt den Befehl, sich gegen die Alpen zurückzuziehen.

Die erste Station war Harburg, ein malerisches Städtchen in einem schmalen tief eingeschnittenen Tal, einem Abfluß vom Ries in die Donau. Es blieb nur Raum für die Straße und je eine Häuserreihe an beiden Seiten. Ich wurde beim Apotheker in einem ganz alten Haus einquartiert. Er war unverheiratet, seine Schwester besorgte den Haushalt. Die Menschen in diesen letzten Tagen vor dem endgültigen Zusammenbruch waren in einer merkwürdigen Stimmung und sehr aufgeschlossen. Die Hauswirtin verehrte unter den Schriftstellern Wiechert, der die ostpreußischen Verhältnisse schilderte. Sie gab mir «Das einfache Leben». Arbeiten konnte man nicht, so vertiefte man sich in dieses und andere Bücher. In dieser Zeit des Zusammenbruchs schien einem das ruhige geschilderte Leben so unwirklich zu sein mit den kleinen alltäglichen oder persönlichen Problemen. Wir mußten jedoch nach einigen Tagen weiter. Wir kamen durch das in der Nacht vorher zerstörte und noch brennende Donauwörth, überquerten die Donau, fuhren das Mindeltal aufwärts und machten in Mindelheim einen zweiten vorläufigen Halt. Ich wurde in einer Mühle einquartiert. Hierher kamen auch alle Akten von unserer Staffel. Sie wurden gesichtet, alles was nicht in die Hände der Amerikaner kommen sollte, mußte verbrannt werden. Jetzt löste sich auch das Rätsel unserer Ausfahrterlaubnis aus Posen. Dr. Schulz-Kampfhenkel hatte eine ausgiebige Korrespondenz mit Himmler gehabt. Er hatte im kritischen Augenblick die Forschungsstaffel Himmler unterstellt und der befahl den Abzug aus Posen. Diesem Umstand verdankten wir wahrscheinlich unser Leben.

Ein Professor der Universität Posen ist nur durch ein Wunder gerettet worden. Er kam zum Landsturm, lauter Leute, die nie eine Waffe in der Hand gehabt hatten. Sie wurden von russischen Panzern überrollt. Ihr Führer wollte sich nach Westen zu den deutschen Linien durchschlagen. Sie marschierten nur nachts auf Nebenwegen und versteckten sich am Tage. Sie waren den deutschen Linien ganz nahe, aber es wurde hell und der Anführer riskierte nicht den letzten Sprung am Tage. Sie versteckten sich so gut sie konnten in einem Getreideacker unter Beschuß der Panzer. Er wurde verwundet und blieb bewußtlos liegen. Als er zu sich kam, war er allein und ein Pole bückte sich über ihn. Er erwartete, erschlagen zu werden, aber der Pole gab ihm zu verstehen, wenn es dunkel wäre, solle er einen bestimmten Weg gehen und an der ersten Hütte anklopfen. Er würde ihm helfen. Er tat es und wurde aufgenommen, die Wunden wurden verbunden, dann wurde er in der Scheune unter Heu in einer Grube, die oben leicht zugedeckt war, versteckt. Nachts brachte man ihm heimlich zu essen und zu trinken.

Was war die Ursache? Man erzählte ihm, die Tochter hätte nachts in einem Traum von der Mutter Gottes den Befehl erhalten, einen Deutschen zu retten. Die Familie war sehr fromm und beschloß, sie müßte es tun. So vergingen einige Wochen, die Wunde war geheilt und er durfte nachts aus dem Loch heraus, um das Gehen wieder zu üben. Dann sagte der Mann, die Polen hätten sich etwas beruhigt, er könne es riskieren, nach Westen zu gehen. Er erklärte ihm, wie er zur Straße nach Berlin käme.

Das tat er. Auf der Straße kam ein Laster mit Gepäck und Russen in blauer Uniform. Als Balte konnte er russisch, außerdem auch polnisch. Er winkte, der Wagen hielt. Er gab sich als Pole aus, der seine von den Deutschen zum Arbeitsdienst verpflichtete Braut suche, sie sei als Dienstmädchen in Berlin tätig.

Die Russen sagten, sie führen nach Berlin, er solle aufsteigen. Sie waren von Wodka angeheitert und sehr geschwätzig. So erfuhr er, daß es sich um Angehörige der gefürchteten GPU handelte. Er überwand seinen Schreck und trank Brüderschaft mit einem, der sich besonders rühmte, was er alles machen könnte, er sei ein ganz großer Mann. So kamen sie an die Oder-Brücke, wo eine sehr scharfe Kontrolle durch russisches Militär war und kein Zivilist durchgelassen wurde. Er bat, ihn zu verstecken, aber der Anführer lachte, er solle sich ganz nach oben setzen, es würde ihm nichts passieren. Die Posten hielten den Wagen an, sahen, daß es die GPU war, und ließen den Wagen unkontrolliert durch. Er war in Deutschland. Die Fahrt ging weiter. Die Vororte von Berlin begannen. Er setzte sich zum Anführer voll Ehrerbietung vor seiner Größe und bat ihn um einen letzten Gefallen. Dies sei der Vorort, in dem seine Braut sei. Er solle den Wagen halten und ihn aussteigen lassen. Er würde seinen Großmut nie vergessen. Der Anführer rief dem Fahrer zu: «Stoi.» Der Wagen hielt an einer Kreuzung, er sprang ab, winkte nochmals und verschwand in einer Nebengasse.

Die belastenden Akten von unserer Staffel waren vernichtet, die Amerikaner rückten heran. Die Bevölkerung betrachtete uns mißtrauisch, sie wollten kein deutsches Militär im Ort. Wir erhielten die Order, uns in Lechbruck zu sammeln. Das ging in Etappen vor sich. Mit zwei anderen wurde ich zu einem Gasthaus halbwegs Lechbruck gebracht. Als Gepäck hatten wir nur einen Rucksack. Wir sollten dort am Nachmittag mit einem Auto abgeholt und nach Lechbruck gebracht werden. Die Zeit verging, wir warteten, es wurde später Nachmittag und dämmerig. Das Auto war immer noch nicht da. Plötzlich detonierten nicht weit vom Haus Artilleriegeschosse. Amerikanische Panzer nahmen die Straße unter Beschuß. Die Rucksäcke ergriffen und hinten auf die Wiesen hinaus, weg von der Straße! Wir versuchten die Richtung Lechbruck einzuhalten, entfernt von der Straße; es dunkelte rasch. Wir mußten über Zäune hinüber, durch sumpfiges Gelände. Es war ganz finster. Da plötzlich blitzte eine Taschenlampe auf und wir schauten in die Mündung von Maschinenpistolen. Eine SS-Patrouille, die Deserteure suchte. Eine Stimme rief: «Ihr wollt euch wohl dünn machen». In diesen Tagen wurden Deserteure einfach niedergeknallt. Aber der Marschbefehl lautete auf

Lechbruck; wir gingen in der Richtung und berichteten, daß die Straße unter Beschuß sei, wir wollten nicht den Amerikanern in die Hände fallen. Man ließ uns weiter laufen. Bald hörten wir, wie die Panzer rasselnd auf der Straße rechts von uns, aber auch links vorbei rollten. Wir waren eingekreist. Wir kamen in einen Wald. Das Gehen war leichter, aber wir waren völlig erschöpft, wir mußten eine Unterkunft finden. Da stand am Waldrande ein einsames Bauernhaus. Wir klopften an, der Bauer machte auf und ließ uns hinein. Er hatte Zimmer, die er wohl im Sommer an Sommerfrischler vermietete. Eine Frau mit Tochter, Flüchtlinge aus Kaiserslautern, wohnten bei ihm. Aber drei weitere Betten waren vorhanden. Wir konnten uns stärken und fielen ins Bett, ohne an die weitere Zukunft zu denken.

Wir ruhten uns den nächsten Tag noch aus, die Leute, die ungestört in ihrem Heim wohnten, hatten Mitgefühl mit den gehetzten Soldaten. Ich spielte mit dem Gedanken, hier in Zivilkleidung zu bleiben, da ich einen Paß hatte, aus dem hervorging, daß ich Professor in Stuttgart sei. Es war der alte Paß vor der Einberufung. Aber der Bauer kam von einem Gang zurück und berichtete, die Amerikaner hätten das Gebiet besetzt und den Bauern bei Todesstrafe angedroht, keine deutschen Soldaten zu beherbergen. Durften wir den Bauer dieser Gefahr aussetzen? Wir drei beschlossen, uns den Amerikanern zu ergeben. Der Bauer wollte unsere Waffen in einem hohlen Baum im Walde verstecken. Allen Ballast ließen wir bei ihm zurück und nahmen nur das Notwendigste mit.

Dann gingen wir den schweren Gang, bis wir auf einen amerikanischen Posten stießen. Er rief uns an, wir hoben die Arme. Einige andere Soldaten kamen heran, tasteten uns nach Waffen ab und befahlen uns, in ein Haus zu gehen und dort zu warten. Wir waren Kriegsgefangene, aber doch noch am Leben. Der Krieg war für uns aus. Aber was stand uns bevor, wie würde man uns behandeln?

3. Als Kriegsgefangener

Es war etwa eine Woche vor der endgültigen Kapitulation der deutschen Wehrmacht, als wir in die Gefangenschaft gingen. Der Posten, bei dem wir uns gemeldet hatten, rief die Kommandostelle an. Ein Jeep kam und holte uns ab. Der Offizier wunderte sich, daß wir uns ohne Kampf ergeben hätten. Ich erklärte, ich gehörte nicht zur kämpfenden Truppe, sondern sei ein Wissenschaftler und als solcher tätig gewesen, der Krieg sei aus, jeder weitere Widerstand sinnlos. Die Amerikaner fürchteten sich bis zum Schluß vor dem angeblichen Wehrwolf, der überhaupt nicht existierte. Eine Untergrundbewegung kam nicht in Frage, da die Bevölkerung die Befreiung durch die Amerikaner heransehnte, um dem zuletzt unerträglichen Terror zu entgehen. Wie viele sind in den letzten Tagen noch als Defaitisten sinnlos hingerichtet worden, nur weil sie die weitere Zerstörung des Heimatlandes verhindern wollten.

Wir wurden weiter zu einem Gefangenen-Sammellager nach Kaufbeuren befördert. Es war ein großer Versammlungsraum, der schon voll mit deutschem Militär war. Wir trafen noch einige von der Sonderstaffel dort. Diese hatten einen Laib Brot bei sich und gaben uns ein Stück davon. Wir hatten den ganzen Tag und die folgende Nacht nichts erhalten. Die Nacht mußte man stehend verbringen, es war kein Raum, um sich hinzulegen oder zu setzen. Die hygienischen Verhältnisse waren entsetzlich. In den Waschräumen waren alle Ausgüsse verstopft, der Boden überschwemmt. Am nächsten Tag kam ein langer Marsch nach Fürstenfeldbruck. Es war ein schöner Frühlingstag und in der frischen Luft lebte man auf. Ich hielt mich möglichst an der Spitze, dann marschiert es sich leichter. Die Bewachung war schwach, es versuchte ja keiner zu entfliehen. An der Straße entlang lagen lauter weggeworfene Sachen von fliehenden Soldaten. Man durfte einige Schritte aus der Reihe hinaustreten und etwas aufheben. Für alle Fälle ergatterte ich einen Rucksack, eine Zeltplane und ein Kochgeschirr. Dazwischen wurden kurze Pausen am Straßenrand eingelegt.

Fürstenfeldbruck war ein großer Stützpunkt der Luftwaffe gewesen mit vielen Gebäuden. Hier durften die Offiziere in dem zweiten Stock eines Gebäudes, in dem dicht nebeneinander Feldbetten standen, übernachten. Ich legte mich gleich schlafen. Das Wetter schlug um in Schneeregen. Die armen Soldaten standen draußen ohne Schutz im Kasernenhof. Unter den Offizieren waren zwei Generäle der Luftwaffe. Einige Offiziere traten an sie heran und regten an, sie sollten sich doch beim amerikanischen Kommandanten verwenden, daß man den Soldaten die Lage etwas erleichtere. Sie lehnten es rundweg ab, gingen dann jedoch hin und erwirkten für sich eine Sonderunterbringung.

Wir bekamen Verpflegung, auf die wir uns stürzten. Der Amerikaner bat um Freiwillige, um bei der Verteilung der Verpflegung unter den Soldaten zu helfen. Ich meldete mich und ging mit ihm auf den Hof.

Die Mannschaften mußten in Zehnerreihen herantreten und ich reichte Brot und Konserven für Zehn dem Flügelmann. Es ging sehr zügig und diszipliniert. Es dauerte ziemlich lange, bis alle ihre Verpflegung hatten, und ich wieder in den Schlafraum gehen konnte. Am nächsten Tage fuhren Lastwagen vor, und wir wurden dicht gepfercht wie Heringe, stehend in diese verladen. Das Wetter war wieder besser und es ging im ersten Frühlingsgrün durch die sauberen bayerischen Ortschaften westwärts. Schließlich kamen wir nach Neu-Ulm in die früheren Kavalleriekasernen und wurden in den früheren Pferdeställen untergebracht, die sauber und völlig leer und unbenutzt waren, aber wir mußten stehen. Es wurde Abend, man versuchte sich hinzulegen, aber es war kaum genügend Liegeplatz. Ein Zahlmeister benahm sich besonders schlecht. Ich lag schon, er schlug mir mit dem Stiefel ins Gesicht, um Raum zu bekommen. Wie rasch die Leute ihre Haltung verlieren, wenn sie nichts mehr sind.

Am nächsten Morgen wurde wieder Verpflegung ausgegeben, ich half wieder bei der Verteilung. Zum Schluß bekam ich meine Portion, aber es blieben noch Kekse übrig. Da sagte der Amerikaner, ich solle sie als Belohnung für die Hilfe nehmen. Ich stopfte sie in meinen Rucksack. Sie halfen mir über die nächsten Tage hinweg.

Dann wurden wir wieder auf Lastwagen verladen und es ging in Richtung Stuttgart, aber nicht auf der Autobahn. In Esslingen hatte sich unser Fahrer bei einer Abzweigung verfahren und war plötzlich nicht mehr in der Kolonne. Er hielt an und studierte die Karte. Die Menschen schauten aus den Fenstern. Ich war ganz unweit unserer Wohnung in Obertürkheim. Ich rief ihnen zu, sie sollten eine Botschaft in Obertürkheim, Asangstr. 105 übergeben, daß Professor Walter gesund in die Gefangenschaft geraten ist; der Überbringer würde eine Belohnung erhalten. Auf diese Weise wüßten die Meinigen, daß ich am Leben und in der Gefangenschaft war.

Der Fahrer hatte gewendet und fuhr weiter. Es ging in der Richtung nach Heidelberg. Es war schon vollkommen dunkel, als wir durch diese mir so gut bekannte Stadt fuhren, über den Neckar in den Neuenheimer Stadtteil. Hier wohnten gute Bekannte. Mir kam der Gedanke, abzuspringen und zu verschwinden. Der Fahrer würde es nicht bemerken. Aber sollte ich die Freunde in Gefahr bringen, mich zu verstecken? Mir war es im Kriege so gut gegangen, ich durfte mich nicht vor dem Leid drücken, das doch nur mich betreffen würde. Es ging nach Mannheim, über den Rhein und durch Ludwigshafen, weiter, bis plötzlich ein weites, hell erleuchtetes Gelände, von Stacheldraht und Wachtürmen umgeben, sichtbar wurde. Es war ein riesiges Gefangenenlager bei Mundelsheim. Der Wagen fuhr durch ein stark bewachtes Eingangstor und hielt. Ein Amerikaner kam und befahl auszusteigen und rief immer: «Schnell, schnell» und gab den Aussteigenden einen Hieb; einer machte besonders langsam und erhielt einen kräftigen Hieb. Da sah er, daß es ein Einbeiniger war, er schämte sich und unterließ das Schlagen.

Wir kamen, durch einen Eingang im Stacheldrahtverhau, in einen großen umzäunten Raum. Es war nach Mitternacht, kein Mensch zu sehen. Der Boden war ein Morast, es hatte wohl die Tage vorher stark geregnet, nur auf einer erhöhten Stelle war ein Holzaufbau. Wir gingen hin und bemerkten, daß es eine große Latrine war, für uns der einzige Sitzplatz. Der Boden erschien blutig rot gefärbt. Einen Augenblick stand mir das Herz still, war hier im Lager eine blutige Ruhr ausgebrochen und wollten die Amerikaner die Drohung wahr machen und die deutschen Wehrmachtsangehörigen einfach verrecken lassen an Seuchen?

Aber ein Gestank machte sich nicht bemerkbar, das Holz der Latrine war sauber. Woher kam dann die rote Färbung des Bodens? Da bemerkte ich, daß von der Latrine Verbindungswege ausgingen, die mit gewöhnlichen Ziegeln befestigt waren. Diese Ziegel wurden von den genagelten Stiefeln der Lanzer zerrieben und der Ziegelstaub färbte den nassen Boden. Dieses riesige erleuchtete Gefangenenlager im freien Felde ohne Gebäude, ohne Zelte machte einen deprimierenden Eindruck. Nun erst fühlten wir uns als namenlose Gefangene. Man hatte uns beim Hereinlassen nur gezählt. Ein Landser zeigte sich am Zaun zum Nachbarkamp. Man fragte ihn, ob man nur vorübergehend hier sei. Er war aber schon längere Zeit da und wußte nichts davon, daß man wegkäme.

Die lange Nacht ging langsam zu Ende. Ein leuchtender Frühlingsmorgen begann. Es sah nicht mehr so deprimierend aus. Gefangene wachten auf. Wir mußten die Latrine räumen. Eine Fahrstraße führte unmittelbar vorbei. Der Verkehr erwachte, die meisten Leute zu Fuß, viele mit einem Handwägelchen. Sie eilten wohl nach Ludwigshafen und schauten mitleidig oder scheu zum Gefangenenlager. Die Straße verlief etwas erhöht. Die Wachttürme herum waren mit amerikanischen Soldaten und Maschinengewehren besetzt. Hohe Rollen von Stacheldraht, kaum zu überwinden, umgaben das ganze Lager. Nur beim Haupteingang standen einige Baracken.

Ich kam ins Gespräch mit zweien, die als Ingenieure beim Militär tätig gewesen waren; sie erzählten, daß sie nach der Gefangennahme gezwungen wurden, ein Konzentrationslager für Juden aufzuräumen und dabei die Leichen hinauszutragen. Der Tag verging, nichts geschah, nur weitere Gefangenentransporte kamen hinzu. Der Raum füllte sich. Wir beschlossen zu dritt, einen Lagerplatz für die nächste Nacht zu suchen, weiter von der Latrine entfernt. Die Sonne schien heiß, wir schoben mit den Händen den Schlamm beiseite, damit die Sonne am Tage den Boden etwas austrocknen konnte. Dann wollten wir in der Nacht auf den Zeltplanen schlafen. Nur ein Wasserhahn war vorhanden. Es bildete sich eine lange Schlange. Man mußte lange anstehen, aber schließlich gelang es, das Kochgefäß zu füllen. Man brauchte nicht zu verdursten. Wir hatten alle etwas Eßreserven, ich meine Kekse. Aber man aß sparsam, man wußte nicht, wann man wieder etwas erhalten würde. Einer der Ingenieure fand eine Laus auf dem Anzug, die er sich im Konzentrationslager geschnappt hatte. Das war gefährlich, in den Konzentrationslagern herrschte Flecktyphus. Er mußte seine Zeltplane von unseren wegrücken, sich völlig ausziehen und alles genau auf Läuse untersuchen. Er fand jedoch keine zweite. Es war an diesem und den nächsten Tagen so warm, daß man sich mit entblößtem Oberkörper sonnen konnte. Das Lager sah tags fast wie ein Badestrand aus. Es war ein großes Glück, daß eine mehrwöchige Schönwetterperiode folgte und es kaum Krankheitsfälle gab. Einige drehten durch und rannten gegen den Stacheldraht. Man mußte sie mit Gewalt daran hindern. Gerüchte gingen um, daß Deutschland bedingungslos kapituliert hätte. Es mußte stimmen, denn man hörte an diesem 8. Mai Freudenlärm bei den Amerikanern und die Wachtposten schossen vor Freude in die Luft und über das Lager hinweg. Man hörte das Surren der Kugeln und legte sich flach auf den Boden. So erlebte man das endgültige Ende des Krieges. Aber zugleich wurde einem klar, daß keine Macht sich unserer mehr annehmen konnte, wir waren schutzlos dem Feinde ausgeliefert, er konnte mit uns machen, was er wollte. Auch die Welt würde nicht für uns eintreten. Wir waren eine wertlose Masse von Menschen, von fast allen gehaßt. Ein Tag verging nach dem anderen, keiner kümmerte sich um uns. Da gingen einige höhere Offiziere zum Kommandanten des Lagers und wiesen darauf hin, daß wir als Kriegsgefangene das Recht hätten, nach der Genfer Konvention behandelt zu werden. Als Antwort überreichte man ihnen Aufnahmen aus den Konzentrationslagern. Sie sollten zeigen, wie die Deutschen ihre Gefangenen behandelt hatten. Die Eßvorräte, die die meisten hatten, waren verzehrt. Der Hunger machte sich immer stärker bemerkbar. Ich hatte das Gefühl, daß die Amerikaner einfach überfordert waren, solche Massen von Gefangenen zu versorgen, bei den durch den Krieg zerstörten Verbindungswegen. Es sollen im Lager Mundelsheim allein 120 000 Gefangene gewesen sein. Es dauerte, bis der Nachschub klappte.

Allmählich wurde unser Kamp organisiert. Wir bekamen ein großes Zelt für ein Lazarett mit einigen Feldbetten. Ärzte meldeten sich, doch waren Medikamente praktisch nicht vorhanden. Eine deutsche Lagerleitung bildete sich, das Lager wurde in Gruppen eingeteilt, diese in Untergruppen. Namenslisten für letztere wurden aufgestellt. Das war alles notwendig, denn es sollte Verpflegung verteilt werden und jeder mußte seinen Teil erhalten. Innerhalb der kleinen Gruppen mußte man sie selbst verteilen. Es war herzlich wenig und der Hunger sehr groß, um so mehr mußte man eine gerechte Verteilung vornehmen. Das war bei den kleinen Portionen nicht leicht. Wie sollte man z. B. zwei Laib Brot gerecht jedem von 13 Mann zuteilen ohne eine Waage zu haben? Wer sollte es machen? Ich weiß nicht warum, aber ich wurde damit beauftragt. Meine zwei Kameraden meinten, ich solle es in unserem kleinen Zelt machen, doch ich fand, es käme darauf an, daß jeder sich von der gerechten Verteilung überzeugen konnte. Eine saubere Zeltplane wurde ausgelegt, die zwei Brote kamen drauf und es fand sich ein großes Messer. Wie sollte ich teilen? Es war leicht die Brote in 2, 4 und 8 Teile zu teilen. Es bekam jeder zunächst ein Sechzehntel; 3 Sechzehntel blieben übrig und wurden ebenso geteilt. Zu jedem Stück kam also noch ein Stückchen dazu. Es blieben nur noch 3 Zweihundertsechsundfünfzigstel nach. Alle standen herum und beobachteten mich genau. Nun sollten sie sagen, welche Portionen kleiner ausgefallen waren. Diese bekamen von dem Rest noch etwas hinzu. Weiterhin wurde noch ausgeglichen, bis alle damit einverstanden waren, daß alle 13 Teile gleich waren. Nun drehte sich einer um, ich deutete auf einen Teil und er mußte ohne es zu sehen, sagen wer ihn bekam, also eine Auslosung. Das dauerte sehr lange, aber Zeit hatten wir im Überfluß; keiner fühlte sich benachteiligt und jeder hatte die Vorfreude, einen kleinen Happen zu bekommen. Das sprach sich im Lager rasch herum. Überall, wo Schwierigkeiten beim Teilen entstanden, wurde ich herbeigeholt. Ich hatte das Vertrauen der Schicksalskameraden erworben.

Aber es war viel zu wenig. Der Hunger wurde immer stärker und die Kräfte nahmen ab. Man lag meist am Boden. Das Aufstehen fiel einem schwer und man schwankte schon beim Gehen. Das Lager war überfüllt. Wenn man nachts einen Gang machte, sah man, daß der Boden vollständig von den Schlafenden bedeckt war. Nur die Ziegelwege und schmale Streifen zwischen den Reihen erlaubten eine Fortbewegung.

Es kam der Befehl, jeder Gefangene müsse den Namen und die Adresse der nächsten Angehörigen auf einen Zettel schreiben und in die rechte Manteltasche stecken. Sollten wir wirklich langsam verhungern? Der Zettel konnte ja nur den Sinn haben, daß man ihn bei den Toten herausnimmt und die Angehörigen benachrichtigt. Alles sträubte sich dagegen, doch man grübelte fortwährend. Vom Lager sah man die Umrisse des Odenwalds auf der anderen Rheinseite im Osten; dort ging immer die Sonne auf. Auch der Einschnitt des Neckartales war zu erkennen mit dem Heiligenberg auf der einen Seite und dem höheren Königstuhl auf der anderen. Dort lag Heidelberg. Vor genau 25 Jahren hatte ich in Heidelberg meine wissenschaftliche Laufbahn begonnen. Nun sollte sie hier im Dreck enden. Ich könnte doch noch mehr leisten, mußte es sein? Die Verzweiflung ergriff einen, besonders nachts, wenn man wach war.

Da kamen mir die Worte: «Vater, wenn es sein kann, so laß diesen Kelch an mir vorübergehen; aber nicht mein Wille, sondern Dein Wille geschehe.» Das schrie ich innerlich immer wieder und wieder hinaus, aber langsam ruhiger und dann blieben nur noch die Worte: «Dein Wille geschehe.» Ich war bereit, auch dieses Opfer zu bringen.

Plötzlich kam eine so köstliche Ruhe über einen. Man fühlte sich emporgehoben, man schwebte immer höher und höher. Man war nicht mehr auf der Erde, man hatte sich von dieser befreit. Man hörte harmonische Töne und sah köstliche Farben und war von einem Glücksgefühl erfüllt. So schön war der Tod, die Überwindung des Lebens.

Wie lange Zeit verging, ich weiß es nicht. Aber auf einmal hörte ich eine menschliche Stimme, unendlich weit. Sie wiederholte sich, es waren Worte, was bedeuteten sie? Nun konnte man sie verstehen: «Gepäck fertig machen zum Abtransport.» Immer lauter wurden sie und mit einmal lag ich wieder auf der Erde, ich mußte weiter leben.

Abtransport nach fast einem Monat! Wir sollten also dieses Lager verlassen? Wohin? Wozu? Es regte sich wieder der Lebenswille. Man mußte die wenigen Sachen in den Rucksack hineinstopfen, das Zelt abbauen, sich den kleinen täglichen Sorgen widmen.

Der Abtransport ließ auf sich warten. Gerüchte schwirrten herum. Es hieß, wir sollten nach Algerien in die Kohlenbergwerke gebracht werden, aber niemand wußte etwas Genaues.

Es gab nochmals Verpflegung für alle, mehrere Fuhren mit Roten Rüben. Wieder mußte ich die schwierige Verteilung übernehmen. Jeder bekam etwas und den Hungrigen schmecken auch Rote Rüben im rohen Zustande. Endlich wurden wir zur Bahn abtransportiert. Ein langer Zug aus Güterwagen stand bereit. Für jeden Wagen wurde eine bestimmte Zahl abgezählt und mußte hinein. Wir gingen wieder einer ungewissen Zukunft entgegen. Es waren nur frühere Offiziere oder Beamte im Offiziersrang im Transport.

Jetzt nach diesem Erlebnis der seelischen Überwindung des Todes hatte ich das Gefühl einer Wiedergeburt. Ich war nicht mehr derselbe Mensch und konnte alles ruhig an mich herankommen lassen. Was konnte einem passieren, wenn der Tod ein so schöner Ausgang des irdischen Lebens war, ein wahrer Freund, der einen von allem Leiden erlöste.

Zu unserer Überraschung entdeckten wir, daß in jedem Wagen für jeden eine halbe Ration der amerikanischen Marschverpflegung bereit stand, wundervoll verpackt lauter Köstlichkeiten wie Schokolade u. a., alles sehr kalorienreich, man mußte also sehr langsam und mit Pausen essen, weil der Magen an solche Sachen nicht mehr gewöhnt war. Aber jeder bekam gleich seinen Teil und konnte damit machen was er wollte.

In einem anderen Wagen waren die Leute vorsichtiger und verteilten nur ein Drittel, da man ja nicht wußte, wie lange man unterwegs sein würde. Am Ende der Fahrt vollzog sich das Aussteigen jedoch so plötzlich und überstürzt, daß sie die übrigen zwei Drittel zurücklassen mußten. Die Hauptregel, die man in der Gefangenschaft lernte, war, niemals Eßwaren aufheben, denn es war wegen Fluchtverdacht verboten und verleitete nur zu leicht zu Diebstahl. Der Zug setzte sich in Bewegung. Wohin? Er ging nach der Pfalz, also wohl nach Marseille und von dort mit dem Schiff nach Algerien; aber plötzlich wurde die Richtung geändert. Es ging mehr der Rheinebene zu, dann wieder im Zickzack von ihr weg nach Lothringen. Die Eisenbahngleise waren, wie uns später klar wurde, an vielen Stellen noch zerstört. Der Zug mußte deshalb Umwege machen. Plötzlich hielt er und es erscholl der Befehl: «Sofort aussteigen.» Amerikaner liefen den Zug entlang und überzeugten sich, daß niemand drin blieb. Es war der Bahnhof St. Avold in Lothringen unweit Metz.

Wieder hinein in Lastwagen und durch die Dörfer. Die französischen Bewohner bewarfen uns mit Steinen, spuckten aus und stießen Schimpfworte aus. Der Amerikaner war fair. Beim nächsten Steinhaufen hielt er und sagte, wir sollten uns mit Steinen bewaffnen; wenn wir wieder beworfen würden, so sollten wir zurückwerfen. Die Franzosen seien gemein. Diese Feindschaft zwischen Franzosen und Amerikanern merkten wir immer wieder. Die Franzosen spielten sich als große Sieger auf, aber gesiegt hatten sie nur dank der Amerikaner.

4. Im Lager St. Avold. Rektor der Lageruniversität

Vor dem Kasernen-Komplex an der Maginot-Linie wurden wir ausgeladen. Wir übernachteten auf einer herrlichen Wiese am Hang mit weitem Ausblick über das liebliche Land mit Wald und Wiesen der leicht gebirgigen Gegend. Es schlief sich schön auf dem weichen Rasen, der Mond schien, die Sterne funkelten.

Erst am nächsten Morgen wurde mit der Registrierung begonnen. Es war ein amerikanisches Lager in Frankreich. Die Franzosen waren völlig ausgeschaltet und das war unser Glück.

Zuerst sollten die SS-Leute ausgesiebt werden. Sie hatten ihre Erkennungsnummer in der Achselhöhle des linken Armes eintätowiert. Jeder mußte das Soldbuch vorweisen und die linke Achselhöhle freimachen. An den SS-Männern ließen die Amerikaner ihre Wut aus, sie wurden halb tot geschlagen.

Plötzlich fiel mir siedendheiß ein, daß in meinem Soldbuch auf einem hinteren Blatt im Zusammenhang mit der Ausreise aus Posen ein Vermerk wegen einer Dienstanweisung von einer SD-Dienststelle war. Sollte das ein Verhängnis für mich werden? Ich kam an die Reihe und nahm mich zusammen. Ein sympathischer amerikanischer Offizier überprüfte. Ich schlug das Soldbuch vorne auf, hob den linken Arm und sah ihm lachend in die Augen. Er lächelte, schaute in die Achsel und ließ mich durch.

Aber dieser Vermerk beunruhigte mich weiter sehr. Es könnte eine genauere Kontrolle kommen. Als ich schon in der Kaserne war, versuchte ich den Vermerk durch Bespritzen mit Wasser unkenntlich zu machen. Ich achtete dabei darauf, daß niemand mich beobachtete. Ich wollte einen Regen dafür verantwortlich machen. Aber mehrmalige Versuche führten nicht zum Ziel, die Schrift und der Stempel waren noch erkennbar. Im Gefangenenlager war man niemals allein und man wußte nicht, ob Denunzianten dabei waren. Es gab aber auch eine alte Latrine mit Wasserspülung mit einer halben Tür davor. Nur der Oberkörper war sichtbar. Ich beugte mich herunter, unter großer Kraftanstrengung zerriß ich das Soldbuch und ließ das ominöse Blatt verschwinden. Bei der Entlassung wurden die Soldbücher einfach eingesammelt, niemand schaute hinein.

Nachdem die erste Kontrolle passiert war, kamen die anderen: Alles Geld mußte abgegeben werden. Es wurde in einen Umschlag gelegt mit dem Vermerk des Namens. Ich glaubte nicht, daß wir es wiedersehen würden, aber bei der Entlassung erhielt ich es zurück. Dann hörten wir, daß bei der Gepäckkontrolle alles abgenommen würde, jeder spitze oder scharfe Gegenstand, auch Nagelscheren. Ich hatte meine in der Hosentasche. Die erste Hälfte der Gefangenen war am Vormittag dran gekommen, ich erst mit der zweiten Hälfte am Nachmittag. Dazwischen wurden wir mit dem Eßgeschirr in den Kasernenhof geführt, um Essen zu fassen. Als wir herein gingen, stand der eine Ingenieur nahe am Eingang. Er gehörte zur ersten Hälfte, war also durch die Kontrolle schon durch. Ich begrüßte ihn beim Vorbeigehen mit Handschlag und drückte ihm dabei die Schere in die Hand. Er begriff sofort und verbarg sie. So hatten wir später in unserer Stube eine Nagelschere, die heimlich gebraucht wurde. Ich hatte sie nicht bei mir, sondern sie lag auf einem kleinen Vorsprung über der Eingangstür und später unter einem Stein im Kasernenhof. Es konnte also niemand zur Verantwortung gezogen und bestraft werden.

Ich kam in der Kaserne in einen riesigen Raum mit 50 Holzpritschen, immer je zwei übereinander. Ich wählte eine obere, um ungestörter zu sein und mehr Luft zu haben. Die Bretter waren furchtbar hart, doch fand ich draußen große Pappschachteln, die verpackte Eßrationen enthalten hatten. Ich nahm mehrere leere Schachteln, riß sie auseinander und machte mir aus mehreren Lagen Pappe eine Art Matratze. Es war dann bedeutend weicher zu liegen. Man mußte sich anfangs an das Schnarchkonzert von 50 Männern gewöhnen, aber bald schlief man sehr gut.

Die Amerikaner sorgten sehr für hygienische Verhältnisse. Liegeplätze und Kleidung wurde mit DDT eingepulvert. Es gab kein Ungeziefer. Die Latrinen wurden desinfiziert. Nach jedem Essenholen sollte man die Geschirre in eine Desinfektionslösung tauchen und dann in einem Faß mit heißem Wasser nachspülen. Auch die Waschräume waren sauber.

Zum Essenfassen stand man dreimal täglich an. Außer dem Eßgeschirr hatte jeder noch ein Gefäß aus den schönen Kaffee-Konservendosen zum Kaffeeholen. Kaffee gab es auch dreimal und praktisch unbegrenzt. Morgens gab es dazu einen herrlichen Reisbrei mit Rosinen, leider nur sehr wenig. Mittags bekam man eine Bohnensuppe und nochmals Kaffee, abends eine Scheibe Brot und noch etwas dazu, öfters eine Scheibe Corned Beef.

Die Qualität des Essens war gut, die Menge jedoch zu gering, eine harte Hungerkur. Uns stand eine halbe Ration der Amerikaner zu. Diese hätte sehr gut ausgereicht. Aber unsere Lagerleitung und das Küchenpersonal steckten mit den Amerikanern unter einer Decke. Von unserer Ration bekamen wir den Zucker, das Fett und die Schokolade nicht, also die kalorienreichste Nahrung wurde verschoben. Daraus machte unser Küchenpersonal Kuchen und Torten und die amerikanische Bewachung gab für französische Mädchen große Tanzparties mit guter Bewirtung. Auch das Küchenpersonal wurde immer dicker, wir aber immer dünner.

Der amerikanische Kommandant wußte sicher davon nichts. Er begrüßte uns mit den Worten, er sei in deutscher Kriegsgefangenschaft gut behandelt worden, er würde dafür sorgen, daß wir es ebenso gut hätten. Diese anständige Gesinnung führte leider dazu, daß er sehr bald abgelöst wurde und ein deutschenfeindlicher an seine Stelle kam. Ich habe im Lager jedoch nie eine Mißhandlung erlebt. Unser Lager war ein Stabsoffizierslager mit 20 000 Gefangenen, daneben waren Lager mit Zelten, in denen jüngere Offiziere untergebracht waren.

Mein Bettnachbar war ein junger Meteorologe, speziell ein Synoptiker, aus dem später ein sehr bedeutender Wissenschaftler wurde. Wir diskutierten viel.

Die meisten in unserem Lager waren im zivilen Beruf Akademiker, sehr viele Hochschul- und andere Lehrer. Schon bald kamen einige der Mitgefangenen zu mir und berichteten, sie hätten festgestellt, daß Dozenten aller Fakultäten im Lager seien, sie hätten den Entschluß gefaßt, eine Lageruniversität zu gründen, damit die Leute nicht nur an Essen dächten und von den schönen Speisen sprächen, die ihre Frauen ihnen gekocht hätten. Der Lagerkommandant wäre unterrichtet und hätte den Plan gebilligt. Sie hätten auch die Dekane für die verschiedenen Fakultäten, doch fehle ein Rektor; ich sei der einzige Ordinarius im Lager (die Ordinarien waren während des Krieges nur in Ausnahmefällen, wie bei mir wegen der russischen Sprache, zum Militär einberufen worden), sie hofften, ich würde mich bereit erklären, mitzumachen.

Ich begrüßte dieses Unternehmen sehr und war sofort bereit, auch innerhalb der naturwissenschaftlichen Vorlesungen eine über die Grundlagen des Pflanzenwachstums zu halten. Nun wurde für alle Fakultäten ein Stundenplan aufgestellt. Als Hörsaal diente die sehr breite Treppe, die zu den Räumen der Kaserne führte und etwa fünfzehn Stufen als Sitzbänke für Hörer hatte. Der Dozent stand unten, als Tafel diente ein großer Tisch mit einer schwarzen Platte. Wir brauchten Kreide. Die Kaserne stand auf einer Anhöhe der Kreideformation und der Hof lag voller Stücke vom Kreidegestein. Der Versuch zeigte, daß man damit schreiben konnte.

Bücher hatte natürlich keiner bei sich. Alles mußte aus dem Gedächtnis gemacht werden. Würde man das schaffen? Sonst hatte man wenigstens kurze Vorlesungsnotizen, selbst wenn man frei sprach; auch konnte man sich vor der Vorlesung immer vorbereiten.

Papier für Notizen oder für die Hörer zum Nachschreiben war auch keines da. Aber die Amerikaner teilten für jeden wöchentlich eine Rolle Toilettenpapier aus. Bei der schmalen Kost war der Verbrauch gering. Diese Rollen konnte man verwenden. Der Dozent hatte eine Rolle mit Notizen und rollte sie während der Vorlesung ab, der Zuhörer rollte den beschriebenen Teil auf.

Bald war der Vorlesungsbetrieb in vollem Gange von 8 h mit einer Mittagspause bis zum Fassen des Abendessens um 18 h. Die großen Vorlesungen auf der Treppe, die kleinen an anderen geeigneten Stellen. Die Teilnahme war sehr stark. Nichtinteressierte beschäftigten sich mit Bastelarbeiten und machten aus Konservendosen die schönsten Dinge. Es wurde eine Ausstellung veranstaltet, die der Kommandant besichtigte. Er meinte, man brauche den Deutschen nur Konservendosen zu geben, dann würden sie daraus selbst Maschinengewehre herstellen.

Ich glaubte anfangs nicht, daß ich die Vorlesung, die ich vor dem Kriege mehrmals gehalten hatte, im Kopfe hätte. Ich überlegte mir zunächst die einführende erste Vorlesung. Die kannte ich, dann die zweite. Auch an die erinnerte ich mich. So kamen sie alle nacheinander wie aus den Schubladen eines Sammlungsschrankes aus dem Kopf heraus. Ich machte mir Notizen, da fielen mir selbst die Zahlen und die Tabellen sowie die schematischen Zeichnungen ein, die man mit Kreide aufzeichnen konnte. Meine Vorlesung fand großes Interesse, selbst bei Obersten, die nie etwas mit Botanik zu tun gehabt hatten. Die Zahl der Zuhörer wuchs immer mehr.

Nach dem Abendessen fanden allgemeine Vorträge statt. Ich begann eine Vortragsreihe über meine Reisen in Ostafrika und Südwestafrika. Die meisten aus unserem Lagerkamp kamen und saßen im Kreise um mich herum. So wurde ich bald zu meiner Verwunderung der bekannteste Mann im Lager.

Das Dozieren erforderte natürlich eine gewisse Anstrengung, schon das lange Stehen und laute Sprechen. Es wurde deshalb vorgeschlagen, den Dozenten beim Mittagessen einen halben Schlag extra zu geben. Zuerst bekamen alle einen Schlag aus dem großen Kessel. Meist blieb etwas übrig. Die Dozenten durften sich nochmals anstellen und bekamen dann ihren halben Schlag. Das war natürlich eine ungeheure Vergünstigung. Meist bekam man den Rest aus dem Kessel und der war besonders dick, oft wie ein Brei.

Das hatte zur Folge, daß die Zahl der Dozenten enorm anstieg. Viele nicht dazu Berufene meldeten irgend eine Vorlesung an, um den halben Schlag zu erhalten. Das erregte den Unwillen der anderen. Deshalb wurde vorgeschlagen, es müsse unter den Hörern abgestimmt werden, ob die Vorlesung einen halben Schlag wert sei oder nicht. Ich ging natürlich nicht zu dieser Abstimmung. Nachher kam der deutsche Lagerleiter zu mir. Er müsse mir etwas erzählen, was mich sicher freuen würde. Er hätte alle Vorlesungen zur Diskussion gestellt. Bei allen wurden Einwände erhoben und er hätte abstimmen lassen müssen, ob die Mehrzahl dafür sei oder nicht. Als meine Vorlesung an die Reihe kam, waren alle ohne Gegenstimme dafür gewesen. Wenn man weiß, wie Hungernde einem anderen jeden Bissen neiden, dann bedeutete das tatsächlich ein großes Lob. Ich meine, es wäre die größte Auszeichnung gewesen, die ich je als Dozent erhalten hätte. Denn sie bedeutete für die anderen ein großes Opfer, sie verzichteten auf einen Bissen.

Meine Zeit war natürlich mit meinen Vorlesungen nicht ausgefüllt, so benutzte ich die Gelegenheit, Fächer zu hören, die ich nicht kannte, nicht nur von Nachbarwissenschaften wie Meteorologie, sondern auch über Strafrecht, über theologische Fragen usw. Man lernte viel dazu, und die Zeit verging im Fluge.

Es wurde der Plan gefaßt, Vorlesungen auch im Lager der jungen Offiziere zu halten, die mit dem Studium beginnen wollten. Man mußte auch sie beschäftigen. Der Kommandant gab ausnahmsweise die Erlaubnis für die Dozenten aus unserem Lager, zu den Vorlesungen in das andere zu gehen. Diese Vorlesungen wurden als richtiger Unterricht abgehalten. Wir führten Listen von den Teilnehmern und glichen den Stundenplan an den der Universitäten an. Die Teilnehmer wurden zum Schluß geprüft und bekamen eine Bescheinigung. Die Lageruniversität St. Avold war später in Deutschland so bekannt, daß den Studenten derselben, wenn sie die Bescheinigung vorlegten und ich diese nochmals bestätigte, ein Semester angerechnet wurde.

Die Kameraden sagten mir alle, ich müsse meine Vorlesung veröffentlichen, sie würden sie nach der Entlassung alle kaufen.

Zur Betreuung des Lagers hatten die Amerikaner einen Geistlichen eingesetzt. Er nahm mit mir Kontakt auf, d. h. beorderte mich zu sich und ließ sich von mir über die Universität unterrichten. Es war ein freundlicher Mann. Dann stellte er für die Dozenten Schreibhefte und Bleistifte zur Verfügung, weit mehr als gebraucht wurden. Ich überlegte mir, warum sollte ich meine Vorlesung nicht aufschreiben. Ich besaß von ihr kein Manuskript. So viel Zeit und Ruhe zum Überlegen hatte ich selten. Den größten Teil des Tages saß ich nun auf einem der vielen Steinhaufen im Kasernenhof an einem möglichst ruhigen Plätzchen und schrieb und schrieb nacheinander die ganze Vorlesung in 5 dicken Heften auf (Abb. 8). Ich vergaß fast die Gefangenschaft, so sehr vertiefte ich mich in diese Arbeit. Den Geist kann man nicht gefangen nehmen, die Gedanken sind frei, auch hinter Stacheldraht, vorausgesetzt, daß man nicht mißhandelt wird. Das war nicht der Fall.

Es fiel mir aber auf, wie verschieden sich die Menschen in der Gefangenschaft verhielten. Es war der Befehl gekommen, alle Rangabzeichen und Ehrenzeichen abzuliefern. Wir waren äußerlich alle gleich geworden – Gefangene, PW's (Prisoners of War) mit einer Gefangenen-Nummer. Bei vielen waren die Abzeichen, d. h. die äußere Stellung, alles, was ihnen Halt gab. Nachdem sie das verloren hatten, war nichts mehr da, kein innerer Wert, sie brachen zusammen. Besonders war es bei vielen älteren Berufs-offizieren, den Obersten, der Fall, die sicher nicht zur ersten Garnitur gehörten. Ich er-zählte einem von meinen Arbeiten, da sagte er: «Ich verstehe Sie nicht, warum Sie als Professor gearbeitet haben. Sie hatten doch Assistenten. Als ich Oberst geworden war, da habe ich nicht mehr gearbeitet, ich hatte meinen Adjutanten, der machte die Arbeit, wozu war er denn sonst da.»

Wie wenig Haltung diese Obersten in den abmontierten Uniformen hatten, bewies mir folgende Beobachtung: Wir wurden von schwarzen Mannschaften bewacht, die außerhalb des Stacheldrahtes auf und ab gingen; ich hatte den Eindruck, daß sie mit uns fühlten. Sie wurden in Amerika als Menschen zweiten Grades angesehen und wir hier von den Amerikanern auch. Wir standen somit ihnen näher, etwa ihresgleichen. Ein Wachtposten ging auf und ab und rauchte eine Zigarette. Wir bekamen anfangs keine Rauchwaren, was für die Raucher eine schwere Belastung war. Mehrere Ober-sten verfolgten den Raucher mit gierigen Blicken. Das merkte derselbe und warf die Kippe über den Stacheldraht herüber. Die Obersten stürzten sich auf die Kippe und im Beisein der Posten balgten sie sich und versuchten, sie einer dem anderen zu entrei-ßen, um noch einen Zug daraus zu machen. Ich bin absoluter Nichtraucher und kann die Sucht eines Rauchers nicht beurteilen, aber dieser Vorfall wunderte mich doch sehr.

Später erhielten wir wöchentlich einige Zigaretten. Der Kamerad, der unter mir schlief, bot mir Schokolade dafür an und bat um die Zigaretten. Ich setzte ihm ausein-ander, daß die Schokolade doch viel wichtiger für ihn sei. Er bat aber immer wieder, bis er sie hatte. Andere schädigten ihre Gesundheit durch zu viel Kaffee, den es reichlich gab. Es war echter Kaffee und nicht zu schwach. Wenig Essen und viel Kaffee, war si-cher nicht das Richtige.

Die Zivilisten im gewöhnlichen Leben, die im Beruf ihren Mann stellten und dabei äußerlich nicht durch Uniform und Rangzeichen hervorgehoben wurden, vertrugen die Gefangenschaft ohne Gefahr für ihren Charakter. Sie waren innerlich viel gefestig-ter. Für einige war es eine Zeit der inneren Einsicht. Auch ich empfinde nachträglich die Zeit der Gefangenschaft als großen Gewinn und bereue es nicht, daß ich nicht ver-sucht habe, ihr zu entgehen. Es war eine Bewährungszeit und die braucht jeder in sei-nem Leben. Menschen, die immer in Wohlstand leben, denen es an nichts fehlt und die sich jeden Wunsch erfüllen können, haben es besonders schwer, innerlich stark zu werden und ihr Schicksal in Gottes Hand zu legen und auf ihn zu vertrauen.

Im Lager waren viele Offiziere aus dem Generalstab und den oberen Stellen, die für die Gesamtversorgung der Wehrmacht verantwortlich waren. Aus den Unterhaltun-gen mit ihnen erfuhr man vieles von dem, was sich hinter den Kulissen der obersten Führung abgespielt hatte, ein wie gewagtes va-banque-Spiel der Krieg gewesen war. Als der Krieg gegen die Sowjetunion geplant wurde, hatten die Versorgungsstellen hartnäckig vor diesem Unternehmen gewarnt. Für den Vormarsch der völlig motori-sieren Armee reichten bei den riesigen Entfernungen die Vorräte an Treibstoff nicht aus. Die Armee mußte aus Treibstoffmangel zum Stillstand kommen. Wenn dieser Zustand nicht sofort eintrat, so war der Grund dafür der, daß der Blitzvormarsch nach Moskau mißlang. Der Widerstand der Roten Armee war stärker als man annahm, der Verbrauch an Treibstoff aus diesem Grunde geringer, er wurde über einen längeren Zeitraum ausgedehnt. Auf alle Bedenken antwortete Hitler, die Generäle hätten im-mer abgeraten und doch wäre der Vormarsch nach Polen, nach Frankreich, nach Nor-wegen und auf den Balkan glänzend gelungen, so würde es auch im Osten sein. Die militärischen Erfolge hatten Hitler wahnsinnig gemacht, er fühlte sich als Halbgott. Der Hinweis, daß die Entfernungen in Westeuropa viel geringer sind als im Osten, wo man einem Staat gegenüber stand, auf den ⅙ der gesamten Erdoberfläche entfiel, half nicht. So machte er denselben Fehler wie Napoleon ein Jahrhundert vorher. Alle Siege vorher waren Pyrrhus-Siege, sie stärkten die deutsche militärische Macht nicht, sondern schwächten sie, bis sie sich im Kaukasus und Stalingrad totlief.

Es schauderte einen nachträglich, daß ein Volk einem solchen Glücksspieler ausgeliefert war und nun die Folgen tragen mußte.

Der Sommer ging vorüber. Es war hier auf den nach Westen offenen Höhen ausgesprochen kühl, aber zum Glück nicht sehr regnerisch. Doch zog man den Militärmantel kaum aus. Infolge der starken Abmagerung fror man besonders leicht. Man war fast den ganzen Tag draußen und hielt sich im Schlafraum möglichst wenig auf.

Besonders traurig war es, daß man sich hier im Stabsoffizierslager nicht auf die Redlichkeit und Ehrlichkeit der Schicksalskameraden verlassen konnte. Wenn man zum Essenholen antrat, war niemand im Schlafraum und während dieser Zeit wurden Diebstähle festgestellt. Es mußte einer die Wache übernehmen. Das Essen für ihn holte ein anderer mit. Dieser brachte das Essen dem auf Wache bleibenden in den Schlafraum. Dabei kam es vor, daß der betreffende auf dem Gang dorthin dem Kameraden alle guten Brocken aus dem Kochtopf wegaß und ihm nur die Wasserbrühe brachte.

Es kam nochmals eine eingehende Kontrolle durch eine CIC-Kommission. Es waren jüdische Amerikaner, also deutschfeindlich eingestellt. Jeder wurde einzeln über seinen Einsatz während des Krieges verhört. Ich berichtete, daß ich als Militärbeamter und Wissenschaftler in der Ukraine und im Nordkaukasus die landwirtschaftlichen Institute und Versuchsstationen zu betreuen und vor dem Zugriff des Militärs zu schützen hatte. Er erwiderte, die Deutschen hätten doch im Feindesland alles zerstört. Ich mußte ihm auseinandersetzen, daß die Ukraine mit der Krim und dem Nordkaukasus als Kornkammer zur Versorgung Deutschlands mit Lebensmitteln gedacht war, infolgedessen lag es im Interesse Deutschlands, daß die Landwirtschaft reibungslos funktionierte. Darauf wußte er nichts einzuwenden und entließ mich.

Nach diesen Verhören im September verbreitete sich das Gerücht, das Lager würde geräumt werden; am Tage vor dem Abtransport hörte man, wir sollten in Stuttgart entlassen werden. War es eine Ente? Niemand wußte es genau.

Dann war es soweit. Wir standen wieder vor dem Zuge zum Einladen bereit. Ein Unteroffizier ging von einem zum andern und zog den linken Ärmel hoch. Was das bedeutete, merkten wir, als wir im Wagen waren. Vor der Abfahrt kam er zu uns herein und kommandierte: «Alles hinsetzen!». Ging dann auf einen Offizier zu und schrie ihn an: «Gib deine Uhr her.» Er hatte sie bei ihm am Arm gesehen und sich gemerkt, daß er in unserem Wagen war. Dieser hatte Verdacht geschöpft, die Uhr vom Arm abgenommen und versteckt. Er antwortete, er hätte keine. Er drohte ihm und kam mit zwei schwarzen Soldaten wieder. Nachdem der Offizier sich erneut weigerte, die Uhr zu geben, befahl der dem Soldaten, ihm einen Kinnhaken zu geben. Der Offizier fiel nach hinten um. Darauf befahl er den Soldaten, ihn mit Fußtritten in den Leib zu bearbeiten. Schließlich kaum noch atmend gab er die Uhr heraus. Die Amerikaner entfernten sich. Der Zug fuhr ab. Es war entsetzlich, diese scheußliche Szene mit ansehen zu müssen. Es war das widerlichste Erlebnis in der Gefangenschaft.

Meine Uhr hatte ich schon gleich nach der Gefangennahme verloren auf unblutige Weise. Man sollte glauben, in Amerika wäre Uhrenmangel. Wie es scheint, konnte man dort deutsche und schweizer Uhren gut verkaufen und die Soldaten wollten etwas am Krieg verdienen. Es ging das geflügelte Wort umher: «Was bedeutet U.S.A.? Antwort: Uhren Sammelnde Armee.» Der Zug ging tatsächlich nach Deutschland und auf Stuttgart zu. Die begleitende Wachmannschaft bestätigte, daß wir entlassen würden und kümmerte sich deshalb nicht um den Transport.

An den Bahnübergängen kurz vor Stuttgart warteten viele Menschen. Da kam mir der Gedanke, Zettel hinauszuwerfen, auf denen ich bat, in der Asangstr. 105 in Obertürkheim mitzuteilen, daß Heinrich Walter auf der Fahrt mit einem Gefangenentransport nach Stuttgart sei. Überbringer soll 5 Mark als Belohnung erhalten. Von mehreren Zetteln wurde tatsächlich einer abgegeben. So wußten sie zu Hause, wo ich war.

Abends waren wir auf dem Bahnhof Stuttgart-Zuffenhausen und blieben dort vor dem Bahnhofsgebäude auf Gleis I stehen. Wir wurden nicht bewacht. Die Bevölkerung kam auf den Bahnhof, die Frauen brachten uns heiße Pellkartoffeln. Sie schmeckten herrlich.

Mir kam wieder der Gedanke, wegzugehen, nach Hause nach Obertürkheim. Aber ich hatte die alte Uniform an und keinen Ausweis außer dem Soldbuch und der Gefangenen-Nummer. Man würde mich anhalten und als entlaufenen Gefangenen einsperren. In den nächsten Tagen würde ich ja legal entlassen werden. Also besser ist es zu bleiben.

Der Zug stand die ganze Nacht praktisch unbewacht.

Am nächsten Morgen kamen zu unserer Überraschung Lastwagen mit schwer bewaffneten Amerikanern, umstellten den Zug und luden uns unter schärfster Bewachung in die Lastwagen ein. Was hatte das zu bedeuten?

In schneller Fahrt ging es nach Kornwestheim zu den früheren Fliegerkasernen, die zu einem Konzentrationslager umgewandelt waren. Alles war mit Stacheldraht abgesichert. Der Schlagbaum am schwer bewachten Haupttor ging hoch. Wir waren drin. Wer hier hereinkommt, wird nicht so bald wieder herauskommen, sagte man sich und den anderen. Aus den Fenstern schauten die Insassen der Kaserne heraus, die meistens noch in brauner Parteikleidung waren.

Man mußte aussteigen, alles Gepäck bis auf das Eßgeschirr auf einen Haufen werfen und in die frühere Turnhalle hineingehen. Sie war bald gestopft voll. Eine böse Überraschung!

Wir standen deprimiert herum. Um die Mittagszeit wurden wir zum Essenfassen geführt. Es gab eine dicke Suppe. Dann ging es wieder zurück. Wir erfuhren, daß die Insassen meist Nazigrößen waren, zu mehreren Jahren verurteilt. Es wurde Abend. Mir war klar, daß wir hier im Gedränge übernachten würden und ich sah mich um, ob man sich irgendwo hinlegen konnte. Die Turnhalle hatte eine Bühne. An einer Seite war eine Öffnung in den Raum unter der Bühne. Er war niedrig, man konnte nicht gerade stehen, aber der Boden war dicht mit Sägemehl bedeckt. Ich legte mich hin. Es war wunderbar weich, so blieb ich gleich liegen. Nachher kamen noch einige hinzu. Man schlief nach dem langen Eisenbahntransport wunderbar. Am nächsten Morgen ging man nochmals zum Essenfassen, dann wurde man plötzlich wieder auf Lastwagen verladen, das Gepäck kam auf getrennten Wagen mit und hinaus ging es aus dem Lager. Es war besetzt gewesen und für uns kein Platz. Wir atmeten auf!

Man brachte uns in das große Lager nach Heilbronn. Dieses war verrufen wegen der schlechten Unterbringung der Gefangenen. Immerhin brauchte man nicht im Freien zu kampieren, sondern in «Nissenhütten».

Die Nissenhütten waren folgendermaßen gebaut:

Ein Graben von etwa 1 m Tiefe und 5 m Breite, wohl 50 m lang wurde ausgehoben und darüber als Halbzylinder ein Dach aus Dachpappe gemacht. Vorne und hinten war eine Tür mit Fenstern. Im Mittelgang konnte man aufrecht stehen. Auf beiden Seiten des Ganges lag einer neben dem anderen. In eine solche Hütte gingen wohl 100 Menschen hinein, aber man konnte sich nur liegend darin aufhalten. Bei Regen mußte man aufpassen, daß kein Wasser durch die Eingänge hineinfloß. Licht kam nur von den Enden aus hinein. Es war eine sehr dürftige Massenunterkunft. Wir waren von

St. Avold sehr verwöhnt und empfanden es als äußerst primitiv, zumal der September zu Ende ging und es merklich kühler wurde. Jeder bekam eine Decke.

Die Zeit verging, und es geschah wieder nichts, man wußte nicht wie lange das dauern würde; deshalb versuchte man nicht, Vorträge oder ähnliches zur Ablenkung ins Leben zu rufen.

Schließlich wurden lange Fragebogen ausgegeben, die man genau ausfüllen mußte, eine Art Lebenslauf. Damit war man beschäftigt. Nach längerer Zeit wurde eine Gruppe aufgerufen und in einen anderen Teil des Lagers verlegt. Es hieß, das sei das Entlassungslager.

Auch ich kam dorthin. Nach welchen Gesichtspunkten die Auswahl getroffen wurde, war nicht festzustellen.

Die Unterkunft in der neuen Abteilung war ebenso schlecht, die Kost sehr kümmerlich. Es gab Arbeitskommandos und die bekamen gute Kost. Ich versuchte, mich einer Arbeitskolonne anzuschließen und bekam einen Tag auch reichliche Kost, aber es handelte sich um schwere Bauarbeiten. Die Arbeitskameraden waren junge starke Burschen, Maurer oder Zimmerleute. Ich paßte nicht zu ihnen und war keine richtige Hilfe, da zu sehr durch die lange Hungerzeit körperlich geschwächt.

Die zur Entlassung vorgesehenen durften Besuch von Angehörigen erhalten, nicht im Lager selbst, sondern am Stacheldraht, wobei durch einen zweiten Stacheldraht der Besuch etwa 10 m von den Gefangenen getrennt gehalten wurde. Man mußte also sehr laut sprechen, um sich zu verständigen, aber man konnte sich sehen.

Durch den übermittelten Zettel wußte meine Frau, daß ich in der Stuttgarter Gegend bin. Da ich nicht nach Hause gekommen war, konnte ich eigentlich nur in Heilbronn-Böckingen sein. Obwohl sie noch Schwierigkeiten mit dem Gehen hatte, machte sie sich auf und nahm ein Pfund Butter und Äpfel mit. Sie übernachtete einmal bei wildfremden Menschen, denn die Verbindungen waren noch miserabel. Die Menschen in der Not sind aufgeschlossener und hilfsbereiter. Einen Kriegsgefangenen im Lager zu besuchen, genügte als Grund, um Unterkunft für die Nacht zu erhalten.

Die Angehörigen mußten sich beim Lagereingang melden. Der Namen des Gefangenen wurde per Lautsprecher ausgerufen und man lief zum Stacheldraht. So war es auch bei mir. Das Wiedersehen nach langer Trennung war ein großer Augenblick. Dabei kam mir der Gedanke, das Manuskript meiner Vorlesung (die 5 gebündelten Hefte) aus dem Lager herauszubekommen. Man wußte ja nicht, ob nicht alle schriftlichen Aufzeichnungen einem bei der Entlassung abgenommen würden. Ich holte rasch das Bündel aus dem Rucksack. Der Wachtposten war nicht zu sehen. Mit einem großen Schwung warf ich den Packen über beide Stacheldrähte zu meiner Frau hinüber und sie auf demselben Wege mir den Packen mit Butter und den Äpfeln. Das war eine sehr wertvolle Zugabe zur Kost. Dieser Besuch war zugleich eine große moralische Stütze. Man hatte wieder Verbindung zur Außenwelt und zu seinen Angehörigen.

Endlich wurde die Entlassung eingeleitet. Zuerst sollten die Kranken und Arbeitsunfähigen entlassen werden, sie sollten sich melden. Ein österreichischer Arzt nahm die Prüfung vor, einfach draußen, mit einem Gefangenen als Schreiber, ohne Untersuchung. Ich fühlte mich nicht arbeitsfähig, warum sollte ich es nicht versuchen. Ich stellte mich an und wollte Schwäche und Schwindel angeben. Der Mann vor mir kam dran. «Nun, Kamerad, was fehlt Dir», fragte der Arzt. «Ich bin sehr schwach und fühle mich immer schwindelig», sagte der Mann vor mir, genau das, was ich sagen wollte. «Tut mir leid», meinte der Arzt, das ist ein vorübergehender Schwächezustand, ich kann Dich nicht krankschreiben.» Der Mann ging traurig weg. Nun kam ich dran, was sollte ich sagen. Ich zeigte das Soldbuch vor mit der Eintragung der komplizierten Ohrenoperation. Der Arzt wollte wissen, als was ich entlassen worden war. «Eigentlich als kriegsverwendungsfähig», sagte ich kleinlaut. Ob ich Nasenbluten gehabt hätte, ich bejahte, einmal war es wirklich gewesen. Ob ich Schwindel hätte, war die weitere Frage. Das bejahte ich mit Betonung. Der Arzt wandte sich an den Schreiber: «Schreiben Sie auf, Ménièresche Krankheit, nicht arbeitsfähig.» Ich hatte es erreicht und kam zu den sofort zu Entlassenden. Freudig warteten wir. Aber wieder vergingen Tage, wir waren immer noch da. Wir bemerkten, daß immer mehr andere, die Alten und dann die Jungen entlassen wurden. Um uns kümmerte sich niemand. Wir waren bald die einzigen Verbliebenen, da gingen wir zur amerikanischen Lagerleitung und beklagten uns, wir Kranke würden nicht entlassen. Man sah nach: Die Kranken waren längst entlassen, hier stimmte was nicht. Es stellte sich heraus, die deutsche Lagerleitung hatte die Krankenliste aufgestellt und statt unserer Namen ihre eigenen draufgesetzt und sich entlassen lassen. Ich dachte schlau gewesen zu sein und war nun hereingefallen – eine gerechte Strafe.

Nun wurde nochmals eine Liste von uns Kranken aufgestellt, jeder gab seine Krankheit an, ich die Ménièresche und der amerikanische Arzt unterschrieb die Atteste, die wir bei der Entlassung empfingen. Später zu Hause interessierte es mich, was die Ménièresche Krankheit sei. Ich schlug im großen Brockhaus nach. Da stand: «Gehirnhautentzündung nach schwerer Mittelohrvereiterung, endet mit dem Tode oder Idiotie.» Da bekam ich noch nachträglich einen Schreck über diese Diagnose und war dankbar, daß mir diese Komplikation erspart geblieben war. Am nächsten Tag war ich nach 6monatiger Gefangenschaft entlassen!

Teil VI

Die ersten Jahre in Hohenheim und die dritte Reise nach Südwestafrika

1. Wieder frei und Berufung nach Hohenheim

Am 31. Oktober 1945 wurde ich aus dem Kriegsgefangenenlager bei Heilbronn entlassen. Es fand keine Kontrolle statt. Man händigte mir Entlassungsschein und Krankheitsbestätigung aus. Ich erhielt sogar mein Geld wieder, das ich bei der Einlieferung in das Lager St. Avold abgeben mußte. Das hätte ich niemals erwartet, nach so vielen Verlegungen in andere Lager. Es herrschte doch Ordnung. Dann ging ich zum Tor hinaus und stand nun mit meinem Rucksack auf der Straße, allein aber frei. Welch ein merkwürdiges Gefühl. Ich konnte gehen, wohin ich wollte. Aber wohin sollte ich gehen?

Da kam ein Auto mit einem Fahrer drin. Ich winkte, er hielt. Ich sagte, ich sei gerade entlassen worden und wolle nach Hause, nach Stuttgart. Er fuhr in dieser Richtung und nahm mich mit. Wir unterhielten uns. Ich fragte nach den Verhältnissen im Lande, er nach meinen Erlebnissen. Wir kamen rasch vorwärts. Er setzte mich ab, das letzte Stück ging ich zu Fuß und war zu Hause bei den Meinigen.

Ein neues Leben begann, aber was stand bevor. Die Reichsuniversität Posen existierte nicht mehr, ich hing in der Luft. Da erzählte mir meine Frau, vor kurzem hätte Professor Rademacher aus Hohenheim angefragt, wann ich entlassen würde, man sollte es ihm gleich mitteilen. Das tat ich.

6 Personen wohnten in unserer kleinen Wohnung sehr eng zusammen. Daraus ergab sich eine gereizte Stimmung. Im Stillen dachte ich, die anderen wissen gar nicht, wie gut es ihnen geht, wenn sie frei sind. Doch war das Leben nicht leicht.

Während des Krieges herrschte im Lande Ordnung. Jeder bekam seine, wenn auch kleine Lebensmittelration und Heizmaterial. Jetzt gab es keine verantwortliche Regierung. Alles hing von der Besatzungsmacht ab, in Stuttgart waren die Amerikaner. Sie versuchten ihr Bestes, aber kannten die Verhältnisse nicht. Auch waren die Städte zerstört, der Verkehr funktionierte noch nicht. Man mußte sehen, wo und wie man etwas bekam. Jeder war ausschließlich sich der Nächste. Es wurde kühl; gemeinsam ging man hinauf in den Wald, um Reisig aufzulesen. Die Heizkraft war gering.

Ich mußte mich auf dem Wohnungsamt melden. Alle früheren Parteimitglieder wurden zum Arbeitsdienst gezwungen, meist Bäume fällen im Wald für Heizmaterial. Kohlen gab es keine. Ich wies das Zeugnis des amerikanischen Arztes über Arbeitsunfähigkeit vor. Das galt. Also hatte sich die Mogelei mit der Krankheit doch gelohnt.

Aus Hohenheim kam ein Schreiben des neuen Rektors Münzinger, ich möchte doch zu einer Besprechung nach Hohenheim kommen. Ich fuhr sofort hin. Dort erfuhr ich, daß der bisherige Botaniker, der Dozentenführer gewesen war, nicht wieder eingesetzt würde. Man brauchte einen Botaniker, ob ich bereit wäre, nach Hohenheim zu kommen. Hohenheim in einer ländlichen Umgebung mit einer selbständigen landwirtschaftlichen Hochschule war schon mein Wunschtraum gewesen, als ich in Stuttgart an der Technischen Hochschule tätig war. Ich sehnte mich nicht nach einem großen Institut mit viel Verwaltungskram, ich wollte hauptsächlich wissenschaftlich arbeiten. Der Landwirtschaft war ich durch meine Tätigkeit während des Krieges näher gekommen als die meisten Botaniker an den Universitäten.

Doch zögerte ich, einen Kollegen aus seiner Stellung zu verdrängen. Erst als man mir versicherte, er käme nicht in Frage, wenn ich nicht annähme, müßte ein anderer berufen werden, erklärte ich mich bereit. Es mußte noch die Genehmigung der amerikanischen Militärregierung und des Ministeriums nachgesucht werden, vor allem viele Fragebögen waren auszufüllen. Bis zur endgültigen Entscheidung vergingen also noch Wochen. Man mußte abwarten.

Die Bevölkerung bekam Lebensmittelmarken, auf diese jedoch nicht viel. Man versuchte, bei Bauern etwas einzutauschen. Geld nahmen sie nicht. Es hatte seinen Wert verloren, seitdem kein Staat für das Geld die Garantie übernahm. Aus Amerika kamen Lebensmittel, die auch auf Karten verteilt wurden. Es waren zuerst in Würfel geschnittene Süßkartoffeln (Bataten), die man in Deutschland nicht kannte. In Obertürkheim bestand die Bevölkerung noch überwiegend aus Bauern, denen es nicht schlecht ging, doch hatten sie weniger Ackerland und Vieh, sondern überwiegend Weinberge. Da die Süßkartoffeln süß schmeckten, glaubten sie, die Amerikaner wollten ihre erfrorenen Kartoffeln los werden, und kauften sie nicht. Die Läden wurden die Ware nicht los und gaben sie ohne Marken ab. Das war für uns sehr günstig. Wir kauften so viel wir erhielten. Ebenso erging es dem Sojamehl, das ein so hochwertiges Nahrungsmittel ist. Die Bauern verstanden die Bezeichnung falsch und erklärten «Säuemehl», das äßen sie nicht. Auch das erhielt man, so viel man wollte.

Da kam die Mitteilung aus Hohenheim, ich könne den Lehrstuhl der Botanik zum 1. Dezember übernehmen. Ein richtiges Wunder war geschehen, so rasch hatte ich wieder eine feste Anstellung. Wie viele andere Professoren, die aus dem Osten fliehen mußten, blieben Jahre ohne Amt und mußten mit einer kümmerlichen Unterstützung auskommen.

Hohenheim ist ein Teil der Großstadt Stuttgart, aber auf einer ackerbaulichen Fläche gelegen. Das war besonders 1945 noch der Fall. Hohenheim umfaßte nur die Hochschule, die anschließenden Stadtteile Birkach und Plieningen waren noch richtige Dörfer, meist mit dem Misthaufen vor den Häusern und dem kleinen Stall im Erdgeschoß.

Das Zentrum der Hochschule bildete das Schloß, von Herzog Carl-Eugen für seine Geliebte und spätere Frau Franziska erbaut. Es wurde erst nach seinem Tode vollendet, stand dann leer, wurde während der Napoleonischen Kriege Lazarett und kam dadurch so herunter, daß es auf Abbruch verkauft werden sollte. Da kam 1816 eine große Hungersnot in Württemberg, durch eine Mißernte ausgelöst. Das veranlaßte den König Wilhelm von Württemberg, eine Lehr- und Versuchsanstalt für Land- und Forstwirtschaft im Jahre 1818 zu begründen und ihr das Schloß Hohenheim zu übergeben. So entstand die älteste Landwirtschaftliche Hochschule der Welt, die nicht an eine Universität angeschlossen wurde, aber eine Universitätsverfassung mit wählbarem Rektor und Promotionsrecht bekam. Erst 1967 wurde sie zu einer Universität erweitert mit Landwirtschaft und Biologie als Schwerpunkt.

Hohenheim hatte während des Krieges wenig gelitten. Nur das Institut für Pflanzenbau war durch eine Bombe zerstört worden. Das Botanische Institut war heil geblieben. Kirchner, der Botaniker und Begründer der Lehre von den Pflanzenkrankheiten, hatte es 1902 erbaut. Es war damals ein sehr modernes Institut, dreistöckig, mit sehr hohen Räumen. Die Form des Gebäudes war fast kubisch. Eigentlich sollte es 1 ½ mal länger sein. Aber während der Erbauung mußte gespart werden und man strich einfach ein Drittel vom Bau und fügte den Hörsaal seitlich an. Auf der Terrasse über dem Hörsaal war ursprünglich ein kuppelförmiges Gewächshaus, das jedoch wegen fehlender Möglichkeit, es an heißen Tagen zu schatten, wieder abgerissen wurde. So blieb eine Terrasse, von der man eine schöne Aussicht hatte.

Als ich das Institut übernahm, war es von Franzosen nach der Besetzung von Stuttgart ausgeplündert worden. Sämtliche Mikroskope und Apparate waren weg. Das Institut hatte Zentralheizung, es gab jedoch keine Kohlen. Man konnte nur mit einigen Braunkohlenbriketts das große Dienstzimmer des Direktors heizen. Aber was fragte man nach dem verlorenen Krieg danach. Ich war froh, wieder ein Betätigungsfeld mit einer festen Anstellung zu haben. Unterkunft für mich und meine Frau gab es in Hohenheim nicht. Denn das Schloß war durch eine amerikanische Einheit beschlagnahmt worden. Stuttgart war amerikanische Besatzungszone, die Universität Tübingen dagegen gehörte zur französischen. Die Zonen waren zunächst für Zivilisten hermetisch abgeschlossen, nur mit Sondergenehmigungen konnte man aus einer Zone in die andere gelangen.

Da eine tägliche Fahrt von Obertürkheim, wo wir wohnten, nach Hohenheim zu weit war, beschlossen wir, uns im Institut in dem einzigen geheizten Zimmer einzurichten. Aus Kirchners Zeiten war noch eine verschiebbare Wand vorhanden, mit der er eine Ecke für seinen Schreibtisch vom übrigen Raum abgegrenzt hatte. Mit dieser grenzten wir jetzt eine Ecke mit unseren zwei Schlafstellen ab. Der übrige Teil war mein Dienstzimmer und das Arbeitszimmer für meine Sekretärin und Assistentin. Kochen mußte meine Frau auf dem kleinen Eisenofen morgens vor Dienstbeginn, dann in der Mittagspause und abends nach Dienstschluß.

Meiner Posener Sekretärin, Erika Mayer, war es gelungen mit einem Treck aus Posen herauszukommen. Die Familie stammte aus Stuttgart. Sie war froh, bei mir weiter zu arbeiten. Als Assistentin meldete sich Frau Dr. Harnickell, die als Studentin bei mir noch in Heidelberg im großen Praktikum gearbeitet hatte und nun in Hohenheim wohnte. Ihre Stärke war, wissenschaftliche Zeichnungen anzufertigen. Später kam auch die Posener Assistentin, Dr. Schwerdtfeger hinzu, die im Auftrage einer pharmazeutischen Firma Arzneipflanzen im Hohenheimer botanischen Garten züchtete.

Gleich nach Neujahr, am 3. Januar 1946 nahm die Hochschule Hohenheim als erste in Deutschland nach dem Kriege den Unterricht wieder auf. Im Botanischen Institut wurde der Hörsaal mit einem großen Ofen geheizt. Die Amerikaner räumten das Schloß, so daß mehr Raum für die Verwaltung und den Lehrbetrieb zur Verfügung stand.

In den anderen Instituten fanden sich museumsreife Mikroskope (ohne Revolver, grobe Einstellung mit der Hand), aber man konnte auch mit diesen arbeiten, so daß selbst die mikroskopischen Praktika anliefen. Es meldeten sich sehr viele Studenten, unter ihnen besonders frühere Berufsoffiziere, viele Generalstäbler, die keine Beschäftigung fanden, weil es keine deutsche Wehrmacht mehr gab. Aus dem von den Amerikanern besetzten Nord-Württemberg und Nord-Baden wurde ein Staat gebildet mit einer Landesregierung, an deren Spitze Theodor Heuß stand, der spätere erste Bundespräsident. Von ihm unterschrieben erhielt ich die Ernennungskunde zum ordentlichen Professor auf Lebenszeit.

Es war wunderbar, wie alle gemeinsam mit dem Wiederaufbau begannen. Die Studenten waren gereifte Männer, die den Krieg durchgemacht hatten; auch sie hatten nur das eine Ziel, einen neuen Beruf als Landwirt zu erlernen. Es ist merkwürdig, daß gerade die Berufsmilitärs dieses Fach studierten. Allerdings stand Landwirtschaft ganz hoch im Kurs, denn bei der schlechten Versorgung mit Lebensmitteln hatten es die Landwirte am besten. Sie litten nicht unter Mangel und konnten für Lebensmittel alles im Tauschhandel erhalten, was sie wollten. Man sollte denken, den Angehörigen einer Hochschule mit einer großen Gutswirtschaft wäre es gut ergangen, aber das galt nur für die an der Gutswirtschaft direkt Beschäftigten. Diese bekamen ihr Deputat in Lebensmitteln, die anderen dagegen nicht das geringste. Wir waren in Hohenheim fremd und hatten keine Beziehungen, der große botanische Garten hatte nur Zierpflanzen. Erst im Frühjahr bekam jeder ein Stückchen Land zugewiesen, um Gemüse und Kartoffeln anzubauen, aber bis zur Ernte war es weit. In meiner Not wandte ich mich an den Leiter der Gutswirtschaft und bat um einige Kilo Kartoffeln. Die Antwort war: «Woher soll ich diese nehmen?». Am nächsten Tage kam Polizei mit Lastwagen, umstellte den Schuppen, in dem die Kartoffeln lagerten und beschlagnahmte diese für die Stadt Stuttgart. Alles wurde gleich abgefahren. Schließlich half mir ein früherer Gartenmeister von mir, der unten in Stuttgart arbeitete, aus. Auch im Nachbardorf Scharnhausen konnten wir etwas Milch und Gemüse erhalten. Der Bauer wollte nicht glauben, daß wir von Hohenheim nichts bekamen. In einer Wirtschaft, die einem Metzger gehörte, aßen wir gegen Marken zu Mittag, aber bei Notschlachtungen gab es Fleisch ohne Marken. Es war merkwürdig, wie viele Kühe damals Nägel verschluckten und notgeschlachtet werden mußten.

Ich hatte gerade eine meiner ersten Vorlesungen gehalten, da kam mein Hausmeister und meldete einen alten Herrn, schon über die 70er, der mich sprechen wollte. Er stellte sich als Herr Ulmer vor, Inhaber des landwirtschaftlichen Verlages Eugen Ulmer in Stuttgart, nach der Zerstörung im Kriege vorübergehend nach Ludwigsburg verlegt. Er erwähnte, daß er immer guten Kontakt zu den Professoren von Hohenheim gehabt hätte und wollte sich jetzt den neuen Herren vorstellen; wenn ich einmal etwas zum Drucken hätte, bäte er mich, an seinen Verlag zu denken. Da fielen mir die in der Kriegsgefangenschaft geschriebenen Hefte mit der Vorlesung über «Allgemeine Botanik» ein, die ich im ersten Semester las. Ich holte sie und bat Herrn Ulmer, sie anzusehen, ob ein Druck ev. in Frage käme. Darauf erwiderte er, das brauche er nicht, er wolle das Buch sofort drucken. Das war eine freudige Überraschung. Ich hatte eigentlich nie daran gedacht, ein Lehrbuch zu schreiben.

Nun begann eine eifrige Arbeit: Meine Sekretärin mußte das ganze Manuskript abschreiben, ich es druckfertig machen und alle Abbildungen entwerfen, die meine Assistentin für den Druck sehr gut zeichnete. Meine Frau sah das Manuskript auf Tippfehler und stilistische Unebenheiten durch. Alle waren sehr dabei von morgens bis zum Abend.

Der Verlag hatte noch größere Schwierigkeiten: Er mußte von der Militärregierung die Genehmigung erhalten, ein solches Buch zu drucken; dann mußte ich als Autor von der Militärregierung genehmigt werden. Auch das notwendige Papier für die ganze Auflage war zu beschaffen, zu damaliger Zeit ein fast unmögliches Unternehmen. Aber Herr Ulmer hatte eine junge, sehr energische Mitarbeiterin, Frau Voigts. Sie schaffte alles in kurzer Zeit. Eine Druckerei stand zur Verfügung, denn der Verlag hatte in einer Druckerei Zuflucht gefunden. Kaum zu glauben, doch klappte alles.

In wenigen Monaten war das Buch unter dem Titel:

Einführung in die Phytologie.
Die Grundlagen des Pflanzenlebens

gedruckt, zwar noch auf schlechtem Papier und mit mäßigem Einband, aber es war wohl das erste größere Buch, das auf dem Markt erschien. Man muß bedenken, daß die meisten Bibliotheken und Bücherlager während der Luftangriffe durch Brand zerstört worden waren. Es gab keine Bücher, geschweige Lehrbücher zu kaufen. Die Folge war: die gesamte Auflage wurde in wenigen Wochen ausverkauft. Es mußte eine zweite, gründlicher bearbeitete Auflage sofort wieder vorbereitet werden.

Das Frühjahr 1946 war wunderbar. Nie hatte ich das Erwachen der Natur mit solcher Begeisterung erlebt, in Hohenheim auf dem Lande mit einem herrlich blühenden botanischen Garten direkt neben dem Institut, in dem wir wohnten und arbeiteten. Man brauchte nicht mehr zu heizen und konnte alle Räume des Instituts benutzen. Ein kleiner Raum war mein Dienstzimmer und ein anderer daneben unser Schlafzimmer. Kochen konnte meine Frau in einem kleinen Laboratorium auf einem Bunsenbrenner, denn es gab wieder Gas.

Mit Begeisterung hielt ich nicht nur die Vorlesungen, sondern auch die botanischen Exkursionen ab. Für die Landwirte war die Kenntnis der Wiesenpflanzen und deren Futterqualität, bzw. Giftigkeit von Bedeutung sowie die Kenntnis der Ackerunkräuter, die man zugleich als Indikatoren für den Boden benutzen konnte. Sie zeigen ja den Stickstoffgehalt, den Kalkgehalt, den Säuregrad, aber auch die Wärmelage eines Akkers an. Ich hatte noch nie so eifrige Studierende gehabt. Meine Kollegen, die die landwirtschaftlichen Fächer oder die anderen Naturwissenschaften lehrten, klagten die Studenten würden nur noch Botanik lernen.

Da ich nur Studenten der Landwirtschaft unter meinen Hörern hatte, konnte ich die Botanikvorlesung ganz auf ihre Interessen einstellen und durch meine Erfahrung im Kriege auch mit landwirtschaftlichen Beispielen belegen. Das Pflanzenleben bildet ja die Grundlage der gesamten Landwirtschaft, denn auch die Viehhaltung ist auf das Pflanzenfutter angewiesen.

Die Zusammenarbeit war jedoch nicht nur auf fachlichem Gebiet so anregend, sondern allgemein. Die Weltanschauung des Nationalsozialismus, mit der die Studierenden aufgewachsen waren, gab es nicht mehr. Der Zusammenbruch hatte sie als völlige Irrlehre überführt. Bei der Jugend war ein Vakuum in dieser Beziehung entstanden. Sie rang und suchte nach einer neuen Weltanschauung als Lebensgrundlage und nahm dankbar alle Gespräche über weltanschauliche oder religiöse Fragen auf. Deswegen waren die Jahre nach dem Kriege für einen Hochschullehrer durch den engen Kontakt mit den nicht ganz jungen, sondern schon erfahrenen und durch das Kriegsende geläuterten Studierenden einzigartig schön. In diesem Ausmaße gab es das später nicht wieder.

Durch einen Studenten, Hannibal Graf von Lüttichau, der in Caux bei Montreux am Genfer See gewesen war, hörte man erstaunliche Berichte über eine Bewegung «Moralische Aufrüstung», die dort ein Zentrum gegründet hatte: «Horchen auf Gott in der stillen Zeit und ein Leben nach den Absoluten: Ehrlichkeit, Uneigennützigkeit, Reinheit und Liebe.» Man saß abends in einem großen Kreis im Botanischen Institut beisammen und tauschte seine tiefsten Gedanken aus. Es kam der Herbst. In den Wäldchen bei Hohenheim, die am für die Landwirtschaft nicht geeigneten Nordhang zu dem Körschbach wuchsen, hatten die Eichen ein Mastjahr. Der Boden lag voller Eicheln, die ja sehr stärkereich sind. Mit meiner Frau ging ich in den Wald und wir sammelten einen großen Rucksack voll Eicheln. Diese sind sehr gerbstoffreich und mußten zunächst entbittert werden. Nachdem sie in einer Kaffeemühle zerkleinert waren, wurde die Gerbsäure mit heißem Wasser extrahiert. Auf einem abgeernteten Zuckerrübenfeld hatte man gemeinsam mit dem ganzen Institut die abgeschlagenen Köpfe der Rüben gesammelt und aus ihnen Rübensirup gekocht. Mit diesem ergaben die Eicheln nach dem Backen «Lebkuchen», die auch unseren Gästen köstlich schmeckten und für uns eine zusätzliche Nahrung waren.

Bei einem Ausflug in der Umgebung kamen wir auf ein abgeerntetes Ackerbohnenfeld. Beim Ernten der Hülsen waren viele Bohnen ausgefallen, so daß man mehrere Säcke davon etwas mühsam vom Boden aufsammeln konnte. Auch das war ein großer Schatz. Es ist sehr lehrreich, solche Notzeiten kennenzulernen und zu sehen, mit wie wenig ein Mensch auskommen kann. Damals verstand man das Gebet: «Unser täglich Brot gib uns heute», als man sich oft hungrig ins Bett legte, und eine Scheibe Brot etwas besonderes war; denn die Brotration war sehr klein und man mußte sie einteilen, kein Krümchen durfte verloren gehen. Trotz alledem, diese Jahre sind die schönste Erinnerung: Der Aufbau aus dem Nichts, die täglich sichtbaren Erfolge. Zu Weihnachten war Schnee gefallen. Mit den Studenten ging man in den Garten hinaus, steckte Kerzen auf eine lebende, hübsche, nicht zu große Tanne, zündete die Kerzen in der windstillen Nacht an und sang die Weihnachtslieder. Mit die schönste Weihnachtsfeier!

Gerade um diese Zeit war aus Amerika eine Sonderkommission zur politischen Überprüfung der Hochschullehrer gekommen und hatte schon an vielen Universitäten oft die Hälfte der Hochschullehrer als nicht ganz einwandfrei entlassen. Sie verlangte, daß jeder durch das Spruchkammerverfahren entnazifiziert war. Spruchkammern waren in allen Städten. Die Zahl der zu Überprüfenden war jedoch so groß, daß sie nicht nachkamen. Die Hochschule hatte für mich ein Eilverfahren beantragt, doch war ich noch nicht vor die Spruchkammer zitiert worden. Das merkte die Kommission. Die Folge war, daß ich am 29. Dezember 1946 eine fristlose Entlassung zum 31. Dezember 1946 erhielt. Eine schöne Überraschung!

Nun war es damals so, daß ein von der Militärregierung Entlassener von den Deutschen Behörden wie ein Aussätziger behandelt wurde, was die Amerikaner gar nicht verlangten. Aber jeder fürchtete, daß er bei einem Kontakt mit einem Entlassenen selber in Verdacht geraten könnte. Einem entlassenen Professor wurde meistens das Betreten des Instituts verboten, er durfte mit den Studenten nicht in Berührung kommen. Nun wohnte ich im Institut, ich hatte meine Vorlesung über die Spezielle Botanik nur zur Hälfte gehalten. Die zweite Hälfte wäre nach Neujahr drangekommen. Die Studenten brauchten diese Vorlesung, um im Frühjahr ihr Vorexamen abzulegen, sonst konnten sie nicht weiterstudieren. Deshalb wollte ich diese Vorlesung in der Zeit meiner Entlassung schriftlich ausarbeiten und den Studenten zur Verfügung stellen. Dazu mußte ich die Bibliothek des Instituts benutzen und im Institut weiter arbeiten ohne Bezahlung.

Ich beschloß, dem Verbot des Rektors zuvorzukommen und mir bei der Militärregierung die Erlaubnis, wissenschaftlich weiter zu arbeiten, zu holen. Ich legte dort die Sachlage vor, auch daß ich nach dem Spruchkammerverfahren damit rechnete, weiter in Hohenheim zu lehren, und darum bäte im Institut weiterarbeiten zu dürfen. Die Amerikaner besprachen sich und teilten mir dann mit, ich dürfte im Institut arbeiten, jedoch keinen Unterricht erteilen. Diese Genehmigung genügte mir. Ich ging sofort zum Rektor und teilte ihm sie mit. Wenn die Amerikaner mir das Arbeiten im Institut erlaubten, so konnte er es mir nicht verbieten. Es bedeutete für ihn auch kein Risiko, es zu dulden.

Auf diese Weise hatte ich die notwendige Ruhe, den zweiten Band meiner «Einführung in die Phytologie» zu schreiben unter dem Titel «Die Grundlagen des Pflanzensystems». Der Verlag Ulmer übernahm wiederum den Druck. Auch dieses Lehrbuch wurde von den Studenten der Universitäten viel benutzt. Es kamen insgesamt 3 Auflagen heraus. Noch bevor die erste Auflage gedruckt war, lag für mich die Spruchkammer-Einstufung als Mitläufer vor. Im März 1947 wurde ich deshalb wieder in mein Amt eingesetzt. Ich wollte mich im Vorwort der ersten Auflage bei der Militärregierung bedanken, daß sie mir durch die Entlassung die Möglichkeit gegeben hatte, dieses zweite Buch zu schreiben, der alte Herr Ulmer meinte jedoch in seiner ruhigen Art: «Man soll den Leu nicht reizen.»

Ende 1947 erschien auch die zweite Auflage vom Band I. Zu dieser Zeit sah man schon die starke Abwertung der Mark voraus. Begreiflicherweise wollte der Verlag nicht auch diese Auflage in kurzer Zeit verkaufen gegen Geld, das dann sofort abgewertet würde. Er hielt deshalb den Verkauf zurück. Nur wer von mir eine Empfehlung erhielt und sie dem Verlag vorlegte, konnte das Buch kaufen. Die Folge davon war, daß ich aus allen Teilen Deutschlands Briefe erhielt mit der Bitte um eine Empfehlung. Doch wurde der größere Teil dieser Auflage erst 1948 verkauft, als die neue Währung nach der Abwertung 1:10 eingeführt war.

Für die erste Woche nach der Abwertung erhielt jeder Bürger, ob arm oder reich, 40,– neue DM. In dieser Woche waren alle gleich begütert. Uns traf die Abwertung des Geldes auf ein Zehntel kaum, da wir ja nicht über viel Geld verfügten und ich gleich mein Gehalt in neuer Währung weiter ausbezahlt erhielt.

Die Währungsreform bewirkte ein Wunder. Sofort waren die Geschäfte voller Waren. Man konnte Lebensmittel in genügender Menge kaufen. Das Volk faßte gleich Vertrauen zu dem neuen Geld und der Aufbau des Landes machte rasche Fortschritte. Das deutsche Wirtschaftswunder begann. Zu diesem Wunder trugen nicht zuletzt die Flüchtlinge aus den verlorenen Ostgebieten bei. Es war nicht leicht, diese 11 Millionen in dem zerstörten Lande unterzubringen und die Eingesessenen empfingen die Flüchtlinge oft sehr unfreundlich. Sie mußten zwangsweise in Wohnungen einquartiert werden, die nicht genügend belegt waren. Aber die Flüchtlinge, die alles verloren hatten, setzten alles dran, um wieder hoch zu kommen. Sie erhielten einen Lastenausgleich und benutzten das Geld, um sich eine neue Existenz zu schaffen, einen Gewerbebetrieb, oder einen Hof. Bald hatten die meisten ihre Notlage überwunden und diese zusätzlichen Arbeitskräfte, die anspruchslos und fleißig waren, trugen sehr zum Aufbau des gesamten Landes bei. Man muß auch besonders dankbar den amerikanischen Marshall-Plan erwähnen, durch den genügend Kapital für den Aufbau in das Land kam.

Eine sehr große Hilfe waren auch die Care-Pakete aus U.S.A. mit hochwertigen Lebensmitteln. Die Verwandten meiner Frau in Amerika versorgten uns ebenfalls mit solchen Sendungen und beendeten damit unsere Hungerzeit. Gesundheitlich hatte der Hunger uns nicht geschadet. Im ganzen Volk nahmen die Leberkrankheiten und die durch Übergewicht bedingten Herzkrankheiten enorm ab. Nur die Tuberkulose trat in höherem Maße auf. Doch verschwand sie bald, nachdem die Lebensmittelversorgung sich wieder normalisierte.

Im allgemeinen waren die Menschen viel aufgeschlossener und menschlicher und mitfühlender sowie mit wenig zufriedener, als später in der Zeit der Wohlstandsgesellschaft, in der die Ansprüche ins Unermeßliche wuchsen und jeder immer noch mehr haben wollte. Der Streß fing an, mit der psychischen Belastung der Menschen und den entsprechenden Folgen. Das deutsche Volk zeigt seinen inneren Wert besonders in Notzeiten.

2. Die Moralische Aufrüstung oder die Caux-Bewegung und die Schwierigkeiten ihrer praktischen Verwirklichung

Im Sommer 1947 beschloß Frank Buchman, der Begründer der Moralischen Aufrüstung, eine Versöhnung zwischen Franzosen und Deutschen herbeizuführen und Vertreter der beiden Völker nach Caux einzuladen. Auch ich und meine Frau erhielten ganz unerwartet eine Einladung.

Frank Buchman war ein amerikanischer protestantischer Geistlicher. Seine Vorfahren stammten aus St. Gallen in der Schweiz. Durch persönliche Erfahrungen, die er geschildert hat, war er zu dem Entschluß gekommen, sein Leben ganz unter den Willen Gottes zu stellen und in einer Stillen Zeit (Meditation) zu horchen, was ihm durch eine innere Stimme befohlen wird und das in jedem Einzelfall zu tun. Um sicher zu sein, daß es nicht nur seine eigenen Eingebungen sind, prüfte er sie durch die vier Absoluten (Ehrlichkeit, Uneigennützigkeit, Reinheit und Liebe) und tauschte den erhaltenen Auftrag, den er schriftlich niederschrieb, so wie er ihn hörte, mit anderen aus, die besser etwaige eigennützige Wünsche zu erkennen vermögen.

Auf diese Weise war es Buchman gelungen, schwere Zerwürfnisse, denen er in USA begegnete, zu schlichten und einen Kreis von Gleichgesinnten zu begründen. Die Kunde davon erreichte selbst Oxford in England, wo an der Universität schwere Unruhen unter verschiedenen Studentengruppen ausgebrochen waren, mit denen die Universität nicht fertig wurde. Auch der Alkohol spielte dabei eine große Rolle. Die Universität bat Buchman, nach Oxford zu kommen. Er folgte dem Rufe und es gelang ihm durch seine stille Art und die Wirkung seiner Persönlichkeit, die Rädelsführer dazu zu bringen, dem Alkohol zu entsagen. Die anderen wurden so beeindruckt, daß Ruhe eintrat und eine Reihe von Studenten sich Buchman anschloß. Auf diese Weise entstand die Oxford-Bewegung. Sie erregte so großes Aufsehen, daß die Oxford-Gruppe sogar nach Südafrika eingeladen wurde.

Frank Buchman war auch mit dem Besitzer des Hotels «Palmenwald» in Freudenstadt (Schwarzwald) befreundet und verbrachte dort oft den Urlaub. 1938 war er dort, als durch das Münchener Abkommen der Ausbruch des Krieges gerade noch abgewendet wurde und Hitler die Tschechoslowakei besetzte. Aber die Alliierten begannen nun aufzurüsten, der Krieg schien unvermeidlich. Auf einem Spaziergang über die Anhöhe beim Hotel kam Buchman plötzlich der Gedanke: «Aufrüsten, aber nicht mit Waffen, sondern moralisch die Menschen und die Völker aufrüsten.» Diese Moralische Aufrüstung wurde seine Lebensaufgabe. Zur Erinnerung daran trägt der Weg in Freudenstadt heute die Bezeichnung «Frank-Buchman-Weg».

Auf einer großen Versammlung in Holland gab Buchman mit seinen Freunden das Bestreben zur moralischen Aufrüstung bekannt. In Deutschland wurde jede Aktivität in dieser Richtung verboten und verfolgt. 1939 begann Hitler den lange heimlich vorbereiteten Krieg noch bevor die Alliierten genügend gerüstet waren, und errang seine ersten großen Siege bis zur Wende von Stalingrad in der Weihnachtszeit 1942, die zum völligen Zusammenbruch im Frühjahr 1945 führte. Während des Krieges war die Moralische Aufrüstung in USA und in der Schweiz weiter gewachsen. Als der Krieg ohne einen Frieden beendet wurde, beschloß eine Gruppe von Schweizern aktiv zu werden. Die Schweiz war von dem Kriege verschont geblieben, hatte sogar in dieser Zeit gut verdient. Nun fühlten sie sich verpflichtet, etwas für den Frieden zu tun und in der Schweiz ein Zentrum für die Moralische Aufrüstung zu gründen. Caux schien ihnen die richtige Stelle zu sein.

Caux liegt über Montreux am Genfer See in etwa 1000 m Höhe. Von dort hat man einen herrlichen Ausblick über den ganzen Genfer See und das breite Rhone-Tal aufwärts mit den hohen Schneebergen im Hintergrund. Hier hatte man vor dem ersten Weltkriege einen riesigen superluxuriösen Hotelkomplex für Millionäre gebaut. Die Zahl der Bediensteten übertraf die Zahl der Gäste. Nach dem ersten Weltkrieg gab es nur noch wenige Millionäre. Die Inflation hatte sich ausgewirkt. Das Hotel rentierte sich nicht mehr und wurde von einer Bank übernommen. Ein Käufer fand sich nicht. Während des zweiten Weltkrieges waren hier Flüchtlinge aus Deutschland untergebracht, meist eine Familie in einem Zimmer. Sie stellten in den Zimmern Öfen auf mit

Schornsteinen durch die Fenster hinaus. Die Hotelgebäude verkamen vollends. Die Schweizergruppe der Moralischen Aufrüstung erstand den Komplex für den guten Zweck relativ billig und die Handwerker in Montreux führten die Instandsetzung für diesen Zweck unentgeltlich aus. 1946 konnte das Zentrum eröffnet werden mit den Spenden der Schweizer Gruppe. Hannibal Graf Lüttichau, der Offizier gewesen war und dann in Hohenheim mit dem Studium der Landwirtschaft begann, hatte uns davon berichtet. Die Moralische Aufrüstung vermittelte auch die ersten Kontakte zwischen Adenauer und dem französischen Außenminister Schumann. 1947 sollte der Kreis der Franzosen und Deutschen durch Vertreter aus allen Berufen und Schichten erweitert werden. Hinzu kamen Engländer, Holländer, Skandinavier, Italiener und andere.

Die Moralische Aufrüstung war überkonfessionell eingestellt. Außer den christlichen Konfessionen wurden auch Vertreter des Islam, des Buddhismus usw. eingeladen. Jeder sollte seiner Konfession treu bleiben. Das vereinende war der Glaube an eine Führung durch eine Höhere Macht.

Nun hatten wir die Einladung erhalten. Wir waren jedoch in der amerikanischen Militärzone gefangen und durften nicht einmal ohne Genehmigung in die französische Zone nach Tübingen. Aber wenn man mit der Einladung aus Caux zur Militärverwaltung kam, erhielt man sofort die Ausreisegenehmigung in die Schweiz. Es fehlten uns jedoch die Devisen, um von Basel nach Caux zu kommen. Auch dafür war gesorgt. Mit der Einladung erhielt man auf dem schweizer Bahnhof in Basel am Schalter die Fahrkarte ausgehändigt und sogar noch 5 Franken als Zehrgeld. Es geschahen Wunder!

Von Montreux kam man mit der Seilbahn herauf nach Caux. Als wir dort ausstiegen, stürzten sich junge Männer auf unser Gepäck, um es zum Hotel zu bringen. Sie fragten, woher wir kämen. Als wir «aus Deutschland» sagten, äußerten sie ihre Freude und stellten sich als Franzosen aus Paris vor. Eine Überraschung folgte auf die andere. Beim Empfang hieß uns ein Holländer willkommen. Die Holländer haßten die Deutschen am meisten. Als ein Holländer als Gast nach Caux kam und man ihn fragte, welche Fremdsprachen er spräche, antwortete er so ziemlich alle wichtigen außer Deutsch. Aber unter dem Einfluß der Atmosphäre in Caux konnte er nach einigen Tagen fließend deutsch sprechen. Man sagte uns, daß in Caux, diesem Luxushotel, alle Arbeiten von den Gästen gemacht würden; wir sollten uns drei Tage umsehen und dann überlegen, ob und wo wir mithelfen wollten. Man führte uns in ein schönes Zimmer mit Blumen und Obst auf dem Tisch und gab uns den Beginn der Versammlung bekannt. Als wir mit den anderen Deutschen Gästen im großen Saal mit über 1000 Gästen Platz genommen hatten, erschien auf der Bühne ein französischer Chor, der in deutscher Sprache ein Lied anstimmte «Deutschland, gottgeliebtes Land» in dem die deutsche Landschaft mit den Städten, die deutsche Geschichte, der Fleiß der Leute gepriesen wurden. Von einem solchen Empfang in dieser Zeit, als die Deutschen wie Aussätzige behandelt wurden, hatten wir nicht einmal geträumt. Es war überwältigend!

Dann sprach eine Französin aus der Arbeiterbewegung, deren Familie stark unter den Deutschen gelitten hatte, wie sie ihren Haß durch die Moralische Aufrüstung überwunden hatte und nun ihr Leben in den Dienst der Versöhnung stellen wolle.

Es kamen andere Redner, die von ihren Kriegserfahrungen und dann der innerlichen Änderung berichteten. Alles vollzog sich in einer ungezwungenen, heiteren Atmosphäre. Beatsänger traten auf, deren Lieder heiter klangen aber doch Bezug auf die Moralische Aufrüstung nahmen. Auch Buchman sagte einige Worte über Jesus und wie er die Menschen zu ändern vermochte; wenn man die Welt ändern wolle, so müßte man zunächst die Menschen ändern und dabei zuerst bei sich selber anfangen; nur dann würden sich auch die andern ändern. Alle müßten das tun, vor allem müßten sich die ändern, die an der Spitze stehen, die Politiker, die Erzieher, die Journalisten, die Arbeiterführer, aber auch das ganze Volk.

Ganz benommen von dem Erlebten ging man zum Mittagessen. Es entsprach dem in einem Luxushotel mit 4 Gängen; junge Mädchen, die in den Ferien aushalfen, servierten das Essen. Es war eine Platzordnung und zwischen den Gästen saßen Fulltimer, d. h. solche, die sich entschlossen hatten, sich ganz in den Dienst der Bewegung zu stellen. Wir lernten ein älteres Schweizer Ehepaar kennen; er war Chemiker an einem großen Werk in Basel, sehr wohlhabend, hatte sich aber entschlossen, sein ganzes Vermögen der Bewegung zu übergeben und nach Caux zu ziehen, um dort die Bibliothek und die Herausgabe von Schriften zu übernehmen. Das galt auch für viele andere aus verschiedenen Nationen. Während des Essens hatte man Gelegenheit, mit den unter den Gästen verteilten Fulltimern zu sprechen.

Nach der Not und dem Mangel in Deutschland schreckte uns diese luxuriöse Aufmachung, was wir auch äußerten. Es wurde uns erwidert, viele Gäste aus USA und dem anderen Ausland seien das gewohnt und sie seien noch nicht geändert. Sie würden sonst nicht kommen und auf eine Änderung gerade dieser Leute käme es an.

Abends gab es eine Theateraufführung. Die Stücke wie «Der gute Weg», «Die Pantoffeln des Diktators» u. a. waren von Fulltimern geschrieben und wurden von Laien gespielt. Sie sollten zeigen, wie die Änderung eines Einzelnen eine große Wirkung für die ganze Gesellschaft haben könne. Es klappte alles ausgezeichnet und wurde mit großer Begeisterung gespielt. Das Geheimnis erfuhr ich, als ich mich selbst beteiligte. Vor den Proben wurde «Stille Zeit» gemacht, jeder schrieb die Gedanken auf, die ihm kamen und las sie später vor. Diskutiert wurde darüber nicht. Auf diese Weise sollte jede Spannung unter den Beteiligten beseitigt werden, Haßgefühle gegen Teilnehmer anderer Nationen, Rivalitäten usw. Wenn dann die ersten Proben nicht klappten, wurde nochmals «Stille Zeit» gemacht. Jeder überlegte sich, welche Bedeutung seine Rolle für das Ganze hatte und worauf es beim Schauspiel ankäme. Auch das wurde ausgetauscht, danach klappte das Spiel.

Nach den ersten Tagen überlegte ich mir, welche Arbeit ich übernehmen könnte. Man sollte uneigennützig sein, deshalb beschloß ich, dort mitzuhelfen, wo es mir keinen Spaß macht. Das war das Gemüseputzen für das Mittagessen, insgesamt 1500 Portionen. Man mußte um 7 Uhr morgens anfangen. Die Lastwagen mit dem Gemüse kamen schon um sechs. Es war ein Team von etwa 20 Gästen. Auch hier fing es mit einer stillen Zeit an und dem Austausch der Gedanken. Das stärkte die Gemeinschaft. Bei der Arbeit um den großen Tisch konnte man sich mit den Nachbarn unterhalten. Zuerst mußte man feststellen, welche Sprache in Frage kam. Am ersten Tag saß ich neben einem Dänen, der deutsch konnte. Auch hier war die Kriegszeit das Hauptthema, man erzählte alles offen und kam sich menschlich rasch näher. Gemeinsame nützliche Arbeit verbindet die Menschen am besten. Ein besonderes Erlebnis war das gemeinsame Geschirrspülen. Man bedenke, 1500 Gedecke für je 4 Gänge, was für Mengen da anfielen. Jeden Tag wurde eine bestimmte Gruppe gebeten, dabei zu helfen. Natürlich waren Spülmaschinen im Betrieb, aber das Geschirr mußte sofort abgetrocknet werden. Ich kam zu einer Gruppe, die das Silberbesteck abzutrocknen hatte. Messer, Gabeln und Löffel wurden aus großen Körben in gespültem Zustand auf den Tisch geschüttet. Ich nahm einen Löffel nach dem anderen und trocknete ab. Da sagte mein Nachbar, so würden wir nicht fertig, man müßte gleich 10 Löffel nehmen und diese blitzschnell abtrocknen. Während man rasch arbeitete, unterhielt man sich. Mit wem arbeitete man zusammen? Der eine war ein englischer pensionierter Admiral, der andere war ein holländischer Banquier, der dritte der Anführer der Krimtürken, die den Deutschen bei der Partisanenbekämpfung halfen und beim Rückzug mit der deutschen Wehrmacht zurückgingen und jetzt heimatlos waren. Ihre Familien, die ich auf der Krim 1942 angetroffen hatte, wurden von den Russen alle nach Mittelasien verbannt. Der vierte war der Leiter des polnischen Aufstandes in Warschau, der von der deutschen Wehrmacht blutig niedergeschlagen wurde, als die Russen schon auf der anderen Seite der Weichsel beim Vormarsch standen. Sie griffen nicht zugunsten der Polen ein. Ihnen war es gerade recht, daß die Polen vernichtet wurden. Um so leichter würde es für sie sein, den Rest unter ein Sowjetregime zu zwingen. Hier in Caux standen die früheren Todfeinde friedlich bei gemeinsamer Arbeit zusammen und sprachen offen und ohne Haß über eine friedliche Zukunft Europas. Welch ein Wandel!

Jeder Tag brachte etwas Neues. In Genua drohte ein Dockarbeiterstreik, was für Italien schwerwiegende Folgen haben konnte. Dockarbeiter und Reedereibesitzer wurden gemeinsam nach Caux eingeladen, um sich menschlich kennenzulernen und auszusprechen. Wo hatte ein Dockarbeiter sonst Gelegenheit, mit dem Reeder nebeneinander das Mittagsmahl einzunehmen. Ein Dockarbeiter schilderte in der Versammlung am nächsten Tag seine Eindrücke von Caux. Er hatte in seinem Leben noch nie in einem Bett geschlafen und nun kam er in dieses Paradies, von dem er selbst im Traume keine Vorstellung hatte. Jeder konnte in seiner Muttersprache sprechen. Ein Dolmetscher übersetzte gleich ins Englische. Die anderen Sprachen konnte man durch einen Kopfhörer übersetzt hören. Auch die Dolmetscher arbeiteten unentgeltlich.

Die Aussprache in der Atmosphäre von Caux unter dem Motto «nicht wer hat recht, sondern was ist recht» hatte Erfolg. Reeder und Dockarbeiter fanden eine für beide gerechte Lösung, der Streik unterblieb.

So versuchte Caux überall, wo in der Welt Unruhe und Streik drohten, einzugreifen. Alle diese Aktionen wurden von Buchman mit seinen engsten Vertrauten nach einer täglichen gemeinsamen Stillen Zeit und Austausch geplant und in Angriff genommen. Wenn man in Caux sagte, ich muß jetzt zur Versammlung gehen, dann hieß es: «In Caux müssen Sie überhaupt nichts, überlegen Sie in der Stille, was für Sie wichtiger ist, die Versammlung oder eine Aussprache unter vier Augen und das tun Sie.»

Nach einer Woche wurden alle deutschen Gäste zu einer gemeinsamen Aussprache gebeten, sie sollten überlegen, was ihnen Caux gegeben hätte und ob und wie sie mitarbeiten wollten.

Die Deutschen allein untereinander. Es war deprimierend. Sofort begann die Kritik und ein Parteienstreit. Jeder warf dem anderen etwas vor. Endlich meldete ich mich zum Wort und meinte, wir seien nicht in Caux, um unsere internen Streitigkeiten auszutragen. Wir seien hier so gastfrei aufgenommen worden und könnten, da wir keine Devisen haben, nichts beitragen. Wir sollten uns aber doch überlegen, ob wir nicht in Deutschland einen Spendenfond einrichten könnten, um die Arbeit der Moralischen Aufrüstung in unserem Lande zu fördern. Sofort fiel ein hoher Vertreter einer Landesregierung über mich her, ich als Hochschullehrer verfüge wahrscheinlich über ein so hohes Einkommen, daß ich spenden könnte. Ihm wäre es nicht möglich. Dabei war er mit seiner Familie in einem großen Mercedes nach Caux gekommen. Die Aussprache führte zu nichts.

Das Erlebnis von Caux hatte auf uns beide einen großen Eindruck in dieser schweren Zeit gemacht. Nach Caux werden immer beide Ehepartner eingeladen in der weisen Erkenntnis, daß eine Änderung nur möglich ist, wenn sie sich auf beide erstreckt, sonst kann sie nicht von Dauer sein. Für mich war es eine Bestätigung der eigenen Erfahrungen von der frühesten Jugend an, daß es eine höhere von uns nur innerlich erfaßbare Macht gibt, der man sich anvertrauen kann, von der man dann geführt wird.

Das ist nicht erklärbar, aber ich habe das immer wieder erlebt in allen kritischen Augenblicken, während der Revolution, nach der Flucht, im zweiten Weltkrieg, in der Gefangenschaft und auch sonst im Leben. In solchen Augenblicken trat ein unerwartetes Ereignis ein, eine Begegnung oder sonst etwas, was man als glücklichen Zufall bezeichnet, was aber ebenso auch ein Wunder sein kann, denn Zufälle sind unerklärbare Ereignisse und viele glückliche Zufälle dürfte es nach der Wahrscheinlichkeitsrechnung gar nicht geben.

Wenn man sich ganz unter den Willen Gottes stellt, dann wird man ein freier Mensch und unabhängig vom Urteil der Mitmenschen; man kann seinen Weg gehen, ohne ängstlich auf das Wohlwollen der anderen bedacht zu sein. Man wird auch einen Schicksalsschlag tapfer auf sich nehmen. Denn Leid ist nur so lange Leid, als man sich dagegen wehrt. Sobald man es bejaht und es als eine Bewährungsprobe ansieht, verliert es seine Härte und kann einem zum Segen gereichen. Oft ist etwas für einen eine Erleuchtung, was ein anderer überhaupt nicht beachtet. Ein Beispiel:

An dem Morgen, als wir die große Forschungsreise durch Australien und Neuseeland abgeschlossen hatten, wird im Hotel die Zeitung unter der Tür in unser Zimmer durchgeschoben. Ich hebe sie auf und mein Blick fällt auf die Überschrift: «Ein unbekanntes Gleichnis von Jesus auf einer alten Papyrusrolle entdeckt.» Es lautet: «Wenn euch eure Führer sagen, das Reich Gottes sei im Himmel, dann wären euch die Vögel voraus, und wenn sie sagen, es sei in der tiefen See, dann wären euch die Fische voraus. Ich aber sage euch, das Reich Gottes ist in euch selbst und ist auch außerhalb von euch.» Ist in euch selbst – das ist das Wesentliche. Deshalb können wir, wenn wir in uns hineinhorchen in direkten Kontakt mit Gott kommen. In jedem Menschen ist ein Funke Gottes und es kommt darauf an, ihn hell aufleuchten zu lassen, sonst kann er erlöschen wie bei den Atheisten. Es ist nichts anderes als die unsterbliche Seele. Je heller der Funke leuchtet, desto größer wird unser Anteil am Reiche Gottes in der Ewigkeit sein.

Ich bin mit Leib und Seele Naturforscher und Biologe und sehe keine Schwierigkeiten, beides mit dieser Einsicht zu vereinen. Die rein materialistische Auffassung des Lebens in der modernen Biologie ist eine einseitige quantifizierende Betrachtung. Es ist selbstverständlich, daß die physikalisch-chemischen Gesetze für die Lebensvorgänge gelten, aber das Leben ist mehr als das. Was ist denn das Ergebnis der modernen exakten Naturwissenschaft, die sich auf Modellversuche stützt? Folgendes:

Die Welt ist durch einen Urknall aus dem Nichts entstanden. Die gebildete Materie breitete sich zentrifugal aus und kondensierte sich zu den Himmelskörpern, unter diesen auch zum Sonnensystem mit der Erde. Auf letzterer entstanden aus anorganischen Verbindungen organische, die in der Urbouillon gelöst waren, aus kleinen organischen Molekülen bildeten sich immer größere Makromoleküle, aus diesen die Vorstufen des Lebens und schließlich lebende Zellen mit der sich selbst reproduzierenden Desoxyribonukleinsäure. Die Evolution zu immer komplizierteren pflanzlichen und tierischen Organismen vollzog sich von alleine durch Zufall und Selektion bis zur höchsten Form der Lebewesen. Der Mensch mit seinen geistigen Fähigkeiten, der den derzeitigen Höhepunkt der Entwicklung bildet, soll auch nur das Produkt von physikalisch-chemischen (biochemischen) Reaktionen sein.

Als Basis für unsere Weltanschauung ist das eine sehr dürftige Aussage und doch wird dem Laien gegenüber verschwiegen, daß die Naturwissenschaft und damit auch die Biologie gar nicht den Anspruch erhebt, die gesamte Wirklichkeit zu erfassen. Sie beschränkt sich vielmehr nur auf das, was mit den naturwissenschaftlichen Methoden meßbar ist, d. h. sie beschäftigt sich nur mit der einen Seite der Wirklichkeit. Der Vorwurf, den man den ernsten naturwissenschaftlichen Spezialisten machen muß, ist der, daß sie meistens verschweigen, daß damit die Existenz einer anderen, physikalisch, nicht erfaßbaren Seite nicht negiert wird. Die transzendentale Welt ist eine spirituelle, psychische Wirklichkeit. Es bleibt jedem überlassen, sich seine eigene religiöse Weltanschauung zu bilden. Naturwissenschaft ist nicht gleichbedeutend mit Atheismus. Das muß vor allem der Jugend gegenüber betont werden, die durch die technisch-naturwissenschaftlichen Erfolge auch auf biologischem Gebiet geblendet wird, aber keine Antwort nach dem Sinn des Lebens erhält. Sie verliert den Halt, resigniert oder greift zu Drogen, um der Welt zu entfliehen.

Als wir von Caux nach Hohenheim zurückgekehrt waren, ahnten wir noch nicht, daß eine harte Probe in der rauhen Wirklichkeit bevorstehen würde. Doch zunächst traf man sich häufiger mit Gleichgesinnten, die in Caux gewesen waren, ganz informell in einer Privatwohnung, um in Kontakt zu bleiben und nach einer stillen Zeit auszutauschen, was man im Sinne von Caux in Stuttgart machen könne. In Hohenheim selbst bildete sich eine Gruppe von sehr interessierten und rührigen Studenten. In Stuttgart war ein Bundestagsabgeordneter von der Brüdergemeinde in Korntal sehr aktiv. Merkwürdigerweise verhielten sich die Kirchen vorwiegend ablehnend, die evangelische mehr als die katholische, die in Caux eine Möglichkeit sah, laue Christen zu aktivieren.

Da traf aus Caux ein kleiner Vortrupp aus einigen Amerikanern und Schweizern ein mit der Mitteilung, daß man in Caux beschlossen hätte, mit dem Theaterstück «The Good Road» eine Rundreise durch Deutschland zu machen, in Stuttgart beginnend, und zwar in der nächsten Woche im Großen Haus. Dieses war jedoch von der amerikanischen Besatzungsmacht für ihr Kasino beschlagnahmt, kein Deutscher hatte Zutritt. Aber es geschah ein Wunder. Dem Amerikaner aus Caux gelang es, die Räumung des ganzen Theaters für die Aufführungen zu erreichen. Nun galt es in kürzester Zeit, Privatquartiere für die ganze Truppe zu besorgen, deren Aufgabe es war, auch ihre Gastgeber für die Ideen der Moralischen Aufrüstung zu gewinnen. Außerdem mußten die Einladungen zu den Vorstellungen verschickt werden an die prominenten Persönlichkeiten, die Presse, die Lehrer an Hochschulen und anderen Schulen, Vertreter des Handels, der Industrie und der Finanzen. Für die Schüler aller Schulen waren Sondervorstellungen vorgesehen. Für die Zentrale stellte das Landesgewerbeamt Räume zur Verfügung, in denen freiwillige Kräfte alle Schreibarbeiten übernahmen und wo auch die Auskunftsstelle mit Telefonzentrale war und die Helfer verpflegt wurden. Es war erstaunlich, wie alles Improvisierte klappte und die Mittel aus Spenden zur Verfügung gestellt wurden. Das Theater mußte nach der Räumung gereinigt und für die Vorführungen dekoriert werden. Mein Institut übernahm die Ausschmückung mit Herbstlaub aus dem botanischen Garten Hohenheim. Am Schloßplatz wurden Kioske mit Schriften über die Moralische Aufrüstung eingerichtet und ein Bücherverkauf.

Als die Truppe mit den Kulissen für die Bühne und der Ausstattung für die Darsteller eintraf, war alles bereit und die erste Aufführung fand termingerecht statt. Der Ansturm des Publikums war enorm. Eintrittsgeld wurde nicht erhoben. Nach der Aufführung konnte jeder spenden. Die Feuerwehr wollte wegen Verstopfung der Gänge das Theater räumen, doch gelang es uns, sie zu beruhigen.

Für die Schulen hatte das Kultusministerium den Tag freigegeben. Die ganze Stadt war in Aufregung. Es war das größte kulturelle Ereignis nach dem Kriege. Doch war es klar, daß die meisten aus Neugierde und Sensationslust kamen, aber für sich keine Konsequenzen zogen, ja sogar spöttisch und abweisend die Bewegung als utopisch ablehnten. Das galt auch für den Lehrkörper der Hochschule. Das zeigte sich sehr bald.

Die Hochschulabteilung des Kultusministeriums hatte zum Verwaltungsdirektor der Hochschule einen politisch unbelasteten Notar ernannt, der Vorsitzender einer Spruchkammer für Entnazifizierung gewesen war und dafür belohnt werden sollte. Die Spruchkammern waren in vielen Fällen sehr zweifelhafte Einrichtungen, weil die Richter (oft Kommunisten) nicht frei von Rachegefühlen waren und nun nach einer Zeit ihrer Unterdrückung den anderen ihre Machtfülle zeigen wollten.

Mein Hausmeister am Institut, ein ausgedienter Feldwebel, hatte ein Lager mit holländischen Kriegsgefangenen bei Stuttgart zu überwachen gehabt. Sie mußten die Bahngleise nach Luftangriffen reparieren. Gegen Ende des Krieges wurden sie aufsässig; einer wollte dem Wachtposten das Gewehr entreißen, dieser wehrte sich, schoß auf den Angreifer und verwundete ihn tödlich. Obgleich mein Hausmeister nicht dabei war, wurde ihm das als Kriegsverbrechen angelastet, wie der Spruchkammerrichter sagte, hätte er den Gefangenen zur Flucht verhelfen müssen!

Er wurde zur mehrjährigen Internierungshaft verurteilt. Das konnte der alte Soldat, der gelernt hatte, die Pflicht bis zuletzt zu erfüllen, nicht verstehen. Nach der Entlassung war er ein gebrochener Mann und starb bald darauf.

Der Verwaltungsdirektor war als Beamter dem Rektor unterstellt, fühlte sich jedoch als Vertreter des Ministeriums und wurde darin von der Hochschulabteilung bestärkt. Die Senatsmitglieder waren verpflichtet, die Besprechungen im Senat geheim zu halten. Wir merkten jedoch bald, daß jedes Wort dem Ministerium gemeldet wurde und fühlten uns bespitzelt. Von den Mitgliedern des Senats hielten einige es für opportun, sich nicht gegen die Hochschulabteilung des Ministeriums zu stellen. Der Referent derselben war ein Jurist. Ein Verwaltungsgericht war noch nicht eingerichtet. Es gab deshalb keine Instanz, bei der man gegen Entscheidungen des Ministeriums klagen konnte. Soweit war die Demokratie nicht gediehen. Andere Senatsmitglieder fühlten sich verunsichert. Immerhin hatte die Opposition, die für die Autonomie der Hochschule eintrat, eine Mehrheit im Senat. Da setzte der Verwaltungsdirektor durch, daß ein Emeritus zum Ehrensenator mit Stimmrecht ernannt wurde und räumte sich selber das Stimmrecht ein, hielt auch die juristische Vorlesung für die Landwirte ab, obgleich er als Notar keinerlei Hochschulausbildung hatte. Diese wurde für Notare in Württemberg nicht verlangt. Alles das war verfassungswidrig, aber das Ministerium duldete es im eigenen Interesse. Die Opposition hatte damit eine Stimme zu wenig und es wurde ein dem Ministerium höriger Rektor gewählt.

Der Lehrstuhl für Agrarpolitik war noch nicht besetzt, und das Ministerium wollte einen ihm genehmen Mann ernennen, doch weigerte sich der Senat diesen auf die Vorschlagsliste zu setzen, vielmehr sollte der frühere Inhaber wieder den Lehrstuhl erhalten. Er war zwar wie fast alle in der Partei gewesen, aber hatte sich nichts zu Schulden kommen lassen. Trotzdem ernannte das Ministerium den anderen und wies auf den Protest des Senats darauf hin, er wäre ja vom Senat vorgeschlagen worden, eine entsprechende Liste sei vom Prorektor ihm zugeleitet worden. Der Prorektor leugnete es im Senat ab. Das Originalschreiben wurde vom Ministerium angefordert und es konnte nachgewiesen werden, daß es auf einer Maschine im Institut des Prorektors getippt worden war und dessen Unterschrift trug. Den Hinweis, daß dieses Schreiben ohne Wissen des Senats verfaßt worden war, wies der Vertreter des Ministeriums ab mit der Bemerkung, das sei eine interne Senatsangelegenheit, die Hochschulabteilung hätte sich korrekt verhalten.

Der Krach im Senat war da und die gegnerischen Parteien grüßten sich nicht mehr. Mit dem Prinzip «Nicht wer hat recht, sondern was ist recht», war nichts zu erreichen. Ich beriet mich mit den Caux-Freunden, aber die verwiesen nur auf die Stille Zeit, in der ich aber auch keinen Ausweg fand. Vielleicht war ich noch zu wenig geändert.

Gegen den Prorektor konnten wir nichts unternehmen, weil er vom Referenten gedeckt wurde. Als es keine Ruhe gab, leitete der Referent persönlich eine Untersuchung ein, gegen die Unruhestifter, die hauptsächlich gegen mich gerichtet war, und erteilte mit der Unterschrift des Ministers mir und zwei anderen Kollegen einen dienstlichen Verweis wegen unkameradschaftlichen Verhaltens. Die beiden anderen nahmen es gelassen hin, ich dagegen kochte vor Wut. Die harte Wirklichkeit sah anders aus als die Atmosphäre in Caux. Aber was sollte ich machen? Eine Berufungsinstanz war nicht vorhanden. Es war ein klarer Machtmißbrauch, fast wie beim früheren Regime.

Da kam wieder ein solcher «Glücklicher Zufall». Ich erhielt einen Ruf von der Fakultät für Gartenbau an der Hochschule in Hannover. Man kam mir sehr entgegen und wollte mir die Möglichkeit geben, ein neues Botanisches Institut aufzubauen. Der dortige Hochschulreferent kannte mich von Posen her und war mir sehr gewogen. Er verriet mir sogar, daß auf seine Rückfrage bei der Hochschulabteilung in Stuttgart er die Antwort erhielt: «Professor Walter ist ein Querulant und uneinsichtig.» Sollte ich den Ruf annehmen und Hohenheim verlassen mit den Worten des Königs von Sachsen, als er zur Abdankung gezwungen wurde: «Macht euren Dreck alleene»? Wäre das nicht eine Flucht nach einer Niederlage gewesen? Ich hatte mich ja in Hohenheim anfangs besonders wohl gefühlt und stand mich so gut mit den Studierenden. Ich wollte doch noch einen Versuch wagen. Der Kultusminister, der den Verweis unterschrieben hatte, kam aus dem Volksschulwesen und stand Caux nahe. Ich bat ihn um eine Unterredung auf der Basis der absoluten Ehrlichkeit. Diese kam zustande und verlief sehr persönlich. Ich hatte alle Ereignisse schriftlich zusammengefaßt, so objektiv ich konnte. Er las sie aufmerksam durch und sagte dann: «Als Mensch gebe ich Ihnen recht, aber als Minister muß ich mich an meine juristisch geschulten Referenten halten.» Daraus ersah ich, wie unsicher er sich auf seinem Posten fühlte. Doch gab er mir zu verstehen, daß der Verweis kein Grund für meinen Fortgang zu sein brauchte, womit er die Rücknahme desselben andeutete. Ich war immer noch unschlüssig.

Da kam wieder ein Zufall. Das war die Währungsreform; mit ihr wurden alle Etats der Ministerien für sachliche Ausgaben gestrichen. Die Zukunft war unklar, aber zunächst war an den Bau eines neuen Instituts in Hannover nicht zu denken; in Hohenheim hatte ich dagegen, das was ich brauchte und konnte mit meinen Mitarbeitern und Studierenden weiter arbeiten, auch mit dem Ulmer-Verlag, für den ich einen weiteren ökologischen Band vorbereitete. Ich beschloß, in Hohenheim zu bleiben und habe es nie bereut. Den Minister mußte ich nochmals an sein Versprechen erinnern. Er kam persönlich, um im Senat Frieden zu stiften und bestätigte, daß der Verweis zurückgenommen würde. Schließlich, nach längerer Zeit, erhielten wir ein vom Referenten aufgesetztes, aber vom Minister unterschriebenes Schreiben, in dem juristisch sehr verklausuliert der Verweis zwar zurückgenommen wurde, aber mehr in Form eines Gnadenaktes. Ich sagte mir «Schwamm drüber».

Der nächste Rektor, der sich im Streit zurückgehalten hatte, da er erst vor kurzem in sein Amt wieder eingesetzt worden war, enttäuschte unsere Gegner. Er machte von seinem Hausrecht Gebrauch und verbot dem Verwaltungsdirektor das Betreten des Hochschulgeländes. Die Verwaltungsarbeit machte der Rektor zusätzlich selbst. Das Ministerium zahlte dem Verwaltungsdirektor zwei Jahre lang das volle Gehalt weiter, dafür, daß er nichts zu tun brauchte. Aber in Hohenheim war wieder Friede.

Als der nächste Rektor sein Amt antrat, erschien der Verwaltungsdirektor wieder. Doch wurde das Betretungsverbot aufrechterhalten. Da endlich versetzte das Ministerium den Notar wieder auf eine Notariatsstelle und wir konnten einen sehr ordentlichen Mann als Verwaltungsdirektor wählen, so daß danach sehr harmonische Verhältnisse herrschten, um so mehr, als der frühere Prorektor emeritiert wurde und von Hohenheim wegzog.

Mit der Moralischen Aufrüstung blieben wir in Verbindung, waren auch noch einige Male in Caux. Aber ich war etwas enttäuscht, denn man war nunmehr zahlender Gast und die Arbeit wurde vom bezahlten Personal gemacht. Gerade die frühere Zusammenarbeit der Gäste hatte mich so beeindruckt.

Die Arbeit in Hohenheim entwickelte sich in den nächsten Jahren sehr erfreulich, was ich vor allem meinen ausgezeichneten Mitarbeitern zu verdanken habe. Dr. Ellenberg, den ich bereits im Kriege bei der Forschungsstaffel kennengelernt hatte, kam als Assistent 1947 nach Hohenheim, habilitierte sich gleich und arbeitete als Dozent mit einer Gruppe begeisterter Studenten über landwirtschaftlich-geobotanische Probleme. Er bekam dann die Aufforderung, als Dozent an der Universität Hamburg tätig zu sein, wollte zunächst Hohenheim nicht verlassen, doch riet ich dringend, Hamburg als ein besseres Sprungbrett zu benutzen, was auch zur Berufung nach Zürich und dann nach Göttingen führte. Der zweite Assistent hatte seine Doktorarbeit bei mir in Stuttgart gemacht und war ein ausgezeichneter Mikrobiologe. Auch er habilitierte sich und ging dann nach Tübingen, mußte jedoch bedauerlicherweise aus persönlichen Gründen die Hochschullaufbahn aufgeben. Zu besonderem Dank bin ich meinen direkten Mitarbeiterinnen verpflichtet, Dr. E. Harnickell, die alle Zeichnungen für meine Lehrbücher ausführte sowie meiner Sekretärin Erika Mayer, die neben den Verwaltungsarbeiten auch alle Manuskripte schrieb und noch bei den Übungen mithalf. Da wir in Hohenheim keine Wohnung erhielten, hatten wir 10 Jahre lang eine Notunterkunft im Institut, so daß auch meine Frau als unermüdliche, unbezahlte Assistentin mich bei den Korrekturen und sonstigen Arbeiten unterstützte (Abb. 9 und 10).

Als Honorarprofessor an der Hochschule Stuttgart konnte ich botanische Doktoranden ausbilden, so fehlten auch diese Mitarbeiter nicht. Als erste Doktorandin nach dem Kriege arbeitete O. Zeller bei mir, sie blieb in Hohenheim, habilitierte sich und erhielt später eine Professur. Ihr Arbeitsgebiet war die mikroskopische Entwicklung der Blütenanlagen, die sie vergleichsweise auch im Norden (Finnland) und in den Tropen (Ceylon) verfolgte.

Ein Doktorrand, K. H. Kreeb, blieb als Assistent und später als Dozent am Institut bis zu meiner Emeritierung und übernahm dann den Lehrstuhl in Bremen. Ein langjähriger Assistent und Dozent, H. Lieth, ging dagegen zuerst nach U.S.A. und wurde dann als Ökologe nach Osnabrück berufen. W. Haber machte seine Doktorarbeit über Bodenatmung in Hohenheim und wurde später auf den Lehrstuhl für Landschaftsökologie nach Weihenstephan berufen. Dr. H. Freitag war im Osten tätig und zufällig im Westen, als die Berliner Mauer erbaut wurde. Er wollte nicht zurück. Ich erhielt für ihn eine zusätzliche Assistentenstelle am Institut, später ging er für mehrere Jahre nach Kabul (Afghanistan) und übernahm den Lehrstuhl für spezielle Botanik in Kassel. Mit ihm war in Kabul mein letzter Doktorand S. W. Breckle tätig, der 1979 den Lehrstuhl für Ökologie in Bielefeld erhielt. Aber damit sind wir den anderen Ereignissen weit vorausgeeilt.

1950 fand zum ersten Mal nach dem Kriege wieder ein Internationaler Botaniker-Kongreß statt, und zwar in Stockholm. Endlich konnte man wieder mit den ausländischen Botanikern Kontakt aufnehmen. Auch eine große Delegation aus der Sowjetunion unter Führung von Professor Sukachev war erschienen. Sie kam zu Beginn der Vorträge immer geschlossen in den Saal und ging am Schluß ebenso geschlossen hinaus, ohne mit den anderen zu reden.

Als ich meinen Vortrag begann, verließen die Russen demonstrativ den Saal. Ich stand wegen meiner Tätigkeit im Osten während des Krieges bei ihnen auf der Schwarzen Liste. Meine Arbeiten durften nicht zitiert werden, auch die vom Kiewer Geobotaniker Kleopow nicht. Das änderte sich erst nach dem Tode von Stalin.

1968–1975 erschien mein großes Werk «Die Vegetation der Erde» als dreibändige Übersetzung ins Russische in Moskau als Luxusausgabe, und seitdem sind die Beziehungen zu den Geobotanikern der Akademie der Wissenschaften in Leningrad und der Universität Moskau, aber auch der anderen Universitäten bis nach Wladiwostok, besonders herzliche, und alle einschlägigen russischen Veröffentlichungen werden mir zugeschickt.

Vor dem Kongreß lernte ich auf einer Exkursion die Vegetation an der extrem ozeanischen Küste bei Göteborg kennen, nach dem Kongreß auf einer mehrwöchigen Exkursion unter ausgezeichneter Führung die schwedischen Wälder bis nach Lappland hinauf und dort die subarktische Birkenzone mit den Torfhügelmooren (Palsen) und auf den Bergen die arktischen Höhenstufen mit den Solifluktionserscheinungen, die durch häufige Frostwechseltage bedingt sind (Polygonböden usw.).

Mit dem Naturkundeverein Stuttgart wurden Exkursionen in die Alpen, ans Mittelmeer bis in die Apenninen unternommen. Die Führung der großen Autobusfahrt 1952 durch die Alpen lehnte ich ab, denn im Gebirge muß man wandern. Diese Entscheidung rettete mir das Leben. Bei der Abfahrt vom Großglockner stürzte der Bus den Hang hinunter, zwei auf dem Vordersitz, auf dem ich gesessen wäre, verunglückten tödlich. Die anderen, alles Biologielehrer, kamen schwerverletzt ins Krankenhaus.

3. Forschungsreise nach Südwestafrika 1952/53 (Karte 2)

1952 bat mich die Wissenschaftliche Gesellschaft in Windhoek (Südwestafrika), die von mir veröffentlichte «Farmwirtschaft von Südwestafrika» neu herauszugeben, weil die Restauflage bei einem Luftangriff in Berlin verbrannt war. Da seit meiner letzten Reise nach SWA über 12 Jahre vergangen waren, schien es mir notwendig zu sein, den gegenwärtigen Stand der Farmen nochmals in Augenschein zu nehmen. Etwa 80 Einladungen von Farmen in allen Teilen des Landes trafen ein, so daß die finanzielle Frage keine Sorgen bereitete; in Hohenheim konnte Dr. Ellenberg mich vertreten, der Senat war bereit, mich für ein Semester zu beurlauben, aber die Abfahrt verzögerte sich, weil ich plötzlich einen Ruf der Universität Bonn erhielt, dort den Lehrstuhl für landwirtschaftliche Botanik zu übernehmen. Eine Bedingung, die ich stellte war, daß ich in Bonn ebenso wie in Hohenheim neben Landwirten auch Botaniker als Doktoranden annehmen durfte. Dagegen wandte sich jedoch der Botaniker an der Naturwissenschaftlichen Fakultät. Die Verhandlungen zogen sich hinaus, so daß ich mich entschloß, auf die Forschungsreise nach Südwestafrika nicht zu verzichten.

Es bot sich eine günstige Überfahrt mit dem Frachtdampfer der südafrikanischen Linie von Bremen nach Walfischbucht, da wir auf diesem eine große Kabine auf dem Oberdeck direkt unter der Kommandobrücke erhalten konnten. Wir verdankten das dem Umstand, daß der Dampfer länger als vermutet zur Maschinenreparatur in Hamburg brauchte und der Direktor der Linie, für den die Kabine vorgesehen war, mit dem Flugzeug nach Kapstadt flog. Die «Kaapland» diente vor 14 Jahren dem Kronprinzen von Schweden als Forschungsschiff für seine marinbiologischen Studien im Mittelmeer. Unsere Kabine war sein Privatzimmer gewesen und deshalb mit richtigen Betten, großem Sofa sowie sehr geräumigem Schreibtisch und Schrank versehen.

Wir schifften uns in Hamburg ein und waren am 11. Oktober in Bremen. Um Mitternacht lief das Schiff aus, die Weser abwärts. Wir hatten die Stadt besichtigt, waren müde und gingen zu Bett. Gerade war ich eingeschlafen, als ein furchtbarer Schlag direkt vor der Kabine mich aufweckte. Die Lichter gingen aus, noch ein Stoß und das Schiff legte sich auf die Seite. Ich sprang aus dem Bett heraus aufs Deck. Es war völlig finster, totenstill. Da rief der Lotse von der Kommandobrücke, ob jemand am Weserufer, an dem wir lagen, ihn höre. Es dauerte längere Zeit, schließlich antwortete eine Männerstimme. Man rief ihm zu, er solle zum nächsten Telefon laufen und nach Bremen melden, die «Kaapland» sei beim Elektrizitätswerk auf Grund gelaufen und liege fest. Vor unserer Kabine sah ich den abgebrochenen Mastteil liegen. Gefahr bestand also nicht. Ich ging in die Kabine zurück und wir versuchten weiter zu schlafen. Das war nicht einfach, denn das Bett war seitlich etwa 20° geneigt, so daß man immer wieder herausrutschte. Langsam wurde es hell und die steigende Flut hob das Schiff, es konnte aus eigener Kraft nach Bremen ins Dock fahren.

Was war geschehen? Bei der Fahrt die Weser abwärts kam ein Tanker entgegen, der die schmale Fahrrinne nicht einhielt. Um einen gefährlichen Zusammenstoß, der zu einem Brand führen konnte, zu vermeiden, steuerte unser Lotse scharf nach rechts, wobei das Schiff unter die Laufkatzen zur Kohlenentladung für das Elektrizitätswerk geriet, der Vordermast wurde mitsamt der Radioantenne abgerissen, so daß keine Funkverbindung mehr bestand; dann stieß das Schiff mit dem Bug gegen die Ufermauer und geriet bei Niedrigwasser auf Grund. Zum Glück waren die großen Löcher an der Schiffswand über der Wasserlinie, so daß kein Wasser in den Rumpf eindrang. Nun lagen wir zur Reparatur im Dock. Tag und Nacht wurden mit Preßlufthämmern die beschädigten Platten zuerst gelöst, dann neue eingesetzt und wasserdicht genietet. Es war ein immer währendes Dröhnen. Das Feuer unter den Kesseln wurde gelöscht, so daß die Heizung der Kabinen ausfiel. Das Oktoberwetter war kalt und es regnete. Aber die Schiffslinie weigerte sich, die 10 Passagiere in Hotels unterzubringen. Wir durften auf dem Schiff bleiben, wurden auch verpflegt, froren jedoch und konnten vor Lärm nachts nicht schlafen. Auf eigene Kosten im Hotel zu wohnen, hätte unsere Reisekasse gleich am Anfang zu stark belastet. So liefen wir im Regen am Tage in Bremen herum und sahen uns alles an, was zu sehen war. Bekannte hatten wir nicht.

Endlich nach einer Woche lief der Dampfer zum zweiten Mal, diesmal am Tage aus. Wie wir erfuhren, betrugen die Reparaturkosten 36 000,– DM, die Schäden des Elektrizitätswerks 6 000,– und jeder Liegetag in Bremen 1 000,– DM. Das war damals viel Geld. Der Bau eines einfachen Hauses mit 5 Zimmern und Nebenräumen kostete zum Vergleich etwa 45 000,– DM, doch war das Schiff versichert.

Während der Fahrt nach Bremerhaven wurde noch eifrig an den Antennen gearbeitet, denn ohne Radioverbindung wurde kein Dampfer ins freie Meer hinausgelassen. Doch konnten wir nach kurzem Aufenthalt nach Antwerpen fahren, wo die Hauptfracht, Eisenbahnschienen für Südafrika und Zucker für Las Palmas an Bord genommen wurde. Das Schiff hatte etwas über 4000 Bruttoregistertonnen. Die Biskaja war sehr stürmisch und kalt, bald wurde es jedoch ruhig und sehr warm. In Las Palmas auf Gran Canaria ist das Heizöl am billigsten. Auf der Hinfahrt wird Öl für die Fahrt nach Kapstadt und zurück aufgenommen, auf der Rückfahrt bis Hamburg und zurück.

Die Reisegefährten hielten gut zusammen, das Essen war für die geringe Bewegung zu gut; das Bordtennisspielen konnte die aufgenommenen Kalorien nicht ganz abbauen.

Am 10. 11. durchquerten wir die der Küste vorgelagerte Nebelbank und liefen in die Walfischbucht ein.

Als wir das Schiff verließen und den Boden von Afrika betraten, rief mir der erste Mann, der uns entgegenkam zu: «Hallo, Professor Walter, sind sie wiedermal im Land!». Das ist ja fast wie in Hohenheim, dachte ich, wo man auf der Straße dauernd angesprochen wird, so daß man, wenn man es eilig hat, kaum weiterkommt. Aber der freundliche Empfang freute uns und das blieb während der ganzen Reise so. Die Gastfreundschaft kannte keine Grenzen.

Walfischbucht hatte sich als Stadt sehr vorteilhaft entwickelt. Beim letzten Besuch standen die Häuser noch in einer Sandwüste. Die Straßen bestanden aus lockerem Sand, der vom Winde verweht wurde, so daß die Autos mitten in der Stadt oft stecken blieben. Jetzt waren die Straßen auf sehr einfache Weise befestigt worden. Man hatte sie mit Salz bestreut, das ja aus dem Meere in großen Mengen gewonnen wurde. Bei dem häufigen Nebel zieht das Salz Wasser an und bildet mit dem Sand einen festen asphaltartigen Belag. Diese Methode läßt sich nur in regenlosen, aber nebelreichen Wüsten anwenden; denn ein Regen würde das Salz auswaschen.

Mit dem Nachtzug erreichten wir am 11.11. Windhoek. Dort wurde im Karakulverein die Reihenfolge unserer Besuche auf den Farmen festgelegt. Es war nicht möglich allen Einladungen Folge zu leisten, aber Frau Dr. Schwerdtfeger, die von einem früheren, mehrjährigen Aufenthalt in Südwestafrika gute Beziehungen dorthin besaß, hatte Einladungen von mehreren Farmern im Nordwesten erhalten und nahm uns in diesem Gebiet einen Teil der Arbeiten ab.

Wir blieben auf jeder Farm etwa 3 Tage, so lange, bis wir alles uns Interessierende über die Zusammensetzung und Bewirtschaftung der natürlichen Weide sowie ihren Gütezustand ermittelt hatten. Meine Frau fotografierte und sammelte die verschiedenen Pflanzen, aus denen die Weide bestand für Herbarzwecke. Dann brachte uns der Farmer im Auto zur nächsten Farm, wo sich dieselbe Arbeit wiederholte.

Auf diese Weise hatten wir praktisch kaum Reisekosten. Die Farmer, die wir beim besten Willen nicht besuchen konnten, nahmen es uns übel und von einigen wurde ich sogar gefragt, wieviel sie mir für die Beratung schuldig seien. Ich hätte, wenn ich gewollt hätte, wahrscheinlich ebenso viel verdienen können wie einige aus Deutschland kommende Wünschelrutengänger, die genau die Lage der Bohrlöcher für die Brunnen angaben und sogar die mögliche Menge der Wasserführung. Sie riskierten dabei nichts, weil die kostspieligen Bohrungen erst nach Jahren in Angriff genommen wurden, lange nachdem sie das Land verlassen hatten.

Die Reise war für mich sehr interessant, aber für uns beide auch sehr anstrengend. Vor- und nachmittags besichtigte man mit dem Farmer die Weideflächen, die zwischen 10 000 und 20 000 ha groß waren, aber auch 40 000 bis 80 000 und mehr Hektar erreichten. Abends wollten die Farmer sich natürlich unterhalten und von dem Leben in Deutschland hören oder über Politik sprechen. Wir hatten praktisch keinen Ruhetag, denn der nächste Farmer, der sich über den Besuch freute, war frisch und wollte möglichst viel in den wenigen Tagen aus uns herausholen. Meine Frau hatte noch eine besondere Funktion. Wenn der Farmer uns herum führte, unterhielt er sich dauernd. Ich konnte nicht ungestört die Weide beobachten und die notwendigen Notizen machen. Unhöflich durfte man nicht sein. So war es die Aufgabe meiner Frau, den Farmer zwischendurch in ein Gespräch zu verwickeln, so daß ich unbemerkt seitwärts hinter den Büschen verschwand, meine Notizen machte und dann wieder erschien und nun meinerseits den Farmer genau ausfragte. Das klappte immer sehr gut.

Es war richtig gewesen, vor der Herausgabe des Buches nochmals das Land zu besuchen. Es fiel mir bald auf, daß auf den Weideflächen weniger Gras und mehr Busch gegenüber früher wuchs. Die Ursache war mir zunächst nicht klar. Die Farmer führten es entweder auf eine Klimaänderung oder auf das Verbot, die Weide abzubrennen zurück. Die Lösung des Problems brachte eine Autopanne.

Ein Farmer wollte uns zum Apotheker nach Otjiwarongo bringen, der uns eingeladen hatte, weil er auch eine große Farm besaß. Aber er merkte plötzlich, daß die Batterie während der Fahrt nicht aufgeladen wurde und er von Otjiwarongo nicht mehr nach Hause käme. Wir waren auf der Pad, auf der einige Stunden später der Autobus kam. So setzte er uns ab, fuhr nach Hause, und wir blieben mit dem Gepäck am Straßenrand, um den Autobus anzuhalten und mit ihm unser Ziel zu erreichen.

Es war sehr heiß, aber ich hatte viel Zeit, die Weide rechts und links von der Pad, wie die Wege in SWA genannt werden, zu besichtigen. Sie waren durch Drahtzäune getrennt und gehörten zu verschiedenen Farmen, aber das Gelände war völlig eben, der Boden rechts und links ganz gleich, trotzdem die Weide völlig verschieden. Rechts alles Gras abgeweidet, dafür jedoch dichter Busch; die Wasserstelle war nicht fern, die Weide somit fürs Vieh leicht erreichbar, auf der anderen Seite war schönes Gras und nur sehr wenig Busch, eine Wasserstelle weit und breit nicht zu sehen. Da das Vieh nur ungern weiter als 5 Kilometer weidet, weil es täglich im Sommer einmal zum Wasser gehen muß, so war die Weide links nur wenig beansprucht. Damit war es klar, daß die Gefahr der «Verbuschung», die die Weide entwertet, die Folge einer zu starken Weidebeanspruchung, d. h. einer Überstockung und Überweidung ist. Die Farmer waren selbst schuld, sie mußten die Weidetechnik ändern und an Stelle der Standweide die Rotationsweide einführen. Das war für mich zunächst eine Arbeitshypothese, die von jetzt ab auf jeder Farm überprüft wurde und deren Richtigkeit dabei bestätigt werden konnte. So kann eine Autopanne zu einer wissenschaftlich und praktisch wichtigen Erkenntnis führen. Gleichzeitig wurde auch meine 1938 in SWA aufgestellte Savannentheorie bestätigt, die auf dem Antagonismus von Grasland und Busch mit ihren verschiedenen Wurzelsystemen beruht.

Wir blieben in SWA bis zum 5. Mai, um den Unterricht im Sommersemester etwas verspätet abzuhalten. Die für den 16. April gebuchte Passage fiel aus. Die Seereise bis Rotterdamm war die wohlverdiente Erholung.

Die Fahrten in SWA führten uns durch das ganze Land und diesmal auch in die auf den ersten beiden Reisen noch nicht besuchten Randgebiete. Die Arbeit ständig draußen in der Natur, in diesem weiten, sonnigen und in seiner Härte so schönem Land begeisterte uns immer mehr. Am liebsten wäre ich ganz dort geblieben, wenn ich die Möglichkeit gehabt hätte, wissenschaftlich forschend weiter zu arbeiten. Aber diese war nicht gegeben. Es war ein Mandatsgebiet, das verwaltet wurde, aber was die Erforschung anbelangt, so hatten die Südafrikaner in ihrem Lande noch genug zu tun. Die Wissenschaftliche Gesellschaft in Windhoek leistete mit ihren privaten Mitteln Hervorragendes, um das Interesse der Farmer wach zu halten, war jedoch nicht in der Lage ein Forschungszentrum zu finanzieren. Die Farmer, die meistens von Beruf keine Landwirte waren, mußten allein aus ihren praktischen Erfahrungen lernen.

Sie stammten aus ganz verschiedenen Schichten, vom Hochadel bis zum einfachen Handwerker oder Schutztruppler. Entsprechend mußte man sich als Gast anpassen. Zu deutscher Zeit wurden auch «schwarze Schafe» wohlhabender Familien mit einer Summe Geldes nach Südwestafrika abgeschoben. Es konnte dann passieren, daß die Eltern nach einiger Zeit ein Telegramm erhielten: «Schickt Geld, sonst komme ich zurück.»

Einen gewissen Wandel hatte in dieser Beziehung die Internierung der jungen Farmer während des Krieges im Kamp Andalusien gebracht. Dort wurden auch die Ökologen Professor Volk und Müller-Stoll festgehalten. Sie waren 1938 ins Land gekommen, um die von mir damals begonnenen Arbeiten fortzusetzen und wurden vom Krieg überrascht. Aber im Kamp richteten sie eine Farmschule ein und konnten dabei meine Schriften über die Farmwirtschaft in SWA, die während des Krieges in Berlin gedruckt wurden, auswerten. Die 4 Teile waren in den Kamp gelangt. Die Farmer wurden mit den wissenschaftlichen Grundlagen der Farmwirtschaft vertraut gemacht und steuerten selbst ihre paktischen Erfahrungen bei. Zeit dazu war ja genug vorhanden.

Als ich jetzt die Farmen besuchte, konnte ich sofort feststellen, ob die Farmer interniert gewesen waren oder nicht. Die ersteren waren für alle Fragen der Weideverbesserung sehr aufgeschlossen, die letzteren nicht. Sie wollten mir immer zuerst ihren Zuchtbullen zeigen, und waren sehr erstaunt, wenn dieser mich nicht interessierte und ich ihnen erklärte, die beste Zucht nütze nichts, wenn die Tiere auf der Weide kein gutes Futter hätten. Im Gegenteil, Hochzuchtvieh sei gegen schlechte Ernährung viel weniger widerstandsfähig; bei schlechter Weide könnten primitivere Rassen oft mehr leisten. Sie meinten, es käme doch nur auf eine gute Regenzeit an, dann würde ja die Weide immer grün. Man mußte ihnen klar machen, daß bei Überstockung die ausdauernden Gräser verschwänden und die grüne Weide aus einjährigen Gräsern oder Weideunkräutern keine Ernährungsreserven für die Dürrezeit bieten.

Bei einem Farmer im nördlichen Teil wuchs um die Wasserstelle ein dichter *Croton*-Busch. Er führte mich stolz hin und sagte, dieser Busch mache das Vieh richtig fett. Ich mußte ihm erklären, daß gute Futterpflanzen um die Wasserstelle sehr rasch abgefressen würden und verschwänden. Dieser Busch hatte sich so üppig entwickelt, weil er giftig sei und das Vieh ihn nicht anrühre.

Es war unbedingt notwendig, in Windhoek ein Zentralherbar einzurichten, um in der Lage zu sein, den Farmern Auskunft über die Pflanzen und ihren Weidewert zu erteilen. Aber eine entsprechende Sammlung war nicht vorhanden. Unsere Sammlung von 1938 war in Posen geblieben. Ich hatte gehofft, die Polen würden sie der Südafrikanischen Regierung für SWA ausleihen, denn für Polen war sie wertlos. Aber die Regierung erhielt auf ihre Anfrage überhaupt keine Antwort. Die Doubletten unserer Sammlung in Berlin waren bei dem Luftangriff in Berlin-Dahlem mit den anderen unschätzbaren Sammlungen verbrannt. Ebenfalls die Dinter'schen Sammlungen noch aus deutscher Zeit.

Man mußte ganz von vorne anfangen. Zum Glück lernte ich auf der Farm Bergland unweit von Windhoek den Farmer W. Giess kennen, der auch interniert gewesen war, sich sehr für Pflanzen interessierte und vor der Rückkehr nach SWA noch an einem Herbar in der Union gearbeitet hatte. In Windhoek war an der Landwirtschaftlichen Abteilung der Verwaltung eine kleine Sammlung von getrockneten Pflanzen vorhanden, um die sich niemand kümmerte. Wir konnten unsere während der Rundreise gesammelten Pflanzen jeweils zur Aufbewahrung auf die Farm Bergland senden. Alle Arten wurden in drei Exemplaren getrocknet: Eines für uns als Beleg, ein zweites für SWA und ein drittes für die Staatssammlungen München, wo Professor Süßenguth mit Merxmüller bereit waren, die Bestimmung zu übernehmen, um eine Flora von SWA vorzubereiten. Diese Initiative führte zu einem vollen Erfolg. Vor meiner Abfahrt erklärte sich die Mandatsregierung bereit, eine solche Zentralstelle in Windhoek einzurichten, an der Herr Giess zunächst freiwillig, aber später hauptamtlich arbeitete. Auch der Prodromus einer Flora von Südwestafrika wurde von Professor Merxmüller inzwischen abgeschlossen.

Von unserer Rundreise kann ich nur einige markante Erlebnisse erwähnen.

Als wir am 11.11.52 in Windhoek ankamen, fiel der erste Regen. Das war ein gutes Omen. Wenn die Weide grün wird, werden die Farmer zugänglicher. Vorher sind sie nervös und schauen dauernd zum Himmel, in der Hoffnung, eine Wolke zu sehen. Der Regen ist ja für sie eine Existenzfrage. Da die Weide zuerst im regenreicheren Norden grün wird, beschlossen wir zunächst die Farmen im Norden zu besuchen. Der Witterungsverlauf war für uns günstig. Eine Regenzeit in SWA bedeutet ja nicht, daß es dauernd regnet. Ein Mitteleuropäer würde von einem schönen trockenen Sommer sprechen mit einigen erfrischenden Gewittergüssen. Es ist erstaunlich, wie das trockene, staubige Land gleich nach einem guten Regen erwacht. Alles beginnt zu sprießen, die Vögel zu singen und die Kinder laufen hinaus und lassen sich naß regnen. Es ist für sie ein Fest. Bildet sich in den Senken eine größere Wasserfläche, als Vlei bezeichnet, so hört man nachts bald ein Froschkonzert. Die Frösche überleben die 8 trockenen Monate in dem harten Boden in einer Schleimhülle, kriechen sofort aus dem nassen Boden heraus und beginnen mit dem Laichen, um keine Zeit zu verlieren. Das Wasser muß ja für die Kaulquappen reichen.

Die Farmer sagen, es gibt katholische und lutherische Frösche in SWA: Die großen Ochsenfrösche riefen ununterbrochen im tiefen Baß «Papst, Papst, Papst», die kleineren schallend mit hoher Stimme «Martin Luther, Martin Luther . . .».

Nachdem wir eine Reihe von Farmen um Windhoek besucht hatten, ging es nach Norden nach Okahandja, wo wir auch den alten Missionar Dr. Vedder, die markanteste Persönlichkeit in SWA, besuchten. Er hat neben seiner Missionstätigkeit die Eingeborenensprachen studiert und die Geschichte Südwestafrikas geschrieben, noch mit der voreuropäischen Besiedlung beginnend. Immer von Farm zu Farm kamen wir über Otjiwarongo und durch das Otavi-Bergland nach Tsumeb auf die Farm Heidelberg, deren Besitzer Feucht in Hohenheim vor dem Kriege Landwirtschaft studierte. Es ist schon ein fast tropisches Gebiet, in dem wir eine Riesenschlange (Python) sahen, mit lichtem Wald, jetzt im Frühlingsgrün und mit Orangen, Papayen und Guaven auf der Farm. Dann weiter zur nördlichsten Farm Onguma an der Etoscha-Pfanne und am Omuramba-u-Ovambo gelegen. Die Etoscha-Pfanne, heute Attraktionsgebiet für Touristen, ist 120 km von Ost nach West lang und 50 km von Nord nach Süd breit, eine völlig ebene Fläche, in der Regenzeit mit Wasser flach überstaut, in der Trockenzeit eine leicht salzige tonige Fläche mit Trockenrissen. Riesige Herden von Gnus, Zebras, Springböcken, Eland- und Kudu-Antilopen ebenso wie Giraffen, Strauße, Marabus und Pelikane halten sich gerne hier auf. Denn sie haben gute Sicht und können von Löwen nicht überrascht werden. Auch auf der Farm gab es Löwen. Der Besitzer Böhme hatte auf der Löwenjagd einen Arm verloren. Trotzdem führte er uns ohne Waffe im dichten Busch herum. Ich überlegte mir, was macht man, wenn man hinter einem Busch plötzlich auf einen Löwen trifft und fragte, ob das nicht sehr unangenehm sei. Ja, sagte er, man bekommt ihn nie richtig zu Gesicht, kaum hat man ihn gesehen, schon ist er wieder hinter dem Busch verschwunden. Diese Antwort beruhigte mich.

Die Farm wurde vom Omuramba-u-Owambo durchquert. Ein Omuramba unterscheidet sich vom Rivier (beide sind Trockenflüsse) dadurch, daß es im Gelände kaum eingeschnitten ist und das ganze Flußbett von dichtem Graswuchs bedeckt wird mit einzelnen feuchteren bis sumpfigen Stellen oder kleinen Waldinseln. In der Regenzeit ist das Flußbett sehr naß, aber das Wasser fließt sehr langsam im Gegensatz zu der Hochwasserwelle beim Abkommen eines Riviers, die viel Holz und ganze Baumstämme mit sich reißt und den Boden umlagert oder mit Sand und Kies bedeckt. Wahrscheinlich hatten früher alle Riviere mit geringerem Gefälle Omuramba-Charakter. Erst durch die zu starke Beweidung wurde der Boden so stark verdichtet und von Pflanzen entblößt, daß er verkrustete und nach einem starken Regen fast alles Wasser in kurzer Zeit abfloß, anstatt in den Boden einzudringen, sich in den Flußtälern zu einem reißenden Strom vereinigte, das Flußbett aufriß und vertiefte, d. h. ein Rivier bildete. Eine zunehmende Trockenheit des Klimas wurde nur vorgetäuscht.

Die Landschaft in diesem sehr ebenen nördlichen Teil erinnert an einen Park: Größere oder kleinere Waldinseln mit Bäumen, die nur in der Regenzeit grün sind, wechseln mit Grasflächen ab. Ich hatte die Landschaft immer nur in der Trockenzeit gesehen, weil sie in der Regenzeit unpassierbar ist, und es wurde mir nicht klar, wie dieser Wechsel von Wald und offenen Flächen zu erklären war. Diesmal hatte ich Gelegenheit, mit Ortskundigen in einem Wagen mit Vierradantrieb und Sperrung des Differentials nach starkem Regen ins unbefarmte Gebiet zu fahren und die Klärung des Problems war leicht. Die ganzen Flächen waren weithin überschwemmt, aber nicht die Waldinseln. Sie standen auf erhöhtem Gelände, aber die Höhenunterschiede waren so gering, daß sie in der Trockenzeit nicht auffielen, oft nur 50 cm. Der Wasserspiegel zeigte sie jedoch genau an. Die Baumwurzeln vertragen es aus Luftmangel nicht, wenn sie wochenlang unter Wasser sind; infolgedessen werden sie auf den tieferen Stellen von den konkurrenzkräftigeren Gräsern oder Seggen sowie kurzlebigen Kräutern verdrängt. In der Trockenzeit werfen die Bäume das Laub ab, wie bei uns im Winter, auf den Flächen verdorren die Gräser und Kräuter. Hält sich das Wasser in tieferen Senken sehr lange, so entwickeln sich schöne blau blühende Seerosen oder andere Wasserpflanzen, auf nicht ganz so lange nassen Stellen findet man herrliche rosa blühende Amaryllis-Arten oder verschiedene Liliengewächse.

Die Regenzeit war in diesem Gebiet schwer zu ertragen, es war furchtbar schwül und heiß und zwischen den Büschen ganz windstill. Die Lufttemperatur war mittags 38–40 °C und nachts lag man im Bett schweißüberströmt und konnte kaum schlafen; erst gegen Morgen vor Sonnenaufgang wurde es etwas kühler.

Den Weihnachtsabend verlebten wir auf einer Farm bei Grootfontein. Es war der dritte Besuch bei dieser Familie Dressel. Dreimal hatten wir Weihnachten in SWA gefeiert, deutsche Weihnachten, aber bei größter Hitze und mit einer Dornakazie. Am Neujahrstag waren wir ganz weit im Osten an der Kalaharigrenze, im Gebiet der Palmsavannen mit einzelstehenden hohen, oben verzweigten Hyphaene-Palmen.

Eine gewisse Schwierigkeit für uns bedeutete, daß wir nicht rauchten und absolut keinen Alkohol tranken, der in Südwest nicht anders als in Deutschland eine große Rolle spielt. Aber ohne Abstinenz hätte ich die vielen Reisen sicher nicht durchgehalten. Alle 3 Tage waren wir bei einer anderen Familie und für diese war der Besuch ein Anlaß zu feiern. Was wäre aus uns geworden, wenn wir jedes Mal bei Ankunft und Abreise eine Nacht durchgezecht hätten. Wenn man absolut jeden Alkoholtropfen ablehnt, dann murren die Gastgeber etwas, fügen sich jedoch bald; trinkt man dagegen aus Höflichkeit ein Gläschen, dann wird einem immer mehr aufgedrängt oder sie schnappen ein.

Ein Farmer meinte, ich verlängere auf unlautere Weise mein Leben, ein anderer, so billige Gäste hätte er noch nie gehabt, ein Dritter fragte mich, als wir bei Sonnenuntergang nach Besichtigung der Farm zum Hause kamen und auf der Veranda die Aussicht genossen, was ich tränke. Ich bat um Zitronensaft mit Soda. Er verlor kein Wort, holte es und goß mir und sich ein. Da kam seine Frau und sagte, er werde ans Telefon gebeten. Sie blickte auf die Gläser und rief, ist denn mein Mann krank, er trinkt ja Zitronensaft, worauf ich meinte, mein schlechtes Beispiel habe ihn, wie es scheint, verdorben.

Trifft man sich zu mehreren in einer Wirtschaft, so war es üblich, daß man eine Runde ausgab; das mußte dann jeder tun und nach 10–20 Runden ging es hoch her. Aber ganz Südwest ist mit einer Kleinstadt zu vergleichen, in der sich alles rasch herumspricht. Die Farmer sind ja ans Telefon angeschlossen und zwar an einer Linie alle Farmer des Bereichs. Jeder hat sein besonderes Klingelzeichen und weiß dann, daß es ein Gespräch für ihn ist; aber wenn die anderen auch den Hörer abheben, dann können sie mithören. So wußten es bald alle, Professor Walter raucht nicht, trinkt keinen Alkohol und nur mäßig Kaffee, so daß wir keine Schwierigkeiten mehr hatten, eben so wie in Hohenheim, wo bei allen Festlichkeiten für uns immer Fruchtsaft bereit steht.

Am 4.1.53 kamen wir nach Otjirukaku, eine wunderschöne Farm am Rande des Otaviberglandes mit einer starken, richtigen Karstquelle im Dolomitgestein und großen Orangenpflanzungen. Die Inhaberin war eine Witwe mit Sohn. Sie konnte sich in unsere Lage versetzen und wir hatten in einem schönen Gästehaus 3 Tage absolute

Ruhe. Die Aussicht war herrlich ins weite Vorland, das Sandfeld. Hier erreichte mich eine Einladung zu einer Rundfahrt durch die Südafrikanische Union. Ein verlockendes Angebot, aber SWA ging vor. 10 Jahre später konnten wir die Einladung annehmen. Jetzt kamen die Farmen im Nordwesten dran, wo wir uns auch mit Frau Dr. Schwerdtfeger treffen wollten. Je weiter wir nach Westen kamen, desto trockener wurde die Luft, was eine große Erleichterung bedeutete. Das Land wurde immer gebirgiger und eindrucksvoller.

Der Höhepunkt war die Fahrt ins unbesiedelte Kaokofeld. Es sollte geklärt werden, ob das Gebiet um die Wasserstelle Kaross als zukünftiges Farmland in Frage käme. Man fuhr mit zwei Lastwagen und mußte Proviant, Campingausrüstung, Wasser und Benzin mitnehmen.

Es war erstaunlich wie wildreich ein Gebiet ist, wenn es vom Menschen nicht gestört wird. Zwar sah man im unübersichtlichen Gebiet kaum Wild, weil die Lastwagen durch den Lärm es verscheuchten, aber überall waren frische Fährten, nicht nur von Antilopen, sondern auch von Elefanten, Giraffen, Nashorn und Löwen. Die Elefanten hatten auch viele Bäume geknickt und die Rinde von den Stämmen abgerissen. In der Trockenzeit kommen sie bis zu den Farmen heran, um aus dem Wasserbassin beim Windmotor Wasser zu trinken. Sie richten oft Schaden an der Umzäunung an, indem sie, vielleicht aus Mutwillen, die Pfosten mit dem Rüssel fassen und sie aus dem Boden ziehen. Ein Farmer erzählte mir eine Geschichte, von der er versicherte, daß sie stimme: Er sei mit seiner Eselskarre gefahren und bemerkte, daß er die Peitsche unterwegs verloren hatte. Er hielt an und ging den Weg zurück, schaute dabei nur auf den Boden. Plötzlich hörte er ein Geräusch, blickte auf und stand vor einem Elefanten. Er kriegte einen Schreck, der Elefant packte ihn mit dem Rüssel am Hemdkragen, hob ihn in die Luft, schwenkte ihn einige Mal hin und her und setzte ihn wieder auf den Boden. Er lief, was er konnte; zum Glück war der Esel mit der Karre ihm gefolgt, auf die Karre und nichts wie davon. Mir scheint das durchaus glaubhaft. Die Tiere greifen den Menschen nur an, wenn sie sich bedroht fühlen und angeschossen wurden, sonst gehen sie ihm aus dem Wege; der Elefant braucht das nicht, er fühlt sich überlegen. Wir mußten in dieser wildreichen Gegend im Freien übernachten. Auf einer ebenen Fläche wurden die Lastwagen so aufgestellt, daß man eine große Zeltplane zwischen ihnen ausbreiten konnte und auf dieser legte man die Schlafsäcke nebeneinander aus. Der Benzingeruch der Lastwagen, sei den Elefanten so unangenehm, daß sie ihnen auswichen und keine Gefahr bestünde, tot getrampelt zu werden, hieß es. Es gibt kaum etwas Schöneres, als unter freiem Sternenhimmel zu schlafen. Ich wachte nachts auf und hörte das Wild weiden. Ich richtete mich etwas auf und erkannte in geringer Entfernung gegen den Sternenhimmel den Hals einer Giraffe. Hier fühlte man sich richtig in der Natur.

Aber wir mußten wieder nach Süden auf die Farm Otjitambi von Schlettwein, bei denen Frau Dr. Schwerdtfeger wohnte. Hier waren schöne nackte Granitberge mit großen Bäumen am Fuße derselben, wo sich das abfließende Wasser sammelt und tief einsickert, so daß den Wurzeln der Bäume immer Wasser zur Verfügung steht; auf den Flächen wuchs Mopane-Wald, den man von weitem als jungen Buchenwald ansehen könnte.

Anschließend wurden weitere Farmen besucht; am 25. 1. brachen wir zum Ugab-Rivier auf mit den merkwürdigen Felsbildungen am Steilufer, weiter zum Omaruru-Revier, zu Verwandten des Schwagers meiner Frau. Hier mußte ich meine Frau zurücklassen. Sie hatte über Nervenschmerzen im rechten Arm geklagt, so daß sie nachts nicht schlafen konnte, selbst einige Ruhetage halfen nicht. Sie mußte nach Windhoek zur Behandlung fahren. Der Chirurg, Dr. Leitner stellte fest, daß die Reizung von vereiterten Zähnen ausging, sein Bruder, der Zahnarzt, mußte Abhilfe schaffen. Meine

Frau war sehr mitgenommen. Frau Ida Voigts in Windhoek nahm sie bei sich auf und pflegte sie.

Niemand wollte etwas berechnen, ich arbeitete ja in SWA auch umsonst.

Inzwischen besuchte ich die Farmen im mittleren Westen bei Karibib, auch Dr. Seydel, einen Botaniker aus Königsberg, der die einzige Dattelpalmen-Pflanzung im Swakoptal gehabt hatte. Nach dem Tode seiner Frau hatte er, da er keine Kinder hatte, die Farm einem Neffen aus Deutschland übergeben und mußte ansehen, wie dieser sie ruinierte.

Am 30. 2. traf ich in Windhoek ein, meine Frau war wieder gesund und wir konnten als Gäste im Hause von Dr. Leitner wohnen. Ich hatte seine schöne Farm im Grenzgebiet zur Namib ebenfalls besichtigt. Sie ist seine ganze Liebe und auf sie hat er sich zurückgezogen, nachdem er im Ruhestand ist. Er hat sie als Naturschutzgebiet deklariert; sie ist sehr wildreich.

Dr. Leitner benutzte zum Besuch entfernter Patienten ein einmotoriges Flugzeug mit 4 Sitzen, in dem er auch Schwerkranke transportieren konnte. Er stellte es uns für einen Rundflug von Windhoek nach Swakopmund und über den Brandberg zurück zur Verfügung. Der Pilot Schenck war der erste Düsenjagdflieger im Kriege gewesen. Es war für uns ein phantastisches Erlebnis:

Am 7. 3. stiegen wir um 9 h in Windhoek auf. Es ging gleich an steilen Felswänden vorbei über die 2000 m hohen Auasberge. Man sah einige Farmen und schon glitten wir über das 2400 m hohe ganz flache Plateau des Gamsberges sehr niedrig hinweg. Dann ging es scharf hinab über die unzugängliche Höllenlandschaft der Gramadulla, dem wilden Felsabsturz zur 1500 m tiefer liegenden Inneren Namib. Noch einige Randfarmen mit Schafen, die alle dicht zusammenliefen, wenn das Flugzeug über sie hinwegbrauste. Aber schon begann die unbewohnte Wüste mit nur wenig Gras dafür jedoch Herden von Zebras, Oryx-Antilopen (Gemsböcken) und Springböcken. Im Gegensatz zu den Schafen stieben diese auseinander. Meine Frau wollte fotografieren. Um es bequemer zu machen, stellte der Pilot das Flugzeug auf die Kante, links war Himmel und rechts die Erde, aber es war noch nicht geknipst. Der Pilot kurvte und stellte auf die andere Kante; nun war rechts der Himmel und links die Erde. Da wurde es meiner Frau anders und sie gab mir die Kamera, die Aufnahme gelang. Der Berg «Langer Heinrich» war unter uns, dann wieder wilde Felsen und schon waren wir im Swakop-Canyon. Zwischen Felswänden raste das Flugzeug, allen scharfen Windungen des Canyons folgend, der Pilot war in seinem Element und gestand, daß solche Tiefflüge verboten seien. Ich knipste und knipste, da mündete das Khanrivier ein, jetzt kam die Farm, die ich kannte. Schon wurde das Tal weiter, die Wände niedriger und die Meeresküste mit dem weißen Brandungsstreifen wurde sichtbar. Dreimal kreisten wir über Swakopmund ein Zeichen, daß wir landen wollten und Benzin brauchten. Um 11 h 40 landeten wir draußen auf dem Flugplatz, wo nichts war als die markierte Landepiste. Man konnte etwas nach dem wilden Flug verschnaufen, meine Frau erholte sich. Der Tankwagen kam, wir bekamen Benzin und wieder waren wir in der Luft, zuerst an der Küste entlang bis zur Omaruru-Mündung, dann über die weite Wüstenstrecke zum höchsten Brandberg-Massiv (2600 m ü. M.). Der Pilot funkte dauernd die Position nach Windhoek, damit man im Falle einer Notlandung wußte, wo man zu suchen hätte. Später gestand er, daß er keine Funkverbindung gehabt hatte. Aber in Windhoek waren die Positionen doch empfangen worden. Gewaltig ragte das nackte Granitmassiv über die Wüste empor, wir kreisten um die Granithänge herum und in 3500 m Höhe über die Kuppe hinüber. Dann ging es über das Erongo-Gebirge, die Farmen begannen, mit Farmhaus und Windmotor sowie Schafkrälen, kleine Pads und größere Autowege. Man überblickte eine Fläche von 200 km im Durchmesser. Jetzt waren wir am Mittellauf vom Swakop. Der Pilot wollte durch das Tal mit der Bahnlinie zurück. Ich sagte, mich würde der Flug über das Khomashochland mehr interessieren. «Gut», sagte er, «der Maschine und mir macht es nichts aus.» Bald verstand ich, was er meinte. Das Relief des Hochlandes ist sehr unruhig und die Turbulenz der Luft mittags sehr stark. Kaum waren wir über dem Hochland, da fielen wir in Luftlöcher oder wurden emporgerissen. Die seitlichen Schwankungen fing der Pilot geschickt auf. Man klammerte sich an die Sitze, ohne Gurt wäre man verloren gewesen, aber der Überblick war doch interessant; man versteht die Landschaft besser. Schade nur, daß alles so rasch geht. Ziemlich erschöpft und benommen landeten wir um 14 h 30 wieder in Windhoek und hatten festen Boden unter den Füßen. Nach einem Ruhetag kam der südliche Teil von SWA dran.

Nach Süden wird das Klima immer trockener, die Weide dürftiger. Rindviehhaltung ist nicht mehr möglich, aber für die aus der Karakum-Wüste in Mittelasien stammenden Schafe, die die Persianer-Felle liefern, ist dieses Klima günstiger. Im Norden leiden sie unter Darm-Würmern. Ich liebe diese schon fast wüstenhafte Landschaft besonders, vor allem die wilden Gebirge, die zur Namib abfallen.

Zuerst kam das Naukluftgebirge. Wir stiegen in eine tiefe Schlucht hinunter zu einem Wasserfall, um den der Venushaar-Farn wuchs. Wir nahmen ein Bad und stellten uns unter den Wasserfall – ein seltenes Vergnügen in SWA. Sonst badete man täglich im Wasserbassin beim Windmotor, der das Wasser aus dem Bohrloch für die Tränke heraufpumpte. Auch das war immer eine schöne Erfrischung und man konnte etwas im Kreise herumschwimmen. Vom Wasserfall lief ein kristallklarer Bach durch einen Wald aus alten wilden Feigenbäumen mit 3–4 m hohen Hochstauden – eine in SWA unwirklich anmutende Welt. Auf einem Zebrapfade kamen wir wieder bequem in die Höhe. Die Paviane auf den Felsen protestieren mit wildem Gebelle gegen unsere Anwesenheit. In dieser Wildnis hatte der Mensch nichts zu suchen.

Dann ging es zum Tsaris-Gebirge. Die Farm Friedland – Hohe Acht war besonders schön, doch nicht leicht zu bewirtschaften und risikoreich. In den Felsen ist es schwer, den Leoparden beizukommen, die den Herden Verluste zufügen, die Paviane plündern nachts gerne die Gärten.

Vom Tsaris-Gebirge fuhren wir nach Süden nach Bethanien, der ältesten Missionsstation in Namaland, also bei den Hottentotten mit ihrer Schnalzlautsprache. Sie nennen sich «Nama», das bedeutet «Menschen».

Das landschaftliche Glanzstück ist das Fischflußcanyon, das Gran-Canyon von SWA, ebenso imposant, wenn auch nur 800 m tief (Gran Canyon 1500 m tief), dafür jedoch in einem völlig menschenleeren Gebiet. Wir schlossen uns einem Ausflug einer Schulklasse der Deutschen Schule in Windhoek an.

Man fährt einer Wagenspur folgend über eine weite ebene Fläche, die nur mit «Milchbüschen» bestanden ist – einer Wolfsmilchart mit fingerdicken, blattlosen Sprossen. Plötzlich ein Schild: «Halt, Lebensgefahr! Nicht weiter.» Erstaunt steigt man aus, geht einige Schritte vor und schaut in den Abgrund hinab, der in allen Farben schillert, in halber Höhe eine Terrasse, dann noch steiler abfallend zu dem bindfadendünn erscheinenden Fluß, der das ganze Jahr hindurch Wasser führt. Auf der anderen Seite sieht man denselben Aufbau mit Terrasse und dann die Fortsetzung der weiten Fläche. Wir verbrachten dort zwei Vollmondnächte, auf dem Boden schlafend. Früh morgens wurde ein Abstieg gesucht. Die älteren Schüler waren sehr dabei. Es ging eine sehr steile Schutthalde hinunter, bei jedem Schritt rutschte man ein Stück. Schließlich erreichte man die Terrasse, aber dann war es so steil, daß man nirgends absteigen konnte. Viel schlimmer war der Aufstieg in der Mittagshitze. Wir waren sehr erschöpft oben angelangt, aber den Jungens gelang es am Nachmittag an einer anderen

Stelle, den Fluß zu erreichen – eine sportliche Leistung. Botanisch war es nicht interessant, denn die beweglichen trockenen Schutthalden waren vegetationslos.

Wir wurden weiter mit dem Auto bis zum Kreuzungspunkt der Bahn Seeheim gebracht. Von hier wollten wir zur letzten Farm in Richtung Lüderitzbucht, der Farm Plateau, fahren, wohin wir von dem Besitzer, einem Sukkulentensammler, eingeladen waren. Wir mußten den Zug zur Meeresküste bis zur Haltestelle «Aus» nehmen, wo der Farmer uns abholen wollte. Die Züge gehen durch die Namib nachts, weil es am Tage in den Wagen zu heiß ist. Wir sollten um 2 h nachts in «Aus» sein. Der Schaffner versprach, uns zu wecken, so konnten wir etwas schlafen, da kaum Fahrgäste waren. Der Schaffner kam, der Zug hielt, ein Bahnsteig war nicht vorhanden. Man sprang hinunter und das Gepäck wurde herausgereicht; der Schaffner pfiff, der Zug fuhr ab, wir standen in völliger Finsternis und sahen nur den Sternenhimmel über uns. Es heulte ein eisiger Südwind, ein Kälteeinbruch, wohl nur 5–7 °C. Was nun? Ich nahm meine Taschenlampe und leuchtete herum: Nur das Bahngleis, Sandboden, kein Stationsgebäude, kein Mensch, schließlich sah ich eine aufgestellte Holztafel mit der großen Aufschrift «Aus» und damit war es wirklich «aus». So verlassen haben wir uns nie gefühlt, mitten in der Wüste. Wir fingen an zu frieren. So können wir nicht bis zum Tagesanbruch bleiben, meinte ich, wir müssen in die Schlafsäcke kriechen, wie wir sind, um Windschutz zu haben. Wir wollten sie gerade auspacken, da leuchtet ein Auto-Scheinwerfer in der Ferne auf. Der Farmer! Ich gab mit der Taschenlampe SOS-Zeichen. Aber das Auto drehte ab, wir waren wieder im Dunkeln und griffen nach den Schlafsäcken. Plötzlich der Scheinwerfer ganz nah, der Weg machte eine Biegung hinter einem Berg, und der Farmer war da. Wir atmeten auf. Es stellte sich heraus, der Zug war zu früh in «Aus» eingetroffen.

Wir verbrachten sehr interessante Tage auf der Farm, einen noch sehr kalten Tag; dann drehte der Wind. Hier machen sich schon die Tiefs des Kaplandes bemerkbar, die letzten Ausläufer der südlichen Winterregen, und es treten bereits Karroo-Elemente in der Vegetation auf – viele Mesembryanthemen. Die Vegetation war jedoch so spärlich, daß man sich wunderte, daß die Schafe am Leben blieben. Die Farm rentierte sich.

Der Farmer brachte uns bis zu den Karras-Bergen auf die Farm Blinkoog, wo sich Graf Schauroth ein Schloß mit einem gewaltigen Rittersaal und Rüstungen sowie Speeren an den Wänden, erbaut hatte – alter Familienbesitz.

Auch hier fühlten wir uns sehr wohl und sahen viel Interessantes. Aber wir wollten zum südlichsten Punkt der Kalahari-Dünen auf die Farm Steenkampspan bei Upington am Oranje, schon in der Union, wohin wir eingeladen waren. Von Karrasburg nahmen wir den Zug nach Upington. Es war Ostersonntag. Als wir ankamen, hieß es, am Feiertag kann man nicht nach auswärts telefonieren, in Upington war kein freies Zimmer zu bekommen; denn viele Farmer waren über die Feiertage in die Stadt zu den grünen, bewässerten Luzernefeldern gekommen. So saßen wir mit unserem Gepäck auf dem Bahnhof. Da gab uns der Stationsleiter den Rat, wir sollten doch den Bauunternehmer Wurth anrufen. Er sei ein Deutscher, habe ein schönes Haus und würde uns sicher aufnehmen. Das machten wir und Herr Wurth kam gleich uns abzuholen und war über den unerwarteten Besuch sogar erfreut. Am Abend wollte er uns seinem Vater vorstellen und fuhr mit uns zu ihm. Ein richtiger Bayer, er saß am Tisch in Hemdsärmeln, hatte ein großes Maß Bier vor sich, einen Brotlaib und eine dicke Wurst. Als er meinen Namen hörte, sagte er: «Ach! Sie sind der Professor Walter mit den Naras-Kürbissen.» «Was, erwiderte ich, was für Naras-Kürbisse?». «Ja wissen Sie denn nicht, seit Monaten ist die Windhoeker Zeitung voll mit Artikeln über die Naras-Kürbisse.» Ich fiel aus allen Wolken, ich hatte keine Zeitung in der Hand gehabt. Was war geschehen?

Ich hatte vor der Abreise einer Stuttgarter Zeitung versprochen, Berichte zu schik-
ken. Im ersten Bericht schilderte ich Walfischbucht und erwähnte, daß dort in der Nähe auf Sanddünen ein sehr interessanter Naras-Kürbis wüchse, dessen Sprosse keine
Blätter, sondern nur grüne Dornen trügen. Das Fruchtfleisch der Kürbisse bilde eine
wichtige Nahrungsgrundlage für einen Hottentottenstamm, der dort wohne. Dabei
flocht ich folgende Geschichte mit herein, die mir Kurt Dinter, der Regierungsbotani-
ker zu deutschen Zeiten und sehr guter Kenner des Landes und der Eingeborenen, erzählt hatte:

Die Samen der Kürbisse haben einen ölhaltigen an Mandeln erinnernden Kern und
werden von den Bäckereien in Südafrika gerne für «Mandeltorten» verwendet. Der
Verkauf der Samen bildete für die Eingeborenen einen erwünschten Nebenverdienst.
Es war jedoch sehr schwer die Samen von dem klebrigen Fruchtfleisch sauber zu trennen. Doch die Eingeborenen hatten eine sehr einfache Methode ersonnen. Sie aßen
den Kürbisinhalt ohne die Samen zu zerbeißen. Diese passierten unverdaut den Darm
und ließen sich dann leicht sauber mit Wasser herauswaschen. Die Feinschmecker in
der Konditorei in Kapstadt ahnten nicht, daß die Mandeln ihrer Torte vorher bereits
von den Hottentotten verspeist worden waren.

Diesen Artikel in der Stuttgarter Zeitung hatte ein Südwester, der an der Technischen Hochschule in Stuttgart studierte, nach Windhoek geschickt und die Windhoeker Zeitung hatte ihn wörtlich abgedruckt. Darauf hatten die Vereinigten Bäckereien
von Südwestafrika einen Protestartikel veröffentlicht, empört, wie ein ernsthafter
Wissenschaftler so etwas Unwahres schreiben könnte. Darauf ein Farmer: Man sollte
vorsichtig sein, einem Wissenschaftler etwas Unwahres vorzuwerfen, er hätte früher
was ähnliches gehört. Ein anderer bestätigte, daß Naraskerne von Walfischbucht ausgeführt würden. Dann wieder die Bäckereien, sie hätten nie Naras-Samen verwendet.
Dann wieder ein Farmer, man solle der Sache nachgehen. Dann ein anderer, wie solle
man es machen? Solle ein Polizist die Hottentotten beobachten, wenn sie «was mußten»? Und so ging es weiter. Als ich in Windhoek auf dem Reisebureau meine Schiffs-
karte holte, meinte der Leiter, sicher würden mir zum Abschied die Vereinigten Bäckereien eine Mandeltorte überreichen und wünschte mir guten Appetit. Das ist die Na-
ras-Geschichte!

Sie hatte ganz Südwestafrika in Aufregung versetzt und mich sehr populär gemacht.

Aber zurück nach Upington. Am nächsten Tage wurden wir auf die besonders interessante Farm Steenkampspan gebracht. Dort lernten wir die südliche Kalahariflora der
leuchtend roten Dünen kennen mit den silbergrauen *Acacia haematoxylon*-Büschen
darauf, aber auch die Felsflora mit schönen blühenden «vegetativen Steinen» (*Lithops*-
Arten), die ihrer Form wegen «Hottentotten-Popos» genannt werden.

Zurück ging es über die Farmen im Westen entlang der Kalahari und durch das
Sandfeld, bis wir wieder bei Herrn Giess eintrafen. Er hatte für uns eine Unterkunft bei
der Pflegemutter seiner Frau auf Groot Aub vermittelt. Es war eine reizende alte Frau,
die allein mit vielen Katzen in einem großen Hause wohnte. Sie hatte noch den Hotten-
totten-Aufstand zu Beginn des Jahrhunderts mit ihrem Bruder erlebt. Ihnen gelang die
Flucht, aber die Eltern der Frau Giess wurden ermordet, am Leben blieb nur das kleine
Mädchen, das sie aufzogen. Wir bekamen ein extra großes Zimmer, wo meine Frau unsere Herbarien sortieren und in drei Teile zerlegen konnte. Frau Dr. Schwerdtfeger
kam dazu, blieb noch länger in Südwestafrika, um das Herbar in Windhoek einzurichten. Dann betreute es Herr Giess, bis er angestellt wurde, ganz nach Windhoek zog
und das Herbar durch weitere Sammlungen zum Landesherbar ausbaute.

Vor unserer Heimfahrt hielt ich in Windhoek einen Vortrag über die Ergebnisse unserer Reise und erwähnte dabei die besonders gut bewirtschaftete Farm des Herrn

Kriel, eines Buren. Sie war sehr klein, umfaßte nur 1700 ha (aus dem Zuhörerraum rief man mir zu: «Sie meinen 17 000 ha»). Er mußte als Junge die Schafherde seines Vaters weiden, beobachtete dauernd die Tiere und wußte genau, welche Pflanzen sie fraßen und welche nicht, auch welche sie lieber fraßen. Diese genaue Erfahrung, die kaum ein deutscher Farmer besaß, kam ihm zugute. Er hatte natürlich etwas geringere Ansprüche und machte keine kostspieligen Reisen nach Europa und konnte deshalb gut mit 1 700 ha auskommen.

Der Vortrag war gut besucht, eine sehr ausführliche Besprechung erschien als Sonderdruck der Windhoeker Zeitung.

Beim Abschiedsbesuch sprach auch der Administrator des Landes mir seinen Dank aus. Ein Farmer erklärte sich bereit, die Abnahme der 500 Exemplare meines im Ulmer-Verlag zu druckenden Buches zu garantieren und hinterlegte einen entsprechenden Betrag bei einer deutschen Bank als Sicherung. Nach Erscheinen 1954 waren die 500 Exemplare rasch verkauft und er erhielt sein Geld zurück. Ulmer hatte mehr gedruckt, aber die ganze Auflage ist schon lange vergriffen.

In Hohenheim erwartete uns eine große Überraschung. Von der Hochschule war mir in Hohenheim vor unserer Abreise ein idealer Bauplatz in Erbpacht überlassen worden. Ich besprach mit dem Architekten den Bauplan. Meine tüchtige Sekretärin bekam Generalvollmacht, mein Hausmeister, Fritz Saile, überwachte ebenfalls den Fortgang der Arbeiten. Als wir ankamen, konnten wir einziehen, alles war tadellos; meine fast 90jährige Mutter (Abb. 1) und meine sie betreuende Schwester zogen mit zu uns. Ein schöneres Heim, mit Ausblick über die Felder und das Schloß bis auf die ganze Schwäbische Alb, kann man sich gar nicht wünschen. Diesen weiten, weiten Blick hatte ich direkt von meinem Schreibtisch; den brauchte ich, um mich wohl zu fühlen und arbeiten zu können.

4. Internationale Pflanzengeographische Exkursionen (I. P. E.) durch Spanien

Das Sommersemester 1953 war sehr zusammengedrängt. Die ausgefallenen Vorlesungen mußten nachgeholt werden und die angesammelte Post war zu erledigen. Dazu kam eine Einladung zur Teilnahme an der Internationalen Pflanzengeographischen Exkursion durch Spanien. Dieses Land kannte ich noch nicht. Der Exkursionsplan berührte Gebiete, in die man sonst nicht kam. Diese Gelegenheit unter guter Führung mußte man wahrnehmen. Die Exkursion begann Ende Juni in Barcelona und endete Ende Juli in Madrid. Schon am Montserrat auf einem Felsen begrüßte uns die berühmte *Ramonda pyrenaica* in voller Blüte. Es ist eine Art der rein tropischen Familie der Gesneriaceae, die fähig ist, völliges Austrocknen zu vertragen und bei Wiederbefeuchtung weiter zu wachsen. Dann ging es in das Trockengebiet des mittleren Ebrobeckens zwischen Lerida und Zaragossa mit dem nordafrikanischen Espartogras *(Lygeum spartum)* und vielen Gips- und Salzpflanzen. Fast 20 Jahre später sollte ich Gelegenheit haben, dieses Gebiet gründlicher ökologisch zu studieren. Es folgten die westlichen Pyrenäen, die sich über 3 000 m erheben. Beim Aufstieg bis zur Baumgrenze überraschte uns ein Gewitterguß. Völlig durchnäßt mußte man die angeschwollenen Gebirgsbäche beim Abstieg barfuß im eiskalten Wasser durchwaten. Dieser Aufstieg erfolgte in der feuchten Buchenstufe, von Jaca im trockenen Kalkgebiet dagegen durch die Kiefern *(Pinus uncinata)*-Stufe; die Fichte fehlt in den Pyrenäen ganz. Über

Burgos mit den herrlichen Baudenkmälern erreichte die Exkursion das wenig bekannte Kantabrische Gebirge, das mit den «Picos de Europa» steil gegen die Küste an der Biskaja abfällt. Die Niederschläge sind so hoch, daß in den tieferen Lagen die Schwarzerle – ein Baum unserer Bruchwälder – selbst steile Hänge überzieht. Die Buchenstufe bildet die Baumgrenze. Darüber lagen noch im Hochsommer Schneeflecke mit Alpenpflanzen um diese herum. Dieses unzugängliche Gebiet des Baskenlandes wurde von den Mauren niemals erobert. Bei Covadonga, in einem versteckten Tal zeigte man uns die Höhle, in der der Befreier Kastiliens im Traum den Befehl von der Muttergottes erhielt, den Kampf gegen die islamischen Mauren aufzunehmen, der über ein Jahrhundert dauerte, bis auch Granada fiel und die Mauren nach Nordafrika zurückgedrängt wurden.

Asturien und Galicia im Nordwesten der Iberischen Halbinsel sind ein ganz anderes Spanien, als man es sich meist vorstellt. Für die Hochsommerexkursion durch Spanien hatte man ganz leichte Exkursionskleidung mitgenommen, aber in Oviedo und Gijon war es nebelig und es regnete bei einer Temperatur um 10 °C; die Unterkünfte waren nicht geheizt; wir froren entsetzlich und wurden die Erkältung erst später in Andalusien los. Die Flora war ganz atlantisch mit Stechpalme, *Erica vagans*, der extrem atlantischen *Daboecia*-Heide, vielen Ginsterarten und sogar Birken *(Betula celtiberica)*. An moorigen Stellen findet man den Sonnentau *(Drosera lusitanica)*, das Fettkraut und den Königsfarn *(Osmunda)*, an einem Wasserfall auch den seltenen Farn *Woodwardia radicans*. Galicia an der Nordwestecke ist das südlichste sehr entlegene Heidegebiet, das von hier entlang der Biskaja über Irland und Schottland an der Westküste Norwegens allmählich in die Arktis übergeht. Die hier typischen Podsolböden, die man in Spanien kaum erwartet, sind sehr arm und erlauben nur Roggenanbau. Die Heide wird in Haufen verbrannt, um die Asche zum Düngen der Felder zu verwenden, der Ginster geschnitten und auf zweirädigen Karren für Streu und Feuerung abgefahren. Diese Karrentypen stammen noch aus der Zeit der Römer. Sie hatten Räder aus kreisrunden Holzscheiben, die mit der Achse fest verbunden waren und beim Drehen in dem hölzernen Lager laut quietschten; die Räder selbst hatten keine eisernen Reifen, sondern sie waren stattdessen mit dicht stehenden Nägeln beschlagen, auf deren großen Köpfen das Rad lief. Gezogen wurden die Karren von zwei Ochsen, denen man die Augen verband, damit sie leichter zu führen waren. Man fühlte sich um 2000 Jahre zurückversetzt, dem entsprechend waren auch die Behausungen. Als Obst sah man viele Sauerkirschen, die man in Spanien nicht erwartet. Von Lugo auf dem Weg nach Leon kam man über die über 2000 m hohen Asturischen Gebirge. Der Paß in 1100 m Höhe ist eine scharfe Klimascheide. Auf dem Südhang stellen sich immer mehr mediterrane Elemente ein, bald auch die immergrüne Steineiche *(Quercus ilex)*. Am 13. Juli war man in dem noch maurisch wirkenden Cordoba, wo in die berühmte Säulenmoschee – eine der größten der Welt – eine katholische Kirche hineingebaut wurde. Über Jaen erreichte die Exkursion Granada mit der Alhambra und von dort ging es hinauf zum zweithöchsten Gipfel der Sierra Nevada in über 3000 m Höhe, vorbei an kleinen Beständen des südlichsten Vorkommens der gewöhnlichen Waldkiefer oder Forche *(Pinus sylvestris)*, die von hier bis zur arktischen Waldgrenze in Lappland vorkommt. Sehr eindrucksvoll war die subalpine Stufe der dornigen großen Polsterpflanzen und die trockene alpine Vegetation mit einzelnen Horstgräsern und Kräutern, meist unterhalb von schmelzenden Schneeflecken, sowie einer nahen Verwandten von unserem roten Fingerhut.

Dann ging es zurück nach Madrid und von dort mit der Bahn durch Frankreich nach Stuttgart.

Es war eine sehr eindrucksvolle Übersicht von der Iberischen Halbinsel. Allerdings waren die Führer und auch die Teilnehmer mehr floristisch oder pflanzensoziologisch interessierte Taxonomen. Ökologisch ist in Spanien noch wenig gearbeitet worden und für ökologische Beobachtungen waren die Aufenthalte zu kurz.

Die ganze Ostküste mit dem schon ganz afrikanischen und wüstenhaften Trockengebiet um Almeria und die Südküste über Malaga bis Gibraltar mit der interessanten Gebirgsflora lernten wir später auf einer Studentenexkursion kennen. Das südöstliche Trockengebiet wurde anschließend von H. Freitag zum ersten Mal eingehend untersucht, die Ergebnisse als Habilitationsschrift veröffentlicht. Die Iberische Halbinsel hat vieles mit Anatolien gemeinsam: Hohe Gebirge im Norden und Süden sowie ein relativ trockenes Hochplateau in der Mitte, nur ist das Klima durch die Lage an der Atlantikküste feuchter, jedoch in beiden Fällen mediterran. Ich ahnte während dieser Exkursion noch nicht, daß ich im nächsten Jahr für zwei Semester nach Ankara gehen würde, um dieses noch interessantere Gebiet von Anatolien viel eingehender kennen zu lernen.

Zunächst mußte jedoch das Buch über die «Grundlagen der Weidewirtschaft in Südwestafrika» für die dortigen Farmer geschrieben werden. Professor Volk, der 1939 dort arbeitete und später interniert wurde, verfügte über 55 Zeichnungen von den wichtigsten Weide- und Unkrautgräsern, sowie 41 Zeichnungen von wichtigen Kräutern und Holzpflanzen und fügte für die Farmer einen Bestimmungsschlüssel hinzu.

Dieses 281 Seiten umfassende Buch, die Bibel der Farmer, wie es in SWA genannt wurde, erschien im Ulmer-Verlag 1954, gerade rechtzeitig, um für neue Aufgaben frei zu sein.

Wissenschaftliche Veröffentlichungen des Verfassers
Über Südwestafrika

Weideverhältnisse in Südwestafrika
    Druck: John Meinert Ltd., Windhoek 1953
Einige Ergebnisse unserer Forschungsreise nach SWA 1952/53:
    Das Gesetz der relativen Standortskonstanz; das Wesen der Pflanzengemeinschaften.
    Ber. d. Dtsch. Bot. Ges. *66*, 227-235 (Mit E. Walter), 1953
Neudruck dieser Arbeit in dem Band «Pflanzengeographie», Seite 170-184.
    Wissenschaftl. Buchgesellschaft, Darmstadt 1978.
Die Verbuschung, eine Erscheinung der subtropischen Savannengebiete, und ihre ökologischen Ursachen.
    Vegetatio *5/6*, 6-10, 1954
Le facteur eau dans les régions arides et sa signification pour l'organisation de la végétation dans les contrées sub-tropicales.Colloque sur les régions écologiques du globe, Paris, 271-283, 1954
Pflanzendecke und Wasser, insbesondere das Savannenproblem und die Verbuschungsgefahr.
    Wasserwirtschaft in Afrika, S. 144-150, 1963.
Productivity of vegetation in arid countries, the savannah problem and bush encroachment after overgrazing.
    IUCN Publ. ns. No. 4, Part III, pp. 221-228, 1964
Die Spurenelementanalysen der mitgebrachten Proben aus Südwestafrika wurden veröffentlicht in W. Oelschläger und G. Schwerdtfeger:
    Mengen- und Spurenelement-Analysen von Südwester Weidepflanzen.
    Die S.W.A. Boer/ der S.W.A. Farmer. April 1959, Windhoek, Südwestafrika (in Deutsch und in Afrikaans).
Grundlagen der Weidewirtschaft in Südwestafrika (zitiert auf Seite 347, Nr. 12).

Teil VII

Als Gastprofessor in Ankara und Forschungsreisen im Vorderen Orient 1954/55

1. Einladung und Fahrt nach Ankara (Karte 3)

Im Jahre 1954 fand in Paris der Internationale Botanische Kongreß statt. Gaussen aus Toulouse veranstaltete vor dem Kongreß ein einwöchiges ökologisches Symposium und bat mich, ein Referat über die Bedeutung des Wasserfaktors für die Vegetation arider Gebiete zu halten, d.h. meine Arbeiten in Südwestafrika zusammenzufassen. Dieser Kongreß wurde für mich sehr bedeutungsvoll. Auf dem Symposium hielt Gaussen selbst ein Referat über die klimatische Abgrenzung des mediterranen Gebiets durch Klimakurven. Er zeigte Diagramme einzelner meteorologischer Stationen mit Jahreskurven der Monatswerte der Temperatur und der Niederschläge, wobei er den Maßstab so wählte, daß 10 °C gleich 20 mm Regen entsprachen. Dabei zeigte es sich, daß bei Stationen mit einem mediterranen Klima, also einer Sommerdürrezeit, die Niederschlagskurve im Sommer unter die Temperaturkurve sank, und zwar um so tiefer, je ausgesprochener die Sommerdürre war. Sank sie im Sommer dagegen nicht unter die Temperaturkurve, so lag die Station bereits außerhalb des mediterranen Gebiets. Ich fand die Darstellung sehr eindrucksvoll. Diese Anregung von Gaussen, die ich später ausbaute, sollte die Grundlage für meine Klima- und Vegetationsgliederung der Erde werden.

Das zweite für mich wichtige Ereignis auf dem Kongreß war die Begegnung mit Professor Birand aus Ankara, der in Anatolien eine Arbeit über die Hydraturverhältnisse der anatolischen Steppenpflanzen gemacht hatte, angeregt durch meine Untersuchungen in Arizona. Ich kannte diese Arbeit und schätzte sie sehr.

Herr Birand kam auf mich zu, stellte sich vor und fragte gleich, ob ich nicht bereit wäre, für ein Jahr als Gastprofessor nach Ankara zu kommen. Anatolien hatte mich seit 1932, als ich einer der Kandidaten für die Botanikprofessur an der zu gründenden Landwirtschaftlichen Hochschule in Ankara gewesen war, sehr interessiert. Aber damals wurde ich zugleich nach Stuttgart berufen und war froh, einen Lehrstuhl in Deutschland zu erhalten. Nun bot sich erneut eine Gelegenheit, dieses Gebiet zu erforschen. Inzwischen war die Hochschule zur Ankara-Universität geworden mit einem botanischen Institut an der Naturwissenschaftlichen Fakultät. So sagte ich Birand zu, unter der Voraussetzung, daß die Universität in Ankara eine offizielle Einladung an die Hochschule in Hohenheim richtete und ich für zwei Semester beurlaubt würde.

Die Einladung traf bald in Hohenheim ein, die Beurlaubung wurde sowohl vom Senat, wie auch vom Kultusministerium genehmigt.

Das Wintersemester begann in Ankara Anfang November. Im Oktober mußte ich also abfahren. Für die Vorbereitungen blieben nur etwa zwei Monate. Ich wollte gern Näheres über die Bedingungen für einen Gastprofessor erfahren, aber darüber schrieb Birand nichts. Nun wußte ich, daß im Orient geschäftliche Dinge meist nicht schriftlich, sondern mündlich erledigt werden. Ich beschloß, mich auf Birand, der einen sehr sympathischen Eindruck machte, zu verlassen und sozusagen ins Blaue abzureisen, jedoch einen Geldbetrag mitzunehmen, der eine Rückkehr ermöglichen würde, falls die Bezahlung für einen längeren Aufenthalt nicht ausreichend wäre.

Wir hatten erfahren, daß man in Ankara nur unmöblierte Wohnungen mieten könne. Wir mußten also Feldbetten und Campingmöbel mitnehmen, aber auch Eß- und Küchengeschirr, Matratzen und Bettzeug, Wäsche usw. usw., auch Apparate für ökologische Untersuchungen im Felde. Das ergab viele Kisten. Diese als Fracht über drei Zollgrenzen vorauszuschicken, erschien uns zu riskant. Wir entschlossen uns, einen VW-Bus auf Abzahlung anzuschaffen, den Mittelsitz herauszunehmen und aus den Kisten und den Matratzen zwei Liegeplätze zu schaffen, um ev. unterwegs im Wagen zu übernachten und außerdem einen Teil des Gepäcks auf dem Gepäckträger über den ganzen Bus hinweg zu verstauen. Mit ¾ Tonnen durfte man ihn beladen. Damals konnte man nicht durch Bulgarien fahren, sondern mußte einen Umweg über Nisch, Skopje und durch Griechenland, entlang der Küste der Ägäis machen. Die Strecke war über 3000 km lang und die Wege durch Südjugoslawien und Mazedonien noch sehr schlecht. Ein junger befreundeter Ingenieur, Achill Kessler, war bereit, als Fahrer zur Ablösung mitzukommen. Ebenso wollten wir meine Sekretärin, Erika Mayer, als Belohnung für die Hilfe beim Hausbau während unserer SWA-Reise mitnehmen, um dann beide per Flugzeug von Ankara über Athen zum Semesterbeginn wieder zurückzuschicken. Am 15. Oktober 1954 um 9 h fuhren wir vom Botanischen Institut vollbeladen ab, begleitet von den Glückwünschen aller Institutsangehörigen und denen anderer Institute, die sich eingefunden hatten. Etwas abenteuerlich kam uns alles vor.

Die erste Nacht am Fuschl-See in Österreich übernachteten wir im Hotel, denn die Temperatur war um 0 °C, auch die zweite Nacht in Graz und die dritte in Zagreb, nur schlief dort Achill im Wagen, damit das Gepäck nicht gestohlen würde. Am vierten Tag kamen wir über Beograd bis Kragujevać, wo Manöver waren und der Gasthof von Offizieren belegt war, so daß wir mit Mühe ein Zimmer erhielten, in dem wir noch das Feldbett aufstellten. Die Nebenräume waren furchtbar verdreckt. Es begannen balkanische Verhältnisse. Nun wurden die Straßen auch schlecht, man kam langsam vorwärts und es wurde immer gebirgiger. Wir erreichten Skopje, aber alles war belegt. Man schickte uns zum Sport-Zenter in 10 km Entfernung, wo das annehmbare Hotel ganz leer war. Am nächsten Morgen sahen wir am Fluß ein großes Schöpfrad. Es gehörte zu einem türkischen Gehöft. Der Besitzer begrüßte uns als Deutsche sehr erfreut und schimpfte auf die Serben. Serbisch und Russisch ist sehr ähnlich, so konnte ich mich mit ihm verständigen. Unser Transitvisum durch Jugoslawien galt nur 72 Stunden, wir mußten bis zum Abend in Griechenland sein.

Die Straße führte am Wardar abwärts, der einen Durchbruch durch das Grenzgebirge bildet und in einem tiefen Canyon fließt. Die sehr schmale Straße ist in die Felswände eingelassen. Zum Glück war wenig Gegenverkehr. Bisher war die Vegetation Schibljak, d.h. ein stark beweidetes Gebüsch aus balkanischen laubabwerfenden Holzarten, aber nach Tito Veles traten schon mediterrane Sträucher hinzu und es wurde bedeutend wärmer. In der Dämmerung passierten wir die Grenze. Einen größeren Ort konnten wir nicht erreichen. Wir fragten den griechischen Grenzpolizisten, ob wir draußen schlafen könnten. Er bejahte es, wenn wir uns mindestens 5 km von der Grenze entfernten, denn sonst würden die Patrouillen uns kontrollieren. Wir fanden eine begraste Anhöhe vom Wege entfernt und richteten das Nachtlager ein. Die Damen sollten auf den etwas harten Schlafstellen im Wagen schlafen. Achill und ich wollten in den Schlafsäcken auf der Erde vor dem Wagen liegen. Achill hatte bisher immer nur im Bett geschlafen und es war ihm unheimlich. Er meinte, das sei doch sehr ungesund. Ich beruhigte ihn. Da die Nacht kühl werden konnte, zogen wir eine Plane über die Schlafsäcke und krochen unter die Plane. Tatsächlich schliefen wir prächtig und beschlossen, in Griechenland nur noch draußen zu campen, was wir auch die nächsten Nächte in der Macchie am Meeresstrand taten. In Thessaloniki war der erste Ölwechsel fällig. Der Besitzer der Tankstelle und der Autowerkstatt bot mir an, den Wagen zu einem guten Preis abzukaufen. Ich meinte, er müsse doch dann einen sehr hohen Zoll für den noch fabrikneuen Wagen zahlen. Nein, sagte er, man könnte den Wagen aufbocken, so daß die Hinterräder sich in der Luft drehen und dann könnte man mit geringem Benzinverbrauch den Wagen Tag und Nacht in der Garage laufen lassen, bis der Entfernungsmesser über 25 000 km Fahrleistung anzeigt, so daß es sich um einen Gebrauchtwagen handelt, der nicht versteuert wird.

Die Fahrt durch Griechenland mit dem Ausblick auf das Ägäische Meer bei herrlichem warmem Wetter war wunderschön. Ein reizender Ort ist Kavalla mit der Insel Thasos davor und mit einem großen alten Aquaeduct unter den mit Aleppokiefern bedeckten Hängen. Danach mußte man bei Porto Lago durch eine riesige Lagune. Auf beiden Seiten der Straße nur weite Wasserflächen und auf einer kleinen Insel eine Kirche, zu der die Kirchgänger mit dem Boot gelangten. Über Alexandropolis wurde das weite Maritza-Tal erreicht mit großen Maulbeerbaumplantagen für die Seidenraupenzucht. Im letzten Ort vor der türkischen Grenze, Orestias, war eine große Feier des 24. Oktobers 1940 (Bedeutung mir unbekannt) mit Umzügen und Straßendekorationen. Aber hier hörte die Straße auf, denn aus strategischen Gründen wurde sie von beiden Seiten nicht ausgebaut. Langsam im 2. oder sogar 1. Gang quälten wir uns auf Feldwegen weiter. An der türkischen Grenze kontrollierte nur ein Posten die Pässe, die Zollkontrolle war erst kurz vor der großen Stadt Edirne mit der berühmten Moschee. Ich hatte mir von allen Sachen Listen angefertigt. Als ich jedoch die offizielle Einladung der Universität in türkisch mit vielen Stempeln vorwies, sagte der Zollbeamte nur «Tamam», was dem amerikanischen «OK» entspricht, und wir konnten weiterfahren. Am nächsten Tag, dem 25. Oktober, sahen wir das Marmara-Meer, sehr viel Militär und schließlich die alten Mauern von Konstantinopel, dem heutigen Istanbul. Wir fragten uns zum Botanischen Institut durch und meldeten uns bei dem Chef, Professor Heilbronn, der aus Deutschland emigriert war. Wir wurden sehr freundlich empfangen. Als es sich bei telefonischer Anfrage herausstellte, daß alle Hotels besetzt waren, erlaubte er uns, in den Laboratoriumsräumen des Instituts zu kampieren. Man konnte sich wieder richtig waschen und ausruhen.

Am nächsten Tag mußte eine Autoversicherung für die Türkei abgeschlossen werden, weil unsere nur für Europa galt; die Hagia Sofia und die Blaue Moschee wurden besichtigt, ebenso wie die Sommerresidenz der Deutschen Botschaft am Bosporus, Terapia, mit sehr schönem Park. Ein griechischer Freund von Heilbronn, der ein großer Verehrer der Deutschen war, stellte uns seine große Villa über dem Bosporus, die nur im Sommer bewohnt wurde, zur Verfügung, so daß wir dorthin umzogen. Es war etwas kühl um diese Jahreszeit, aber sonst sehr schön, viel Raum, herrliche Aussicht und völlige Ruhe. Am 27. Oktober war auch hier ein großes Fest, abends wurden alle Ruinen am Bosporus angestrahlt. Vom Dampfer, mit dem wir den Bosporus entlang fuhren, bot sich ein prächtiger Anblick. Erst am 30. Oktober morgens brachen wir zur letzten Etappe auf.

Die große Fähre brachte uns mit dem Wagen nach Üsküdar, wir waren in Asien. Die

Straße führte am Marmara-Meer entlang mit dem Blick auf die Prinzeninseln. Die Vegetation ist ein Gemisch von mediterranen und laubabwerfenden Holzarten. Bei Izmit verlassen wir das Meer. Nach Düzce wird es gebirgig. Die feuchte Nebelstufe besteht aus Wäldern der orientalischen Buche, aber das kolchische Element wird von *Rhododendron ponticum* angezeigt. Bald kommt auch etwas Tanne hinzu *(Abies bornmülleriana)* und die Schwarzkiefer *(Pinus pallasiana)*. Dann geht es hinunter in ein weites Becken, wo wir in Bolu und zwar in dem sehr sauberen Hotel Farat übernachten. Zum ersten Mal in einem türkischen Hotel.

Diese Hotels sind eigentlich nur für Männer bestimmt. Europäische Frauen erregen großes Aufsehen. Die Neugier der Männer ist oft sehr zudringlich. In der Türkei nimmt man die Straßenschuhe beim Eingang ins Haus immer ab, um keinen Straßenschmutz hineinzutragen. Deshalb ist im Zimmerpreis stets die Benutzung eines Paares von Pantoffeln und eines Schlafrockes mit einbegriffen, damit man es sich bequem machen kann. Als Waschgelegenheit steht jedoch nur ein kleines Waschbecken mit Wasserhahn im Gang zur Verfügung. Das WC à la turca ist ein Loch in einem Becken mit zwei Fußtritten für die Hockstellung und ein Schlauch für die Reinigung, die mit der linken Hand vorgenommen wird. Die linke Hand gilt deshalb als unreine Hand; wenn man Speise mit der Hand nimmt, so darf man es nur mit der rechten tun. Das Becken wird mit einer Wasserspülung sauber gemacht.

Als einmal in Adana eine Amerikanerin im Hotel aus dem WC herauskam und meine Frau sah, sagte sie ganz entsetzt: «Can you imagine that human beeings can use such a thing.» Aber man muß zugeben, daß diese Einrichtung hygienischer ist als verschmutzte Sitze. In den Touristenhotels gibt es jetzt auch Einrichtungen à la franca, die unseren entsprechen.

Die türkischen Hotels dienen nur zum übernachten. Will man etwas essen, so muß man in eine «Lokanta» (Restaurant) gehen. Dort kann man ohne weiteres in die Küche gehen, wo auf einem großen Herd breite offene Messingpfannen mit den verschiedenen Speisen stehen; man zeigt dann einfach, was man essen will. Aber zu trinken bekommt man in der Lokanta nichts, dazu sind die Cafés. Will man zum Essen etwas trinken, so ruft man einen kleinen Jungen und bestellt Kaffee oder Tee. Er läuft dann mit einem runden Tablett, das an drei Stäben an einem Ring aufgehängt ist, über die Straße zum Café und holt das Gewünschte; er braucht das Tablett nur mit einem Finger am Ring zu halten, viel praktischer als das Balancieren der großen Tabletts auf der Schulter der Kellner, wie es bei uns üblich ist. In ein Café mit einer Dame zu gehen, ist oft sehr peinlich. Auch sie sind nur für Männer bestimmt. Deshalb hängen an den Wänden oft pornographische Bilder. Auch daß Frauen am Meeresstrand im Badeanzug baden, ist in den Gebieten ohne Touristenverkehr nicht üblich. Die Männer wollen dann behilflich sein und den Frauen, wenn sie aus dem Wasser kommen, gleich die Füße abtrocknen. Man muß sich den Sitten anpassen. Wir hatten deshalb immer ein Waschbecken, Wasserkrug und Eimer mit, damit meine Frau sich im Zimmer waschen konnte, während ich mich vor die Tür stellte und darauf achtete, daß niemand sie öffnete, weil die Türen nicht verschlossen werden konnten.

Am letzten Oktobertag brachen wir sehr früh von Bolu auf, um über Gere Ankara am nördlichen Rand der zentral-anatolischen Hochebene zu erreichen. Es war eine landschaftlich sehr schöne Fahrt, der Straßenzustand damals noch sehr wechselnd, aber wenn man langsam fuhr, kam man überall gut durch. Gleich nach dem ersten Gebirge verschwanden die Laubwälder. Das Klima wurde trockener. Zuerst blieben noch die Tannen, doch wurden sie bald von Kiefern abgelöst, in tiefen Lagen von Schwarzkiefern; in höheren wuchs nur unsere Waldkiefer oder Forche. Schließlich ging es abwärts. Vor uns lag die weite Hochebene und bald waren wir in Ankara.

Wir kamen in einem modernen Hotel unter mit schönem Blick auf einen großen Park. Wir waren am Ziel, von Hohenheim genau 3300 km. Unsere Begleiter ruhten sich noch einen Tag aus, sahen sich das moderne Ankara an und flogen nach Stuttgart über Athen zurück. Dann nahmen wir Fühlung mit Professor Birand auf, sahen uns das Institut an und machten uns auf die Wohnungssuche. In einem gerade fertig gewordenen Haus fanden wir eine kleine Dachwohnung in der Nähe des außerhalb von Ankara gelegenen, großzügig angelegten Universitätskomplexes mit dem Botanischen Institut und mit schöner Aussicht auf die Stadt sowie das auf der Höhe errichtete Atatürk-Mausoleum. Die Miete mußte sofort für ein ganzes Jahr vorausbezahlt werden. Der Einzug war rasch bewerkstelligt. Am dritten November wurde das Semester mit einer großen Universitätsfeier eröffnet. Wir waren also gerade rechtzeitig eingetroffen. Auch die Frage der Bezüge war bald zufriedenstellend geregelt. Unser Vertrauen hatte sich bewährt. Die Tätigkeit an der Universität konnte somit beginnen.

2. In Ankara an der Universität

Als ich ins Institut kam, führte mich Herr Birand ins große Direktorzimmer und sagte mit orientalischer Höflichkeit, das sei mein Zimmer, er sei in ein anderes umgezogen, ich sei jetzt der Direktor, er würde sich zurückziehen. Ich protestierte sofort und betonte, ich sei nur als Gastprofessor eingeladen worden, um auf dem Gebiet der Ökologie zu unterrichten und wolle außerdem etwas forschen, ich beherrsche ja nicht einmal die Sprache, um große Vorlesungen zu halten. Wir einigten uns, daß ich im Winter Mikrobiologie lesen sollte mit praktischen Übungen, im Sommer dagegen allgemeine Ökologie mit Exkursionen. Aber im Direktorzimmer mußte ich bleiben, hatte dadurch viel Raum und konnte auch bequemer Besucher empfangen, die sich bald einstellten.

Neben Birand, dem Ordinarius, der die Hauptvorlesungen hielt, war am Institut ein Privatdozent, der seinen Doktor in USA gemacht hatte, ein Assistent, der mit der Habilitationsarbeit beschäftigt war, und ein Assistent, der mit der Doktorarbeit anfangen sollte. Der äußere Rahmen entsprach ganz dem einer deutschen Universität, auch die Fakultätssitzungen spielten eine große Rolle und wurden sehr ernst genommen. Doch merkte ich bald, daß die produktive wissenschaftliche Arbeit, das Wesentlichste der Universität, fehlte; auch der Unterricht wurde ganz abstrakt gehalten, mit dem Objekt – den Pflanzen – kamen die Studenten nicht in Berührung. In der Hauptvorlesung gab es kein Anschauungsmaterial, es wurden keine physiologischen Experimente vorgeführt. Sie wurden mit Kreide an der Tafel ausgeführt und klappten deshalb immer, was viel einfacher war. Im mikroskopischen Praktikum erhielten die Studenten nur fertige, schön gefärbte Mikrotomschnitte, die vom Kosmos-Verlag bezogen wurden. In der Systematikvorlesung wurden nur Blütenmodelle und Tafeln aus Deutschland verwendet. Exkursionen gab es nicht. Wie konnte da der wissenschaftliche Geist geweckt werden. Die Studenten paukten den dargebotenen Stoff, an die Probleme wurden sie nicht herangeführt.

Birand hatte noch bei Fitting in Bonn seine Doktorarbeit gemacht und sich in Ankara als Assistent bei dem ersten deutschen Professor, der reiner Taxonom gewesen war und das erste Herbar in Ankara anlegte, habilitiert mit der erwähnten guten Arbeit. Er wurde dann Ordinarius und widmete sich fast ganz der Institutsverwaltung und der Abhaltung der Vorlesung sowie den Fakultätsangelegenheiten. Er war ein guter Diplomat und hatte enge Beziehungen zum Ministerium. Einige kleine Arbeiten über Salzpflanzengesellschaften um den großen Salzsee Tuz Gölü im Zentrum der zentralanatolischen Steppe hatte er jedoch veröffentlicht. Man muß aber erwähnen, daß er herzkrank war, sehr oft nach Bad Nauheim zur Kur fuhr und uns dann in Hohenheim besuchte. Er starb relativ früh.

Der Privatdozent hatte bei Birand die Habilitationsarbeit gemacht, in der er nachwies, daß die Blüten der Eichenarten am Rande der Steppe im ersten Jahr bestäubt werden, aber die Eicheln sich erst im zweiten Jahr entwickeln, ähnlich wie bei den Kiefernzapfen. Er hatte dann die Tochter des Professors für Anorganische Chemie, eines Emigranten von der Wiener Universität, geheiratet, hatte dadurch auch deutsch gelernt; aber die Frau erklärte, sie hätte ihn geheiratet, um einen Mann zu haben und nicht damit dieser wissenschaftlich arbeite, was er bereitwilligst befolgte und nur das Notwendigste im Institut machte. Dem Assistenten hatte Birand als Habilitationsarbeit die Aufgabe gestellt, aus der «Flora Orientalis» von Boissier, die den ganzen Vorderen Orient umfaßte, die Arten herauszuschreiben, für die Standorte aus der Türkei genannt wurden. Die Flora ist in lateinischer Sprache verfaßt. Er hatte seine Doktorarbeit auch in Bonn bei Fitting gemacht. Einmal fragte er mich: «Herr Professor, die lateinische Sprache ist doch eine tote Sprache», was ich bejahte. «Sie war aber doch einmal auch gesprochen worden», was ich ebenfalls bejahte. «Aber von welchem Volk?» Das erstaunte mich doch sehr; denn als besondere Sehenswürdigkeit wird in Ankara die berühmte Tafel mit dem Testament des Kaisers Augustus gezeigt, auf der einen Seite in griechischer und auf der anderen in lateinischer Sprache. Als wir auf einer weiteren Exkursion mittags nach Pergamon kamen und uns die Ruinen ansehen wollten, meinte er: «Es ist so heiß, da ist doch nichts zu sehen, ich bleibe im Auto.» Die Zeit vor der türkischen Herrschaft wird in den Schulen nicht behandelt. Aber sonst war er ein netter Mensch, nur nahm ich es ihm übel, daß er die Duplikate der von uns für das Herbar in Ankara gesammelten Pflanzen nach unserer Abreise als sein Eigentum betrachtete und nicht in das Herbar des Instituts einfügte. Übrigens kümmerte sich niemand ums Herbar. Man hatte es nur konserviert, indem man pfundweise Naphtalin auf die Bogen streute, so daß es einem schlecht wurde, wenn man es benutzte. Nur eine Liste der Arten hatte man angefertigt, und einige Arten dazugesammelt. Unter letzteren fand ich ein *Lycopodium* (Bärlapp). Wo sollte diese nordische Art in der Türkei vorkommen? Höchstens im Gebirge bei Kars an der kaukasischen Grenze. Ich suchte das Blatt heraus und was fand ich – *Hypnum splendens* – d. h. nur ein gewöhnliches Moos der Nadelwälder. Eine solche Fehlbestimmung sollte einem Botaniker nicht passieren.

Auch zu den Familiennamen der Türken sei noch etwas gesagt: Sie wurden erst nach dem ersten Weltkrieg vom Reformator und Begründer der modernen Türkei, Atatürk, eingeführt. Vorher wurden nur Vornamen benutzt! Jeder konnte sich selbst einen Familiennamen wählen, für die phantasielosen wurden in einer Liste mehrere Tausend Vorschläge genannt. Birand bedeutet «Ein Wort», d. h. «Ein Mann ein Wort». Was «Bilger» bedeutete, weiß ich nicht. Aber in der Praxis wurden nach altem Brauch weiter Vornamen verwendet, wobei jeder Akademiker das Recht hatte, sich Bey zu nennen. Birand wurde nur Hikmet bey genannt, der Assistent Kamil bey, der zweite Assistent Riza bey. Dieser wollte es sich mit der Doktorarbeit (Thema war die Vegetation der Auenwälder und ihre Ökologie) sehr bequem machen. Er kam mit dem Heft zu mir und bat mich, ihm zu sagen, was er an jedem Tage machen sollte, was für Aufzeichnungen, was für Messungen, wieviele Male am Tage, an welchen Stellen usw. Er war sehr enttäuscht, als ich ihm antwortete, das sei doch seine Aufgabe, außerdem könne ich es nicht, da ich die Auenwälder in Zentralanatolien noch nicht gesehen hätte. Er war der Ansicht, zu denken brauche ein Doktorand nicht, er müsse nur das aus-

218

führen, was man ihm auftrage. Eine Arbeit von ihm habe ich nie gesehen, aber er ist nach dem Tode von Birand, wie ich hörte, sein Nachfolger geworden, wie Birand befürchtete, weil er es verstand, sich in der Fakultät beliebt zu machen. Es ist traurig, daß in diesem botanisch und ökologisch so hochinteressanten Gebiet wissenschaftlich so wenig geschieht. Die Flora der Türkei wird in Edinburgh bearbeitet – ein vielbändiges Werk, das sich seinem Ende nähert. Dorthin haben wir unsere Sammlungen zur Auswertung gegeben, auch die sehr umfangreichen meines Schülers Kühne, der später in Nordanatolien sammelte, dann aber die Lehrerlaufbahn einschlug.

Der Unterricht machte mir Freude und verlief reibungslos. Es waren etwa 15 Botanikstudenten der älteren Semester. Als Übersetzer fungierte der Privatdozent. Einige Studenten konnten ganz gut Englisch und stellten häufig Fragen. Ich nahm die Gärungen und hauptsächlich die Umsetzungen im Boden (Kreislauf des Stickstoffs usw.) durch, zeigte auch, wie man Reinkulturen und Anreicherungskulturen macht. Selbst zu experimentieren war den Studenten neu und sie waren sehr interessiert. Man mußte aber auch mit unerwarteten Schwierigkeiten rechnen bei den Vorbereitungen. Z. B. sollte ein quantitaver Gärungsversuch angesetzt werden und der Dozent, der auch als Assistent fungierte, sollte die Kolben richten und entsprechend Glasröhren für den nächsten Tag biegen. Da erklärte er, vor einer Woche ginge das nicht, so rasch würde der Glasbläser die Röhren nicht biegen. Als ich meinte, dazu brauchte man doch keinen Glasbläser, antwortete er, das hätte er in Amerika nicht gelernt. So ließ ich einen Bunsenbrenner holen und zeigte es ihm, wie man es in einigen Minuten macht. Dann sollte er Hefe für die Zubereitung einer Nährlösung für die Bakterien beschaffen, was einfacher ist als das Kochen einer Nährbouillon aus Fleisch. Aber er meinte, Hefe könne er nicht beschaffen, weder in einer Bäckerei noch in der Brauerei. Ich erwähnte, man könne auch Trockenhefe nehmen. «Ja, diese würden seine Schwiegereltern aus Deutschland beziehen, die könnte er morgen mitbringen.» Er hatte auch eine Büchse mit deutscher Aufschrift gebracht, die ich nicht näher anschaute.

Den Studenten gab ich an, sie sollten in einen Literkolben, die abgewogene Menge Trockenhefe einfüllen, dann eine bestimmte Menge Wasser zugeben und eine Stunde leicht kochen, darauf den Extrakt abfiltern. Sie machten sich an die Arbeit. Als der erste das Wasser zugab, fing der Inhalt des Kolbens an zu schäumen, so stark, daß er überschäumte. Was er denn gemacht hätte, fragte ich. Alles nach Vorschrift. Da schaute ich die Dose mit der «Trockenhefe» an. Es war Backpulver! Das mußte schäumen. Das nächste Mal erhielten wir doch Hefe aus der Brauerei und der Versuch klappte. Die Vorlesung strengte wenig an: Ich sagte einige Sätze, diese wurden ins Türkische übersetzt. Man konnte sich die nächsten Sätze in Ruhe überlegen, brauchte jedoch für die Vorlesung mehr Zeit und konnte leider die Übersetzung nicht kontrollieren. Als ich die Einladung nach Ankara erhielt, wollten meine Frau und ich natürlich türkisch lernen, aber wir merkten bald, daß diese nicht-indogermanische Sprache so anders war, daß man sehr viel Zeit brauchen würde, die für die wissenschaftliche Vorbereitung nötiger war. Dazu war ein Jahr Aufenthalt in der Türkei zu kurz. Wissenschaftlich wäre es ohne Nutzen, denn wissenschaftliche botanische Literatur in Türkisch gab es nicht. Wir lernten deshalb das Wichtigste für den Alltagsgebrauch: Die Zahlen für den Einkauf auf dem Markt, die wichtigsten Produkte, «tschok teschekür ederim» (Danke sehr sage ich), günaydín (guten Tag) usw. Schwieriger ist die Verabschiedung: der Weggehende sagt «Alasmarladik» (Allah sei mit Dir), der Zurückbleibende antwortet «güle güle (gehe lächelnd), was mir gut gefällt. Alles ist in der Sprache anders. Über einem Restaurant stand z. B. «Omar Lokantasi», deshalb sagte ich anfangs «Wollen wir in die Lokantasi gehen», bis man mir erklärte, das sei der Genetiv (des Omars seine Lokanta). Der See hieß «göl». Tuz Gölü bedeutete «des Salzes sein See.» Es war eine große Erleichterung, daß Atatürk die lateinische Schreibweise eingeführt hatte. Das türkische Alphabet stammt von ihm und er hat anfangs persönlich Schreibstunden erteilt. Einige Buchstaben mußten ergänzt werden, auch ein Vokal – das tief im Rachen ausgesprochene i, das es nur noch im Russischen gibt und mir deshalb geläufig war. Die Russen hatten es während der 240 Jahre dauernden Tatarenherrschaft übernommen. Es ist das i im türkischen ohne den Punkt über dem i. Auffallend ist, wie oft das ü gebraucht wird, z. B. Botanik Institüsü. Dank der lateinischen Schrift konnte man die Straßennamen und sonstige Aufschriften leicht lesen. Vorher benutzten die Türken die arabische Schrift. Es fiel mir auf, daß Birand, neben dem ich in den Fakultätssitzungen saß, sich Notizen in der arabischen Schrift machte, die er noch in der Schule erlernt hatte. Er sagte, das sei einfacher, die arabische Schrift sei eine Art Stenografie, man könnte leicht das Gesprochene nachschreiben.

Ich war volles Mitglied der Fakultät und mußte an den Sitzungen teilnehmen. Sie dauerten sehr lange und es wurde dabei türkischer Kaffee getrunken, später, als die Devisen knapper wurden, sehr süßer Lindenblütentee, ein einheimisches Produkt. Es war für mich eine große Geduldsprobe, denn ich verstand nichts, nur zwischendurch gab der Dekan für mich und einen finnischen Physikochemiker eine kurze Zusammenfassung in Französisch. Über alles wurde geheim auf Zetteln abgestimmt. Wenn es soweit war, fragte ich Birand leise: «Evet» (ja) oder «Hair» (nein). Meist flüsterte er mir «evet» zu. Er hatte somit zwei Stimmen.

Atatürk hatte sehr vieles reformiert. Er wollte einen nationalen Staat gründen, verlegte die Residenz deshalb aus dem internationalen Istanbul (Konstantinopel) in das zentral gelegene, kleine türkische Dorf Ankara und baute eine ganz moderne Stadt auf. Das alte Dorf lag auf einer Anhöhe und reichte weit in die prähistorische Zeit zurück, es waren auch die Ruinen einer großen Burg vorhanden; es hatte die frühere Bedeutung ganz verloren, obgleich es an der Bagdadbahn lag. Es wurde nur noch von der ärmsten Bevölkerung bewohnt. Atatürk ging sehr grausam gegen die Minderheiten vor: die Kurden, die es nach türkischer Ansicht überhaupt nicht gab, die Armenier und die starke griechische Bevölkerung im Westen wurden fast ganz vernichtet oder sie flohen. Seitdem sind die Türken und Griechen einander feind.

Auch die Macht der reaktionären islamischen Geistlichkeit wollte Atatürk brechen. Moscheen (auf türkisch «Dshami») wurden keine gebaut, Religionsunterricht in den Schulen nicht erteilt, vor allem das Tragen des Fez, einem Symbol des Islam, verboten. Das war ein schwerer Eingriff, denn der Moslem darf sein Gesicht vor dem vom Himmel schauenden Allah nicht verdecken. Das Verbot wurde anfangs nicht eingehalten. Atatürk befahl der Polizei kurzerhand, die Fezträger auf der Straße am nächsten Baum aufzuhängen!

Der Fez verschwand sofort und machte der Schirmmütze Platz. Auch den Frauen mußten die Polizisten den Schleier herunterreißen und vernichten. Es war eine eiserne Reform, aber nach Atatürks Tode verstärkte sich doch wieder die Reaktion und eine Regierungskrise folgte der anderen. Der «Kranke Mann am Bosporus» ist auch in Ankara noch nicht genesen!

Eine besondere Stellung nehmen auch heute noch die Deutschen ein. Das Wort «Aleman» öffnet die Türen und ist beim einfachen Volk besonders populär seit dem Kampf um die Dardanellen.

Das zaristische Rußland sah sich stets als Nachfolger von Byzanz an, als Verfechter des wahren Glaubens gegen den Antichristen in Rom. Das weiß ich von meiner Schulzeit in Odessa her.

Die Eroberung von Konstantinopel, dem früheren Byzanz, war das Ziel der Politik; dadurch hätte Rußland zugleich den freien Zugang zum Mittelmeer erhalten und auch zu Griechenland mit demselben Glauben. Im Türkenkrieg 1877/78 war der Sieg greifbar nahe. Da rief Bismarck den Berliner Kongress zusammen und auf diesem wandte sich ganz Westeuropa gegen Rußland. Es erhielt nur Bessarabien; Rumänien und Bulgarien wurden von deutschen Herrschaftshäusern regiert. Diese Völker waren keine Slaven, obgleich die bulgarische Sprache sich kaum von der russischen unterscheidet. Nur Serbien war Rußland treu und der Stützpunkt des Panslavismus auf dem Balkan und dort entsprang der Funke, der den ersten Weltkrieg entfachte – der Mord am Erzherzog Franz Ferdinand in Sarajewo.

Die Russen haben den Berliner Kongreß den Deutschen nicht verziehen; er hatte zur Folge die Annäherung an Frankreich.

Nach der Ermordung des liberalen und deutschfreundlichen Alexander II. kam Alexander III. auf den Thron und der Haß gegen den deutschen kulturellen Einfluß in Rußland wurde entfacht. Es begann die Russifizierung des Baltikums; das deutsche Zentrum, die Universität Dorpat, an der noch mein Vater studierte, mit Vorlesungen in deutscher Sprache und mit deutschen Professoren wurde zur russischen Universität Jurjew. Die verbrieften Vorrechte der deutschen Kolonisten in Südrußland und auf der Krim, vor allem der Mennoniten, die aus religiösen Gründen vom Militärdienst befreit waren, wurden aufgehoben. Sie wanderten deshalb nach Amerika aus. Die Panslavisten wollten alle Slaven, also auch die Polen, Tschechen, Slovaken, Kroaten, die dem westlichen Kulturkreis angehörten und römisch-katholisch waren, und nicht nur die Serben mit den Russen vereinen.

Die Türken waren bereits unter Katharina II. aus Südrußland und der Krim hinausgedrängt worden. Sie ließen den Bosporus und die Dardanellen von den Deutschen befestigen, diese reorganisierten auch die türkische Armee und bauten die Bagdadbahn, die wieder England alarmierte. Dazu kam die großsprecherische, unglückliche Politik von Wilhelm II. und die schwache von Franz-Josef in Österreich. Der erste Weltkrieg wurde unvermeidlich und die Türkei trat an die Seite von Deutschland. Die Alliierten versuchten, die Dardanellen einzunehmen, um eine direkte Verbindung zu Rußland, das bald zusammenbrach, zu erhalten. Die Flotte der Aliierten wurde vor den Dardanellen konzentriert. Unter enormen Verlusten im Feuer der deutschen Artillerie gelang die Landung auf einem schmalen Uferstreifen, der dauernd unter deutschem Feuer lag. Die türkische Infanterie unter diesem Feuerschutz ging keinen Schritt zurück. Immer neue Einheiten wurden gelandet; sie wurden alle im Feuer vernichtet. Schließlich nach vielen Monaten mußte die Landungsstelle wieder geräumt werden. Dieser Sieg der türkischen Truppen mit der deutschen Unterstützung ist bei den türkischen einfachen Soldaten unvergessen. Sie kamen mit uns sofort darauf zu sprechen nach mehr als dreißig Jahren. Wenn ich die Reifen vom Auto flicken ließ, so wurde vom «Aleman» kein Geld angenommen. Selbst der traurige Ausgang, das Ende des osmanischen Reiches, konnte an dieser Einstellung nichts ändern. Schließlich hatte Atatürk ja die Besatzungstruppen gezwungen, sich von den Meerengen wieder zurückzuziehen und das Reich in Arabien und Nordafrika war für das Volk nur eine Bürde – ein lebenslanger Militärdienst, fern von der Heimat und der Familie.

Aber kehren wir zum alltäglichen Leben in Ankara zurück:

Die großen gärtnerischen Anlagen der Deutschen Botschaft in Ankara wurden vom Gärtner Lücke betreut, der bei mir in Hohenheim als Gartenmeister gewesen war. Außerdem lernten wir sehr bald Professor Richter kennen, der an der medizinischen Fakultät die Klinik für Hautkrankheiten und auch die Leprastationen im Lande leitete. Er war in Prag gewesen, wurde nach dem Zusammenbruch von den Tschechen mit Familie ins Konzentrationslager gesteckt; seine Frau überlebte dieses nicht. Er und seine Schwägerin entkamen nach Deutschland, da er keine Professur erhalten konnte, nahm er ein Angebot in die Türkei an. Er war jedoch ein türkischer Angestellter und kein Gastprofessor. Diese Abhängigkeit, ohne die Möglichkeit, jederzeit das Land zu verlassen, bedeutete eine schwere Belastung, worüber er oft klagte. Er war jedoch ein sehr geselliger Mensch, und wir haben sehr viele schöne Stunden in seinem Hause mit ihm und seiner Schwägerin, die den Haushalt führte, verbracht. Gleich am Tage unseres Einzuges lud er uns zum Abendessen ein. Wir kamen erst um Mitternacht in die neue Wohnung zurück. Ich mache die Wohnungstür auf und trete herein, schalte das Licht an und erstarre fast: Mein erster Blick fällt auf eine Wanze!

Wir hatten doch die Wohnung gemietet, weil sie noch nie bewohnt war und wir die Garantie für Wanzenfreiheit hatten. Die Miete war für ein Jahr im voraus bezahlt, Wanzen sind in der Türkei Haustiere und somit kein Grund für Nichtigerklärung des Mietvertrages. Und nun dieses Malheur!

Wir hatten jedoch Mercksches Jakutin zum Ausräuchern von Ungeziefer jeder Art mitgenommen. Am nächsten Tag räucherte meine Frau sehr energisch. Zum Glück war es nicht so schlimm. Wir fanden nochmals eine tote Wanze, blieben aber sonst verschont.

Wie kamen aber die Wanzen in ein völlig neues Haus? Auch das wurde uns klar, denn neben uns wurde ein Haus gebaut, ohne jegliche Hilfe von Technik. Die Zahl der Arbeiter war sehr groß; sie kommen vom Lande und müssen jeden Ziegel auf Treppen in alle Stockwerke auf dem Rücken hinaufschleppen. Sie haben keine Unterkunft und wohnen auf dem Bau, zuerst in einem kleinen Verschlag, dann in den fertigen Stockwerken. Ihre ganze Habe bestand aus den zusammengerollten Decken für die Nacht und dem Eßgeschirr; als Begleiter brachten sie in den Decken die Wanzen mit, die mit dem Fortgang des Baues alle Stockwerke besiedelten, so auch unseren Dachstock, diesen aber zum Glück am wenigsten.

Sonst waren wir mit der Wohnung zufrieden; nur im Hochsommer hatte meine Frau sehr zu leiden. Die Küche mit dem schrägen Dach war für Türkinnen bemessen, aber nicht für meine Frau, die nicht aufrecht vor dem Gasherd, den wir kauften, stehen konnte, und das Dach war glühend heiß. Einmal war sie so verzweifelt, daß sie erklärte, sie halte es nicht mehr aus. Ich konnte nur sagen, sie könne morgen nach Hohenheim zurückfliegen. Doch sie hielt sehr tapfer aus.

Da war noch eine zweite Unannehmlichkeit. Zwei Stock unter uns wohnte eine türkische Familie mit einer sehr schwerhörigen Großmutter. Die ganze Familie war den Tag über außerhalb beschäftigt. Damit die Oma sich nicht langweilt, stellten sie den Rundfunk auf höchste Lautstärke ein. Das Treppenhaus wirkte wie ein Schalltrichter und wir mußten den ganzen Tag die monotone türkische Musik und den Gesang anhören, natürlich wieder insbesondere meine Frau, da ich meist im Institut war.

Auf dem kurzen Weg zum Institut war eine kleine türkische Lokanta. Wir beschlossen dort Mittag zu essen, um auch die einheimische Kost kennen zu lernen. Man sprach dort nur türkisch und die Menükarte war auch nur türkisch, besagte für uns somit nichts. Wir beschlossen jeden Tag etwas anderes zu bestellen. Es schmeckte uns nicht immer, es war eine einfache Lokanta. Ungewohnt war das viele Hammelfett, z. B. zum Reis (Pilaf), einer häufigen Beigabe, aber auch auf der Suppe war eine Fettschicht. Einmal kam wieder eine neue Speise, sie sah verdächtig aus und erwies sich als «saure Ziegenbeine». Das gab uns einen Schock und wir beschlossen, doch lieber zu Hause zu essen, ganz einfach und mit viel Obst, von dem man ganze Kisten auf dem Markt kaufen konnte, vor allem herrliche Orangen, die von der Südküste kamen. Auch Helva, der Türkische Honig, aus Mehl, Sesamöl und Zucker gekocht, sehr billig, auch mit Schokolade oder Pistazien und anderen Früchten versetzt, war nahrhaft und schmeckte uns gut.

Wir hatten auf unseren Reisen später auch die gute türkische Küche kennen gelernt. Vor allem die Kebab-Fleischspeisen, z. B. Orman Kebab. Es sind dünne Scheiben aus zartem Schaffleisch, die übereinander auf einen aufrechten Spieß gelegt werden, so daß sich ein Fleischzylinder bildet. Auf einer Seite sind in einem Drahtkasten glühende Holzkohlen, die den Zylinder, der ständig gedreht wird von dieser Seite erhitzen. Sobald die äußere Lage leicht gegrillt ist, wird sie mit einem scharfen Messer abgeschnitten und ergibt feine saftige Fleischstreifen. Das wird wiederholt, bis alles Fleisch gar ist. Auch eine Art Krautrollen, wobei jedoch Weinblätter verwendet werden, gefüllt mit Fleisch und Reis sind sehr gut und vieles andere. Eine besondere Rolle spielen die süßen Nachspeisen, oft aus reinem Zucker. Wenn z. B. eine dicke Zuckerlösung aus vielen kleinen Löchern auf eine heiße Pfanne ausfließt, entsteht Zuckerwatte. Für uns fast zu süß, aber es gibt sehr viele ähnliche Nachspeisen. Zuckersyrup mit Rosenöl ist eine teure Delikatesse, die man zu Tee nimmt.

Als eine Gemeinde von der Regierung besonders ausgezeichnet werden sollte und nach einem Wunsch gefragt wurde, war dieser die Einrichtung einer Zuckerfabrik auf ihrem Gebiet.

Wir wurden auch zu türkischen Familien zum Abend eingeladen. Die herrlichsten Sachen wurden aufgetischt, eine Unmenge von Gängen. Die Gastfreundschaft ist unbegrenzt, aber an den Magen stellt sie große Anforderungen. Es war schwer, sich vom Tisch zu erheben. Zum Glück ist Wein vom Islam verboten. Wasser wird viel getrunken, wobei Wasserschmecker die einzelnen Quellen begutachten, wie bei uns die Weinkenner den Wein. Wenn man mit dem Bus über Land fährt, kommt es vor, daß er vor einer gefaßten Quelle mitten in der Landschaft hält und der Fahrer auf deren besonders gutes Wasser hinweist. Dann steigen alle aus, um aus der Quelle zu trinken, worauf der Bus wieder weiter fährt.

Das Leitungswasser in Ankara stammt aus einem großen Wasserschutzgebiet in den Vorbergen mit einem offenen Reservoir. Es wird nicht als Trink- oder Kochwasser verwendet, sondern zu jeder Wohnung gehört in der Küche ein riesiger, konischer Tonkrug (unglasiert), der auf dem Boden steht. Einmal in der Woche bringt ein Mann auf seinem Eselwagen eine große plombierte metallene Milchkanne, in der Wasser aus einer guten Quelle ist. Die Plombe wird vor den Augen des Mieters geöffnet und das Wasser in den Tonkrug geschüttet, wo es durch die Verdunstung an der Außenfläche immer schön kühl bleibt. Obgleich das Weintrinken verboten ist, wird viel Wein angebaut. Die Reben tragen gut, aber die Trauben kann man nur kurze Zeit essen. Sie werden deshalb zu einem dicken Traubensaftsyrup (Pekmes) verarbeitet, der als Brotaufstrich die Marmelade ersetzt.

Das Alkoholverbot wird jedoch häufig übertreten. Besonders beliebt ist Raki, der Anisschnaps, der mit Wasser verdünnt eine trübe Flüssigkeit ergibt, weil das Anisöl emulgiert. Es hieß: Mohamed hat den Wein verboten, über Raki findet man jedoch im Koran nichts!

Was die Forschungsarbeit anbelangt, so hatte ich mir vorgenommen, mir möglichst einen Überblick über die Vegetationsgliederung in ökologischer Sicht von Anatolien zu verschaffen und Genaueres über die ursprüngliche Zusammensetzung der Zentralanatolischen Steppe im Vergleich zur ukrainischen Steppe und der amerikanischen Prärie festzustellen. Darüber fehlten sichere Angaben, denn die Steppe wurde seit Jahrtausenden beweidet und in letzter Zeit für den Anbau von Winterweizen im Trokkenfarmverfahren (dry farming) verwendet: Ein Jahr Anbau und das nächste Jahr Schwarzbrache zur Anreicherung der Niederschläge im Boden. In den Wintermonaten konnte man im Gelände wenig machen, da Vegetationsruhe herrschte. Die Winter erinnerten an die in Hohenheim, d. h. keine dauernde Kälte, sondern Frostperioden wechselten mit Tauwetter, deshalb keine stabile Schneedecke, vielleicht mehr sonnige Tage, nicht der lang anhaltende Hochnebel, der den November so trübe erscheinen läßt. Da wir im Hause Zentralheizung hatten, brauchten wir nicht zu frieren.

Diese Winterzeit konnte zur Orientierung über die Klimagliederung Anatoliens genutzt werden. Bei der Gründung der Landwirtschaftlichen Hochschule mit deutschen Lehrkräften durch Atatürk wurde etwa um 1930 auch der meteorologische Dienst sehr gut ausgebaut. Die zwanzigjährigen Messungen von etwa 60 Stationen aus dem ganzen Land lagen als gut gesicherte Mittelwerte vor. Ein dickes Buch mit allen Werten in langen Tabellen stand zur Verfügung, ebenso eine große Landkarte der Türkei, die an einer Wand meines Zimmers aufgehängt wurde, mit allen meteorologischen Stationen und Gebirgen Anatoliens. Es wurde mir jedoch klar, daß die Tabellen sehr nützlich waren, wenn man sich über das Klima eines Ortes orientieren wollte, es aber kaum möglich war, das Klima aller Stationen miteinander zu vergleichen. Man hätte Jahre dazu gebraucht. Es war notwendig, das Klima durch eine graphische Darstellung zu erfassen. Es fielen mir die Ombrothermkurven von Gaussen ein und ich zeichnete diese auf Millimeterpapier für Ankara – die Monatsmittelwerte für Temperatur und Niederschlag im Verhältnis $10\,°C = 20$ mm. Die Dürrezeit im Sommer trat deutlich hervor, sie begann mit dem Schnittpunkt der beiden Kurven Anfang Juni und endete in der zweiten Hälfte des Oktober. Ich fragte Birand, wie lange die Sommerdürrezeit dauerte, er antwortete, daß der Mai der Monat mit den 40 Gewittern sei, ab Juni würde es trocken und so bliebe es bis gegen Ende Oktober. Das stimmte also sehr genau mit den Kurven überein. Doch genügten diese Kurven nicht, um ein Bild vom Gesamtklima zu erhalten. Man mußte auch die kalte und warme Jahreszeit und deren Intensität erkennen können, ebenso die mittlere Jahrestemperatur und den Jahresniederschlag. So entstand das erste Klimadiagramm, das die für das Pflanzenwachstum wichtigsten Daten auf einen Blick erfassen läßt. Bei einer Jahresmitteltemperatur von $11,7\,°$ könnte in Ankara ein Laubwald wachsen, aber der Jahresniederschlag von 341 mm genügt nicht, sondern zeigt, daß es sich um ein Steppenklima handelt. Das absolute Minimum in den 25 Beobachtungsjahren ist $-25\,°C$, d. h. genau so viel wie in Hohenheim. Die Kälteperiode mit Monaten, deren tägliches Minimum im Mittel unter $0\,°C$ liegt ist 4 Monate (in Hohenheim nur 3) und das mittlere tägliche Minimum des kältesten Monats $-4,5\,°$ (in Hohenheim nur $-3,5\,°$), somit ist der Winter in Ankara nur wenig kälter, wobei die absoluten Minima (Ankara $-24,9\,°$ und Hohenheim $-25,0\,°$) gleich sind. Die Verteilung der Niederschläge ist auch für das Wachstum von Steppengräsern günstig. Im Winter reichern sich die Niederschläge im Boden an, der März ist schon so warm, daß die Frühlingspflanzen der Steppe austreiben können, die Gewitter im Mai befeuchten den Boden nochmals so stark, daß im Juni die Wasservorräte trotz der beginnenden Dürre den Gräsern das Blühen und Fruchten ermöglichen, während im Juli die Steppe zu verdorren beginnt. Die 4 Monate März–Juni mit günstigen Wachstumsbedingungen genügen für die Steppe. In der kälteren Ukraine sind es die Monate April–Juli mit einem Regenmaximum im Juni. Auch für den Winterweizen ist das Klima geeignet. Die Regen im November erlauben die Bodenbearbeitung und die Aussaat, der Winter ist so milde, daß die Keimlinge nicht auswintern, die Hauptentwicklung ist im Mai–Juni und die trockene Zeit Juli–August ist für die Ernte und den Drusch besonders günstig. Mißernten sind nur zu erwarten, wenn der Jahresniederschlag weit unter 300 mm liegt, was immer wieder vorkommt. Der Aussagewert des Diagramms genügt somit, um die mögliche natürliche Vegetation zu beurteilen ebenso wie den Anbau von geeigneten Kulturpflanzen.

Nun wurde jeder freie Augenblick genutzt, um die Klimadiagramme aller Stationen zu zeichnen, die Dürrezeit wurde dabei durch rote Farbe, die feuchte Jahreszeit durch blaue Farbe hervorgehoben, dann wurden alle Diagramme auf der großen Wandkarte der Türkei jeweils am Orte der Station befestigt und sofort wurde die Klimagliederung Anatoliens mit einem Blick klar: 1) Die typische, sehr warme mediterrane Zone an der Südküste, 2) die noch mediterrane, aber weniger warme und im Winter weniger feuchte Küste im Westen am Ägäischen Meer, 3) das bereits mehr submediterrane Klima von Istanbul, 4) das kolchische Klima an der Schwarzmeerküste mit sehr hohen Winterniederschlägen, jedoch ohne Sommerdürrezeit und noch frostfrei, (deshalb Teekulturen um Rize) 5) das kalte Nadelwaldklima im hochgelegenen Gebiet von Kars an der Grenze Transkaukasiens, 6) das sehr kalte und trockene Klima der hocharmenischen Steppen um Erzerum und am Vansee am Fuße des Ararat, 7) das Halbwüstenklima an der Syrischen Grenze und 8) das typische Steppenklima des Zentralen Hochplateaus. Zwischen diesen Klimagebieten gibt es Übergangszonen, was ebenfalls durch die Diagramme angezeigt wird. Die Karte erregte bei allen Besuchern, denen ich sie erläuterte, großes Aufsehen. Der Verlag Ulmer hat sie als erste Klimadiagrammkarte gedruckt. Sie wurde später zum Ausgangspunkt für den Klimadiagramm-Weltatlas mit über 8000 Klimadiagrammen von allen erreichbaren Stationen aller Kontinente, die langjährige Mittelwerte veröffentlicht hatten. Dieser Atlas wiederum schaffte die Grundlage für die große Darstellung der «Vegetation der Erde» in 2 Bänden auf über 1700 Seiten.

Im Sommersemester hielt ich die Vorlesung über allgemeine Ökologie und Birand bestand darauf, persönlich die Übersetzung zu übernehmen. Es war sehr günstig, denn er kannte die Vorbildung der Studenten und erläuterte dabei die ökologischen Begriffe, die ich als bekannt voraussetzte, im Türkischen sehr ausführlich.

Zugleich nahm ich mit den ersten Frühlingspflanzen, wie *Crocus, Ornithogalum-, Colchicum*-Arten usw. die Exkursionen auf und erläuterte dabei auch den Bau der Blüten und die Merkmale der einzelnen Gattungen und Arten, was für die Studenten ganz neu war und sie sichtlich interessierte. Allerdings gab es anfangs gewisse Schwierigkeiten. Exkursionen waren unbekannt und die Studenten faßten sie zunächst als einen Frühlingsspaziergang auf, zerstreuten sich, bewarfen sich mit Steinen, holten sogar Blumen aus den Bauerngärten. Ich stauchte sie sehr energisch zusammen und machte klar, daß Exkursionen ebenso wichtige Lehrveranstaltungen sind, wie Vorlesungen und Übungen; ich verlangte auch, daß sie sich beim Bauern entschuldigten. Das wirkte. Es freute mich zu beobachten, daß bei den nächsten systematischen Vorlesungen für Anfänger der Assistent die von mir gezeigten Pflanzen nochmals vorführte und erläuterte.

Nun konnte ich mit dem VW-Bus Erkundungsfahrten machen, zunächst zu den näheren Gebirgszügen, die sich über die Hochebene erheben, etwas mehr Niederschläge erhalten und bewaldet sind. Die unterste Waldstufe wird durch *Pinus pallasiana*, die anatolische Schwarzkiefer, gebildet, die höhere von *Pinus sylvestris*, der gewöhnlichen Kiefer. Im Frühjahr, als noch eine leichte Schneedecke lag, sahen wir dabei die Fährten von Bären. Oft traf man auch auf Schafherden mit einem Hirten, der einen warmen Filzmantel trägt, der so steif ist, daß man ihn nach dem Abnehmen einfach hinstellen kann. Man mußte auf die gefährlichen Hunde achten. Es sind große Tiere mit einer Halskrause aus scharfen Eisenspitzen, um sie vor dem Zubiß von Wölfen zu schützen. Sie sind selbst halbe Wölfe. Wenn sie herankommen, muß man stehen bleiben, sie scharf anblicken und warten, bis der Hirte sie zurückruft. Versucht man wegzugehen, so greifen sie an. Es kommt vor, daß man nicht aus dem Auto aussteigen kann, wenn kein Hirte in der Nähe ist.

Von der Anatolischen Steppe war ich sehr enttäuscht. Um die Dörfer herum wurde es bald grün und es entstand ein Blütenmeer, aber es war nicht anders als in Südwestafrika um die Wasserstellen nach Beginn der Regenzeit. Die Flächen waren total überweidet, nur einjährige Arten, meist Unkräuter, waren übrig geblieben. Nach einem Monat war alles weg und die Ziegen hungerten, ein Wunder, daß sie überhaupt überlebten. Das war keine solide Grundlage für die Viehhaltung. Die von den Dörfern entfernteren Weideflächen wurden von Schafherden beweidet und bestanden aus kleinen abgefressenen Büschen von dem Halbstrauch der Art *Artemisia fragrans*, einer Wermut-Art, und dem Gras *Poa bulbosa*, das im Boden ein Knöllchen hat und im Blütenstand statt Früchten aus Knospen ebenfalls kleine Knöllchen bildet, die abfallen und sich, wenn der Boden feucht ist, bewurzeln. Das sind die beiden weideresistentesten Arten, der Wermut, weil die verholzten Basalteile nicht abgebissen werden und jedes Jahr neue Triebe bilden, das Gras, weil die Knolle im Boden überlebt und die abfallenden Knöllchen nur zum Teil von den Schafen erfaßt werden. Aber auch das war eine halbwüstenartige Vegetation, wohl ein äußerst degradiertes Stadium der ursprünglichen Steppe. Alles Suchen half nichts. Nirgends ein Steppenrest, kein Wunder, daß niemand sie beschrieben hatte. Auf steinigen Böden im Gebirge fand man auch nur die großen Igelpolster von *Acantholimon*-Arten, die für Hocharmenien angegeben werden. Die Blattspitzen sind so scharf, daß man nur mit einem Beil einzelne Sprosse für Herbarbelege abmachen kann und selbst dann noch dauernd Stichwunden erhält. Die Pfahlwurzel dringt tief zwischen die Felsen ein, so daß die uralt werdenden Pflanzen selbst extreme Dürrejahre überdauern. Auch das sind extreme Degradationsstadien, die für den ganzen Orient typisch sind. Schließlich erwirkte Birand für mich die Erlaubnis, das Wasserschutzgebiet von Ankara, Çubuk-Baraji, zu betreten, das völlig vor jeder Beweidung seit Jahrzehnten geschützt ist. Das brachte die Lösung. Es war frappierend: Außerhalb des festen Stacheldrahtzauns eine fast völlig vegetationslose abgeweidete Fläche, innerhalb derselben dagegen im Schutzgebiet ein dichter Grasbestand mit vielen schönen Kräutern. Es war der 31. Mai und die Federgräser hatten ihre langen im Wind wogenden Grannen bereits ausgebildet. Salbei, Fingerkraut, Skabiosen u. a. standen in voller Blüte. Das Bild erinnerte sehr an die ukrainischen Steppen, aber die genauere Untersuchung zeigte, daß die Gattungen zwar meist dieselben waren, aber die Arten doch andere mit mehr mediterraner Verbreitung, wie es der südlicheren Breitenlage nach zu erwarten war. Doch insgesamt konnte man von einer Federgras-Trespen *(Stipa* spp. – *Bromus tomentellus)*– Steppe sprechen. Die Gräser überwogen, aber die Zahl der charakteristischen Kräuter war sehr groß. An steinigen Stellen wuchsen ebenso wie in der Ukraine schön rosa blühende Zwergmandelbüsche (hier *Amygdalus orientalis* und *A. webbii),* dazu *Rosa sulphurea, Rosa canina, Jasminum fruticans, Rhamnus petiolaris* und ein Weißdorn *(Crataegus)* mit oranger Rinde.

Dieses Schutzgebiet Çubuk-Baraji wurde nochmals am 13. Juli besucht. Wie zu erwarten war die Vegetation bereits stark verdorrt, die Früchte der Federgräser bedeckten den Boden, nur die tiefwurzelnden Doldenblütler *(Falcaria vulgaris, Eryngium campestris* var. *virens)* waren noch frisch ebenso wie in der südlichen Schwarzmeersteppe auf der Nordkrim.

Aber kann man diese Befunde für das ganze nordanatolische Steppengebiet verallgemeinern? Ich glaube ja! Denn im Park der Deutschen Botschaft, der früher Steppe war, blieb eine kleine Fläche unverändert und auf dieser konnten wir 50 Steppenarten feststellen, dieselben wie im Schutzgebiet. Mit diesen Kenntnissen wurden auf den Fahrten durch das beackerte Gebiet der Hochebene die vergrasten Streifen zwischen den Äckern beobachtet, die nicht beweidet wurden, da man das Vieh von den Feldern fern halten mußte, und auf ihnen genauer die Artenzusammensetzung studiert; und siehe da! es waren ebenfalls kleine Steppenreste. Nur in Gebieten mit zusammenhängenden großen Weideflächen, wo das Vieh überall hinkam, fand man nur das Wermut-Degradationsstadium und die Steppenarten waren restlos verschwunden. Der natürliche Wuchsort von Wermutarten war die Halbwüste um den tieferliegenden Salzsee mit seinen Salzpflanzen-Gesellschaften. Das Klima dürfte in diesem zentralen Teil viel trockener sein, doch ist dort keine meteorologische Station, so daß wir kein Klimadiagramm zeichnen konnten. Von diesem zentralen Teil aus hat sich dann nach Vernichtung der Steppe durch zu starke, unrationelle Beweidung als weideresistentere Art die *Artemisia fragrans* über die ganze Hochebene ausgebreitet.

Ich schlug Birand vor, weitere Schutzgebiete an verschiedenen Stellen zu begründen, aber er hielt das für nicht durchführbar. Die Hirten würden die Umzäunung durchbrechen, wenn innerhalb dieser die Weide besser wäre. Ein Wächter würde nichts helfen. Die Hirten haben gegen Wölfe Waffen und würden den Wächter einfach erschießen. Man müßte jedes Reservat durch Polizei oder Militär beschützen lassen. Das könnte man nur in der Umgebung von Ankara wie beim Çubuk-Baraji.

3. Einladung nach Bagdad. Reisen in Mesopotamien, Syrien, Palästina und Libanon

Wir sind jedoch mit der Besprechung des Steppenproblems den Ereignissen weit vorausgeeilt. Schon im Dezember 1954 wurde mir ein Schreiben des Dekans der Landwirtschaftlichen Hochschule in Bagdad von Hohenheim nachgeschickt, in dem er mitteilt, er sei beauftragt, vom Ministerium bei mir anzufragen, ob ich bereit wäre, unter sehr günstigen Bedingungen für zwei Jahre das Botanische Institut in Bagdad auszubauen oder, falls ich ablehne, einen anderen geeigneten deutschen Professor zu nennen. Der Dekan Arif hatte mich im August 1953 in Hohenheim besucht, aber ich hatte diesem Besuch keine besondere Bedeutung beigemessen. Ich schrieb, ich sei als Gastprofessor in Ankara und sei nur für ein Jahr beurlaubt. Im Februar sei in Ankara ein vorlesungsfreier Monat, wenn das Ministerium es wünsche, könne ich zur Beratung nach Bagdad kommen. Prompt kam ein Telegramm, der Ministerrat hätte zugestimmt und übernähme alle Kosten; ich würde Anfang Februar erwartet. Auch die Mitnahme meiner Frau wurde genehmigt.

Wir zogen es vor, nicht zu fliegen, sondern die Bagdadbahn zu benutzen, um die ganze Landschaft bis Bagdad wenigstens vom Zuge zu besichtigen. Zurück wollten wir mit dem Dolmusch reisen. Das sind Taxifahrer, die die Verbindung zwischen großen Städten aufrechterhalten. Sie stehen auf dem Marktplatz und rufen früh morgens die Stadt aus, zu der sie fahren; wenn sich genügend Fahrgäste melden, fahren sie los. Meist quetschen sie, um mehr zu verdienen, in einen Viersitzer 7 Personen hinein. Die Hochschule in Bagdad beauftragte das Cook-Reisebüreau in Ankara, die Fahrkarten zu besorgen. Wir mußten uns für die Rückfahrt die Visa für Syrien, Jordanien und Libanon auf den entsprechenden Botschaften holen. Dann fuhren wir mit dem Istanbul-Bagdad-Expreß, der einmal in der Woche verkehrt, um Mitternacht am 10.2.1955 in Ankara ab in einem bequemen 2bettigen Schlafabteil. Der Expreß fuhr nicht schnell, weil bei den riesigen Entfernungen der Unterbau der Bahnlinie nur schwach war. Bis Bagdad brauchte der Zug 3 Nächte und zwei Tage.

Als wir am ersten Morgen heraussahen, waren wir bei Kayseri am Ostrand der Hochebene und hatten einen schönen Ausblick auf den 3912 m hohen Vulkankegel des Erciyas Dagh. Jetzt ging es über Nigde nach Süden zum Fuß des Taurus-Gebirges.

Zwischen den 3500 und fast 4000 m hohen Gebirgsrücken des Bulgar- und Ala-Dagh bricht der Fluß Cakir in einer schmalen Klamm von der Hochebene zum Mittelmeer durch. Durch diese Klamm verläuft wild-romantisch die Bahnlinie über den tosenden Fluten des Flusses. Durch sie stieß auch Alexander der Große nach Süden vor und besiegte 333 v. Chr. auf der Ebene von Issos den Darius.

Dann wurde die syrische Grenze erreicht, denn die Bahn führt nach Aleppo, biegt aber wieder nach Norden in die Türkei zurück, verläuft längs der syrisch-türkischen Grenze, um nochmals durch den östlichsten syrischen Zipfel den Irak zu erreichen. Weiter geht sie den Tigris entlang über Mosul, um in Bagdad zu enden, d.h. inzwischen ist sie bis Basrah am Schat-el-Arab (dem Zusammenfluß von Euphrat und Tigris) weitergeführt. Bis dahin können die Frachtdampfer den Fluß vom Persischen Golf herauffahren. Der merkwürdige Verlauf der Bahnlinie bald in der Türkei, bald in Syrien erklärt sich daraus, daß die Bahnlinie gebaut wurde, als es die Grenzlinien noch nicht gab – alles gehörte zum Osmanischen Reich. Der Aufenthalt an der ersten türkisch-syrischen Grenze sollte sehr lange dauern. In einem anderen Abteil unseres Wagens fuhr eine bildhübsche, wohl 18jährige Armenierin, die eine lebensgroße Puppe als Reisegepäck hatte. Während der ganzen Reise wurde ihr Abteil von mitreisenden Männern belagert, die sie unterhalten wollten. Nun kam die Paß-Kontrolle, und es stellte sich heraus, sie hatte Devisen mit, aber ohne die Genehmigung, sie aus der Türkei auszuführen. Der Beamte gestattete ihr die Ausreise nicht. Sie fing an zu heulen und die Männer trösteten sie und redeten auf den Beamten ein. Dann sah man den Beamten mit der Armenierin, die heulend ihre riesige Puppe trug, aus dem Zuge zum Stationsgebäude gehen und hinter her der Schwanz von allen Männern. Wir saßen mehrere Stunden im heißen Abteil. Endlich kam die Armenierin mit der Puppe strahlend heraus, hinterher alle Männer, und in den Zug hinein. Nun kam die Kontrolle zu uns. «Ob wir Gold oder Schmuck bei uns hätten?». Wir zeigten die Eheringe. «Tamam» (Geht in Ordnung). Dann fügte ich hinzu, daß meine Frau noch einen Ring ihrer verstorbenen Mutter habe. «Ob dieser im Paß bei der Einreise vermerkt worden wäre.» Ich verneinte, ich sei ein Gast der Türkischen Regierung und wäre bei der Einreise überhaupt nicht kontrolliert worden. Dann, hieß es, müßte der Ring hier deponiert werden; bei der Rückfahrt würde er wieder ausgehändigt. Ich erklärte, wir würden über Jordanien–Libanon zurückfahren. Dann müßte der Ring nach Ankara an die Zollstelle geschickt werden und würde uns dort wieder ausgehändigt werden. Ich erklärte, das sei mir viel zu unsicher, dieses Andenken an die Mutter geben wir nicht heraus. Der Beamte sagte sehr höflich, er tue ja nur seine Pflicht, das müßte ich verstehen. Ich erklärte kategorisch, daß meine Frau den Ring nicht herausgibt und trumpfte auf, vorige Woche sei ich vom Präsidenten empfangen worden, ich würde mich beklagen. Tatsächlich hatte der Präsident die ganze Fakultät zu einem Empfang eingeladen und dabei mich als Gastprofessor besonders begrüßt.

Der Beamte wand sich und wollte die Pässe sehen, die ich ihm gab. Er verschwand mit diesen im Stationsgebäude. Der Zug stand und stand noch eine weitere Stunde. Plötzlich kam der Beamte aus dem Gebäude gelaufen und schwenkte von weitem die Pässe, «Tamam, tamam» rufend. Er händigte die Pässe aus und der Zug setzte sich mit fast 6 Stunden Verspätung in Bewegung. Er hatte telefonisch von Ankara die Genehmigung erhalten, uns den Ring zu belassen.

Es wurde Nacht, von Aleppo sahen wir nichts, als wir aufwachten waren wir wieder in der Türkei und fuhren durch eine wüstenartige Gegend nördlich an der Grenze entlang; auf der anderen Seite derselben verlief eine staubige Autostraße. Die Gegend war fast unbesiedelt. So ging es den ganzen Tag weiter. Bei Karamiz wurde der Euphrat überquert. Nun kam der zweite Grenzübergang nach Syrien, schon gegen

Abend. Wieder eine Kontrolle, wieder die leidigen Devisen. Aber diesmal war der Beamte energisch. Er holte den Stationschef, der Armenier war, und übergab die Armenierin mit Puppe und Gepäck diesem zur Betreuung, bis die Devisenausfuhrgenehmigung aus Ankara da war. Wir blieben unbelästigt. Der Zug sollte um 4 h nachts in Bagdad sein, aber durch die Verspätung war es schon bei Samara hell und wir sahen die merkwürdige Moschee, die an den Turmbau von Babel erinnert: Ein dicker Turm aus Ziegeln, um den außen spiralig ein Aufgang herumläuft.

Die Gegend machte einen trostlosen, trockenen Eindruck. Nach den schwachen Winterregen sproßte schwaches Grün von einjährigen Gräsern und Kräutern, alles, wie stets im Orient, stark überweidet und staubig, aber doch ziemlich dicht besiedelt. Schließlich kamen wir in Bagdad an. Wir hatten unsere Ankunft telegrafisch angemeldet, aber bei dieser Verspätung konnten wir nicht mit Abholung rechnen. Wir hatten die Höflichkeit der Araber unterschätzt. Ein Assistent der Hochschule empfing uns. Er hatte sich alle 2 Stunden erkundigt, ob der Zug von Mosul schon gemeldet wäre. Er brachte uns ins Hotel Semiramis, das beste in Bagdad. Wir fragten auf Englisch den Portier nach dem bestellten Zimmer. Er war merkwürdig unfreundlich, wir sollten platznehmen, er würde nachsehen. Wir warteten sehr lange, bis er kam und nach den Pässen fragte. Plötzlich hellte sich seine Miene auf. «Ach! Aleman, warum wir das nicht gleich gesagt hätten, selbstverständlich würde er sofort für ein Zimmer sorgen, wenn auch das Hotel sehr besetzt wäre. Er ging die Treppe hinauf, nach zehn Minuten kam er mit zwei wütenden Engländern, die ihre Koffer selbst trugen und schimpften, was für eine Art es wäre, ihnen das Zimmer zu kündigen, während der Portier sich sehr entschuldigte, es sei ein Mißverständnis, das Zimmer sei vorbestellt gewesen. Also auch hier war der «Aleman» hoch im Kurs, aber wie wir bald erkannten, aus einem ganz anderen Grunde. Ein Araber fragte mich, was ich von Adenauer hielte. Ich meinte, er sei ein großer Staatsmann, der das zusammengebrochene Deutschland in kurzer Zeit wieder zu Ansehen gebracht hätte. Er unterbrach mich: «Nein, Adenauer nicht gut, hilft Juden, Hitler gut.»

Nun waren wir im sagenumwobenen Bagdad, im Hotel Semiramis mit wunderbaren, riesigen, orientalischen alten Teppichen, in einem schönen großen Zimmer mit Blick auf den Garten und dahinter auf den Tigris. Es war wie in «Tausend und eine Nacht» mit einem Tischlein deck dich. Wir brauchten für nichts zu sorgen. Jeder Wunsch wurde erfüllt. Es war ein Gemisch von echtem Orient und moderner Kultur, dichter Autoverkehr neben Eseln, die mit Dornzweigen für Feuerung so hoch bepackt waren, daß man sie darunter nicht sah, verschleierte und modische Frauen, schöne Moscheen, in die Ungläubige keinen Zutritt hatten, und Betonhochhäuser, völlig orientalischer Basar und moderne Kaufläden. Faszinierend! Auf dem Tigris waren noch babylonische Boote – rund geflochtene große Körbe, die mit Asphalt wasserdicht gemacht waren. Es gab nämlich nicht nur Erdöl im Irak, sondern auch Asphaltquellen. Für die Mauern in Babylon hatte man statt Mörtel nicht verwitternden Asphalt benutzt. Deshalb sahen die berühmten Mauern der Prozessionsstraße, die wir später sahen, so fest aus, als ob sie erst vor kurzem erbaut wären. Die runden Boote mit einem Ruder stehend fortzubewegen, war eine Kunst. Nur zu leicht drehten sie sich im Kreise.

Am nächsten Tag wurden wir abgeholt und nach Abu Graib, der Landwirtschaftlichen Hochschule auf dem anderen Ufer gebracht, und die Besichtigung begann. Es war ein Provisorium, viele kleine Baracken auf einer großen begrasten Fläche, die mit hohen Bäumen bestanden war. Die meisten Professoren waren Amerikaner, auch der Bodenkundler von der Universität Nebraska, an der ich vor 25 Jahren bei Weaver gearbeitet hatte. Es war ein reiner Schulbetrieb in englischer Sprache, kein Hochschulniveau. Allerdings sollte die Hochschule an die Universität angeschlossen werden in einem Gebäude für alle Institute. Dieses zu planen und einzurichten, sollte die Aufgabe auch des Botanikers sein. Das reizte mich wenig, zumal es keine natürliche Vegetation in Mesopotamien gab. Alles war durch viele Jahrtausende vom Menschen degradiert und vollkommen zerstört, bis auf die Kulturflächen.

Der Dekan war ein sehr aktiver und intelligenter Mann. Er hatte gute Beziehungen zu den höchsten Regierungsstellen. Sein Sohn erhielt die Schulausbildung zusammen mit dem jungen König und kam später nach Stuttgart, um an der Technischen Hochschule zu studieren; er besuchte uns häufig. Auch er war intelligent, aber durchaus nicht strebsam. Er mußte vor dem Studium ein praktisches Jahr absolvieren und kam bei Mannesmann an. Der Vater war unzufrieden, weil er dadurch ein Jahr verliere. Der Sohn schrieb ihm: «Vater weißt Du nicht, daß der Erfolg der deutschen Ingenieure darauf beruht, daß sie von der Picke an lernen». Wie es bei ihm damit bestellt war, erzählte er sehr freimütig. Sein Meister war Briefmarkensammler; er verschaffte ihm alle irakischen Briefmarken und wurde deshalb sehr nachsichtig behandelt. Wenn er nicht arbeiten wollte, ging er einfach aus der Fabrik hinaus. Es gab zwei Tore, der eine Pförtner konnte etwas Französisch, der andere etwas Englisch, da viele Ausländer das Werk besuchten. Er ging ins Kaffee und ruhte sich ausgiebig aus. Dann ging er zum Tor mit dem Pförtner, der nur Englisch konnte, wurde angehalten, sagte aber auf Französisch sehr nachlässig und von oben herab: «Je ne comprend pas» und ging durch. Als er dann das Studium anfing, betätigte er sich in vornehmen Wintersportorten als Skilehrer, doch nehme ich an, mehr abends mit den Damen, die ihn wahrscheinlich für einen orientalischen Prinzen hielten. Schließlich schöpfte der Vater Verdacht und bat mich, beim Dekan anzufragen, wie die Leistungen seines Sohnes seien. Die lakonische Antwort war: «Wenn er nicht endlich das erste Examen in diesem Jahr ablegt, fliegt er hinaus». Inzwischen brach im Irak die Revolution aus, der König wurde ermordet, der Dekan floh nach Ägypten und kam dort unter, vom Sohn hörten wir nichts mehr. Er soll eine Deutsche geheiratet haben.

Der Dekan bat mich, einen Vortrag zu halten. Daran hatte ich nicht gedacht und deshalb keine Unterlagen mitgenommen. Da fielen mir die Klimadiagramme ein. Ich erfuhr, daß der zentrale Wetterdienst beim Flughafen sei und der Leiter ein Deutscher. Ich rief ihn an, er versprach mir, die Mittelwerte von allen Stationen zu geben. Ich beschaffte mir Millimeterpapier. Die ganze Nacht zeichnete ich mit meiner Frau Klimadiagramme (es waren wohl 25–30, auch aus den Gebirgen im Norden und Osten). Am nächsten Tage wurden sie auf einer großen Karte des Irak befestigt und ich berichtete über die Klimagliederung des Irak, über das Klima der Wüstengebiete, der mit Steppencharakter und der bewaldeten im Gebirge. Der Dekan war sprachlos, zwei Tage bin ich im Lande und berichte über dessen Klimagliederung. Er bestellt gleich 100 Klimadiagrammkarten des Irak, die im Ulmer-Verlag in Stuttgart gedruckt wurden. Ich mußte noch einen Vortrag halten. Diesmal wählte ich den Wasserhaushalt der Wüstenpflanzen und die Frage, wann man den Pflanzen bei Bewässerung Wasser geben müsse. Wir wurden auch zu einem großen Abendessen eingeladen im Familienkreis. Eigentlich sollte dazu ein sehr prominenter Gast kommen, aber dieser sagte im letzten Augenblick ab.

Wir hatten Gelegenheit, das Museum in Bagdad zu besuchen, das mit dem in Kairo wetteifern kann. Es enthält einzigartige Schätze aus Babylon, das erste Alphabet in Keilschrift, die ältesten Ackergeräte, sehr feinen Goldschmuck, darunter Blätter der Euphratpappel, wunderbar nachgemacht. Es war räumlich schon zu klein, ein viel größerer Bau wurde erstellt.

Wir wollten das Gebiet von Basrah kennenlernen und fuhren mit dem Nachtzug hin, am Tage war es im Zuge schon zu heiß. Dort brachte man uns im superluxuriösen Flughafenhotel unter, sehr hohe Räume, der Speisesaal eine riesige Halle. Im Badezimmer waren die Handtuchhalter Messingrohre, die geheizt wurden, damit die Handtücher immer trocken blieben. Es war selbst Ende Februar heiß und am ersten Tag ein Staubsturm. Im Sommer kann es 50°C im Schatten werden; die Leute schlafen dann auf den flachen Dächern ihrer Häuser.

Basrah ist das irakische Venedig mit lauter Kanälen; alles wird auf Kähnen transportiert. Deswegen ist es auch schwül und von Touristen gemieden, infolgedessen noch richtiger Orient.

Von Basrah bis zum Persischen Golf erstreckt sich ein riesiges Dattelpalmen-Gebiet, ebenfalls durch lauter Kanäle zerschnitten. Die Dattelpalme will mit dem Kopf im Feuer und mit dem Fuß im Wasser stehen, wie die Araber sagen. Sie darf jedoch nicht dauernd im Wasser stehen, denn dann verfaulen die Wurzeln. Hier sind dafür ideale Verhältnisse. Die Flut staut im Schat-el-Arab das Flußwasser, und es steigt bis Basrah an, bei Ebbe fällt es. Diese Wasserschwankung macht sich im ganzen Dattelpalmen-Anbaugebiet bemerkbar. Ohne eine Hand zu rühren, werden die Palmen zweimal am Tage auf diese Weise bewässert. Die Erträge einiger Millionen von Palmen sind so groß, daß für sie keine Verwendung ist. Es wurde gerade mit deutschen Stellen verhandelt, ob man nicht die Datteln in großen Frachträumen per Schiff als Viehfutter nach Deutschland exportieren könnte. Es sind ja nicht süße, sondern stärkehaltige Brotdatteln; die Konfektdatteln müssen zuvor eine Gärung durchmachen. Aber die technischen Schwierigkeiten waren für den Großexport doch wohl zu groß. Zum ersten Mal haben wir hier auch Dattelsyrup als Brotaufstrich bekommen, ähnlich wie Pekmes, den Weintraubensaft-Syrup, in der Türkei. Er erinnert an Biomalz. Er schmeckte uns gut. Sofort erhielten wir zwei große Flaschen zum Mitnehmen. Aber auf die Dauer ist er doch zu süß und wenig aromatisch. Auch die Araber lieben alles sehr süß. Einmal war der Sohn des Dekans zum Tee bei uns in Hohenheim. Während er sich mit mir unterhielt, nahm er aus der Zuckerdose ein Stück Zucker nach dem anderen. Beim 5. Stück sah ich ihn erschreckt an, ich glaubte, er tue es unbewußt. Er erklärte aber, er liebe es sehr süß und nahm noch einige Stücke. Er gestand auch, daß, wenn er ein Pfund Stückzucker besorge, er dieses oft auf dem Wege nach Hause vollständig aufesse.

Wir fuhren ins Dattelpalmengebiet hinein, das in lauter kleine Stücke parzelliert ist, mit einer kleinen Wohnhütte aus Palmblattrippen für die Wände und den Wedeln fürs Dach. Oft sind die Kulturen dreistöckig: 1) Dattelpalmen, 2) Orangenbäume und 3) Feldfrüchte. Auch Bananen gedeihen gut, in einigen Gärten waren auch schöne blühende tropische Gehölze. Stundenlang fährt man auf schmalen Wegen und immer über Brücken durch dieses Paradies, wie es im Koran geschildert wird.

Als wir ans Ufer des Schat-el-Arab kamen, war ein junges Hochzeitspaar gerade dabei, die Mitgift auf lange schmale Boote zu verladen, da der Bräutigam, wie es scheint, aus Persien stammte und die junge Frau auf die andere Seite der Flußmündung bringen wollte. Das andere Ufer gehört als schmaler Streifen noch zum Irak. Wir ließen uns ebenfalls auf einem schmalen Boot hinübersetzen, um nach Persien hinüberzuschauen. Auf dem breiten Wasserstrom ankerten mehrere große Frachter. Nirgends waren Hafenanlagen zu sehen. Offensichtlich erfolgte die Ent- und Beladung der Dampfer über Frachtkähne, die am Dampfer anlegen. Sehr groß kann der Warenumschlag nicht sein. Das Erdöl wird aus dem Mosulgebiet über mehrere Rohrleitungen zum Mittelmeer gepumpt. Die andere Seite war fast unbewohnt, das Gelände war sumpfig und es wuchsen nur wenige zerstreut stehende Dattelpalmen. Wahrscheinlich wurde dieses Gelände an der Grenze als Niemandsland behandelt.

Den direkten Gegensatz stellt das Gebiet flußaufwärts von Basrah dar, das etwas erhöht ist. Nur im Winter regnet es etwas, insgesamt im Jahr im Mittel etwa 120 mm. Nach den Winterregen sprießt etwas Grün, namentlich in tieferen Stellen, in die das Regenwasser hineinfließt. Aber bald ist diese ephemere Vegetation verdorrt. Es ist also eine Wüste. Von weitem sah man die Raffinerien und das Abfackeln leicht flüchtiger Gase des Erdöls, für die man keine Verwendung hat. Zwar ist in einer Kiesschicht in 15 m Tiefe immer Wasser, das unterirdisch vom Flusse dauernd gespeist wird und als Grundwasser langsam nach Süden fließt, aber die trockenen Bodenschichten darüber kann keine Pflanzenwurzel durchdringen. Holzgewächse findet man deshalb nur in den Auen am Flußufer.

Aber die Bauern nutzen das Grundwasser doch für den Anbau von Gemüse, denn es kann in Basrah leicht abgesetzt werden. Sie haben Brunnen gegraben und heben das Wasser in Säcken aus Ziegenfellen, die ein zum Brunnen und von diesem weg laufender Esel hebt, an mehreren Stricken, die so raffiniert geführt werden, daß wenn der Sack ins Wasser taucht, dieser sich mit Wasser füllt. Dreht der Esel sich um und läuft den Graben abwärts, um das Heben zu erleichtern, so hebt ein Strick die Öffnung des Sacks in die Höhe und er bleibt gefüllt. Dreht sich der Esel unten um, dann fällt das Ende mit der Öffnung herunter und das Wasser fließt aus dem Sack durch eine Rinne in ein Wasserbecken. Alles vollzieht sich ganz automatisch, man muß nur achten, daß der Esel dauernd herauf und hinunter läuft. Aus dem Becken wird das Wasser beim Bewässern in Gräben geleitet, die zentrifugal vom Brunnen laufen und in diesen Gräben wird das Gemüse gepflanzt, z. B. Tomaten, aber auch vieles andere. Im Sommer ist es so heiß, daß man am Tage fünfmal bewässern muß. Das Wasser sickert natürlich in den Boden und infolge der starken Bewässerung ist schließlich der ganze Boden bis zum Grundwasser durchfeuchtet. Das Grundwasser ist zwar salzarm, aber durch die starke Verdunstung von der Bodenoberfläche reichert sich doch so viel Salz in der obersten Bodenschicht an, daß man nur ein Jahr Gemüse pflanzen kann. Meist wird nur ein Sektor von 60° um den Brunnen bewässert, jedes Jahr ein anderer, so daß man einen Brunnen 6 Jahre benutzen kann und erst dann einen neuen an einer anderen Stelle ausheben muß. Aber die Bauern sind auf den schlauen Gedanken gekommen, zwischen die Gemüsepflanzen einzelne Stecklinge des Tamariskenbaumes zu pflanzen, die sich leicht bewurzeln. Wird der Anbau nach einem Jahr im Graben aufgegeben, so wachsen die Tamarisken noch weiter; denn der tiefere Boden ist ja durchfeuchtet. Von Jahr zu Jahr wächst die Wurzel ohne Bewässerung tiefer, bis sie das Grundwasser erreicht; die Wasserversorgung des jungen Baumes ist dann gesichert. An der Stelle der früheren Gemüseanbauflächen wächst ein Tamariskenwald heran, der schon nach 25 Jahren wertvolles Brennholz liefert. Man schlägt ihn, aber aus dem Stumpf wachsen Stockausschläge heraus, die wieder nach 25 Jahren abgeholzt werden. Wir waren überrascht, in der Wüste schon eine weite Waldfläche zu sehen. Ein Haken ist dabei. Die Tamarisken scheiden durch die Salzdrüsen der Blätter Kochsalz aus, das als feines Pulver zu Boden fällt. Mit der Zeit wird auf diese Weise die Bodenoberfläche immer mehr versalzen. Noch ist es nicht so weit, denn wir sahen im Schatten der Bäume nach dem Winterregen einige salzempfindliche Zwiebelpflanzen blühen und auch einjährige Kräuter, wie sonst in der Wüste. Daraus folgt, daß man jede Wüste aufforsten kann, wenn in einer gewissen Tiefe dauerndes Grundwasser vorhanden ist. Man muß nur die gepflanzten Bäume ein Jahr sehr stark bewässern, damit der ganze Boden bis zum Grundwasser durchfeuchtet wird. Solche Wüsten, die von großen Flüssen durchflossen werden und Grundwasser haben, sind nicht selten.

Wir kehrten nach Bagdad zurück und fuhren mit Dr. Rami in einem Auto zu den Ruinen von Babylon und zum großen Euphrat-Damm. Die ausgegrabene Prozessionsstraße mit den Fabeltieren an der Wand, alles aus grünen glasierten Ziegeln, war sehr beeindruckend. Der Asphaltmörtel zeigte selbst nach über 4000 Jahren keine Spuren der Verwitterung. Das andere Imposante war der wunderbare Löwe über dem am Boden liegenden Menschen – die durch den Löwen symbolisierte wilde Natur wird doch über den Menschen triumphieren! In Babylon ist es eingetroffen. Rings um die Ruinen sieht man den Verlauf der früheren Bewässerungsgräben, aber der Boden ist nicht mehr für den Anbau zu gebrauchen – er ist versalzen. Die Babylonier kannten die Regel nicht: Keine Bewässerung ohne Entwässerung. Umweltverschmutzung! – und wie ist es bei uns? Droht nicht dieselbe Gefahr?

Nach der Rückkehr kam die Frage, wie ich mich entscheiden würde. Ich sagte, ich könnte meine Verpflichtungen in Hohenheim nicht aufgeben, aber ich würde einen tüchtigen jungen Mann senden. Einwand: Es müßte ein Professor sein. Ich sagte: «Es sei ein erfahrener ‹Assistent-Professor› (ich dachte an Dr. Kreeb, der sich für Bewässerungsfragen interessierte), dem würde die Planung des neuen Instituts große Freude bereiten. Darauf einigten wir uns. Tatsächlich war Dr. Kreeb bereit. Ich schärfte ihm ein, daß er für seine Versuche alles bis auf die letzten Gummipropfen und Glasröhren mitnehmen müßte, was er auch tat. Ich riet ihm, nichts zu schicken, sondern alles im Auto mitzunehmen. Er nahm die Familie mit, fuhr mit dem Schiff nach Beirut, von dort die gute Straße nach Bagdad.

Bald nach seiner Ankunft schrieb der Dekan mir, so etwas sei ihm noch nicht vorgekommen. Am zweiten Tag hätte Kreeb seine Apparate ausgepackt und hätte mit den Versuchen begonnen. Die Amerikaner und Engländer wären jahrelang da und hätten nur Vorlesungen gehalten. Hinfort würde er nur noch deutsche Lehrkräfte berufen. Nach einem halben Jahr wurde Kreeb beauftragt, in Deutschland je eine Lehrkraft für Gartenbau, für Forstwirtschaft und für landwirtschaftliche Maschinen anzuwerben. Das klappte, und alle vier bildeten drei Jahre lang ein gutes Team in Abu Graib. Da kam die Revolution, die Kommunisten erhielten die Macht, die Bundesdeutschen mußten das Feld räumen und es kamen DDR-Männer.

Zurück fuhren wir mit dem Dolmusch von Bagdad ab. Wir beide saßen neben dem Fahrer vorne, hinten quetschten sich vier Kuwaiter Händler mit sehr vielen Bündeln als Gepäck. Mittags ging es los, hinüber zum Euphrat, diesen aufwärts bis Ramada, dann abends zur Syrischen Wüste nach Westen. Durch diese führte eine tadellose asphaltierte Straße, an Asphalt fehlte es ja im Lande nicht. Durch die Wüste fährt man nachts, weil es am Tage zu heiß ist. Leider sah man nur im Scheinwerferlicht die Straße und etwas vom Rande, der grün erschien. Merkwürdig dieser Pflanzenwuchs in der Wüste? Als der Fahrer einmal hielt, stieg ich aus, um den Pflanzenwuchs anzusehen. Es war ganz finster, aber im Licht der Taschenlampe sah man, daß nur ein schmaler Streifen am Rande des Asphalts grüne Pflanzen aufwies, während sonst der Boden vegetationslos war. Ich erfuhr, daß es einige Tage vorher geregnet hatte, vielleicht etwa 5 mm. Das genügte nicht, um im trockenen Boden die Keimung der Samen zu bewirken. Aber von der etwas gewölbten Asphaltstraße fließt der Regen quantitativ ab, so daß der Straßenrand mehr Wasser erhielt, etwa 20 mm Regen entsprechend, so daß eine Keimung möglich war. Diese Begünstigung des Straßenrandes in den Wüsten fand ich auch in Ägypten längs der Autobahn Alexandria-Kairo, aber ebenfalls an der Asphaltstraße, die heute in Zentral-Australien von Alice Springs nach Darwin führt.

Der Verkehr durch die Syrische Wüste war nicht groß, nur einige PKW und ein Bus kamen uns entgegen, für den Frachtverkehr war diese 1000 km lange Strecke wohl zu kostspielig.

Um nicht einzuschlafen, ließ der Fahrer das Radio in voller Lautstärke laufen. Zufällig kam klassische Musik, ich glaube es war Beethoven. Sofort schaltete er auf arabische Musik um. Bei der Universitätsfeier in Ankara spielte das Orchester des Theaters ebenfalls Beethoven, aber die Studenten langweilte es. Sie hörten nicht zu und unterhielten sich laut. Das Musikempfinden ist bei den Völkern doch sehr verschieden und ändert sich auch bei uns, wie man heute merkt, sehr stark.

Es war noch völlig dunkel, als wir die jordanische Grenze mitten in der Wüste erreichten: Nur eine kleine Holzbaracke, ein elektrisch erleuchteter Parkplatz im tiefen Staub und ein Schlagbaum.

Wir hielten, der Zollbeamte kam und kontrollierte das Gepäck. Die Kuwaiter legten ihre Bündel in den Staub, der Beamte wühlte darin und warf alles in den Staub. Ich hatte unseren Koffer auch herausgestellt. Das könnte ja schön werden, wenn er auch unsere Wäsche in den Staub werfen würde. Er verlangte den Paß. «Aleman», die Kontrolle war erledigt. Aber ich mußte mit den Pässen zum Abstempeln in die Baracke. Dort wurde nach dem Impfschein gegen Pocken gefragt. Ich sagte, wir hätten uns im Oktober vor der Abfahrt aus Deutschland gegen Pocken und Typhus impfen lassen, ich sei Gastprofessor in Ankara, mache nur eine Rundreise und hätte den Impfschein nicht mitgenommen. Der Beamte riet, mich nochmals hier impfen zu lassen. Neben dem Sanitäter stand ein Araber, der gerade geimpft wurde. Das Blut floß ihm den Arm hinunter. Wer weiß, womit sie uns infizieren könnten. Ich sagte ihm, es sei wirklich nicht notwendig, sich nach 4 Monaten nochmals impfen zu lassen. Das wüßte jeder Arzt. «Er wolle doch nur unser Bestes» meinte der Beamte. Als er merkte, daß ich mich standhaft weigerte, ließ er uns weiterfahren.

Bald wurde es hell. Nun konnte man die Wüste sehen. Sie war leicht hügelig, aber fast nur nackter dunkler Stein, wohl Wüstenlack. Ganz wenige, niedrige holzige Büsche, aber vom rasch fahrenden Auto nicht zu erkennen. Der Fahrer wollte rasch Amman erreichen. Bald sah man Häuser und Gärten, dann die Stadt selbst. Alles war festlich beflaggt, ein aufgebauter Triumphbogen mit arabischer Aufschrift, wohl ein Willkommensgruß, aber nicht für uns. Der König hatte sich wiedermal verlobt; diesmal, glaube ich, mit einer ägyptischen Prinzessin.

Wir hielten vor einem modernen Café. Es hieß, ein anderer Dolmusch würde uns nach Jerusalem bringen. Das war uns recht, für die Gebirgsfahrt durch den Jordangraben, über 1200 m hinunter und ebensoviel gleich wieder herauf, war uns ein ausgeruhter Fahrer mit frisch gerichtetem Auto lieber. Wir waren müde und hungrig, eine Pause tat gut. In einer halben Stunde ging es weiter, die Kuwaiter kamen nicht mit. Der Ostrand des Jordangrabens im Luv der Westwinde vom Mittelmeer erhält ziemlich viel Regen (500–700 mm), aber nur ein 20 km breiter Streifen bis Amman ist mit mediterraner Macchie und einem lichten Aleppo-Kiefernwald bewachsen, meist kultiviert mit viel Obst und dicht besiedelt. Gleich östlich von Amman beginnt die überweidete Steppe und dann die Wüste mit nur 100 mm Regen oder weniger.

Bald ging es in scharfen Serpentinen hinunter und man schaute in den tiefen Grabenbruch. Die Vegetation wird spärlicher. Wir sind sehr hoch über dem Jordantal, da steht eine Aufschrift mit einer Linie «Meeresspiegel». Aber es geht weiter unter den Meeresspiegel. Der Spiegel des Toten Meeres liegt bei − 387 m unter NN. Die Hänge sind wüstenhaft mit wenigen Dornbüschen und *Retama*. Nun sind wir unten und gleich darauf an der Allenby-Brücke über den Jordan, ein sehr kümmerliches Flüßchen mit Ried und Büschen am Ufer entlang. Wir halten und wollen den Jordan fotografieren. Ein Wachtposten steht an der Brücke. Ich frage, ob es erlaubt ist, man kann nicht vorsichtig genug sein. «Den Fluß ja, die Brücke nicht.» Auf der anderen Seite liegt Jericho. Das Tal ist Wüste mit um 100 mm Regen, aber man kann bewässern. Jericho liegt nicht direkt an der Straße; wir fahren durch merkwürdige Bananenplantagen. Die Bananenblätter sind gegen Trockenheit sehr empfindlich; deshalb wächst jede

Pflanze in einer etwa 3 m tiefen Grube, in die Wasser zum Bewässern hineingelassen wird. Die Blattspitzen, die über die Grube hinausragen, trocknen gleich ab, aber die Pflanzen haben viele Früchte. Da wir allein im Auto sind, können wir halten und Aufnahmen machen, doch viel Zeit haben wir nicht, auch sind wir nach der langen Nachtfahrt sehr müde. Jetzt geht es wieder aufwärts. In der Ferne sieht man den Spiegel des Toten Meeres. Hier im Regenschatten ist alles tot – die Wüste Judäa. Die Serpentinen werden immer steiler. Wir sind am Ostfuß des Ölberges, alles kahler Fels. Die Straße führt um den Berg herum. Plötzlich liegt auf der linken Seite die Mauer von Jerusalem vor uns mit der Kuppel der Omarmoschee und vielen Kirchtürmen dahinter. Direkt an der Straße rechts, nur durch eine Mauer abgegrenzt, ist der Garten Getsehmane mit uralten Ölbäumen und der Kirche darin. Uns wurde das kleine Hotel «Jerusalem» empfohlen; es liegt außerhalb der Mauer von Jerusalem vor dem gleichnamigen Tor. Wir bekommen ein nettes Zimmer, die Fenster gehen auf das Niemandsland hinaus. Gegenüber nur leere Häuser. Wer diese Zone betritt, wird von arabischer oder israelischer Seite erschossen. Aber wir wollen nur schlafen. Es war der 28. Februar 1955.

Am nächsten Tag wollten wir die biblischen Stätten besuchen, die fast alle auf arabischem Gebiet lagen. Der freundliche Pensionswirt empfahl uns einen Führer zu nehmen, weil wir nur einen Tag bleiben konnten. Zum Semesteranfang mußten wir wieder in Ankara sein. Zuerst lehnte ich ab, weil die Führer zu viel schwatzen, aber er meinte, er würde einen guten Führer empfehlen, der nur das Nötigste sage. Es war ein arabischer Christ. Ohne ihn hätten wir nicht alles sehen können, er regelte alles und hielt die zudringlichen Bettler ab. Zuerst ging es nach Gethsemane: Ein großer Garten mit uralten Ölbäumen mit Stämmen von 1 m Durchmesser, bei denen aber wie bei alten Weiden nur noch die etwa 10 cm dicken äußeren Teile mit der Rinde vorhanden waren, das innere Holz aber längst zerfallen. Da Ölbäume sehr langsam in die Dicke wachsen, wäre es möglich, daß sie tatsächlich 2000 Jahre alt waren. Zwischen ihnen waren viele bunte Gartenpflanzen in Blüte. Mir wäre es lieber gewesen, man hätte den Garten unverändert gelassen. Der Felsen, an dem Jesus betete, war durch ein Eisengitter geschützt, weil die Touristen versuchten, Stücke abzuhauen als Souvenir. Darüber hatte man eine Kirche gebaut, aus Spenden aller christlichen Konfessionen. Wir gingen auf den Ölberg hinauf. An den steinigen Hängen blühte in Massen die *Anemone coronaria*, mit roten oder blau-violetten Blüten, die man bei uns auch in Blumengeschäften sieht. Hier sind es wilde Pflanzen, die sich nach den Winterregen entwickeln. Von oben hatte man einen schönen Blick auf Jerusalem bis in den israelischen Teil hinein. Dann ging es nach Bethanien, das nur wenige Kilometer von Jerusalem entfernt ist: Ein einfaches arabisches Dorf mit kleinen viereckigen, wenig übermannshohen Behausungen mit Wänden aus rohen Kalksteinen und flachen Dächern; auf der einen Seite eine niedrige Türöffnung, auf der anderen eine winzige Fensteröffnung. Auch das Haus des Lazarus war nicht anders.

Bethlehem ist etwa 20 km von Jerusalem entfernt, doch war die direkte Straße gesperrt, da sie über israelisches Gebiet führte. Die Wiese, auf der die Hirten die frohe Botschaft von den Engeln erfuhren, ist nicht weit von der Geburtskirche. Die Eingangstür in diese ist so niedrig, daß jeder, der eintritt, seinen Kopf tief verneigen muß. Vom großen Kirchenraum führt eine Treppe hinunter zu der Stelle, wo die Krippe stand: Die Wände der Grotte mit Gold und Silber geschmückt, die eine Hälfte griechisch- die andere römisch-katholisch. Wie es in Wirklichkeit ausgesehen hatte, konnten wir auf der Fahrt durchs Land sehen: An der Straße bildete das anstehende Kalkgestein eine 4 m hohe Wand; unter einer dicken Kalkschicht hatte sich eine vorne offene, etwa 5 m tiefe, mannshohe Höhle gebildet. Diese war vorne durch eine 1 m hohe Mauer aus übereinandergelegten Felsstücken abgesperrt mit einem schmalen Eingang, den man mit Dornzweigen versperren konnte. Hinter der Mauer, vor Regen und Wind geschützt, stand der Esel und die Ziegen (für eine Kuh ist die Weide zu kärglich). So sah der Stall aus, «denn es war kein Raum in der Herberge».

In Jerusalem ist das Goldene Tor, durch das Jesus auf dem Esel sitzend am Palmsonntag einzog, zugemauert, weil hinter ihm, an der Stelle des Tempels, heute das islamische Heiligtum, die große Omar-Moschee steht mit einem weiten Hof, in den der Weg für die christlichen Pilger gesperrt wurde. Unweit an der Via dolorosa liegt das Haus des Pilatus und gegenüber das, in dem Jesus die Dornenkrone aufs Haupt gesetzt wurde; dann folgen die verschiedenen Stationen auf dem Weg nach Golgatha, doch ist der letzte Teil von der Begräbniskirche eine sehr belebte Ladenstraße mit Souvenirläden u.a. Alles das ist sehr störend, ebenso wie die Kirche, die über Golgatha und das Grab von der Kaiserin Helene von Byzanz 300 Jahre n. Chr. gebaut wurde. Man geht durch verschiedene Kirchenräume über Treppen aufwärts in einen Raum mit einem griechisch- und römisch-katholischen Altar, dazwischen sind die Stellen bezeichnet, an denen die 3 Kreuze standen, dann steigt man tief hinunter an die Stelle des Grabes; auch hier ist alles mit Silber, Gold und Edelsteinen ausgeschmückt – eine Pracht, die gar nicht zu der schlichten Evangeliumsgeschichte paßt. Doch erfuhren wir, daß der prähistorisch interessierte englische General Gordon, der Gouverneur von Palästina nach dem Ersten Weltkrieg, eine andere Stelle außerhalb des heutigen Jerusalem, nicht weit von unserem Hotel für das richtige Golgatha hielt und daß dort noch Ausgrabungen gemacht werden. Wir gingen gleich hin und dort erhielt man den richtigen Eindruck. Es war eine wenig bewachsene gewölbte Anhöhe mit einem Steilhang, an dem die Kalksteinschichten so verliefen, wie die Knochen an einem Schädel – deshalb nach Gordon «Golgatha» = Schädelstätte. Am Fuß der Anhöhe war ein Garten mit einer Grabstätte im Felsen, die jedoch keine Reste eines Leichnams aufwies. Dies soll nach Gordon der Garten des Josephs von Arimathia gewesen sein. Denn dort fand man eine tiefe Zisterne, die jedoch nicht mit Wasser gefüllt war, sondern in der Tiefe einen Raum hatte mit einem großen Kreuz an der Wand – also wohl eine geheime Stelle, wo sich die verfolgten Christen versammelten, gerade hier bei Golgatha mit dem Grabe des Auferstandenen. Wir wurden sehr freundlich von einer Engländerin geführt, der Frau des Mannes, der die weiteren Ausgrabungen leitete. Als wir einen Beitrag für die Fortsetzung der Arbeiten stifteten, erhielten wir ein deutsches Neues Testament mit einem Einband aus Ölbaumholz.

Der Aufenthalt im Heiligen Land mit den Ereignissen vor 2000 Jahren, die bis heute die europäische Geschichte bestimmen, ist etwas ganz besonderes. Man muß nur fernab von den Autostraßen und dem Fremdenverkehr das heutige Leben beobachten, dann kann man sich in die Zeit von vor 2000 Jahren zurückversetzen. Es ist ein kleines Land, in dem auch heute noch die Männer barfuß im langen Überwurf oder seitlich auf einem Esel sitzend oder ihn mit Lasten vor sich treibend von Ort zu Ort wandern. Selbst nach Nazareth in Samaria sind es von Jerusalm nur rund 200 km; doch konnten wir nicht hin, weil es zu Israel gehört. Mit einem israelischen Stempel im Paß wurde man in kein arabisches Land hereingelassen und wir mußten durch Syrien zurück.

Wer das Land aus eigener Anschauung kennt, muß zur Ansicht kommen, daß die natürliche Grenze von Israel, die eine gewisse Sicherheit garantiert, der Jordanfluß im tiefen Grabenbruch ist. Bei den damaligen Grenzen war Israel ein langer Streifen an der Küste mit einer mittleren Breite von etwas über 30 km, also wie von Stuttgart nach Tübingen, aber an der engsten Stelle nur 6 km breit und an der breitesten bei Jerusalem etwa 60 km. Natürlich müßten die westlich vom Jordan lebenden Araber eine Autonomie erhalten und Jerusalem ist für Juden, Moslems und Christen von gleicher religiöser Bedeutung.

Am 2. März kam die Fahrt nach Damaskus. Man mußte mit dem Dolmusch den Umweg über Amman nehmen und von dort nach Norden durch das klimatische Steppengebiet fahren; dieses war völlig kahlgefressen. Doch kamen wir an einem Munitionslager vorbei, das mit großen Stacheldrahtrollen gesichert war und streng bewacht wurde. Hinter dem Stacheldraht war keine Beweidung und sofort ein schöner dichter Grasteppich. Also dasselbe wie im Steppengebiet Anatoliens; nur tritt hier bei teilweiser Degradation eine andere Wermut-Art auf, *Artemisia herba-alba,* die auch in Nordafrika weit verbreitet ist.

Wenn man von der Höhe vor sich das Becken von Damaskus liegen sieht, so ist es eine grüne Oase, eingebettet in lauter Obstgärten mit unseren laubabwerfenden Obstarten; da die Winter nicht frostfrei sind.

Die Stadt hat ein französisches Gepräge; denn Syrien wurde lange von Frankreich beherrscht; die Umgangssprache war neben arabisch das Französische. Es ist eine schöne und interessante Stadt, in der der Apostel Paulus wirkte und in der er bekehrt wurde.

Am 3. März wurde alles besichtigt, auch das reichhaltige Museum und eine der ältesten erhaltenen Synagogen, innen sehr bunt ausgemalt. Besonders beeindruckend war im Basar die Straße der Goldschmiede: Lauter winzige Buden nebeneinander mit kaum 10 m² Grundfläche, aber voll mit Goldschmuck (Ringen, Armbändern, Spangen usw.) für Frauen. Diese behängen sich mit Goldschmuck; denn wenn der Mann sie nicht mehr haben will und sie wegschickt, dann kann die Frau alles mitnehmen, was sie am Leibe trägt. Das ist ihr Kapital und ihre Versicherung. Straßenraub, wie bei uns, scheint es nicht zu geben.

Am 4. März mußten wir nach Beirut im Libanon und hatten gerade Zeit, Balbek im Tal zwischen Antilibanon und Libanon zu besichtigen. An Stelle des heidnischen alten Tempels hatten die Römer ihre Tempel errichtet, den Jupitertempel, von dessen berühmten Säulen aus ägyptischem Granit nur noch wenige stehen. Das breite Tal mit einem Fluß dient dem Ackerbau, während Beirut am Westfuß des Libanon schon sehr hohe Winterniederschläge über 1000 mm erhält, so daß Orangen- und Bananen-Plantagen und andere Kulturen sehr verbreitet sind. Das Libanon-Gebirge war noch ganz mit Schnee bedeckt; es ist ein beliebtes Ski-Gebiet und erreicht eine maximale Höhe von über 3000 m.

Beirut, heute in Trümmern, war eine ganz moderne Handelsstadt mit vielen großen Banken, an der Strandpromenade ein hohes Luxushotel neben dem anderen. Wir kamen in einem sehr ruhig im Garten gelegenen billigen und sauberen, kleinen Hotel unter und konnten uns gut ausruhen.

Am nächsten Tag mußten wir die Türkei erreichen. Wir hatten mit dem Dolmusch ausgemacht, daß er uns nach Antakya, dem früheren Antiochia, bringt. Die Fahrt ging über Tripolis im Libanon nach Syrien hinein und über Latakia immer an der Meeresküste entlang durch eine üppige warm-mediterrane Landschaft, eine Erholung nach den vielen Trockengebieten des letzten Monats. Von Latakia bis zur türkischen Grenze wurde die Landschaft gebirgiger und es herrschte Aleppo-Kiefernwald vor. An der Grenze war nur ein Häuschen für den Grenzposten, der den Paß kontrollierte, weit und breit nur Wald. Die Zollstelle war in Antakya noch 50 km entfernt. Da nimmt der Fahrer unser Gepäck heraus und erklärt, er dürfe nicht die türkische Grenze überschreiten. Der Grenzposten bestätigt das. Was nun? wie kommen wir bis nach Antakya. Der Posten erklärt, er wolle für uns ein Taxi bestellen. Die Stunde, bis dieses kam, sahen wir uns die Waldvegetation an. Schließlich kommt ein Mercedes, aber eines der ersten Modelle, aus den Sitzen kamen die Sprungfedern heraus, die Scheinwerfer waren mit Stricken angebunden, entsprechend das Äußere des Wagens. Es blieb uns nichts übrig, als einzusteigen. Auf unsere Kosten setzte sich noch ein Türke zum Fahrer. Als wir vor dem Zoll in Antakya halten, ist Mittagspause. Die Koffer werden vor die verschlossene Tür gestellt, wir setzen uns drauf und warten mehrere Stunden. Schließlich kommt der Beamte und läßt uns herein. Alemans treffen hier selten ein, er will sich mit uns auf Englisch unterhalten. Er hat vor einigen Tagen einen Atlas gekauft, ist sehr stolz darauf und zeigt mir alle darin enthaltenen Karten. Wir sind hungrig und wollen ins Hotel. Die Koffer interessieren den Beamten nicht, er bestellt ein Taxi und schließlich sind wir in unserem Zimmer und bekommen auch zu essen. Am nächsten Vormittag sehen wir uns zu Fuß die nette Stadt an, vor allem die erste christliche Kirche in einer großen Höhle, in der der Apostel Petrus gepredigt hatte, und auch das Museum. Hier gibt es ja überall interessante historische Funde aus allen möglichen Epochen. Am Nachmittag geht es mit dem Dolmusch weiter nach Adana über Iskenderun, vorbei an dem schneebedeckten Amanus-Gebirge (1840 m ü. NN), das botanisch besonders interessant ist, weil in der oberen Waldstufe ein Buchenwald wächst, eine Exklave, die fast 500 km von dem Areal an der Südküste des Schwarzen Meeres entfernt ist. Auf der Hinfahrt hatten wir die Buchen aus dem Zuge gesehen. Im Golf von Iskenderun (Alexandrette) stauen sich von Westen die Wolken vor dem Gebirge, so daß der Wald im Sommer ständig im Nebel liegt und die Dürre nicht zur Auswirkung kommt. In einer früheren, feuchteren Epoche des Pleistozäns oder Postglazials muß eine Verbindung über die östlichen Gebirge mit dem Hauptareal bestanden haben. Adana liegt vor dem Taurus am Saros-(Seyhan)-Fluß in einer fruchtbaren Ebene mit Orangen-Kulturen.

Den 7. März benutzten wir, um nach Tarsus, der Geburtsstadt des Paulus zu fahren; dort ist auch das Kleopatra-Tor und ein römisches Kastell sowie ein gut untersuchtes Tell. Tells sind Kulturhügel in einer sonst ganz ebenen Landschaft, die auch in Mesopotamien verbreitet sind. Es sind Siedlungsorte, die bis in die Steinzeit zurückgehen und immer wieder besiedelt wurden auf den Trümmern und Schutt der vorherigen Siedlung bis in die Römerzeit und noch spätere Epochen. Jede von diesen hinterließ eine Kulturschicht, so daß die Tells mit der Zeit immer höher wurden. Hier bei Tarsus wurden alle Schichten untersucht und an einem Anschnitt sind sie bezeichnet worden für alle lesbar. Für die Datierung der Funde sind solche Tells besonders geeignet.

Am 8. März stand uns nun die lange Fahrt bis Ankara bevor. Wir hatten am Abend mit einem Dolmusch ausgemacht, daß er uns nach dem Frühstück im Hotel abholt. Um 6 h morgens werden wir geweckt, wir müßten sofort mitfahren. Verschlafen nehmen wir eine Katzenwäsche vor, packen alles zusammen und steigen ins Auto. Aber anstatt nach Ankara zu fahren, bleibt er auf dem Marktplatz stehen, um weitere Passagiere anzulocken. Wir waren die Lockvögel, denn der vordere Sitz war besetzt: er brauchte nur noch 3–4 für den Rücksitz. Er rief ständig «Ankara, Ankara.» Wir waren wütend, es wurde 8 h, bis der Wagen voll war und wir über den Taurus auf die Hochebene fahren und erst in Nigde Mittagessen konnten. Dann ging es durch die Gegend mit weißer vulkanischer Asche, es sind ja viele erloschene Vulkane vorhanden, am Salzsee Tuz Gölü vorbei, bis wir schon im Dunkeln todmüde nach Ankara kamen. Auch hier war ausgemacht gewesen, daß er uns vors Haus bringt, statt dessen lud er uns bei der Dolmusch-Garage am anderen Ende der Stadt aus. Auf unsere Proteste hin bestätigte der Garageninhaber, daß es dem Dolmusch in Ankara streng verboten ist, den Stadt-Taxifahrern Konkurrenz zu machen. Es dauerte nochmals, bis ein Taxi kam, aber endlich waren wir zu Hause und sanken nach einer kleinen Stärkung in die Betten. Die 27 Tage lange Fahrt war zu Ende. Wir hatten den ganzen Vorderen Orient ohne den Iran kennengelernt und unendlich viel Neues gesehen sowie eine Übersicht über die Vegetationsgliederung dieser Gebiete erhalten.

4. Forschungsreisen in Anatolien (vgl. Karte 3)

Es sollen nur die längeren Fahrten beschrieben werden und auch diese nur kurz, wobei wir auf die botanischen Ergebnisse nicht genauer eingehen können. Sie wurden an anderer Stelle veröffentlicht.

Die erste Fahrt unternahmen wir Anfang Februar: Prof. Birand wollte die Staatsdomäne Malaya bei Kırşehir südöstlich von Ankara besuchen und erhielt einen Dienstwagen mit Fahrer. Es war noch sehr winterlich, aber kein Schnee. Wir erreichten den Kizilirmak (Roten Fluß) und überquerten ihn bei Köprüköy. Die alte türkische Bogenbrücke aus Stein war nicht gerade, sondern machte über dem Fluß einen Winkel, weil die Pfeiler dort erstellt wurden, wo Felsen aus dem Flußbett herausragten. Die Domäne erreichten wir um die Mittagszeit, wurden gut bewirtet. Nach dem langen Mittagessen schloß sich eine Unterhaltung beim Kaffee an. Da sie auf türkisch geführt wurde, saßen wir still dabei. Ich hatte mir vorgenommen, im Orient nie die Ruhe zu verlieren, aber die Sonne sank immer tiefer. Die Domäne lag am Seyfe Gölü, also an einem See, und mich interessierte die Ufervegetation. Einige Mal flüsterte ich Birand zu, ob wir nicht hinausgehen könnten, aber er sagte immer: «Noch nicht, man müßte höflich sein.» Als es fast dämmrig war, fuhren wir endlich hinaus, aber man konnte nicht mehr viel erkennen, nur den Schilfgürtel am See. Wir übernachteten im Gästezimmer sehr komfortabel. Am nächsten Tag wurde die Domäne sehr genau besichtigt. Sie lag in 1150 m Höhe und umfaßte 20000 ha, wurde 1942 nach einer Brotverknappung in der Türkei gegründet, um die Landwirtschaft zu reformieren. Auf ihr wurde das dry farming (Trockenfarmverfahren) im Gebiet ausprobiert.

Der Winterweizen wird kurz vor Einsetzen der Regen im Oktober ausgesät und im Juni geerntet. Die Stoppel bleibt dann im Schwarzbrache-Jahr bis März stehen. Der Boden reichert sich dabei im Winter mit Wasser an; nach Auflaufen des Unkrauts im Frühjahr wird er 1–2mal bearbeitet (bis Juni), damit das Unkraut nicht das Bodenwasser verbraucht. Im Oktober pflügt man 25 cm tief um und drillt die Saat 7 cm tief. Die Ernte beträgt 15 dz/ha, was für dieses Trockengebiet sehr befriedigend ist. Auch Gerste und Hafer, etwas Grünmais und Futterrüben werden angebaut.

Der Maschinenpark besteht aus 45 PS Traktoren, 4–5-Schar-Pflügen von Eberhard/Ulm, 40 Mähdreschern aus USA, Scheibenpflügen und Scheibeneggen sowie Lastwagen und Jeeps.

Das Personal, bestehend aus einem Direktor mit 22 Beamten und Angestellten sowie 250 ständigen Arbeitern (im Sommer bis 1000), ist wie immer im Orient, sehr reichlich bemessen. Wohngebäude, Schuppen, Ställe für Pferde und Kühe zur Selbstversorgung, Speise- und Backhaus, Krankenhaus mit Sanitäter, sehr schönes Gästehaus und Elektrizitätszentrale, Pumpenhaus und zwei Wasserbehälter sind in guter Ausführung vorhanden. Zum lebenden Inventar gehören: 2000 Schafe mit Zuchttieren, eine junge Rinderherde, Zuchthengste, 800 Hühner und ein großer Taubenschlag. Eine Quelle bewässert das Gemüseland. Von Bäumen werden gepflanzt: Aprikosen, Robinie, Kiefer und Eschenahorn *(Acer negundo)*. Die natürliche Weide ist auch hier eine degradierte Wermut-Steppe, doch erinnert das Bodenprofil an eine humusärmere Variante der ukrainischen Schwarzerde, was ein Beweis für eine ursprüngliche Grassteppe ist. Auf feuchtem Boden am See versuchte man, die Weide durch Aussaat von Hundszahngras *(Cynodon dactylon)* zu verbessern.

Nach dem ausgiebigen Mittagessen wurde uns vor der Abfahrt ein riesiger gerupfter Truthahn als Geschenk überreicht.

In den kleinen Dörfern des Steppengebiets werden die Häuser aus luftgetrockneten

Lehmziegeln gebaut, mit flachen Dächern, die von Pappelbalken getragen werden (den einzigen Bäumen, die um Quellen und an Bächen wachsen), und mit Lehm über einer Reisiglage verschmiert. Die Häuser haben einen kleinen Kamin, kleine Fenster und eine Tür. Auf dem Dach wird das Stroh aufbewahrt, damit die Ziegen es nicht auffressen. Zum Heizen wird, Ziegenmist in Brikettform an der Sonne getrocknet, verwendet.

Der Rückweg führte weiter nördlich durch ein wildes Gebirge mit kahlen Hängen, dann über einen Paß in 1300 m Höhe. Hier Eichengebüsch mit hohem Wacholder, darüber sah man die Schwarzkiefernstufe.

Die nächsten Tage mußten wir den Truthahn vertilgen. Am ersten Tag war es eine Delikatesse, am zweiten auch, aber dann konnten wir ihn nicht mehr sehen. Die Hälfte war noch übrig, als wir nach Bagdad abfahren mußten. Zum Glück war gerade an diesem Tag mein Gartenmeister Hasenbalg aus Hohenheim eingetroffen. Birand hatte ihn gebeten, bei der Einrichtung des Botanischen Gartens in Ankara zu helfen. Er sollte während unserer Abwesenheit in unserer Wohnung hausen. Wir übergaben ihm den halben Truthahn, worüber er sehr glücklich war, hoffentlich bis zum Schluß.

Für die zweite Fahrt benutzten wir die Osterferien im April:

Wir fuhren sehr weit in den Süden über den Taurus bis ans Mittelmeer. Diesmal steuerte ich selber meinen VW-Bus. Professor Birand gab uns ein Schreiben der Universität an die Forstdirektion mit. Diese sollte uns behilflich sein.

Auf der Hochfläche waren die Weizenäcker grün, aber es herrschte Aprilwetter mit Schneeböen. Der Weg führte am Tuz Gölü, dem Salzsee, vorbei, wo im Sommer, bei niedrigem Stand des Seespiegels, Salz gewonnen wird, und in die weite, wasserreiche Niederung von Konya mit vielen angepflanzten Bäumen. Konya war die Hauptstadt der islamischen Seldschuken, die aus Mittelasien einbrachen und bis ins 13. Jahrhundert Anatolien beherrschten. Die Stadt ist reich an Baudenkmälern aus dieser Zeit, Moscheen, der Medresse (Schule für Geistliche) und solchen des islamischen Ordens der Derwische, zu deren Riten extatischer Tanz gehörte.

Hinter dem großen See von Beyşehir begann der Schwarzkiefernwald mit blühendem Winterling *(Eranthis)*, zwischen Felsen leuchteten die violetten Polster der Aubretien, wie bei uns in Steingärten, in einer Schlucht fanden wir die ersten Tannen *(Abies cilicica)* schon in 1260 m Höhe. Herrliche Bäume wuchsen am Paß in 1540 m NN; aber kurz vorher setzte plötzlich ein Schneesturm ein. Im ersten Gang ging es höher und höher, der Schnee wurde immer tiefer. Die Gegend war völlig unbesiedelt; wir durften den Weg nicht verlieren. Endlich ging es bergab, man atmete auf, der Schnee wurde auf der Südseite des Gebirges nasser, und dann goß es wie aus Kübeln; der Weg verwandelte sich in einen Bach. Endlich tauchte ein Haus auf, etwas tiefer eine Ortschaft, die Spannung legte sich. Als wir Alanya am Meeresufer erreichten, war es dunkel, jedoch warm und kein Regen. Mit Mühe kamen wir in diesem überfüllten Heilort für Asthmatiker unter.

Alanya, im Schutze des bis 4000 m hohen Taurus, ist der wärmste Ort Anatoliens, frostfrei und mit sehr hohen Winterniederschlägen, die uns noch erfaßt hatten und heißen, ganz trockenen Sommern. Hier werden auf weiten Flächen Bananen mit Bewässerung kultiviert, zur Versorgung der ganzen Türkei. Über dem Ort sieht man die Ruinen einer mittelalterlichen Burg. Am Meeresufer steht ein roter Turm mit Festungsmauern. Das Wichtigste ist jedoch eine riesige kuppelförmige Tropfsteinhöhle in einem Kalkberg am Meer mit einem Eingang direkt am Meeresufer nur 1–2 m über dem Meeresspiegel. In solchen Höhlen ist die Temperatur das ganze Jahr hindurch konstant und gleich dem Jahresmittel des Ortes, in Alanya somit etwa 20 °C. In dieser Höhle verbringen die Asthmatiker den ganzen Tag; das Essen nehmen sie mit. Als wir in die Höhle hereinkamen, sahen wir auf den terrassenförmig aufgestellten Bänken die Leute sitzen. Es roch stark nach Knoblauch, der Lieblingsspeise der Türken. Die Leute langweilten sich furchtbar. Die Alemans waren eine Sensation! Wir wurden in die Mitte gesetzt und die Unterhaltung und das Befragen begann in allen Sprachen, französisch, deutsch und englisch.

Dann fuhren wir zu einem entfernten sandigen Strand, wo wir völlig allein waren und badeten in der starken Brandung; die Morgenwäsche in der Unterkunft war sehr kümmerlich gewesen.

Bei der Abfahrt hatten wir die Höhenstufen am Südhang des Taurus nicht gesehen. Jetzt war herrliches sonniges Wetter, deshalb fuhren wir einen anderen Weg wieder aufwärts.

Die untere Stufe ist Macchie und Wald aus einer der mediterranen Aleppokiefer nahestehenden Brutiakiefer (*Pinus brutia*) an der ganzen Süd- und Westküste Anatoliens mit einer isolierten Exklave fast an der Schwarzmeerküste südlich von Samsun. An der Südküste reicht diese Kiefer bis 1000 m hinauf, vereinzelt höher, darüber ist die Tannen-, dann die Zedernstufe und die Baumgrenze bilden hohe Wacholderarten; doch die obersten Stufen sahen wir erst 5 Tage später.

Unvergeßlich war die Fahrt am 11. 4. durch die Küstenebene von Alanya nach Antalia bei herrlichem Frühlingswetter durch die blühende Macchie. Hier traf man die ostmediterranen Elemente, wie den weißblühenden Styraxstrauch und den östlichen Erdbeerbaum *(Arbutus andrachne)* mit dem leuchtend roten Stamm. Rechts erhob sich wie eine Mauer der schneebedeckte Taurus, vor dem im Frühjahr hochwasserführende, breite Flüsse überquert werden mußten; besonders schön war der Manavgat-Wasserfall, an dessen Ufer wilde Zypressen wuchsen mit der natürlichen breiten Kronenform, nicht die schmale Gartenform der Pyramiden-Zypressen. Auf den Sanddünen am Meeresstrand wuchs ein vielleicht natürlicher Pinienwald. Hier im Osten des Mittelmeeres vermutet man die Heimat der Pinie *(Pinus pinea)*, die durch den Menschen heute im ganzen Mittelmeerraum verbreitet ist.

Ein Wegweiser zeigte nach Side, etwas abseits von der Hauptstraße. Das war eine Überraschung: Eine große griechische Ruinenstadt aus dem Altertum mit riesigem aufsteigendem Theater, von dessen obersten Sitzen man einen guten Überblick hatte. Eine Ruinenstadt ganz in der Wildnis, kein Mensch in der Nähe. Die Macchie hatte von ihr Besitz ergriffen, Myrthen- und andere Sträucher wuchsen zwischen den Sitzrängen und den zerfallenen Hausmauern – und rings herum völlige Stille. Näher zu Antalia lag Perge, eine zweite Ruinenstadt mit einem Wächter; denn hierher kamen Touristen aus Antalia. Dort gab es schon ein kleines Touristenhotel, aber um diese Jahreszeit waren wir die einzigen Gäste. Es ist einer der größeren Häfen an der Südküste in einer Bucht mit wunderbarer Lage. Ich fuhr zur Forstdirektion. Sofort war man bereit, uns den Zedernwald der obersten Gebirgslagen zu zeigen. Ein Forstmann, der uns begleitete, hatte in Istanbul die Deutsche Schule besucht. In der Prima hatten sie Studentenlieder gelernt, die er auf der Fahrt nach dem Gebirgsort Elmali am nächsten Tage mit Begeisterung sang. Er sprach natürlich ein tadelloses Deutsch. In Elmali übernachteten wir wieder in einem türkischen Hotel und fuhren dann mit einem Jeep der Forstdirektion hoch hinauf in den Zedernwald auf einem schmalen Bergpfad an steilen Hängen, der gerade erst fertig geworden war. Vorher war dieser Wald nur zu Fuß oder mit Saumtieren zugänglich gewesen. Es waren herrliche alte Zedern, z.T. vom Sturm zerzaust. Aber als ich mir den Wald genauer ansah, fiel mir auf, daß kein Jungwuchs vorhanden war, am Boden nur einjährige Pflanzen, ein sicheres Zeichen, daß der Wald sehr stark beweidet wurde. Die nomadischen Jaruken ziehen mit ihren Herden und dem Hausrat auf Kamelen im Sommer ins Gebirge und die Ziegen weiden an

Hängen, die selbst für den Menschen kaum zugänglich sind. Die Straße wurde gebaut, um diese Wälder forstlich zu nutzen. Die Gefahr besteht, wie überall in Anatolien, daß die Ziegen eine Wiederbewaldung der Schlagflächen verhindern werden. Die Baumgrenze war direkt über uns zu sehen. Sie wird von Baumwacholdern gebildet, die an trockenen Standorten auch schon im Zedernwald vorkommen. Die Straße führte nicht weiter; da auch ein neuer Schneesturm heranzog, mußte schleunigst der Rückweg angetreten werden. Von Elmali fuhren wir mit unserem Bus nach Finike auf der weit nach Süden vorspringenden Halbinsel, des früheren Lyziens. Vor dem Ort waren in einer Steilwand antike Gräbernischen, um Finike ein großes Orangenanbaugebiet. Ein Besitzer lud uns ein, wir konnten herrliche reife Orangen direkt vom Baume essen. Das taten wir, bis wir nicht mehr konnten; dann mußten wir in das blitzblanke Haus, man hätte vom Boden essen können, es war peinlich, in Schuhen in die Stube zu gehen. Man nahm auf Polstern Platz und nun wurden wir nochmals bewirtet von den erwachsenen Söhnen, kein weibliches Wesen zeigte sich. Es war direkt eine Qual noch zu essen und zu trinken, nachdem wir so satt waren, aber man durfte den Gastgeber nicht beleidigen. Wir bekamen noch einige Kisten Orangen mit. Endlich konnten wir nach Antalia zurückfahren und am nächsten Tage auf einer guten Straße über Burdur nach Kütahya, wo sich eine große Fayencefabrik befand, die man besichtigen konnte und wo wir einige in den Farben schöne Teller mit geometrischen Mustern kauften. Naturgegenstände darzustellen ist vom Islam verboten. Bis Ankara war es dann nicht mehr weit.

Die dritte kürzere Fahrt dauerte vom 26. bis 29. April:
Sie diente dem Studium eines inneren Gebirgstals des mittleren Sakarya Flusses, der einen merkwürdigen S-förmigen Lauf hat. Das Quellgebiet liegt südlich von Eskişehir. Der Verlauf ist erst östlich, dann nördlich, dann westlich in einem Becken, das wir besuchten (370 m ü. d. Meere), darauf wieder nördlich bis der Fluß unterhalb Adapazari ins Schwarze Meer mündet. Eine deutsche Firma baute im mittleren Teil des Flusses ein hydroelektrisches Werk. Der Leiter, Ing. Graubner, war ein Neffe meines Vetters. Die Fahrt führte über Zir – Ayas – Beypazari bald über Gebirgszüge, bald durch Becken im Nordwesten von Ankara mit anstehenden, bunten tertiären Mergeln, die so leicht verwittern, daß «Badlands», d. h. fast vegetationslose lehmige Hänge entstehen. Es war eine an das Grand Canyon erinnernde Landschaft; insbesondere als wir den Sakarya-Fluß erreichten, der einen Gebirgszug in einem tiefen Canyon durchbricht und dann ein weites Becken durchfließt. Das war eine geeignete Stelle, um einen Staudamm zu errichten, elektrische Energie für Istanbul und Ankara zu gewinnen und gleichzeitig im Sommer im warmen Becken bewässerten Reis anzubauen. Der Damm war bereits fast fertig, die Turbinen und Generatoren wurden aufgestellt.
Wir kamen im Gästezimmer der Baufirma unter. Als Gegenleistung hielt ich einen Vortrag über Südwestafrika, das Land, die Farmer und meine Tätigkeit dort. Für die leitenden Angestellten war das eine kleine Abwechslung in dieser Einöde.
Zwei Tage hatten wir Zeit, die Vegetation in der näheren Umgebung zu studieren. Im breiten Kiesbett des Flusses wuchsen Tamarisken, ein Zeichen, daß durch die starke Verdunstung eine leichte Verbrackung eintritt; dazu kamen an nicht salzigen Stellen Ulmen. Angeschwemmt waren viele Zapfen der Schwarzkiefer, die aus höheren Lagen des Gebirges stammten. Sonst waren die Flächen auch hier überweidet, doch konnten einige Steppenarten festgestellt werden. An den felsigen Hängen stand der Baumwacholder und es blühten die Zwergmandeln, dazu kam ein verbissener Weißdorn. Auf den Äckern standen einzelne wilde Birnbäume (Pyrus elaeagnifolia), auf die man Kultursorten pfropfen kann. Sie sind für das Randgebiet der Steppe sehr bezeich-

nend. Die Birnen heißen auf türkisch «Armut». Man kann also auf dem Markt ein Kilo «Armut» kaufen. Der Apfel heißt «Alma».

Vor einer Hütte saß auf dem Boden eine Familie. Sie hatten von den Alemans gehört und wir mußten uns dazu setzen. Unter einen Maulbeerbaum wurde eine Plane gelegt, der Baum geschüttelt, die reifen Früchte fielen herunter. Wir mußten zugreifen. So unverdorben und gastfreundlich ist die Bevölkerung überall, wo es keine Touristen gibt.

Die vierte Fahrt im Mai galt der Erkundung der kolchischen Vegetation an der Schwarzmeerküste.

Diese Wälder, die sich von der Kolchis (dem Dreieck am Schwarzen Meer zwischen der Hauptkette des Kaukasus und den Gebirgen Transkaukasiens) bis fast zum Bosporus erstrecken, interessierten mich schon als Student in Odessa (Seite 15). Damals kam die Expedition in den Kaukasus nicht zustande, als Offizier sollte ich nach Trapezunt, kam aber nur bis Tiflis (Seite 21), nun sollte mein Wunsch endlich in Erfüllung gehen.

Die Fahrt dauerte vom 11. 5. bis zum 18. 5., eine für das komplizierte Gebiet viel zu kurze Zeit. Mein Schüler Kühne nahm deshalb im nächsten Jahre von Westen nach Osten 7 Querprofile durch die Gebirgszüge von Norden nach Süden auf.

Über dem Schwarzen Meer liegt im Winter meist ein Tief, wodurch die Steppengebiete in Südrußland unter den Einfluß von Nordostwinden mit kalter Luft aus Sibirien liegen, während die Nordanatolische Küste milde Winde aus dem Westen bekommt, die sich über dem Meere aufwärmen und Feuchtigkeit aufnehmen. Die Winter sind frostfrei und sehr regnerisch; selbst die Sommer sind nicht trocken, sondern schwül.

Da die Gebirgszüge parallel zur Küste verlaufen, erhält der erste am meisten Regen, der zweite weniger, der dritte sehr wenig. Dazu kommt, daß der Südhang der Gebirge im Windschatten liegt und immer viel trockener ist als der Nordhang. Springt ein Gebirgszug in das Meer vor, so erhält die Küste auf der Westseite viel Regen, auf der Ostseite im Sommer keinen Regen, so daß sich hier eine mediterrane Vegetation entwickelt mit dem westmediterranen Erdbeerbaum (*Arbutus unedo*), der Baumheide (*Erica arborea*), Myrten und anderen typischen Arten. Es ist also ein sehr kompliziertes Vegetationsmosaik.

Die kolchische Waldvegetation war am besten auf den Nordhängen des küstennahen Gebirgszuges entwickelt: In den tiefsten Lagen ein Laubmischwald aus verschiedenen Eichen-Arten, Edelkastanien, Hainbuche und Silberlinde, darüber Buchenwald. Die kolchischen Elemente gehören der immergrünen Strauchschicht an: Kirschlorbeer, Stechpalme und *Rhododendron ponticum,* der die Lichtungen in ein lila Blütenmeer verwandelt; dazu kommen als Lianen Efeu und Smilax. Sehr ungewohnt sind die bis zur Brust reichenden kolchischen Heidelbeeren (*Vaccinium arctostaphylos*), außerdem der pontische Seidelbast.

Der kolchische Wald ist ein Relikt aus der Tertiärzeit; während der Eiszeit starben die immergrünen Baumarten aus, aber in der Strauchschicht blieben in dem warmen Refugium der Kolchis noch viele Immergrüne erhalten.

Beim zweiten Gebirgszug tritt die Buche noch auf, aber der Unterwuchs ist fast mitteleuropäisch, auffallend waren *Leucojum aestivum, Cyclamen* sp., *Primula acaulis*. Aber auch submediterrane Elemente traten auf (Speierling, Mispel, Feuerdorn). Vereinzelt kam die Tanne hinzu (*Abies bornmülleriana),* die am Nordhang des dritten Gebirgszuges allein dominiert, an ihrer Trockengrenze ohne jeden Unterwuchs, weil sie alles Wasser im Boden verbraucht. Die oberste Grenze nahm die gewöhnliche Waldkiefer ein. Hier waren die Almen, Jajla genannt, deren Holzhäuser nur im Sommer bewohnt wurden. Infolge der Beweidung war der Wald in der Umgebung aufgelichtet und die Bodenerosion sehr stark. Die Abfahrt führte nach Düzce, wo wir im Gästehaus der Forstverwaltung sehr gut unterkamen. Als wir zum Abendessen in ein großes Restaurant gingen, fanden wir gerade noch an einem Tisch Platz. An allen anderen saßen viele Leute, jeder hatte Suppe und zweiten Gang vor sich, auch ein Glas Wasser, aber niemand nahm etwas zu sich. Wir waren überrascht; doch es war Ramadan – die Fastenzeit. In dieser darf man von Sonnenaufgang bis Sonnenuntergang nichts essen, nichts trinken, nicht rauchen und, wie die Türken zufügten, auch nicht lieben. Wir bekamen das bestellte Essen, waren zwar als Ausländer kenntlich, doch war es uns peinlich vor den ausgehungerten Gästen zu essen. So saßen auch wir vor unserem Essen und warteten. Da kam plötzlich ein Kellner hereingestürzt und rief laut: «Tamam! Tamam!» – ein Zeichen, daß die Sonne gerade untergegangen war. Alle stürzten zunächst das Glas Wasser hinunter und verschlangen dann gierig die Speisen.

Ich erzählte dieses Erlebnis Birand. «Ja», sagte er, «mein Vater hielt die Vorschrift auch streng ein; aber er war schlau, nach dem Essen mußte man gleich beten, niederknien und mit der Stirn den Boden berühren. Das machte er vor dem Essen, denn er meinte, mit vollem Bauch sei das zu anstrengend.»

Auf einer späteren Reise in Ägypten hielt der begleitende Dozent den Ramadan streng ein. Er hatte den ganzen Tag gehungert. In der Wüste sahen wir die Sonne am Horizont verschwinden. Nun durfte er sich stärken, aber er wartete noch 15 Minuten, denn am Horizont war ein Hügel, die Sonne mußte jedoch unter dem wahren Horizont untergehen. Als wir darauf nach Kairo hineinfuhren, war kein Auto auf der Straße (alle waren mit Essen beschäftigt), der Verkehrspolizist stand nicht auf der Kreuzung, sondern saß am Straßenrand und aß. So bequem waren wir noch nie durch Kairo gekommen.

Auf das Fasten folgen drei Feiertage, an denen man sich mit Süßigkeiten beschenkt. Der Dozent in Ankara hielt den Ramadan nicht ein. Er kannte nicht einmal den Koran, weil dieser in Arabisch ist. Ich bot ihm meine deutsche Übersetzung an, aber er lehnte ab. Doch die drei Feiertage machte er mit. Ähnlich ist es ja bei uns mit dem Weihnachtsfest und der Fastnacht.

Besonders interessant war die Vegetation an der Küste beim Kohlenrevier Zonguldak. Der Weg dorthin führte durchs Gebirge an den mit Buchenwald dicht bewachsenen Hängen entlang. Es waren dauernd Kurven um jede Schlucht herum, so daß ich beim Steuern ganz schwindlig wurde. Uns kam ein Bus entgegen. Die Fenster waren offen und die Fahrgäste streckten die Köpfe zum Fenster hinaus, weil es ihnen übel war.

Die Hänge in diesem Gebirge sind sehr steil. Näher zur Küste werden sie gerodet, terrassiert und mit einer Kultursorte der Haselnuß bepflanzt. Haselnüsse sind ein wichtiger Exportartikel der Türkei. Die Rodung des Waldes hat jedoch furchtbare Folgen. Der Boden an den Steilhängen verliert seinen Halt und rutscht ab. Auf großen Flächen verbleibt nur der nackte Fels.

Die Pflanzendecke an der Küste auf Kalkgestein wird stark beweidet. Die Laubbäume werden verbissen und kommen nicht hoch. Dagegen wird das Hartlaubgebüsch vom Vieh gemieden und infolgedessen im Wettbewerb mit den Laubbäumen begünstigt. In dem feuchten Klima Nordanatoliens breitet sich auf weiten Flächen der Lorbeer fast in reinen Beständen aus, in höheren Lagen dagegen der Rhododendron, der während der Blütezeit alle Lichtungen im Wald violett färbt. Wir übernachteten in Zonguldak, wurden aber durch Lärm auf der Straße im Schlafe gestört. Besoffene gingen gröhlend singend durch die Straßen, etwas ganz ungewöhnliches in einem islamischen Staate. Aber es waren deutsche Lieder und deutsche Ingenieure, die auf den Zechen arbeiteten. Ein beschämendes Verhalten in einem islamischen Gastland. Noch schlechter benahmen sich deutsche Studenten auf einer Exkursion durch Marokko nach der Besichtigung einer früheren französischen Weinkellerei, wo sie unbeschränkt trinken durften.

Für die Rückfahrt nach Ankara brauchten wir einen ganzen Tag und kamen dort ziemlich ermüdet spät abends wohlbehalten an.

Die fünfte, längste Fahrt, kam im Juni, nach Semesterschluß im heißen Sommer zustande, und zwar an die Westküste. Zum Abschluß wollten wir den Nordosten kennenlernen. Doch mußten wir leider darauf verzichten (vgl. Seite 250):

Nach Westen ist die Zentrale Hochebene nicht so abgeschlossen wie nach Norden, Süden und Osten. Die Gebirgslandschaft besteht hier nicht aus Gebirgsrücken, sondern aus einzelnen Gebirgsblöcken, die noch 2000 m Höhe oder etwas mehr erreichen. Zwischen diesen sind die Flußtäler tief eingeschnitten, auch der Menderes, in der Antike als Mäander bezeichnet, dessen Unterlauf in der Ebene viele Schlingen bildet. Von allen Flüssen, die sich ähnlich verhalten, sagen deshalb die Geographen, daß sie «mäandern». In der montanen Stufe gesellen sich hier zu den Schwarzkiefern die Vallonen-Eichen mit halbimmergrünen Blättern. Diese Eichen *(Quercus aegilops = macrolepis)* werden zum Teil kultiviert, oft als einzelne Bäume, zerstreut in Äckern (als Palamut-Kultur bezeichnet). Die Gallen auf diesen Bäumen werden geerntet, weil sie besonders reich an Gerbsäure sind und früher mit Eisensalzen zur Herstellung der schwarzen Schreibtinte verwendet wurden.

Da die Landschaft auch hier stark entwaldet ist, war es oft nicht leicht, die natürliche Vegetation festzustellen. Oft gaben darüber die Friedhöfe Auskunft. Sie wurden bei der Besiedlung der Gegend durch die Türken im früheren Waldgebiet vor einigen Jahrhunderten angelegt. Die Gräber werden nicht gepflegt. Auf einem Friedhof einen Baum zu fällen, gilt jedoch als Frevel; deshalb findet man von den früheren Waldbaumarten schöne Exemplare. An der Steppengrenze war es der Baumwacholder *(Juniperus excelsa)*, dann im Gebirge die Schwarzkiefer, in tieferen Lagen *Pistacia therebinthus* und einmal auch *Pistacia lentiscus*. Diese kennt man sonst nur als niedrigen Busch, hier waren sie als Bäume mit mächtigen Stämmen ausgebildet, so daß ich sie von weitem für uralte Steineichen hielt. Auch um die Gräber islamischer Heiliger blieben solche alten Bäume stehen. Dagegen fanden wir auf Friedhöfen niemals Aleppokiefern, die doch heute so große Flächen einnehmen. Das zeigt, daß diese Wälder jüngeren Datums sind. Diese Kiefer sät sich auf Brandflächen aus und wächst rascher empor als die immergrünen Bäume. Unter den Kiefern besteht der Unterwuchs aus dichtem Gebüsch, so daß die Kiefer sich nicht verjüngen kann. Das geschieht erst nach erneutem Brand. Die Kiefernbestände sind deshalb immer gleichaltrig.

Die Waldbrände gehen meist auf Brandstiftung zurück. Wenn ein Kalkofen in einer Gegend gebaut wird, sagten die Förster, brennt der Wald in der Umgebung ab. Denn das auf den Brandflächen verbliebene angekohlte Holz wird billig verkauft, was der Besitzer des Ofens ausnutzt. Die Bauern wollen ebenfalls die Brandflächen als Weide benutzen, was verboten ist, aber nicht verhindert werden kann. Die Ziegen fressen den Baumjungwuchs ab, nur die immergrüne Zistrose, mit harzigen Blättern, breitet sich im Gebiet der Schwarzkiefern aus. An Stelle von Wald entsteht nutzloses Ödland. Die Brandstifter kann man in diesem unübersichtlichen Gelände nicht fassen. Wenn es so weiter geht, wird die Türkei bald ohne Wald sein. Überall sah man diese Waldverwüstung, ungeachtet der guten Forstgesetze.

Übernachtet wurde nach Möglichkeit in den Gästezimmern der staatlichen Zuckerfabriken, Domänen und Forstdirektionen, wo man sehr gut und billig unterkam. Die

Zuckerfabriken spielen für die Entwicklung der Landwirtschaft eine große Rolle; sie schließen mit den umliegenden Dörfern Rübenanbauverträge ab, beraten die Bauern und versehen sie mit Kunstdünger, bzw. richten die Bewässerung der Felder ein. Der Bodenkundler in Eskişehir hatte in Hohenheim studiert. Wir übernachteten dort in dem Gästezimmer, in das der Präsident Menderes nach seinem Sturz geflüchtet war, wo er verhaftet und dann verurteilt wurde. Bei der Weiterfahrt nach Süden sahen wir einen Autobus im Fluß, von dem nur das offene Verdeck herausragte. Der Bus war von einer Seitenstraße herunter gefahren, hatte, wie so oft in der Türkei, keine funktionierenden Bremsen, konnte nicht auf die Hauptstraße einbiegen und fuhr direkt in den Fluß hinein. Die Männer konnten sich retten, sie trampelten aber die 4 Frauen nieder und zogen diese erst zuletzt aus dem Wasser. Sie lagen leblos auf dem Rasen, aber niemand kümmerte sich um sie. Man wartete auf einen Sanitäter aus Kütahya. Ich hatte noch nie Wiederbelebungsversuche gemacht, kannte sie nur aus erster Hilfe-Abbildungen, aber hier mußte etwas geschehen. Eine junge Frau war schwanger. Ich machte mit ihr die Armbewegungen, um den Brustkorb zu dehnen und wieder zusammenzudrücken, im Takt meiner eigenen Atemzüge. Nach einiger Zeit schlug sie die Augen auf und atmete selber. Nun versuchte ich es mit der zweiten älteren. Bei ihr kam viel Schaum aus dem Munde, offensichtlich hatte sie viel Wasser in der Lunge. Ich arbeitete unablässig ohne Erfolg weiter. Da kam der Wagen mit dem Sanitäter. Dieser hob die Frau mit einigen Männern an den Beinen hoch und schüttelte sie, damit das Wasser aus der Lunge herausfloß. Ob das richtig war, weiß ich nicht. Ich überließ die Verantwortung ihm, wir fuhren weiter. Das war kein schöner Anfang der Fahrt, es sollte ein schlechtes Omen sein.

Hinter Civril sah man große Schlafmohnfelder, mit angeritzten Kapseln zur Opium-Gewinnung. Unweit Denizli fuhren wir zu den Ruinen von Hierapolis hinauf – einem berühmten Thermalbad der römischen Kaiser. Die heiße Quelle bildet oben einen See. Die Marmorbauten sind in diesen hineingestürzt. Niemand ist in der Nähe, so können wir ohne Badeanzug ins warme Wasser steigen und setzen uns auf eine Marmor-Säule; herum blüht der Oleander sehr üppig und man hat von oben einen wunderbaren Ausblick auf die Berge und Täler. Vom See fließt das Wasser den Hang hinunter und setzt Sinter ab. Der ganze Hang ist mit blendend weißen Sinterschalen terrassenförmig bedeckt, aus denen das blaue Wasser in Kaskaden hinunter rinnt oder tropft, überall von blühendem leuchtendroten Oleander eingerahmt – ein herrlicher Anblick. Der türkische Name ist «Pamuk-Kale» (Baumwoll-Festung). Der Berg sieht wie ein riesiger Haufen von Watte aus. In Denizli stellt uns die Forstverwaltung einen Jeep zur Verfügung, damit wir durch das Gebirge zwischen Honaz-Dag (2571 m) und Ak-Dag (2308 m) auf ganz schmalen, oft steilen Wegen direkt nach Muğla fahren können, während der VW-Bus von einem türkischen Fahrer auf langen Umwegen über bessere Straßen mit unserem Gepäck dorthin gefahren wird. Je schlechter die Straßen, desto weniger kultiviert die Landschaft. Es war eine wildromantische Fahrt und man konnte besonders interessante Vegetationsbestände aufnehmen. Hier hätte man einen Monat mit Feldarbeiten verbringen sollen. Auf den höheren 3000ern des südwestlichen Taurus lag noch Schnee.

Wir erreichten schließlich die Staatsdomäne Dalaman an dem gleichnamigen Fluß in der sumpfigen Küstenebene ganz im Südwesten Anatoliens. Hier in den vielen kleinen Flüssen wächst (wie bei uns die Erle) der Styraxbalsambaum (*Liquidambar orientalis*), ein botanisch berühmter Standort. Die Gattung *Liquidambar* war in der Tertiärzeit von Nordamerika über Europa bis nach Ostasien verbreitet. Während der Eiszeit starb sie in Europa ganz aus. Heute kommt sie zwar in Nordamerika und Ostasien noch vor, dazwischen jedoch nur hier bei Dalaman in großen Beständen, die der Gewinnung des

Styraxbalsams dienen. Der *Liquidambar* ist also hier ein echtes Tertiärrelikt, das in diesem warmen Refugium die Eiszeit überdauerte. Im Bezirk Köycegiz nimmt der *Liquidambar*-Wald noch 2000 ha ein. Es sind meist reine Bestände oder mit einer Beimischung von dem Keuschheitsstrauch *(Vitex)*, der wilden Weinrebe, etwas orientalischer Erle und im Galeriewald auch mit Feigen- sowie Maulbeerbäumen.

Die Staatsdomäne Dalaman liegt nur 10 m über dem Meere. Sie umfaßt 4000 ha und war früher ein Auenwald mit Ulmen, der dräniert wurde. Angebaut werden Baumwolle, Sesam, Erdnuß und Citrus-Früchte. Letztere mit künstlicher Bewässerung, da es im Sommer nicht regnet. Es war früher ein Besitz des Ägyptischen Khediven, der als Arbeiter Neger beschäftigte, von denen die heutigen Mischlinge stammen.

Wir untersuchten auch die Meeresstrand- und Dünen-Vegetation, ebenso auch die Sümpfe. Selbst die Nächte waren furchtbar heiß und schwül, dazu wurde man von Mücken geplagt.

Am 10.6. kam die Fahrt zu dem Endpunkt Fethiye in einer schönen Bucht gelegen. In einer feuchten Schlucht wuchs ein Lorbeerwald, an den Bäumen rankte sich die Weinrebe hinauf. Auf einem Friedhof standen ganz alte Steineichenbäume *(Quercus ilex)* 12–15 m hoch und 1–1,5 m dick. Das war eine Sensation, denn es ist eine westmediterrane Art, die früher hier verbreiteter war, weil Südwest-Anatolien die höchsten Niederschläge hat. In der Umgebung sind heute nur degradierte Gebüsche aus Bastarden *(Quercus coccifera* x *ilex)* vorhanden. Wir fanden sie in 400 m vom Friedhof entfernt.

Bei einem Dorf trafen wir Zigeuner mit einem Tanzbären.

Dann ging es ins Gebirge hinauf, wir wollten das westlichste Vorkommen der Zedern aufsuchen.

In den tiefsten Lagen wächst hier noch der Johannisbrotbraum *(Ceratonia siliqua)*, dann kommt die Macchie und die Aleppokiefer, ab 1050 m beginnt der Schwarzkiefernwald, mit dem Judasbaum *(Cercis siliquastrum)*; an Quellen stehen Platanen und Eschen. Beim Dorf Incealiler in 1120 m stiegen wir auf Pferde um und ritten bis 1250 m hinauf. Hier an einem 20–30° steilen Hang waren wir im Zedernwald mit etwas Baumwacholder und der Eschenart *Fraxinus oxycarpa*, aber auch hier gab es im Unterwuchs nur einjährige Kräuter. Daß die Zedern hier ihre Trockengrenze erreichten, sah man an den oft dürren Astspitzen.

Abends waren wir in Fethiye. Am nächsten Tag, dem 11.6. traten wir die Rückreise an, auf einem kürzeren Weg über einen hohen Gebirgspaß. Morgens beim Tee saßen wir auf der Terrasse am Meer und hatten eine wunderschöne Aussicht auf die Bucht und die Berge, die sie umrahmten. Aber ich hatte ein unangenehmes Gefühl und drängte zum Aufbruch. Wir waren noch in den Vorbergen, als ich plötzlich eine heftige Nierenkolik bekam, halten, und mich am Straßenrand hinlegen mußte. Ich hatte eine solche Kolik schon einmal 1927 in Heidelberg gehabt. Damals ging der Oxalatstein nach einem halben Jahr ohne Operation ab. Seit über 20 Jahren hatte ich keine Kolik mehr und nun in dieser abgelegenen Gegend, ohne jede ärztliche Hilfe. Als die Schmerzen nachließen, bat ich meine Frau, das Steuer zu übernehmen; wir mußten weiter. Noch war es fast eben, bald jedoch führte der Weg sehr steil aufwärts und ich übernahm die Steuerung wieder selbst. Man mußte den Weg möglichst weit voraus überblicken, denn Ausweichstellen gab es kaum. Zum Glück kam kein Wagen entgegen. Vom Fahrersitz sah man links mehrere 100 Meter in den Abgrund und irgendeinen Schutz wie eine Steinmauer gab es nicht. Nun ging es noch steiler zum Paß hinauf, und gerade jetzt gab es die zweite Kolik; man konnte nicht halten, ich ging in den ersten Gang und biß die Zähne zusammen, man mußte auf den Weg achten und das lenkte ab. Endlich war der Paß erreicht, aber nun ging es ebenso steil hinab und das war noch gefährlicher. Ich schlich, immer im ersten Gang, hinunter. Plötzlich hörte die Kolik schlagartig auf und ich fühlte mich wundervoll erleichtert. Nun konnte ich die ganze Strecke bis Muğla fahren. Dort war eine Apotheke. Ich holte mir für alle Fälle ein schmerzstillendes Mittel und konnte im Hotel ein Sitzbad nehmen. Ich schlief gut und fühlte mich den nächsten Tag sehr wohl. Die Fahrt ging weiter, jetzt mehr in der Küstenebene am Ägäischen Meer entlang.

Die Küstenebene in Westanatolien ist altes Kulturland. In der Antike gründeten die Griechen Kolonien, die wie Miletos, Ephesos und Pergamon die Städte des Mutterlandes überflügelten, wovon die erhaltenen Ruinen Zeugnis ablegen. Die Abholzung der Wälder bei der Besiedlung hatte eine starke Bodenerosion zur Folge. Die Flüsse lagerten die Schwemmstoffe vor ihrer Mündung in den großen Meeresbuchten ab und füllten diese aus. Deshalb liegen die Ruinen der früheren Hafenstadt Ephesos heute vom Meer weit entfernt.

Auch heute ist die Ebene ein Anbaugebiet von Getreide, Mais, sehr viel Oliven und bei Izmir, dem früheren Smirna, von Feigen und großen blauen Trauben, die getrocknet Rosinen bilden.

Zu Weihnachten, in meiner Jugend in Odessa, gehörten neben ägyptischen Datteln die getrockneten Smirna-Feigen und die getrockneten blauen Smirna-Trauben unbedingt dazu.

Wir kamen nach Seldçuk bei Ephesos und hinauf auf den Bül-Bül (Nachtigal)-Berg auf einem schlechten Weg. Wir hatten erfahren, daß dort eine kleine Kapelle stehe, in der Maria, die Mutter Jesu, wohnte und starb, während Johannes in Ephesos predigte und die Christen betreute. Es war eine unberührte, hohe Macchie mit vielen Myrthen, die den Berg bedeckte. Von oben hatte man einen schönen Ausblick nach zwei Seiten auf Meeresbuchten. Etwas tiefer in dieser stillen Einsamkeit war eine Quelle, die unter einer sehr alten mächtigen Platane herauskam und gefaßt war. Gleich dahinter stand die kleine Basilika der Maria, die nach Befunden der Archäologen sicher im ersten Jahrhundert erbaut worden war. 1955 galt als offizieller Sterbeort der Maria Jerusalem, wo die Marien-Himmelfahrt-Kirche erbaut worden war. Heute ist, soweit mir bekannt, die Kapelle bei Ephesos als Sterbeort der Maria vom Vatikan offiziell anerkannt und zum Wallfahrtsort erklärt. Eine breite Autostraße für Autobusse wurde gebaut mit einem Parkplatz, dazu eine Kirche und wohl auch ein Hotel. Der Massentourismus hat sich dieser Stelle bemächtigt, die wunderbare Stille der Natur ist dahin.

Ein Tag wurde Ephesos gewidmet. Es war eine Hafenstadt an einer tiefen Meeresbucht gewesen. Die Bucht ist vom Fluß in eine sumpfige Ebene verwandelt worden, die sich bis zu dem heute weit entfernten Meer hinzieht. Am 15.6. ging es nach Izmir, das ich 1912 noch als kleine Stadt am Ende der Bucht gesehen hatte; jetzt erstreckte sich die Stadt bis zur gegenüberliegenden Seite der Bucht herum. Wir kamen auf der Domäne Menemem, 10 km hinter Izmir, unter, wo wir ein Herbar vorfanden, das wir durchsahen, und studierten die weiten Salzmarschen an der Meeresküste. Der nächste Tag war für Pergamon mit dem Asklepeion vorgesehen. Dann ging es weiter bis Edremit, von wo es in einer Tagestour mit einem Jeep der Forstverwaltung auf den Kaz-Dag (1750 m) hinaufging. Auf diesem beginnt über der mediterranen Stufe mit Macchie und Aleppokiefern in 500 m Höhe bereits die montane Stufe mit Schwarzkiefer und laubabwerfenden submediterranen Gehölzen; in 1120 m trat dabei als Unterwuchs unsere Heidelbeere *(Vaccinium myrtillus)* deckend, aber nicht blühend auf, mit wenig Erdbeere, Steinbeere und dem Wintergrün *(Pyrola secunda)*, eine Reliktgesellschaft aus einer früheren feuchteren Klimaperiode. Noch etwas höher, in 1270 m am Nordhang, in einer feuchten Schlucht wuchs sogar ein geschlossener Wald mit Buche und viel Tanne *(Abies equi-trojani,* unserer nahestehend). Unterwuchs fehlte ganz; die Baumschicht verbraucht also alles Wasser, das die feuchten Nordwinde am Hang aufsteigend und Nebel im Sommer erzeugend dem Boden zuführen; das Bodenprofil mit einer 40 cm dicken Humusschicht unter viel Buchenlaub (Zersetzung durch Trockenheit gehemmt) zeigt einen typischen braunen Waldboden.

Wir übernachteten in Balikeşir und hörten in der Vollmondnacht die ganze Zeit das Geklapper der auf der Moschee nistenden Störche, oft bis 20 Nester nebeneinander. Störche sind oft im sumpfigen Gebiet sehr häufig. Zwischen ihnen und der Geburtenzahl besteht bekanntlich eine sehr hohe Korrelation, was auch für die Türkei zutrifft.

Auf der Fahrt nach Bursa wurde die Nordgrenze der mediterranen Zone erreicht, laubabwerfende Holzarten werden häufiger; in 900 m Höhe in Nordlage auf Kalkgestein sahen wir einen reinen Buchenwald und an einem Bach einen alten Hainbuchenbaum *(Carpinus betulus)*, wohl der südlichste Standort dieser Art in Westanatolien.

Der Çatalca-Dag ist schon überwiegend Buchenwaldgebiet mil geringem Untcr wuchs aus typisch mitteleuropäischen Arten. Ein besonders interessanter Fund auf einer Lichtung war der Glatthafer *(Arrhenatherum elatius)*. Es war das erste Mal, daß ich das typische Gras unserer gedüngten frischen, zweimähdigen Wiesen als Wildgras sah. Hier dürfte seine Heimat sein. In diesem Gebirge greift der Buchenwald bereits auf den Südhang in etwa 1000 m Höhe über und vereinzelt kommt die Tanne vor. In Bursa blieben wir drei Tage und kehrten am 22.6. nach Ankara zurück.

Die schöne Stadt Bursa liegt 180 m über einer grünen Ebene mit ausgedehnten Pfirsichkulturen, die gegen das Marmara-Meer abfällt. Es war eine frühere Residenz und Begräbnisstätte der Sultane mit schönen Moscheen und Grabdenkmälern, deren Kuppeln in der Mitte offen sind, damit der Sarkophag unter offenem Himmel steht. In einem Grabmal war der große Sarkophag des verstorbenen Sultans von vielen kleinen Särgen umgeben. Es waren die der Brüder des Nachfolgers, die er gleich umbringen ließ, um keine anderen Bewerber um den Thron neben sich zu haben.

Bursa ist auch ein Thermalbad für Istambuler mit großem Kurhotel. Wir zogen ein kleineres vor und bekamen ein Zimmer mit einem marmornen Schwimmbad, das direkt von der Thermalquelle das Wasser erhielt, in einem Nebengebäude inmitten eines Olivenhains mit Ausblick gegen das Marmara-Meer. Es war die schönste Unterkunft während der ganzen Reise.

Am wichtigsten war jedoch die Auffahrt auf den Ulu-Dag (2550 m), den Bythinischen oder Mysischen Olymp der Antike, den höchsten Berg im ganzen Nordwesten von Anatolien. Der Direktor der Forstdirektion ließ es sich nicht nehmen, uns persönlich in seinem Landrover das Bergmassiv zu zeigen. Ich glaube, es ist ein erloschener Vulkan, deshalb auch die Thermalquellen. Die Forstdirektion verwaltet ½ Million Hektar Wald, hauptsächlich Buche, etwas Tanne, viel Schwarzkiefer, kaum Waldkiefer. 200 000 ha sind Hochwald, 300 000 ha Niederwald. Zur Direktion gehören 247 Forstingenieure und 160 Forstwächter. Der Berg ist im Sommer immer in Wolken gehüllt, es gibt starke Gewitter. An der Waldgrenze findet man deshalb die feuchtigkeitsliebende Ericacee *Bruckenthalia spiculifera* mit dem Borstgras *(Nardus stricta)*.

Die untere Stufe ist ziemlich zerstört mit Eichengebüsch und Eßkastanien, bei 700 m tritt auf der Nordseite die erste Buche auf, ab 850 m wird sie häufiger, bei 1100 m auf der Südseite noch Schwarzkiefer, auf der Nordseite reiner Buchenwald, ab 1300 m kommt die Tanne hinzu, bei 1700 m zeigt die Buche starke Spätfrostschäden, bei 1800 m ist die Buche niedrig, die Heidelbeeren weisen auch Frostschäden auf. Die Tanne bildet die Baumgrenze bei 1800–2000 m. Dann folgt eine Zone mit niedrigem Wacholder *(Juniperus nana)* und ab 2200 m die alpine Stufe. Die alpine Flora ist arm, da der Berg sehr isoliert ist und die Vegetation durch Beweidung gestört wird. Der Ulu-Dag Gipfel weist eine schöne Karbildung mit einem früheren Gletschertal auf. Es waren noch Schneeflecken vorhanden.

In 1200 m sahen wir ein Roggenfeld, also Roggen als Kulturpflanze, sonst war wilder Roggen immer als Unkraut in Weizenäckern vorhanden. Dieses Unkraut nahm auf schlechten Böden und bei ungünstigem Klima so überhand, daß man den Roggen erntete und schließlich ihn auch anbaute. Zu uns kam er wohl schon als Kulturpflanze und wurde zur Römerzeit nördlich vom Limes von den Germanen mehr angebaut als innerhalb des Limes.

Während der Auffahrt merkte ich plötzlich, daß wieder eine Nierenkolik begann. Ich beachtete die Schmerzen nicht und notierte immer weiter. Noch vor der Mittagspause hörte die Kolik wieder schlagartig auf.

Den Imbiß nahmen wir mittags auf einer schönen Lichtung in der Buchenstufe ein. Da kam plötzlich eine Kuh aus dem Gebüsch und graste ruhig neben uns. Der Forstdirektor zeigte auf sie und sagte: «Sehen Sie, das ist gesetzlich verboten, wenn ich aber Maßnahmen gegen die Beweidung der Wälder ergreife, dann würden sich die Bauern bei ihrem Abgeordneten beklagen; dieser würde eine Anfrage im Parlament einbringen und man würde mich irgend wohin in eine entfernte Provinz versetzen. Denn die Regierung braucht die Stimmen der Landbevölkerung für ihre Mehrheit im Parlament und darunter leiden unsere Wälder.»

5. Vorzeitige Rückkehr nach Hohenheim

Nach der Rückkehr mußten in Ankara die Notizen ausgewertet werden. Es gab verschiedene Einladungen. Dann sollte die letzte Fahrt in die entfernten Nordostgebiete beginnen. Aber Prof. Birand bestand darauf, daß ich mich vom Urologen untersuchen ließe, ob noch ein Stein im Nierenleiter sei. Denn die medizinische Versorgung der Ostgebiete war sehr mangelhaft und er wollte die Verantwortung nicht übernehmen. Wir machten noch einige Exkursionen in der näheren Umgebung, um die Vegetation während der Sommerdürre zu sehen. Am 8. Juli ging Birand mit mir zum Kollegen in die urologische Klinik und am nächsten Tag wurde ich geröntgt. Es stellte sich heraus, der Nierenleiter sei frei, aber in einem Nierenbecken war ein haselnußgroßer Stein, der nur durch eine Operation entfernt werden konnte. Nach Ansicht des türkischen Professors sollte man es möglichst bald tun. Eine Nierenoperation ist nicht einfach und ich wollte sie nicht in der Türkei ausführen lassen. Auch Prof. Richter, der die Verhältnisse in den Kliniken kannte, riet mir davon ab. Außerdem hätte ich nach der Operation doch nicht den Unterricht in den nächsten Monaten aufnehmen können. Deshalb entschlossen wir uns, 3 Monate früher abzufahren und auf die letzte Exkursion schweren Herzens zu verzichten. Das Herbar mußte noch geteilt werden, je ein Exemplar verblieb in Ankara. Die Auflösung des Haushalts war kein Problem. Am 18. 7. fuhren wir mit dem schwer bepackten Wagen von Ankara ab, in der Hoffnung, daß ich bis Hohenheim durchhalte. Ich fühlte mich sehr wohl.

Im Gebirge vor Bolu meldeten wir uns bei einem Forstwächter in Çamkuru, den wir von früheren Exkursionen kannten und übernachteten draußen im schönen Kiefernwald. Wir waren allein und konnten es machen. Unsere Türkenbegleiter waren dazu nicht zu bewegen. Es war herrlich. Am nächsten Tag erreichten wir Istanbul und kamen im Gästezimmer der Orman Fakültesi (Forstliche Fakultät) in Büjükdere am Bosporus unweit des Schwarzen Meeres unter. Wir besichtigten den Wald an der Meeresküste, der ein Wasserschutzgebiet ist, aus dem alle Moscheen von Istanbul mit Wasser für die Waschungen der Gläubigen vor dem Gebet versorgt werden. Das

Wasser wird noch heute in den alten offenen Aquädukten dorthin geleitet. Auch besuchten wir Professor Birand auf der Prinzeninsel im Marmara-Meer (Prinkipo), wo er die Sommerferien verbrachte, um uns endgültig zu verabschieden und ihm für die treue Fürsorge zu danken. Die Dampferfahrt dorthin war sehr schön. Auf den Inseln sind Autos verboten. So fuhren wir mit Birand in einer Pferdekutsche durch den schönen Aleppokiefern-Wald. Die Route nach Hause war uns bekannt. In Kavalla trafen wir den Gartenmeister an der Deutschen Botschaft, der dort seine Ferien mit der Familie verbrachte. Er teilte uns mit, daß eine Krupp-Gruppe auf der Insel Thasos nach Chromerzen suche, und durch ihn uns einlüde, sie dort zu besuchen. Wir fuhren mit dem Motorboot hinüber und ruhten uns 2 Tage auf dieser einsamen Insel aus, badeten an einem schönen Sandstrand, der uns ganz allein gehörte. Dann ging es ohne Zwischenfall weiter bis Hohenheim, wo wir am 2. August eintrafen. Ich hatte in Istanbul bei der türkischen VW-Vertretung den ganzen Wagen durchsehen lassen, um keine Panne zu haben. Als ich die Rechnung bezahlen wollte, hieß es, ich, ein Aleman, hätte für die Türkei gearbeitet, es sei selbstverständlich, daß sie nichts berechneten, das sei Kundendienst.

In Stuttgart ging ich gleich zum Urologen, der eine gründliche Untersuchung vornahm. Der Befund wurde bestätigt, da jedoch die linke Niere trotz des Steines normal funktionierte, meinte der Arzt, operieren könne man immer noch, man solle abwarten, bis sich Beschwerden einstellen. Dann müßte man aber rasch eingreifen. Ich solle dafür sorgen, daß ein gutes Krankenhaus immer in der Nähe sei. Nun warte ich schon 25 Jahre und habe eine Reise nach Australien und Neuseeland und um die Welt gemacht, sowie Südamerika bereist. Mit dem Flugzeug kann man ja in 24 Stunden immer ein Krankenhaus erreichen. Als Botaniker weiß ich, daß Oxalatkristalle im Pflanzenreich sehr verbreitet sind, nur eine Familie macht eine Ausnahme. Das sind die Kreuzblütler (Cruciferae), zu denen der Rettich gehört. Ich überlegte mir, vielleicht besitzen sie einen Stoff, der die Kristallisation verhindert oder die Kristalle auflöst. Ich verspeiste deshalb jeden Tag einen Rettich, den ich gerieben sehr gern esse. Doch war ich sehr enttäuscht, als nach über zehn Jahren das Röntgenbild einen Stein zeigte, der ungeheuer gewachsen war und nicht nur einen Kelch, sondern auch das Becken ausfüllte. Trotzdem funktioniert die Niere, denn ich habe keinerlei Beschwerden gehabt. Im Notfall kann man mit einer Niere leben. Also weiterhin abwarten und viel trinken, aber keinen Alkohol, sondern ganz dünnen Tee.

Ein Erlebnis mit türkischen Gastarbeitern, denen man bei uns oft mit Mißtrauen begegnet, möchte ich noch hinzufügen:

Ich fuhr vor wenigen Jahren nach einem Vortrag von Heidelberg im Schnellzug zurück, in einem Abteil mit 3 Gastarbeitern und versuchte auf türkisch ein Gespräch zu führen. Da kam die Fahrkartenkontrolle. Der Schaffner wandte sich an mich: «Da schauen Sie her! Diese Türken wollen mit einer Rückfahrkarte nach Walldorf (eine Haltestelle bei Heidelberg, wo sie in der Fabrik arbeiteten) und setzen sich in den Zug, der vor Stuttgart nicht hält.» Er verlangte die Nachzahlung bis Stuttgart. Die Arbeiter hatten in Heidelberg alles Geld ausgegeben, da sie die Rückfahrkarte hatten. Sie leerten alle Taschen, es waren nur wenige Pfennige. Der Schaffner behielt die Karten und verständigte die Bahnpolizei in Stuttgart. Diese nahm die drei in Stuttgart in Empfang. Ich sagte den Polizisten, ich sei in der Türkei gewesen, vielleicht könne ich behilflich sein. Im Polizeiraum wurden die Gastarbeiter nach deutscher Art sehr rauh angefaßt. Der Inhalt aus allen Taschen mußte auf den Tisch geleert werden. Es war nichts vorhanden. Da sagte ich, ich hätte ein Jahr in der Türkei gearbeitet und wäre von den Türken so gut behandelt worden und würde deshalb das Fahrgeld bezahlen, wenn sie dafür sorgten, daß die Türken in einen Zug einstiegen, der in Walldorf hält. «Sie sind aber großzügig», meinte der Wachtmeister, «es kostet 50,– DM. Da ist ja ein Scheckbuch der Sparkasse Walldorf, nehmen Sie doch wenigstens einen Scheck.» Er stellte ihn aus, ließ ihn unterschreiben und gab ihn mir. Ich steckte ihn ein, obgleich ich keinen Ersatz beanspruchte. Nur aus Neugier, reichte ich den Scheck bei der Landesgirokasse ein. Nach einer Woche kam er zurück, es sei keine Deckung vorhanden. Das hatte ich erwartet und vergaß den Fall. Nach einem Monat kommt der Postbote und bringt mir 50,– DM aus Walldorf. Ich war sprachlos. Man sieht, wie falsch man die türkischen Gastarbeiter bei uns beurteilt. Ob ein deutscher Gastarbeiter sich ebenso verhalten hätte?

Das Ergebnis der Anatolien-Reise waren zwei Arbeiten über die Zentralanatolische Steppe und eine Übersicht über die Vegetationsgliederung Anatoliens in Beziehung zu den Klimadiagrammen, außerdem eine Klimadiagrammkarte der Türkei und des Irak. Die Klimadiagramm-Methode wurde jedoch für alle Kontinente angewandt und diente mir schließlich als Grundlage für die ökologische Gliederung der ganzen Erde in Zonobiome und Zono-Ökotone.

Über die Methode berichtete ich in mehreren Arbeiten, um zu zeigen, daß sie für alle Klimagebiete anwendbar ist, nicht nur für das mediterrane Gebiet. Mein Assistent Dr. H. Lieth interessierte sich besonders dafür. Er erbot sich, die Daten für alle erreichbaren Stationen der Erde zu besorgen und Frau Dr. Harnickell zeichnete die Diagramme. Auf diese Weise entstanden große Wandtafeln der einzelnen Kontinente mit den Diagrammen, die auf einen Blick die Klimagliederung der Kontinente klar erscheinen ließen, wobei für jede Station sofort der Jahresgang der wichtigsten Faktoren mit humider und arider Jahreszeit hervortraten, was bei den bisherigen Klimagliederungen nicht der Fall ist. Das Gymnasium in Hohenheim lieh sich die Karten für den Geographie-Unterricht aus und ich benutzte sie in den Vorlesungen und bei Vorträgen. Aber ich fand keinen Verlag, der sie drucken wollte. Da besuchte mich der Leiter des VEB Gustav Fischer-Verlags aus Jena, um über eine Neuauflage von Schimpers «Pflanzengeographie auf physiologischer Grundlage», die ich übernehmen sollte, zu verhandeln. Er sah die Karten in meinem Zimmer an der Wand hängen und fragte, was das für Karten wären. Ich erklärte sie ihm und fügte hinzu, daß leider niemand die Klimadiagramme als Weltatlas drucken wolle, damit sie allen zugänglich wären. Er war so beeindruckt, daß er mich bat, ihm einige Monate Zeit zu geben. Er würde beim Staatsverlag der Sowjetunion und Chinas anfragen, wie viele Exemplare sie benötigten, dann könnte er den Druck übernehmen. Auf diese Weise erschien der große «Klimadiagramm-Weltatlas» von H. Walter und H. Lieth in drei Lieferungen in den Jahren 1960–67 mit über 8000 Diagrammen aus der ganzen Welt mit Erläuterungen auch in Englisch, Französisch, Russisch und Spanisch. Er erlaubt es, sehr rasch die Homoklimate, d. h. die Stationen mit gleichem Klima auf den verschiedenen Kontinenten zu ermitteln, was für die Einführung neuer Kulturen von Bedeutung ist.

Die Hauptarbeit haben meine Mitarbeiter, Dr. Lieth und Dr. Harnickell geleistet, denn ich war in diesem Zeitraum viermal auf großen Reisen. Die Meteorologen lehnten die Methode ab, denn sie sind an den Luftströmungen der ganzen Atmosphäre interessiert. Für den Ökologen dagegen sind nur die Klimaverhältnisse an der Erdoberfläche von Bedeutung. Der Meteorologe Prof. Flohn in Bonn riet mir, von «Ökologischen Klimadiagrammen» zu sprechen, um den Streit zu beenden. Jetzt werden sie von den Ökologen international verwendet. In diesem Jahr auch in USA, wo bisher die anders definierten Diagramme nach Thornthwaite bevorzugt wurden.

Zum Schluß noch eine Bemerkung über die Arbeit des Ökologen im Vorderen Orient. In diesem Gebiet, wo die frühesten Hochkulturen entstanden und der Mensch seit über 5 Jahrtausenden auf die Natur eingewirkt hat, muß er ähnlich wie der Archäologe auf Grund von den geringen verbliebenen Resten den Versuch unternehmen, die frühere Vegetation zu rekonstruieren. Es wäre dabei auch sehr nützlich, wenn er mit den Archäologen zusammen arbeiten könnte, was wir wegen der Kürze der zur Verfügung stehenden Zeit nicht konnten. In Holland ist eine solche Zusammenarbeit mit den Pollenanalytikern schon im Gange, und zwar um die klimatischen Verhältnisse zur Zeit der einzelnen Kulturen festzustellen und um Aufschluß über die damalige Bewaldungsdichte und die Holzarten zu erhalten.

Die Archäologen ihrerseits sind imstande, dem Ökologen Auskunft über die früher gejagten und domestizierten großen Säugetiere zu geben, was z. B. für die Frage der Verbreitung von Steppen von Bedeutung ist.

Bekanntlich gab es in Mesopotamien mit heute wüstenhaftem Charakter zur Zeit von Babylon und Assur noch große Herden von Wildeseln, die größer als die domestizierten sind und die weiten Ebenen bevölkerten. Auch Wildpferde waren vorhanden und wurden domestiziert.

Von wilden Paarhufern werden genannt: *Bos primigenius, Bos bubulus* (Büffel) und der heute ausgestorbene wilde Bison, der von den amerikanischen verschieden war – wohl der gefährlichste und deshalb bald ausgerottete. Dazu kamen wilde Schaf- und Ziegenarten, letztere vielleicht mehr in Gebirgen, die ebenfalls zu Haustieren wurden. Das Kamel war nicht einheimisch, sondern kam aus Arabien. Sehr verbreitet waren in Assyrien Antilopen, Gazellen und Strauße. Bei diesem Wildreichtum fehlten die Raubtiere nicht, wie Löwe (kleiner als der afrikanische), Panther, Wolf, Hyäne und Fuchs.

Alles das kann als Beweis dafür gelten, daß es sich früher um eine richtige Steppenvegetation handelte, die dann durch die jahrtausendelange, unrationelle Beweidung so degradiert wurde, daß kaum noch Reste zu finden sind.

Auch bei den Hethitern, die am Rande der Zentralanatolischen Steppe siedelten, spielte die Jagd noch eine große Rolle, während heute kein Großwild anzutreffen ist, es gibt nur Bären und Wölfe, die die Schafherden gefährden.

Wissenschaftliche Veröffentlichungen des Verfassers:
Über die Türkei (Anatolien)

Das Problem der Zentralanatolischen Steppe
  Die Naturwissenschaften *43*, 97-102, 1956
Vegetationsgliederung Anatoliens.
  Flora *143*, 295-326, 1956.
Die heutige ökologische Problemstellung und der Wettbewerb zwischen der mediterranen Hartlaubvegetation und den sommergrünen Laubwäldern.
  Ber. d. Dtsch. Bot. Ges. *69*, 263-273, 1956.
Ic Anadoln Step Problem (türkisch)
  Ankara Matbaasi, Istanbul, 1962.
Anadolunun Vejetasyon Yapisi (türkisch).
  Ankara Matbaasi, Istanbul, 1962.

Die Klimadiagramme als Mittel zur Beurteilung der Klimaverhältnisse für ökologische, vegetationskundliche und landwirtschaftliche Zwecke.
  Ber. d. Deutsch. Bot. Ges. *68*, 332-344, 1955.
Wie kann man den Klimatypus anschaulich darstellen?
  Die Umschau, H. *24*, 751-753, 1957.
Klimatypen dargestellt durch Klimadiagramme.
  Geogr. Taschenbuch, 1958/59, 540-543, 1958.
Climatic diagrams as a means to comprehend the various climatic types for ecological and agricultural purposes.
  The Water Relations of Plants, pp. 3-9, Oxford. 1963.
Un Atlas de Diagrammes Climatiques.
  Scientia-Como *54*, 6ième Série, 1-3, 1960.
Ergänzende Betrachtungen zu der im Klimadiagramm-Weltatlas verwendeten Klimadarstellung.
  Erdkunde, Bonn *24*, 145-149, 1970.
Klimadiagramm-Weltatlas (zitiert auf Seite 348, Nr. 13).
Klimadiagramm-Karten der einzelnen Kontinente und ökologische Klimagliederung der Erde (zitiert auf Seite 348, Nr. 20).

Teil VIII

Reise um die Welt: Australien und Neuseeland

1. Einladungen und Flug nach Australien (Karte 4)

1956 waren wir noch mit dem Entwerfen der vielen Diagramme für den Klimadiagramm-Weltatlas beschäftigt, als ich von Professor Chapman (Auckland-University) aus Neuseeland eine Einladung erhielt, 6 ökologische Vorträge dort zu halten; doch fügte er hinzu, daß die Reisekosten für nichtbritische Staatsangehörige nicht übernommen würden. Stattdessen würde man mir jedoch auf einer zweimonatigen Rundreise beide Inseln von Neuseeland zeigen. Die Kosten für eine so weite Reise ohne ein bestimmtes Forschungsziel schienen mir zu hoch und ihre Bewilligung durch die Forschungsgemeinschaft fraglich zu sein. Ich sagte deshalb ab.

Bald darauf erhielt ich vom VEB Gustav Fischer-Verlag in Jena die Anfrage, ob ich bereit sei, die 4. Auflage der Schimperschen Pflanzengeographie zu übernehmen. Dieses in meinem Geburtsjahr 1898 erschienene Werk war m. E. ein klassisches Werk, das durch die Bearbeitung von Faber 1935 seinen eigentlichen Charakter verloren hatte. Es schien mir deshalb richtiger zu sein, ein neues Werk zu schreiben, das dem derzeitigen Stand der ökologischen Forschung entsprach, unter dem Titel «Die Vegetation der Erde in öko-physiologischer Betrachtung». Der eigentliche Gustav Fischer-Verlag, der gerade in Stuttgart einen Neuanfang machte, konnte die Herausgabe eines so großen Werkes noch nicht übernehmen, zumal die Klischees für die Illustration in Jena waren, wollte jedoch mit dem VEB-Verlag in Jena zusammenarbeiten. Deshalb schloß ich den Vertrag ab, was sich als sehr günstig erwies: Der VEB (volkseigener Betrieb) war nicht auf Rentabilität angewiesen und konnte das Werk zu einem günstigen Preis anbieten und in allen Ostblockstaaten verkaufen, während der Stuttgarter Verlag zu demselben niedrigen Preis im Westen das Buch auf den Markt brachte. Die Folge war, daß der erste Band mit den tropischen und subtropischen Vegetationszonen schon nach einem Jahr neu aufgelegt werden mußte. Gerade als der Vertrag abgeschlossen war, besuchte mich der Botaniker und Ökologe Professor Grieve von der University of Western Australia in Nedlands bei Perth. Wir unterhielten uns sehr angeregt über die Probleme im ariden Australien, und er lud mich ein, doch nach Australien zu kommen, um dort zu arbeiten.

Das lockte mich sehr. Ohne Australien zu kennen, durfte man eigentlich nicht eine «Vegetation der Erde» schreiben. Denn die dortige Vegetation unterscheidet sich völlig von derjenigen der übrigen Kontinente. Während sonst die waldbildenden Baumarten sehr vielen Familien und einer noch größeren Zahl von Gattungen angehören, werden die Wälder Australiens fast nur von einer Gattung, und zwar der Myrtacee *Eucalyptus*, gebildet. Diese Gattung ist jedoch in Australien durch fast 500 Arten vertreten, aus denen die verschiedenen Wälder vom Meeresniveau bis zur alpinen Baumgrenze und von den regenreichsten Gebieten bis zum ariden Klima bestehen. In den trockensten Gebieten wird jedoch diese Gattung durch eine andere, und zwar *Acacia*, abgelöst, die ebenfalls durch über 500 Arten vertreten wird, von denen die weitaus meisten nicht die fein gefiederten Blätter dieser Gattung besitzen, sondern nur an einfache Blätter erinnernde Blattstiele, die Phyllodien, was bei keiner *Acacia* auf den anderen Kontinenten der Fall ist. Dazu kommt, daß auch die übrigen Arten zu 85 % in Australien endemisch sind, also nur dort und auf keinem anderen Kontinent vorkommen. Deshalb schien mir eine Forschungsreise dorthin notwendig zu sein.

Mein Reisebüro riet mir, nach Australien die stark ermäßigten Fahrten um die Erde zu buchen, so daß ich auch Neuseeland ohne Mehrkosten in mein Programm aufnehmen konnte. Die Hochschule war bereit, mich für ein Semester zu beurlauben, wodurch mir 9 Monate zur Verfügung standen, 6 davon für Australien. Von den für uns beide beantragten 20000,– DM als Reisezuschuß bewilligte die Forschungsgemeinschaft nur 10000,–. Deshalb mußten wir sehen, daß wir bei Unterkunft und Verpflegung sparten, um mehr für die Forschung ausgeben zu können. Zum Glück kamen uns die Australier sehr entgegen, zwar nicht mit Geld, sondern indem sie uns überall in großzügigster Weise Arbeitsplätze frei zur Verfügung stellten ebenso wie die Kraftwagen mit ortskundigen wissenschaftlichen Begleitern für alle die vielen Tausende von Kilometern. Dazu kam, daß der Geograph und Klimatologe Professor Gentilli an der westaustralischen Universität, mit dem ich brieflich in Verbindung stand, mir honorierte Vorträge vermittelte, die ich gleich in den ersten 10 Tagen nach der Ankunft in Perth hielt. Sie machten die Australier mit meiner Arbeitsrichtung bekannt und führten zu langen, sehr erfreulichen Diskussionen.

Damals gab es noch keine Düsenflugzeuge, dafür flog man nicht so hoch und konnte am Tage mehr sehen. Wir brauchten drei Tage und drei Nächte bis Perth.

Am 27. Juli 1958 flogen wir in Stuttgart mit je 20 kg Gepäck für 9 Monate ab. Der Flug ging über Paris, Rom und Athen nach Cairo, wo wir auf die australische Maschine aus London warten mußten. Die Linie wies uns ein Zimmer im Luxushotel «Heliopolis» im arabischen Stil zu. Es war groß wie ein Saal, aber trotzdem im Hochsommer so heiß, daß man nicht schlafen konnte. Die ägyptischen Kollegen fuhren mit uns zwei Stunden durch das neue und alte Cairo, das ich als Junge 1912 gesehen hatte. Um 13 h flogen wir weiter, hinter Suez und Akaba 1500 km über menschenleere Wüste. Es war wunderbar, das Relief mit den verschiedenen Gesteinsformationen und Dünen zu betrachten. Aus der Dunstschicht ragte im Süden der Gipfel des Sinai-Berges heraus, sonst nur zwei Karawanenwege und eine Oase bis zu den Bahrain-Inseln. Über dem Persischen Golf wurde es dunkel, nachts Zwischenlandung in Karachi, 2 Stunden in dem heißen Wartesaal, morgens Landung im nassen, tropischen Bombay. Es ist Monsunzeit, alles grün und triefend naß. In 7 km Höhe über Indien, meist überstaute Reisfelder, das bewaldete Gebirge der West-Ghats, die Südspitze von Indien wird schmaler, sie endet, und schon ist man über der Küste von Ceylon, die Gebirge in Wolken, wir landen auf dem Flugplatz zwischen Kokospalmen und Reisfeldern in Colombo. Nach einer kurzen Teepause fliegt man weiter über die NW-Spitze von Sumatra, herrlicher Blick auf Gebirge mit Tropenwäldern, Kulturland und abgebranntes Grasland, wieder über dem Ozean, über den Inseln hohe Turmwolken wohl bis 14 km herauf mit ununterbrochenen Blitzen, über uns ist der Himmel klar, die Sonne ist untergegangen. Mit einmal ein phantastisches Bild: Direkt unter uns infolge einer Temperatursprungschicht totale Reflexion, so daß eine Meeresoberfläche vorgetäuscht wird, auf der weiße Wölkchen wie Eisberge gleiten – eine Polarmeerlandschaft am Äquator! Die Küste von Malaysia war noch gerade zu sehen, dann Singapur im strahlenden Licht, Autoverkehr, Lichtreklamen, nach der Landung ein opulentes Dinner im Flughafenrestaurant mit chinesischer Bedienung, um 22 h 30 Start zum Nonstopflug nach Perth. Die Zwischenlandung auf Java fiel wegen Unruhen aus. Es war Vollmond, wir flogen über und in den brodelnden Monsunwolken, die im Mondlicht unheimlich aussahen. Die Sonne ging über der Wüste am Cap Carnarvon im Westen Australiens bei völlig klarem Himmel auf – weite Sandflächen mit Meereslagunen dazwischen. Aber bald kamen die Wolken des Winterregengebiets im Südwesten von Australien.

In Perth landeten wir sehr früh morgens, aber Professor Gentilli holte uns ab und brachte uns zwischen zwei heftigen Regengüssen zum Boarding House, wo er für uns ein Zimmer reserviert hatte. Er stammte aus Italien, vertrat aber schon seit langem die Geographie an der Universität und war rührend behilflich, uns die Anpassung an die besonderen Verhältnisse in Australien zu erleichtern.

2. Was uns damals in Australien auffiel

In Australien herrschte schon vor 30 Jahren ein akuter Mangel an Personal für Dienstleistungen, was besondere Verhältnisse im Gastgewerbe bedingte, die dem Europäer merkwürdig erschienen. Aber in Australien waren nur gewisse Entwicklungen voraus genommen, die inzwischen auch in Europa eingetreten sind.

In den australischen Hotels erhält man Zimmer mit voller, sehr guter Verpflegung, wodurch die Preise sehr hoch sind. Das kam für uns nicht in Frage, weil die Universität weit draußen in Nedlands lag, und wir dort Lunch in der Mensa erhielten, abends aber uns selber im Labor verköstigten.

Die Hausordnung ist in den Hotels wie auch im Boarding House sehr streng, fast militärisch. Wir wurden um 7 h 30 geweckt, denn Frühstück gab es nur von 8–9 Uhr. Wer zu spät kam, ging leer aus. Dasselbe gilt für alle Hotels mit Ausnahme der internationalen in den Großstädten, Lunch ist von 13–14 und Dinner von 18–19 Uhr. Nach 19 Uhr verschwindet das gesamte Personal, selbst der Portier. Dazu zwingen der Personalmangel, die hohen Löhne und der Achtstundentag, auf dessen Einhaltung die allgewaltige Gewerkschaft achtet. Nun kommt aber der einzige Zug im Landinneren vielfach nach 19 h an. Dann muß man das Zimmer im voraus bestellen und findet auf dem Brett vor dem geschlossenen Empfangsfenster einen Briefumschlag mit seinem Namen vor und darin den Schlüssel des Zimmers; oder im Eingangsraum anderer Hotels steht eine große Tafel mit den Nummern der Zimmer und den Namen der sie belegenden Gäste. Darunter liest man: «Gäste, die nach 19 h eintreffen, werden gebeten, eins der freien Zimmer auszuwählen.» Auch sonst erhält man beim Empfang den Schlüssel und muß selber sehen, wie man das Zimmer findet und seine Koffer hinbringt. Irgend welche Wünsche darf man nicht äußern, sonst wird man abgewiesen; denn Hotelgäste sind ein notwendiges Übel, wenn man eine Bar eröffnen will. Das Gesetz schreibt vor, daß jeder Bareigner den Nachweis erbringen muß, daß er Hotelzimmer vergibt mit Wasch- und Duschräumen für Männer und Frauen und einem gut eingerichteten Speiseraum. Die Einnahmen erbringt die Bar, während die Hotelgäste infolge der notwendigen Dienstleistungen kaum etwas einbringen und viel Arbeit verursachen.

Auch die Bar darf nur vormittags und nachmittags zu bestimmten Stunden geöffnet sein, die Stunden sind in den einzelnen Staaten etwas verschieden. Die Bars sind Treffpunkte der Männer, dort werden auch die Geschäfte abgeschlossen, alles stehend, Sitzplätze gibt es kaum. Die Regelung der Stunden haben die Frauen durchgesetzt, damit die Männer weniger trinken und sich mehr zu Hause aufhalten sollen. Aber es scheint das Gegenteil bewirkt zu haben. Die wenigen Barstunden werden ausgenutzt, um ein Glas Bier oder Whisky nach dem anderen zu leeren. 5 Minuten vor Schluß der Ausschank-Stunde hört man eine schrille Klingel, alles stürzt an den Bartisch, um noch einen zu heben. Dann wankt alles zu den Autos und ist zu Hause betrunken. Man kann auch Getränke nach Hause nehmen. Bier spielt die Hauptrolle. In den unbesiedeltsten Teilen Australiens findet man überall entlang von Autospuren die Scherben der herausgeworfenen leeren Bierflaschen oder neuerdings Bierdosen. Diese werden dereinst das Leitfossil unseres Jahrhunderts in Australien sein.

Sonntags sind alle Bars und Hotels geschlossen. Nur die früher eingetroffenen Hotelgäste werden versorgt, sonst kann man in einer fremden Stadt verhungern. Ausnahmen sind wiederum die internationalen Hotels in den Metropolen. In Großstädten gibt es häufig kleine Gaststätten von eingewanderten Italienern, die reine Familienbetriebe mit vielen Kindern sind und deshalb nicht unter die 8-Stunden-Klausel fallen. Sie sind den ganzen Tag geöffnet, oft bis 22 h, mit verschiedenen Eisspezialitäten und Fruchtsäften sowie kleinem Imbiß bei sehr freundlicher Bedienung.

In Australien ist es auch Vorschrift, daß in allen Zimmern die gegenüberliegenden Wände unter der Decke kleine Luftlöcher für Frischluftzufuhr haben. An stürmischen Tagen zieht es richtig, was im Winter sehr unangenehm ist, weil die Lufttemperatur oft um 10 °C liegt und Heizungen in Australien unbekannt sind mit Ausnahme von kleinen elektrischen Öfen. Draußen ist es dagegen an sonnigen Tagen auch im Winter schön warm. Die Sonnenstrahlen gelangen aber nicht in die Zimmer, weil es sonst im Sommer zu heiß wäre. Ein Amerikaner meinte nach längerem Aufenthalt, er hätte nun «the Australian way of life» erfaßt. Wenn man ins Zimmer kommt, zieht man alle seine warmen Sachen an, mehrere Pullover und den Mantel; wenn man aber aus dem Hause geht, dann zieht man alles aus. Die Australier sind jedoch sehr abgehärtet von Jugend auf. Während wir bei einem Besuch frierend in unseren Mänteln saßen, kam die Hausfrau mit einem Kleinkind auf dem Arm, das nur ein dünnes Hemdchen anhatte.

Sehr populär sind auch die sportlichen «Marching Girls», die selbst im Winter in den Städten Umzüge machen und ähnlich wie unsere Faschingsgarde-Mädchen angezogen sind mit Miniröckchen, damit man ihre nackten Beine bewundern kann.

Eigenartig berührte uns auch die Platzverteilung, wenn man in einem Hotel Lunch einnehmen will. Im Speisesaal sind viele Tische, die alle nach einer besondern Vorschrift gedeckt sind. Kommt man herein, so darf man sich nicht einfach an einen leeren Tisch setzen, sondern man bleibt bei der Türe stehen und wartet, bis eine Dame kommt und fragt, wie viele Plätze man wünsche. Dann wird der Platz angewiesen. Dabei fängt die Dame beim ersten Tisch an, an dem es vielleicht 10 Plätze gibt, und besetzt alle der Reihe nach, bis der Tisch 1 voll ist, und fängt dann beim Tisch 2 an usw. Man sitzt also mit Fremden zusammen, obgleich es viele freie Tische gibt – der Zweck ist Arbeitsersparnis; es ist einfacher, einen Tisch ganz abzuräumen, als viele Einzelplätze an verschiedenen Tischen. Man setzt sich auf den zugewiesenen Platz ganz stumm, ohne eine Verbeugung zu machen. Nach einiger Zeit will der Nachbar ein Gespräch beginnen, indem er sagt: «Is it not a very nice day today?» worauf ich antworte: «Oh yes, a wonderfull day» (ich sage day wie im Englischen, australisch sagt man dai, d. h ai wie bei «Kaiser»). Das fällt auf, deshalb die Frage: «From where are you coming?». «From Germany.» «Oh, from Germany», und um etwas Freundliches zu sagen fügt er hinzu, «Wolksu-egen (= Volkswagen) is a very good car.» Der Volkswagen hatte bei der Fahrt rings um Australien auf sehr schlechten Wegen mehrmals den ersten Preis gewonnen, weil er bei der leichten Bauart überall durchkam. Allerdings monierte mir gegenüber ein Australier, daß alle neuen Modelle des Käfers gleich aussähen; wenn man aber einen neuen Wagen kaufe, wolle man doch, daß jeder das bemerke. Inzwischen hat das Volkswagenwerk diesen Gesichtspunkt berücksichtigt.

Im Landesinneren sind die Hotelzimmer sehr dürftig möbliert: Ein Bett oder Doppelbett, ein Schrank und ein Tisch, oft kein Stuhl, keine Waschgelegenheit im Zimmer. Wir überlegten, wohin die Australier ihre Wäsche legen, wenn sie diese ausziehen. Im Sommer bei der großen Hitze lassen alle die Zimmertür offen stehen, um Durchzug zu haben; so sahen wir, daß die Wäsche einfach vor dem Bett auf dem Boden liegt.

Was aber einem in Australien besonders gefällt, ist die große Freundlichkeit und Hilfsbereitschaft jedem Fremden gegenüber und die Ungezwungenheit. Man kann mit jedem ein Gespräch beginnen, ohne seinen Namen zu nennen. Auf die Engländer sind die Australier im Gegensatz zu den Neuseeländern schlecht zu sprechen. Sie behaupten, sie erhielten von England nur schlechte Qualität der Exportartikel und müß ten diese zu teuer bezahlen. Tatsächlich war die Qualität 1958 nicht gut. Da man im Flugzeug nur 20 kg Reisegepäck mitnehmen kann, wollten wir unsere Bekleidung in Australien ergänzen; aber wir zogen es doch vor, uns mit unseren wenigen Sachen zu begnügen. Die Einwanderer nach Australien werden vom Immigration Office sehr streng überprüft, Farbige werden nicht hineingelassen. Nichtbritische Diplome werden nicht anerkannt. Es ist deshalb nur für ungelernte Arbeitskräfte ein ideales Land, weil diese gut verdienen und rasch vorwärtskommen. Ausgebildete müssen vor der Einwanderung Verträge abschließen, um eine der Vorbildung entsprechende Stelle zu erhalten. Das galt auch für Hohenheimer Absolventen, sie mußten als Landarbeiter arbeiten, verdienten jedoch trotzdem gut. Einen meiner Schüler traf ich in Südaustralien auf merkwürdige Weise. Wir machten eine Exkursion mit Prof. Osborne und als es Zeit zum Lunch war, meinte er, er kenne in der Nähe ein gutes Lokal. Wir gingen hinein und bekamen einen Tisch für uns. Plötzlich kommt jemand auf mich zu und sagt: «Professor Walter, Sie kann man doch überall in der Welt antreffen.» Es war ein Hohenheimer, der in Australien arbeitete und eine Urlaubsreise machte, dabei zufällig um dieselbe Zeit in dasselbe Lokal zum Lunch gekommen war.

Über die Ungezwungenheit der Australier wird folgendes erzählt: Der Generaldirektor eines großen deutschen Konzerns wollte seinen australischen Vertreter besuchen. Er steigt in Sydney aus dem Flugzeug, da kommt ein Mann auf ihn zu, klopft ihm auf die Schulter und sagt: «Hallo old boy! My name is John, how is yours.» Es war der Vertreter. Dem Direktor fiel vor so viel Unehrerbietung vor Schreck die Aktenmappe auf den Boden.

Wenn man einige Tage zusammenarbeitet, redet man sich beim Vornamen an. In Neuseeland beklagte sich jemand über einen deutschen Mitarbeiter, der schon einen Monat bei ihnen sei, und die anderen immer noch mit Mister Smith usw. anredete. Was bilde sich dieser Deutsche eigentlich ein, das sei doch direkt beleidigend. Ich mußte ihn aufklären, das sei in Deutschland besonders höflich.

Im allgemeinen ist Australien wohl das Land auf der Erde, in dem die klassenlose Gesellschaft am ehesten verwirklicht ist.

In Australien wurde z. B. die Beobachtung gemacht, daß die Wissenschaftler, die zur Ausbildung nach USA gingen, meistens dort blieben. Es wurde deshalb die Frage aufgeworfen, ob sie in Australien zu schlecht bezahlt würden. Eine Untersuchung ergab, daß das Verhältnis in der Bezahlung eines Hochschullehrers zu der eines Facharbeiters in Australien 4 : 1 war, in England 6 : 1, in den USA 7 : 1 in der Sowjetunion dagegen 42 : 1!

Wie erwähnt, ist die Bedeutung der Gewerkschaften sehr groß; das gilt besonders für die der Dockarbeiter und die gewisser Minenstädte, wo nur die Kinder der Mitglieder aufgenommen werden und es für andere sehr schwer ist beizutreten. Die Betreuung in diesen Gewerkschaften reicht tatsächlich von der Wiege bis zum Grabe. Sie haben auch das freie Handwerk unter ihrer Kontrolle. In einer Minenstadt kann sich z. B. nur ein Bäcker ansiedeln, wenn er der Gewerkschaft genehm ist. Sonst wird über ihn der Boykott verhängt, was den Ruin bedeutet.

Gefürchtet wird die Dockgewerkschaft von den Schiffahrtsgesellschaften. Sie verzögern oft durch ihre Forderungen die Ladearbeiten, was für die Reederei mit enormen Kosten verbunden ist, und bestreiken beim geringsten Zwischenfall die Schiffe.

Ein Wissenschaftler, der von Melbourne nach der Insel Tasmanien versetzt wurde, erzählte mir, daß es am billigsten war, die Möbel mit dem Flugzeug zu befördern, weil das Einladen derselben auf das Schiff und das Ausladen in Tasmanien zu viel gekostet hätte.

Selbst beim Zugverkehr wirken sich die Forderungen der Gewerkschaften hemmend aus:

Die Besiedlung Australiens ging von einzelnen Punkten an der Küste aus, die dann zu den Metropolen der einzelnen Staaten wurden. Von ihnen aus wurden die Eisenbahnlinien in das Landesinnere gebaut, wobei jeder Staat die Spurweite bestimmte. Es gibt somit in Australien etwa vier verschiedene Spurweiten, die sich mit der Zeit an den Grenzen der Staaten trafen. Das hat zur Folge, daß in den meisten Fällen ein Zug aus einem Staat nicht in den anderen weiterfahren kann. Vielmehr fährt der eine Zug auf einer Seite des Bahnsteiges vor und der andere auf der anderen. Die Passagiere steigen rasch um, aber auch die Gepäckwagen müssen umgeladen werden. Das Vernünftigste schiene eine Kette von Gepäckträgern, die die einzelnen Gepäckstücke über den Bahnsteig hinüberreichen. Das wurde jedoch von der Gewerkschaft verboten. Jeder Träger darf nur ein Gepäckstück hinübertragen, leer zurückgehen und das nächste nehmen. Deswegen dauert der Aufenthalt des Zuges zwei Stunden, bis umgeladen ist. Auch sonst wird die Arbeit gebremst, wenn z. B. ein Neueinwanderer sich voll einsetzt, um eine neue Existenz aufzubauen, wie es bei uns die Flüchtlinge aus dem Osten nach dem Kriege machten. Ebenso beklagten sich die Forstleute: Die *Eucalyptus*-Wälder brennen in Australien sehr leicht, weil die Blätter viele Öle enthalten, aber die Gewerkschaft bestimmte, daß am Samstag und Sonntag niemand zum Löschen der Waldbrände herangezogen werden dürfe.

Unter den Einwanderern spielten die Deutschen eine Zeitlang eine größere Rolle, aber nur in Süd-Australien gibt es auch deutsche Siedlungen, die im Barossa-Valley den Weinbau eingeführt haben. Das Klima entspricht dem des Mittelmeergebiets, in dem schwere Südweine erhalten werden, aber in Australien werden auch leichte Weine erzeugt. Für die Weinlese gibt es nicht genug Arbeitskräfte, deshalb wird mit der Weinlese schon begonnen, wenn die Trauben noch nicht reif sind, d. h. wenig Zucker enthalten, somit leichte Weine ergeben. Mit zunehmender Reife werden die Weine immer schwerer.

Was die Rebkultur anbelangt, so hatten die Deutschen die übliche Freihaltung des Bodens zwischen den Rebstöcken beibehalten, was auch ihrer Ordnungsliebe entsprach. Das erwies sich in dem Winterregengebiet Südaustraliens als falsch. Denn der Regen fällt dort in einzelnen sehr starken Güssen und schwemmt den nackten Boden in hängiger Lage ab. Schäden durch sehr starke Bodenerosion sind für das Barossa Valley bezeichnend. Eine Umstellung auf Grünhaltung des Bodens war notwendig.

Außerdem gibt es im Osten viele italienische Einwanderer, die vor allem als Arbeiter auf den Zuckerplantagen ins Land kamen, aber jetzt auch im Gastwirtgewerbe der Großstädte des Ostens tätig sind, in denen überhaupt der «continental style», d. h. der europäische Lebensstil, viel ausgeprägter ist als im Westen. Im Gegensatz zu den Deutschen, die in der zweiten Generation nur noch englisch sprechen, assimilieren sich die Italiener nicht, leben in Sippengemeinschaften und halten an der Sprache fest. Sie bilden einen gewissen Fremdkörper, was nicht gerne gesehen wird.

Natürlich gibt es in Australien auch Eingeborene – Aborigenes (etwa 20 000 in 200 Sippen). Aber sie sind bedeutungslose Relikte und leben in so abgelegenen Gebieten, daß die meisten Besucher Australiens sie nicht zu Gesicht bekommen. Sie sind schwarz, aber nicht mit den negroiden Afrikanern verwandt. Die Nachkommen aus Mischehen mit Weißen sind sehr hell, während die von Negern mit Weißen immer sehr dunkel sind. Ihre Einwanderung nach Australien erfolgte wohl in der älteren Steinzeit aus Asien, und auf dieser Stufe der Sammler und Jäger sind sie stehengeblieben. Sie waren nie zahlreich, und lebten in kleinen Sippen zerstreut. Aber eine sonst unbekannte Waffe für die Jagd hatten sie – den Bumerang. Bei der Besiedlung des Kontinents durch Weiße wichen sie in immer entlegenere Gebiete aus, wo sie auch heute noch in kleinen Reservaten zu finden sind. Man versuchte, sie der europäischen Kultur anzupassen. Die Älteren sind dazu nicht fähig. Man sammelte sie in Lager bei Alice Springs, wo sie ohne zu arbeiten dahinvegetierten und vor Alkohol bewahrt werden mußten. Der Gedanke war, die Kinder zu schulen; aber der Erfolg ist gering. Ich besuchte in West-Australien eine katholische Mission, wo die Kinder im Internat erzogen wurden. Die Patres hatten resigniert. Alle Erfolge in der Mission waren sofort vergessen, wenn sie zu ihrer Sippe zurückkehrten. Warum soll man sie nicht in ihren Reservaten nach ihrer Art leben lassen? Alle Studien zeigen, daß sie dort ein friedliches, zufriedenes Leben führen. Wahrscheinlich sind sie glücklicher als die heutigen hochzivilisierten Menschen der Industriestaaten mit ihren grenzenlosen Ansprüchen, mit der Lebensangst, der Drogensucht usw.

Besonders viele Eigenheiten weist die übrige Lebewelt Australiens auf, die sich scharf von der aller übrigen Kontinente unterscheidet. Australien wurde geologisch sehr frühzeitig isoliert und verlor die Verbindung zu den anderen Kontinenten. Das geschah, als unter den Säugetieren die primitivste Gruppe – die Beuteltiere – zur Entwicklung gekommen war. Deshalb kommen in Australien nur Beuteltiere als Säugetiere vor und deren Vorläufer, das noch eierlegende Schnabeltier und der australische Ameisenigel. Dafür haben sich aber die Beuteltiere an ganz verschiedene Lebensweisen angepaßt: Es gibt Beutelratten, Marderbeutler, Beuteldachse, baumbewohnende und maulwurfartige, Nasenbeutler und vor allen Dingen große und kleine springende Känguruhs. Einen australischen Schauspieler ärgerte es, daß man ihn in Amerika fragte, ob die Känguruhs auch in den Straßen der Städte herumspringen. «Nein», sagte er, «sie stehen meist an den Straßenkreuzungen, haben Zeitungen im Beutel und verkaufen diese. Nur der Geldwechsel fällt ihnen schwer. Wir hoffen, sie lernen es mit der Zeit.»

Das große Känguruh kann springend 50 km/h zurücklegen, das Emu, der australische Strauß, läuft 70 km/h.

Von den eigentlichen Säugetieren ist nur der Wildhund «Dingo» vorhanden, wahrscheinlich ein später Einwanderer mit dem Menschen. Er ist für die Schaffarmen eine Gefahr und wird durch Giftköder bekämpft. Von den weißen Einwanderern wurde das Kaninchen zu Jagdzwecken ausgesetzt. Es vermehrte sich gut und die Kaninchenfelle waren ein Nebenverdienst für die Farmer, aber bald geriet es in den wenig besiedelten Gebieten außer Kontrolle, da es keine Feinde hatte, und fraß die für die Schafe bestimmte Weide ab. Es breitete sich von Osten immer weiter nach Westen aus. Um sich vor den Kaninchen zu schützen, erstellten die westlichen Farmer quer durch den ganzen Kontinent einen über 3000 km langen kaninchensicheren Drahtzaun, der in die Erde eingegraben wurde und über einen Meter hoch war. Als jedoch die Kaninchenwelle den Zaun erreichte und auf der abgefressenen Seite die schöne Weide auf der anderen Seite witterte, drängten so viele Kaninchen an den Zaun, daß sie sich tot-trampelten; über den Leichenberg gelang es den nachfolgenden, über den Zaun zu springen. Der Zaun hatte nichts genutzt. Die Rettung brachte die Myxomatose, eine Viruskrankheit der Kaninchen in Europa, mit der man in Australien die Kaninchen künstlich infizierte. Diese Krankheit räumte radikal mit den Kaninchen auf. Eine gewisse Gefahr bilden immer noch die wenigen überlebenden Tiere, die resistent gegen die Myxomatose sind und mit der Zeit sich wieder vermehren könnten.

Was die Pflanzenwelt anbelangt, so sind die meisten Familien der Blütenpflanzen in Australien vertreten. Es gibt auch Familien, die nur in Australien vorkommen; oder die Arten der gemeinsamen Familien entsprechen nicht denen der anderen Kontinente, sondern fast alle kommen nur in Australien vor. Das bedeutet, daß jeder Botaniker, der nach Australien kommt, um dort ökologisch zu arbeiten, sich in die neue Flora einarbeiten muß. Die australischen Botaniker waren uns dabei sehr behilflich. Auf die vielen *Eucalyptus*- und *Acacia*-Arten hatten wir schon hingewiesen.

Auch die Bodenverhältnisse Australiens sind besonderer Art. Nur sehr kleine Teile des Kontinents waren zeitweise vom Meere überschwemmt. Die Böden, die durch die Verwitterung der alten Gesteine entstanden, waren Millionen von Jahren der auslaugenden Wirkung des Regens ausgesetzt. Die Folge davon ist ihre Nährstoffarmut. Die heimischen Pflanzen haben sich damit abgefunden. Besonders nährstoffarm sind die Sandböden, aber merkwürdigerweise wachsen auf diesen eine Unzahl von schön blühenden Pflanzenarten, während bei uns auf armen Sanden mit Heidekraut die Flora sehr arm ist. Auch die vielen *Eucalyptus*-Arten wachsen auf armen Böden, aber natürlich wachsen unsere Weidepflanzen, die man für die Schafhaltung einführte, nur dann gut, wenn man den Boden mit Stickstoff anreichert, indem man einen mediterranen luftstickstoffbindenden Klee *(Trifolium subterraneum)* mit aussät, der einjährig ist, jedoch seine Samen in den Boden eingräbt und deshalb jedes Jahr von selbst wiederkommt. Dazu ist eine Düngung mit Superphosphat notwendig, die bei den großen Flächen vom Flugzeug aus vorgenommen wird. Aber trotz der guten Weide erkrankten die Schafe in gewissen Gebieten an einer Mangelkrankheit. Ein Stoff fehlte ihnen. Nach langwierigen Untersuchungen gelang es festzustellen, daß es sich um das seltene Metall Kobalt handelt, das in sehr geringen Mengen für den Aufbau gewisser Wirkstoffe der Tiere notwendig ist. Es sind nur so geringe Mengen notwendig, daß sie bei uns in jedem Boden vorhanden sind, aber bei der Nährstoffarmut in Australien fehlen selbst diese. Durch sehr geringe Kobaltgaben gelang es, die Schafe gesund zu halten.

Auch bestimmte Pflanzenarten können Mangelerscheinungen aufweisen. Das Holz der Eukalypten ist kein sehr gutes Nutzholz. Es ist als Bauholz zu schwer. Deshalb hat man in Australien eine amerikanische Kiefer *(Pinus radiata)* angepflanzt, die aus Kalifornien stammt, und sich in Neuseeland, aber auch in Chile, bei Aufforstungen gut bewährte und hohe Holzerträge ergab. Aber eine Pflanzung in Westaustralien zeigte Kümmerwuchs, mit Ausnahme einer Baumreihe, die direkt entlang eines Drahtzauns verlief und enorme Jahrestriebe aufwies. Die Annahme lag nahe, daß es sich um die Wirkung von Eisen handelte, welches jede Pflanze in kleinen Mengen braucht, das dem Boden mangelte, aber vom Zaun in den Boden gelangte. Eisengaben blieben jedoch bei den Kümmerpflanzen ohne jeden Erfolg. Man analysierte nun genau die chemische Zusammensetzung des Drahtes, der viele Metalle in kleinsten Mengen enthielt. Alle zeigten keine Wirkung, bis man Zink prüfte. Die Kümmerpflanzen der Kiefer, die jährlich nur einen Höhenzuwachs von wenigen Zentimetern aufwiesen, bildeten nach ganz geringen Zinkgaben plötzlich Jahrestriebe von fast einem Meter aus. Ich konnte mich selbst davon überzeugen.

Das waren einige allgemeine Bemerkungen zu Australien, wie wir es 1958 kennenlernten. Die zivilisatorische Entwicklung verläuft heute so schnell, daß vieles selbst in
dem noch ursprünglicheren Westaustralien anders geworden sein mag. Die Gebiete,
die Diels zu Beginn des Jahrhunderts wegen ihrer Unzugänglichkeit nicht erforschen
konnte, z. B. den Karriwald mit bis zu 85 m hohen Eukalypten, sind heute durch erst-
klassige Autostraßen erschlossen, sie sind z. T. besiedelt und die Wälder werden forstlich genutzt.

3. In Western Australia

Im Botanischen Institut der «University of Western Australia» in Nedlands wurde ich
sehr nett aufgenommen. Geleitet wurde es von Professor Grieve, der über den Wasserhaushalt der einheimischen Hartlaubgewächse arbeitete. Vegetationskundlich besonders interessiert waren eine ältere Mitarbeiterin, Dr. Beard, und ein jüngerer Mitarbeiter, Dr. Smith. Ein Naturschutzgebiet «Kings Park» lag in unmittelbarer Nähe.
Dort und an der wenig entfernten Meeresküste halfen sie uns, die Flora kennenzulernen. Meine Frau legte fleißig Herbarpflanzen ein, ich entnahm Proben zur Bestimmung des osmotischen Potentials, d. h. der Zellsaftkonzentration. Nach 10 Tagen fand
eine größere Exkursion in den Süden statt, so daß wir auch diesen kennenlernten.

Besonders bedeutungsvoll war jedoch ein Zusammentreffen mit dem ökologisch
interessierten Physiologen Dr. Slatyer, der Mitarbeiter der C.S.I.R.O (= Commonwealth Scientific and Industrial Research Organisation) war, die etwa der Max Planck-
Gesellschaft bei uns entspricht und die als Aufgabe hat, Australien zu erschließen. Wir
unterhielten uns lange, und Dr. Slatyer ermöglichte es mir, an einer Expedition in den
innersten Teil von West-Australien teilzunehmen, um deren Arbeitsweise kennenzulernen und auch meine Ansicht über die Probleme zu äußern. Außerdem lud er mich
ein, von Süd-Australien aus seine Arbeitsgruppe im Zentrum von Australien bei Alice
Springs zu besuchen. Dort wurde der Wasserhaushalt des wichtigsten Strauches im
zentralen Trockengebiet, der *Acacia aneura*, als «Mulga» bezeichnet, untersucht. Er versprach mir, von dort aus ein Auto mit Führer zur Verfügung zu stellen, damit ich ganz
Australien bis zum nördlichsten Punkt Darwin an der Timor-See durchqueren könnte.
Von dort hätte ich die Möglichkeit, an der Ostküste entlang bis in den Südosten mit
dem höchsten Gebirge, den Snowy Mountains, zu gelangen. Die Durchquerung müßte vor der Regenzeit, also im Oktober erfolgen.

Nun hatte ich gerade für Oktober eine Einladung von der UNESCO zu einem Symposium nach Teheran über Fragen des Wasser- und Salzfaktors in ariden Gebieten erhalten, und es wurde mir eine Flugkarte von Australien nach Teheran und zurück zur
Verfügung gestellt; aber ich entschied mich doch für das Angebot von Dr. Slatyer, um
einen Gesamteindruck von dem Kontinent Australien in allen seinen wichtigen Teilen
zu erhalten.

Das Klimadiagramm von Perth entspricht dem von Messina oder Tanger im Mittelmeergebiet. Es handelt sich somit um ein mediterranes, frostfreies Klima mit Winterregen und einer Sommerdürre. Im Gegensatz zum Mittelmeergebiet ist die natürliche
Vegetation in diesem erst vor kurzem besiedelten Gebiet jedoch zum größten Teil erhalten. Bei einem Jahresniederschlag von fast 900 mm herrscht eine Eukalyptusart
vor, die einen lichten «Jarrah-Wald» bildet, der etwa 15–20 m hoch wird, mit einer
Strauchschicht mit den für Australien bezeichnenden «Grasbäumen» (*Xanthorrhoea*),

die an der Spitze einen Schopf von schmalen, langen und harten Blättern bilden. Die flachgründigen Böden sind nährstoffarm, was durch die vielen Arten des insektenfressenden Sonnentaus angezeigt wird. Kulturen von Wein und Orangen findet man nur auf tiefgründigen Böden in Tälern. Der Ölbaum würde wachsen, doch verlangt die Olivenernte zu viel Handarbeit, an der es in Australien mangelt. Nach Süden nehmen die Niederschläge bis auf über 1200 mm zu. Dort wächst der fast unberührte 60 m (bis 85 m) hohe «Karri»-Wald. Es ist beeindruckend, wenn man an einem sehr schlanken Eukalyptusstamm hinaufschaut. Ein großes Sägewerk verarbeitet die Stämme, aber ⅓ vom Holz ist Abfall und wird auf einem großen Scheiterhaufen verbrannt. Wir übernachteten im Hotel, die Räume waren bei dem regnerischen Wetter im August feucht und sehr kühl, der Kamin blieb kalt. Auf meine Frage, warum man nicht mit dem Holzabfall heizt, kam die Antwort, «wer soll das Holz klein machen?» Meine Frau legte sich im Wintermantel abends ins klamme Bett.

Landeinwärts nehmen die Niederschläge ab und die Wälder werden lichter. Die «Wandoo»-Waldzone mit 500–600 mm Regen ist die Schaffarmzone. Der Wald wird gerodet, aber die großen Eukalypten zu fällen, ist zu kostspielig, sie werden geringelt und verdorren. Dasselbe wird im Karri-Wald gemacht, wenn man Apfelplantagen anlegt. Es ist ein furchtbarer Anblick – die 60 m hohen Baumleichen, die ihre Äste anklagend zum Himmel strecken! Aber der Schaffarmer haßt die Bäume, er sagt: «Ein Grashalm ist mehr wert als 2 Bäume.» Die Baumleichen machen die Bodenbearbeitung mit Maschinen unmöglich. Deswegen erfolgt die Düngung und die Ansaat der großen Weideflächen vom Flugzeug aus. Die Größe der Farmen ist viele 100 ha.

Dort, wo die Niederschläge 300–500 mm betragen, beginnt die Winterweizenzone. Hier stehen nur vereinzelte Eukalyptusbäume, die Rodung ist einfacher. Zwar wären die Erträge in den Gebieten mit höheren Niederschlägen besser, aber der Weizen wird dort von Rostpilzen befallen.

Ich wurde auf eine 1600 ha große Weizenfarm eingeladen, alles unter Pflug. Es war eine Dreifelderwirtschaft: Erstes Jahr – Weizen, zweites und drittes – Brache; das Brachland im dritten Jahre, das sich begrünte, diente als Weide für 2000 Schafe. Der Weizenertrag war 15 dz/ha. Bewirtschaftet wurde die Farm vom Besitzer mit zwei Gehilfen, alles ist mechanisiert: Die Düngung und Unkrautbekämpfung mit Herbiziden aus der Luft übernimmt ein Flugzeugbesitzer, den man telefonisch beauftragt. Geerntet wird mit dem Mähdrescher, der das Korn in einen daneben fahrenden Laster bläst, dieser bringt die Ladung sofort zum Getreidesilo an der Bahnstation, wo das Korn herausgesaugt und später in die Güterwagen geblasen wird. Die Schafe weiden in den eingezäunten Camps; muß man sie in ein anderes treiben, so öffnet man das Tor, umkreist die Schafe mit dem Auto, bis sie zu einer dichten Herde zusammengelaufen sind, fährt dann so auf sie zu, daß sie in der Richtung zum offenen Tor laufen. Wenn das erste Schaf durchläuft, folgen die anderen, man braucht nur noch das Tor zu schließen. Das Scheren besorgen Scherteams mit elektrischen Maschinen. Bei einem Wettbewerb brauchte der Beste für das Scheren eines Merinoschafes weniger als eine Minute, sonst im Mittel 3 Minuten. Der Farmer hatte vor 30 Jahren bei seinem Onkel als Arbeiter begonnen, hatte dann die Farm gekauft, besaß ein schönes Haus mit moderner Küche, Bad, Klavier und kostbaren Teppichen und fuhr mit einem Luxus-Mercedes-Wagen.

Mitte September nahmen wir an einer «Wild Flower Tour» mit einem Bus und 36 Teilnehmern in die Sandheiden im Norden teil. Die Führung übernahm der Gouvernement Botaniker. Alles war glänzend organisiert: Abfahrt um 9 h, um 11 h ein Halt, es wurde ein Feuer gemacht und der obligate heiße Tee getrunken, um 13 h kalter Lunch neben dem Bus mit Tee, um 16 h wieder Teepause, abends standen auf dem Nebengeleise einer kleinen Station 2 Schlafwagen erster Klasse für uns bereit, Dinner mit Tee gab es im Stationsgebäude, ebenso Breakfeast am Morgen. Eine Ortschaft war nicht in der Nähe. Nur einmal schliefen wir im Hotel der Ortschaft Geralton. Im Ganzen wurden in 5 Tagen 1500 km zurückgelegt in Form einer 8, so daß es keine Wiederholungen gab. Je weiter man in den trockenen Norden kam, desto prächtiger waren die Heiden mit großen, farbigen und für den Europäer ganz fremdartigen Blüten, insbesondere aus den Familien der Proteaceen und Myrtaceen, aber auch Orchideen u.a. Wir glaubten, vor diesem Artenreichtum kapitulieren zu müssen, aber dann sammelten wir doch, und alle Teilnehmer brachten uns dauernd neue prächtig blühende Arten, selbst die sehr seltene *Byblis* in voller Blüte, die nur hier vorkommt. Sie stand auf einem sandigen Wege, sonst hätte ich sie nicht einlegen dürfen, da sie streng geschützt ist. Die Bogen mit den Pflanzen kamen auf den Hintersitz und zum Pressen setzte ich mich während der Fahrt darauf. Schließlich schwebte ich hoch oben. Der Boden dieser Sandheiden ist so arm, daß man ihn, man muß sagen glücklicherweise, für nichts gebrauchen kann, auch nicht die Pflanzen als Weide. Sonst gäbe es diese Pracht wahrscheinlich nicht mehr. Das größte Erlebnis war jedoch die Teilnahme an der Expedition in das Innere Australiens.

4. Die Expedition ins Innere Australiens

Die Expedition unterstand der C.S.I.R.O. in Canberra. Sie hatte den Auftrag, ein großes Gebiet um die Salzseen Lake Way und den Lake Carnegie, das 3 Längen- und einen Breitengrad umfaßte, allseitig zu erkunden. Von dem Gebiet waren ein Jahr vorher Luftaufnahmen gemacht worden und diese wurden von einem wissenschaftlichen Team genau studiert. Die Stellen, die man auf den Luftbildern nicht einwandfrei deuten konnte, wurden angekreuzt und mußten von der Expedition aufgesucht werden. Als Basislager für die Expedition diente Wiluna, wo ich zu dem Team stoßen sollte. Wiluna war eine Goldgräber-Stadt und hatte 1948 noch 10000 Einwohner, aber jetzt nach 10 Jahren nur noch 70, davon viele Eingeborene, denn Gold wurde nicht mehr gefunden. Es war also eine «Geisterstadt». Kurz vor dem Zusammenbruch der Goldsuche hatte man noch ein großes Hotel erbaut, das natürlich Bankrott machte. Das stand dem Team zur Verfügung, jeder hatte ein Einzelzimmer mit Feldbett und Schlafsack und ein Waschbecken mit fließendem Wasser. Das Team bestand aus 6 Wissenschaftlern (Geograph als Leiter, Geomorphologe, Bodenkundler, Geologe, Botaniker und Landwirt), dazu 6 Hilfskräfte (Mechaniker, Fahrer und ein Koch). Zur Verfügung standen ein «Station-Car» mit Vierradantrieb für die Wissenschaftler, ein Küchenwagen mit Gasherd und Kühlschrank sowie viel Proviant, den der Koch fuhr, dazu ein Lastwagen mit Feldbetten, Tischen, Stühlen und Waschgeschirr mit Fahrer. Das andere Personal blieb im Basislager.

Wiluna konnte ich nur mit einem achtsitzigen Flugzeug erreichen, das zerstreute, winzige Siedlungen oder Minen einmal in der Woche anflog. Die Vordersitze waren mit den zu verteilenden Zeitungen belegt, die Passagiere wurden gewogen, es waren mit mir 4, – und die schwersten möglichst nach vorne gesetzt. Die Stewardess war gleichzeitig Co-Pilot. Wir starteten um 6h, der Vollmond ging gerade im Indischen Ozean unter, die Sonne über Inneraustralien auf – ein merkwürdiges optisches Phänomen – sie war nicht rund, sondern trapezförmig. Wir ließen bald die Jarrah- und Wandoo-Zone hinter uns, auch den Weizengürtel mit den großen quadratischen Farmen und es begann das endlose graue «Mulga-Meer» aus *Acacia aneura*, dazwischen helle sandige Flächen mit Stechgras als «Spinifex» bezeichnet, oder verlassene Goldminen. Einige kleine andere Minen, die noch im Betrieb waren, wurden angeflogen. Vor der Landung machte das Flugzeug drei Kreise über den Häusern, als Zeichen, daß es landen würde. Der Flugplatz war eine nur von Sträuchern gesäuberte Fläche mit einem verschlossenen Holzschuppen, kein Mensch in der Nähe. Die Stewardess sagte: «Let us have a tea.» Es wurde ein Feuerchen neben dem Flugzeug gemacht und Tee gekocht. Dann näherte sich ein ratterndes Auto, der Schuppen wurde aufgeschlossen, wir konnten tanken; das Auto nahm die Zeitungen, Post und einen eventuellen Fluggast mit und wir flogen weiter. Um 11 h landeten wir in Wiluna. Ich wurde vom Team sehr freundlich empfangen. Um die Häuserruinen stand alles in Blüte. Ich hatte unverdientes Glück: Nach 10 Jahren hatte es wieder einmal gut geregnet, was ganz unregelmäßig wenige Male im Jahrhundert passiert, und dann ist die Wüste ein blühender Garten. Aber die Regen fallen strichweise, so daß man auch die öde Wüste sieht. Die Akaziensträucher haben keine bestimmte Blütezeit, wenn es regnet, sind sie in wenigen Tagen mit kleinen gelben Blütenköpfchen, die wundervoll duften, übersät (in unseren Blumenläden werden die Akazien fälschlich als Mimosen bezeichnet). Der ganze Boden ist dicht mit herrlich rosa, gelb und weiß blühenden, kurzlebigen Kräutern bedeckt, darunter Immortellen, also Strohblumen, von denen eine Art bei uns in Gärten zu sehen ist. Wasserlachen stehen dazwischen und eine Schar von verschiedenen Vogelarten sammelt sich um diese, es zwitschert und singt alles, ein Vogel wie Schellen, die man schüttelt! Das Konzert begann vor allem kurz vor Sonnenaufgang, wenn man in seinem Feldbett irgendwo in der menschenleeren Wüste aufwachte.

Die Arbeit fing gleich am nächsten Morgen an. Dem Koch wurde auf dem Luftbild angegeben, wo wir zum Lunch und Dinner sein würden, dem Lastwagenfahrer, wo wir übernachten wollten. Dann fuhren die Wissenschaftler und mit ihnen auch ich im «Station-Car» zu einer angekreuzten Stelle. Dort führte jeder für sich seine Spezialstudien durch, worauf man sich wieder beim Wagen traf und jeder über seine Beobachtungen berichtete; eine gemeinsame Diskussion schloß sich an. Dann ging es zur nächsten Stelle weiter, bis die Lunchzeit kam und wir den Küchenwagen fanden. Die hintere Klappe diente als Tisch und darauf stand das schönste kalte Buffet, dazu Tee oder eisgekühlte Fruchtsäfte. Der Koch war von einem Luxushotel. Nach der Pause wurde die Arbeit im Gelände fortgesetzt, bis es dunkelte. Dann fuhr man zum Übernachtungsplatz. Schon von weitem sah man ein großes Lagerfeuer, auf dem viel Wasser erwärmt wurde zum Duschen. Unweit vom Feuer war eine hell erleuchtete Tafel gedeckt. Die Feldbetten waren so zwischen den Büschen verteilt, daß jeder ein «Einzelzimmer» hatte. Nachdem man sich erfrischt hatte, setzte man sich an den Tisch zu einem opulenten Dinner mit Vor- und Nachspeise wie im besten Hotel. Danach saß man um das Feuer herum und diskutierte, einige spielten am Tisch Schach, aber bald wurde es kühl und man verkroch sich in den Schlafsack. In der Wüste fällt die Temperatur infolge der starken Ausstrahlung nachts auf nur wenig über Null Grad. Man schlief sehr gut. Als es morgens dämmerte, wurde man vom Koch geweckt, der jedem ein Glas mit Grapefruit ans Bett brachte. Nun erscholl wieder das wunderbare Vogelkonzert: Das Schellengeläute und viele fremde Vogelstimmen. Kakadus und Papageien hörte man erst später am Tage. Merkwürdig ist der «Lachende Hans», der sich auch in Gärten aufhält. Einmal saßen wir in Perth bei Bekannten vor dem Hause und unterhielten uns, plötzlich ein ganz lautes Lachen: Ha-ha-ha, Ha-ha-ha. Ich blickte mich erschreckt um, aber niemand war zu sehen; da sagten die anderen, das sei dieser ganz unscheinbare «Kookaburra». Der Sender hatte seinen Ruf als Pausenzeichen übernommen.

Nachdem man sich gewaschen und angezogen hatte (zum Rasieren gab es warmes

Wasser), kam wieder ein köstliches Breakfast mit frischen Früchten, «Porridge, Ham and Eggs», Tee oder Kaffee usw. Ich meinte, ein solcher Luxus scheine mir auf Forschungsreisen übertrieben zu sein, aber die Australier erwiderten, die Wissenschaftler sollten ihre ganze Kraft für ihre Aufgabe verwenden, es zahle sich aus, gut für ihr leibliches Wohl zu sorgen.

Gearbeitet wurde tatsächlich sehr intensiv von 7 Uhr in der Frühe den ganzen Tag über jeweils bis Sonnenuntergang. Da ich neben meinen eigenen Beobachtungen an allen Diskussionen teilnahm, erhielt ich einen ausgezeichneten Einblick in die Verhältnisse dieses eigenartigen Trockengebietes mit den oft verkieselten Bodenprofilen, den für die Verteilung der Pflanzen so wichtigen Schichtfluten nach den seltenen Regen, der relativ geringen Versalzung usw.

In der Nähe des Lake Way besuchten wir eine Schaf-Station. Das Innere Australiens ist nicht ganz menschenleer, sondern dort, wo man Wasser erbohren kann, wird das Land an «Grazer» verpachtet, die sich den Farmern gegenüber überlegen fühlen. Denn ihre Station hat eine Fläche von 100 000 ha bis zu einer Million ha. Diese Größe ist notwendig, weil die spärliche Vegetation eine sehr schlechte Weide für die Schafe darstellt. Die Lake Way Station umfaßte 585 000 ha und hielt 9 500 Schafe; früher waren es 12 000 gewesen, aber das waren zu viele; man mußte somit etwa 60 ha pro Schaf rechnen. Die ganze Station war eingezäunt und die Schafe liefen das ganze Jahr frei herum. Die Aufgabe des Grazers bestand darin, an mehreren Stellen Wasser zu erbohren, und Windmotoren aufzustellen, die das Wasser in Reservoire mit Tränke pumpten, sobald das Wasser verbraucht war (automatische Steuerung). Außerdem mußten die Zäune kontrolliert werden; ein schmaler Pfad lief an diesen entlang, so daß man auf einem Motorrad die mehreren hundert Kilometer abfahren konnte. Einmal im Jahr mußten die Schafe zusammengetrieben werden, um sie zu scheren. Das war in dem riesigen, mit Sträuchern bestandenen Gelände, – denn Inneraustralien ist keine eigentliche Wüste – gar nicht so leicht. Dazu brauchte man einige Eingeborene, die die frischen Schaffährten erkannten und jedes Schaf fanden.

Vor dem ersten Weltkrieg war das Leben auf den Stationen ein furchtbares Elend. Der nächste Nachbar war mehrere hundert Kilometer entfernt, die einzige Fortbewegung das Reiten. Jahrelang sah die Familie keinen anderen Menschen. Wenn die Frau hochschwanger war, mußte sie eine Woche reiten, um an die Eisenbahn und zum Krankenhaus zu kommen, ebenso schlimm war es bei akuten Erkrankungen.

Ein katholischer Pfarrer übernahm die Seelsorge. Er ritt von Station zu Station und taufte die heranwachsenden Kinder. Ihn dauerte das Elend. Als man nach dem ersten Weltkrieg kleine Flugzeuge baute, erkannte er deren Vorteil. Er wurde zum «Fliegenden Pater», der auf von Busch gesäuberten Stellen auf der Station landete und die Betreuung intensivierte, eventuelle Kranke mitnahm. Dann kam der Funkverkehr. Die Grazer erhielten Sprechfunkgeräte, den Strom erzeugten sie mit einem an ein Fahrrad angeschlossenen Dynamo durch Treten. Sie konnten somit eine Zentrale anrufen. Heute hat jeder Grazer einen Dieselmotor und elektrischen Strom für die Beleuchtung und Geräte. Alles ist gut organisiert:

In einem zentralen Ort mit Flughafen und kleinen Flugzeugen sind ein Krankenhaus, eine Poststelle und eine Schule, die über Funk mit allen Stationen in Verbindung stehen und von diesen jederzeit angerufen werden können. Jede Station hat eine Hausapotheke, die einheitlich durchnummeriert ist. Fühlt sich jemand krank, so ruft er das Krankenhaus an und teilt dem Arzt die Beschwerden mit. Dieser gibt ihm den Rat z. B. von Nr. 23 je eine Tablette dreimal täglich einzunehmen. Ist es ein schwerer Fall, so fliegt der Arzt hin und nimmt den Kranken eventuell gleich ins Krankenhaus mit. Die Frauen haben die Möglichkeit, sich beim Morgenfrühstück per Funk mit der

Nachbarin zu unterhalten, sind somit nicht mehr so einsam. Die Poststelle der Zentrale sammelt die Briefe, öffnet sie und liest täglich um 18 h 30 den Inhalt per Funk vor. Natürlich hören alle mit, auch wir, denn wir hatten Funkverbindung auch mit der C.S.I.R.O. in Canberra, um täglich über die Arbeit zu berichten. Geschäftliche Mitteilungen an die Stationen werden verschlüsselt. Auch der Schulunterricht erfolgt auf einer bestimmten Welle von der Schule aus. Die Kinder können somit zu Hause wohnen, müssen aber einmal im Jahr zur Prüfung in die Schule kommen. Damit war das Leben auf den Stationen für Menschen, die mit der Natur verbunden sind, durchaus annehmbar. Der Besitzer oder Pächter auf Lebenszeit der Lake Way Station hatte ein schönes Haus mit allem Komfort, gute Bilder an den Wänden, Klavier, große Bibliothek, Schwimmbecken und Tennisplatz, im Garten Orangen, Gemüse, natürlich elektrischen Strom und elektrische Apparate, Kühlschrank, so daß wir mit eisgekühltem Bier empfangen wurden. In 1 km Entfernung stand der große Schurstall mit Zubehör. Der Sohn will den Betrieb später übernehmen. Die einzelnen Stationen sind durch primitive Autopisten miteinander verbunden, die auch wir benutzten. Dabei sahen wir mehr Känguruhs als Schafe. Tatsächlich muß man heute die Känguruhs unter Kontrolle halten, denn sie benutzen die Schaftränken und vermehren sich zu stark. Früher wurden sie in extremen Dürrejahren immer wieder reduziert.

Es tat mir leid, nach fünf Tagen die Expeditionsgruppe zu verlassen. Sie sagten, sie hätten meinem Besuch mit Skepsis entgegengesehen, aber ich hätte mich sofort so gut angepaßt, daß die Arbeit nicht gestört worden wäre, im Gegenteil, die Teilnahme an den Diskussionen wäre auch für sie von Interesse gewesen.

Von Wiluna brachte mich ein Wagen nach Meekatharra, der Endstation einer Schmalspurbahn. Einmal in der Woche ging von dort ein Zug nach Perth. Er brauchte für die Strecke 24 Stunden. Ich kam abends ins Hotel und erfuhr, daß der Zug morgens abgeht, wenn es noch dunkel ist. Ich mußte also in der Nacht aufstehen und noch einen Kilometer zur Station laufen. Ich bat, mich rechtzeitig zu wecken. Das wurde abgelehnt. Ich bat um einen Wecker; den brauche die Besitzerin selbst, ich solle rechtzeitig aufwachen. Wenn ich verschlafen würde, so müßte ich eine Woche in diesem schrecklichen Hotel verbringen. Im Dunkeln ging ich zum Bahnhof, suchte den Beamten in der Wohnung auf und unterrichtete ihn, daß ich abfahren würde. Er beruhigte mich, der Zug würde 2 Stunden Verspätung haben. Trotzdem schlief ich in dieser Nacht kaum.

Der Zug hatte noch mehr Verspätung; auf der schmalen Kapspur rüttelte er fürchterlich, man mußte sich in eine Ecke quetschen. Lunch und Dinner waren im Fahrpreis inbegriffen, sie sollten auf bestimmten Stationen eingenommen werden, aber unterwegs hatte die Diesellok eine Panne und mußte auf offener Strecke repariert werden. Wir hatten 6 Stunden Verspätung und blieben ohne Lunch, aber das Ziel wurde doch erreicht. Der Abstecher in das aride Innere des Landes hatte mir einen Einblick gegeben, den selbst die australischen Botaniker kaum haben, insbesondere in einem so außergewöhnlich günstigen Regenjahr.

5. Im Staate South Australia mit dem Salzbuschgebiet

Unsere Zeit in Westaustralien war abgelaufen. Wir hatten uns in die Flora und Vegetation Australiens gut eingearbeitet und konnten die ökologischen Probleme überblicken. Die Verbindung zwischen West- und Südaustralien übernahm eine besondere Bahnlinie mit der breiten russischen Spurweite von Kalgoorlie im Westen bis Port Pirie am Golf von Spencer, wo wieder die schmale Spurweite von Südaustralien beginnt. Es ist eine Strecke von fast 2000 km, für die man früher 3 Tage brauchte, aber mit der Diesellok nur zwei Tage durch die völlig unbesiedelte Nullarbor-Ebene. Es ist kein Eingeborenenname, sondern ein lateinischer: «Null arbor» = kein Baum. Denn es ist ein verkarstetes Kalksteinplateau, in dem der Jahresniederschlag von 177 mm gleich versickert; nur in kleinen Senken mit etwas tonigem Boden wachsen kleine Büsche, sonst nur trostlose Einöde. Das Interessanteste ist der Zug. Er wurde bei Hentschel in Kassel als Reparationszahlung an Australien nach dem ersten Weltkrieg erbaut, d.h. drei gleiche Züge, zwei fahren zweimal wöchentlich diese Strecke und der dritte ist ein Reservezug. Jeder Zug hat 146 Schlafwagenplätze, auch Einzelbettabteile, alle sind klimatisiert. Dazu kommen ein Rauchsalon, ein Schreibraum, ein Musikraum mit Klavier und ein großer Salonwagen mit schönem Holz ausgelegt und einer Darstellung der Wilhelmshöhe bei Kassel mit deutschen Unterschriften. Der letzte Wagen im Zug ist ein Aussichtswagen mit Glaswand, nur die Aussicht ist immer dieselbe Einöde. 500 km der Strecke sind völlig gerade und eben. Dieser Zug ist der Stolz der Australier. Im Speisewagen erhält man 5mal am Tage Essen (im Fahrpreis inbegriffen). Es gibt auch einen Duschraum. Alle 100–200 km ist eine Station mit 4–5 Häusern der Streckenarbeiter. Diese werden einmal wöchentlich durch einen «Sugar and tea train» mit Wasser und Lebensmitteln versorgt.

Über die Fahrt ist nur zu berichten, daß man von Port Pirie in der Ferne den Flinders Range (1193 m hoch) und sonst Salzlagunen sah. Am 1. Oktober trafen wir in Adelaide ein. Die Stadt wirkt fast europäisch, einige Kirchen mit richtigen Kirchtürmen, nicht nur Gemeindehallen im Zuckerbäckerstil, schöne Anlagen am Torrens-River mit unseren Laubbäumen, die gerade ergrünten, aber in diesem noch mediterranen Klima in einer anderen Reihenfolge als bei uns, z.B. die Weiden fast gleichzeitig mit der Robinie (Falsche Akazie) und selbst der Weinrebe. Der Anteil deutschstämmiger Einwanderer ist in diesem Staat besonders groß.

Der Botaniker, mit dem ich im Schriftenaustausch stand, Prof. Osborne, war emeritiert. Leiter des Instituts war nun Prof. Wood, ökologisch besonders interessiert war Dr. Specht. Sie hatten ein großes Exkursionsprogramm für die vorgesehenen 3 Wochen ausgearbeitet. Ich will nur die große Exkursion zur 500 km entfernten 300 000 ha großen Station Koonamore in dem nördlich gelegenen Salzbusch-Gebiet erwähnen; denn 400 ha waren dort seit 30 Jahren geschützt und dienten der Universität als Versuchsgelände. Untersucht wurde dort der Salzbusch, eine halbstrauchige Meldenart (*Atriplex vesicaria*), das Hauptfutter der Schafe. Ein Doktorand fuhr uns im Landrover hin. Es hatte 25 mm geregnet, wodurch der tonige Boden unpassierbar wird, aber wir wollten versuchen, durchzukommen. Eine überschwemmte Salzpfanne wurde umfahren. Dann, gegen Abend, saßen wir in einem Schlammloch trotz Vierradantrieb fest. Büsche wurden abgebrochen und unter die Räder gelegt, nach einer Stunde harter Arbeit kamen wir heraus. Nach 3 km kam wieder eine Wasserlache auf dem Wege. Der Fahrer wollte im Schwung durch, und das war falsch. Eine Wasserwelle schlug über die Motorhaube, die Zündkerzen wurden naß, es gab Kurzschluß und im Wasser blieb der Wagen stehen. Nach 5 Minuten sprang der Motor wieder an, aber die Räder waren in dem Schlamm eingesunken und wir kamen nicht von der Stelle. Wieder wurden Büsche im Dunkeln abgebrochen und unter die Räder gestopft; aber nach 2 Stunden waren wir erschöpft und gaben auf. Vor 25 km hatten wir die letzte Behausung gesehen. Eine gottverlassene Gegend, ein kalter Wind blies über die Ebene. Ab und zu bellten heiser die Füchse, sonst Totenstille; wir mußten den Tag abwarten und dann zu Fuß Hilfe holen. Es war nur eine Sitzbank vorhanden, hinten eine offene Ladefläche.

Schlafen konnte man nicht. 5 Stunden vor der Dämmerung schaute ich zufällig zurück und traute meinen Augen nicht: Zwei Scheinwerfer kamen von hinten auf uns zu. Alle sprangen heraus, winkten und schrien. Der Wagen fuhr um die Wasserfläche und hielt auf dem Trockenen. Es war ein Angestellter der Schafstation. Er hatte seine Frau zur Bahn gebracht und war dann im Wirtshaus hängen geblieben, deshalb die späte Heimfahrt – unser großes Glück. Den Wagen konnte er im Dunklen nicht herausziehen, aber er nahm uns zu der noch etwa 40 km entfernten Versuchsstation mit, um am Tage darauf den Wagen flottzumachen. Im Häuschen wurden die Decken aus der Mottenkiste herausgezogen; sie rochen stark nach Naphtalin, aber wir fühlten uns geborgen und schliefen gut.

6 Tage blieben wir in der Wildnis, um die Böden und die Pflanzendecke zu untersuchen; Brot, Butter und Obst hatten wir, von den 48 Eiern waren 36 heil geblieben, der Doktorand schoß ein Kaninchen und ein junges Känguruh; Holz für den Herd wurde gesammelt, Regenwasser vom Hausdach war im Tank. Das Känguruh mußte meine Frau zubereiten, was nicht angenehm war, weil es einen starken Wildgeruch hatte, aber gebraten schmeckte es ausgezeichnet.

Das Klima ist in diesem Gebiet einzigartig. Das Klimadiagramm zeigt gleiche Monatsmittel von etwa 20 mm Regen das ganze Jahr hindurch, aber die Mittel täuschen. Es regnet nur wenige Male im Jahr, jedoch in den verschiedenen Jahren bald im Frühjahr oder Herbst, bzw. im Winter oder Sommer. Die Pflanzen sind also an sehr lange Dürrezeiten angepaßt.

Die Rückfahrt vollzog sich ohne Zwischenfälle. Wir wollten anschließend Australien von Süd nach Nord durchqueren und mußten das vor Beginn der Sommerregenzeit, die im November einsetzen konnte, tun. Früher war es mit das gefährlichste Unterfangen, jetzt ein Kinderspiel. Denn bis in die Mitte von Australien, den Winterluftkurort Alice Springs, ging eine Schmalspurbahn, aber von dort bis Darwin an der Timorsee-Küste gab es früher keinerlei Verbindung. Darwin konnte nur mit dem Schiff erreicht werden. Man fürchtete, daß die Japaner im zweiten Weltkrieg dort landen würden. Deshalb schickten die USA drei Schiffsladungen mit Straßenbau-Maschinen hin, die man auf die 1500 km lange Strecke verteilte. In drei Monaten wurde eine asphaltierte Straße in dem ebenen Gelände von Alice Springs bis Darwin gebaut. Heute braust man im Auto mit über 100 km/h und kann unterwegs an mehreren Wasserstellen verköstigt werden und übernachten. Es besteht sogar einmal in der Woche eine Busverbindung auf dieser Strecke. Todesfälle durch Verdursten kamen vor, wenn nach einer Autopanne versucht wurde, zu Fuß die nächste Wasserstelle zu erreichen. Man darf den Kopf nicht verlieren und eventuell einen Tag warten, bis ein Auto kommt und einem geholfen wird.

6. Durch Australien von Süd nach Nord und dann nach Osten zum Pazifik

Am 20.10. fuhren wir von Adelaide nach Alice Springs ab. Wir mußten zweimal umsteigen. Der zweite Zug hatte eine Klimaanlage, aber die Kühlung funktionierte nicht; es wurde die heiße Außenluft hereingeblasen und die Fenster waren nicht zu öffnen. Am 21.10., meinem 60. Geburtstag, fuhren wir durch den trockensten, unter dem Meeresspiegel gelegenen Teil Australiens, die großen Eyre-Salzpfannen – ein Labyrinth von Dünen, Gipsrücken und salzigen Depressionen. Hier kommen vegetationslose, steinige Flächen vor, aber sie wurden früher von Schafen beweidet, die in Dürrejahren die letzte Pflanze abfraßen. Am nächsten Morgen erreichten wir Alice Springs und wurden von Dr. Slatyer abgeholt. Wir waren im Northern Territory, einem noch unerschlossenen Gebiet, etwa 1,4 Millionen km² groß mit nur 160 000 Weißen, von denen 80 % in Darwin, Katherin und Alice Springs wohnen. Es wird von Canberra aus verwaltet. Erze werden in Tennant Creek gefördert und im Norden hatte man Uranium gefunden. Alice Springs in 600 m Meereshöhe ist eine schöne Oase am Fuße des 1200 m hohen Mac Donnell Range im Todd-River-Tal, der zwar fast immer trocken ist, aber viel Grundwasser führt, so daß man mit Bewässerung schöne Gärten anlegen kann. Von den 330 mm Regen im Jahr fallen 75 % im Sommer.

Dr. Slatyer hatte in der Nähe ein apparativ glänzend eingerichtetes Feldlaboratorium, an dem 6 Wissenschaftler den Wasserhaushalt der beiden wichtigsten Pflanzen in diesem Gebiet untersuchten – den Mulga-Strauch *(Acacia aneura)* und das stachelige Spinifex-Gras *(Triodia)*. Nachdem wir Einblick in die Arbeiten und in die Vegetationsverhältnisse der Umgebung erhalten hatten, brachte uns einer der Mitarbeiter im Auto mit Campingausrüstung in 3 Tagen zu dem 1300 km entfernten Katherine, wo ebenfalls ein Stützpunkt der C.S.I.R.O. war. Dort fielen 800 mm Sommerregen und es wurden die Möglichkeiten der Erdnußkultur, der Rinderzucht sowie des Reisanbaus untersucht.

Gleich am ersten Tage unserer Fahrt stand abends ein Wagen mit einer Panne auf der Straße. Man durfte ihn nicht allein lassen. Wir nahmen ihn im Schlepptau zu der Stelle, wo wir im Freien übernachten wollten, mit. Über einem Feuer wurden Steaks gegrillt. Wir schliefen unter einzelnen Geister-Eukalypten, die einen glänzend weißen Stamm besitzen, der nachts besonders bei Vollmond leuchtet. Der Mann mit der Autopanne war mittlerweile in der Nacht von einem Bekannten zur 100 km weit entfernten Kupfermine Tennant Creek abgeschleppt worden, wo eine Reparaturwerkstätte war.

Auf der Strecke nach Norden kamen wir in immer regenreicheres und wärmeres Gebiet. Alice Springs liegt fast auf dem Südlichen Wendekreis. Darwin, auf etwa 12° S, ist schon ganz tropisch.

Zuerst fuhren wir durch den eintönigen Mulga-Busch, dann bei etwas höheren Niederschlägen begann eine Eukalyptus-Savanne mit hohem Grasunterwuchs. Die Hitze um die Mittagszeit war über 40° C. Wenn man mit offener Windschutzscheibe fuhr, hielt man es im scharfen Fahrwind aus. Man mußte nur alle halbe Stunde trinken. Außen am Auto hing ein Wassersack, in dem das Wasser durch die Verdunstung an der feuchten Sackwand immer kühl blieb. Im Reservetank hatten wir noch 40 Liter Wasser. Aber wenn man anhielt, um die Vegetation zu untersuchen und es vollkommen windstill, aber ohne Schatten zwischen den Büschen war, dann konnte man kaum atmen. Gerade um die Mittagszeit stand an der Straße ein Schild:

«Renner Springs Hotel. Cold Showers.» Eine kalte Dusche, das war das Richtige und dann ein Lunch im Hotel. Die Showers waren ein Badehäuschen aus Beton, dessen Tür nur halb zuging, mit einem Wassertank auf dem Dach. Als man eine Schnur zog und das Duschwasser auf einen fiel, sprang man entsetzt zurück; denn das Wasser im Tank war durch die Sonnenbestrahlung kochend heiß. Aber nach dieser heißen Dusche schien es einem draußen angenehm kühl, allerdings nur für eine kurze Zeit. Als wir dann zum Speisesaal gingen, war an der Tür ein Schild: «Man bittet im Speisesaal ein Hemd anzuziehen!» Was sollte das bedeuten? Aber bald verstanden wir es. Es war ein Barackenbau nur mit einem Wellblechdach darüber. Die Tische wie üblich gedeckt. Neben dem Tisch hing ein Thermometer, ich blickte darauf: 107° F = 42° C. Wir hatten ein Hemd an, hätten es aber am liebsten ausgezogen. Bedient wurden wir von einer schwarzen Australierin, die Hitze gewohnt war.

Wir näherten uns der Grenze des ganz frostfreien Nordens und es traten verschiedene tropische Arten hinzu, die auch mehr Feuchtigkeit brauchten. Am Straßenrand trat die neue, hinzukommende Art immer etwa 100 km früher auf als weiter ab, weil sie das bei Regen vom Asphalt abfließende Regenwasser zusätzlich erhielt.

Bei der Tankstelle Eliot tranken wir Limonade aus dem Eisschrank, aber wir mußten unsere eigenen Becher holen. Der Wirt hatte kein Wasser, um die Gläser zu waschen; es hatte 9 Monate nicht geregnet und sein Regenwassertank war leer.

Vor Mataranka führte eine Abzweigung zu den 18 Meilen entfernten Elsy Falls. Der Weg war furchtbar schlecht, aber bald lag unter uns ein schöner See, in den Wasserfälle hinabfielen. Bei so viel Feuchtigkeit entwickelte sich um den See eine üppige tropische Pflanzenfülle, ein 40 m hoher Urwald, dichte Schraubenpalmen-Bestände, rankende herrliche Passionsblumen, ganz unwahrscheinlich nach so viel tödlicher Öde der letzten 1000 km. Im Wasser blaue Seerosen, man mußte auf Krokodile aufpassen, aber in dem klaren Wasser wagten wir zu baden.

In Katherine empfing uns der Leiter der C.S.I.R.O.-Außenstation Walter Arndt, dessen Eltern aus Magdeburg stammten. Er hatte sein Deutsch ziemlich verlernt, schwärmte aber von den deutschen Weihnachten und Ostern in seiner Jugend. Das Klima war schon mörderisch, seine Frau weigerte sich, ihn hierher zu begleiten, auch wir konnten in den schwülen Nächten kaum schlafen und wurden dazu noch von Moskitos zerstochen. Herr Arndt unterrichtete uns über die Probleme der tropischen Landwirtschaft, kannte auch Felszeichnungen und Mythen der Eingeborenen, hatte von ihnen die Herstellung der Steinwerkzeuge und der Pfeilspitzen erlernt und hatte bei sich ein junges Känguruh, das aus einer Milchflasche saugte und anstatt in den Beutel der Mutter in einen Sack hineinkroch. Er brachte uns die 300 km nach Darwin durch einen lichten *Eucalyptus*-Wald mit von Gras bedeckten weiten Flächen, die während der Regenzeit überschwemmt wurden. Überall sah man Sagobäume *(Cycas)* und echte *Livistona*-Palmen und bald stellte sich an den Bächen der Bambus ein.

In Darwin kamen wir in dem Bungalow-Hotel «Sea Breeze» unter, direkt am Steilabfall zur Timorsee. Die Wellen rauschten, die Schaumwellen leuchteten im Mondlicht, Kokospalmen wuchsen ums Haus, es war feucht und warm, doch der Seewind brachte angenehme Kühle. Als ich in unseren Waschraum ging und den Deckel vom WC hob, saß im Becken ein handgroßer, leuchtend grüner Laubfrosch und glotzte mich mit seinen großen Augen so an, daß ich furchtbar lachen mußte. Ich wollte ihm mit einem Stock heraushelfen, aber er tauchte unter. Ich zog die Spülung und dachte: «Armer Kerl, nun kommst du um». Aber am nächsten Abend saß er wieder drin. Das Abflußrohr endete nämlich gleich außerhalb in einem Graben und er brauchte nur ein kurzes Stück zurückzukriechen. Er wußte ganz genau, wo ein auch in der Dürrezeit immer feuchter Platz war.

Vor dem Hause auf einem Baum war ein kugelförmiges Ameisennest mit grünen Ameisen. Ich wollte sie genauer ansehen und holte das Nest mit einem Stock herunter. Die Folge war, daß ich von ihnen schlimm gebissen wurde.

Darwin, ein strategisch wichtiger Marine- und Luftwaffenstützpunkt, ist ein nettes tropisches Städtchen mit großem klimatisierten Hotel und Regierungsgebäuden, schönem Park mit herrlichen, blühenden tropischen Holzarten und einem Wohnviertel mit merkwürdigen Einfamilienhäusern. Sie stehen alle auf Betonpfeilern wie Pfahlbauten, wobei der schattige Platz unter dem Hause als Kinderspielplatz, Waschküche und Garage dient. Bei den Wohnräumen sind die Wände durchgehende Fenster, die sich völlig öffnen lassen, damit die Seebrise ungehindert durchwehen kann – eine Konzession an das heiße Klima, einfacher und vielleicht besser als eine Klimaeinrichtung.

Nachdem wir die Vegetation und auch die Mangrove am flachen Meerufer besichtigt hatten, benutzten wir einen Bus, der die gekommene Strecke ein Stück zurückfuhr, dann aber nach Osten bis zur Kupfermine Mt. Isa abbog, wo wir die Bahn zur Küste des Pazifik erreichen konnten. Auch im Fahrpreis vom Bus war Übernachten im Hotel und Verköstigung einbegriffen.

Auf der weiten Strecke nach Osten blieben wir in derselben Klimazone und die Vegetation änderte sich nicht; ich brauchte nichts zu notieren, es war so langweilig, daß man halb schlief. Dann kam noch vor Mt. Isa ein riesiges Schwemmlandgebiet mit schwerem tonigen Boden, einförmig mit dem niedrigen Mitchelgras bedeckt, stundenlang bis zum Horizont völlig eben, nur die Telegraphenmasten und die darüber wandernden Staubtromben (Windhosen) hoben sich ab. In der Minenstadt Mt. Isa mußten wir 48 Stunden auf den Zug warten und die waren fast ein Vorgeschmack der Hölle: Von der Kupferschmelze kamen giftige Gase, die Temperatur war 45 °C in den Hotelräumen und man mußte sich in ein weiches Bett legen wie auf eine Bratpfanne. Zum Glück gab es einen Hahn mit Eiswasser, von dem man dauernd trank. Die Minenarbeiter verbrauchen täglich 16 Liter Wasser. Die Löhne sind entsprechend hoch, denn lange hält es kein Arbeiter in dieser Stadt aus. Auch die Nächte kühlen nicht ab, nur eine asphaltierte Ringstraße führt durch die Stadt, auf der fahren abends die Autos dauernd im Kreise herum, um etwas Fahrwind zu haben, aber wir bekamen nur die Abgase. Ging man auf eine Nebenstraße, so war die Luft voll Staub und man konnte auch nicht atmen. Schließlich landeten wir in einem klimatisierten Kino; dahin flüchteten ganze Familien mit ihren Kindern, auch Säuglingen. Wenn auf der Leinwand sich zwei küßten, dann lachten alle Kinder, und wenn einer erschossen wurde, dann tobten sie vor Freude.

Endlich konnten wir in den Zug einsteigen. Er war klimatisiert, im Abteil waren 20 °C. Der Übergang von 40° auf 20° war so plötzlich, daß wir glaubten, im Eiskeller zu sitzen, vor Frost zitterten und unsere wärmsten Sachen anzogen. Erst allmählich gewöhnte man sich an die normale Temperatur. Unser Ziel war Cairns, das noch näher am Äquator lag, aber an der Küste mit frischem Seewind.

Der Küstenstreifen im Osten von Australien ist sehr schmal. Gleich dahinter steigt das Land steil an zur kontinentalen Wasserscheide und dem Hochplateau dahinter. Dieser Steilrand erhält durch den Südost-Passat dauernd starke Steigungsregen und ist von einem dichten tropischen Urwald bedeckt, in dem Eukalypten fehlen. Er erinnert vielmehr ganz an die indonesischen Urwälder mit mehreren Baumschichten, Lianen, Epiphyten, Bäumen mit Brettwurzeln, Baumfarnen usw. Auf den unteren, ebenen Flächen war der Urwald gerodet und es wurde Zuckerrohr angebaut, am Hangfuß waren Sümpfe mit dichten Schraubenpalmen (Pandanus)-Beständen und 20 m hohen echten Palmen. Weiter im Norden sahen wir so artenreiche Mangroven, wie ich sie noch nicht kannte, mit allen möglichen Atemwurzelformen. Dahinter standen Mangobäume und die reifen Früchte lagen am Boden. So herrlich schmeckten sie sonst nie, auf dem Markt erhält man nur unreif gepflückte.

Vor der Küste des tropischen Australiens und parallel zu ihr erstreckt sich das 25 km entfernte große Korallenriff, auf dem einige kleine Inseln mit Palmen sich über den Meeresspiegel erheben. Von Cairns kann man mit dem Motorboot zu Green Island hinüberfahren, wo sich ein Unterwasserobservatorium befindet. Man steigt in einen Gang unter den Wasserspiegel hinunter und schaut durch Fenster auf die nur 1 m entfernte Korallenwand. Es ist eine Märchenwelt aus farbigen Korallen mit den merkwürdigsten in allen Farben schillernden Fischen, Seeanemonen und anderen Meerestieren. Da der Gang nicht beleuchtet ist, sehen die Tiere den Beobachter nicht und werden nicht im geringsten gestört.

7. Weitere Fahrten in Ost-Australien, in den Snowy Mountains und auf Tasmanien

In Cairns holte uns Dr. Goodall ab. Durch den dämmrigen Regenwald an der Steilküste mit schönen Ausblicken auf das Vorland ging es über die Wasserscheide zum Tabakforschungsinstitut nach Mareeba. Von dort aus wurde das Waldgebiet unter Führung von dem Waldökologen Dr. Webb erkundet. 2 Kraterseen lagen im Regenwald verborgen, über Felswände fielen Wasserfälle in tiefe Täler ab. Man wurde von der Formenfülle dieser Pflanzenwelt fast erdrückt. 8 kleine Vulkankegel waren erst vor 3000 Jahren entstanden.

Am letzten Tage vor der Abfahrt von Cairns setzte verspätet die Regenzeit ein. Wir gingen im Park gegenüber dem Hotel abends spazieren, um die frische Luft am Meer zu atmen, als wir die herannahende Regenfront aus Südosten bemerkten. Wir gingen zum Hotel zurück und brauchten nur die Straße zu überqueren. Die ersten Tropfen fielen, wir rannten zum Hotel, aber es war kein Regenguß, sondern ein Wasserfall, zehn Schritte hatten wir zu machen, waren jedoch völlig durchnäßt. Nach fünf Minuten schien wieder die Sonne. Das ist typisch für die Tropen. Dann ging es am 20.11. nach Brisbane, der Hauptstadt von Queensland, wo wir als einzige Gäste bei einer Stuttgarterin in einer sehr ruhigen Privatpension unterkamen.

In Brisbane gab es wieder ein neues Programm mit Förstern und Dr. Blake: Exkursionen in die Wälder mit 40 m hohen Araucarien, aber auch in das trockene Landesinnere von Queensland und zum Schluß in den Nebelwald des Nationalparks Binna Burra in 1000 m Höhe mit 2000 mm Regen. Wir wurden von einem Gewitter überrascht, kamen naß ins Hotel und mußten uns zum Dinner umkleiden. Da eine unangenehme Überraschung! – Blutegel an den Beinen und bis herauf am Körper. Was hatte das zu bedeuten? Entsetzt riß ich sie ab, infolgedessen gerann das Blut nicht. Diese Erfahrung war mir neu. In den tropischen Wäldern der Philippinen, Südostasiens und Ostaustraliens leben in der Waldstreu am Boden 1–2 cm lange schwarze Blutegel. In der Trockenzeit verkriechen sie sich, aber nach dem ersten Regen kommen sie heraus. Am nächsten Tag auf dem Mt. Merino, wo wir das nördlichste Vorkommen der antarktischen Buche (*Nothofagus*) aufsuchten, waren wir gewarnt. Es war Nebel mit Nieselregen, das richtige Wetter für die Blutegel. Wenn man stehenblieb, sah man, wie sie sich am Boden reckten, die Luft «abschnüffelten» und dann mit Spannerschritten von allen Seiten auf einen zukamen und an den Stiefeln heraufkletterten. Dort mußte man sie mit einem Blatt packen und zerquetschen, sonst krochen sie in die Hosenbeine. Man durfte im Walde nicht stehenbleiben, mußte den Lunch im Gehen essen. Wenn meine Frau fotografierte, stand ich daneben und packte die Blutegel auf ihren und meinen Stiefeln. In kurzer Zeit zählte ich auf ihren 30 und auf meinen 10. Das minderte die Freude an dem schönen antarktischen Reliktwald mit den feuchten Moosgirlanden und Hautfarnen an den Baumästen und Epiphyten (Farne, Orchideen), die auch direkt auf den Felsen einer senkrechten, steil nach Süd-Wales abfallenden Wand wuchsen.

Das Klima in Süd-Queensland wäre für Kaffee-Anbau geeignet, aber dieser erfordert zu viel Handarbeit. Auf den Weiden nach Rodung des Waldes, wird Milchvieh gehalten. In Australien hat man ein sich langsam drehendes Melkkarussel erfunden. Die Kühe steigen auf das Karussel, wobei ein Mann gleich die Melkmaschine anschließt, während das Karussel eine Runde macht, ist das Melken abgeschlossen; ein zweiter Mann nimmt die Melkmaschine ab und die Kuh geht hinunter. Auf diese Weise können zwei Männer in kurzer Zeit 120 Kühe melken. Die weitere Milchverarbeitung erfolgt automatisch. Außerdem sahen wir große Ananasplantagen, anschließend in New South Wales viele Bananen-Kulturen.

Auch in diesem Staat wurden wir von Dr. Webb und Förstern in den Wäldern geführt, auf der Hochfläche bei Armidale von Professor Beadle, der später ein Jahr in Hohenheim war und jetzt gerade in den vor mir herausgegebenen «Vegetationsmonographien der einzelnen Großräume» als Band IV zum ersten Male eine «Vegetation of Australia» veröffentlicht hat, in der man genaue Angaben auch über die vielen Eucalyptus-Waldtypen findet.

Kurz vor Weihnachten waren wir in der Millionenstadt Sydney mit einer einzig schönen Lage um eine große, blaue Meeresbucht herum; der Verkehr zwischen den einzelnen Stadtteilen vollzieht sich mit Hilfe von Motorbooten. Ein breiter, sandiger Badestrand zieht sich nur wenige hundert Meter parallel zur Hauptstraße entlang. Der Fußgängerverkehr war in den Geschäftsstraßen sehr stark. Wenn in Australien ein Fußgänger über die Straße gehen will, muß jeder Kraftfahrer halten und ihm den Vortritt lassen. Wenn er dreimal angezeigt wird, daß er es nicht tat, verliert er den Führerschein auf Lebenszeit. An diesen Tagen waren so viele Fußgänger unterwegs, daß die Polizisten an den Kreuzungen diese anhalten mußten, um den Kraftfahrern die Weiterfahrt zu ermöglichen. Sehr schön gelegen und interessant ist der Botanische Garten in Sydney.

Weihnachten waren wir in Canberra, der Hauptstadt des Commonwealth of Australia. Sie wurde auf dem Reißbrett vorgeplant, als eine riesige Grünanlage mit vielen europäischen Bäumen, ohne gerade Straßen mit zerstreut verteilten öffentlichen Gebäuden und den Vertretungen der ausländischen Staaten und nur einem kleinen, dichter verbauten Geschäftsviertel. Wir gönnten uns einige Ruhetage und waren bei einer deutschen Familie eingeladen. Dann kam das einzige australische Gebirge mit einer nicht sehr ausgedehnten alpinen Stufe dran, die Snowy Mountains. Man brachte uns zu einer im Hochsommer schwach besetzten Skihütte in 2000 m Höhe. Die verschiedenen Waldstufen wurden durch Kombinationen verschiedener Eucalyptus-Arten gebildet und unterschieden sich äußerlich kaum. Die Waldgrenze lag noch über der Hütte und war durch die strauchige *Eucalyptus niphophila* gekennzeichnet; an Stelle der Ericaceen-Zwergsträucher waren hier Epacrideen; die Spalierweiden wurden auch durch andere Familien ersetzt, aber man fand auch vertrautere Arten, einen an Anemonen erinnernden Hahnenfuß, Augentrost, aber mit sehr großen Blüten und eine Simse (*Luzula campestris*), sogar ein kleines Hochmoor mit Torfmoos. An einem kalten Südhang lag noch viel Schnee, durch den wir im Sommer stapfen mußten. Der höchste Gipfel, Mt. Kosciusko (2230 m NN) wurde von einem polnischen Geologen, der als erster das Gebiet aufnahm, nach dem polnischen Freiheitskämpfer benannt.

Am 5.1.59 brachte uns das Flugzeug in 2½ Stunden von Canberra in die zweite Millionenstadt Australiens, Melbourne in Victoria. Auch hier waren wieder viele Exkursionen mit Botanikern; wir wohnten aber im Hause des Pfarrers der deutschen Gemeinde, Steininger, dessen Frau eine Base meiner Frau war, und fühlten uns ganz heimisch. Der Pfarrer beeindruckte mich sehr durch seine große Güte und Selbstlosigkeit in der Betreuung der deutschen Einwanderer. Diese sind zwei Monate auf dem Dampfer unterwegs und da passiert vieles, Ehen gehen auseinander, junge Mädchen werden schwanger. Alle in Not Geratenen fanden bei ihm Hilfe; die Mädchen blieben in seinem Hause, bis ihre neue Existenz gesichert war – ein Gottesdiener der Liebe im wahren Sinne des Wortes, sehr bescheiden und kein großer Prediger.

Zum Schluß widmeten wir 10 Tage der Insel Tasmanien. Es ist landschaftlich und botanisch ein Kleinod für den Ökologen, durch den Gebirgscharakter und den Klimagegensatz zwischen dem ständig regnerischen Westhang und klimatisch günstigen

Ostteil ein ideales Arbeitsgebiet. Es ist aber auch ein beliebtes Ziel für die Flitterwochen.

Die Lage von Hobart ist mit eine der schönsten in der Welt. Die Mündung des Derwent River ist abgesunken, es hat sich ein Labyrinth von Meeresbuchten, Inseln und Halbinseln gebildet und dahinter erhebt sich der mächtige 1500 m hohe Mt. Wellington.

Dr. Martin von der C.S.I.R.O. und einige Förster fuhren uns auf dieser Insel, die einen Durchmesser von 250 km hat, herum und zeigten uns den Übergang von den australischen *Eucalyptus*-Wäldern zu den antarktischen *Nothofagus*-Wäldern und den Einfluß der Waldbrände auf ihre Zusammensetzung. Einen Waldbrand erlebten wir mit. Hier auf Tasmanien wachsen die höchsten Eukalypten, gemessen wurden 97 m, früher soll es Bäume bis 120 m gegeben haben. Nur die unzugängliche Westseite mit 4000 mm Regen und vielen Mooren, mußten wir auf Luftbildern studieren. Die Moore sind das Resultat der häufigen Brände; die auf ihnen wachsende Knopfsegge brennt schon im frischen Zustande. Bereits die ausgestorbenen Eingeborenen gingen immer mit einer glimmenden Borke herum und brannten die Flächen ab, was die Jagd auf kleine Känguruhs und Opossums erleichterte.

Es wäre leicht über Tasmanien ein ganzes Buch zu schreiben, aber wir müssen noch über Neuseeland berichten.

8. Neuseeland zwischen 47 ° S und 34 ° S (Karte 5)

Neuseeland besteht aus zwei Inseln, die durch die Cook-Straße etwa auf dem 40 ° S getrennt sind. Der 40. Breitengrad ist auf der Südhemisphäre eine scharfe Klimascheide, denn südlich davon beginnen die ständigen Westwinde, die dem Westen von Tasmanien und dem Westen der Südinsel von Neuseeland dauernd Regen bringen. Die Hauptstadt Wellington an der Cook-Straße liegt im Übergangsgebiet. Ich fragte einen Neuseeländer, wie das Klima in Wellington wäre. Die Antwort lautete: «Wellington hat überhaupt kein Klima, immer wechselnd.» Die beiden Inseln sind sehr verschieden und ganz anders als Australien. Für uns wieder eine neue Welt. Die Flora der Nordinsel trägt überwiegend Melanesischen Charakter, die der Südinsel antarktischen und erinnert damit an Süd-Chile. Die Südinsel wird durch die Neuseeländischen Alpen geprägt, die sich entlang der Westküste erstrecken und eine Höhe von 3764 m erreichen. Der Westhang erhält (wie West-Tasmanien) enorme Niederschläge bis 6000 mm, während Otago im Windschatten ein semiarides Gebiet ist. Die Nordinsel wird durch die vulkanische Tätigkeit geprägt, ein Vulkan raucht dauernd und im Zentrum befindet sich ein Geyser-Becken. Große Teile der Nordinsel wurden in der Vergangenheit mit heißer vulkanischer Asche überdeckt, wobei die Vegetation vernichtet wurde. Sie befindet sich auch heute noch nicht im ökologischen Gleichgewicht. Dasselbe gilt für die Südinsel, die während der Eiszeit fast völlig von Eis bedeckt war. Das Ungleichgewicht erschwert die ökologische Arbeit auf Neuseeland sehr. Es war jedoch sehr interessant, auch solche Verhältnisse kennenzulernen. Am 5. 2. schifften wir uns in Sydney auf der «Monowai» ein und am übernächsten Morgen waren wir in Wellington. Der Botaniker an der Universität, Professor Gordon, holte uns ab. Da für diesen Vormittag eine Exkursion der Botanischen Gesellschaft vorgesehen war, hatten wir nur Zeit, das Gepäck ins Hotel zu bringen, und schon fing die Arbeit an. Wir wurden von den 20 Teilnehmern sehr herzlich empfangen. Auf den Wiesen und an den Wegrändern wuchsen nur europäische Arten, auch die Hecken um die Weideflächen bestanden aus unserem Besen- oder Stechginster. Aber in einem ursprünglichen Waldrest erlebten wir gleich die erste Überraschung. Ich schrieb den Namen eines unbekannten Baumes mit etwa 20 cm dickem Stamm auf und fragte nach der Familie. Er war eine Violacee, d. h. ein Veilchengewächs. Daß es baumförmige Veilchen gab, wußte ich noch nicht. Ein anderer Baum war ein Steinbrechgewächs, ein Würgerbaum war ein Myrthengewächs; Brombeeren mit armdicken Stämmen kletterten bis in die Baumkronen hinauf usw. Wie sollte man sich in nur 2 Monaten in eine ganz fremde Flora einarbeiten und außerdem ökologische Beobachtungen machen? Aber es gelang besser, als wir dachten; denn auch die Neuseeländer wetteiferten, uns dabei zu helfen. Ortskundige Führer begleiteten uns jeweils. Eine Schwierigkeit war, daß auf Neuseeland viele Baumarten in den ersten 10 Jahren ganz andere Blätter haben als im Alter. Man mußte also die Jugendform kennen und die Altersform. Außerdem gibt es viele gabelig verzweigte (divarikate) Sträucher mit kleinen Blättchen, die ganz verschiedenen Familien angehören, aber nur an den Blüten und Früchten zu unterscheiden sind. Die Waldflora war die wichtigste, denn Neuseeland war vor der Besiedlung durch den Menschen ein Waldland gewesen. Auf Neuseeland gab es keine Schlangen und bis auf zwei Fledermausarten überhaupt keine Säugetiere. Somit gab es auch keine gegen Verbiß resistenten, für unser Vieh geeigneten Weidepflanzen, doch war es leicht, europäische Kunstwiesen anzulegen, weil das milde, feuchte Klima dem von England ähnlich ist.

Ein genaues Exkursionsprogramm war für uns ausgearbeitet worden. Zuerst kam die Südinsel dran bis zum südlichsten Punkt, dann die Nordinsel bis zum nördlichsten Ende. Ein gewaltiges Programm fast ohne Ruhetag und mit vielen Vorträgen. Ich muß mich kurz fassen. Wir kamen auf der Südinsel mit dem Schiff in Lyttelton an, dem Hafen von Christchurch, in der stark kultivierten Canterbury-Ebene (Weizenanbau und Milchwirtschaft), aber in den Waldresten sahen wir Fuchsien-Büsche mit Stämmen oft über 50 cm im Durchmesser und eßbaren Beeren. Dann ging es nach Westen über die Vorberge in das Mackenzie-Becken, benannt nach dem Schafräuber, der in dem unzugänglichen Gebiet jahrzehntelang die gestohlenen Schafe weiden ließ; heute sind hier in dem föhnreichen Klima im Windschatten des Hochgebirges 20 000–40 000 ha große Schaffarmen (1 Schaf auf 4 ha). Am Ostfuß des Gebirges sind viele fjordartige Seen von Gletschern der Eiszeit gebildet. Die einmündenden Flüsse lagern die Gletschertrübe ab, die bei Sturm ausgeblasen wird; es bilden sich riesige Staubwolken und im Grasland kann man eine 25 cm mächtige rezente Lößablagerung feststellen, wie sie im großen Ausmaße in der Eiszeit in Mittel- und Osteuropa stattfand. Wir kamen in einen solchen Staubsturm hinein.

Die Waldstufen des Gebirges werden am trockenen Osthang durch antarktische Südbuchenarten gebildet, auf der feuchten Westseite durch artenreiche Wälder melanesisch-tropischer Herkunft mit Lianen und Baumfarnen. Am Fuße des vergletscherten Mt. Cook kamen wir über der Baumgrenze in die alpine Zone hinauf mit Hahnenfuß und Enzianarten und dem Neuseeländischen Edelweiß *Leucogenes*. Auf dem regenreichen Westhang mit den sehr großen Niederschlägen reichen die Gletscher fast bis zum Meeresniveau hinunter. Doch hatten wir Glück, 3 Tage lang sonniges Wetter und genossen die seenreiche Gebirgslandschaft mit den Schneebergen unter Führung des Försters Chavasse in vollen Zügen. Vor der Endmoräne des Franz Josef-Gletschers mit einem schönen Gletschertor, aus dem das Schmelzwasser herausfloß, wuchs infolge des kalten Gletscherwindes eine alpine Vegetation, während man am Hang darüber die Baumfarne der Wälder mit typisch subtropischem Charakter wachsen sah.

An der Südspitze der Südinsel bei Invercargill herrscht schon ein antarktisches, immer regnerisches und kaltes Wetter, so daß man nur Kohlrüben kultivieren kann; sonst wird auf grünen Weiden vor allem Milchvieh gehalten, wie bei uns im Allgäu. Hier konnten wir am Rande des noch unwegsamen Fjordlandes zum ersten Mal den typischen antarktischen Regenwald mit vorherrschenden Südbuchen *(Nothofagus)*-Arten studieren, mit von den Ästen herabhängenden, triefend nassen Moosgirlanden und Hautfarnen an Ästen und Stämmen, am Boden ebenfalls Farne und Lebermoose sowie ein bis zu 50 cm hoch werdendes Laubmoos (Polytrichaceae), an lichteren Stellen oft Fuchsien. Somit lernten wir zum ersten Mal die Vegetation des antarktischen Florenreiches kennen, auf Tasmanien war es nur angedeutet. 6 Jahre später trafen wir es in fast identischer Ausbildung, aber auf sehr viel größerer Fläche, im Süden Südamerikas wieder. Das ist ein Beweis, den Wegener für seine Kontinentalverschiebungstheorie anführte, die heute in etwas veränderter Form als Theorie der Plattentektonik allgemein anerkannt wird. Südamerika, Tasmanien mit SE-Australien und Neuseeland hingen noch in der Kreidezeit direkt mit der Antarktis zusammen, was das heutige Vorkommen der Südbuche *(Nothofagus)* in diesen Gebieten verständlich macht. Heute kommt sie auf der Antarktis nur als Fossil vor.

Im März lernten wir auf zahlreichen Exkursionen die Nordinsel von Neuseeland kennen, die vor allem vom Vulkanismus geprägt wird. Besonders eindrucksvoll war der Aufstieg auf den jungen kegelförmigen Vulkan Mt. Egmont (2500 m hoch). Er ist schneebedeckt und hat nur einen Nebenkrater. Das Gasthaus liegt in 900 m und es regnet hier 5500 mm im Jahr. Aber am 5. 3. war es sonnig. Richtige Waldstufen gibt es hier nicht, die Bäume werden mit zunehmender Höhe immer niedriger, in 1000 m sind sie noch 4–5 m hoch und in 1400 m erheben sie sich kaum über den Erdboden und es beginnt ein Grasland, das in 1600 m Höhe aufhört und darüber sind die Bimssteinböden von Moos bedeckt mit ganz wenigen Blütenpflanzen dazwischen. In 2000 m begannen einzelne Schneeflecken und es donnerte. Wir kehrten um, liefen den Hang hinunter, aber das Gewitter war schneller, völlig durchnäßt erreichten wir die Schutzhütte. Am nächsten Tag wollte unser Begleiter, Dr. Druce, uns das vulkanische Plateau mit den Vulkankegeln Ruapehu (2797 m N) und den ständig rauchenden Ngauruhoe (2291 m NN) zeigen. Wir hatten uns unterwegs aufgehalten. Der Weg hörte in 1500 m Höhe auf und wir mußten im Dunkeln und bei leichtem Regen mit der Taschenlampe den Fußweg zwischen den Lavafelsen des Ruapehu bis zur Hütte bei wenig über 0 °C suchen. Der vorhandene Propanbrenner, auf dem das Abendessen zubereitet wurde, wärmte etwas den Raum.

Der Ruapehu galt als erloschener Vulkan, die Kuppe ist mit Schnee bedeckt. Aber vor einigen Jahrzehnten kam am 24. Dezember etwas glühende Lava aus dem Krater heraus, der Schnee taute in Sekundenschnelle und die riesigen Wassermassen stürzten ins Tal hinunter und trafen die Eisenbahnbrücke gerade in dem Augenblick, als der Schnellzug Auckland–Wellington, überfüllt mit Weihnachtsurlaubern, über die Brücke fuhr. Von der Brücke und dem Zug mit den Menschen hat man nichts mehr gesehen, sie wurden weit ins Meer hinausgeschwemmt. Seitdem wird, wenn die Temperatur am Krater ansteigt, die Bahnstrecke vor der Brücke automatisch für den Zugverkehr gesperrt. Vor 1700 Jahren wurde das ganze Plateau bei einem Vulkanausbruch weiter im Norden mit Bimsstein und einer dicken Schicht von heißer vulkanischer Asche überdeckt. Die Vegetation ist somit jungen Datums und man kann das Vordringen des Waldes studieren. Zuerst treten die mit den Nadelhölzern verwandten *Podocarpus*-Wälder auf, weil ihre von einer saftigen Hülle umgebenen Samen durch Vögel verbreitet werden. In der Mitte des Plateaus in 600 m Höhe liegt der große See Taupo, in den man Forellen ausgesetzt hat, die große Dimensionen erreichen. Der Deutsche

Gesandte lud uns zum Mittag ein und es gab eine riesige selbstgefangene Forelle. Rings um den See ist noch Grasland. Eine große Fläche ist vom eingeschleppten Heidekraut und einer spanischen *Erica* bedeckt – ein Bild wie in der Lüneburger Heide. Der nördliche Teil des Plateaus ist das Geysergebiet mit heißen Quellen. Die Maoris, die hier eine Siedlung haben, kochen ihr Mittagessen in diesen. Wer den Yellowstone-Park in U.S.A. kennt, ist von den neuseeländischen Geysern enttäuscht.

Etwas nördlicher in Hamilton erreichte uns ein tropischer Hurrican, der nur selten soweit nach Süden reicht. Unser Hotel war ein solider Betonbau und sicher, aber es heulte die ganze Nacht. Man empfand einen Druck im Kopf und ein Unlustgefühl. Die Exkursion am nächsten Tag wurde abgesagt, die Straßen waren durch umgeworfene Bäume gesperrt. Später sahen wir die verheerenden Auswirkungen, abgedeckte Häuser, umgelegte Wälder usw.

Vom 15. 3. bis 25. 3. waren wir in Auckland, einer Stadt mit sechs kleinen Vulkankegeln, die früher Festungen der Maoris waren. Professor Chapman, der Initiator unserer Reise, vertrat die Botanik an der Universität. Die Tage in Auckland waren mit Vorträgen und Besprechungen mit Doktoranden, einem Universitätsfest und Exkursionen ausgefüllt. Die interessanteste Exkursion führte zur Vulkaninsel Rongitoto, die wahrscheinlich erst vor 200–300 Jahren entstand und von den Maoris, die im 12. Jahrhundert ins Land kamen, als «Feuerinsel» bezeichnet wird. 1880 war der 300 m hohe Vulkankegel noch kahl, heute beginnt die Bewaldung, doch ist die Zahl der Arten auf der Insel gering. Das Klima von Auckland ist schon fast tropisch, Palmen treten auf und als einzige Mangrovenart die *Avicennia,* jedoch mehr buschförmig, weil gelegentlich noch Fröste vorkommen.

Die letzte Woche verbrachten wir im äußersten Norden mit einer überwiegend maorischen Bevölkerung. Die Maoris sind Polynesier und entdeckten Neuseeland durch Zufall, als ein Boot durch einen Sturm weit nach Südwesten abgetrieben wurde. Vor ihnen waren auf Neuseeland nur die Moa-Jäger, durch welche die großen Moa-Laufvögel ausgerottet wurden; heute lebt nur der kleinere Kiwi-Laufvogel auf den Inseln. Da die Maoris Kannibalen waren, vernichteten sie die früheren Bewohner. Noch in den 6oer Jahren des vorigen Jahrhunderts ließ sich ein Maori-Häuptling, der die Chatham Insel östlich von Neuseeland eroberte, zum Festmahl 4 der dortigen Kinder servieren, obgleich ein christlicher Missionar auf der Insel tätig war. Wenn ich ein Maori-Mädchen in der Stadt modern angezogen mit Stöckelschuhen und Seidenstrümpfen sah, mußte ich immer denken «und dein Großvater hat noch Menschen gefressen». Die junge Generation spricht nur noch englisch und wird rasch assimiliert.

Das Interessanteste im Norden war der geschützte Waipona-Kauri-Urwald. Der Kauri-Baum *(Agathis)* ist heute die primitivste Nadelholzart, ein lebendes Fossil, und besitzt an Stelle der Nadeln 20 cm lange und 1 cm breite Schuppen. Der Kauri-Stamm wird nicht hoch, nur 11–13 m, aber die mächtigen Stämme hatten einen Umfang von 13–16 m. Sie wachsen auf tropischen Hochmooren. Das Damarrha-Harz dieser Bäume wurde höher geschätzt als Gold. Es hatte sich im torfigen Humus der Moore seit Jahrtausenden angesammelt und wurde zu Beginn unseres Jahrhunderts ausgegraben und zwar von Dalmatinern, die, um bequemer arbeiten zu können, die Wälder abbrannten. Sie nahmen Maori-Frauen. Deshalb sind viele gut aussehende dalmatinisch-maorische Mischlinge vorhanden.

Auf den abgebrannten Waldflächen wächst heute eine niedrige Heide mit *Leptospermum*-Gebüsch. An einer erodierten Stelle war das Bodenprofil zu sehen: Ein mächtiger Rohhumushorizont, mehrere Meter Bleicherde und darunter eine Ortsteinschicht.

Dann erreichten wir die nördlichste Landzunge von Neuseeland – «90 miles beach»

– ein 150 km langer Sandstrand mit einem Dünenzug dahinter, der sich im Pazifischen Ozean verliert. Wir badeten in der starken Brandung ganz allein. Es war Ostersonntag.

Der Endpunkt war erreicht. Mit der Bahn kamen wir in 48 Stunden nach Palmerstone, wo ich an der Landwirtschaftlichen Hochschule einen Vortrag zu halten hatte. Dann brachte uns der Nachtschnellzug nach Wellington, dort war der letzte Vortrag fällig und eine Abschiedsfeier folgte. Am Morgen des 3. April 1959 schifften wir uns nach Europa ein (vgl. Seite 192).

9. Auf dem Pazifik und Atlantik um die halbe Erde

Die Neuseeländer sind genau die Antipoden von den Engländern. Diese 4 Wochen auf dem Wasser sind eine richtige Erholung nach den anstrengenden letzten Monaten. Die ersten 5 Tage ruhen wir uns aus. Das kann man sehr gut, denn man sieht nichts als Himmel, Wasser und fliegende Fische. Der Stille Ozean ist wirklich still! In der sanften Dünung schwankt das Schiff kaum.

Unser Dampfer «Ruahine» der Neuseeländischen Linie durchquert den Pazifik auf der südlichsten Route, die sonst nicht benützt wird. Kein Schiff kommt uns entgegen.

Wir haben eine große Kabine auf dem B-Deck, so daß man die Luken immer offen halten kann; die Betten sind nicht übereinander und am großen Schreibtisch kann man die Notizen in Ruhe durcharbeiten. Wir legen in 24 Stunden etwa 5 Längengrade zurück. Gleich den nächsten Tag, Sonntag, den 4. April, erleben wir doppelt; denn wir überkreuzen die Datumsgrenze (fährt man in der umgekehrten Richtung, dann verliert man einen Tag seines Lebens).

Die Wasserleitung wird von 14 h bis 16 h Uhr abgestellt. Es sind 268 Passagiere an Bord und diese sollen nicht zu viel duschen, weil das Süßwasser an Bord 14 Tage bis Panama reichen muß. Das Essen ist gut, aber neuseeländisch: Zum Gemüse gehören täglich Kohlrüben, die im feuchten Klima Neuseelands besonders gut wachsen; außerdem viel zarter Lammbraten mit Pfefferminztunke (mint sauce). Als ich dem Steward sage: «Lammbraten, aber bitte ohne mint sauce», meint er, dann sei es kein Lammbraten.

Nach einer Woche taucht plötzlich eine felsige Vulkaninsel aus dem Ozean auf. Sie ragt etwa 300 m aus dem Wasser heraus und hat eine Fläche von etwa 4 km². Es ist «Pitcairn Island» mit einer interessanten Geschichte. Der Dampfer bleibt zwei Stunden davor liegen, 3 Segelboote kommen von der Insel zum Dampfer und die Insassen steigen an Bord – die Nachkommen der «Bounty»-Meuterer. Die «Bounty» segelte 1789 von Tahiti mit einer Ladung von jungen Frucht-Bäumchen nach Indonesien. Unterwegs meuterten die Matrosen, überwältigten den Kapitän mit den Offizieren, setzten diese in drei Booten mitten auf dem Ozean aus und überließen sie ihrem Schicksal. Nach 48 leidensvollen Tagen erreichten die Boote die Insel Timor. Die Matrosen kehrten mit dem Schiff nach Tahiti zurück, konnten jedoch nicht dort bleiben, weil auf Meuterei die Todesstrafe stand. Deshalb nahmen sie eingeborene Frauen, sowie tropische Kulturpflanzen für den Anbau an Bord und segelten zur 1767 entdeckten, aber unbewohnten Insel Pitcairn, gingen dort an Land und versenkten das Schiff, um alle Spuren ihrer Untat zu verwischen.

1808 fuhr ein englisches Kriegsschiff an der Insel vorbei. Der Kapitän erkannte auf ihr durchs Fernglas Menschen und erstattete darüber in London Meldung. 1838 wurde dann ein Kriegsschiff beauftragt, die Insel für England zu annektieren. Inzwischen waren alle Meuterer verstorben. Ein Matrose hatte die Bibel vor der Versenkung vom Schiff mitgenommen und hatte die Kinder lesen gelehrt.

Die Nachkommen verkauften jetzt auf unserem Schiff Kokosnüsse, Bananen, Orangen, Ananas und scheußliche Handarbeiten, aber auch Pitcairn-Briefmarken! Die Insel wird von Neuseeland betreut und einmal im Monat angelaufen. Dabei werden Bestellungen mitgenommen und nach einem Monat die Waren abgeliefert – ein idealer Erholungskurort! Es wurde ein Leuchtturm mit Radiostation und Wetterwarte erbaut.

Die Tahiti-Mädchen gelten als Schönheiten, von den Nachkommen kann man das nicht behaupten. Wahrscheinlich waren es nicht die Schönsten, die sich auf das Abenteuer mit den Matrosen einließen.

Nach mehreren Tagen sahen wir wieder eine Felsinsel im Ozean, aber sie war unbewohnt. Dann näherte man sich dem Äquator, der Südostpassat flaute ab, es begann die Kalmenzone und es nieselte zwischendurch. Wir fuhren an den Galapagos-Inseln vorbei und bald kam Südamerika in Sicht. Die Hänge an der pazifischen Küste Südamerikas sind mit tropischen regengrünen Wäldern bedeckt, die in der Dürrezeit ohne Laub sind.

In Balboa am Eingang des Panamakanals legen wir an. Wir haben Zeit, die Stadt Panama mit weit überwiegend schwarzer Bevölkerung und in der Kanalzone den sumpfigen tropischen Wald mit sehr viel Palmen zu besichtigen. An einem Aussichtspunkt will der Taxifahrer halten, sofort kommt ein Polizist und verbietet das Halten. Das war dem Fahrer noch nie passiert. Wir erfahren später, daß gerade um diese Zeit eine Gruppe von Putschisten gelandet war, um die Regierung zu stürzen, aber der Versuch mißlang. Also hatten wir beim ersten Betreten von mittelamerikanischem Boden eine Revolution erlebt.

Die Fahrt durch den Kanal war sehr interessant, die großen Schleusen, in denen das Schiff gehoben und dann wieder abgesenkt wurde, aber vor allem die Seen mit dem tropischen Regenwald an den Ufern, an denen man ganz nahe vorbeifuhr und die ganz unberührt und unbesiedelt waren. Der Halt in Christobal am Ausgang war nur kurz. Aber auf Curaçao mußte getankt werden. Mit dem Taxi machten wir eine Rundfahrt. Die Insel ist eine Passatwüste, nur Dornbusch und Kakteen, durch Ziegenweide noch degradiert. Willemstad erinnert mit den vielen Kanälen und dem Baustil der Häuser völlig an eine holländische Stadt, hat aber eine ganz schwarze Bevölkerung – ein merkwürdiger Kontrast.

Dann nochmals nur Meer und Himmel in der Karibik und auf dem Atlantik und schließlich gelangen wir wohl ausgeruht aus der anderen Himmelsrichtung nach Hohenheim. Meine Frau hatte die Filme beschriftet, ich den Bericht und die Abrechnung für die Forschungsgemeinschaft geschrieben und alle Notizen gesichtet. Wie sehr sind die zu bedauern, die heute in wenigen Stunden mit dem Flugzeug zurück sind und sich sofort wieder in die Arbeit stürzen müssen.

10. Die nächsten fünf Jahre

Nach der Rückkehr von der Weltumrundung mußte neben der Lehrtätigkeit das ganze Material der letzten Forschungsreisen für die «Vegetation der Erde» ausgewertet werden, wobei die Darstellung in großen Linien erfolgen mußte unter Weglassung zu vieler Details. Der erste Teil dieses Werkes und zwar «Die tropischen und subtropischen Zonen» erschien 1962, die zweite Auflage 1964 und die dritte 1973 (Übersetzungen: ins Russische 1968, ins Englische 1971). Aber es ergaben sich noch weitere Möglichkeiten, unbekannte Großräume auf kürzeren Reisen kennen zu lernen.

Das Jahr 1960 brachte eine Einladung vom «Desert Institute, Cairo». An diesem sollte eine ökologische Abteilung eingerichtet werden. Man wollte mir die Libysche und Ägyptische-Arabische Wüste sowie die auf der Halbinsel Sinai zeigen und meine Meinung über die zu bearbeitenden Probleme hören. Dafür stand mir die vorlesungsfreie Zeit vom 18. Februar bis zum 10. April zur Verfügung. Auf den Fahrten begleitete mich der Ökologe Dr. Abd El Rahman und mit ihm konnte ich alles besprechen. Auf diese Weise lernte ich die regenlose südliche Libysche Wüste mit den Oasen El Charga und Baris, wo artesisches Tiefenwasser erbohrt war, kennen und konnte mich davon überzeugen, daß auf den 250 km durch diese Wüste keine Pflanze wuchs; es waren aber auch keine Salzstellen vorhanden, denn diese treten nur in Wüsten auf, wo durch die geringen Regenfälle das bei der Verwitterung freiwerdende Salz von den Erhebungen in die Senken geschwemmt wird. Interessanter war das Auftreten der Wüstenpflanzen längs der Straße Cairo-Suez, im Wadi Hoff bei Heluan und in der 36 m unter dem Meeresspiegel liegenden Senke des Wadi Natrun mit einem See, der einen unterirdischen Zufluß von Nilgrundwasser hatte und in dem früher Soda gewonnen wurde. Der Jahresniederschlag um Cairo beträgt im Mittel 21,3 mm, aber die Werte der einzelnen Jahre schwanken von 10 bis 43 mm. An der Küste zwischen dem Nildelta und der Grenze von Libyen einerseits und auf der Sinai Halbinsel andererseits regnet es 100–150 mm im Jahr und zwar nur im Winter; entsprechend ist die Vegetation etwas reicher. Bei El Arish sollten die Dattelpalmen am Sandstrand im Meerwasser wachsen, was ich als ganz ausgeschlossen bezeichnete. Bei der Besichtigung stellte ich fest, daß hinter dem Strand hohe vegetationslose Sanddünen vorhanden waren. Unter diesen sammelt sich selbst bei nur 100 mm Regen im Jahr süßes Grundwasser, das im Sande langsam ins Meer fließt; in diesem Süßwasser wurzelten die Palmen, wenn auch bei Sturm die Wellen die Stammbasis erreichten. Mein Rat, das Institut zum Studium der Wüstenvegetation ebenso wie in Arizona (U.S.A.) aus dem Zentrum der Millionenstadt Cairo in die Wüste zu verlegen, wurde jedoch strikt abgelehnt, da kein Wissenschaftler bereit sein würde, in der Wüste zu wohnen. Auch die Erwartung, ich könnte ihnen dürreresistente Pflanzen nennen, die fast ohne Wasser in der Wüste viel produzieren würden, mußte ich enttäuschen. Ich hatte ja gerade nachgewiesen, daß die Produktion der Pflanzendecke in Trockengebieten im selben Verhältnis abnimmt, wie die Jahresniederschläge.

Die Feiertage verwendeten wir natürlich, um die einzigartigen kunsthistorischen Schätze Ober- und Unterägyptens und in den Museen Cairos kennenzulernen.

Nun kannte ich die Wüsten und das Küstengebiet im östlichen Mittelmeerraum, da ich 1939 in Libyen gewesen war. Später hatte ich noch Gelegenheit nach Tunis und nach Marokko zu kommen, also auch den westlichen Teil zu sehen.

Noch ergiebiger war das Jahr 1963. In Nairobi Kenya nahm ich an einem Symposium der UNESCO über die Einwirkungen des Menschen in Trockengebieten teil und zugleich lag eine Einladung zur Jubiläumsfeier des Botanischen Gartens Kirstenbosch bei Kapstadt mit einer anschließenden einmonatigen Exkursion durch die ganze Union vor. Auf dem Hin- und Rückflug benutzten wir möglichst niedrig fliegende Flugzeuge, um den ganzen Nillauf von der Mündung über das riesige Sumpfgebiet im Süd-Sudan, den Sudd, bis zum Ausfluß aus dem Viktoria-See zu verfolgen. Die Unterbrechung in Chartum gab uns die Möglichkeit, große Teile des Sudans mit dem Gezireh-Baumwollanbaugebiet zu besichtigen. Von Entebbe aus wurde in Uganda der Murchinson-Fall-Park am Albert-See und am Ruwenzori vorbei der Queen Elisabeth-

Park am Eduard-See im Zentralafrikanischen Graben besucht und später von Nairobi aus ein großer Teil von Südkenya unter ortskundiger Führung erforscht. In der Union ging die Rundfahrt von Kapstadt die Küste entlang bis in den Krüger-Nationalpark und zurück von Nord-Transvaal über Pretoria durch die östlichen Drakensberge, den Oranje Freistaat und die Karroo-Wüste. Der Rückflug vollzog sich über das Diamanten-Gebiet Oranjemund mit längerer Unterbrechung in Südwestafrika und dann von Windhoek über die Kalahari nach Johannesburg und von dort nach Norden mit Aufenthalt an den Viktoriafällen. Diese neuen Informationen wurden alle für die «Vegetation der Erde» ausgewertet.

Inzwischen hatte ich auch meine Kenntnisse der nördlichen borealen Zone (Taiga) sowie des subarktisch-arktischen Gebiets erweitert. Im Juli 1961 fand die Internationale Pflanzengeographische Exkursion (I.P.E.) durch Finnland und das nördlichste Norwegen statt. Unter ausgezeichneter Führung studierte man die Wälder von ganz Finnland sowie die Moortypen von den Hochmooren im Süden über die Strangmoore bis zu den Torfhügelmooren (Palsen) und anschließend die Waldtundra und Tundra in Norwegen bis zum nördlichsten Punkt Europas – dem Nordkap.

Auf die anderen Exkursionen in Europa soll nicht eingegangen werden; diese kamen dem Band II über die gemäßigten und arktischen Zonen zugute. Südamerika kannte ich nicht. Ich war gerade bei der Bearbeitung des Pampaproblems in Argentinien, als mir die Ankunft einer Studenten-Exkursion aus Argentinien gemeldet wurde unter Führung des mir bekannten Botanikers Professor Boelcke aus Buenos-Aires, die Hohenheim besichtigen wollten. Mit Boelcke konnte ich das Pampaproblem besprechen, denn in der Literatur vertraten die einheimischen Botaniker die Ansicht, daß die Pampa ein natürliches Grasland sei, während die deutschen Geographen und Ökologen, die kurze Zeit die Pampa bereisten, das Klima der Pampa für ein humides Waldklima hielten und die Baumlosigkeit der Pampa auf die Einwirkung der von den Indianern verursachten Grasbrände zurückführten. Auf meine Frage an Boelcke, der im Pampagebiet aufgewachsen war und eine Estancia besaß, wer denn Recht habe, wich er aus, indem er mich einlud, selber an Ort und Stelle die Frage zu entscheiden. Sie hätten mich schon lange einladen wollen, besäßen jedoch keine Devisen, um die Überfahrt zu bezahlen. Wenn ich jedoch in Buenos Aires wäre, dann sei ich der Gast der argentinischen Regierung und sie würden mir in zwei Monaten die Pampa und die übrigen Teile Argentiniens zeigen. Die beste Zeit für die Studien sei ab Anfang Oktober, also mit Beginn des Frühjahrs.

Ich hatte nie die Absicht gehabt, meine Reisen auf Südamerika auszudehnen, vor allem, weil ich das Spanische nicht beherrschte, aber dieses Angebot war so beeindruckend, daß ich es nicht ablehnen konnte. Meine Frau würde sicher mitmachen, daran zweifelte ich nicht und die Überfahrt in der Touristenklasse war erschwinglich. Ich rief deshalb gleich mein Reisebüro an, ob sie für mich eine Doppelkabine von Genua nach Buenos Aires, Ankunft Anfang Oktober, buchen könnten und erhielt die Antwort, daß noch eine Außenkabine frei sei. So waren wir uns in 20 Minuten mit Boelcke einig, daß ich eine offizielle Einladung aus Argentinien annehmen würde unter der Voraussetzung, daß meine Vertretung in Hohenheim sich regeln ließe, was anzunehmen wäre.

Auf diese Weise lernte ich, wie durch ein Wunder, doch noch Südamerika kennen, worüber im nächsten Teil berichtet werden soll. Immer kamen die Einladungen gerade im richtigen Augenblick.

Die wissenschaftlichen Ergebnisse der Forschungsreisen durch *Australien* und *Neuseeland* wurden in dem Werk «Die Vegetation der Erde», Bd. I, 3. Aufl. (1973), Seite 572-608, und Bd. II (1968), Seite 229-281, sowie 718-721 (zitiert auf Seite 348, Nr. 14 und 15) ausgewertet; dazu die Veröffentlichungen:

Höhenstufen und alpine Vegetation in Australien, auf Tasmanien und auf Neiseeland.
  Ber. Geob. Inst. Rübel. *31*, 67-71, 1960.
Über die Bedeutung des Großwildes für die Ausbildung der Pflanzendecke.
  Stuttgarter Beitr. zur Naturkunde Nr. 69, 1961.

Zu Ägypten (Ökologie der Wüsten):

Neue Gesichtspunkte zur Beurteilung des Wasserhaushaltes von Wüstenpflanzen.
  Herm. von Wissmann-Festschrift, Tübingen, 1962.
L'Economie de l'Eau chez les Plantes des Déserts.
  Scientia-Como, *56*, 6 ième Série, 1–5, 1962.
Über die Stoffproduktion der Pflanzen in ariden Gebieten und die Wasserversorgung von Wüstenpflanzen, sowie über Bewässerungskulturen.
  Wasserwirtschaft in Afrika, S. 84–95, 1963.
The water supply of desert plants.
  The water relations of plants, pp. 199–205, Oxford, 1963.
Der Wasserhaushalt der Pflanzen in kausaler und kybernetischer Betrachtung.
  Vortrag aus Anlaß der Ehrenpromotion in Wien am 19. 10. 1972. 100 Jahre Hochsch. f. Bodenkultur in Wien, 2. Band, 315–331.
Der Wasserhaushalt der Pflanzen in kausaler und kybernetischer Betrachtung (etwas gekürzt).
  Ber. Deutsch. Bot. Ges. *85*, 301–313, 1972.
A new Approach to the water relations of desert plants (zusammen mit E. Stadelmann).
  Desert Biology, Vol. II, 213–310, Acad. Press, New York, 1974.

Teil IX

Erste Forschungsreise nach Südamerika: Brasilien, Argentinien und Chile

1. Allgemeines

Der Entschluß eine Forschungsreise nach Südamerika zu unternehmen wurde, wie erwähnt, ganz plötzlich gefaßt.

Vegetationskundliche Beschreibungen lagen von diesem Kontinent vor, nicht jedoch kausale ökologische Untersuchungen, wie ich bei der Bearbeitung des zweiten Bandes meiner «Vegetation der Erde» merkte. Vor allem waren zwei wichtige Probleme zu lösen:

1) Wir hatten eine Klimadiagrammkarte für ganz Südamerika entworfen. Nach dieser mußte man in Zentralbrasilien bis in die nähere Umgebung von São Pāulo einen tropischen regengrünen Wald erwarten, d. h. einen, der in der kühleren Jahreszeit, die sehr trocken ist, die Blätter abwirft. Statt dessen wachsen dort Savannen, die in Brasilien als «Campos cerrados» bezeichnet werden (Campos = Grasland, cerrados = unterbrochenes), weil Sträucher in Gruppen oder einzeln auftreten, aber ohne Baumwuchs. Worauf ist das zurückzuführen?

2) Das zweite Problem war die «Pampa» in Argentinien. Der Jahresniederschlag von Buenos Aires ist sehr hoch, im Mittel 962 mm, das Klimadiagramm wies keine Dürrezeit oder Trockenzeit im Sommer auf, wie man das bei den Steppen Osteuropas oder der Prärie findet. Hatten die zwei deutschen Forscher, die dort nur kurze Zeit arbeiteten, doch recht, daß die Pampa von Natur ein Waldgebiet war und nur durch die Feuer der Indianer gänzlich baumlos wurde?

Südamerika war, abgesehen von der Antarktis mit nur 2 einheimischen Arten von Blütenpflanzen, der letzte Kontinent, den ich nicht aus eigener Anschauung kannte. Ich konnte dort meine bisherigen Erfahrungen auswerten und ev. ausweiten.

Die offizielle Einladung aus Buenos Aires traf ein. Ich beantragte meine Beurlaubung für das Wintersemester 1965/66 und regelte die Frage der Vertretung. Der Senat und das Ministerium gaben ihr Einverständnis. Als ich zum Abschied die Senatsmitglieder einlud und mich dabei für das Entgegenkommen bedankte, sagte der Rektor ganz trocken: «Was blieb uns denn übrig, Sie wären doch gefahren.» Die Zeit bis zur Abfahrt nutzten meine Frau und ich, um am Sprachkurs für Spanisch an der Hochschule teilzunehmen und diese Sprache möglichst zu erlernen. Wir wollten wenigstens die einschlägigen spanischen Arbeiten lesen und uns mit der Bevölkerung verständigen können. Das Spanisch ist eine schöne Sprache und erinnert sehr ans Lateinische. Es ist nicht so weich wie das Italienische und hat nicht die Nasallaute der anderen romanischen Sprachen.

Unsere Fahrt nach Buenos Aires unterbrachen wir in Santos, dem Hafen von São Pãulo. Dort war als Dozent an der Universität ein Ökologe tätig, der bei mir als Rockefeller Fellow ein Jahr in Hohenheim gearbeitet hatte, Dr. Coutinho. Er wollte mir die «Campos cerrados» zeigen und ich war bereit, einen Vortrag über die Klimadiagramm-Methode und die entsprechende Klimagliederung Südamerikas zu halten. Mit dem nächsten Dampfer derselben Linie wollten wir dann nach Buenos Aires weiterfahren und dort am 10. Oktober eintreffen.

Südamerika war ein ganz neues Erlebnis. Wie sind dort die Menschen? Bisher hatten wir überall so viel Freundlichkeit und Entgegenkommen gefunden, daß wir das Gefühl hatten, uns nicht genügend dafür erkenntlich zu erweisen. Wir waren immer die Nehmenden, was wir gaben, beschränkte sich nur auf die wissenschaftlichen Veröffentlichungen.

Um es vorwegzunehmen – auch die Freundlichkeit und Hilfsbereitschaft der Südamerikaner übertraf ohne Ausnahme alle unsere Erwartungen. Meine Erfahrung ist, daß man jeden Menschen, mit Ausnahme von wenigen psychisch verkrampften, gewinnen kann, indem man gleich bei der ersten Begegnung bereit ist, ihm offen und völlig vertrauend, ohne leiseste Hemmung entgegenzutreten. Die Russen haben für solche Menschen eine sehr treffende Bezeichnung:

«Bei ihm ist die Seele auf der Handfläche», d. h. er reicht nicht nur die Hand zum Gruß, sondern er gibt zugleich seine ganze Seele, er verbirgt nichts, er hat keine Hintergedanken, er überlegt nicht, ob diese Bekanntschaft für ihn nützlich ist oder nicht, er will nur von Mensch zu Mensch sprechen, unabhängig von dessen Bedeutung oder gesellschaftlicher Stellung. Es ist das Gegenteil von noch so gewandter äußerlicher Liebenswürdigkeit, die oft Kälte ausstrahlt, oder Redensarten wie, «I will be more than glad to help you» und dabei innerlich denkt «hoffentlich geht er bald weg».

Wir haben Menschen der verschiedensten Rassen und Völker kennengelernt und unsere Erfahrung war, daß man auf dieser rein menschlichen Basis immer sehr leicht in Kontakt kommt, oft nach wenigen Worten. Schwierig ist es nur bei den rein rational denkenden Menschen der modernen Industriegesellschaft, bei denen die Seele, die man für den Kontakt braucht, verkümmert und an deren Stelle die Berechnung, die Kalkulation tritt. Sie wollen sich nicht in die Karten sehen lassen und tragen immer eine Maske, erscheinen deshalb gehemmt, kennen nicht die völlig unbelastete Fröhlichkeit, fühlen sich selber nicht wohl in der eigenen Haut und wollen dauernd, vor allem in der Freizeit, durch rein äußerliche Belustigungen mit Alkoholgenuß von sich selbst, vom eigenen Ich, ablenken.

Aber diese alkoholische Fröhlichkeit ist mit einem Verlust der Selbstkontrolle verbunden und erscheint nur den Angeheiterten heiter, während der nüchterne Beobachter sie nur sehr skeptisch beurteilen kann.

Frauen, die weniger rational eingestellt sind als Männer, reagieren im allgemeinen viel leichter, wenn man offen und ungezwungen ihnen gegenübertritt, auch die südlichen Völker, aber auch die Russen, soweit sie nicht durch die Parteiideologie gebunden sind. Diese Erfahrung habe ich immer wieder bei meiner Tätigkeit in der Ukraine oder im Nordkaukasus während des zweiten Weltkrieges gemacht, auch mit den Wissenschaftlern; wie rasch waren da freundschaftliche Beziehungen hergestellt. Dasselbe gilt auch für den orientalischen Menschen und auch für die Eingeborenen in Afrika, soweit sie nicht in den Slums der Großstädte durch den westlichen zivilisatorischen Einfluß verdorben wurden. Nur mit den Indianern Nord- und Südamerikas haben wir keine Erfahrungen. Sie haben so steinerne Gesichter und schauen einen so mißtrauisch an. Aber nach den mit den Weißen gemachten Erfahrungen haben sie wohl allen Grund dazu.

Es ist wohl die schlimmste Folge der zunehmenden Technisierung, daß sie die Menschlichkeit durch Berechnung und Rationalisierung verdrängt hat – die Hauptkrise unserer Zeit –, obgleich so viel von Humanität geredet wird. Aber es soll in diesem Teil über die Erfahrungen in Südamerika berichtet werden.

2. Von Genua bis Santos und der Aufenthalt in Brasilien

Am 15. September 1965 stach der Dampfer in Genua in See. In Cannes und Barçelona kamen noch Fahrgäste hinzu. Am 18.9. wurde das Capo de Gata vor Almeria umfahren, um 14 h fuhren wir ganz dicht an dem Felsen von Gibraltar vorbei, während die afrikanische Küste mit dem Rif-Gebirge weniger deutlich hervortrat. Dann ging es in den Atlantik hinaus. Bald zeigten sich am Himmel die Passatwolken; erst am 26.9. sahen wir am Cabo Frio zum ersten Mal Südamerika. Das Kap macht seinem Namen Ehre; die Temperatur sank von 27 °C merklich ab und es wurde nebelig, am Nachmittag sah man den Zuckerhut von Rio de Janeiro, dessen Gipfel in Wolken verschwand. Es ging in die Bucht hinein, vorbei an der 72 m hohen Christus-Figur auf einem 730 m hohen Berg.

Diese tropische Bucht mit der Stadt an den Ufern galt als eine der schönsten Landschaften der Welt. Ist sie es noch? Die Technik hat sie verschandelt. Der berühmte Badestrand mit seinen Palmen ist jetzt eine breite Autobahn, hinter der eine Front mit Betonhochhäusern steht, Wohnhäuser und große Hotels mit der entsprechenden Reklame. Diese setzen sich rings um die Bucht fort. Auch in der Stadt verschwinden die älteren Kirchen und Regierungsgebäude zwischen bis 32 Stockwerken hohen Betonblöcken. Am Hang hinauf ziehen sich die Slums der vorwiegend schwarzen, ärmsten Bevölkerung. Am 27.9. hatten wir unser Ziel – den Hafen von Santos erreicht.

Die Passagiere in der Touristenklasse unseres Dampfers waren vorwiegend italienische Auswanderer nach Südamerika, Familien mit sehr vielen Kindern. Entsprechend laut ging es zu. Im Speisesaal konnte man kaum sein eigenes Wort verstehen, an Deck kam die Radiomusik dazu, denn die meisten Männer hatten transportable Radioapparate bei sich und jeder stellte eine andere Sendung ein. Aber in der Außenbordkabine hatte man seine Ruhe und besonders schön war es nach Dunkelwerden auf dem Vorschiff, das eigentlich für die Mannschaft vorgesehen war. Diese war jedoch abends nach der Tagesarbeit müde und hielt sich in der Kantine auf. Das Vordeck war völlig abgedunkelt, um die Sicht nach vorne von der Kommandobrücke nicht zu stören, aber die Sterne am Tropenhimmel gaben genügend Licht, um zwischen den Lademaschinen, den Masten und Tauen ein ruhiges Plätzchen zu finden. Hier vorne war es völlig still, lautlos schnitt der Bug des Schiffes sich in das Wasser ein und warf zu beiden Seiten die Bugwellen zurück, die ein Meeresleuchten bewirkten – meist helle Flecken, die durch die aufleuchtenden Kolonien der Feuerwalzen (primitive Tiergruppe) verursacht wurden. Immer wieder schnellte ein Schwarm von fliegenden Fischen auf der Flucht vor Räubern aus dem Wasser hervor, um nach einem längeren Gleitflug wieder unterzutauchen. Hier konnte man sich ganz seinen Gedanken hingeben und sich Klarheit über verschiedene Probleme verschaffen. Mich beschäftigte gerade die Frage nach den physiologischen Voraussetzungen für den Übergang der Pflanzen vom Leben im Wasser zum Landleben, das ja vor sehr vielen Millionen Jahren erfolgt war, als die ersten Farngewächse auf der Erde entstanden. Diese Gelegenheit zum ruhigen Nachdenken vor und nach einer großen Forschungsreise ist heute durch den Flugzeugverkehr nicht mehr gegeben. Vor dem Abflug hetzt man, um alles daheim zu regeln, und am nächsten Tag beginnt schon die Forschungsarbeit im neuen Land, wobei sich der Körper noch an das neue Klima und die verschobene Tageszeit gewöhnen muß. Kein Wunder, daß die jetzt üblichen Blitzreisen so unproduktiv sind.

In Santos erwarteten uns Dr. Coutinho und eine Doktorandin von mir, die mit einem Japaner verheiratet war. Aber die Ausschiffung war eine Geduldsprobe. Um 10 h hatte das Schiff angelegt, doch durften wir erst um 12 h 30 das Schiff verlassen, konnten uns also 2 ½ Stunden nur schreiend mit den auf dem Quai Stehenden unterhalten. Angeblich mußte vorher das Gepäck der Passagiere ausgeladen werden. Dann wollten wir rasch durch den Zoll. Aber kein Zollbeamter rührte sich. Es vergingen nochmals fünf Stunden. Schließlich sagte Coutinho, wir müßten einen Agenten für 1000 Cruzeiros nehmen, dann könnten wir abgefertigt werden. Die Beamten werden in Südamerika sehr schlecht bezahlt, aber Bestechungen sind verboten und können schwer geahndet werden. Die Lösung sind die Agenten. Man zahlt denen für ihre Dienste eine ansehnliche Summe. Das ist legal. Warum dann alles plötzlich funktioniert, danach fragt niemand. Aber es funktioniert; wir gaben die Kofferschlüssel dem Agenten und dieser brachte das Gepäck gleich zum Auto. Um 18 h konnten wir Santos verlassen und über das Küstengebirge in die Millionenstadt São Paulo fahren, ins Zentrum mit lauter Hochhäusern, wo wir im Hotel «Lord» im 20. Stock ein Zimmer mit Bad und Frühstück für 14000 Cruzeiros erhielten. Im zwanzigsten Stock konnte man atmen, aber die Straßen waren tiefe Gräben zwischen den Hochbauten mit dichtem Autoverkehr. Hinter jedem Autobus und Lastwagen kam eine schwarze Dieselrauchwolke heraus. Nach 5 Minuten wurde es einem schwindlig. Nur wenn man mit dem Auto abgeholt wurde, kam man rechtzeitig aus dem Smog heraus.

Die Universitätsstadt lag weit außerhalb der City. Sie war noch im Aufbau begriffen. Fertig waren die riesigen Hochhäuser für die Studentenheime, für 10000 oder mehr Studenten bemessen, ebenso die biologischen Institute; diese waren höchstmodern, nach z. T. schrulligen Architekten-Ideen gebaut. Die Räume für die botanischen und zoologischen Übungen waren auf Stelzen in einen Teich hineingestellt, der künstlich auf einer Anhöhe angelegt wurde, wobei die Verbindung der Räume über schmale Stege erfolgte. Natürlich hatten sich im Teich Frösche angesiedelt und diese begleiteten die Übungen mit ihrem Gequake. Die natürliche Feuchtigkeit war im Sommer schon schwer zu ertragen; sie wurde durch den Teich noch erhöht. Aber es war eine neue, bei einem Universitätsbau noch nie verwirklichte Idee. Und darauf kam es den Architekten an, sie brauchten ja nicht in den Bauten zu arbeiten.

Einige Tage vergingen mit Besichtigungen einiger sehr moderner Institute sowie interessanten Diskussionen. Ich hielt einen Vortrag und vor der Abfahrt noch einen über Australien. Abends war man eingeladen. Den Höhepunkt bildete die 2tägige Exkursion weit in das Landesinnere zur Versuchsstation Pirasununga und in die «Campos cerrados».

Die Hauptursache dafür, daß sich hier kein dem Klima entsprechender Wald entwickelt, ist die extreme Nährstoffarmut des Bodens. Durch die Verwitterung sehr alter quarzitischer Sandsteine bildet sich in ganz Zentralbrasilien ein sehr armer Sandboden aus. In der Vegetationsmasse eines Waldes sind sehr viele Pflanzennährstoffe gespeichert und die gibt der Boden einfach nicht her; er reicht nur für die Ausbildung einer Grasdecke mit Gebüsch. Wir fuhren an einer Stelle mit anstehendem jungen vulkanischen Gestein vorbei, das nährstoffreich ist. Dieses war unter denselben klimatischen Verhältnissen sofort mit einem dichten Wald bewachsen. Wassermangel herrscht in den Campos cerrados nicht, obgleich die Vegetation den Eindruck einer Trockensavanne macht. Dieser Eindruck wird vielmehr durch Stickstoffmangel, aber auch Phosphormangel und Mangel an Spurenelementen bedingt, wodurch die Ausbildung von großen Blattflächen verhindert wird. Der Mangel wurde auch durch Düngungsversuche mit Anbau von Mais, Baumwolle und Soja auf der Versuchsstation nachgewiesen.

Eine zweite sehr interessante Exkursion mit Studenten führte in den Nebelwald auf den Höhen des Küstengebirges, das São Pāulo vom Meere trennt und das durch die Winde vom Meere auf der diesem zugewandten Seite 3600 mm Regen und häufige Nebel erhält. Zum ersten Male sahen wir hier auf der Cerro do Mar bei Paranapiacala in der Natur die für uns ganz neue Waldflora Südamerikas mit Palmen, Orchideen, Bromelien, besonderen Flechten usw.

3. Die Pampastudien in Argentinien (Karte 6)

Die Fahrt von Santos weiter nach Buenos Aires war kurz, vom 7. bis zum 10. Oktober, wobei wir am 9. in Montevideo, der Hauptstadt von Uruguay, anlegten und diese besichtigten. Dort wurden wir von einem Gewitter mit furchtbarem Guß und Hagel überrascht. Wir lernten auf diese Weise gleich die Wucht der Niederschläge in der Pamparegion kennen, was für die richtige Deutung des Klimas von Bedeutung ist. Von Montevideo nach Buenos Aires überquert man in der Nacht den Rio de La Plata, einen Fluß, der diesen Namen nach dem Zusammenfluß des Rio Paraná und Rio Uruguay trägt, auf der Karte jedoch wie eine große Meeresbucht aussieht mit einer Breite bei Buenos Aires von etwa 50 km, bei Montevideo von etwa 100 km. Er hat Süßwasser und Buenos Aires erhält sein Trinkwasser direkt aus dem La Plata. Die Zuflüsse führen riesige Wassermengen und entwässern praktisch Brasilien südlich vom Amazonasbecken. Die mitgerissenen Schwemmstoffe färben das Wasser des La Plata trüblehmig und die Fahrrinne für die Schiffe zu dem Hafen von Buenos Aires muß dauernd durch Bagger freigehalten werden.

Ich hatte von São Pāolo an Prof. Boelcke geschrieben und mitgeteilt, wie schwierig es gewesen war, durch den Zoll zu kommen, und daß ich hoffte, in Buenos Aires gebe es diese Schwierigkeiten nicht. Boelcke war ein ausgezeichneter Organisator. Er ging persönlich zum Direktor des Zollamts und erklärte ihm, daß er einen sehr bedeutenden Wissenschaftler abholen müsse. Darauf beorderte der Direktor einen Beamten, nach dem Anlegen des Dampfers sofort aufs Schiff zu gehen und uns zwei an Land zu bringen. Das geschah, aber mein Name wurde nur in der ersten Klasse aufgerufen (ein bedeutender Mann wurde nicht in der Touristenklasse vermutet). Dadurch gab es eine Verzögerung. Zum Glück ging ich, um mich nach einer Nachricht von Boelcke zu erkundigen und erfuhr, daß ich überall gesucht würde. Wir wurden mit Koffern an Land geleitet, beim Zoll begrüßte uns der Direktor persönlich und befahl, das Gepäck ungeöffnet durchzulassen, hinter der Schranke erwartete uns Boelcke und in kürzester Zeit waren wir im Hotel.

Es war ein gutes spanisches Hotel, keins der großen internationalen. Wir hatten ein ruhiges Zimmer zum Hof und blickten über die Nachbarhäuser hinweg. Unsere Spanischkenntnisse genügten zur Verständigung. Eine sehr gute Schnellgaststätte war um die Ecke, ebenso die U-Bahn, mit der wir leicht zum weit außerhalb liegenden botanischen Institut der Landwirtschaftlichen Fakultät gelangten. Dieses war von Boelcke gut ausgebaut worden, während die Naturwissenschaftliche Fakultät ein kümmerliches Dasein in uralten Gebäuden im Zentrum der Stadt fristete.

Boelcke hatte alles aufs beste vorbereitet. Meine Tätigkeit wurde für drei Monate vergütet, wobei Unterkunft in Luxushotels zugrunde gelegt wurde. Da alle Autofahrten im Lande mit Dienstwagen erfolgten, kamen wir mit einem Drittel des Monatsgehalts aus, konnten somit den Aufenthalt auf ein halbes Jahr ausdehnen und auch die Reise durch Chile bestreiten. Es lohnt sich, bei Forschungsreisen an Luxus zu sparen, und alles für wissenschaftliche Zwecke zu verwenden. Ich hatte Boelcke geschrieben, ich käme zum Arbeiten und wolle keine Zeit mit Interviews, offiziellen Einladungen usw. verlieren. Er hatte sich danach gerichtet und alles auf die notwendigsten Höflichkeitsbesuche beim Dekan und den wichtigsten Fakultätsmitgliedern beschränkt. Einladungen im Familienkreis der Kollegen, mit denen wir arbeiteten, nahmen wir gerne an. Schon am 11. 10. fuhren wir mit Boelcke auf dessen Estancia «El Ombu» in die Pampa hinaus und übernachteten dort. Es war eine reine Kulturlandschaft mit großen Weizenfeldern und Weideflächen für das Vieh; um das große Wohnhaus herum wuchs ein schöner Park mit im dortigen Frühling austreibenden europäischen Eichen, Linden und Platanen, blühendem Schneeball und japanischer Quitte, aber auch Zedern, Araucarien, Eukalypten, Granatäpfeln, Casuarinen und selbst der Kanarischen Dattelpalme. Im Obstgarten wurden Weinreben, jetzt noch in Knospen, neben Zitronen- und Mandarinenbäumchen kultiviert. Somit war es kein gemäßigtes Klima, sondern ein warm-temperiertes bis subtropisches. Neben dem Stall stand ein riesiger Ombu-Baum, mit einem Wurzelansatz von mehreren Metern Durchmesser, von dem sich mehrere unförmige, dicke Stämme mit dicken Zweigen erhoben. Es ist die einheimische Art *Phytolacca dioica*, verwandt mit der bei uns in Weinbergen verwilderten krautigen Kermesbeere *(Phytolacca americana,* früher *decandra)* mit dunklen Beeren, deren Saft zur Fälschung von Rotwein benutzt wurde. Auch der Baum, der wild am Ufer des Parana-Flusses vorkommt, ist eigentlich ein Kraut, denn er bildet keinen echten Holzkörper und erreicht in 50 Jahren schon Riesendimensionen. Die Viehweiden waren keine Pampavegetation, sondern bestanden aus unseren Weidegräsern und -unkräutern mit einigen aus dem Mittelmeergebiet. Das einzige Interessante war ein Uferwall an einem Bächlein. Auf dieser ebenen Fläche wuchsen heimische Arten: das Gras *Distichlis,* eine *Sida leprosa* und eine *Petunia parviflora* mit winzigen Blüten. Diese Arten zeigten an, daß der Boden leicht salzig war und solche Salzstellen können sich nur in einem trockenen Klima mit Steppencharakter bilden. Das war ein erster Anhaltspunkt für die Deutung des Pampaklimas. Am nächsten Morgen war das Temperaturminimum 4 °C. Also kein Frost, aber doch starke Abkühlung im Frühjahr, auch für eine Steppe typisch.

Es folgten weitere Besichtigungen und Diskussionen in den Instituten der INTA (Instituto Nacional de Technica Agropecuaria), die mit Forschungen der Technik des Pflanzenbaus und der Weidewirtschaft im Pampagebiet beschäftigt waren. Dabei fiel mir wieder eine abflußlose Fläche hinter dem Uferwall des Rio Reconquista auf mit acht Pflanzenarten, die Sodabildung anzeigten, was durch die alkalische Bodenreaktion (pH bis 9,5) bestätigt wurde. Es handelte sich somit um ganz ähnliche Verhältnisse, wie ich sie 1943 in der ukrainischen Waldsteppenzone auf dem linken Dnjeprufer beobachtet hatte.

Am 18. 10. konnten wir unsere Pampafahrt durch die Provinz Buenos Aires beginnen. Unser Begleiter war Dr. Verwoorst, ein deutschstämmiger Argentinier, der in seiner Doktorarbeit die Vegetation in diesem Gebiet bearbeitet hatte. Deshalb wußte er, wo man noch kleine Reste der Pampavegetation finden konnte. Es war ein stiller, schüchtern wirkender Mann, aber sehr kenntnisreich, den ich über alles ausfragte, was

für die ökologische Beurteilung der Pampa notwendig war. Ihm war natürlich die ökologische Fragestellung fremd, aber sie interessierte ihn sehr. Er meinte, ich sei ganz anders als die deutschen Professoren, die in Tucuman eine Universität gegründet hatten.
Mit mir könne man diskutieren. Die anderen kämen in ein fremdes Land, wüßten aber
alles besser. Wir hatten gleich ein sehr freundschaftliches Verhältnis miteinander.

Die Pampa teilt das Schicksal der ukrainischen Steppe und der amerikanischen Prärie. Alles ist kultiviert: Getreideacker oder Viehweide. Die ursprünglichen Pampagrä-
ser waren für das europäische Fleischrind zu hart. Deswegen wurde die Pampa umgepflügt, dann mit Luzerne und Getreide bebaut und mit der Zeit in eine europäische
Weide verwandelt. Jede Estancia-Fläche von weiten Ausmaßen ist mit Stacheldraht
eingezäunt, über den zu steigen wir bald lernten.

Zuerst war ich überrascht. Denn nach den Winterregen und bei der noch kühlen
Temperatur also geringer Verdunstung, sah man überall Wasser stehen. Auch die
Straßengräben mit interessanten Wasserpflanzen waren randvoll. Konnte das ein
Trockengebiet sein? Aber auch die ukrainische Steppe ist wegen der Vernässung der
Schwarzerde im Frühjahr kaum passierbar und dörrt erst im Hochsommer so stark
aus, daß ein Wald nicht wachsen kann.

Durch die Verlängerung unseres Aufenthalts konnten wir im Januar und Februar,
also im Hochsommer, dieses Verdorren auch in der Pampa beobachten, obgleich die
Monatsniederschläge zu dieser Zeit sehr hoch sind; doch handelt es sich stets um starke Gewittergüsse nachts. Diese Wassermassen fließen rasch ab, am Tage brennt die
Sonne und der nur oberflächlich benetzte Boden ist bald wieder trocken. Da die Wege
in der Pampa bis auf die durchgehenden Autostraßen nicht befestigt sind, mußten wir
nach einem Nachtgewitter so lange warten, bis sie wieder trocken waren. Sonst rutschte man unweigerlich in den Straßengraben. Das passierte uns auf einer späteren Fahrt
und wäre uns fast zum Verhängnis geworden: Bei einem Überholversuch auf der
Hauptstraße nach Buenos Aires, die asphaltiert war, geriet unsere Fahrerin auf den
nicht befestigten Rand, der nach einer Gewitternacht nachgab; der Wagen kippte in einen 2 m tiefen, halb mit Wasser gefüllten Graben. Zum Glück wirkte ein dichter im
Graben wachsender Schierlingsbestand wie ein Kissen. Ich lag unten, auf mir meine
Frau und auf dieser die Fahrerin. Wasser drang langsam in den Wagen, doch waren wir
unversehrt. Die Seitentür, die oben war, wurde geöffnet und man zog uns nacheinander heraus. Der Fahrer eines Lastwagens befestigte ein Seil an der Vorderachse und
zog den Wagen heraus. Es war nur die Windschutzscheibe herausgesprungen, aber
heilgeblieben; das Dach hatte in der Mitte einen Knick. Die Fahrerin drückte auf den
Anlasser und der Motor sprang an. Wir konnten ohne Windschutzscheibe, die auf den
Hintersitz gelegt wurde, weiterfahren, wobei ich tief gebückt unter dem Knick des Da-
ches saß. Es war durch den Fahrtwind morgens sehr kalt. Doch erreichten wir nach einigen Stunden das Institut in Buenos Aires. Meine Frau hatte am Ellbogen eine un-
scheinbar aussehende kleine Wunde, aber es war ein Nerv getroffen, der sich entzün-
dete und sie hatte lange Zeit Schmerzen und schlaflose Nächte, bis der Nerv sich wieder beruhigte. Alles wurde ohne Eingreifen der Polizei erledigt.

Wir mußten in der Pampa in den kleinen Ortschaften in Hotels für Cowboys übernachten, die sehr primitiv waren. Die Betten waren meist durchgelegen wie Hänge-
matten, von den Wänden bröckelte der Putz ab. Was uns jedoch am meisten beeindruckte, waren drei Blättchen Toilettenpapier auf dem Nachttisch. Offenbar wurden
die Rollen in den Toiletten von den Gästen mitgenommen. Deshalb wurden jedem
Gast drei Blättchen zugeteilt, die im Zimmerpreis inbegriffen waren.

Die Kost war jedoch sehr gut. Man bekam meist ein mehrere Zentimeter dickes
Beefsteak im eigenen Saft gebraten, dazu aß man gutes Weißbrot. Das Steak dürfte

250 g gewogen haben. Jedem Arbeiter auf einer Estancia stand täglich ein Deputat von einem Kilogramm Fleisch zu. Zum Nachtisch gab es oft eine dicke Scheibe Käse mit süßer Quittenpaste dazu – eine für uns ungewohnte Kombination, aber sehr schmackhaft.

Der Fleischkonsum der Bevölkerung war so groß, daß darunter der Export von gefrorenem Rindfleisch und Corned beef litt. Die Regierung sah sich deshalb gezwungen, einen fleischfreien Tag in der Woche einzuführen. Es durfte kein Rindfleisch verkauft werden, wohl aber Schweinefleisch, das nicht exportiert wurde.

Insgesamt legten wir in den 10 Tagen kreuz und quer durch die Pampa über 2000 km zurück und erhielten einen guten Einblick in die Verhältnisse. Alles spricht für ein semiarides, d. h. leicht trockenes Waldsteppenklima im Osten, das nach Westen mit abnehmenden Niederschlägen in ein trockenes Steppenklima übergeht.

Folgende Beweise kann man anführen:

1) Die vielen abflußlosen Seen, in der Pampa als Lagunen bezeichnet, sind für ein leicht trockenes Klima bezeichnend. In einem feuchten Klima fließen die Seen über und es entsteht ein Flußsystem, hier aber genügen die Niederschläge dazu nicht. Dieselbe Erscheinung sah ich in North Dakota (USA) im semiariden Gebiet und in der nördlichen Ukraine, wo man von «Pods» spricht. Sie wird auch für die Baraba-Steppe in Sibirien angegeben.

2) Das Wasser in den Lagunen ist braun gefärbt wie in Moorseen; in letzteren sind Humussäuren, während das Wasser hier Soda enthält, wodurch ebenfalls Humus gelöst wird. Sodaböden bilden sich auch um die Tümpel herum, die im Sommer ganz austrocknen. Es sind die für dieses Klima typischen Solonezböden, die Natriumsalze enthalten.

3) Kleine Reste der ursprünglichen Pampa-Steppe wurden gefunden. Es sind im Osten kräuterreiche Grassteppen, im Westen trockenere krautarme Grassteppen.

4) In der natürlichen Graspampa mit einer festen Grasnarbe können Bäume nicht Fuß fassen, weil die Baumsämlinge die Konkurrenz des dichten Wurzelfilzes der Gräser nicht aushalten. Wenn man heute viele Bäume in Aufforstungen oder um die Wohnhäuser herum findet, so hat der Mensch zuvor die Grasnarbe entfernt, um die Konkurrenz der Graswurzeln auszuschalten. Meist wird den jungen Baumsämlingen zusätzlich Wasser gegeben, bis die Wurzeln genügend tief in den Boden eingedrungen sind.

5) Feuer begünstigt den Graswuchs, weil die Gräser nach einem Feuer wieder austreiben, während die Baumkeimlinge absterben. Aber solche Grasbrände gehören zum Klima der Steppen, sie entstehen periodisch durch Blitzschläge, wenn das Gras dürr ist.

6) Daß die Pampa immer Grasland war, beweisen die mikroskopischen Untersuchungen des Bodens, in dem man die nicht verwesenden, verkieselten Zellen findet, die bei Steppengräsern in den Blättern vorkommen.

7) Von der meteorologischen Zentrale in Buenos Aires, die von einem Deutschen geleitet wurde, erhielt ich auch die Messungen der Verdunstung im Pampagebiet. In feuchten Klimagebieten ist die Jahresverdunstung kleiner als der Jahresniederschlag, in trockenen dagegen größer. Es zeigte sich, daß bei den Stationen direkt am La Plata-Ufer beide Werte gleich sind, aber weiter westlich treten immer größere hydrologische Wasserdefizite auf, d. h. die Verdunstung übertrifft die Niederschlagsgröße immer mehr.

8) Warum im Klimadiagramm die Sommertrockenzeit nicht zum Ausdruck kommt, erwähnten wir bereits – die starken nächtlichen Gewittergüsse sind die Ursache. Sie dringen kaum in den Boden ein.

Eine spätere Exkursion mit Professor Burkart führte uns weit nach Norden in die Provinz Entre Rios an die Nordgrenze der Pampa und in das anschließende Waldgebiet. Eine weitere diente der Erkundung des Westens und des an die Pampa anschließenden Sandgebiets bei Santa Rosa bis an die Wüste am Fuße der Anden. Hier konnte ich Vergleiche mit Südwestafrika und mit der Sonorawüste in den südwestlichen USA anstellen. So erweiterte sich der Gesichtskreis immer mehr.

In Buenos Aires wurde ich von der Mitteilung überrascht, daß die Nationale Akademie der Wissenschaften von Argentinien mich zum korrespondierenden Mitglied gewählt hatte. Auf der Festversammlung sollte ich einen mehr allgemeinen Vortrag halten. Ich wählte als Thema das, was ich mir auf der Schiffsreise überlegt hatte – die Frage, ob die ersten Landpflanzen von Pflanzen, die im Meere wuchsen, abstammten oder von solchen die im Süßwasser wuchsen, wobei die Gründe genannt wurden, die das letztere wahrscheinlicher erscheinen lassen. Ich sprach deutsch und Prof. Burkart übersetzte ins Spanische. Die spanische Fassung erschien in den Mitteilungen der Akademie.

Über die Ernennung berichteten die Zeitungen und sie wurde vom deutschen Botschafter bemerkt, der sich plötzlich dafür interessierte. Wie mir der Attaché für Landwirtschaft erzählte, hätte der Botschafter auf der Besprechung mit seinen Mitarbeitern ganz aufgeregt gesagt: «Wer ist denn dieser Professor Heinrich Walter?», worauf der Attaché sich meldete, er könne darüber Auskunft geben, denn Prof. Walter sei in Hohenheim sein Lehrer gewesen und er wäre von ihm geprüft worden. Eigentlich hätte der Botschafter von mir gehört haben sollen; denn wir werden von den Ministerien und der Forschungsgemeinschaft angehalten, uns bei den Vertretern der Bundesrepublik in den Ländern zu melden, in denen wir arbeiteten. Deshalb hatte ich von Hohenheim an die Botschaft in Buenos Aires geschrieben und auch angeboten, im Rahmen der dortigen deutschen Kolonie eventuell allgemeinverständliche ökologische Vorträge zu halten. Dieser Brief wurde keiner Antwort gewürdigt, deshalb ließ ich die Botschaft links liegen. Jetzt kam eine Entschuldigung, der zuständige Referent sei bedauerlicherweise erkrankt gewesen usw. Als ich vor der Abfahrt zu der langen Exkursion nach Nord-Patagonien und in andere entlegene Teile des Landes über meine Ansicht zu dem Pampaproblem in Buenos Aires ausführlich referierte, wobei Dr. Verwoorst die Übersetzung ins Spanische übernahm, und Prof. Boelcke anschließend einen Empfang gab, war ein Vertreter der Botschaft dabei. Der Attaché lud uns beide zu sich ein und wir hatten ein interessantes Gespräch mit ihm. Im allgemeinen hatten wir mit den deutschen Botschaftern in anderen Ländern keine guten Erfahrungen gehabt. Wenn man sich vorstellen wollte, hieß es: «Der Herr Botschafter bedauert, er hätte leider keine Zeit oder eine wichtige gesellschaftliche Verpflichtung usw. Es wurde auch kein anderer Termin genannt. Ich hatte den Eindruck, es ging den Botschaften um bloße Repräsentation, gesellschaftliche Veranstaltungen mit den Vertretern der anderen Regierungen, aber nicht um ein Bemühen, das Land und seine Menschen richtig kennenzulernen. Vielleicht lohnte es sich nicht, weil das Bestreben war, möglichst rasch die Stufenleiter von kleinen Ländern zu immer größeren zu durchlaufen. Aber es gab Ausnahmen, z. B. in der Türkei und in Neuseeland. Auch die Konsuln waren oft an der Arbeit der Wissenschaftler interessiert.

Die große Rundfahrt durch Argentinien dauerte von Ende November bis zum 23.12., wobei die Begleiter sich ablösten, wir aber mußten durchhalten und waren zum Schluß zum Umfallen müde. Ich weiß nicht, wie viele Tausende von Kilometern wir dabei im Auto zurücklegten.

4. Die große Fahrt nach Patagonien und durch das westliche Argentinien (Karte 6)

Zuerst ging es nach Bariloche in Nordpatagonien schon südlich vom 40. südlichen Breitengrade gelegen.

Dieser Breitengrad ist, wie in Teil VIII bereits erwähnt, auf der Südhemisphäre eine scharfe klimatische Grenze. Südlich von diesem bis zum südlichen Polarkreis breitet sich bis auf die Südspitze von Südamerika und die Südinsel von Neuseeland sowie Tasmanien eine ununterbrochene ozeanische Wasserfläche aus. Über diese wehen das ganze Jahr hindurch am Tage und nachts ununterbrochen ständige Westwinde mit starker Intensität um die große Eiskappe der Antarktis herum. Das wirkt sich besonders kraß am Osthang der Anden in Westargentinien aus: In niederen Breiten erhält Tucuman auf etwa 27 °S durch die Ausläufer des Südostpassats im Sommer sehr starke Niederschläge und im Jahr bei einer 5monatigen Wintertrockenzeit fast 1000 mm Regen. An dem durch Steigungsregen noch feuchteren Osthang wächst ein tropischer, epiphytenreicher, immergrüner Wald. Südlicher hört der Passatwind auf und es herrscht ein Wüstenklima mit Jahresniederschlägen von 100–200 mm (Mendoza 194 mm, San Juan 94 mm). Südlich des 40. Breitengrades greift dagegen der Westwind als Föhn über die hier schon niedrigeren Anden über. Während auf der dem Wind zugekehrten Seite am Westhang der Anden bis zu 6000 mm Regen fallen, sind es am Ostfuß immer noch 4000 mm, aber 45 km weiter östlich bei Bariloche sind es nur 1080 mm und 20 km östlicher beim Flugplatz etwa 700 mm. Weiter nach Osten wird der föhnige Westwind immer trockener, so daß über der patagonischen Halbwüste bis zum Atlantischen Ozean nur etwa 160 mm fallen und selbst unmittelbar an der Meeresküste nicht über 200 mm. Ganz anders sieht es auf der Westseite der Anden aus: Auf der Höhe von Tucuman an der Pazifischen Küste herrscht eine regenlose Wüste. Auf der Höhe von Mendoza mit dem Wüstenklima liegt Valparaiso in Chile, wo sich die Westwinde nur im Winter leicht auswirken mit 490 mm Regen, während weiter im Süden schon bei Valdivia mit über 2600 mm Regen ein das ganze Jahr hindurch sehr nasses Klima herrscht.

Diese enormen Gegensätze lernten wir zuerst in 2 Wochen auf der argentinischen Seite bei der Fahrt von Süden nach Norden und anschließend auf der chilenischen Seite von Norden nach Süden kennen. Die großartigen, extrem trockenen bis extrem feuchten Hochgebirgslandschaften auf der argentinischen Seite hinterließen einen überwältigenden Eindruck. Sie im einzelnen zu schildern ist hier nicht möglich. Wir beschränken uns auf einige Punkte.

Auf dem mehrstündigen Flug von Buenos Aires bis Bariloche wurde zuerst die Pampa, dann die westlichen Wüstengebiete überflogen, auch einzelne Oasensiedlungen an großen, von den Anden kommenden Flüssen, die ausgedehnte, bewässerte Obstplantagen ermöglichen, bei Neuquen vor allem Apfelanbau. Da die Äpfel dort etwa im März reifen, werden sie im Frühjahr bei uns angeboten.

Mit der Überquerung des 40 °S ändert sich die Landschaft. Immer häufiger treten Wälder auf und zwar aus verschiedenen Arten der Südbuche (*Nothofagus*), eine Gattung, die wir von Neuseeland her kannten. In Bariloche selbst, an dem großen See Nahuel-Huapi gelegen, mit den schneebedeckten Anden im Hintergrund fühlt man sich plötzlich in das Alpenvorland versetzt. Dieser Ort wurde von Auswanderern aus der Schweiz und Oberbayern gegründet und sie bauten ihre Häuser aus Holz ebenso auf wie in der Heimat. Die Einwohner sprechen alle deutsch und auch die Bezeichnungen und Schilder sind zum Teil deutsch, ebenso wie die Gasthäuser.

Inzwischen wurde Bariloche als Sommerfrische von den Argentiniern in Buenos Aires entdeckt, denn der in Buenos Aires sehr heiße und schwüle Januar hat hier eine Mitteltemperatur von etwa 15 °C. Aber die Argentinier rechnen nicht mit den ständigen Westwinden und kommen mit zu leichten Sommerkleidern an. Deswegen ist die Nachfrage nach warmen Pullovern und Wollmützen von Seiten der Touristen sehr stark. Infolgedessen hat sich eine Wollindustrie mit Heimarbeit entwickelt. Patagonien ist das Land der Schafzucht. Wir kamen bei Deutschen unter und waren sehr zufrieden. Anfang Dezember war noch keine Hochsaison und viele Gastzimmer standen noch leer. Aus dem Fenster konnten wir den See sehen mit den Schaumkronen der Wellen, die sich stets nach Osten bewegten. Draußen mußte man sich an den Wind gewöhnen und den Lodenmantel auch bei Sonnenschein fest zuknöpfen.

Bariloche liegt 45 km vom Andenfuß entfernt. Die Buchenwälder erreichen den Ort nicht mehr, sie werden durch trockenere kiefernähnliche Nadelwälder aus *Austrocedrus* abgelöst. Auch diese erreichen gerade noch den Westrand des Ortes; östlicher, zum Flughafen hin, wächst nur noch Gebüsch aus verschiedenen Rutensträuchern, zu denen sich südamerikanische Johannisbeer-(*Ribes*)- und Berberitzen-(*Berberis*)-Arten hinzugesellen, auch die sehr dornige *Colletia*. Am Flughafen hört dieses Gebüsch auf. Die Begrenzung bildet der Proteaceen-Strauch *Embothrium coccineum*, der über und über mit leuchtend orange-roten Blüten bedeckt ist, wie bei uns in den Gärten die japanische Quitte. Nach Osten kommt dann ein schmaler Steppenstreifen mit Gräsern, um dann der patagonischen Halbwüste mit verschiedenen niedrigen Polsterpflanzen (darunter auch Kakteen) zu weichen. Die Polsterform ist eine Anpassung an das windige Klima. Denn die Blättchen an den dicht aneinander gepreßten Sprossen finden im Polster Windschutz.

Wir fuhren mit dem Auto weit nach Osten in die Halbwüste hinein. Es war ein unbefestigter Weg, so daß man nur mit etwa 60 km pro Stunde fahren konnte. Wir hatten Rückenwind und dieser war so stark, daß unsere Staubwolke nach vorne ging und dauernd die Sicht störte. Zum Glück gab es keinen Gegenverkehr, wir trafen den ganzen Tag keinen Wagen. Wir übernachteten in einem kleinen Ort sehr einfach. Am meisten störte uns, daß die ganze Nacht hindurch die Fenster und Läden klapperten. Auf dem Rückweg hatten wir Gegenwind und infolgedessen keinerlei Staub. Aber beim Ein- und Aussteigen mußte man darauf achten, daß die Autotür einem nicht aus der Hand gerissen wurde und aufsprang bzw. zuknallte. Eine interessante Beobachtung machten wir in der Halbwüste. An einer Stelle in einer kleinen Delle, also an einem feuchteren Standort, wuchs ein mannshoher Dornstrauch. Es war der höchste Punkt weit und breit. Deshalb war die Krone von einem großen Adlernest eingenommen. Wir näherten uns vorsichtig, die Eltern waren auf Raub ausgeflogen. Man konnte ins Nest hineinsehen. Die Jungen streckten die Hälse und öffneten die Schnäbel.

Wir wurden in Bariloche von den Wissenschaftlern der INTA-Außenstelle betreut, besuchten mit ihnen eine große Schaf-Estancia, fuhren am Andenhang weiter nach Süden und bis zur Waldgrenze ins Gebirge hinauf. Von unten sieht die Waldgrenze wie eine scharfe Linie aus, aber an Ort und Stelle ist sie ein Mosaik von zwei Südbuchenarten, der immergrünen der unteren Lagen und einer sommergrünen, die in tieferen Lagen nur auf moorigem Boden vorkommt, und die weiter südlich in Feuerland die Wälder bildet. Sie ist mehr ein niedriger Baum oder strauchig.

An grasigen Stellen fanden wir hier in Blüte die chilenische Erdbeere; diese wurde mit der amerikanischen Erdbeere gekreuzt und ergab unsere erste großfrüchtige Gartenerdbeere, vor allem die etwas hellere Ananaserdbeere.

Am 7. Dezember holte uns Professor Burgos ab; er begleitete uns am Gebirgsosthang bis Mendoza. Diese Fahrt führte durch das Monte-Gebiet, unter dem man die

Kreosotbusch-Wüste versteht, die der im Südwesten der U.S.A. entspricht. Es war eine wilde Gebirgslandschaft; die kahlen Hänge leuchteten in allen Farben, vor allem in Rot und Gelb. Es ging bis auf 2000 m hinauf und dann wieder tief in die Flußtäler hinunter, in denen kleine Oasen waren mit subtropischen Obstanlagen und Rebkulturen. Die Unterkünfte waren primitiv, aber idyllisch in den Obstanlagen gelegen. Ein WC war nach altem römischem Vorbild erbaut, der Sitz direkt über einem kleinen Berieselungskanal, der damit zugleich der Düngung diente.

Herrliche kegelförmige Vulkankegel, mittags mit einer kleinen Ringwolke, türmten sich bis über 5000 m in die Höhe. Unten mußten wir über eine weite, schwarze Lavadecke fahren, in die sich der Rio Grande, eine ganz schmale sehr tiefe Spalte bildend, in rauschenden Kaskaden eingefressen hatte. Die Hauptautostraße von Süd nach Nord führte hier über eine schmale, geländerlose Brücke.

Man bedauerte nur, daß man keine Zeit hatte, alles genau zu studieren. Am liebsten hätte ich ein Jahr in dieser Gegend gearbeitet. Am 10. 12. stand uns etwas besonderes bevor. Es ging immer höher auf einem schlechten Weg ins Gebirge hinauf. Es fing an zu dunkeln und es wurde kälter. Schließlich in etwa 2000 m Höhe schon dicht an der Schneegrenze erreichten wir das «Hotel las Termas» – ein Schwefelbad mit etwa 40 °C heißem Thermalwasser, dessen verjüngende Wirkung in Argentinien gerühmt wurde. Es war ein ganz verloren in der wuchtigen Landschaft stehender Barackenbau mit dünnen Bretterwänden, großem Speisesaal, weitläufigen Räumen aber alles ungeheizt. Wir beschlossen, noch vor dem Abendessen ein Bad zu nehmen.

Das Bad bestand aus viereckigen, etwa ein Meter hohen, rohen Betonbecken mit 40 Grad heißem, nach Schwefel riechendem Wasser, in das man ganz langsam bis an den Hals eintauchen mußte. Ein Bademeister achtete darauf, daß man nicht zu lange drin blieb, dann wurde man in Laken und eine dicke Decke eingewickelt, auf eine Liege gebracht zum Abkühlen und Ausruhen und durfte sich erst nach einer halben Stunde wieder anziehen.

Es schien uns aber nicht zweckmäßig zu sein, danach noch im kalten Speisesaal ein großes Abendessen zu uns zu nehmen, vielmehr legten wir uns im kalten Zimmer ins Bett, deckten uns sehr warm zu und ließen uns heißen Tee mit belegten Broten ins Zimmer bringen.

Am nächsten Morgen fühlten wir uns ausgeschlafen und sehr wohl. Unsere zwei argentinischen Begleiter waren so begeistert, daß sie noch ein Bad nahmen, das nichts kostete. Ich dagegen sagte, ich fühle mich nach einem Bad schon so verjüngt, daß ich nach einem zweiten ins Kindesalter zurückfallen könnte und dann nicht imstande wäre, nach zwei Tagen in Mendoza einen wissenschaftlichen Vortrag an der dortigen Universität zu halten.

An diesem Tage besichtigten wir in 2000 m Höhe den See «Pozo de las Animas» (Brunnen der Seelen), der als Hinrichtungsstätte gedient haben soll. Es ist eine einzigartige geologische Bildung:

Auf einer flachen Ebene tritt man plötzlich an den Rand einer kreisrunden Vertiefung, deren Wände fast senkrecht 70 m tief zu einem See abfallen. Wie weit die Wand unter der Wasseroberfläche hinuntergeht, ist unbekannt. Der Durchmesser des Sees ist über hundert Meter. In diesen See wurden die zum Tode Verurteilten hineingeworfen. Die Steilwände sind nicht felsig, sondern bestehen aus lockerem Gestein, an dem man nicht hinaufklettern kann. Es wird angenommen, daß es sich um einen Meteorkrater handelt und der Meteorit am Grund des Sees liegt. Aber wo ist das Gestein aus dem Brunnenloch geblieben? Zusammenpressen läßt es sich nicht. Ausgeworfenes Gestein ist auf der Ebene nicht zu sehen. An das große Loch schließt sich unmittelbar ein kleineres an mit derselben Höhe des Wasserspiegels, es müßte somit gleichzeitig neben dem großen Meteoriten ein kleinerer aufgeschlagen sein. Geologisch ist diese rätselhafte Erscheinung noch nicht untersucht worden.

Weiter ging es über den Rio Atuel zur Pampa Diamante mit einer großen Salzpfanne, die zur Salzgewinnung diente, dann zu einem großartigen Canyon in einer Basaltdecke mit einem 200 m hohen Staudamm, der zur Erschließung eines neuen Bewässerungsgebietes dienen soll. Abends erreichten wir San Rafael am Rio Atuel, die älteste Stadt im ganzen Gebiet. Sie wurde vor 400 Jahren von Peru aus gegründet, noch vor Mendoza, dem heutigen Zentrum des Gebiets. In Mendoza blieben wir zwei Tage, da ich an der kleinen Universität einen Vortrag halten mußte, und am zweiten Tage eine Exkursion in die Hochanden vorgesehen war.

Mendoza war der Ausgangspunkt des Befreiungskampfes der Argentinier von der spanischen Herrschaft. San Martin, dem hier ein Denkmal erstellt wurde, umzingelte die Spanier im Jahre 1817.

Mendoza liegt am Rio Mendoza in einer weiten Ebene, die zur Kreosotbusch-Wüste gehört, aber mit dem Flußwasser lassen sich 100000 ha bewässern (bei San Rafael am Rio Atuel nur 2000 ha). Mendoza ist somit eine riesige Oase, hauptsächlich aus Rebanlagen, zwischen denen die kleinen Häuschen der Besitzer in Gärten eingestreut liegen. Der Wein von Mendoza ist berühmt.

Im Frühjahr werden die im Einzugsgebiet des Rio Mendoza abgelagerten Schneemassen im Gebirge gemessen, um festzustellen, mit wieviel Wasser man im Sommer zum Bewässern rechnen kann. Das Bewässerungswasser wird aus dem Untergrund aus 90 m Tiefe gepumpt und in Röhren den einzelnen Bewässerungsparzellen zugeführt.

Die eigentliche City liegt an die Oase angrenzend etwas höher in 750 m NN.

Am nächsten Tag ging es in ein enges Gebirgstal hinein, in dem das Sanatorium Villavicencio lag, von wo das in Argentinien gerne getrunkene Mineralwasser stammt. Dann hörte das Tal auf und eine schmale Einbahnstraße war in die Felswände geschlagen und führte in steilen Serpentinen 1000 m aufwärts. Interessante Pflanzen wuchsen an den Felsen: viele Säulenkakteen, die Pantoffelblumen, rote mit *Amaryllis* verwandte Blütenpflanzen und in 2530 m Höhe auch eine dicht mit weißen, sehr stark brennenden Haaren bedeckte Loasacee (wohl *Blumenbachia*). In 2800 m Höhe kam man dann plötzlich auf eine Hochebene, die sehr schütter mit Graspolstern und Polstern von Kakteen, Verbenen u. a. bedeckt war – die typische Puna-Vegetation der Hochandenebene, dem Altiplano. Vom Paß in 2970 m NN hatte man einen herrlichen Ausblick auf die höchste, schneebedeckte Andenkette, über die noch, schon auf chilenischem Gebiet, der höchste Berg Südamerikas, der Aconcagua (mit fast 7000 m Höhe) hinausragte.

Dann ging es zu dem oberen Lauf des Rio Mendoza hinunter und im großen Bogen durch das Mendoza-Canyon zur Stadt Mendoza zurück.

Die Fahrt von Mendoza nach Tucuman im Norden mit dem Auto hätte zu lange gedauert. Deshalb bestiegen wir am 18.12. das Flugzeug nach Cordoba, ruhten uns dort in einem wunderbaren Hotel aus, um am nächsten Tage das Flugzeug nach Tucuman zu erreichen. Eine Eigenart des Hotels war der große arkadenreiche Speisesaal, in dem an den Säulen viele Käfige mit Kanarienvögel befestigt waren, die mit lautem Zwitschern und Rollen die Gäste statt einer Musik unterhielten.

Beim Weiterflug war es sehr eindrucksvoll, die Trockenlandschaft von oben zu betrachten. Besonders auffallend die Salares – riesige Seenflächen, in die die Flüsse im Frühjahr einmünden, die aber abflußlos sind; das Wasser verdunstet und es bleibt eine riesige, weiße Salzfläche zurück, die vegetationslos ist.

Für Tucuman waren die Tage 18.–22.12. vorgesehen, am 23.12. ging es mit dem

Flugzeug wieder nach Mendoza zurück. Am Weihnachtsabend wollten wir schon in Chile sein. Die Zeit für dieses interessante tropische Gebiet um Tucuman war viel zu kurz. Denn auch hier war ein Vortrag vor der Universität fällig, die von deutschen Emigranten aufgebaut worden war. Hier trafen wir wieder Dr. Verwoorst, unseren Führer durch die Pampa, der uns diese ganz andere Vegetation zeigte. Um Tucuman selbst sind hauptsächlich Zuckerrohrfelder mit einer riesigen Zuckerfabrik, die Argentinien mit Zucker versorgt. Aber sobald man in die Berge kommt, beginnt der herrliche tropische Regenwald mit seiner Üppigkeit und einem ungeheuren Artenreichtum. Mit zunehmender Höhe ändert sich die Vegetation; es treten Fuchsien in feuchten Schluchten auf, auch Begonien u. a. Überrascht waren wir, als wir plötzlich vor einem 8–10 m hohen Kartoffelbaum (Solanum verbascifolium) standen, dessen Blüten genauso aussahen wie die unserer Kartoffel.

In 2500 m Höhe, dort wo die Wolkendecke oft liegt, so daß es sehr feucht ist, bildet sich eine reine Erlenwaldstufe aus (Alnus jurulensis), einer Baumgattung, die sonst nur auf der Nordhemisphäre vorkommt. Aber in großen Höhen ist sie die Anden entlang über Mittelamerika bis nach Tucuman gewandert.

Wir übernachteten auf einer Hochebene in einem großen Touristenhotel, das im Winter dem Skisport dient. Jetzt waren wir die einzigen Gäste, das Hotel nicht geheizt, und es war selbst im Hochsommer sehr kühl.

Vom Hotel aus wollten wir, nur Verwoorst und ich, zum Infernillo-Paß in 3043 m Höhe, also dem Höllenpaß, der eine scharfe Klimascheide bildet zwischen dem feuchten grünen Osthang und dem wüstenhaften Westhang. Hier hat uns tatsächlich der Teufel an der Nase herumgeführt: Wir ließen das Auto am Paß stehen. Verwoorst schloß es ab, packte seinen Rucksack mit den Photosachen und schlug die Klappe vom Gepäckraum zu. Wir wollten uns die kniehohe Grasvegetation auf der feuchten Ostseite ansehen. Der Boden war naß und moorig, von vielen kleinen Bächlein durchrieselt. Wir hatten die Absicht, im weiten Bogen wieder zum Auto zurückzukehren. Mit Notizen und Photographieren verging die Zeit. Bald waren wir im nässenden Nebel und es wurde kalt. Wir näherten uns dem Auto, sahen es durch den Nebel auf dem Wege stehen, da griff Verwoorst in seine Hosentasche und rief entsetzt, er habe den Autoschlüssel verloren; er hätte ihn bei der Wanderung ganz sicher in der Tasche gefühlt. Herr Verwoorst war beim Fotografieren kleiner Pflanzen niedergekniet, er hatte sich auch beim Trinken aus dem Bach tief hinuntergebeugt; dabei mußte der Schlüssel herausgerutscht sein. Es blieb uns nichts übrig, wir mußten den ganzen Weg im Nebel zurückgehen und an den entsprechenden Stellen nach dem Schlüssel suchen. Es gelang uns, unsere Spuren im hohen Gras zu sehen, auch die fraglichen Stellen zu finden, aber nicht den Schlüssel. Niedergeschlagen kamen wir schließlich zum Auto, ganz durchnäßt und verfroren. Vielleicht konnten wir wenigstens ins Auto hinein. Aber alle Türen und Fenster waren festverschlossen. Was sollten wir tun?

Das Hochland war völlig unbesiedelt, auch die Wüste im Westen. Bis zur letzten Behausung, die wir auf dem Weg passierten, die über 1000 m tiefer lag, schätzten wir etwa 30–50 km. Das würden wir noch schaffen, den Weg würden wir selbst in der Nacht finden. Nochmals ging ich ums Auto herum, da! – hinter dem Auto im Staub lag er – der Schlüssel. Ich schrie vor Freude!

Verwoorst hatte seinen Rucksack hinter dem Auto zugeschnürt und dabei den Schlüssel, den er in der Hand hielt, kurz auf den Boden gelegt und nicht wieder aufgehoben. Ihn in der Tasche gefühlt zu haben, war eine Täuschung gewesen. Nun aber hinein ins Auto und nichts als hinunter in die heiße Hölle auf der Ostseite des Passes. Es ging steil die Serpentinen abwärts. Es wurde auch richtig heiß. Wir machten eine Pause, trockneten die Kleider und aßen unseren Tagesproviant auf. Dann erst untersuchten wir die großartige Wüstenvegetation mit den vielen verschiedenen Säulenkakteen, den Greisenhäuptern und anderern Arten. Hochbefriedigt kehrten wir ins Hotel zurück.

Von Tucuman, wo wir noch eingeladen wurden, kehrten wir mit dem Flugzeug nach Mendoza zurück, um am nächsten Tage mit dem Zuge nach Chile zu fahren.

5. Die Fahrten in Chile und die Zeit bis zur Rückreise (Karte 6)

Als wir uns am 23.12. nach den Zugverbindungen nach Chile erkundigten, bekamen wir eine sehr unbefriedigende Auskunft. Zwischen Argentinien und Chile herrschte wieder einmal eine Spannung und zwar, wie stets, wegen der umstrittenen Grenzziehung in Feuerland. Der Zug auf argentinischer Seite fuhr nur bis Las Cuevas vor dem Eingang in den langen Tunnel durch die Andenhauptkette in 3250 m NN. Dort muß den Zug eine chilenische Lokomotive abholen für die Steilstrecke bis Los Andes mit einem Höhenunterschied von fast 3000 m. Die Straße über den Paß in 4000 m war noch durch Schnee gesperrt. Man riet uns, ein Auto bis Las Cuevas zu mieten und dort zu warten, bis ein Zug durch den Tunnel abginge.

Das taten wir am 24.12. sehr früh am Morgen und waren bereits um 11 h in Las Cuevas. Es war eine interessante Gebirgsfahrt. Ein sehr schweres Erdbeben in diesem Jahre hatte große Zerstörungen angerichtet. Riesige Felsblöcke waren heruntergekommen und lagen zerstreut herum, doch war die Straße repariert worden.

In Las Cuevas warteten wir auf dem Bahnsteig, da man uns sagte, man könne zuweilen auch mit einem Güterzug mitfahren. Es war in dieser Höhe sehr kalt (nur 4 °C) und wir hatten keinen warmen Mantel. Bald kam tatsächlich ein Güterzug und ich verhandelte mit dem Zugführer, aber er lehnte es ab, uns mitzunehmen. Schließlich gingen wir mit den Koffern in das 10 Minuten entfernte Hotel, um uns aufzuwärmen und Mittag zu essen. Gerade waren wir fertig, da traf der Schnellzug aus Buenos Aires ein. Wir rasten mit den Koffern zum Bahnhof, wobei einem in 3000 m Höhe der Atem ausging; wir kamen in den Zug, in dem es etwas wärmer war. Nun mußte man auf die Lokomotive aus Chile warten. Niemand konnte uns sagen, wann sie kommen würde. Da traf nach 3 Stunden ein Gegenzug aus Chile ein und die Lokomotive nahm uns abends endlich nach Chile mit.

Schon im Tunnel begann die steile Abfahrt, in 6 Minuten raste der Zug durch. Dann waren wir auf dem Westhang mit großen Schneemassen, während auf der Ostseite nur wenige Schneeflecken lagen. Die Bahnlinie war aus der 2 m mächtigen Schneedecke ausgegraben. Die Zerstörungen durch das Erdbeben und Lavinen waren repariert. Der Zug raste in steilen Kurven den Hang, der aus großen Schutthalden bestand, abwärts. Es war eine wilde Landschaft. Auf dem beweglichen Schutt waren auffallende gelbe Flecken von blühender Kapuzinerkresse (*Tropaeolum*, eine rein südamerikanische Gattung) und rosa Flecken von *Schizanthus*, eine Art, die auf beweglichem Schutt wächst und mit der Kartoffel verwandt ist (Solanaceae). Ab 1750 m NN (ich hatte einen Höhenmesser bei mir) wurden die Säulenkakteen immer häufiger. Es war kein Schnee mehr, die Sonne kam heraus, während in höheren Lagen der Himmel bewölkt war. In 1650 m Höhe sah man Pappeln und Kirschbäume, angebaute Luzerne und weidende Rinder. Eine Waldstufe war bei der Steilheit der Hänge nicht ausgebildet. In 1450 m Höhe wurde das Tal weiter, die Gegend bewohnter, viele gepflanzte Bäume und kleine Forsten, Gärten mit Feigenbäumen. Abends sah man die hohe Gebirgskette im Alpenglühen aufleuchten. Ab 900 m wurde das Land flacher – ein Kulturland wie am Mittelmeer mit Weiden, Feldern, etwas Weinreben.

Dann hielten wir vor dem großen Zollschuppen von Los Andes. Alles mußte mit dem Gepäck heraus. Wir waren die Letzten und machten uns auf eine lange Wartezeit gefaßt. Die Zollbeamten standen eine halbe Stunde herum. Erst dann begannen sie mit der Kontrolle und zwar am hinteren Ende, so daß wir die ersten waren. Ich öffnete den Koffer, oben lag die Karte des Automobilclubs von Argentinien, die auch Chile umfaßte, auf der wir unsere zurückgelegten Fahrten eingetragen hatten. Der Beamte nahm die Karte in die Hand und erklärte mir, daß sie falsch sei. Die chilenische Grenze unten in Feuerland sei falsch eingetragen. In sehr höflicher Form bedeutete er mir nach langen Ausführungen, daß er verpflichtet sei, die Karte zu beschlagnahmen. Nun, ich überließ sie ihm ohne Protest, denn ich konnte sie in Buenos Aires wiederbekommen, und dankte ihm für die Belehrung. Damit war die Kontrolle beendet und wir stiegen als erste in den bereit stehenden Zug nach Santiago ein. Wir hofften, bald dort Weihnachten im Hotel an der Plaza, wo für uns ein Zimmer bestellt war, feiern zu können. Aber der Zug stand noch eine Stunde und wurde propfenvoll. Beleuchtung gab es im Zuge nicht, es wurde gesungen, laut geredet, gescherzt, aber wir hatten unsere Eckplätze.

Erst nach Mitternacht kamen wir in Santiago an, gingen zum Taxistand und wollten ins Hotel mit unseren Koffern. Wir waren zum Umfallen müde und hungrig. Aber es war kein Taxi da. Die Passanten fragten uns, wohin wir wollten, wir nannten das Hotel und erhielten zur Antwort, daß am Feiertag keine Taxi fahren. Wir wußten nicht, was wir machen sollten; wir kannten uns in der Stadt nicht aus. Privatautos kamen und fragten auch wohin wir wollten, gaben aber dieselbe Antwort, es gebe keine Taxi. Schließlich kam ein Privatfahrer zum zweiten Mal und erklärte für 7 Escudos würde er uns zum Hotel bringen. Ich wäre bereit gewesen, jeden Preis zu zahlen. Er fuhr um zwei Ecken herum und schon waren wir vor dem Hotel, das sich im oberen Stockwerk eines im spanischen Stil erbauten Gebäudes befand. Der Preis war wohl stark überhöht für die kurze Fahrt. Mit dem Lift ging es hinauf; der deutsche Besitzer war verreist. Der Portier wußte nichts von der Vorbestellung, gab uns aber ein schönes, ruhiges Zimmer zum Innenhof; wir sanken um etwa 2 h nachts in die Betten und verschoben die Weihnachtsfeier zu zweit auf den nächsten Tag, an dem wir spät erwachten. Dieser Tag war ein Ruhetag, den wir dringend benötigten. Wir kannten nur die Dienstanschrift der deutschen Kollegen und konnten sie deshalb am Feiertag nicht erreichen. Wir hatten Verbindung mit Dr. Kohler aufgenommen, der in Tübingen promovierte und für ein Jahr nach Chile ging. Er machte uns mit Dr. Follmann, einem Flechtenspezialisten, und Dr. Kummerow, einem Physiologen bekannt.

Am 26.12. zeigte uns Dr. Kohler die nähere Umgebung von Santiago mit einer degradierten Vegetation – eine mediterrane Kulturlandschaft. Abends wurden wir dann zu schwäbischen Käsespätzle eingeladen, die Frau Kohler in großen Mengen hergestellt hatte. Kohler hatte viel Pech in Chile gehabt. Als sie beide in ihr nettes Häuschen im Außenbezirk eingezogen waren, gingen sie abends zu Bekannten und ließen ihre Sachen noch in Koffern stehen. Als sie zurückkamen waren alle Koffer weg, auch die Photoausrüstung. Bei dem ersten Ausflug in die Berge wurde Herr Kohler von einem Erdbeben überrascht, die Felsblöcke kamen den Hang herunter, auf der Flucht mußte er über einen Stacheldrahtzaun und verletzte sich dabei die Hand sehr schwer. Kein Wunder, daß er mit Ungeduld auf das Ende des Verpflichtungsjahres wartete, um nach Schwaben zurückzukehren. Nun vertritt er in Hohenheim das Fach Landschaftsökologie und -pflege. Die drei deutschen Kollegen und der Deutsch-Chilene Dr. Weiser, wetteiferten, uns den mittleren und nördlich anschließenden Teil von Chile zu zeigen.

Chile ist ein merkwürdiges Land. Es erstreckt sich als ein schmaler, meist 100–200 km breiter Streifen zwischen Pazifik und Andenkamm von etwa 18 °S bis zum 57 °S über 4300 km in die Länge, d. h. von der vegetationslosen subtropischen Wüste mit Nebel an der Küste bis in das stark vermoorte subantarktische Waldgebiet auf Feuerland. Wir kamen nach Norden bis zur Kakteenwüste mit 150 mm Regen, verzichteten also auf die vegetationslose Wüste, und im Süden bis Port Mont auf etwa den 42 °S, wo alle Straßen aufhören. Das entspricht einer Entfernung in Nord-Südrichtung von etwa 1300 km. Außerdem kamen wir mit dem Auto bis zu einer Alpenhütte («Refugio Aleman») in der alpinen Stufe und konnten nun die schönen, blühenden Polster- und Schuttpflanzen genau studieren, die wir bei der Abfahrt vom Zuge gesehen hatten.

Ich beschränke mich auf unseren nördlichsten Punkt, Fray Jorge – ein steil abfallendes Kap, das weit in den Pazifik vorspringt und eine Höhe von etwa 680 m erreicht. Es ist auf der Meeresseite fast ständig einem nässenden Nebel ausgesetzt, der über dem kalten Humboldt-Strom liegt und gegen das Land getrieben wird. Er kondensiert sich an den Sprossen der Pflanzen, tropft ab und durchnäßt den Boden. Obgleich der Jahresniederschlag hier nur 150 mm beträgt und im Windschatten ohne Nebel nur Säulenkakteen wachsen, ist der Westhang bewaldet und von den Zweigen hängen triefend nasse Moosgirlanden herab. Unter den Bäumen kommen Arten vor, die man sonst in Chile nur 1000 km südlicher im Valdivischen Waldgebiet findet mit einem Jahresniederschlag von 1000–2500 mm. Der Wald bei Fray Jorge ist ein Relikt aus einer früheren feuchten Klimaperiode, der sich hier nur dank der nässenden Wirkung des Nebels halten konnte.

Südlicher in dem warmen Tal von Ocoa ist ein Reliktstandort der Königspalme *Jubaea chilensis*, der einzigen Palme in Chile aus einer früheren, wärmeren Klimaperiode.

Bei Valdivia lernten wir dann den richtigen, warmtemperierten Regenwald kennen, sehr üppig und dicht mit einem Holzvorrat, der noch den der tropischen Regenwälder übertrifft. Hier wächst im Walde auch eine mächtige Nadelholzart, die den merkwürdigen Namen *Saxagothea* trägt. Der Botaniker, der sie benannte, stammte aus Sachsen-Gotha und hat die Nadelholzart nach seiner Heimat getauft.

Im Waldgebiet um Valdivia besteht der größte Teil der Bevölkerung aus Einwanderern aus Deutschland; ihre Holzhäuser und Gärten mit Holzzäunen heimelten uns an. Die Familie Kunstmann, die in Valdivia eine Mühle betreibt, hat in den mittleren Lagen des Gebirges einen riesigen Waldbesitz «Trafun» mit 20 000 ha Urwald und ein Sägewerk. Wir durften dort im Gästehaus einige Tage verbringen und den Wald studieren. Es tat einem aber weh, im Sägewerk zu sehen, wie die mächtigen Stämme mit über 2 m im Durchmesser zersägt wurden. Ich versuchte, den Besitzer zu bewegen, wenigstens einen Teil des Waldes unter Naturschutz zu stellen. Denn wenn man diese vielleicht tausendjährigen Bäume nutzt, werden sie nie wieder nachwachsen können.

In diesem Gebiet gibt es noch viele Indianer, die etwas Vieh haben, ebenso wie kleine Äcker. Wir besuchten eine alte Araucanerin vom Stamm der Mapuche und nahmen am See Calafquén an dem großen Indianerfest «Guillatun» teil, das einmal im Jahr vom ganzen Stamm gefeiert wird, um eine gute Ernte zu erbitten. Auf der Höhe des Festes wird aus einem Pferde das noch zuckende Herz herausgeschnitten, ursprünglich waren es Menschenopfer. Unser Begleiter war Major Luther, der Leiter der Forstschule in Valdivia (der Forstdienst konnte an Stelle des Militärdienstes gewählt werden). Er kannte Land und Leute ausgezeichnet. An ihn trat ein alter Indianer heran, der einen sehr intelligenten Eindruck machte. Er hatte die Geschichte seines Stammes geschrieben und bat, ihm behilflich zu sein, diese in Spanisch zu veröffentlichen.

Das ganze Hinterland südöstlich von Valdivia ist eine herrliche Seenlandschaft mit vielen mächtigen Vulkankegeln, von denen der Vulkan Villarica dauernd raucht; andere sind schneebedeckte Kegel, die sich in den Seen spiegeln. Oft kann man vier Vulkankegel gleichzeitig sehen. Aber es ist eine gefährliche Gegend mit starken Erdbeben. Die Spuren von 1960 waren in Valdivia überall zu sehen. Das ganze Gebiet hat sich bei diesem Beben um mehrere Meter gesenkt, d. h. das Grundwasser hat sich um diesen Betrag gehoben. Große Weideflächen standen unter Wasser. Oft sah man noch aus dem Wasser die alten Drahtzäune mit dem oberen Teil herausragen. Auch die Häuser am Fluß hatten sich gesenkt, so daß das Erdgeschoß im Wasser stand. Die Uferstraße wurde entsprechend aufgeschüttet und von ihr ging man über Stege in den ersten Stock der Häuser. Das Erdgeschoß blieb unbewohnt.

Major Luther erzählte uns von der Rettungsaktion im Landesinnern, wo ein ganzes Dorf vernichtet wurde. Es lag auf einer hohen Flußterrasse am Fuß eines schneebedeckten, ruhigen Vulkans. Dieser erhielt nachts durch das Beben einen Riß. Glühende Lava trat aus und brachte in Sekundenschnelle die viele Meter mächtige Schneedecke zum Schmelzen. Die riesigen Wassermassen wälzten sich zu Tal. Das Dorf schlief, nur ein Mann hörte das entfernte Tosen. Er alarmierte die Dorfbewohner: «Der Berg kommt herunter, rettet euch auf die Berge.» Die Dorfbewohner stürzten im Nachthemd den Hang aufwärts, nur eine Familie lachte ihn aus. Die Wasserwoge überflutete die ganzen Terrassen, riß alle Häuser weg. Von der einen Familie wurde nichts mehr gesehen. Major Luther wurde mit einem tragbaren Radiosprechgerät eingesetzt. Fahren konnte man nicht, da alle Wege zerrissen waren. Nur zu Fuß kam man vorwärts und mußte einen Fluß durchschwimmen. Schließlich erreichte er die Geretteten und konnte per Funk die Flugzeuge dirigieren, die Bekleidung, Proviant, Zelte und Medikamente abwarfen.

Wir fuhren jetzt mit dem Auto in die Gegend auf den notdürftig hergerichteten Wegen, die immer noch sehr holperig waren, so daß man im Jeep hin und her geworfen wurde. Auch im Gelände sah man noch die Spuren des Bebens, ganze Hänge in den See gerutscht, Felsbrocken von Steilwänden abgestürzt usw.

Dann kamen wir nach Puerto Montt, wo alle Wege aufhören, mit dem Hafen Anchulco. Hier kommen die Segelboote mit ihrer Ladung von Holz, Sand, Fischen usw. an. Sie warten bis zur Ebbezeit, d. h. bis sie auf Grund sitzen. Dann fahren die von Pferden gezogenen, zweirädrigen Karren einfach ins flache Wasser zu den Booten und die Ladung wird von diesen direkt in den Wagen gelöscht.

Am 14. Januar mußten wir Chile verlassen und hier im Süden die Anden überqueren. Wir fuhren im Motorboot über einen See nach Osten. Der herrliche gleichmäßige Kegel des schneebedeckten Osorno-Vulkans spiegelte sich wunderbar im See. Dann stieg man in einen Bus und fuhr ein Flußtal aufwärts. Der Gipfel des Tronadors in der Anden-Hauptkette erhob sich vorne. Der Hauptpaß, der die Grenze bildet, wurde passiert. Der Bus fuhr bis Puerto Frias, wieder an einem schönen See gelegen. Nach dem Umsteigen auf ein Motorboot ging es weiter auf argentinischer Seite bis Puerto Alegre. Dann wieder mit dem Bus bis Puerto Blest am See Nahuel Huapi, an dem Bariloche liegt. Hier mußten wir auf das Motorboot mehrere Stunden warten und gingen in den Wald. Es war jetzt im Hochsommer ein windstiller Tag; doch er war schlimmer als ein windiger, denn Scharen von großen, bremsenartigen Insekten stürzten sich auf uns und brachten einem heftig schmerzende Stiche bei. Man durfte nicht stehen bleiben und mußte ununterbrochen mit Baumzweigen um sich schlagen. Wir waren froh, als wir mit dem Motorboot abfahren konnten und am späten Nachmittag in Bariloche ankamen. Wir gingen gleich zur INTA-Zweigstelle und baten, uns Unterkunft für die Nacht zu vermitteln. Es war inzwischen Hauptsaison und alles besetzt. Lange wurde telefoniert, völlig erfolglos. Schließlich hieß es, nun könne nur «der König von Bariloche», Carlos Boelcke helfen, der Bruder von Oswaldo Boelcke, dem Botaniker in Buenos Aires. Dem Bruder Carlos gehörten alle Tankstellen, auch die vom Flugplatz. Er war auch sonst im Geschäftsleben überall beteiligt. Tatsächlich fand er ein freies Hotelzimmer, zwar nicht in Bariloche, aber in Los Cuihues am benachbarten Gutierrez-See. Am nächsten Tag brachte man uns im Auto zu einem alten deutschen Ehepaar, Diem, die in einem kleinen Häuschen ganz einsam im Walde am Ufer vom Nahuel Huapi wohnten. Sie nahmen uns sehr gastlich in einem winzigen Dachstübchen auf. Hier verlebten wir 10 herrliche Tage, bestiegen die Berge bis über die Baumgrenze in 1500 m NN, die hier mit der Ablagerung von vulkanischer Asche auf den Hochflächen zusammenfällt. Als wir oben saßen und die Aussicht bewunderten, kam ein riesiger Kondor herangeflogen und stieß dauernd auf uns herunter, so tief, daß wir mit einem Angriff rechnen mußten und unsere Stöcke zur Abwehr hoben. Bei voll ausgebreiteten Flügeln ist es ein riesiger Vogel.

Auch Bootsausflüge mit Herrn Diem wurden unternommen. Besonders interessant war auf einer Halbinsel eine Süßwassermangrove aus der Myrthenbaumart *Myrceugenia excusa*, die direkt im Wasser steht. Im schattigen Walde fanden wir auch die bleiche, völlig blattgrünlose Moderpflanze – *Arachnites uniflora* (Corsiaceae), die mehr an einen Pilz als an eine Blütenpflanze erinnerte. Wir hatten noch nie eine Art dieser Familie gesehen. Häufig waren die Pantoffelblümchen, die jetzt in den Gärtnereien bei uns kultiviert werden.

Am 27.1.1966 mußten wir dieses kleine Paradies verlassen und mit dem Flugzeug nach Buenos Aires zurückfliegen. Die Flugkarte verdankten wir natürlich wieder Herrn Carlos Boelcke, denn alle Flüge waren ausgebucht.

Dieser Flug sollte nicht so glatt verlaufen wie sonst. Ich kannte den Weg, den wir mit dem Auto auf der Hinfahrt zurückgelegt hatten und verfolgte ihn von oben. Plötzlich wich das Flugzeug direkt nach Osten ab in der Richtung nach Bahia Blanca und nicht nach Buenos Aires, zu einem näher liegenden Flugplatz. Das Flugzeug verlor sichtbar an Höhe, flog langsamer, wollte es notlanden? Ein unangenehmes Gefühl stellte sich in der Magengegend ein. Da gab der Pilot durch, daß der Flugplatz Buenos Aires gesperrt sei wegen sehr schwerer Gewitter und wir Bahia Blanca anfliegen. Aber es war wohl nur eine Beruhigungspille, denn die Fluggäste wurden unruhig. Wir flogen ganz tief. Endlich war die Landebahn Bahia Blanca zu sehen und wir setzten auf. Der Weiterflug blieb unbestimmt. Wir stiegen aus. Sofort kamen Mechaniker und nahmen den Motor auseinander aus dem viel Öl herausfloß. Offenbar war er ausgefallen.

Erst in der Dunkelheit flogen wir ab und kamen in der Nacht an. Das Quartier hatte Professor Burkart besorgt, diesmal in dem Vorort San Isidro am La Plata, wo das Forschungsinstitut «Darwinion» lag, dessen Direktor Prof. Burkart war, und wo ich noch meine Aufzeichnungen aufarbeiten wollte sowie die argentinischen Arbeiten lesen. Wir kannten das Privatquartier nicht. Aber Burkart war trotz unserer Verspätung auf dem Flugplatz und brachte uns zum Quartier. Von einer Sperrung des Flugplatzes Buenos Aires wußte er nichts, auch nicht von starken Gewittern.

In San Isidro blieben wir bis zum 15. Februar und sahen auch die Pampa im trockenen Hochsommeraspekt. Meine Frau bestimmte im Herbar die vielen gesammelten Pflanzen. Es war eine ruhige Arbeitszeit. In Buenos Aires traf ich Dr. Medina aus Venezuela, der bei uns in Hohenheim seinen Doktor gemacht hatte. Er wollte in Argentinien einen Kongreß besuchen und überredete mich, anschließend die Forschungsreise in Venezuela fortzusetzen. Aber wir waren mit den neuen Eindrücken abgesättigt und mußten zunächst die gemachten Aufzeichnungen verarbeiten, so daß ich ihn auf einen späteren Zeitpunkt vertröstete. Wir hatten bereits die Rückfahrt zu sehr günstigen Bedingungen auf einem Schnellfrachter von Oetker gebucht, der 15 Passagiere aufnahm. Wir hatten eine herrliche, große Kabine mit richtigen Betten, einem großen Schreibtisch und einer Sofa-Ecke, wie in einem guten Hotel. Das Essen war so gut, daß ich nach einer Woche auf das Abendessen verzichten mußte, um kein zu großes Übergewicht zu bekommen. In Buenos Aires wurden hart gefrorene Ochsenhälften geladen und gekühltes Orangenkonzentrat in Tonnen. Der Dampfer hatte große Tiefkühlräume. In Santos kamen Unmengen von Kaffeesäcken an Bord. Einige rissen beim Verladen, so daß der Kai mit Kaffeebohnen übersät war. Diese wurden ins Meer gekehrt. Am 5. März sahen wir am Cap Finistère wieder Europa und bald war man mit allem Gepäck wieder in Hohenheim in unserem Institut.

Im Oktober 1966 ließ ich mich ein halbes Jahr vorzeitig emeritieren, um in den zweiten Band der «Vegetation der Erde» die Ergebnisse dieser Reise einzubeziehen und über das Pampaproblem auf einem Symposium über «Integrale ökologische Arbeitsweise» in Leiden zu berichten.

Wissenschaftliche Veröffentlichungen des Verfassers:
Zum Pampaproblem

Das Pampaproblem und seine Lösung (Vorläufige Mitteilung).
    Ber. Dtsch. Bot. Ges. *79*, 377-384, 1966.
Das Pampaproblem in vergleichend ökologischer Betrachtung und seine Lösung.
    Erdkunde *21*, 181-203, 1967.
The pampa problem and its solution.
    Publ. ITC-Unesco-Centre Integr. Surv. Delft, pp. 5-18, 1967.
Le problème de la pampa et sa solution.
    Scientia *61*, 7ième Série, 1-7, 1967.
War die Pampa von Natur aus baumfrei?
    Umschau, S. 509-511. 1969.
Dazu über Argentinien in «Die Vegetation der Erde» Bd. II (1968), Seite 680-718 und über Chile daselbst Seite 175-204 (zitiert auf Seite 348, Nr. 15).

Teil X

Letzte, große Reisen

1. In Venezuela 1968 (Karte 7)

Diese und die nächsten Reisen waren von kürzerer Dauer. Inzwischen hatte man so viele Erfahrungen in den verschiedensten Teilen der Erde gesammelt und infolgedessen eine solche Fülle von Vergleichsmöglichkeiten, daß man die ökologischen Probleme in noch unbekannten Ländern ohne eingehende Untersuchungen richtig beurteilen konnte. Die Reisen wurden dadurch immer ergiebiger.

Dr. Medina sollte das Fach Ökologie an der Universität Carácas vertreten und wollte mit mir die speziellen Probleme von Venezuela diskutieren. Deshalb fragte er 1967 nochmals an, wann ich käme. Das Manuskript des zweiten Bandes von der «Vegetation der Erde: Gemäßigte und Arktische Zonen», war abgeschlossen, als Emeritus konnte ich über meine Zeit frei verfügen, und wir beschlossen, jetzt einer Einladung nach Venezuela Folge zu leisten, um dieses typisch tropische und gebirgige Land kennenzulernen und dann in der nächsten Auflage des Bd. I die feuchten Tropen besser darzustellen.

Auf dem Dampfer «Donizetti» (ab Genua 19.12.1967 und an La Guaira, dem Hafen von Carácas, am 2.1.68) konnten wir eine schöne Kabine I. Klasse zum Preise der Touristenklasse buchen. Bald traf auch die Einladung der Universität Carácas ein, während 3 Monaten mit Dr. Medina auf Fahrten in Venezuela die anstehenden ökologischen Probleme in diesem Lande zu besprechen.

Die Überfahrt ging planmäßig vor sich. Zum ersten Mal feierten wir Weihnachten mitten auf dem Ozean. Am 2.1.1968 sah man im Morgengrauen die Cordillera de la Costa und bald darauf legte der Dampfer in La Guaira an. Dr. Medina mit dem Agenten der Universität erwartete uns; die Zollabfertigung verlief deshalb glatt. Auf einer breiten Autobahn kamen wir durch einen langen Tunnel noch vor Mittag nach Carácas, das sich in einem breiten Tal hinter der Cordillera erstreckt. Wir blieben nur zwei Nächte im Hotel, da Venezuela als das teuerste Land der Welt für Fremde gilt, und mieteten ein vollständig eingerichtetes Apartment im Hochhaus «Residencias Libertador» mit schöner Aussicht auf die Stadt und die Berge. Wenn man sich selbst verköstigt und in den Läden der Einheimischen einkauft, vor allem viel Obst (Bananen, Papaya, Orangen usw.), dann kommt man mit wenig aus und hat die Möglichkeit, mit den zur Verfügung stehenden Mitteln weite Fahrten durch das ganze Land zu unternehmen.

Die Millionenstadt Carácas ist mit den Hochhäusern im Zentrum die modernste Großstadt. Es gibt in Venezuela keine Eisenbahnen und keine Straßenbahnen, sondern nur Autoverkehr. Das Land ist reich an Erdöl, Benzin kostet fast nichts. Zwei verzweigte 6spurige Autobahnen führen durch die langgestreckte Stadt und in die Umgebung, so daß man kreuzungsfrei die weiten Entfernungen in der Stadt zurücklegen kann. Man hält Taxifahrer durch ein Handzeichen an und steigt ein, wenn noch ein Platz frei ist. Die Taxifahrer haben ihre bestimmten Routen. Am Stadtrand auf den Hügeln oder auf noch nicht bebautem Gelände stehen dicht beieinander kleine Ranchos von Familien, die vom Lande in die Stadt ziehen, um Arbeit zu suchen. Das sind die Slums, die oft direkt an Hochhäuser oder reiche Villen stoßen. Wird das Gelände bebaut, dann schiebt der Bagger einfach die Ranchos weg und die Bewohner suchen sich einen anderen Platz. Armut und Reichtum sind dicht nebeneinander, Einbrüche an der Tagesordnung; deshalb müssen die Fenster der reichen Villen alle vergittert werden.

Venezuela ist ein reiches Entwicklungsland, aber auch dieses wird mit der Bevölkerungsexplosion nicht fertig. Man kann nicht so rasch Schulen bauen und Lehrer ausbilden. Das Analphabetentum nimmt nicht ab, sondern zu, obgleich man auf dem Lande als Schulräume sogar alte Straßenbahnwagen verwendet. Ohne Eindämmung der Bevölkerungszunahme ist jede Entwicklungshilfe illusorisch, ja sie verschlimmert sogar die Lage, durch die indirekte Förderung der Bevölkerungsexplosion. Ein furchtbares Dilemma! Aber man spricht darüber nicht.

Carácas hat ein angenehmes tropisches Klima: Der Höhenlage von etwa 900 m entsprechend ist die mittlere Temperatur aller Monate fast gleich, 21–22 °C, aber die mittlere Tagesschwankung beträgt 11,6 °C. Es ist ein äquatoriales Tageszeitenklima; die Nächte kühlen ab, mittags ist die Sonnenstrahlung bei der großen Feuchtigkeit unangenehm. Die Jahreszeiten werden durch den Regen bestimmt: 5 Monate (Dezember–April), wenn der Passat parallel zur Küste weht, sind ziemlich trocken, während in den übrigen 7 Monaten etwa 800 mm, also etwas über 100 mm pro Monat an Regen fallen. In diesen mittleren Höhenlagen ist die Bevölkerung fast rein weiß, in den tiefen Lagen an der Küste überwiegend schwarz und im Hochgebirge um 3000 mm NN rein rot – die indianischen Andinos. Aber Rassentrennung gibt es nicht; alle, auch die Mischlinge, sind gleichberechtigt, doch sind die Besitzenden überwiegend weiß.

Für den Ökologen, der alle Typen der tropischen Vegetation auf kleinem Raum kennenlernen will, ist Venezuela ein ideales Land. Die Jahresniederschläge schwanken im Lande von 150 mm auf den vorgelagerten Inseln bis über 4500 mm am Rio de Oro, so daß man alles vorfindet, von der tropischen Passatwüste mit einigen Kakteen oder Zwergsträuchern, über dornige Gebüsche mit Flaschenbäumen und laubabwerfende Wälder sowie halbimmergrüne (Bäume laubabwerfend, Sträucher immergrün) Wälder bis zu den noch unberührten, tropischen immergrünen Regenwäldern mit Moorwäldern im Bereich der Schwarzwasser-Flüsse. Dazu kommen die verschiedenen Höhenstufen der Gebirge mit Nebelwäldern bis in die alpine Stufe der Páramos, der alpinen Schuttwüsten und den Firnfeldern am 5007 m hohen Pico Bolivar in den Venezulanischen Anden. Ein besonderes Problem sind außerdem die durch die Bodenverhältnisse bedingten Llanos am Orinoco und die Savannen. Infolge der Passatwinde sind die Hänge der Gebirge auf der Luvseite sehr feucht, auf der Leeseite und in den Becken sowie in den innerandinen Tälern sehr trocken. Die nördliche Hälfte des Landes ist durch gute Autostraßen leicht zugänglich bis in eine Höhe von 4200 m, die südliche Hälfte bis zum Amazonasbecken dagegen noch kaum bekanntes Neuland, ebenso das Gebirge im Grenzgebiet zu Columbien. Für uns waren deshalb diese drei Monate eine wissenschaftliche Fundgrube. Die Ergebnisse wurden in der dritten Auflage von Band I der «Vegetation der Erde» (1973) veröffentlicht. In den Hochanden führte uns Professor Volkmar Vareschi, ein Tiroler, der aber mehrere Jahrzehnte an der Universität Carácas bis zur Emeritierung tätig war, das Land gut kannte und die Humboldt-Fahrt im Boot vom Orinoco zum Rio Negro wiederholte und schilderte. Unsere Fahrten organisierte Dr. Medina.

In Venezuela gab es in den undurchdringlichen Gebirgswäldern Guerillas und deshalb an vielen Stellen der Autostraßen ständige Polizeikontrollen: Wachhäuser mit Schlagbaum, die jederzeit eine wirksame Fahndung ermöglichten. In ruhigen Zeiten war die Schranke offen, man fuhr langsam vor und der Polizist gab ein Winkzeichen zur Weiterfahrt. Nur vor den Waldgebirgen, in denen die Guerilleros Schlupfwinkel hatten, waren Polizeisperren, die zur Zickzackfahrt im Schrittempo zwangen; dort mußte man aussteigen, es wurde nach versteckter Munition gesucht, man klopfte die Reifen ab. Die Fahrt durch diese Wälder bedeutete für den normalen Autofahrer keine Gefahr. Die Guerilleros waren nur an großen Raubzügen interessiert. Eine kleine Stadt wurde überfallen, die Polizei ergab sich und wurde eingesperrt, die Banken geplündert, alles ohne Blutvergießen. Die Bevölkerung hatte sich daran gewöhnt.

Typisch für die liebenswürdige Bürokratie in Südamerika ist folgendes Erlebnis: Der Führerschein in Venezuela muß jedes Jahr neu abgestempelt werden und der von Medina war gerade abgelaufen. Auf dem Amt sagte man ihm, er könne ihn nach zwei Wochen abholen. Wir planten aber eine Exkursion für den nächsten Tag. Ein Agent hätte den Stempel gleich besorgt, aber Medina wollte den recht hohen Preis nicht bezahlen und beschloß trotzdem zu fahren. Wir kamen den ganzen Tag ohne Kontrolle durch, aber zum Schluß wurden wir doch angehalten. Nach längeren Verhandlungen gelang es, unter Hinweis auf den ausländischen Gast der Universität doch die Erlaubnis zur Weiterfahrt zu erhalten. Deshalb beschloß Medina auch die weitere Exkursion zur trockenen Halbinsel Paraguana durchzuführen. Wir kamen bis Coro und übernachteten dort, aber als wir auf die Halbinsel wollten, hatten wir Pech. Auf der Halbinsel war eine Bank ausgeraubt worden und die einzige Zufahrtstraße wurde streng überwacht. Der Polizist hielt uns an, wir durften nicht weiterfahren, aber mit dem ungültigen Führerschein auch nicht zurück. Die Hitze in der prallen Sonne war unerträglich. Schließlich kam der Polizist uns entgegen und wollte erlauben, daß ein Fremder mit gültigem Führerschein uns nach Coro ins Hotel fährt. Aber in allen Wagen, die von der Halbinsel kamen, saß nur ein Fahrer. Endlich siegte doch die Liebenswürdigkeit dem Gast mit einer Señora gegenüber und wir waren abends wieder im Hotel. Am nächsten Morgen ging Medina zum örtlichen Polizeipräfekten persönlich. Der wollte gerne dem Gast helfen, aber zuständig war nur das Polizeiamt in Caracas, er riet, nochmals das Glück zu versuchen. Am nächsten Tag ging alles glatt, jedoch vor der Einfahrt auf die Hauptautobahn nach Carácas sollte eine besonders scharfe Kontrolle sein. Wir wollten vorher eine Erfrischung in einem Badeort zu uns nehmen. Im Lokal traf Medina Bekannte, die mit dem Auto zurück nach Carácas wollten und unter denen zwei einen Führerschein hatten, also konnte vor der Kontrolle einer die Steuerung unseres Wagens übernehmen und nachher wieder Medina. So wurde es gemacht, aber bei dem großen Feiertagsverkehr, es war Carneval, winkte der Polizist nur und kontrollierte nicht. Nach Carácas zurückgekehrt, beauftragte Medina den Agenten, ihm den Stempel zu besorgen. Ohne Agenten ging es doch nicht.

Von den vielen Fahrten, seien nur zwei erwähnt: Die in die Hochanden und die in den unerschlossenen Urwald von Guayana.

a) Andenfahrt

In Columbien gabeln sich die Hochanden und umfassen das Becken von Maracaibo mit den Ölvorkommen. Der östliche Ast sind die Venezuelanischen Anden mit dem Pico Bolivar und der Doppelspitze von Humboldt und Bonpland. Die dem Passat ausgesetzten Gebirgshänge erhalten sehr hohe Steigungsregen, sind mit Urwald bedeckt und infolge der starken Erosion sehr steil. Die gute Autostraße führt in engen Serpentinen steil aufwärts. Aber in etwa 3000 m Höhe wird die Landschaft flach wie im Mittelgebirge. Heute liegt die Schneegrenze bei 5000 m oder höher. Die Gletscher der früheren Eiszeit haben das Gelände glatt gehobelt und nur einige Karseen und Endmoränen hinterlassen. Die Waldgrenze ist nicht scharf, der Baumwuchs geht in ein Gebüsch über. In der «Geografia de Venezuela» wird die Baumgrenze bei 3150 bis 3250 m NN angegeben. Einzelne Gebüschgruppen zwischen Felsen findet man noch bei 3600 m. Auch hier gibt es keine Jahreszeiten. In 3600 m Höhe registrierte die automatische meteorologische Station Mucubaji die stündlichen Temperaturen im Jahre 1967, die ich auswerten konnte: Das Jahresmittel beträgt 5 °C, die Monatsmittel schwanken zwischen 4,4 und 5,6 °C. Während der 7 Monate der Regenzeit ist der Himmel in dieser Höhe dauernd bewölkt und die Stundenwerte schwanken Tag und Nacht nur zwischen etwas unter 4° und etwas über 6°. Während der 5 Monate der Trockenzeit liegt die Wolkendecke tiefer und die Temperatur steigt an sonnigen Tagen meist auf 10 °C und fällt in den klaren Nächten unter 0°. Winter und Sommer wiederholen sich somit alle 24 Stunden (Tageszeitenklima). Die höchste Temperatur wurde am 10. Februar mit +14,5° und die tiefste nach 48 Stunden in der klaren Nacht des 12. Februar mit −7,5 °C gemessen. Diese Jahreszeit ist die Hauptblütezeit, denn die Pflanzen erwärmen sich in der Sonne stark und halten den Frost nachts aus.

Dagegen sind die Bodentemperaturen schon in geringerer Tiefe das ganze Jahr konstant und entsprechen der mittleren Jahreslufttemperatur. Wir bestimmten sie und erhielten folgende Werte:

Höhe in Metern:	2915	3600	3940	4280	4765
Bodentemperatur (°C):	9,6	5,0	3,9	2,0	−1,5 (unter Firn)

An der Baumgrenze ist die Temperatur schon an der Bodenoberfläche immer etwa 7 °C und zugleich wohl der den Baumwuchs begrenzende Faktor; denn bei noch tieferen Temperaturen ist wahrscheinlich die Lebenstätigkeit der Wurzeln während des ganzen Jahres so gering, daß sie den Baum nicht ernähren können. Kleinere Pflanzen kommen noch bei tieferen Temperaturen vor, auch erwärmen sich die von der Sonne bestrahlten Böden der offenen Vegetation am Tage etwas stärker.

Merkwürdigerweise fanden wir aber auf ost- oder westexponierten Felsblockhalden noch in 4200 m Höhe Baumbestände der *Polylepis sericea*-Art. Das könnten lokale Wärmeoasen sein. Die Blockhalden werden an klaren Tagen den ganzen Vor- bzw. Nachmittag angestrahlt und erwärmen sich stark; in den Lufträumen des Bodens ist die Temperatur in dieser Höhe sonst nur 2°. Doch in den Blockhalden fließt die kalte schwere Luft am unteren unbewachsenen Ende der Halde aus und saugt die warme Luft schon von der Bodenoberfläche ein, so daß die Baumwurzeln auf dem oberen Teil der Halde günstigere Temperaturverhältnisse vorfinden. Diese Annahme müßte durch Temperaturmessungen in der Halde geprüft werden. Die alpine Stufe der Páramos mit den blühenden schopfförmigen Espeletien war für uns eine neue Welt.

Eine breite Autostraße führte in den Anden zu großen Schuppen in 4200 m Höhe, in denen die Kartoffeln für Venezuela gelagert wurden! Die Kartoffeln werden hier in den Tropen von den Andinos auf den Hochflächen in 2800–3000 m angebaut und in den Schuppen gelagert, die durch Öffnen der Tore am Tage und Schließen in der Nacht das ganze Jahr konstant auf etwa 4–5 °C gehalten werden, so daß die Kartoffeln über ein Jahr lagerfähig sind. Der Marktbedarf wird jeweils mit großen Lastwagen geholt.

Wir sahen Mais in 2500 m Höhe; Weizen in 3400 m; Zwiebeläcker in 3800 m und

Eukalyptusbäume in 3700 m. Von der Stadt Mérida mit einer Forstschule, die zur Universität ausgebaut wurde, führen 4 Seilbahn-Abschnitte, die jeweils von einer anderen europäischen Nation erbaut wurden, von 1600 m zu dem Pico Bolivar (Endstation in 4765 m Höhe) hinauf. Mit dem Umsteigen braucht man eine Stunde, so daß der Körper sich umstellen kann. Es war ein Erlebnis, alle Höhenstufen und ihre Veränderung aus der Luft von oben zu betrachten. Die Baumfarne erschienen als Sternchen, die Waldgrenze unscharf, die Páramos in Senken stark vermoort (Abb. 11).

Wir übernachteten immer in einer Höhe nicht über 3000 m; denn im Schlaf atmet man weniger tief und wacht dann plötzlich infolge von Atemnot auf. Einen Tag waren wir in 2915 m Höhe auf der Farm eines Deutschen zu Gast, der dort großflächige Nelkenkulturen hat. Es ist für diese das ganze Jahr hindurch die günstigste Temperatur, nicht zu heiß und nicht zu kalt. Der Farmer bringt die Nelkensträuße mit dem Lastwagen zum nächsten Flugplatz, von wo sie weiter an die Blumengeschäfte der großen Städte, vor allem Carácas, befördert werden.

b) Große Exkursion nach Guayana

Die ersten Tage waren dem Studium der Küstenvegetation zwischen Carácas und Cumaná gewidmet. Hier sahen wir am oberen Mangrovenrand den Giftstrauch *Manzanilla,* der Gattung *Hippomane* (Wolfsmilchgewächs). Es wird berichtet, daß Menschen, die in seinem Schatten schliefen, vergiftet wurden. Das scheint ein Märchen zu sein, aber der Strauch erzeugt in unscheinbaren Blüten viel Pollen, der ausgestäubt und vom schlafenden Menschen eingeatmet wird, was zur Vergiftung führt.

Auf den Salzflächen, die an die Mangrove anschließen, sah ich Kakteen und Bromelia, obgleich diese sehr salzempfindlich sind. Das hatte man mir schon in Argentinien berichtet. Die Untersuchung ergab, daß die Kakteen, die sehr flach wurzeln, immer auf kleinen Sandanwehungen wuchsen; aus diesen wird das Salz in der Regenzeit ausgewaschen, so daß die Kakteen reines Wasser aufnehmen können. In der Trockenzeit haben sie keine Saugwurzeln und leben auf Kosten des im sukkulenten Stamm gespeicherten Wassers. Die Bromelien wurzeln nicht im Boden; man kann sie leicht abheben: Sie nehmen das Regenwasser mit den Blättern auf; das Salz im Boden spielt keine Rolle, wichtiger ist der fehlende Wettbewerb. Der Zellsaft dieser Pflanzen erwies sich im Gegensatz zu dem der Salzpflanzen als salzfrei.

Die Weiterfahrt führte durch ein bewaldetes Gebirge mit zweimaliger Guerilleros-Kontrolle durch die Polizei. Im großen Becken hinter dem Gebirge begannen die Savannen der Llanos am Orinoco, die sich noch 1000 km nach Columbien hineinziehen. Klimatisch sollte hier Wald wachsen, aber in diese Becken ergossen sich früher die Flüsse von den Anden und füllten es mit Sand aus; das Grundwasser stand zeitweise sehr hoch und es bildete sich in geringer Tiefe eine schlackenähnliche, sehr harte Lateritkruste, so daß kräftige Baumwurzeln sich heute nicht entwickeln können und nur Gräser und einige Sträucher vorkommen. An anderen Stellen sind es sehr nährstoffarme, ganz weiße Quarzsande, die auch nur Graswuchs gestatten. Abends durchfuhren wir ein Ölgebiet; gespenstisch hoben sich die Pumpenhebel vom Himmel ab, die automatisch auf und ab gingen und das Erdöl aus den Bohrlöchern in die unterirdische Leitung pumpten. Sie wurden elektrisch betrieben, weit und breit keine menschliche Behausung. Bald erreichten wir den gewaltigen Orinoco-Strom, der nach dem Amazonas und dem Kongo seiner Wasserführung nach der drittgrößte Fluß der Welt ist. Die Autofähre brachte uns ans südliche Ufer. In der erst geplanten Stadt, Ciudad Guayana, kamen wir im vornehmen Hotel «Dos Rios» unter. Sonst existierten von der Stadt bisher nur die breiten asphaltierten Straßen mit Beleuchtung und ganz wenige Häuser, sowie der kleine Ort Puerto Ordoz. In der Nähe hatte man sehr reiche Eisenerzvorkommen gefunden. Bis hierher konnten Ozeandampfer den Orinoco herauffahren und Kohle bringen. Es sollte ein ganz modernes Zentrum mit Hüttenwerk und Stahlindustrie entstehen.

Guayana hat ein schwer zu ertragendes heiß-feuchtes Klima. Der Wärme-Äquator fällt in Südamerika nicht mit dem geographischen Äquator zusammen, sondern verläuft bei etwa 9 ° N, nördlich vom unteren Orinoco. Von hier aus führt eine gute Straße nach Eldorado am Rio Cuyuni parallel zur Grenze der jetzt unabhängigen Guayana-Staaten. Früher war das ganze Gebiet, in dem man Goldvorkommen vermutete, ein undurchdringliches Waldgebiet. Eldorado – die «Goldstadt» – war das Zuchthaus von Venezuela. Die Verurteilten wurden mit dem Flugzeug eingeflogen und brauchten nicht streng bewacht zu werden, denn Flucht bedeutete Selbstmord; der Wald war eine unüberwindliche Sperre. Aber dann entdeckte man am Rio Yuruari tatsächlich Gold. Der Ort El Callao entstand, die Blütezeit war kurz, das Goldvorkommen in den Flußablagerungen war bald erschöpft, der Ort verkam. Wir sahen Reste der Goldmühle und übernachteten in einer Bruchbude, die sich immer noch «Hotel Ritz» nannte. Die Nacht war furchtbar schwül und heiß, und wir wurden von Mosquitos zerstochen.

Die Straße zur Goldmine wurde inzwischen bis Eldorado verlängert und asphaltiert, weil sie sonst in der Regenzeit unbenutzbar wäre. An Asphalt, einem Abfallprodukt der Erdölverarbeitung mangelt es in Venezuela nicht. Es gibt sogar den natürlichen Guanaco-See mit einer ausgeschiedenen Asphaltmasse am Grunde, ein für Pflanzen steriles Substrat.

Venezuela ist daran interessiert, das Grenzgebiet in Guayana zu besiedeln, da dort weitere Goldvorkommen festgestellt wurden, und die Grenze zu den Nachbarstaaten – eine rein theoretische Linie – noch umstritten und von der anderen Seite überhaupt nicht erreichbar ist.

Südlich von Callao wird der Wald immer dichter, aber zu beiden Seiten der völlig geraden Straße sah man brennenden Wald oder Brandflächen. Es waren die Rodungen der ersten Siedler, die zum Teil schon Bananen gepflanzt hatten. Bald erreichten wir El Dorado, einen kleinen Ort mit reiner Indianerbevölkerung; einige Arbeitstrupps in Zuchthauskleidung mit bewaffneten Aufsehern wurden zum Arbeitsplatz geführt. Ringsherum sehr stark versumpfter Wald.

Die Straße sollte nach Süden bis zur brasilianischen Grenze weitergeführt werden, 88 km waren fertig, aber noch nicht befestigt. Die Straße führt durch unberührten Urwald, hohe Bäume, aber epiphytenarm, einzelne Lianen, darunter die herrliche rotblühende Raketenblume (Norantea), schöne rote Passionsblumen, ein Arongewächs klettert mit Luftwurzeln hoch am Baum empor, Zikaden zirpen überlaut, große Papageien schreien. Nach 30 km ist ein Wegweiser zur Goldmine Oro auf einer Insel im Cuyuni. Dann kommt die Siedlung «Km 67», die seit 7 Jahren besteht, am Fuße des Bergrückkens Pauji. Es sind nur wenige Hütten; aus einem dicken Baumstamm wird ein Einbaum hergestellt. Der Weg geht weiter durch eine nasse Senke mit vielen Palmen, eine Brücke führt über den Bach, im Wasser tropische Seerosen. Die Siedlung «Km 88» wurde von Straßenbau-Arbeitern gegründet.

Plötzlich ein Schlagbaum mit der Aufschrift «Zona militar! No entra», aber kein Wachposten. Wir wollten soweit wie möglich nach Süden und erkundigten uns in der Siedlung nach dem wachhabenden Offizier, fanden aber nur einen Unteroffizier; der Offizier hieß es, sei ganz vorne bei den Straßenbaumaschinen und den Waldarbeitern, die die Bäume fällten. (Wir) «Gerade den wollten wir sprechen. (Er) «Die Straße ist für

Zivilisten gesperrt.» Nun kam wieder der Gast aus Alemania. Schließlich einigten wir uns, überreichten ihm unsere Pässe und fuhren los.

Nun erst begann die richtige Guayana-Landschaft mit den Tepuis, was «Zelte» bedeutet. Es sind hohe Tafelberge mit senkrecht abfallenden Hängen, Reste des früheren Guayana-Plateaus. Der flache Gipfel des Tepui Paruima verschwand z. T. in den Wolken, die steilen Hänge waren bewaldet. Die Landschaft wurde immer großartiger; von einem erhöhten Punkt hatte man einen Ausblick über die Grenze nach Osten auf den Guayana-Schild mit vielen Tepuis davor. Hier waren die Nebel häufiger und auf den Baumästen mehr Epiphyten. Plötzlich der berühmte Amboßvogel, wie ein Hammerschlag auf den Amboß: «Klang-kling, Klang-kling»; es ist ein kleiner Vogel, dessen Ruf jedoch kilometerweit zu hören ist: Ein lautes «Klang» und ein leises «kling» wie der Nachschlag. Wir durften uns nicht aufhalten, die Straße stieg zu einem Steilhang an, an dessen Fuß verwitterter weißer Sand lag. Auf diesem wuchsen viele kleine Arten der sehr seltenen und eigenartigen Tepui-Flora, die nur auf dem sehr nährstoffarmen quarzitischen Sandstein bei hoher Feuchtigkeit in der Wolkenstufe vorkommen. Es sind Vertreter von bei uns unbekannten Familien der Rapateaceen, Xyridaceen, Eriocaulaceen, aber auch Ericaceen und Orchideen, sowie viele Farngewächse; auch insektenfressende Pflanzen fehlen nicht – wie die Sarraceniacee *Heliamphora*.

Wir waren an den Punkt gelangt, der früher, als es nur einen Fußpfad gab, «La Escalera» – die Leiter – genannt wurde, weil der Steilhang durch eine primitive, an Ort und Stelle hergestellte Leiter überwunden werden konnte. Die Straße mußte den Steilhang umgehen. Wir fuhren herum und waren beim Arbeitslager. Bis zur brasilianischen Grenze bei Santa Elena waren es noch 200 km. Inzwischen ist die Straße wohl fertig.

Wir fanden den Offizier, ich wurde als Gast aus Alemania vorgestellt und sagte, wie interessant es für mich wäre, dieses unberührte Waldgebiet zu sehen. Der Offizier war sehr liebenswürdig, bemerkte nur nebenbei, daß die Straße eigentlich noch gesperrt sei, er wolle uns die Anschrift der Stelle in Carácas geben, die uns den Erlaubnisschein ausstellen würde, falls wir ein zweites Mal kommen wollten. Wir notierten sie, bedankten uns dafür und nahmen Abschied. Die Menschen in Südamerika sind liebenswürdig und nicht stur.

Die Rückfahrt brauche ich nicht zu schildern. Wir wählten vom Orinoco an einen mehr westlichen Weg über Ciudad Bolivar und überquerten den Strom auf der Hängebrücke ohne Pfeiler bei Angustura. Der Flußlauf wird dort durch Granitfelsen auf beiden Seiten eingeengt, so daß die Hängebrücke von extremen Hochwassern nicht gestört werden kann. In den Llanos sahen wir noch andere Ölfelder, große Tanks; abgefackeltes Erdgas erzeugte eine große Flamme. Carácas erreichten wir nach mehreren Tagen, diesmal direkt von Süden.

Es würde zu weit führen, auf die anderen Exkursionen einzugehen. Venezuela wurde in Deutschland durch die Untersuchungen von Alexander von Humboldt bekannt, der am 16. Juli 1799 in Cumana das Land betrat und am 23. November 1800 wieder verließ. Aber schon im 16. Jahrhundert rückte Venezuela in das Blickfeld der Deutschen. Karl V. vergab dieses Land zur Begleichung seiner Schulden bei den Welsern in Augsburg als Lehen an diese. Von ihnen wurde Niklas Federmann der Jüngere aus Ulm beauftragt, in Venezuela das Goldland Eldorado an den großen Wassern zu suchen. 1530 drang er von Coro aus mit Reitern nach Süden vor. Die Indianerstämme hielten die Reiter für Götter und leisteten keinen Widerstand. Die Bevölkerung wurde zusammengetrieben, bekam Geschenke und wurde getauft. So gelangte er bis in die südlichen Llanos, die überschwemmt waren. Hier erkrankte die Expedition an Malaria und mußte schleunigst nach Coro zurückkehren. Die Erlebnisse sind in einem Buch beschrieben, das 1557 erschien unter dem Titel: «Indianische Historia. Ein schöne kurtzweilige Historia Niklaus von Andalusia auß in Indias des Occeanischen Moers gethan hat und was ihm allda ist begegnet biß auff sein wiederkunfft inn Hispaniam / auffs kurtzest beschrieben / ganz lustig zu lesen.»

1546 wurde das Lehen aufgegeben. So war auch diese Möglichkeit, eine feste Beziehung von Deutschland zu einem anderen Kontinent zu begründen, vertan, ebenso wie es an der Goldküste geschah. Das in kleinste Staaten zersplitterte deutsche Volk hatte kein Verständnis für weltoffene Betätigung. Die Devise der Mehrheit war immer: «Bleibe im Lande und nähre dich redlich.» Nur die Not trieb viele in die Ferne, aber sie wurden vom Heimatland abgeschrieben. So blieben die Taten Einzelner ohne größere Folgen. Das hat sich nicht verändert. Wissenschaftler, die längere Zeit im Ausland arbeiten, haben kaum die Möglichkeit, in der Heimat wieder Fuß zu fassen. Sie gelten als versorgt, man hat zuerst an die zu Hause gebliebenen zu denken. Auch meine Forschungsreisen wurden vom Ausland mehr gefördert als vom Inland. In meinen Anträgen um Beurlaubung mußte ich immer nachweisen, daß dem Staat keine Mehrkosten entstehen, sondern durch den Fortfall der Kolleggeldgarantie sogar eine gewisse Einsparung möglich war. Bei der Aufstellung einer Berufungsliste lautete das Urteil eines Kollegen: «Walter reist immer herum.» So dachten wohl die meisten. Aber die Notwendigkeit zu sparen, hatte auch ihre gute Seite – man kam in viel engeren Kontakt mit den ortsansässigen Kollegen und der jeweiligen Bevölkerung, was nicht der Fall ist, wenn man mit eigenem Auto von Hotel zu Hotel fährt. Die arme Bevölkerung ist meist viel gastfreundlicher und, von den Slums abgesehen, viel glücklicher als der Wohlstands-Bürger.

Auch die rein deutsche Kolonie im tropischen Nebelwald Venezuelas ist in der Heimat längst vergessen. Professor Vareschi nahm uns an einem Wochenende dorthin mit.

Ganz unerwartet fühlte man sich plötzlich in den Schwarzwald versetzt: Ein Dorf mit in einer gelichteten Waldlandschaft zerstreuten Fachwerkhäusern mit Giebeln, mit deutschen Menschen, blonden blauäugigen Kindern, die alle deutsch sprachen, einem Gasthaus «Alta Bavaria» (Oberbayern) mit einer typisch deutschen Gaststube und Speisen wie Flädle-Suppe, bayrische Knödel, Bratwürste, Kalbshaxen, Apfelstrudel oder Erdbeeren mit Schlagsahne. Bedient wurde man von einem hübschen blonden Mädel im Dirndlkleid. In einer deutschen Bäckerei konnte man dunkles Brot kaufen, auch sonst gab es Honig und Marmelade, frisches Gemüse und Obst, wie bei uns.

Wie war das mitten in den Tropen nur 10° vom Äquator entfernt möglich?

Die Ortschaft «Colonia Tovar» feierte gerade das 125jährige Jubiläum ihrer Gründung. Sie verdankt ihre Entstehung einem der merkwürdigsten Unternehmen. Zur Zeit der Vierten Republik in Venezuela faßte man den Entschluß, die Entwicklung des Landes zu fördern, indem man der Bevölkerung europäisches Blut und europäische Erfahrung zuführen wollte. Der italienische Ingenieur und Geograph A. Codazzi wurde 1841 beauftragt, sich mit dem deutschen Kartographen in Paris Alexander Benitz in Verbindung zu setzen, um dessen Landsleute zu bewegen, nach Venezuela auszuwandern. Don Manuel Felipe Tovar war bereit, einen Teil seiner Ländereien in der Küstenkordillere in 1800–2000 m Höhe, die von feuchtem Urwald bedeckt waren, für die Ansiedlung zur Verfügung zu stellen. Man nahm an, daß das Klima der Kordillere mit Tagesmitteln von 17 °C das ganze Jahr hindurch am ehesten den Deutschen aus dem Schwarzwald zusagen würde.

Alexander von Humboldt hatte durch seine begeisterten Schilderungen in Deutschland das Interesse für Venezuela geweckt. Deshalb fanden sich 374 Schwarzwälder bereit, das Angebot anzunehmen. Es waren nicht nur Bauern mit ihren Familien, sondern auch verschiedene Handwerker; ein Arzt und Pfarrer schlossen sich ebenfalls an. Die Auswanderer nahmen ihre Sämereien (Getreide und Gemüse) sowie ihr Vieh mit, aber außerdem noch eine Apotheke, eine Mühle, ein Sägewerk und Gefäße, um Bier zu brauen. Als ihr Schiff «Clemence» jedoch die Küste von Venezuela bei La Guaira erreichte, durften sie nicht landen, weil dort die Cholera ausgebrochen war. Nach einer Quarantänezeit wurde schließlich das Schiff in einen kleinen Hafen Choroni umgeleitet und dort betraten die Auswanderer am 8. April 1843 das südamerikanische Land. Unter größten Schwierigkeiten mußten sie dann ohne Weg durch den Urwald ins Gebirge zu dem ihnen zugewiesenen Land vordringen. Dort war ihnen Ingenieur CODAZZI bei der Urbarmachung behilflich. Nach den ersten unsäglich schweren Jahren waren 100 ha gerodet und ein deutsches Dorf aufgebaut. Bald kam eine Kirche und ein Rathaus hinzu; die Felder trugen Frucht (Weizen, Gerste, Hafer, Kartoffeln, Bohnen, Erbsen, Hanf, Lein, Gurken u.a.), das Vieh vermehrte sich und die Gewerbebetriebe arbeiteten. In dieser Höhe ist keine Malaria und kein Gelbfieber, auch die Amöbenruhr fehlt. Einige tropische Kulturen, wie Mais und Bananen, wurden eingeführt.

Die Kolonie gedieh, aber das eigentliche Ziel, die Vermischung mit der Bevölkerung und die Nutzbarmachung der europäischen Erfahrungen, konnte nicht erreicht werden. Obgleich Colonia Tovar nur 65 km von der Hauptstadt Carácas entfernt war, so gab es dorthin keinen Weg. Ein Maultierpfad war vorhanden: dieser wies jedoch in eine andere Richtung, landeinwärts, steil ins Aragua-Tal hinunter. So führte die deutsche Kolonie ein völlig isoliertes Dasein, umgeben von Wald und abgeschnitten von der übrigen Welt. Trotzdem ging der letzte Weltkrieg nicht ganz ohne Folgen an Colonia Tovar vorüber. Ein fanatischer einheimischer Priester ließ auf dem Friedhof alle deutschen Namen von den Grabsteinen entfernen. Es ist heute ein stummer Friedhof. Die Bevölkerung hat sich in den 125 Jahren um mehr als das 20fache vermehrt und beträgt zur Zeit etwa 8000. Auch die deutschen Familiennamen wie Breitenbach, Gerick, Mutach, Fehr, Frey u.a. sind erhalten geblieben.

Heute ist die Siedlung aus dem Dornröschenschlaf geweckt worden. Auf einer breiten asphaltierten Straße erreicht man die Ortschaft von Carácas aus mit dem Auto leicht in 1 ½ Stunden. Es ist eine Hauptattraktion für den Touristenverkehr geworden, aber seine Eigenart als deutsche Insel in den Tropen dürfte die Ortschaft mit der Zeit verlieren.

Am 24. April 1968 waren wir wieder in Hohenheim. Die neugewonnenen Erkenntnisse über die tropische Vegetation konnten bei der Überarbeitung der dritten Auflage des Bandes I der «Vegetation der Erde», der 1973 erschien, ausgewertet werden.

2. Als Gastprofessor in Utah, U.S.A. (s. Karte 1)

Professor Hermann Wiebe, von der Universität Logan in Utah, der über den Wasserhaushalt der Pflanzen arbeitet, war ein Jahr im Botanischen Institut Hohenheim und ich blieb auch späterhin mit ihm in freundschaftlicher Verbindung. Auf diese Weise kam Anfang 1969 eine Einladung zustande, an der Universität Logan im Mormonenstaat Utah Vorträge zu halten und dort 3 Monate als Gastprofessor zu verbringen.

Utah schließt sich direkt an den Staat Arizona nach Norden an und liegt im großen Becken zwischen den Rocky Mountains im Osten und den Kalifornischen Gebirgen im Westen. Ich bin 1930 zwar auf der Fahrt von San Francisco nach Nebraska durch dieses Gebiet gefahren, hatte auch den großen Salzsee gesehen, aber sonst kannte ich es nicht. Im Gegensatz zu Süd-Arizona ist es ein kalt kontinentales Gebiet mit Temperaturen im Winter bis − 40 °C und trocken-heißen (max. 40 °C) Sommern. Der größte Teil ist eine Salzwüste mit dem Großen Salzsee oder gebirgig mit dem hohen Colorado-Plateau. Die Siedlungen mit Bewässerungskulturen liegen meist am Fuß der Gebirgsrücken. Die Bevölkerungsdichte beträgt im Mittel kaum über 4 Menschen pro km². Mich interessierte vor allem die Vegetation der Salzböden sowie die der Gebirge.

Am 3. Mai 1969 flog ich nach Chicago ab, diesmal allein; denn meine Frau mußte sich einer Kur unterziehen. Ich vermißte sie sehr.

Beim Flug über dem Atlantik war man über einer geschlossenen Wolkendecke. Ich war eingeschlafen, wachte plötzlich auf und sah hinaus. Die Sicht war klar und atemberaubend: Wir näherten uns der Südspitze von Grönland, das Meer war mit Eisbergen bedeckt; dann flog man über das Gebirge von Grönland, aus dem Eise ragten schwarz die scharfen Gebirgsspitzen heraus, weite Firnflächen, von denen die Gletscher in den Tälern bis zum Meere hinunter reichten, um dort zu kalben, im Hintergrund die Inlandseiskappe, dann wieder über Wasser mit Eisschollen und schließlich über das verschneite und vereiste Labrador. Nun blieb die Tundra zurück und südlicher traten die Nadelwälder von Kanada als schwarze Flecken hervor, dazwischen schneebedeckte Wiesen und als Stränge die zugefrorenen Flüsse, viele Seen. Bald begannen einzelne Farmen durch ein Wegnetz verbunden, ein Hügelland, die Kuppen mit hell erscheinendem Laubwald bedeckt, nun der Ausfluß des Oberen Sees, Schleuse mit Dampfer, die Grenze von U.S.A., alles Farmland in regelmäßige Quadrate eingeteilt, Mackinac Island durch eine Brücke mit dem Festland verbunden, in südlicher Richtung über den Michigan See und Landung in Chicago auf dem Flugplatz, weit von der City entfernt.

Ich mußte das Flugzeug wechseln, um an der University von Minnesota in St. Paul einen Vortrag zu halten, den Prof. E. Stadelmann, aus Wien stammend, vermittelt hatte. Bei ihm wohnte ich und er fuhr mit mir am 7. Mai bei schönem Frühlingswetter nach Norden in den Itasca State Park mit einer Biologischen Station. Auf diese Weise lernte ich den amerikanischen Eichen-Ahorn-Linden-Laubwald mit der schönen Frühlingsbodenflora kennen, aber auch den Mischwald aus Rotahorn und Nadelhölzern (amerikanische Kiefern-, Fichten- und Tannenarten) und dazwischen Hochmoore mit Zwergsträuchern und Lärchen, die auf Mooren von Norden weit nach Süden vordringen.

Am nächsten Tage ging es direkt nach Osten zur Universität von North Dakota in Fargo, um den Übergang vom Laubwald über die Waldsteppe zur richtigen baumlosen Grassteppe – der nördlichen amerikanischen Prärie – zu studieren.

In Fargo empfing mich Professor Götz, der auch im Botanischen Institut in Hohenheim gearbeitet hatte. Zwei Vorträge waren vorgesehen, aber die Hauptsache war das Studium der Prärie. Es war etwas früh im Jahr, die Winter sind hier schon lang und kalt, am 12. Mai fiel das Thermometer nachts auf − 5 °C, doch zeigten sich bereits die ersten Frühjahrsblüten.

Am 13. Mai wollte ich Salt Lake City erreichen, wo mich Professor Wiebe am Flugplatz abholen sollte. Zunächst fliegt man über in Quadrate eingeteiltes Farmland. Es wird hier Hartweizen als Sommerfrucht angebaut, für Winterweizen sind die Winter zu kalt; man überfliegt den Großen Missouri, vor Bismarck eine Seenplatte mit vielen kleinen runden Seen wie in der Pampa, einen großen See mit Sandfläche und Dünen, den Kleinen Missouri. Die «bad lands» treten scharf hervor – stark erodierte tertiäre Schichten, die trockenen Great Plains mit Weideland beginnen, das Gebiet wird noch trockener mit tiefen Canyons, es wird gebirgiger mit Nadelwald, die Big Horn Mountains – ein zerschnittenes hohes Blockgebirge, höchste Flächen alpin und tief verschneit, hinter dem Gebirge rotes, nacktes Gestein der beginnenden Wüste. Salzflächen sind zu sehen, alles sehr trocken, keine Farmen, Stausee und Bewässerungsland, alles wechselt zu rasch, wir landen in Casper (Wyoming). Die Anschlußmaschine wartet startbereit. Der Pilot setzt sofort zum Aufstieg an, aber im letzten Augenblick vor dem Abheben bremst er scharf; nur der Gurt schützte vor dem Sturz nach vorne. Es gelang, die Maschine noch am Ende der Startbahn zum Stehen zu bringen. Der Pilot verkündete, die Maschine vibriere, er wage den Flug nicht. Wir bekamen Lunch im Flugplatzrestaurant. Dann wurden wir umgeleitet: Mit der planmäßigen Maschine nach Denver, also halb zurück nach Südosten, weiter mit der planmäßigen Maschine aus New York über Denver nach Salt Lake City. Es war ein riesiger Umweg, aber man sah mehr vom Lande. Wieder die Great Plains bei Cheyenne, Schneeberge im Westen, dann Denver – eine Riesenfläche von Einfamilienhäusern mit Gärten regelmäßig in Quadraten angeordnet, dahinter das Gebirge mit dem spitzen Longs Peak. Dann ging es mit der neuen Maschine direkt nach Westen über den Front Range mit den 4000 m hohen Bergen, alles dick verschneit, immer wieder neue Gebirgsrücken zwischen Wolken sichtbar, aber mit einmal klarer Himmel, Schneeberge in Sonne, steiler Gebirgsabfall, der Salzsee! Weite Salzflächen, Kanäle und bewässertes Land, Kurve zurück, die Maschine sinkt, herrlicher Blick aufs Gebirge und Landung in Salt Lake City.

Wiebe hat trotz der Verspätung von 4 Stunden gewartet. Im Auto geht es zu dem über 100 km nördlicher gelegenen Logan, eine herrliche Fahrt am Gebirgsrand entlang mit blühenden Obstgärten und durch das Box-Alder-Canyon. Nach dem Abendessen im engsten Familienkreis Übernachten im Motel.

Logan ist eine kleine Gartenstadt am Fuße des Gebirges mit Blick über ein weites Tal auf den nächsten schneebedeckten Bergrücken. Der Universitäts-Campus liegt auf einer Terrasse über der Stadt mit einem noch schöneren Ausblick, alles sehr ländlich, gerade das, was ich mir wünschte. In diesem kontinentalen Gebiet bricht das Frühjahr plötzlich und mit aller Kraft an, die Gärten waren ein Blütenmeer, das Wetter sonnig, frisch und trocken, man atmete frei, ganz anders als im feuchten ozeanischen Klima. Nach einigem Suchen fand ich ein schönes Zimmer mit eigenem Waschraum mit Benutzung der bis aufs letzte technisierten Küche. Die Wirtin war eine sehr reiche Witwe und Mormonin, die, um nicht ganz allein zu sein, Zimmer im Kellergeschoß an Studenten vermietete. Nur mein Zimmer lag darüber und ich mußte durch den Salon gehen, wo Mrs. Johns den ganzen Tag vor dem Farbfernsehschirm saß und meistens schlief. Sie hatte zunächst Bedenken, an einen älteren Herrn zu vermieten. Mit strenger Miene sagte sie, «geraucht wird nicht, und jeden Samstag müsse das Zimmer gründlich mit dem Staubsauger gereinigt werden.» Ich konnte sie beruhigen, ich sei halber Mormone, rauche und trinke nicht, auch auf Kaffee verzichte ich zugunsten von Tee. Wir verstanden uns gut, sie beklagte, daß ich die schöne Küche zu wenig benutze und bedauerte, daß ich fürs Fernsehen nichts übrig habe. Sie fragte sogar, ob mich der Rauch nicht störe, wenn sie heimlich eine Zigarette rauche, sie sei keine strenge Mormonin (es duftete auch häufig nach Kaffee in der Wohnung), gehe auch selten in die Gemeindeversammlung. Zum Hause gehörte ein großer Garten mit alten Bäumen, in deren Schatten man an heißen Sommertagen gut arbeiten konnte. Die Nächte kühlten selbst im Hochsommer durch den kühlen Bergwind ab, man schlief sehr gut.

Nun war ich also im Mormonenstaat. Die Hälfte der Studierenden und ein Viertel des Lehrkörpers waren Mormonen. Neben der Bibel bekennen sie sich zum Mormonenbuch vom Begründer Smith. Ebenso wie ich vor der Tätigkeit in der Türkei den Koran in deutscher Übersetzung gelesen hatte, beschloß ich, jetzt das Mormonenbuch zu lesen, um die Leute besser zu verstehen. Es ist die Übersetzung einer Schrift, die ein

Engel Smith übergeben hatte auf goldenen Blättern geschrieben in einer fremden Sprache und das er wieder an sich nahm. Drei Zeugen hatten das Buch während der Übersetzung gesehen. Der Inhalt ist in Kürze:

Sehr lange vor Christi Geburt bekam ein Mann im Gelobten Land im Traum den Auftrag, mit seiner ganzen Sippe ans Rote Meer zu gehen, dort eine Art Arche Noah zu bauen und sich einzuschiffen. Monatelang wurde das Schiff von Stürmen herumgetrieben und landete schließlich in Mittel-Amerika, das unbesiedelt war, wo jedoch wilde Pferde und Kühe herumliefen. In der paradiesischen Landschaft vermehrte sich die Sippe rasch und bildete mehrere Königreiche. Nach seinem Tode am Kreuze erschien Jesus dort und bekehrte alle zum Christentum. Die einen blieben gläubig, die anderen fielen ab, ihre Hautfarbe wurde dunkel und ihre Nachfahren sind die Indianer. Aber auch die Weißen bekriegten sich und starben allmählich aus. Der letzte Überlebende schrieb die Geschichte auf goldenen Blättern auf, die dann erst durch Smith bekannt wurde.

Smith sammelte um sich eine Gemeinde, verlangte eine sehr moralische Lebensweise, wurde aber von den anderen stark angefeindet. Um die Gemeinde zu mehren, führte er die Polygamie ein. Nun wurden die Mormonen so verfolgt, daß sie beschlossen, in den damals noch unbesiedelten Westen der U.S.A. am Mississippi zu gehen. Sie rodeten das Land und es entstand eine blühende Kolonie. Aber andere Siedler kamen in Massen nach und die Feindschaft begann von neuem. Der Sheriff nahm Smith in Schutzhaft, um ihn vor einem Attentat zu bewahren, doch wurde er durch das Gefängnisfenster erschossen.

Der neue Führer wurde Brigham Young. Er beschloß, mit der Gemeinde in den unbekannten Westen zu ziehen, nun über die Gebirge hinweg. Die Wagenkolonne mußte unter unsäglichen Entbehrungen im Gebirge überwintern. Schließlich gelangten sie 1847 an den Gebirgsrand, schauten ins Becken mit dem Salzsee hinunter und Young sagte: «This is the place.» Salt Lake City wurde gegründet, das riesige ovale Tabernakel als Versammlungsraum errichtet, ganz aus Holz, ohne einen eisernen Nagel, denn diese hatten sie nicht. Es ist heute auch eine Attraktion für Touristen, die bei der Besichtigung über die Mormonen aufgeklärt werden. Die Mormonen haben als erste in Amerika den Landbau mit Bewässerung begonnen. Denn nur dieser ist in Utah möglich, außerdem noch extensive Weidewirtschaft mit Rindern und Pferden. Es entstand ein blühendes Kulturland. Das Verhältnis zu den Utah-Indianern war ein freundschaftliches, nur später kam es zu einigen Zusammenstößen. Tochterkolonien entstanden im ganzen Trockengebiet bis nach Arizona und Californien, aber mit der Zeit rückten die anderen Siedler nach. Nur in Utah blieben die Mormonen in der Überzahl, um sie herum entstanden andere Staaten. Schließlich faßten die Mormonen den Beschluß, daß alle Gesetze der U.S.A. für sie bindend seien. Da nach diesen die Polygamie verboten ist, wurde das auch von den Mormonen befolgt. Damit war der Hauptanlaß für die Hetze beseitigt und Utah wurde 1896 als 45ster Staat in U.S.A. anerkannt. Die Mormonen handelten klug, indem sie ansässige Nicht-Mormonen als Vertreter ihres Staates in Washington wählten. Sie selbst nennen sich «Church of Jesus Christ of Latterday Saintes».

Interessant ist, daß die Polygamie von den mormonischen Frauen positiv beurteilt wurde: Sie hatten in den einsamen Siedlungen stets jemanden zum Schwätzen, konnten die Arbeit unter sich einteilen, hatten während der Schwangerschaft und nach der Geburt sowie in Krankheitsfällen immer Hilfe.

Was bei den Mormonen besticht, ist ihr ausgeprägtes Gemeinschaftsgefühl und die Nachbarschaftshilfe. Jedem zuziehenden neuen Mitglied wird so lange geholfen, bis die Existenz gesichert ist. Es werden große Getreidelager angelegt für die Zeiten der

Not. Die Gemeinschaft ist fast militärisch organisiert, an der Spitze stehen die 12 Apostel, jede Gemeinde darf nur eine bestimmte Größe erreichen, damit jeder den anderen kennt. Wird die Größe überschritten, so erfolgt eine Teilung; auch die Freizeit wird von der Gemeinde geplant sowohl für die Jugend, als auch für die Älteren mit Geselligkeit, aber auch Tanzveranstaltungen. Das gibt dem Einzelnen das Gefühl der Geborgenheit. Natürlich nehmen nicht alle Mormonen es mit dem Lebensstil so ernst. Ich wurde von mormonischen Kollegen sonntags zu einer Party in einem Wochenendhaus im Gebirge eingeladen. Dabei erwies sich, daß ich der einzige war, der weder Alkohol trank noch rauchte. Es wurden Mormonenwitze erzählt, z. B.: Ein frommer Evangelischer und ein Katholischer waren nach dem Tode in den Himmel gekommen; Petrus führte sie herum und erläuterte alles. Plötzlich standen sie vor einer hohen Mauer und Petrus sagte, hier dürfe man nur im Flüsterton sprechen; auf die erstaunte Frage warum?, erklärte Petrus, hinter der Mauer sei der Himmel der Mormonen, sie glaubten, daß nur sie in den Himmel kämen und man sollte sie in diesem Glauben lassen.

Die Mormonen versprechen denen, die sich taufen lassen, sie würden im Himmel wieder mit ihren verstorbenen Eltern und Geschwistern zusammen sein, wie es hier war. Nun sind diese jedoch meistens nicht als Mormonen gestorben, aber es besteht die Möglichkeit, sich stellvertretend auch für diese nachträglich taufen zu lassen. Deshalb werden für jede Familie Stammbäume aufgestellt, um allen bekannten Vorfahren zu helfen.

Gleich am ersten Tag lernte ich in der Universität den Vertreter des Fachs für die Weidebewirtschaftung kennen. Dieser wollte am nächsten Morgen sich eine Übersicht vom Weidezustand im Umkreis des Salzsees und der Salzwüste mit einem Kleinflugzeug verschaffen und fragte, ob ich mitfliegen wollte. Diese Gelegenheit ließ ich mir nicht entgehen und war sehr früh auf dem lokalen Flugplatz von Logan. Es war ein Einpropellerflugzeug. Vorne saßen der Pilot und der junge Professor West, der die gewünschte Flugrichtung angab, hinten ich. Leider war der Lärm des Propellers so laut, daß man sich kaum unterhalten konnte. Aber man erhielt einen großartigen Überblick: Am Fuß des Gebirges das bewässerte Kulturland, dann die Salinenbecken zur Salzgewinnung, durch Mikroorganismen meist rosa gefärbt, dahinter der Salzsee und der Rand der weißen Wüste mit den verschiedenen Zonen der Salzvegetation, viele kleine Gebirgszüge, über die man ganz niedrig herüberflog, so daß man jeden Busch sah, eine Kupfergrube mit Kupferschmelze, durch deren giftige Rauchwolken die ganze Vegetation im weiten Umkreis vernichtet war. Mehrmals erhielt der Pilot per Radio den Befehl: «Sie nähern sich einem militärischen Sperrgebiet, drehen Sie ab.» In diesen unbesiedelten Gebieten sind Fabrikationsstätten für die Treibstoffe der Interkontinentalraketen und die Herstellung anderer Geheimwaffen verteilt. Der interessante Flug dauerte 3 Stunden. Ich lud den Piloten zum Lunch ein und war überrascht, daß er fließend deutsch sprach, ohne ein Deutschstämmiger zu sein. Er erzählte mir, daß er drei Jahre als Missionar der Mormonen in München tätig gewesen war. Jungen Leuten wird nahe gelegt, sich für ihren Glauben einzusetzen, die Gemeinde unterstützt sie und übernimmt die Versorgung der zurückbleibenden Angehörigen. Als ich Ende September gerade nach Hohenheim zurückgekehrt war, klingelte es, und vor der Tür standen zwei junge Amerikaner. Sie waren erfreut, als sie hörten, ich wäre gerade aus dem Mormonenland gekommen, da sie Missionare waren. Sie wollten abends kommen und uns Lichtbilder zeigen. Natürlich brachte ich dabei die Ungereimtheit im Mormonenbuch vor, z. B. daß in Mittelamerika wilde Pferde vor der spanischen Zeit gewesen wären. Schon holten sie ein Dia von Ausgrabungen in Mexiko – ein Stein mit der Abbildung eines Pferdekopfes; die Echtheit konnte ich nicht nachprüfen. So wußten sie jeden Einwand zu entkräften, wie gewandte Vertreter, die etwas verkaufen wollen. Überzeugend war das nicht, aber sie freuten sich, daß mir Utah sehr gefallen hatte, besonders daß auf dem Universitätsgelände ein Alkoholverbot bestand und nicht geraucht wurde, in Hohenheim dagegen nur im Botanischen Institut.

Die Zeit in Utah verging sehr rasch, meine Vorträge fanden Anklang, alle wetteiferten, mir das Land zu zeigen; ich lernte es unter fachlicher Führung sehr gut kennen. Vieles erinnerte an die Verhältnisse im kaltkontinentalen Sibirien, das ich aus der russischen Literatur kannte.

Besonders interessant ist die Geschichte des Gebietes seit der letzten Eiszeit. Das ganze große Becken der Intermontanen Region ist, seitdem im Tertiär die hohen Gebirge aufgefaltet wurden, ein arides Gebiet, das sich von Ost nach West über 800 km erstreckt. Doch sank während der Eiszeit infolge der tiefen Temperaturen die Verdunstung so stark, daß sich zwei große Seen bildeten, der Lake Lahonton in Nevada und der noch größere Lake Bonneville im Westen von Utah. Es war mir gleich am ersten Tage aufgefallen, daß im Gebirgshang zwei deutlich gekennzeichnete Linien 300 m über dem Talboden und nochmals etwa 100 m darunter ganz horizontal verliefen. Ich glaubte, es seien Höhenstraßen oder eine Eisenbahnlinie, aber ich wurde aufgeklärt, daß es frühere Uferterrassen des Sees Bonneville seien. Der Geologe der Universität nahm mich auf eine Tagesexkursion mit und erläuterte die interessante Geschichte des Sees Bonneville, dessen Spiegel während der Eiszeit 310 m über dem des heutigen Salzsees lag. Durch die Strandwellen entstand damals die heute so deutlich sichtbare obere Kerbe am Berghang. Der See war abflußlos, aber vor 18 000 Jahren lief der See einmal über. Ein Lavastrom in Idaho nördlich von Utah staute den Bear River auf, so daß dieser sich in den See ergoß. Der Überlauf entstand an einer Stelle im Norden mit weichen Gesteinen, er schnitt sich 114 m tief ein und die Wassermassen ergossen sich in den Snake River und rissen riesige Felsblöcke mit sich, die man heute noch zerstreut im Snake River-Tale herumliegen sieht. Die zweite tiefere Linie ist die Strandlinie des abgesenkten Sees. Der Lake Bonneville war maximal 586 km lang und 233 km breit und hatte eine Fläche von 31 800 km² bei einer maximalen Tiefe von 300 m. In der Nacheiszeit stieg die Temperatur stetig an und die Verdunstung nahm zu. Der Seespiegel sank dauernd ab und die ursprünglich geringe Salzkonzentration des Süßwassersees nahm zu. Vor 2000 Jahren, als der Seespiegel nur 60 m über dem des heutigen Salzsees lag, war der See schon salzig und damit auch der bei der weiteren Schrumpfung trocken fallende Boden. Auf diese Weise bildete sich die Salzwüste um den See. Die Salzkonzentration nahm weiterhin zu und im heutigen Restsee, der nur noch 120 km lang und 56 km breit ist bei einer mittleren Tiefe von nur 5 m, ist das Wasser mit Salz gesättigt und festes Salz kristallisiert aus, wie im Toten Meer. Die Salzkonzentration ist 27,7 %. Trotzdem leben im Wasser noch einige Algen, *Dunaliella* mit rotem Pigment freischwimmend verleiht dem Wasser bei starker Vermehrung in den Salinenbecken eine rötliche Färbung, während andere Algen im seichten Wasser gallertige blaugrüne oder gelbbräunliche Überzüge auf dem Seeboden bilden. Auch ein Krebschen (*Artemia salina*) und die Larven von zwei Fliegenarten findet man im konzentrierten Salzwasser. Beim Baden kann man im See nicht ertrinken, Kopf und Füße ragen immer aus dem Wasser mit dem hohen spezifischem Gewicht heraus.

Die Kenntnis der Landschaftsgeschichte war notwendig, um die Verteilung der Salzpflanzen im Gebiet zu verstehen. Die anderen Probleme, die mich interessierten, waren die verschiedenen Waldstufen im Gebirge und auf den übereinander aufsteigenden Hochflächen des Coloradoplateaus sowie die Vegetation der nicht versalzten Böden der intermontanen Region. Längere Exkursionen mit den verschiedenen Fachvertretern ermöglichten eine rasche Einarbeitung.

Heute wird die Vegetation der intermontanen Region als «Sagebrush» bezeichnet nach der vorherrschenden Wermut-Art *(Artemisia tridentata)*, die nur eine sehr extensive Beweidung mit Rindern ermöglicht. Es hat sich jedoch erwiesen, daß ebenso wie in Zentralanatolien, die Ausbreitung der Wermut-Art die Folge von zu starker Beweidung ist, also ein Degradationsstadium. Früher herrschten auch hier Gräser vor und der Wertmut-Halbstrauch wuchs nur an trockeneren Stellen. Die Weide war somit besser.

Gerade als ich da war, wurde die Vollendung der durchgehenden Bahnlinie durch Utah von Osten nach Californien vor 100 Jahren gefeiert. Diese Bahnlinie hatte die Zerstörung der ursprünglichen Vegetation verursacht. Vorher war Utah so weit von den großen Viehmärkten im Osten entfernt, daß die Farmer nur wenig Vieh hielten. Die Bahnlinie ermöglichte es, viel Vieh zu günstigen Preisen auf dem Schlachterei-Zentrum in Chicago abzusetzen. Das verleitete die Farmer, ihre Herden zu vergrößern, die Weide immer stärker zu beanspruchen und damit die weniger abgefressenen Pflanzenarten zu begünstigen – der Sagebrush breitete sich aus. Der Wohlstand der Farmer kam somit durch die Übernutzung der Natur in den letzten hundert Jahren zustande. Überhaupt war der rasche Aufstieg Nordamerikas seit der Besiedlung durch Europäer nur durch den Raubbau an den Naturschätzen eines von den Indianern im jungfräulichen Zustande belassenen riesigen Landes möglich gewesen. Ausgenutzt wurden die Holzvorräte der Wälder, die reichen Wildbestände, die Erzvorkommen auch an Edelmetallen wie Gold, die Fruchtbarkeit der natürlichen Böden, insbesondere im Präriegebiet, die man nicht zu düngen brauchte. Unterstützt wurde dieser Vorgang durch immer raffiniertere Anwendung der Technik. Zu spät wurden die Schäden, insbesondere durch Bodenerosion, erkannt und es erwachte der Naturschutzgedanke. Was in Europa sich in 2 Jahrtausenden vollzog, da es früher die Technik mit dem riesigen Energieverbrauch nicht gab, ging in U.S.A. in 2 Jahrhunderten vor sich. Am schlimmsten waren die letzten 40 Jahre. Ich war entsetzt, als ich die 1929/30 bereisten Gebiete wieder sah, Arizona und Californien waren nicht wiederzuerkennen. Wenn sich heute die Menschen an den Resten der herrlichen Natur erfreuen, so ist es, weil sie den früheren Zustand nicht kennen. Und wie wird es nach weiteren 40 Jahren aussehen? Die Zerstörung geht immer rascher vor sich. Nur eine radikale Wende in der Denk- und Lebensweise kann diese Entwicklung abbremsen. Aber die Regierungen denken überall nur an den nächsten Wahltermin.

Die Höhenstufengliederung wurde in den Wasatch und Uinta Mountains und auf den verschieden hohen Stufen des Colorado-Plateaus erkundet, wobei der große Unterschied zwischen denSüd- und Nordhängen auffiel, was allgemein für die Gebirge um den 40. Breitengrad bezeichnend ist. Bei diesen fällt die Waldstufe auf den Südhängen fast aus, weil im Sommer die Sonnenstrahlen senkrecht auf die steilen Hänge fallen und deren Trockenheit stark erhöhen; nur Espenhaine treten an quelligen Stellen auf.

Eine Exkursion gab Auskunft über die Vegetation im Staat Nevada, wo ich auch die Möglichkeit hatte, mit Professor F. Went von einem kleinen Flugzeug aus einen allgemeinen Überblick von der Vegetation der vielen kleinen Gebirgszüge zu erhalten.

Dieser Nachbarstaat Nevada könnte im Gegensatz zu Utah als der unmoralischste in U.S.A. bezeichnet werden. Reno war schon immer als Scheidungsparadies bekannt, aber jetzt ist es mit Las Vegas im selben Staat als größte Spielhölle der Welt bekannt. Nevada war der ärmste Staat in den U.S.A.; so kannten wir ihn noch 1930, aber dann erlaubte er alle Arten von Glücksspielen, die sonst in U.S.A. verboten sind. Nun ergoß sich ein Strom von Touristen dorthin, die in ihren Ferien ihr Geld dort verspielen. Die Einnahmen aus den Glücksspielen sind so groß, daß heute Nevada der einzige Staat in

U.S.A. ist, der von seinen Bürgern keine Steuern erhebt. Ich fuhr mit dem Überlandbus nach Nevada. Kaum war die Grenze von Utah nach Nevada überfahren, da war mitten in der Wüste eine Haltestelle mit einem Erfrischungslokal, aber davor waren Spielautomaten aufgestellt und viele Businsassen stürzten sich sofort auf diese und versuchten während des halbstündigen Aufenthalts ihr Glück. Das wiederholte sich auch weiterhin. Die Ankunft in Reno war um Mitternacht. Schon lange vor der Ankunft fiel mir der helle Schein am Himmel auf, den ich mir nicht erklären konnte, hatte ich doch Reno 1930 als kleines Dorf gesehen. Jetzt war es eine Riesenstadt, alle Straßen die ganze Nacht taghell erleuchtet. Ein Kasino reihte sich an das andere, Luxushotels sowie extravagante Restaurants mit riesigen Reklamen in allen Farben glitzernd. Prof. Went zeigte mir ein Kasino: Ein großer Saal mit vielen Roulette-Tischen, um die sich die Spieler drängten, außerdem viele Spielautomaten, vor jedem ein Spieler oder eine Spielerin, die mit stieren Blicken den Lauf der Kugel verfolgten und immer wieder von neuem setzten.

Von Professor Goetz erhielt ich eine Einladung, Ende Juli an einer Besprechung über Weideprobleme in Yorkton, Sasketchevan in Canada teilzunehmen. Er wollte mich in Dickinson, North Dakota, erwarten und im Auto nach Norden auf dem 102. Längengrade nach Yorkton und wieder zurück bringen. Ich konnte auf dieser Fahrt den Übergang von der Prärie zum nordischen Nadelwald studieren, der sich in diesem kontinentalen Gebiet ähnlich wie in Westsibirien vollzieht. An Stelle der Laubwaldzone, die sonst den Übergang bildet, tritt hier nur die Espe auf. Ich sagte sofort zu, konnte mit dem Überlandbus durch Idaho und Montana Dickinson erreichen und auf diese Weise auch von diesen Staaten einen Eindruck erhalten. Der amerikanische Nadelwald in Canada entspricht der Dunklen Sibirischen Taiga.

Ende August fand in Seattle ganz im Nordwesten von U.S.A. schon an der Grenze von Britisch Columbien (Canada) der Internationale Botanische Kongreß statt. Die Botaniker der Universität Logan fuhren im Dienstwagen hin und wollten mich mitnehmen; auch das war eine günstige Gelegenheit, den mir unbekannten Nordwesten und das Waldgebiet an der Pazifischen Küste kennenzulernen. Während die anderen vom 25.–30. August die Vorträge anhörten, benutzte ich die Zeit, um das extrem ozeanische Waldgebiet des Mt. Olympia-Parks und die Vegetation im Cascaden-Gebirge um den herrlichen 4392 m hohen Vulkankegel des Mt. Rainier mit der Eiskappe und dem großen Gletscher bis in die alpine Stufe kennenzulernen. Die Hin- und Rückfahrt vermittelte einen Überblick vom Gebiet an der Idaho-Oregon-Grenze, am unteren Columbia-Fluß und von der wilden stürmischen sowie nebelreichen, aber frostfreien Pazifik-Küste des Staates Washington.

Auf der Heimreise im September machte ich einen großen Umweg, um im südlichen Teil von Utah den Übergang zur Sonora-Wüste zu studieren, mit der Blackbush-Zone und dem merkwürdigen Yoshua-Tree, einer *Yucca*-Art, sah mir gleichzeitig die einzigartigen Zion-, Brice-Canyon Parks sowie den künstlichen Lake Powell an. Das tiefe, durch Erosion entstandene Brice Canyon, das mit seinen in allen Farben schillernden Formen von oben einen überwältigenden Anblick bietet, wurde von einem Farmer entdeckt; dessen Kommentar war: «Ein sehr unangenehmes Gelände, wenn man ein verlaufenes Rind sucht.» So Unrecht hatte er nicht.

Der Lake Powell ist durch eine hohe Staumauer vom mittleren Colorado gebildet worden. Er erstreckt sich 200 km aufwärts und hat das tiefe wüstenhafte Canyon aufwärts und die vielen Seitencanyons überflutet. Man kann jetzt im Motorboot bequem sitzend durch die Wüste fahren und von unten die bizarren Erosionsformen der Felsgebilde bewundern. Nach einem kurzen Besuch in meinem schönen früheren Arbeitsgebiet Tucson, das einer Großstadt weichen mußte, fand die letzte Unterbrechung des weiten Fluges in dem warm-temperierten Laubwaldgebiet von North Carolina im Südosten der U.S.A. statt. Dort war mein früherer Assistent und Dozent H. Lieth tätig. Er zeigte mir die Laubwaldtypen, die Sumpfzypressen-Seen, die Heiden, Sandgebiete und Moore mit der Venusfliegenfalle *(Dionaea muscipula)*, deren Blatthälften bei Berührung durch Insekten zusammenklappen und die gefangenen Tiere verdauen.

Dann kam der Rückflug über New York nach Europa.

3. Letztes Wiedersehen mit Südwestafrika

Im Jahre 1975 feierte die Südwestafrikanische Wissenschaftliche Gesellschaft in Windhoek ihr 50jähriges Jubiläum. Diese Gelegenheit wollten wir benutzen, um zum fünften Male dieses herbe Land, das mit der deutschen Geschichte des letzten Jahrhunderts so eng verbunden ist und jeden, der es näher kennenlernt, in seinen Bann schlägt, nochmals wiederzusehen. Zugleich wollte ich mich an der inzwischen gegründeten Namib Desert Research Station Gobabeb am Kuiseb-River über die neuesten Forschungsergebnisse informieren. Denn ich hatte es übernommen, für ein großes internationales Werk eine Zusammenfassung über die Ökologie der Namib-Nebelwüste, in der ich erstmals im Jahre 1935 arbeitete, zu schreiben. Diesmal konnte meine Frau wieder mitkommen. Die Verbindung war ja bequem. Von Frankfurt flog man im Jumbo-Jet in der Nacht um Afrika herum direkt nach Windhoek. Als wir am Morgen aus dem Flugzeug schauten, ging gerade die Sonne über der Kunene-Mündung im Norden von Südwestafrika auf. Über dem Meer lag die übliche Nebeldecke. Nur dort, wo das wärmere Wasser des Kunene ins Meer floß, fehlte der Nebel, der Fluß setzte sich scheinbar im Meere fort. Dann flog man über das Wilde Kaokofeld. Es hatte im März einige Tage vorher geregnet, die Riviere führten noch Wasser und hoben sich von der Sonne beschienen als silberne Fäden ab. Bald kam die Granitkuppe des Brandberges und das Erongo-Gebirge in Sicht; das Farmland begann, die Bahnlinie nach Windhoek war zu erkennen, wir landeten, stiegen aus und atmeten die frische, trockene und so angenehme Luft dieses Trockengebiets ein. Nach dem dortigen Sommerregen in den Monaten Dezember–Februar waren die Grasflächen und die Bäume noch frisch grün mit vielen Blüten, an Felsen die großen roten Kerzen der Aloë-Arten.

Wir wurden von Freunden gastlich aufgenommen, durch das Land und die Namibwüste gefahren und konnten wichtige ergänzende Beobachtungen machen.

Es war im hohen Alter ein schöner Abschluß der vielen Forschungsreisen, zugleich aber auch eine Bestätigung, daß die von mir in den Schriften über die Farmwirtschaft und die Weidewirtschaft gegebenen Anregungen auf fruchtbaren Boden gefallen waren. Hoffentlich können die Farmer das von ihnen Erreichte in Zukunft bewahren und weiter ausbauen zum Nutzen des Landes und aller seiner Bewohner.

Doch ist die weitere Entwicklung des Landes heute noch ungewiß. Südwestafrika mit Ausnahme des Nordostens entspricht klimatisch der Sahelzone, d. h. dem Übergangsgebiet zwischen der Sahara-Wüste und dem regenreicheren Sudan. Es ist deshalb für die Besiedlung ein sehr kritisches Trockengebiet, das nur für eine sehr dünne Besiedlung geeignet ist; dabei ist zu berücksichtigen, daß man auf Grund von unseren Jahresringmessungen an Bäumen etwa alle 20 Jahre mit längeren extremen Dürreperioden rechnen muß, die auch in der Sahelzone zu den Hungerkatastrophen führten.

Nur einer sehr raffinierten Farmwirtschaft mit einer sehr begrenzten Haltung von

Zuchtvieh und der Methode einer Rotationsweide ist es zu verdanken, daß diese Gefahren in Südwestafrika überwunden werden und die Farmer heute das Rückgrat der Wirtschaft des Landes bilden, wobei auf einer Fläche von im Mittel zehntausend Hektar eine Farmerfamilie mit den benötigten Arbeitskräften wohnt. Eine besondere Bedeutung kommt dabei der Karakulschafhaltung zu. Südwestafrika liefert heute die meisten Fellchen für die kostbaren Persianerpelze in die reichen Industriestaaten.

Die Zucht dieser Schafe und die ständige Anpassung an die Moderichtung der Käufer setzt bei den Farmern besondere Sachkenntnisse voraus. Auch müssen die Farmer kreditwürdig sein, um die Verluste in Dürreperioden zu überwinden.

Bei den Eingeborenen-Stämmen dagegen bestimmt nicht die Qualität des Viehs den Prestigestatus, sondern nur die Stückzahl, was zur Überstockung und Vernichtung der Weide in den Reservaten führt. Diese sind nicht in der Lage, sich selbst zu erhalten, wenn sie nicht durch Arbeit außerhalb derselben hinzuverdienen oder vom Staate unterstützt werden.

Sollten durch die politische Entwicklung die Farmer gezwungen werden, Südwestafrika zu verlassen, so sind Katastrophen wie in der Sahelzone nicht auszuschließen.

Der zukünftige unabhängige Staat soll «Namibia» heißen nach der menschenfeindlichen Wüste «Namib», die den unbesiedelten westlichen Teil des Landes bildet. Wie leicht kann durch Mißwirtschaft diese Wüste sich über das ganze Land ausdehnen, wie es bei der Sahara in der Sahelzone bereits der Fall ist. Das sollte man sich überlegen, bevor es zu spät ist.

Übersicht über die Ökologie Venezuelas in

«Die Vegetation der Erde». Bd. I,3. Aufl. (1973), Seite 121-133, 235-246 und 344-348; dazu:
Die Bodentemperatur als ausschlaggebender Faktor für die Gliederung der subalpinen und alpinen Stufe in den Anden Venezuelas.
    Ber. Dtsch. Bot. Ges. *82*, 275-281, mit E. Medina, 1969.
Ein Schwarzwalddorf in den Tropen.
    Jh. Ges. Naturkde. Württemberg, S. 281-285, 1969.
El problema de la sabana.
    Bol. Soc. Ven. Cienc. Nat. *28*, 123-144, 1969.
Caracterizacion climatica de Venezuela sobre la base de climadiagrammas de estaciones particulares.
    Bol. Soc. Venez. Cienc. Nat. *29*, 212-240, con E. Medina, 1971.

Über den NW der U.S.A. und den Salzsee:

Ökologische Verhältnisse und Vegetationstypen in der Intermontanen Region des westlichen Nordamerikas.
    Verh. Zool. Bot. Ges. Wien 110/111, 111-123, 1971/1972.
Mineral ion composition of halophytic species from Northern Utah.
    The Amer. Midl. Naturalist *87*, pp. 241-245, with H.H. Wiebe, 1972.

Zu Südwestafrika

H. Walter et al.: The deserts and semideserts of South Africa. In Ecosystems of the World, Vol. 12 (in Druck).

Abschließende Betrachtungen

1. Die Sternstunden des Lebens

In einem so langen Leben wie dem meinen gab es sehr viele frohe Stunden: In der Kindheit – die Weihnachtsabende im Elternhaus, in den Schulferien – die Streifzüge auf dem Lande, die zu vielen neuen Entdeckungen führten, später – als es nach großen Entbehrungen in der Fremde gelang, das Studium mit knapp 21 Jahren abzuschließen, oder beim Empfang des Schreibens mit der Berufung auf den ersten selbständigen Lehrstuhl. Dazu gehörten auch die vielen wissenschaftlichen Ehrungen verschiedener Art (Abb. 12). Besondere Höhepunkte waren auf Forschungsreisen die Augenblicke angesichts einer überwältigenden, vom Menschen unberührten Natur. Das gilt vor allem für die Wüsten, in denen sich der einzelne Mensch seiner Bedeutungslosigkeit inmitten der abweisenden Umgebung bewußt wird und die Nähe Gottes spürt. Die Araber nennen die Wüste den «Garten Gottes», aus dem der Herr alles Leben entfernt hat, damit der fromme Mann mit ihm ungestört reden kann. Es ist sicher kein Zufall, daß alle monotheistischen Religionen in der Wüste entstanden.

Aber eigentliche Sternstunden waren es nicht, denn ihre Vergänglichkeit wurde einem stets sofort bewußt. Nach einem erreichten Ziel kam die Frage: «Was nun?». Die Freude über Erfolge war eine kurze Freude, die abgelöst wurde von neuen Anforderungen und Aufgaben.

Die Sternstunden in meinem Leben sind vielmehr die Tiefpunkte gewesen, in denen ich mir meiner Nichtigkeit bewußt wurde, die zu einer persönlichen Begegnung mit Gott führten und damit einen dauernden Gewinn für das ganze Leben bedeuteten. Man kann darüber kaum sprechen. Denn wer derartige Erlebnisse nicht selber gehabt hat, kann sie kaum verstehen oder nacherleben.

Es sind die Augenblicke, in denen man sich angesichts des Todes durchringt zum «Nicht mein Wille, sondern Dein Wille geschehe», worauf eine wunderbare Ruhe einen erfüllt und man das Gefühl hat, sich vom Irdischen zu lösen.

Das erlebte ich schon in der Jugend während der Revolution, später wieder während der schweren Krankheit in den Tropen sowie nach einer langen Hungerzeit in der Kriegsgefangenschaft. Aber jedesmal ging der Kelch an mir vorüber. Warum?

Immer, wenn ich zum Leben zurückgerufen wurde, empfand ich es als eine Art Wiedergeburt, die einem neue Impulse gab und neue Kräfte verlieh. Am ausgeprägtesten war es 1971 im Alter von 73 Jahren der Fall.

Im Sommer dieses Jahres fand die 15. Internationale Exkursion in Griechenland statt, die besonders eindrucksvoll war. Denn sie zeigte dieses Land von einer unbekannten Seite, als das Land der bisher unzugänglichen urwaldartigen Buchen- und Tannenwälder in den Gebirgen vom Pindus im Norden bis zum Peloponnes und Kreta im Süden. Sie endete jedoch tragisch: Professor Pawlowski, in meinem Alter, hatte den sehnlichen Wunsch, anschließend mit zwei jungen Kollegen den Olymp zu besteigen. Der Wunsch wurde ihm erfüllt, selig soll er auf dem Gipfel gesessen sein. Er wollte noch eine Felspflanze genauer betrachten, stürzte ab und war sofort tot. Vielleicht ein Ende, wie er es sich gewünscht hatte.

Der Tod hätte uns auf der Rückfahrt nach Hohenheim auch um ein Haar ereilt: Auf der zweispurigen Autobahn zwischen Beograd und Zagreb fuhren vor uns zwei Tankwagen, die ich auf einer geraden Strecke ohne Gegenverkehr überholen wollte. Ich setzte mit erhöhter Geschwindigkeit dazu an, da schert der hintere Tanker ohne ein Zeichen zu geben links aus. Ich mußte weiter nach links ausweichen, sah über den linken Straßenrand die steile Böschung hinunter. «Jetzt stürzen wir ab», war mein Gedanke. Instinktiv riß ich das Steuer herum. Der Wagen schleuderte an den rechten Straßenrand, dann mehrere Male hin und zurück, bis er endlich stand. Ich sank in mich zusammen, bis ich langsam wieder zu mir kam. Aber das Jahr hatte es in sich.

Im September wollten wir nach der schönen Botanikertagung in Innsbruck noch ins Engadin, aber wir waren müde und beschlossen, am 5. September direkt nach Hause zu fahren.

Am 7. September war ein herrlicher Herbsttag und ich machte allein eine Wanderung durch das Körschtal und hatte wie immer auf dem Rückweg eine belebte Autostraße zu überqueren an einer Stelle mit guter Sicht. Da keine Autos zu sehen waren, ging ich rasch hinüber, hatte bereits die eine Fahrbahn überquert, als links Autoreifen laut aufkreischten! Als ich zu mir kam, lag ich am Boden und vom Kopf tropfte das Blut. Eine Stimme sagte: «Ich bin Ärztin, rühren sie ihn nicht an, bis der Notarztwagen kommt.» «Also bist du überfahren», dachte ich, «aber du bist in Gottes Hand, was geschieht ist gut», das beruhigte mich, Schmerzen hatte ich keine. Mit lauter Stimme sagte ich: «Ich fühle mich sehr gut, kann aber das linke Bein nicht bewegen» und nannte die Anschrift mit der Bitte, meine Frau zu benachrichtigen. Dann schloß ich die Augen und hatte ein Gefühl, als ob sich das Bewußtsein vom Körper trennt, jedoch alles registriert, was mit ihm passiert: Auf die Bahre gelegt, ins Auto geschoben, Wagen biegt rechts ab, steil herauf, nochmals rechts (also bringen sie dich ins Ruiter Krankenhaus) ausgeladen, Fahrstuhl surrt, Kopf bald höher, bald tiefer (also wirst du geröntgt), durch Gänge gerollt und dann Stillstand, die ganze Zeit keinerlei Schmerzen.

Als ich die Augen öffnete, war ich in der Intensivstation. Der Betrieb interessierte mich. Ich sah nur mein Gegenüber: Ein völlig verbundener Kopf mit Sauerstoffzufuhr, aber sehr gütige Augen blickten mich an. Ein sehr sympathischer Arzt teilte mir mit, ich würde bald operiert, was mich völlig gleichgültig ließ.

Als ich herausgerollt wurde, schaute mich mein Gegenüber wieder so gütig an und hob wie segnend die Hand. Da durchzuckte mich der Gedanke: «Das ist Christus, der in Menschengestalt mit uns, den von der modernen Technik Geschundenen, leidet.» Ein Glücksgefühl erfüllte mich, das die ganzen dreieinhalb Monate im Krankenhaus anhielt.

Als ich aus der Narkose aufwachte, lag ich an derselben Stelle mit einem Bein in Gips, das andere ein Blutsack und mit den Armen am Bett wie gekreuzigt, weil die Armvenen an Infusionsgefäße angeschlossen waren. 24 Bluttransfusionen waren notwendig, auch die Nieren versagten. Dann kam der Arzt und gratulierte, die Nieren würden mit doppelter Intensität arbeiten, die Lebensgefahr sei vorüber. Abends sah ich meine Frau. Die Tage vergingen, ich lebte zeitlos, bis ich in ein Krankenzimmer kam.

Einem Vertreter der Polizeibehörde mußte ich den Unfall aus meiner Sicht schildern und er las mir das Protokoll des Sachverständigen vor: Ein von links kommender Fahrer war in die Rechtskurve bei der 80 km vorgeschrieben waren, mit 103 km hineingefahren, bis er mich sah, trat dann auf die Bremse, blockierte die Steuerung, kam von seiner Fahrbahn ab und wie ein Pfeil geradlinig auf mich zu, warf mich um und überfuhr beide Beine. Mich traf keine Schuld, aber es dauerte drei Jahre, bis die Versicherung dem Anwalt gegenüber bereit war, die Gesamtkosten zu übernehmen. Eine innere Blutung verursachte nochmals eine lebensgefährliche Krise. Dann wurde eine zweite Operation notwendig. An Stelle der zertrümmerten Knochen waren mir zwei Stahlnägel von 35 cm und 44 cm Länge eingesetzt worden, aber die Gelenke mußten genauer orientiert werden. 4 Wochen völlig in Gips waren die Folge, nur Kopf und Arme waren frei. Man hatte Zeit, über alles in Ruhe nachzudenken. Wieder hatte der Tod mich nur gestreift. Offenbar hatte ich mein Soll, den Fähigkeiten entsprechend, noch nicht erfüllt, an weitere Forschungsreisen war nicht zu denken, aber meine russischen Sprachkenntnisse hatte ich für die Wissenschaft noch nicht verwertet. Ich war im Westen praktisch der einzige Ökologe, der das Russische wie seine Muttersprache beherrschte und dem die Fachkollegen aus Leningrad, Moskau, aber auch aus dem Kaukasus, Ural usw. ihre Bücher zusandten. Diese Literatur war im Westen kaum bekannt, obgleich die Vegetationskunde in enger Beziehung zur Bodenkunde in der ⅙ der Erdoberfläche einnehmenden USSR eine führende Rolle spielt. Schon die detaillierte Vegetationskarte für dieses riesige Gebiet blieb bisher unübertroffen. Diese etwa 30 000 Seiten umfassende Literatur wollte ich in deutscher Sprache zusammenfassen. Mit diesem Plan beschäftigte ich mich in Gedanken so intensiv, daß die Zeit rascher verging als erwartet. Dann kamen die ersten Turn- und Gehübungen. Am 23. 12. wurde ich auf zwei Krücken nach Hause entlassen, gerade vor Weihnachten. Der Winter war mild, die Gehübungen draußen machten rasche Fortschritte, bald konnte ich nur mit einem Stock zum 1 km entfernten Botanischen Garten gehen. Nach einem Jahr zeigte das Röntgenbild, daß sich um die Nägel neue Knochen gebildet hatten, die Nägel wurden operativ entfernt und die jungen Knochen waren besser als die alten. Ich bin bis zu 12 km gewandert und konnte sogar nochmals eine große Reise durchführen. Dabei hatte ich bis heute niemals Schmerzen gehabt.

Der Mediziner und Psychotherapeut Balthasar Stähelin in Zürich hat in einem Rundfunkvortrag gesagt, daß dem Menschen die Urglaubensfähigkeit an die Zugehörigkeit zu einer transzendenten «Einheit» eigen ist, die sich nur zeitlich begrenzt als physisches, irdisches Leben manifestiert. Dieses Erlebnis erfülle die Menschen mit einer Seligkeit, die ihnen die Fähigkeit verleihe, alle Leiden auf sich zu nehmen und sie zu überwinden.

Das war es, was ich bei diesem Unfall empfand und was ihn zu meinem größten Erlebnis machte; ohne dieses wäre mein Lebensablauf unvollständig geblieben.

Nach den Worten des behandelnden Arztes hätte ich ohne meine völlige Ruhe und Gelassenheit den Unfall nicht überlebt. Ich schlief vor der Operation ohne Schlafmittel so gut wie zu Hause. Schon auf dem Operationstisch liegend scherzte ich mit dem Operateur, bis ich durch die Narkose das Bewußtsein verlor; ich brauchte nur ein Minimum an Narkotika und wachte danach wieder frisch auf. Die Gelassenheit beruhte auf dem Gottvertrauen, das somit zum Wunder der völligen Genesung führte. Diese erneute Wiedergeburt erfüllte mich im hohen Alter mit einer ungeahnten Energie, mit einer Art Besessenheit, noch mehr zu leisten, so daß die Zeit zwischen meinem 74. und 84. Lebensjahr zu meiner produktivsten gehörte.

Das im Krankenhaus vorgeplante Buch erschien bereits 1974 unter dem Titel «Die Vegetation Osteuropas, Nord- und Zentralasiens» im Verlag Gustav Fischer Stuttgart. Es behandelt ⅕ der gesamten Erdoberfläche und ich kenne mich jetzt in Sibirien, der Karakum-Wüste oder im Pamir fast so gut aus, als ob ich dort gewesen wäre.

Im genannten Zeitraum von 8 Jahren erschienen 15 Beiträge in wissenschaftlichen

Zeitschriften und 12 neue Bücher oder Neuauflagen mit einem Gesamtvolumen von über 3000 Seiten. Im Druck sind zwei große Manuskripte in englischer Sprache für das Sammelwerk «Ecosystems of the World». In diesem Zeitraum erschien eine russische Übersetzung meines 2bändigen Werkes «Vegetation der Erde» in Moskau (in drei Bänden) und die Übersetzungen eines zusammenfassenden Werkes in Englisch, Polnisch, Rumänisch, Spanisch und in Katalanisch. Eine solche ins Portugiesische ist in Brasilien im Gang.

Die Zusammenfassung meiner Lebensarbeit erfolgt im dreibändigen Werk «Ökologie der Erde» mit Unterstützung meines früheren Schülers Prof. Dr. S.-W. Breckle (Bielefeld). Der erste Band wird bald erscheinen, die anderen sind in Bearbeitung.

2. Naturwissenschaft und Kunst

Diese Frage soll hier nur aus der Sicht eines ökologisch arbeitenden Naturwissenschaftlers auf Grund seiner persönlichen Erfahrungen besprochen werden.

Meist wird angenommen, daß zwischen der Arbeitsweise eines Künstlers und eines Naturwissenschaftlers ein scharfer Gegensatz besteht. Die Schöpfungen eines begnadeten Künstlers, die er aus Leidenschaft und aus einem inneren Drang schafft, beruhen auf Intuition. Ihre Verwirklichung setzt zwar auch die Beherrschung einer gewissen Technik voraus, wesentlicher ist jedoch die besondere Begabung des Künstlers.

Im Gegensatz dazu soll der Naturwissenschaftler zu seinen neuen Erkenntnissen auf Grund von rationalen Überlegungen und durch sorgfältig vorgeplante Versuche gelangen, zu deren Durchführung die Kenntnis von oft sehr komplizierten Methoden unbedingt notwendig ist. Objektive Kriterien spielen die Hauptrolle, während subjektive Überlegungen auszuschalten sind. Die Persönlichkeit spielt somit beim Naturwissenschaftler nicht die Rolle wie bei einem Künstler.

Diese Unterschiede mögen für die mehr technisch eingestellten oder analytisch über Spezialprobleme arbeitenden Naturwissenschaftler, die in ihrem Labor mit der eigentlichen Natur kaum in Berührung kommen, gültig sein. Anders sind dagegen die Verhältnisse beim Ökologen, der vorwiegend synthetisch arbeitet und die Natur draußen im Gelände in ihrer ganzen Mannigfaltigkeit erlebt. Bei ihm spielt die Intuition eine ähnliche Rolle wie bei einem Künstler. Wenn man sich lange und intensiv mit den komplizierten Problemen in einem Gebiet beschäftigt, ohne sie lösen zu können, dann wird die Lösung einem plötzlich klar, oft beim Aufwachen in der Nacht, wie eine Erleuchtung. Der Schlaf ist ja fürs Gehirn keine Ruhepause, vielmehr scheinbar die Zeit, in der unbewußt die Querverbindungen zwischen den vielen gespeicherten Einzeltatsachen geknüpft werden, wobei oft unerwartet eine Synthese zustande kommt. Ähnliches geschieht, wenn man auf einsamen Wegen wandert, also vor Außenreizen abgeschirmt ist, oder abends liegend Musik von Beethoven, Schubert u. a. hört.

Während jedoch der Künstler seine intuitive Erkenntnis sofort verwirklichen kann und sein Werk von den einen begeistert aufgenommen wird, bei anderen dagegen auf Ablehnung stößt, denn es gibt ja kein objektives Kriterium für die Bewertung der Kunst, muß der Wissenschaftler seine intuitive Erkenntnis als eine Art Arbeitshypothese für sich behalten. Er ist verpflichtet, ihre Richtigkeit objektiv zu beweisen, so daß sie der Kritik von sachverständigen Fachgenossen standzuhalten vermag. Diese Beweisführung muß auf rationalem Wege durch Versuche oder gezielte Beobachtungen geschehen, was oft ein sehr langwieriger Vorgang ist. Nur diese Beweisführung wird dann veröffentlicht, während die intuitive Erkenntnis als subjektiver Vorgang unerwähnt bleibt. Dadurch erhält die Öffentlichkeit von der Arbeit eines solchen Wissenschaftlers ein einseitiges Bild.

Bei allen Forschungsreisen in ein ökologisch noch nicht durchforschtes Gebiet ist es notwendig, in den Anträgen einen Arbeitsplan vorzulegen, aber bei der Arbeit selber in einer neuen Umwelt muß man zunächst unvoreingenommen beobachten und Ortskundige gezielt ausfragen, um sich mit den tatsächlichen Verhältnissen vertraut zu machen, sich also richtig in die neue Umwelt einleben. Dazu braucht man Zeit, d. h. es ist zweckmäßig, zunächst einige Monate an einem geeigneten Ort zu verbringen. Dann kommt plötzlich der Augenblick, in dem einem unter zusätzlicher Verwertung der Erfahrungen in anderen, ähnlichen Gebieten die Zusammenhänge intuitiv klar werden. Diese sind dann sorgfältig zu überprüfen, nicht nur örtlich, sondern auch auf weiteren Fahrten durch ein größeres Gebiet. Nichts wäre falscher, als am ursprünglichen Arbeitsplan festzuhalten, der ja aufgestellt wurde, bevor man das Gebiet kannte. Wer nur über Erfahrungen in Mitteleuropa verfügt, muß in anderen klimatischen Gebieten, vor allem in ariden, völlig umlernen, sonst kommt er leicht zu Trugschlüssen.

Was nun die Leidenschaft anbelangt, so ist sie für die Arbeit eines wahren Naturforschers eine ebenso wichtige Antriebskraft wie für den Künstler. Das empfand ich, als ich die Lebensgeschichte von Michelangelo las, der immer wieder ein neues Werk aus innerem Drang in Angriff nehmen mußte. Ein Wissenschaftler, der seinen Beruf nur im Hinblick auf die zukünftige Einkommenssicherung wählt, wird selten etwas leisten. Studienanfängern, die sich nach den besten Aussichten erkundigen, habe ich stets vom Studium abgeraten. Wer sich dann trotzdem zum Studium entschließt, setzt sich selbst in einem «brotlosen» Fach durch. Die größte Gefahr für die wissenschaftliche Laufbahn ist die zunehmende Verbeamtung, d. h. Sicherung der Stellung selbst bei mangelnder Leistung, wodurch die Laufbahn für die Befähigten blockiert wird.

Um nun den Vergleich der Wissenschaft mit der Kunst fortzusetzen, möchte ich die Naturwissenschaft mit einem großen Gemälde oder besser mit einer Mosaikdarstellung vergleichen, an der Generationen von Wissenschaftlern arbeiten, um immer genauere Einzelheiten zu erforschen und zwar nur von dem Teil der Wirklichkeit, die wir messend und ordnend zu erfassen vermögen. Jede gute Arbeit liefert ein neues Steinchen für das Mosaik. Aber viele einzelne Steine bleiben doch nur ein Steinhaufen, wenn sie nicht immer wieder so eingefügt werden, daß sie ein anschauliches Bild ergeben. Diese synthetische Arbeit muß geleistet werden, die analytische allein ist ungenügend. Denn nicht die Ansammlung von vielen Einzeltatsachen, sondern ihre synthetische Zusammenfassung bringt die Wissenschaft einen Schritt vorwärts. Eine solche Synthese wird nicht erreicht, indem man auf einem Symposium Einzelvorträge über einen bestimmten Problemkreis halten läßt und diese dann in einem Band veröffentlicht, wie es neuerdings üblich ist. Es wäre Pflicht des Herausgebers, die Synthese der Vorträge durchzuführen. Statt dessen überläßt er das meist den Lesern und begnügt sich damit, unter seinem Namen den Band drucken zu lassen. Dabei sind die Einzelvorträge meist nur kurze Zusammenfassungen von bereits veröffentlichten Arbeiten, so daß der wissenschaftliche Gewinn solcher Symposien nur sehr begrenzt ist.

Der zu große, aus einzelnen Tatsachen bestehende wissenschaftliche Stoff und das Fehlen von synthetischen Zusammenfassungen bereitet besonders dem Studienanfänger Schwierigkeiten. Früher war jeder Vertreter eines großen Faches an den Universitäten verpflichtet, in einer allgemeinen Vorlesung den Studienanfängern einen großen Überblick vom gesamten Fachgebiet zu geben. Von der Qualität dieser Vorlesung hing es oft ab, für welches Hauptfach sich ein begabter Studienanfänger entschied. Heute ist die von vielen Spezialisten abgehaltene Blockvorlesung kein Ersatz für die eine «allgemeine Vorlesung», ebenso wenig die Ansammlung unendlich vieler Tatsachen in den großen, von vielen Autoren verfaßten Lehrbüchern. Der Studierende erhält kein Gesamtbild, sondern erstickt in Einzelheiten. Dazu kommt, daß jedes Fachgebiet sich immer mehr eines besonderen Fachjargons bedient und die in zunehmendem Maße gebrauchten Abkürzungen nur dem engen Spezialisten bekannt sind. Die Wissenschaft wird langsam zu einem Turm zu Babel. Die einzelnen Fachdisziplinen finden keine gemeinsame Sprache mehr. Selbst auf den großen internationalen Kongressen bleiben in den vielen Sektionen die Spezialisten unter sich.

Die heute ins Blickfeld der Öffentlichkeit gerückte Ökologie nimmt eine Sonderstellung unter den biologischen Wissenschaften ein als vorwiegend synthetisch arbeitende und sich auf viele Einzeldisziplinen stützende Wissenschaft. Ihre Aufgabe ist es, das komplizierte Wirkungsgefüge in der Biosphäre, dem belebten Raum der Erde, aufzuklären. Dieses Wirkungsgefüge kann man nur in der freien Natur studieren, beobachtend, messend und miterlebend. Gerade das letztere ist wichtig. Die vielen Zahlenwerte, die ein automatisch registrierender Apparat liefert und die nur mit Hilfe eines Computers zu übersehen sind, bilden keinen Ersatz. Der Computer ist ein schneller Rechner, aber nicht zu einer synthetischen Zusammenfassung befähigt. Das Bestreben, möglichst genaue Messungen zu erzielen, setzt außerdem komplizierte Apparate voraus, die für die Geländearbeit wenig geeignet sind. Deshalb macht sich bei den Ökophysiologen immer mehr das Bestreben bemerkbar, die Untersuchungen ins Laboratorium zu verlegen, womit die Ökophysiologie zu einer reinen Physiologie wird, die sich mit der Analyse von ökologisch interessanten Spezialfragen beschäftigt. Diese Ergebnisse sind für den Ökologen zwar von sehr großem Nutzen, sie dürfen jedoch nicht unbesehen auf die Verhältnisse in der freien Natur übertragen werden; denn der Ökologe hat es mit stets wechselnden Außenbedingungen und sehr komplizierten Wettbewerbsverhältnissen innerhalb der Lebensgemeinschaft zu tun.

Die Verhaltungsforschung sollte auch auf die wichtigsten Pflanzenarten ausgedehnt werden, d. h. es müßten am natürlichen Standort ihre Gefährdung und ihre Überlebungschancen von der Keimung über das Jugend-Reife- sowie Altersstadium und bei der Aussamung verfolgt werden.

Die Devise des Ökologen muß deshalb bleiben:

Das Laboratorium des Ökologen ist Gottes Natur
Und sein Arbeitsfeld – die ganze Welt!

Die Naturwissenschaft sollte sich stets bewußt bleiben, daß sie nur einen begrenzten Teil der gesamten Wirklichkeit erfaßt – die physisch meßbare Welt. Ihre Aussagen gelten deshalb nur für diese. Fragen über «gut» und «böse» oder über «den Sinn des Lebens» kennt sie nicht und kann sie auch nicht beantworten. Deswegen ist sie auch nicht in der Lage, die Weltanschauung des Menschen zu bestimmen oder auch nur zu beeinflussen, wenn sie auch mit Psychopharmaka seine Geistesfunktionen zu verändern mag. Die Weltanschauung eines Menschen wird durch seine religiöse, moralische und ethische Einstellung geprägt, also durch sein Innenleben, das für ihn die eigentliche Wirklichkeit ist, die seinem Leben Sinn und Halt gibt. Daran hat weder die Evolutionslehre, noch die Aufhellung der Atomstruktur etwas geändert.

Ebenso wie ein Gemälde von einer Landschaft nicht die Landschaft selbst ist, kann das imponierende Gebäude der Naturwissenschaften nur ein Modell der meßbaren Wirklichkeit sein, die im eigentlichen Sinne zu erfassen, wir nicht imstande sind.

Schon die Lehre von den Sonnensystemen oder die Welt der Atome, wie auch die Beziehungen zwischen Materie und Energie, die nur durch eine mathematische Formel ausgedrückt werden, übersteigen unser sehr begrenztes Vorstellungsvermögen.

Auch für den Ökologen gilt: Je mehr er den Lebensraum erforscht, desto mehr lernt er das Staunen über dessen harmonische Mannigfaltigkeit, desto mehr Ehrfurcht empfindet er für alles Lebendige und desto mehr wächst in ihm die Besorgnis über die immer schlimmer werdenden, zerstörerischen Eingriffe des Menschen in die Natur, durch die der Bestand der noch vorhandenen Naturreste und damit die Existenz der Menschheit in Frage gestellt werden. Nicht die dauernde Beschwichtigung von Seiten der Politiker, sondern ein radikales Umdenken im Verhalten der Menschen, ehe es zu spät ist, tut Not!

Lokale Maßnahmen allein genügen nicht. Es ist notwendig, die ökologischen Probleme in globaler Sicht zu sehen. Um die Forschung auf breiterer Basis anzuregen, haben im Rahmen unserer begrenzten Möglichkeiten meine Frau und ich an meinem 70. Geburtstag 1968 das «Schimperstipendium für ökologische Forschung in außereuropäischen Ländern» begründet. Bewerben können sich deutsche und österreichische Ökologen. Voraussetzung ist, daß die Forschungen im engen Kontakt mit den örtlichen Stellen durchgeführt und von diesen auch unterstützt werden.

B. Schlußfolgerungen in ökologischer Sicht

Der Club of Rome hat bereits 1972 die Welt durch seinen Bericht über die begrenzten Rohstoffquellen, die den Industriestaaten zur Verfügung stehen, und über die Gefahren der Naturzerstörung alarmiert. Seitdem sind weitere Veröffentlichungen mit einem gewaltigen Zahlenmaterial erschienen, das eindeutig auf die Notwendigkeit zur Ergreifung von Gegenmaßnahmen hinweist und die düsteren Prognosen für das Jahr 2000 bestätigt.

Die vielen eindrucksvollen Daten, die in diesen Schriften enthalten sind, sollen hier nicht nochmals wiederholt werden, vielmehr wollen wir nur auf Grund unserer eigenen weltweiten Erfahrungen auf die beiden größten globalen Gefahren eingehen, die bereits in der Einleitung genannt wurden (Bevölkerungsexplosion und technische Explosion) und nicht wegdiskutiert werden können, unabhängig davon, ob man optimistisch oder pessimistisch in die Zukunft blickt.*

Ein Optimist ist, wer die Gefahren sieht, sie richtig einschätzt und rechtzeitig Maßnahmen ergreift, um sie abzuwenden. Derjenige dagegen, der immer nur beschwichtigt und die Gefahr herunterzuspielen sucht, ist entweder ein Tor oder er denkt nur bis zum nächsten Wahltermin. Ein Pessimist ist jedoch ein Mensch, der zwar ebenfalls die Gefahren sieht, aber die Hände in den Schoß legt und nur jammert, bzw. in panische Angst gerät und damit die Gefahren noch vergrößert.

Die folgenden Ausführungen wurden in die dritte Auflage eingefügt. Inzwischen hat sich die Lage auf der ganzen Welt in erschreckendem Maße weiter verschlechtert. Die Entwicklungsländer sind hoffnungslos verschuldet und die meisten können nicht einmal die laufenden Zinsen bezahlen.

Ebenso besteht die Gefahr, daß die Industrieländer durch die Emissionen sich selbst vergiften und in ihrem eigenen Giftmüll ertrinken. Alle halbherzigen Gegenmaßnahmen, die ergriffen werden, können eine weitere Verschlechterung der Lage nicht verhindern. Eine langsam sich anbahnende Katastrophe rückt immer näher.

Trotzdem setzen die Politiker und Volkswirte immer noch auf das angebliche Heilmittel «Wirtschaftswachstum» und weitere Entwicklung der Technik. Aber letzteres erhöht nur den Wohlstand, vernichtet jedoch zugleich die Voraussetzungen für eine gesunde Existenz der Menschheit. Die Arbeitslosigkeit, psychische Erkrankungen, die Drogensucht und die Kriminalität, ähnlich wie beim Untergang des Römischen Reiches, nehmen ständig zu.

1. Die Bevölkerungsexplosion in den Entwicklungsländern

Die Biosphäre der Erde ist ein Ökosystem, in dem durch natürliche Regelvorgänge alle Lebewesen sich in einem harmonischen Gleichgewicht befinden, das zwar gewissen Schwankungen unterliegt, aber das absolute Übergewicht einer Organismenart nicht duldet.

Bei den Pflanzen, die unter natürlichen Bedingungen wachsen, ist die Wahrscheinlichkeit sehr gering, daß einer der vielen erzeugten Samen eine günstige Stelle zum Keimen findet und zu einer fruchtenden Pflanze heranwächst. Deshalb bildet jede Pflanze eine verschwenderisch große Zahl von Samen aus, um die Nachkommenschaft zu sichern, z.B. eine Eiche etwa 2000 große Samen mit einer relativ großen Menge an Reservestoffen für den jungen Keimling, die Birke dagegen etwa 50 000 – 300 000 sehr kleine Samen, die dafür aber weit fliegen und auf einer großen Fläche ausgestreut werden. Aber von dieser Unzahl der Samen gelingt es im Mittel nur einem einzigen, zu einer fruchtenden Pflanze auszuwachsen. Wäre dem nicht so und würde aus jedem Samen eine neue samenbildende Pflanze hervorgehen, so wäre die Erde in kurzer Zeit von einer einzigen Pflanzenart bedeckt.

Dasselbe gilt für die Tiere: Je größer die Gefährdung für die Nachkommen, desto größer ihre Zahl. Fehlen dagegen Feinde, so vermehren sich die Tiere so stark, daß es stets zu einer Katastrophe kommt. Man denke an die Kaninchengefahr in Australien und ihre Abwendung durch die Myxomatose (vgl. Seite 261/262).

Weniger bekannt ist die Hundeplage in Konstantinopel (heutiges Istanbul) vor dem ersten Weltkriege: Es galt dort als große Sünde, einen Hund zu töten; infolgedessen vermehrten sich die Straßenhunde so stark, daß man in den schmalen Gassen der Altstadt über sie hinweg steigen mußte. Sie ernährten sich von den Küchenabfällen, die aus den Fenstern auf die Straße gekippt wurden, und von Ratten. Sie ersetzten die Müllabfuhr. Die Hunde griffen die Menschen nicht an, aber sie gehörten zu bestimmten Bezirken; sobald ein Hund aus einem anderen Bezirk die Grenze überschritt, wurde er fortgejagt. Es stank in den Straßen, aber schlimmer war, daß infolge der unhygienischen Verhältnisse periodisch immer wieder Cholera- und Pestepidemien ausbrachen und in die Hafenstädte am Schwarzen Meer eingeschleppt wurden. In meiner Jugend hatte ich sie häufiger in Odessa erlebt. Man entschloß sich zur Sanierung. Alle Hunde wurden eingefangen, auf Lastkähne gebracht und auf einer unbewohnten Felseninsel im Marmara-Meer ausgesetzt. Dort verdursteten sie im Sommer. Man war die Hunde los, ohne auch nur einen zu töten.

Ein ähnliches, aber noch nicht gelöstes Problem ist das Überhandnehmen der heiligen Kühe in Indien.

Auch bei dem primitiven Menschen, der viele Feinde (Raubtiere, Krankheiten) hatte, mußte wohl die Kinderzahl sehr groß sein, denn nur wenige Kinder erreichten das zeugungsfähige Alter. Das Nahrungsangebot war für den Menschen auf der Kulturstufe der Sammler und Jäger nur gering. Man denke an die Buschmänner in der Kalahari oder die Eingeborenen in der australischen Wildnis. Ihre Zahl steigt nicht an – im Gegenteil ihre Überlebenserwartung ist durch die Verdrängung in ungünstige Gebiete gering.

Mit zunehmender geistiger Entwicklung gelang es jedoch dem Menschen, das Nahrungsangebot durch Domestizierung einiger Tierarten und den Anbau von Nutzpflanzen zu verbessern. Er sorgte dafür, daß auf dem Acker jeder ausgesäte Same eine fruchtende Pflanze ausbildete, wobei er jedoch den Überschuß der erzeugten Samen selber verzehrte. Gleichzeitig stellte er Werkzeuge und Waffen her, um Wild zu jagen und Raubtiere zu bekämpfen. Infolgedessen stieg die Zahl der Menschen an. Dabei konnten die Waffen auch gegen Konkurrenten der eigenen Art angewendet werden.

Wenn Tiere derselben Art miteinander kämpfen, vor allem männliche Tiere, so nimmt das unterliegende eine Demutstellung an und wird geschont. Im Kampf der Menschen dagegen tötet die Waffe und schon beim primitiven Speer oder dem Pfeil aus einer gewissen Entfernung, so daß ein Schonungsinstinkt beim Menschen nicht zur Ausbildung kam, was schon die Römer zur Feststellung veranlasste: «Homo ho-

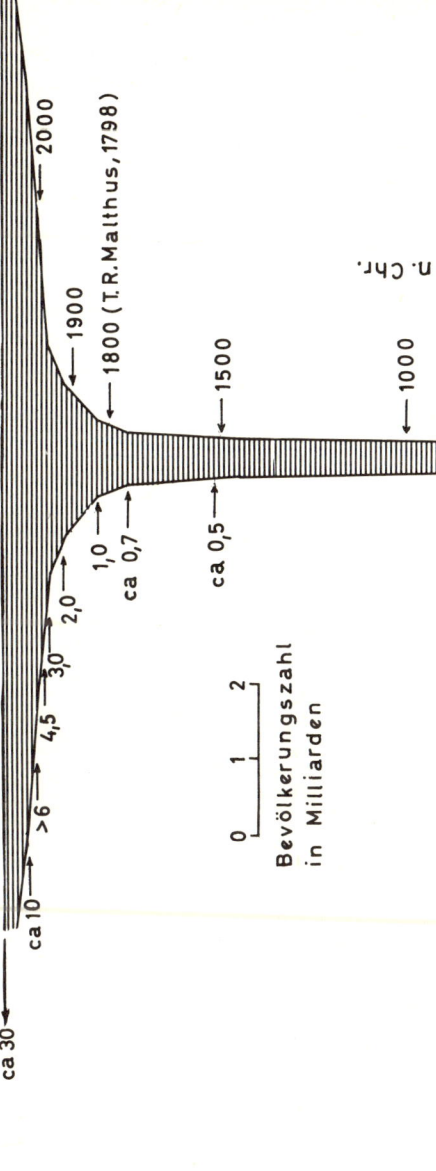

Erläuterung zur Abb. 13.

Abb.1. Die Bevölkerungsexplosion auf der Erde als Atombomben-
pilz dargestellt vom Jahre Null unserer Zeitrechnung an: Es hat seit
dem Auftreten des Menschen Millionen von Jahren gedauert, bis es
Mitte des 19. Jahrhunderts eine Milliarde Menschen auf der Erde
gab. Nach weiteren 100 Jahren waren es bereits 2 Milliarden, dann
nach weiteren 37 Jahren 3 Milliarden, aber schon 13 Jahre später 4
Milliarden. Heute dürften 4,5 Milliarden bereits überschritten sein;
um das Jahr 2000 muß man mit über 6 Milliarden rechnen und um
das Jahr 2030 mit über 10 Milliarden. Die Zahl um 2100 konnte nicht
dargestellt werden, denn bei gleichbleibender Zunahme müßte man
die Breite des Pilzes oben verdoppeln auf über 30 Milliarden.

mini lupus est» (der Mensch ist dem Menschen ein Wolf). Die tödliche Wirkung der Waffen vergrößerte mit deren zunehmender Entwicklung die Entfernung vom Feinde, so daß selbst der Befehl zum Abwurf der Flugzeugbomben und sogar der Atombombe ohne Zögern ausgeführt wurde. Die immerwährenden Kriege im Laufe der menschlichen Geschichte waren ein Faktor, der zur Begrenzung des Bevölkerungswachstums beitrug. Vielleicht noch wirksamer war ein anderer, die unsichtbaren Feinde – Mikroben, die in den dicht zusammengedrängten Menschenmassen der städtischen Siedlungen einen günstigen Nährboden fanden.

Unter diesen Umständen war eine hohe Geburtenrate zur Erhaltung der Menschheit notwendig. Immerhin machte sich bereits Ende des 18. Jahrhunderts eine ständige Bevölkerungszunahme bemerkbar. T.R. Malthus wies bereits 1798 in seiner Schrift «Essais on the principles of population» nach, daß die Nahrungsmittelerzeugung in arithmetischer Progression zunähme, die Bevölkerungszahl aber in geometrischer. Deshalb riet er, das Heiratsalter heraufzusetzen und die Kinderzahl zu begrenzen. Aber im Abendland begann gerade das Industriezeitalter und man brauchte Arbeitskräfte für die Fabriken. Der Rat wurde nicht befolgt. Die Stadtbevölkerung nahm zu.

Zwar ist die Geburtenrate in den wohlhabenden Industrieländern inzwischen soweit gesunken, daß kaum noch eine Bevölkerungszunahme erfolgt, aber um so stärker setzt sie sich in den Entwicklungsländern fort. Durch die Fortschritte der Medizin gelang es, zu Beginn unseres Jahrhunderts die Infektionskrankheiten zu bekämpfen und die Epidemien auf der ganzen Welt einzudämmen. Dazu kam die erfolgreiche Anwendung der Antibiotika. Die Sterberate sank, die sehr hohe Geburtenrate in den Entwicklungsländern jedoch nicht. Die Bevölkerungsexplosion setzte in voller Stärke ein. Die Abbildung 13 zeigt unverkennbar ihre Ähnlichkeit mit dem Atombomben-Explosionspilz, nur läuft diese Explosion nicht wie die der Atombombe in Sekundenschnelle ab, sondern im Laufe von Jahrzehnten, wodurch ihre Gefahr von den meisten unterschätzt wird.

Augenblicklich nimmt die Bevölkerung der Erde alle 10 Jahre um eine Milliarde zu, um das Jahr 2000 wird das alle 3 Jahre der Fall sein, wenn man nichts unternimmt.

In den Entwicklungsländern hat eine Massenflucht der Landbevölkerung in die Großstädte eingesetzt:

Mexiko City wird bald 30 Millionen Einwohner haben, SãoPãulo 25 Millionen, Bombay, Kalkutta und Jakarta 16-17 Millionen, über 10 Millionen haben Kairo, Madras, Manila, Buenos Aires, Bangkok, Karachi, Delhi, Bogota, Teheran, Bagdad u.a.

Nach Peccei werden jede Minute auf der Welt 223 Kinder geboren, das sind an einem Tage 321 000 oder im Jahr fast 120 Millionen. Wenn es den Medizinern gelingen würde, alle geborenen Kinder am Leben zu erhalten, so wären in 10 Jahren fast 1,2 Millarden Kinder unter 10 Jahren auf der Welt. Diese müßten alle versorgt und geschult werden. Nach weiteren 10 Jahren müßte man für sie einen angemessenen Arbeitsplatz schaffen. Das kann keine Entwicklungshilfe erreichen. Nur der Umstand, daß heute noch ein großer Teil der Kinder frühzeitig stirbt, verhindert ein noch größeres Chaos.

Man stelle sich vor, was bei uns geschehen würde, wenn jede Familie in Zukunft 6-10 Kinder zu versorgen hätte und der Staat für diese Arbeitsplätze zur Verfügung stellen müßte. Schon jetzt bereitet die große Zahl von Arbeitslosen unter den Jugendlichen Schwierigkeiten. Wie sollen die Entwicklungsländer damit fertig werden. Jede noch so große Entwicklungshilfe wird überrollt.

Während bei uns die Bevölkerungsstruktur fast die Form eines Zylinders aufweist, d.h. alle Altersgruppen sind zahlenmäßig gleich vertreten, zeigt sie in den Entwicklungsländern die Form einer sehr flachen Pyramide, d.h. es überwiegen sehr stark die

Unterzwanzigjährigen, die sehr bald noch mehr Kinder zeugen werden – eine unbegrenzte Vermehrung wie im Tierreich, wenn Feinde fehlen.

Obgleich Peccei in seinem Buch sehr energisch auf diese größte aller Gefahren hinweist, unterläßt er es, irgend welche Vorschläge zu ihrer Bekämpfung zu machen. *Dieses heiße Eisen wagt niemand anzufassen, aber jedes ungenutzte Jahr macht eine Katastrophe wahrscheinlicher.* Nur ein aus einem Entwicklungsland stammender Studierender der Universität Hohenheim, der nach dem Abschluß als Professor der Landwirtschaft in seiner Heimat tätig war, sagte in einem Rundfunk-Vortrag klar und deutlich: «Hände weg von den Entwicklungsländern, sie müssen selbst ihre Gesundung durchführen; jede Entwicklungshilfe verhindert das.»

Besonders schädlich ist die gutgemeinte Lebensmittelhilfe, denn sie heizt die Bevölkerungsexplosion an, so als ob man einen Brand mit Öl löschen würde. Bemerkenswert ehrlich in dieser Hinsicht war die Stellungnahme des Entwicklungsberaters des Weltkirchenrats, Jonathan Freyers, die Empörung auslöste. In einem Zeitungsartikel im März dieses Jahres wurde erwähnt, daß er die sehr richtige Ansicht vertritt, *der Hunger sei nur ein Symptom, an den eigentlichen Krankheitsherd käme die Nahrungsmittelhilfe nicht heran.* Die Überschüsse der Reichen seien nicht nur keine Medizin, sondern *sie richteten oft verheerende Schäden an.* Die einheimischen Regierungen verteilten die Lebensmittelsendungen an die Ärmsten oder verkauften sie sehr billig auf den Lokalmärkten. Infolgedessen lohne sich für die Bauern die Mühe des eigenen Anbaus nicht mehr. Sie würden es vorziehen, selber Hilfsempfänger zu werden. Die heimische Produktion breche zusammen und die Zahl der Hilfsempfänger steige an – ein Teufelskreis! *Der eigentliche Krankheitsherd ist eben die Bevölkerungsexplosion, der Hunger nur ein Symptom.*

Auch die politischen Veränderungen haben sehr wesentlich zu der Bevölkerungsexplosion in den Entwicklungsländern beigetragen. Ich bin wohl der einzige lebende Ökologe, der in einer der heute so geschmähten Kolonien forschend gearbeitet hat und zwar in dem Mandatsgebiet Tanganyika, dem heutigen Tanzania, das von England verwaltet wurde (vgl. Seite 88-97). Die auf den weiten Fahrten durch das Land erhaltenen Eindrücke sollen geschildert werden. Wir kamen sowohl mit den Eingeborenen als auch mit der Verwaltung in Berührung. Verwaltet wurde das Land auf indirekte Weise, d.h. die vielen verschiedenen Stämme lebten unabhängig von einander, jeder Stamm auf seinem Gebiet, das gerodet und mit der Hacke bearbeitet wurde. Um die Hütten herum wuchsen Manihot, Hirse, Bananen, Papaya u.a.m. Die Massai waren Tierhalter und beweideten die ihnen gehörenden Savannen mit ihren Rinderherden, wobei die Männer sich mit Milch und Blut ernährten; letzteres wurde abwechselnd den einzelnen Tieren an der Halsschlagader entnommen. Die Frauen aßen außerdem noch gesammelte pflanzliche Kost.

Jeder Stamm lebte nach seinen eigenen Sittengesetzen. Das Oberhaupt mit dem Ältesten Rat war dem Gouverneur gegenüber für die Ablieferung der Steuern verantwortlich. Dazwischen lagen in den Trockengebieten die großen Sisalplantagen der Weißen und um den Kilimandscharo und Meru herum die Kaffeepflanzungen, auf dem Iringa-Hochland auch Teepflanzungen.

Sisalfasern, Kaffee-Bohnen, Tee sowie Kopra und Kokosfasern aus den Eingeborenendörfern an der Küste bildeten die Exportprodukte. Der Erlös aus diesen deckte die Kosten der importierten Industrieprodukte, die das Land für die Verkehrsmittel, die medizinische Versorgung usw. brauchte. Der Haushalt dürfte ausgeglichen gewesen sein. Die Eingeborenenfrauen produzierten auf ihrem Lande so viel, daß sie ihren eigenen Bedarf deckten und den Überschuß auf den Märkten verkauften. Die wenigen leitenden Stellen waren mit Engländern besetzt, die anderen bei der Polizei, der Post, der Eisenbahn und Verwaltung mit Eingeborenen. Bei den Weißen auf den Plantagen und als Dienstboten arbeiteten nur Männer. Es herrschte ein in vielen Jahren gewachsenes Gleichgewicht und kein Hunger. Auch Bettler gab es nicht.

Man fühlte sich überall sicher und brauchte sein Haus nicht abzuschließen. Verschiedene katholische und evangelische Missionen unterhielten Schulen und Krankenhäuser für Eingeborene, aber der Islam breitete sich aus, weil er die bei den Eingeborenen übliche Polygamie zuließ, von eingeborenen Missionaren gelehrt wurde und auch nicht streng auf der Einhaltung der geforderten Verhaltensregeln bestand.

Die Eingeborenen unterschieden sich durch ihre Dialekte, doch hatte sich an der ganzen ostafrikanischen Küste als Umgangssprache eine streng grammatikalische Kunstsprache mit einzelnen arabischen Wörtern herausgebildet, die auch alle ansässigen Weißen erlernen mußten – das Kisuaheli.

Die Eingeborenen kannten nur das Sippeneigentum. Wenn ein Angehöriger der Sippe etwas verdiente, so mußte er den Verdienst mit der Sippe teilen. Da jeder Stamm nur über eine begrenzte Fläche verfügte, so wurde durch strenge Sittengesetze eine Bevölkerungszunahme verhindert. Die Mütter stillten ihre Kinder wenigstens zwei Jahre lang und waren in dieser Zeit für die Männer tabu.

Spannungen zwischen den Weißen und Schwarzen konnte man nicht wahrnehmen, obwohl der Weiße als «Bwana kubwa»– Großer Herr, und die Frauen stets mit Missis angeredet wurden. Daß Straftaten vorkamen, zeigten einige Gefangenentrupps, die von einem mit Gewehr bewaffneten Eingeborenen beaufsichtigt, bei Straßenarbeiten eingesetzt wurden. Aber das Arbeitstempo war so gemütlich, daß man den Eindruck hatte, die Eingeborenen fühlten sich bei der freien Verpflegung ganz wohl und dachten nicht an Flucht.

Diese langsame Entwicklung in der Richtung zu einer modernen europäischen Wirtschaftsgesellschaft wurde jäh durch die überstürzte Entlassung in die Freiheit unterbrochen. Der Nimbus der weißen Kolonialherrscher war durch den Einsatz von Kolonialtruppen gegen Weiße und die grausame Kriegsführung verlorengegangen. Es kam zu Unruhen. Man gab nach, stellte aber die Forderung, eine demokratische Verfassung auf der Grundlage «ein Mann eine Stimme» einzuführen, *was überhaupt nicht der Denkart der Afrikaner entsprach*. Das bewirkte eine Auflösung der alten Sittengesetze und Lebensgewohnheiten, ohne daß neue feste Familienbindungen entstanden. Die Landbevölkerung drängte in die Städte, um die neue Freiheit zu genießen; es bildeten sich Slums mit chaotischen Zuständen und ungehemmter Geburtenrate. Die Bevölkerungsexplosion begann. Von einer echten Demokratie kann in Schwarzafrika nirgends die Rede sein, wenn auch die äußere Form zuweilen gewahrt wird. Überall hat sich das Einparteiensystem mit einem Diktator an der Spitze durchgesetzt.

Die alten unnatürlichen Kolonialgrenzen wurden beibehalten, so daß ganz verschiedene Volksstämme, sogar verschiedene Rassen in einen Einheitsstaat zusammengepresst wurden. Der stärkste Stamm stellte den Diktator und unterdrückte die anderen. Die schlimmsten Vernichtungskriege wurden nach der Befreiung geführt im Süd-Sudan, innerhalb von Zaire, in Nigerien (Biafra!), in Äthiopien (Ogaden, Eritrea), in Ruanda-Burundi, in Uganda (Idi Amin!), im Kunststaat Tschad, Angola (Kubaner!). Die Zahl der Flüchtlinge geht in die Millionen.

Wie soll es in Namibia werden, wo die Swapo, die zum stärksten Stamm der Ackerbau treibenden Owambos gehört, einen Staat mit den stolzen Tierzüchtern der Hereros, und mit der ganz andersartigen, gelbhäutigen Rasse der Namas (Hottentotten) bilden soll, die wie die Buschmänner eine der ältesten Sprachen mit Klixlauten sprechen, sowie mit den Rehobot Bastarden? Dazu kommt die Minderheit der Weissen, die das Land auf eine hohe Kulturstufe mit einer sehr komplizierten wirtschaftlichen

Struktur gebracht haben (Karakulzucht mit Umtriebsweide, Erzgewinnung, Diamanten, reichste Uranmine Rössing). Besonders risikoreich ist das Klima, das dem von der Sahelzone entspricht, mit extremen Dürreperioden etwa alle 10-20 Jahre, die Vorsorge und Kreditwürdigkeit zum Überleben voraussetzen, was durch die Zusammenarbeit mit Südafrika möglich ist. Welches kapitalkräftige Land wird die Bürgschaft in Zukunft übernehmen? Ohne eine solche ist die Katastrophe vorprogrammiert. Die Gefahr besteht, daß aus dem ganzen wasserarmen Land nach der Erlangung der Selbständigkeit eine menschenfeindliche Namib-Wüste wird, die heute sich nur auf einen 100 km breiten Küstenstreifen beschränkt. Alle diese Tatsachen werden von der UNO gar nicht bedacht.

Auch aus den bisherigen Erfahrungen hat man nichts gelernt. Die Wirtschaft brach in allen befreiten Staaten zusammen. Kein Land ist heute ohne Hilfe von außen existenzfähig, selbst Kenya nicht und das frühere reiche Katanga. Die Zukunft von Zimbabwe ist noch völlig ungewiß. *Der Waffenimport zur Erhaltung der Machtstellung der Diktatoren spielt die Hauptrolle.*

Daß unter diesen Umständen die Entwicklungshilfe keine Abhilfe bringt, ist nicht erstaunlich. Man geht von der These aus, die merkwürdigerweise sowohl von den Kommunisten als auch von den Demokraten verfochten wird: «Alle Menschen sind gleich», d.h. durch die entsprechende Schulung kann man aus jedem Kind alles machen, also auch aus jedem Entwicklungsland in kurzer Zeit einen Industriestaat, eine Einstellung von denjenigen, die nie in fremden Ländern gearbeitet haben und als Touristen im Ausland alles so haben wollen, wie sie es von zu Hause gewohnt sind. Dabei werden im eigenen Land die Gastarbeiter, also die Nächsten, als etwas völlig Fremdartiges empfunden.

Viel richtiger ist die Gegenthese: «Alle Menschen sind verschieden», wobei Verschiedenheit keinerlei Werturteil bedeutet, sondern nur die Feststellung einer Tatsache. Je mehr Völker man kennenlernt und je mehr man sich bemüht, sie zu verstehen, desto mehr lernt man sie in ihrer Eigenart schätzen. Deswegen ist es völlig abwegig, *den Entwicklungsländern unser Staatswesen, unsere Denkweise und unser Wirtschaftssystem aufzuzwingen.* Auch die neuerdings aufgestellte These: «Hilfe zur Selbsthilfe» bleibt eine leere Phrase, solange man sich nicht eingehend mit den psychischen, soziologischen und religiösen Eigenarten des jeweiligen Volksstammes beschäftigt hat, der oft seit der Herausbildung der großen Menschenrassen eine ganz andere kulturelle Entwicklung in einer ganz anderen Umwelt durchgemacht hat. «Selbsthilfe» bedeutet wieder nur, *wie wir sie verstehen* und nicht wie die, denen wir helfen wollen. Man bedenke, daß die afrikanischen Völker keinerlei Schriftzeichen hatten und das Traditionsgut nur von Mund zu Mund oder durch die Trommelsprache weiter gegeben wurde. Wie wäre unsere Kultur heute, wenn wir nicht vor über 1000 Jahren die Buchstabenschrift und dann auch den Buchdruck erfunden hätten. Eine solche Kulturlücke läßt sich nicht innerhalb einer Generation überspringen. Wir dürfen weder das rational ökonomische Denken noch die Vorsorge oder unsere Auffassung von der Arbeit voraussetzen. Einige Beispiele sollen das zeigen:

Die Eingeborenen können sehr hart arbeiten, wenn sie sich mit dem Verdienst einen Wunsch erfüllen wollen. Fehlt dieser Ansporn, dann tun sie lieber nichts.

1. Als wir in Ostafrika waren, erzählte uns eine Familie, daß ihr sehr guter Koch plötzlich kündigte. Auf die Frage, ob er mit der Arbeit nicht zufrieden sei, oder ob er einen höheren Lohn wolle, antwortete er, daß er mit allem sehr zufrieden sei, er wolle sich nur ausruhen. Hat er unrecht? Wie viele sehnen sich bei uns nach dem Tag, da sie Rentner werden?

2. Die Sisalplantagen brauchen viele Arbeiter. Da die Leitung sich nicht darauf verlassen konnte, daß alle Arbeiter täglich zur Arbeit kommen würden, warb sie die doppelte Zahl an, ließ am Morgen nur die benötigte Zahl durch die Sperre und schickte die übrigen nach Hause. Diejenigen, die Wert auf den Verdienst legten, kamen dann am nächsten Tag früher zur Arbeit. Bezahlt wurde im Stück-Akkord: Jeder Arbeiter mußte eine bestimmte Zahl von Agavenblättern abhacken, diese am Rande der Feldbahn aufschichten und bekam dann den Tageslohn. Wer rasch arbeitete wurde früh fertig. Die Beaufsichtigung bei der Arbeit entfiel.

3. Ein Entwicklungshelfer zeigte einem Eingeborenen, wie man einen Acker rationell behandelt und düngt. Er erzielte dabei den vierfachen Ertrag und fragte den Eingeborenen, ob er im nächsten Jahr es so machen würde. Dieser verneinte. Auf die erstaunte Frage, weshalb er es nicht machen wolle, bekam er die Antwort, er hätte jetzt Vorrat für 4 Jahre und brauche deshalb 4 Jahre nicht zu arbeiten. Kein Wunder, wenn die meisten Entwicklungshelfer von ihrem Einsatz enttäuscht zurückkehren.

4. Ein Farmer in meinem Alter in Südwestafrika war auf der Farm geboren, spielte als Kind mit den Kindern der Eingeborenen, beherrschte ihre Sprache vollkommen und hatte als Farmer dauernd mit den Eingeborenen zu tun. Er sagte mir: «Herr Walter, man kann mit den Eingeborenen sein ganzes Leben zusammen sein, aber was im Grunde ihrer Seele vor sich geht, bleibt für uns unergründlich.»

An diese Worte dachte ich, als ich erfuhr, daß in Kenya während des Maumau-Aufstandes ein Farmer, der bei den Eingeborenen ganz besonders beliebt war, lebendig zusammen mit einer lebendigen Ziege in einer Grube begraben wurde. Durch dieses Opfer ihres geliebten Herrn sollte der Erdgott gütig gestimmt werden und dem Aufstand zum Erfolg verhelfen.

Die meisten großen Entwicklungsprojekte scheitern daran, daß die Planer keine ausreichenden Erfahrungen in dem betreffenden Gebiet besitzen und bestimmte wichtige Faktoren übersehen. Auch dazu einige Beispiele in Stichworten:

1. Das Sahelgebiet ist ein Randgebiet der südlichen Sahara mit einem gewissen Graswuchs. Es konnte früher nicht beweidet werden, weil Wasserstellen zum Tränken des Viehs fehlten. Also wurden viele Brunnen erbohrt. Das Land konnte darauf beweidet werden. Das Vieh vermehrte sich und die Zahl der Menschen nahm ebenfalls zu. Aber in dieser Klimazone, ebenso wie in Südwestafrika, treten alle 10-20 Jahre extreme Dürreperioden auf. Wasser aus den Brunnen hatte man, aber das Gras verdorrte. Vieh und Menschen verhungerten. Das Land wurde zur Wüste. Schuld daran waren die Brunnen der Entwicklungshilfe.

2. Im Süden von Ostafrika fand man eine günstige Stelle, um einen Damm zu bauen und eine große Fläche zu bewässern. Als die Arbeiten abgeschlossen waren, stellte sich heraus, daß die dortigen Bewohner Viehzüchter waren, für die eine Feldarbeit entehrend ist. Sie weigerten sich standhaft Land zu bearbeiten. Es war schwierig, willige Siedler aus weit entfernten Gebieten anzuwerben.

3. Bewässerungsland ist in den Tropen überhaupt ein zweischneidiges Schwert, denn die Menschen, die barfuß im Wasser arbeiten, erkranken an Bilharziose, deren Behandlung bei ständiger Neuinfektion nutzlos ist. Daß der große Assuan-Damm die Hoffnungen der Ägypter nicht erfüllte, ist bekannt.

4. Kenyas wirtschaftliche Verhältnisse waren relativ günstig. Man riet der Regierung zur Verbesserung der Deviseneinnahmen, die Anbaufläche der Teeplantagen zu vergrößern, um den Export zu steigern. Das geschah in einem so hohen Ausmaße, daß die landwirtschaftliche Fläche zur Nahrungsmittelversorgung der Bevölkerung nicht mehr ausreiche und die Bevölkerung hungert. Lebensmittel müssen jetzt eingeführt werden. Selbst in Kenya kam es zu einem blutigen Putschversuch.

In unseren Zeitungen nennt man zwar stets die Geldsummen, die vom Ministerium für Entwicklungshilfe überwiesen werden oder durch Spenden zusammenkommen, aber man schweigt sich darüber aus, *wie effektiv und ob sie die Gesamtsituation verbessern.* Wenn von Hilfsorganisationen für eine Werkstatt, einen Kindergarten oder ein SOS-Kinderdorf u.a. gesammelt wird, so ist das sehr anerkennenswert, aber es ändert nichts daran, daß *die Gesamtsituation sich rapide verschlechtert.* Wer wirklich ein inneres Bedürfnis zum helfen hat, der macht es wie Mutter Theresa; er geht zu den Ärmsten, tröstet sie und leidet mit ihnen nach dem Ausspruch: «Etwas mehr Liebe von Mensch zu Mensch ist mehr wert als alle Liebe zur gesamten Menschheit», die zu nichts verpflichtet. Ein englischer Experte, der sein ganzes Leben im übervölkerten Südostasien arbeitete, faßte seine Erfahrungen mit den Worten zusammen: «Es ist hoffnungslos!». Zu diesem Ergebnis kommen die meisten Entwicklungshelfer, die nach jahrelanger Arbeit zurückkehren. *Man muß die Ursache bekämpfen – die Bevölkerungsexplosion – und nicht nur die Symptome.* Was kann man tun?

In China, dem ältesten Kulturland der Erde mit heute einer Milliarde Einwohnern, hat man die Gefahr erkannt und beschränkt die Kinderzahl durch Gesetze und entsprechende Strafen. Aber in den Entwicklungsländern haben durchweg die ärmsten Menschen, die kaum in der Lage sind, sich selbst zu ernähren, die meisten Kinder. Z.B. nahm kürzlich eine von der Entwicklungshilfe in Peru eingerichtete Handwerksschule für Blinde ein bettelndes, halbverhungertes blindes Ehepaar auf, wobei festgestellt wurde, daß zu diesem 9 Kinder gehörten, teils sehende, teils blinde, aber alle kurz vor dem Verhungern.

Diese fast durchweg analphabetischen Schichten sind nur durch das Trommelfeuer einer ununterbrochenen Rundfunkpropaganda oder durch bildhafte Darstellungen einer glücklichen Familie mit 1-2 Kindern und einer verhungernden mit vielen Kindern zu erreichen. Es muß eine weltweite Propaganda bis in die entlegensten Dörfer erfolgen. Regierungen, die nicht damit einverstanden sind, müssen von jeglicher Entwicklungshilfe ausgeschlossen werden. Menschen dürfen nicht einem verantwortungslosen tierischen Geschlechtstrieb folgend sich unbegrenzt vermehren, ohne ihren Kindern entsprechende Sicherheit bieten zu können. Der Einsatz der Pille hat versagt. Mit den kostenlos an arme Frauen verteilten Pillen wußten diese nichts anzufangen oder fürchteten sie einzunehmen. Schlaue Händler boten ihnen für diese einen Spottpreis und verkauften sie für einen hohen an die wohlhabende Oberschicht.

Die Erde ist, wie die Abb. 13 zeigt, bereits übervölkert. Es handelt sich darum, *das harmonische ökologische Gleichgewicht des Lebens in einer gesunden Umwelt auf der Erde wiederherzustellen und einer begrenzten Zahl von Vertretern aller Volksstämme ein menschenwürdiges, kreatives Dasein bis in die ferne Zukunft zu gewährleisten.*

Wenn von kirchlicher Seite darauf hingewiesen wird, daß Gott zu Noah sagte: «Seid fruchtbar und mehret euch und reget euch auf Erden, daß euer viel darauf werden», so geschah das nach der Heiligen Schrift zu einer Zeit, als die Erde nach der Sintflut völlig unbevölkert war. Darf man sich heute darauf berufen und damit sowohl die Menschheit als auch die ganze Schöpfung gefährden?

Es gibt keine religiösen, moralischen oder ethischen Gründe, die eine unbegrenzte Vermehrung der Menschen bis zu ihrem Untergang rechtfertigen würden. Wir müssen das verhindern.

2. Die technische Explosion in den Industrieländern und die Zerstörung der Natur

Wenn man als Ökologe die Entwicklungstendenz der letzten Jahrzehnte in den Industrieländern verfolgt, so scheint einem ihre Lage genau so kritisch zu sein, wie die in den Entwicklungsländern. Auch hier kommt es darauf an, *die Ursachen zu erkennen und nicht nur die Symptome zu bekämpfen*.

Das eigentliche Problem in den Industrieländern ist heute die technische Explosion mit dem rein auf Profit ausgerichteten Wirtschaftssystem und seinen negativen Auswirkungen auf den Menschen selbst sowie seinen Lebensraum.

Es ist notwendig, zwischen den Begriffen «Lebensstandard» und «Lebensqualität» scharf zu unterscheiden.

Der *Lebensstandard* hängt mit dem Zivilisationsgrad zusammen; es sind die materiellen Güter, die dem Menschen zur Verfügung stehen, die man für Geld erwerben kann. «Kleider machen Leute» – ein Ausspruch von dem vor allem die Hochstapler profitieren, ist besonders typisch. Aber es sind nicht nur die Kleider, sondern auch der Wohnkomfort, die Status-Symbole, wie Automarke, Rassehund, Auslandsreisen (natürlich mit allem Komfort), Zweitwohnung als Ferienheim usw. usw.. Die Ansprüche kennen keine Grenzen, alles, was dem äußeren Schein dienlich ist, muß man haben.

Demgegenüber hat es die *Lebensqualität* mit der inneren ethisch-religiösen Einstellung zu tun. Man kann sie nicht mit Geld erwerben, sie meidet den äußeren Schein und ist mit einer einfachen, gesunden Lebensweise verbunden, mit einer ruhigen Fröhlichkeit, mit sinnvoller Arbeit und dem Fehlen von Angst. Denn die Lebensqualität kann einem niemand rauben, wohl aber den Lebensstandard und die äußere Stellung. Das erfuhr ich besonders deutlich in der Kriegsgefangenschaft; wer keine innere Stabilität besaß, der brach zusammen (Seite 175).

Lebensstandard und Lebensqualität brauchen keine Gegensätze zu sein, aber die Erfahrung lehrt, daß je mehr jemand Wert auf den äußeren Schein legt, desto stärker verarmt er innerlich. Treffend hat es die Nobelpreis-Trägerin Mutter Theresa beim Empfang in Stuttgart vor der ganzen Prominenz mit den Worten zusammengefaßt: «*Euer Wohlstand ist Eure Armut*».

Jeder, der in ärmeren Ländern nicht als Massentourist in komfortablen Hotels im Ghetto sich erholt, sondern durch seine Arbeit mit den Menschen selbst in nähere Berührung kommt, erfährt, daß sie, von den Slums ausgenommen, innerlich glücklicher sind. Erst der Tourismus weckt den Neid und wirkt demoralisierend. Ebenso das Fernsehen, das eine andere paradisische Welt vorgaukelt, aber auch Anregungen zu Verbrechen geben kann.

Auch unsere Rücksiedler aus dem Osten sind zwar froh, dem ständigen politischen Druck entflohen zu sein, aber sie sind enttäuscht über das Fehlen der natürlichen Wärme in den menschlichen Beziehungen.

In der Wohlstands-Wegwerfgesellschaft ist der Lebensstandard enorm angestiegen, aber die Lebensqualität hat nicht zugenommen. Die ältere Generation ist stolz auf das Erreichte, für die jüngere ist der Standard etwas Selbstverständliches und sie vermißt, oft unbewußt, die Qualität, sucht danach, findet sie nicht und gerät in Versuchung, das Bestehende zu zerstören.

In der Beurteilung, wem der Vorrang gebührt, dem Lebensstandard oder der Lebensqualität, scheiden sich die Geister. Bei uns wird heute vor allem Wert auf den Lebensstandard gelegt und damit auf den Ausbau der Technik, als Voraussetzung für den Lebenskomfort.

Die Technik schafft nur materielle Güter und trägt deshalb dazu bei, den Lebensstandard zu heben. Zu der ethisch-religiösen Seite des Lebens hat sie keinerlei Beziehung. Insofern kann auch nicht die Rede von einer zunehmenden feindlichen Einstellung zur Technik sein. Sie ist eine Erfindung des menschlichen Geistes und auf den Menschen kommt es an, wie er sie gebraucht und was er produziert.

Heute werden jährlich für 500 Milliarden Dollar (also etwa 1300 Milliarden DM) Waffen zur Vernichtung von Menschen produziert. Sie sollen für die Erhaltung des Friedens notwendig sein, aber die Waffenexporte in die Entwicklungsländer haben nur zu Kriegen geführt. Bisher wurden noch nie neue Waffen erfunden, die man nicht eingesetzt hätte. Alle wünschen die Abrüstung, aber noch ist nichts in dieser Richtung geschehen. *Das ist nur die eine negative Seite.*

Eine weitere ebenso ernste ist die zunehmende *Umweltverschmutzung.* Zur Lebensqualität gehört saubere Luft zum Atmen, gesunde Nahrung und reines Wasser. Diese sind in den Industrieländern nicht mehr gewährleistet.

Schon im Mutterleib ist das ungeborene Kind den Schadstoffen ausgesetzt, die im Blut der Mutter vorhanden sind. Die Muttermilch erhält nach neueren Untersuchungen aus dem Fettgewebe der Mutter so viele Schadstoffe, daß man das Stillen des Säuglings nur deshalb noch empfiehlt, weil auch die käuflichen Nahrungsmittel für Säuglinge nicht schadstofffreier sind. Hängt damit vielleicht die ansteigende Anzahl der behinderten Kinder zusammen?

Sein ganzes Leben lang ist der Mensch auch weiterhin einer fortlaufenden Vergiftung aus der Nahrung, dem Wasser und der Luft ausgesetzt. Zwar wird beteuert, daß die für die *einzelnen* Schadstoffe als unschädlich geltenden Höchstgrenzen im allgemeinen nicht überschritten werden, aber es kommt ja auf *die Summe aller Schadstoffe* und *ihre dauernde Einwirkung* an. Wer kann diese gesamte Gefahrenquelle sowie ihre Folgen eindeutig beurteilen?

Und wie ist die Luft, die wir einatmen? Ihre Verunreinigung ist allerorts und nicht nur in den Ballungsräumen. Die Tannen sowie die Fichten und wie es den Anschein hat auch die Buchen werden gerade in den Erholungsräumen, im Schwarzwald und im Bayerischen Wald von den Immissionen abgetötet, ja im Norden, selbst in Skandinavien durch die Abgase aus Mitteleuropa.

Reines Trinkwasser ist heute schon Mangelware und in fast allen Flüssen wird das Baden verboten. Alle bisherigen Gegenmaßnahmen sind mehr Kosmetik. Der frühere Reinheitsgrad ist leider nicht wieder zu erreichen.

Was die Vorzüge des heutigen Lebensstandards anbelangt, so habe ich als Neunzigjähriger die Möglichkeit, sie mit den «Nachteilen» der Zeit vor der technischen Explosion zu vergleichen.

Wie bereits geschildert, verbrachte ich meine Jugend in Odessa am Schwarzen Meer, als es noch keine elektrische Beleuchtung gab und man die Schulaufgaben im Schein der Petroleumlampe machte, die, wenn man nicht aufpaßte, rußte und stank. In der Stadt benutzte man die Pferdebahn oder den Pferdeomnibus. Die weiten Strecken, oft über 1000 km, legte man zwar im Schnellzug zurück, aber für kleinere Entfernungen um 100 km mußte man die Pferdepost benutzen mit mehrmaligem Wechsel der Pferde auf den Poststationen, z.B. auf der großen Insel Ösel, in den weiten südlichen Steppengebieten oder beim Überqueren des Hauptkammes im Kaukasus auf der Grusinischen Heerstraße. Das Leben war geruhsam und besinnlich, innerlich reicher und ergiebiger, als das von Hetze geplagte, oft mit Angst erfüllte heutige des gehobenen Lebensstandards mit dem Streß, dem die meisten unterliegen. Dabei ist Streß nur eine Psychose, vor der man bewahrt bleibt, wenn man nicht alles mitmacht, *was andere für wichtig halten.* Wozu dieses Herumjagen von Kontinent zu Kontinent mit dem Flugzeug, um alles gesehen zu haben, oder um bei allen Kongressen *dabei zu sein*, die oft nichts als Massenversammlungen sind und weder den Zeit- noch den Kostenaufwand lohnen und häufig die Ursache von Herzinfarkten werden. Produktive Arbeit braucht Ruhe und nicht etwa gute Beziehungen mit gesellschaftlichen Verpflichtungen.

Die Freizeit ist, wenn man sie auf der Autobahn mit langen Staus verbringt, oder im Autobus mit ständigen Besichtigungen, keine Erholung, sondern ein noch größerer Streß, von dem man sich in der Arbeitszeit erholen muß. Der nervöse Zustand des dauernd Gestreßten hindert ihn, die Aufgaben ruhig eine nach der anderen zu erledigen. Ein Gang in frischer Luft oder etwas Bewegung auf dem Sportplatz als kurze Entspannung wäre das Beste; aber dazu fehlt angeblich die Zeit und die innere Unruhe verhindert die effektive Arbeit. Schließlich kommt der langersehnte Augenblick, da man als Rentner ausschließlich seinen eigenen Interessen nachgehen kann: Man unternimmt viele Reisen, besucht Veranstaltungen und lenkt sich ab, um das Gefühl der inneren Leere nicht aufkommen zu lassen. Aber Sinn hat ein Leben in Freiheit nur, wenn man es für andere einsetzt oder etwas je nach Kräften und Vermögen für die Allgemeinheit tut, oder aber wenn ein abgeklärtes Leben innere Ruhe und Reife auf andere ausstrahlt. Dazu gehört auch, daß man die Fragen nach dem Tode nicht verdrängt, sondern im Sterben die höchste Vollendung seines Lebens sieht.

Was den Ökologen besonders beunruhigt, ist die Tatsache, daß die Menschen in den Industrieländern durch die ständig größeren technischen Möglichkeiten das Gefühl der Naturverbundenheit immer mehr verlieren. Der Mensch darf nicht vergessen, daß auch er ein Teil der lebenden Natur und ohne sie nicht lebensfähig ist. Erst der Umstand, daß die grünen Pflanzen die Fähigkeit erworben hatten, die Strahlungsenergie des sichtbaren Sonnenlichts in organischen Verbindungen als chemische Energie zu speichern, schaffte die Voraussetzung für die Entwicklung aller Lebewesen und auch des Menschen. Die Technik hat es nur mit toten Gegenständen zu tun. Sie kann weder Leben schaffen, noch dieses erhalten. Im harmonischen Kreislauf der lebenden Natur ist sie ein Störfaktor. Deshalb ist Naturschutz keine Gefühlsduselei, sondern lebensnotwendig.

Es gehört mit zu meinen traurigsten Erfahrungen zu sehen, wie bei uns innerhalb eines Menschenalters die Landschaft erst langsam, aber nach dem zweiten Weltkriege im rasanten Tempo in eine «Kulturwüste» umgewandelt wird. Die technischen Eingriffe in die Landschaft haben sich hinterher meist als nachteilig erwiesen, weil man die Folgen nicht berücksichtigte oder falsch einschätzte. Die Regulierung der Bäche und Flüsse im Oberlauf hat Überschwemmungen im Unterlauf bewirkt. Durch die Flurbereinigung wurden Hecken und Naßstellen entfernt, Feldwege betoniert. Dadurch wurde vielen nützlichen Säugetier-, Vogel- und Insektenarten die Existenzgrundlage entzogen. Durch Herbizide wird alles außer den Kulturpflanzen vernichtet. Es klingt heute fast wie ein Märchen, daß man in der Zeit zwischen den Kriegen auf der Bahnfahrt zwischen Bruchsal und Heidelberg in der Rheinebene überall Gruppen von Störchen sah, die ihre Nahrung in Wiesenmooren suchten.

Statt dessen stehen in den Dörfern, die sich früher harmonisch in die Landschaft einfügten, Betonhochhäuser; durch früher stille Schwarzwaldtäler führen Autostraßen mit ständigem Verkehr und Auspuffgasen, in den weiteren Tälern sind die Hänge zugebaut mit Hotels und Zweitwohnungsblöcken und der Feldberg ist als Naturschutzgebiet ein Rummelplatz, auf dem die Vegetation totgetrampelt wird.

Und die jetzige Generation kennt es nicht anders und weiß nicht, was man ihr genommen hat!

Zu dem kleinen Häuflein der begeisterten Kenner und Freunde der Natur ist jetzt ein immer größerer Teil der Jugend gestoßen – die Grünen. Die Farbe ist gut gewählt, denn das Blattgrün schafft die Voraussetzung für alles Leben und Grün ist die Farbe der Hoffnung. Hoffnung, festen Willen und Mut braucht die Jugend für die Wiederherstellung einer gesunden Umwelt für sie selbst und die nächsten Generationen. Sie muß es lernen voraus zu denken und zu planen über das Jahr 2000 hinaus und nicht nur bis zum nächsten Wahltermin. Noch sind die Grünen ein Sammelbecken von Protestierenden, die keine Partei im heutigen Sinne mit persönlichen Machtkämpfen, inneren Intrigen und Filzokratie sein wollen. Die Spreu ist nicht vom Weizen getrennt. Was wir brauchen ist eine *Erneuerungsbewegung*, die der weiteren für die Menschen tödlichen Umweltzerstörung Einhalt gebietet und ein Umdenken einleitet.

Als ich 1919 nach Deutschland kam und bald darauf die Wandervogelbewegung kennen lernte, hat sie mich tief beeindruckt.

Sie hat damals die Einstellung der Jugend stark verändert, aber konnte sich politisch nicht direkt auswirken. Jetzt ist dazu die Möglichkeit gegeben. Mit Recht wird von der Jugend wenig Wert auf den Lebensstandard gelegt. Wie steht es aber mit der Lebensqualität?

Eine Erneuerung muß bei einem selbst beginnen; man darf sie nicht zuerst vom anderen fordern. Sie muß schon äußerlich in einer natürlichen gesunden Lebensführung zum Ausdruck kommen, mit sinnvollem Gebrauch seiner Leibeskräfte und absoluten Verzicht auf alle Suchtmittel (Nikotin, Alkohol und Drogen). Die Bundesrepublik steht beim Prokopfverbrauch an Alkohol ziemlich an der Spitze. Ich kenne kein Land, in dem das Weintrinken in Dichtung und beim Feiern, so verherrlicht wird wie bei uns. Heute sollen bei uns 28 % der Schulpflichtigen regelmäßig Alkohol trinken.

Ich habe als sehr kränkliches Kind mit 14 Jahren mir vorgenommen, zu trainieren, nicht zu rauchen und keinen Tropfen Alkohol zu mir zu nehmen, weil ich den Ärzten, die zur Schonung rieten, zum Trotz Forschungsreisender werden wollte. Ich habe es, wie dieses Buch zeigt, ungeachtet aller Hänseleien meiner Kameraden durchgehalten, was meinen Willen nur gestärkt hat. Die Jugendträume sind schöner in Erfüllung gegangen, als ich es mir je denken konnte, und ich bin dankbar, daß ich bis heute keinerlei Pillen zu nehmen brauche. Das Leben war keine Askese, sondern voll Frohsinn und Lebensfreude, nur ein Verzicht auf abstoßende Saufgelage. Der Gedanke war mir schrecklich, daß ich nicht Herr meiner Handlungen sein könnte, sondern diese durch eine Droge bestimmt würden. Es ist mir unverständlich, daß deutsche Gerichte bei einem Verbrechen in Volltrunkenheit, «mildernde Umstände» zubilligen. Ich kann nur jedem Jugendlichen raten, Charakter und Durchsetzungsvermögen zu üben:

Nicht mit dem durch Abwässer verschmutzten Strom schwimmen, sondern gegen den Strom bis zu der reinen Quelle. Es kommt nicht auf Selbstverwirklichung an, sondern auf Selbstlosigkeit, d.h. den Dienst für die Allgemeinheit.

Unsere ganze Jugend muß sich vereinen sowie mit der in den Nachbarländern zusammenarbeiten und ihr Schicksal in die eigene Hand nehmen, nicht das Bestehende zerstörend, sondern Neues und Besseres aufbauend, ohne darauf zu warten, daß andere für sie ein warmes Nest bereiten. Dann wird der Erfolg nicht ausbleiben. Wer zwischen bequemem, ruhigen Leben und einem unbequemem, aber interessanten wählen kann und das bequeme wählt, ist schon als junger Mensch vergreist. Es soll Jugendliche geben, die bei der Berufswahl sich nach der Alterssicherung erkundigen! Selbstinitiative ist notwendig auch zu ausgefallenen neuen Wegen sowie Arbeitswillen und nicht Resignation.

Wenn die Jugend mit reiner Gesinnung und Selbstvertrauen an den Aufbau herangeht, dann wird sie auch von der noch mißtrauischen älteren Generation Unterstützung erhalten. Denn diese ist oft selbst ratlos und täuscht Selbstsicherheit häufig nur vor.

Ein weiteres ökologisch besorgniserregendes Problem ist die völlige Technisierung der Landwirtschaft in den letzten Jahrzehnten. Die Landbevölkerung bildete seit altersher den stabilen Grundpfeiler eines jeden Staates. Auch sie machte Krisen durch, z.B. infolge der großen Kinderzahl und der Realteilung, die zu Kleinstbesitz und Flurzersplitterung führte. Aber durch die Abwanderung der überschüssigen Arbeitskräfte in die Städte oder früher auch nach Amerika, bzw. in die russischen Steppen, konnte das Gleichgewicht erhalten werden. Die natürlich gewachsene dörfliche Landschaft wirkte harmonisch. Die Stärke der bäuerlichen Landwirtschaft war das ausgeglichene Ökosystem eines Hofes mit Ackerbau, Grünland und Viehhaltung. Der Kreislauf der Nährstoffe kam dem eines natürlichen nahe. Nur die Verluste durch den Verkauf eines Teiles der Produktion mußten ersetzt werden, anfangs durch Brache, später bei zunehmender Intensität der Bewirtschaftung durch Fruchtfolgen mit Hülsenfrüchten oder Zukauf von Dünger. Für die notwendigen Energie sorgten Zugtiere und Arbeitskräfte. Der Lebensstandard der Landbevölkerung war bescheiden, aber die Lebensqualität eher besser als in den Städten. Es war ein stabiles System, das sich besonders nach dem Zusammenbruch 1945-48 bewährte.

Aber die ökonomisch-technische Denkart der Wohlstandsgesellschaft hat dieses Ökosystem zerschlagen. Die Landwirte mußten sich spezialisieren, ähnlich wie die Industriebetriebe und durch Kreditaufnahme Kapital zum Kauf von Maschienen investieren. Aber diese werden z.T. nur wenige Wochen im Jahr eingesetzt und amortisieren sich deshalb sehr langsam. Die Landwirtschaft gelangte ganz in den Sog der ständigen Schwankungen der Preise auf dem Weltmarkt, auf die sie nur langsam reagieren kann, zumal die Preise für landwirtschaftliche Produkte durch eine schwerfällige Bürokratie zugunsten der städtischen Bevölkerung niedrig gehalten werden. Die Kostendeckung ist nicht mehr gegeben. Der Landwirt ist auf Subventionen angewiesen. Das ganze System fördert den landwirtschaftlichen Großbetrieb, die Kleinbauern müssen aufgeben. Vor allem steigen ständig die laufenden Kosten für Kraftstoff, mineralische Düngemittel, Herbizide, Insektizide, Pestizide, importierte Futtermittel, Hormone usw. Die unabhängige Stellung der Landwirte ist verloren gegangen.

Was wird geschehen, wenn der Kraftstoff plötzlich nicht mehr zur Verfügung steht: Zugtiere gibt es nicht mehr, auch nicht die entsprechenden Ackergeräte; mit dem Spaten wird der Landwirt seine Familie ernähren können, aber die Stadtbevölkerung wird hungern. Diesen Zustand habe ich 1942 in der Ukraine erlebt; die unbeackerten Äcker waren bis zum Horizont mit mannshohen Disteln bedeckt (vgl. Seite 128 ff).

Es ist eine kurzsichtige Politik, die schon jetzt nicht funktioniert.

Die Technisierung der Landwirtschaft wird mit der Notwendigkeit einer Produktionssteigerung begründet, aber die Überproduktion innerhalb der Europäischen Gemeinschaft muß jährlich auf Kosten des Steuerzahlers vernichtet oder unter den Gestehungskosten an die Oststaaten verkauft werden. Dabei wird die für die Produktion benötigte Energie nutzlos vergeudet. Der alternative Landbau darf nicht ins andere Extrem verfallen, ist jedoch ökologisch gesünder.

Die Technisierung der Landwirtschaft hat zugleich die frühere harmonische Landschaft durch reine Zweckbauten, die nicht hereinpassen, verunstaltet.

Die Geschichte lehrt, daß alle früheren verstädterten und naturentfremdeten Reiche nach kurzer Zeit in ihrem Wohlstand demoralisiert sowie korrumpiert zusammenbrachen und von «Barbaren» überrannt wurden.

Bei einer Waldbegehung mit Forstleuten auf der Alb hatten wir von einem Felsvorsprung einen weiten Blick auf die schöne Landschaft, aber direkt unten im Tal stand ein Fabrikkomplex, der die ganze Landschaft verdarb, so daß ich laut ausrief: «Welcher kulturlose Fabrikant hat diese scheußlichen Gebäude in die so schöne Landschaft gestellt?». Worauf einer der Forstleute lächelnd sagte, daß sei die neue moderne Einrichtung für Rinderzucht der Universität Hohenheim. Da schwieg ich betroffen; es war also die vom Hochschulbauamt erstellte Anlage mit vollständiger elektronischer Steuerung aller Fütterungsvorgänge, das Neueste vom Neuesten. Ein Millionenobjekt!

Ich erinnerte mich, daß ich diese Anlage bereits besichtigt hatte, als ich bei einem Besuch von zwei russischen Tierzüchtern gebeten worden war zu dolmetschen. An der Elektronik wurden noch gebastelt. Auf die Frage, wie sie funktioniere, kam die Antwort: «Noch nicht, aber in einem Jahr hoffen wir so weit zu sein». Da sagte der eine Russe zum andern, nur für mich verständlich, mit einigen zuverlässigen Leuten wäre die Fütterung wohl einfacher, billiger und störungsfreier.

Wie leicht wird alles übertrieben. Es herrscht bei uns eine Technisierungspsychose nicht nur in der Landwirtschaft, sondern auch im Gartenbau bis in den kleinsten Haushalt.

In einer Anlage beobachtete ich, wie im Herbst Männer bis zur Erschöpfung schwere motorisierte Gebläse auf zwei Rädern stundenlang im Kreise herumzogen, um das Laub auf dem Rasen auf einen Haufen zu blasen; mit einem Holzrechen hätten sie es ohne Anstrengung in kurzer Zeit geschafft.

Für jede kleine Erdbewegung, die ein Mann mit einem Schubkarren erledigen könnte, wird gleich ein Bagger eingesetzt, was die Kosten enorm erhöht. Im Haushalt muß jeder kleine Handgriff durch ein elektrisches Gerät erledigt werden, das nach Gebrauch zu reinigen ist. Welch widersinnige Geld-, Zeit- und Energievergeudung!

Es kann nicht die Aufgabe eines Ökologen sein, sich mit der bedrohlichen Situation der industriellen Wirtschaft zu befassen. Der Club of Rome hat rechtzeitig gewarnt. Man hat die Mahnung nicht beachtet. Nun ist die Krise im weltweiten Ausmaß eingetreten. Die leicht zugänglichen Bodenschätze der Erde sind ausgebeutet. Es gibt zwar noch weitere Reserven, aber ihre Erschließung wird immer kostspieliger oder sie ist nicht möglich (in der Antarktis oder in der Tiefsee). Die Gewinne der Industriebetriebe sinken, die Arbeitslöhne können nicht mehr erhöht werden, die Nachfrage der Konsumenten nimmt ab, die Industrie wird ihre Massenprodukte nicht mehr los, Staat und Kommunen erhalten weniger Steuern und können ihren Verpflichtungen nicht mehr nachkommen, Arbeistlosigkeit und Inflation sind die Folge; der hohe Lebensstandard bei uns und die schlechte Wirtschaftslage der anderen Länder erschweren uns den Export, auf den unser Land angewiesen ist. Aber immer noch wartet man auf einen neuen Aufschwung, auf weiteres Wirtschaftswachstum und hält Warnungen für Schwarzmalerei, anstatt rechtzeitig sich der neuen Lage anzupassen und radikale Maßnahmen zu ergreifen.

Die fast explosionsartige Entwicklung der Technik seit dem letzten Weltkrieg, die atemberaubenden Erfolge durch die Erschließung des Weltraumes und die Landung auf dem Mond haben dazu geführt, daß die Förderung der Technik zum Selbstzweck geworden ist. Aber die Technik schaltet immer mehr den Menschen aus dem Produktionsprozeß aus. Durch den Ausbau der automatischen Fertigung werden mehr Arbeitskräfte eingespart, als für ihren einmaligen Aufbau notwendig sind. Die Arbeitsbeschaffung wird schwieriger. Der Mensch kommt immer mehr ins Hintertreffen.

Diese Entwicklung zeigt, daß auch die Industrieländer bereits an einer Übervölkerung leiden. Das führt zu einer Vermassung auf allen Gebieten: In der Arbeitswelt wie auch bei der Freizeitgestaltung, im Krankenwesen und bei der Fürsorge, in den Schulen und auf den Universitäten mit allen negativen Folgen. Eine völlige Umstellung und ein Umdenken sind notwendig. Wenn der Mensch muß, kann er mit sehr wenig auskommen und braucht trotzdem nicht den Lebensmut und die innere Fröhlichkeit zu verlieren! Das haben die Notzeiten bewiesen (vgl. Seite 161–187).

Vor allem darf keine weitere Zerstörung des Lebensraumes zugelassen werden; denn diesen brauchen die Generationen, die nach uns kommen, zum Überleben: Die Technik allein vermag dies nicht sicherzustellen.

Reichtum und Besitz sind nur dann positiv zu bewerten, wenn sie nicht für rein egoistische Zwecke verwendet werden, sondern wenn man sie als ein Guthaben betrachtet, um anderen sinnvoll zu helfen oder um sie in den Dienst für die Allgemeinheit zu stellen. Es kommt stets auf die Lebensqualität an. Denn sonst gelten die Worte:
«Unser Wohlstand ist unsere Armut».

Veröffentlichungen von
Heinrich Walter

o. Professor em. (Universität Hohenheim), Honorarprofessor (Universität Stuttgart) Dr. phil. (Jena), Dr. rer. techn. nat. h. c. (Wien)
Mitglied der Deutschen Akademie der Naturforscher «Leopoldina» und der World Academy of Art and Science.
Korrespondierendes Mitglied der Nationalen Akademie der Exakten Wissenschaften und Naturwissenschaft in Buenos Aires und der Österreichischen Akademie der Wissenschaften in Wien.
Ehrenmitglied vieler deutscher und ausländischer wissenschaftlicher Gesellschaften

1. Der Wasserhaushalt der Pflanze in quantitativer Betrachtung. 97 Seiten mit 22 Abb. Freising-München 1925. Verlag Dr. F. P. Datterer & Cie.
2. Die Anpassungen der Pflanze an Wassermangel.
   Das Xerophytenproblem in kausal-physiologischer Betrachtung. 115 Seiten mit 6 Abb., Freising-München 1926, Verlag wie oben.
3. Einführung in die allgemeine Pflanzengeographie Deutschlands.
   458 Seiten mit 170 Abb. und 4 Karten, Jena 1927, Verlag Gustav Fischer.
   Übersetzung ins Russische: Walter-Alechin, Moskau 1936.
4. Die Hydratur der Pflanze und ihre physiologisch-ökologische Bedeutung.
   174 Seiten mit 73 Abb., Jena 1931, Verlag Gustav Fischer.
5. Die Farmwirtschaft in Deutsch-Südwestafrika, in 4 Teilen.
   480 Seiten mit 79 Abb. und 52 Tafeln, Berlin 1940-41, Verlag Paul Parey.
6. Die Vegetation Osteuropas.
   180 Seiten mit 19 Abb., 8 Tafeln u. 1 farb. Karte, Berlin 1942, 2. Aufl. 1943, Verlag Paul Parey.
7. Die Krim (Klima, Vegetation u. Landwirtschaft).
   104 Seiten, 11 Abb., 6 Tafeln u. 1 Karte, Berlin 1943. Verlag C. V. Engelhard.
8. Die Grundlagen des Pflanzenlebens (Allgemeine Botanik).
   492 Seiten mit 278 Abb., Stuttgart, 4 Auflagen: 1946, 1947, 1950, 1962, Eugen Ulmer Verlag.
9. Die Grundlagen des Pflanzensystems (Spezielle Botanik).
   280 Seiten mit 175 Abb., Stuttgart, 3 Auflagen: 1948, 1952, 1961. Eugen Ulmer Verlag.
10. Standortslehre (Ökologische Geobotanik).
    566 Seiten mit 265 Abb., Stuttgart, 2 Auflagen: 1951, 1960. Eugen Ulmer Verlag.
11. Arealkunde (Historisch-Floristische Geobotanik).
    245 Seiten mit 216 Abb., Stuttgart 1954, 2. Aufl. (mit H. Straka), 478 Seiten, 1970. Eugen Ulmer Verlag.
12. Grundlagen der Weidewirtschaft in Südwestafrika (mit O. H. Volk).
    281 Seiten mit 28 Abb. u. 70 Tafeln, Stuttgart 1954, Eugen Ulmer Verlag.
13. Klimadiagramm-Weltatlas (mit H. Lieth).
    Mit etwa 8000 Diagrammen und vielen Karten, Lieferung 1–3, Jena 1960-67. Verlag VEB Gustav Fischer. Einführung in deutsch, englisch, russisch, französisch und spanisch.
14. Die Vegetation der Erde, Bd. I: Tropische und subtropische Zonen.
    538 Seiten mit 393 Textabb. u. 19 Farbaufn. Verlag VEB Gustav Fischer, Jena. Erste Aufl. 1962, zweite Aufl. 1964, dritte Aufl. 1973, 743 Seiten mit 471 Textabb.
    Übersetzungen der 2. Aufl.: 1) ins Russische «Rastitelnost Semnowo Schara», Bd. I im Verlag «Progress», Moskau 1968. 2) ins Englische «Ecology of Tropical and Subtropical Vegetation» im Verlag Oliver & Boyd Edinburgh 1971.
15. Die Vegetation der Erde. Bd. II: Gemäßigte und arktische Zonen. 1001 Seiten mit 642 Textabb. und 7 Farbtafeln. Verlag VEB Gustav Fischer, Jena 1968.
    Russische Übersetzung: «Rastitelnost Semnowo Schara», Bd. II und Bd. III im Verlag «Progress», Moskau 1974/75.
16. Die Hydratation und Hydratur des Protoplasmas der Pflanzen (mit K. Kreeb). Protoplasmatologia II/C 6, 306 Seiten, mit 165 Abb., Verlag Springer, Wien – New York 1970.

17. Vegetationszonen und Klima (UTB).
244 Seiten mit 78 Abb., Verlag Eugen Ulmer, Stuttgart 1970, 2. Aufl. 1973. 3. Aufl. 1977, 4. Aufl. 1979 unter dem Titel «Vegetation und Klimazonen. Die ökologische Gliederung der Geo-Biosphäre», 342 Seiten mit 138 Abb., 5. Aufl. 1984, Vegetation und Klimazonen-Grundriß einer globalen Ökologie, 382 Seiten, mit 161 Abb. und einer Weltkarte.
Übersetzung der 2. Aufl. ins Englische «Vegetation of the Earth» in The English University Press London und Springer-Verlag New York 1973 (Nachdrucke 1973, 1975, 1977, 1978). Übersetzung der 3. Aufl. 1979 (Nachdruck 1983) und der 5. Aufl. als «Vegetation of the Earth und Ecological Systems of the Geo-biosphere» 1985, 318 pp. and 161 figures.
Weitere Übersetzungen ins Rumänische (Bukarest 1974), ins Polnische (Warschau 1976), ins Katalanische (Barcelona 1976), ins Spanische (Barcelona 1977) und ins Portugiesische (São Paulo 1986).

18. Allgemeine Geobotanik (UTB).
256 Seiten mit 135 Abb., Verlag Eugen Ulmer, Stuttgart 1973, 2. Aufl. 1979.
Übersetzung ins Russische (Moskau 1982), ins Spanische (in Bearbeitung).
3. Aufl. «Allgemeine Geobotanik als Grundlage einer ganzheitlichen Ökologie» 1986, 279 Seiten mit 144 Abb. und 22 Tab.

19. Die Vegetation Osteuropas, Nord- und Zentralasiens.
452 Seiten mit 363 Abb., Verlag Gustav Fischer, Stuttgart 1974.

20. Klimadiagramm-Karten der einzelnen Kontinente und ökologische Klimagliederung der Erde (mit E. Harnickell und D. Müller-Dombois). Verlag Gustav Fischer, Stuttgart 1975.
9 großformatige Klimadiagramm-Karten mit 36 Textseiten und 14 Abb.
Englische Ausgabe im Verlag Springer Berlin – Heidelberg – New York.

21. Die ökologischen Systeme der Kontinente (Biogeosphäre). Prinzipien ihrer Gliederung. 131 Seiten mit 63 Abb. und 20 Tab. Gustav Fischer-Verlag, Stuttgart 1976.
Übersetzung ins Spanische (Barcelona 1981).

22. (et al.). Continental deserts and semi-deserts of Eurasia. In: Ecosystems of the World, Vol. 5, 1983. Elsevier Sci. Publ. Co. Amsterdam.

23. (et al.). The deserts and semi-deserts of South Africa. In: Ecosystems of the World, Vol. 12B, 1986. Elsevier Sci. Publ. Co. Amsterdam.

24. Ökologie der Erde – Geo-Biosphäre (mit S.-W. Breckle) Verlag Gustav Fischer, Stuttgart UTB Große Reihe:
Band 1: Ökologische Probleme in globaler Sicht. 238 Seiten mit 132 Abbildungen und 24 Tabellen, 1983.
Band 2: Spezielle Ökologie der Tropischen und Subtropischen Zonen, 461 Seiten mit 330 Abbildungen und 116 Tabellen sowie 4 farbigen Karten, 1984.
Band 3: Spezielle Ökologie der Gemäßigten und Arktischen Zonen Euro-Nordasiens. 587 Seiten mit 401 Abb. und 125 Tabellen, 1986.
Band 4: Spezielle Ökologie der Gemäßigten und Arktischen Zonen außerhalb Euro-Nordasiens (in Bearbeitung).
Ins Englische wurden bisher Band 1 (1985) und Band 2 (1986) übersetzt unter dem Titel «Ecological Systems of the Geobiosphere» (Springer-Verlag, Berlin – Heidelberg – New York).

Dazu kommen 166 Beiträge in wissenschaftlichen Zeitschriften (bis 1975: Vergleich in «Biobibliographie der Wissenschaftler der Universität Stuttgart» Seite 1114–1124, Verlag Wilhelm Krauth, Eberbach/Neckar, 1976).

1. Anhang zu Seite 132

Askania Nova – Das Paradies in der Steppe*

Der Beginn der deutschen Siedlungen in Rußland

Am 18. Juni 1740 wurde Johann Melchior Fein in Cleebron (im Hohenlohischen, Württemberg) als Sohn eines kleinen Vinitors (Weinbauern) geboren. Er wäre wohl dasselbe wie sein Vater geworden, wenn man ihn nicht zu den Soldaten des Herzogs Carl Eugen gepreßt hätte. Widerwillig diente er 3 Jahre während des Siebenjährigen Krieges und wartete auf seine Entlassung. Aber bei einer Militärübung in Ludwigsburg fiel dem despotischen Herzog der kräftige Mann auf und er befahl ihm, noch weitere 8 Jahre zu dienen. Ein Offizier wurde beauftragt, aus ihm einen richtigen Kerl zu machen. Die Erziehung fing gleich damit an, daß der Offizier ihn grundlos beschuldigte und, als er widersprach, ihn mit der Faust ins Gesicht schlug, worauf der empörte Fein ihm sein Bajonett in den Bauch stieß.

Die Kameraden waren entsetzt, ließen ihn aber durch ihre Reihen nach hinten hinaus. Fein rannte zu einer Baumgruppe, wo die Pferde der Offiziere angebunden waren, schnitt sie alle los, schwang sich auf das beste Pferd und galoppierte davon. Es gelang ihm, das Bayerische Gebiet zu erreichen, wo er vor einer Auslieferung sicher war. Er erfuhr zu seiner Beruhigung, daß der verwundete Offizier genas.

Im Bayerischen gesellte sich zu ihm ein Schmied aus der Kurpfalz, Georg Schlatter. Auch er war auf der Flucht, weil sein Domprobst ihn fälschlicherweise des Diebstahls bezichtigte und er daran zweifelte, vom Gericht gegen die Aussage des Probstes freigesprochen zu werden.

Die beiden kamen nach Regensburg, wo ein russischer Gesandter der Zarin Katherina II residierte. Es war im Jahr 1763 und in der Gastwirtschaft wurde gerade ein Werbeblatt der Zarin verteilt, in dem deutschen Siedlern Land in der den Türken entrissenen Steppe versprochen wurde. Das interessierte die beiden sehr.

---

* Unter diesem Titel erschien 1970 das Buch von L. HEISS (165 pp.), das vom Institut für Auslandsbeziehungen in Stuttgart ausgeliehen wurde, um hier eine kurze Zusammenfassung desselben einzufügen.

349

Hermann Laub, ein Diener des russischen Gesandten, der auch in der Wirtschaft war, bemerkte ihr Interesse. Er setzte sich zu ihnen an den Tisch; denn auch er spielte mit dem Gedanken, nach Rußland auszuwandern. Er hatte russisch gelernt und wußte, wie man die Russen zu nehmen hatte. Er hoffte in Rußland rasch reich zu werden, aber nicht als Bauer, sondern als Geschäftsmann. Doch war er schwächlich und die beiden starken Männer schienen ihm die richtigen Reisebegleiter zu sein. Er übernahm es, beim Gesandten die Pässe zu besorgen. Die drei schworen einander, wie es damals üblich war, treu zusammenzuhalten.

Der russische Gesandte in Regensburg war sehr stolz, gleich am ersten Tage der Zarin Siedlungswillige melden zu können und schickte die drei mit seinem Sekretär als Kurier zum russischen Botschafter nach Wien. Kurz vor Wien ließ Laub die beiden zurück und fuhr allein mit dem Sekretär zur Botschaft.

Nach einigen Tagen holte er Fein und Schlatter mit einem vollbepackten Planwagen und viel Geld ab, aber ohne den Sekretär. Die weite Fahrt nach Rußland begann. Fein ritt auf seinem Offizierspferd neben dem Planwagen. Die Empfehlungsschreiben des russischen Botschafters öffneten ihnen alle Grenzen und sie gelangten ohne Schwierigkeiten nach Sankt Petersburg, der damaligen russischen Residenzstadt.

Daselbst erhielten sie Unterkunft und Verpflegung; Hermann Laub knüpfte sofort Beziehungen zur Einwanderungsstelle an, wurde zum Berater der zuerwartenden deutschen Einwanderer ernannt und erhielt Geld für seine zukünftigen Dienste.

Die Ansiedlung sollte an der Wolga bei Saratow beginnen. Inzwischen war es Winter geworden, aber die drei Siedler konnten sich einer Expedition der Landvermessungsbeamten unter militärischem Schutz anschließen.

Die Reise im Winter im Schnee war nicht leicht. Bei eisiger Kälte erreichten sie Saratow und wurden den Winter über bei russischen Bauern untergebracht, die sie freundlich aufnahmen. Mit ihnen in einer Stube, zusammen mit dem Vieh, überstanden sie die Kälte.

Im Frühjahr erhielten sie Steppenland auf dem rechten hohen Wolgaufer zugewiesen und bauten sich eine Erdhütte. Hermann Laub machte derweil Geschäfte in Saratow. Er erwarb einen Wagen mit drei Pferden und versorgte die Freunde mit dem Notwendigsten. Bald darauf trafen pfälzische Einwanderer ein. Sie waren von dem baumlosen Land enttäuscht, hilflos und unzufrieden. Es gab Streit, doch ging der Sommer und der nächste Winter mit viel Leid vorüber.

Als ein Kreiskommissar kam, aber kein Saatgetreide brachte, sondern alle als Faulenzer beschimpfte, packte den jähzornigen Fein wieder die Wut, er stürzte auf den Kommissar, packte ihn und warf ihn zu Boden. Dank seiner guten Beziehungen gelang es Hermann Laub, ihn beim General in Saratow zu entschuldigen, doch wollte Fein nicht mit den vielen Einwanderern zusammen bleiben.

Als Hermann Laub wiederkam, diesmal mit einem leichten Wagen und weiteren Sachen sowie zwei Leibeigenen, die er dem Wojewoden im Würfelspiel abgenommen hatte, womit er dessen Zuneigung verscherzte, schien es auch ihm richtiger zu sein, sich abzusetzen. Inzwischen hatten sie Vieh und alle notwendigen Geräte erworben. Leibeigene kannten sie nicht, sondern sie behandelten diese als freie Menschen, so daß sie als Arbeiter gerne bei ihnen blieben.

Unbemerkt verließen nachts die fünf Männer mit dem Vieh und dem ganzen Besitz die Wolga und treckten nach Westen in die unbesiedelte Steppe, Richtung Don. In drei Wochen legten sie über 500 km zurück. Saftiges Futter für das Vieh war überall vorhanden.

Sie überquerten den großen Fluß Don und setzten den Treck nach Westen fort. Einmal wurden sie von einigen Nogajer-Nomaden überfallen, wobei Fein dem Hermann

Laub das Leben rettete, was dieser ihm nicht vergaß. Ein anderes Mal wollte ein Kosaken-Offizier dem Fein das edle Roß abkaufen, was dieser kategorisch ablehnte. Der Kosaken-Offizier wollte am nächsten Tag wiederkommen. Vorsichtshalber treckten sie die ganze Nacht rasch weiter.

Schließlich fanden sie unweit des Flusses Molotschna, schon fast nördlich von der Krim, in einer Senke einen Bach mit einem Wäldchen und beschlossen, sich dort niederzulassen. Hermann Laub fuhr mit dem Wagen 350 km zur nächsten Stadt Charkow, um die Siedlungsgenehmigung zu erwirken.

Der Wald lieferte Holz für Stall und Blockhäuser; Hafer und Gerste wurden ausgesät und geerntet. Kurz vor dem Winter kam Hermann Laub mit Kutscher, den Besitztiteln, einer Schafherde, Geflügel und Wintervorräten sowie zwei weiteren Arbeitern und einem Hund zurück, fuhr aber gleich wieder nach Charkow. Im nächsten Frühjahr erschien er nochmals, inzwischen mit einem vierspännigen Wagen. Er hatte das Land an der Molotschna, die ins Asowsche Meer mündet, für deutsche Siedler vermessen, bald darauf trafen sie ein. Die Entfernung zu diesen deutschen Kolonien betrug nur etwa 30 km.

Georg Schlatter und Johann Fein hausten in getrennten Häusern, rechts und links vom Wäldchen. Schlatter holte sich eine tüchtige deutsche Bäuerin von der Molotschna als Frau. Auch Fein traf dort ein Mädchen, Marie Elisabeth, die er heiratete. Sie hatte auf den aufbrausenden Mann einen guten Einfluß. Hermann Laub traf das nächste Mal sechsspännig ein und brachte schöne Stoffe für die Frauen mit. Er machte während der russisch-türkischen Kriege bei der Armee gute Geschäfte, aber als 1792 die Türken endgültig vom Nordufer des Schwarzen und Asowschen Meeres vertrieben waren, blieb er verschollen.

1796 starb Katherina II. Die Jahre vergingen; immer mehr Land wurde umgebrochen, der Wohlstand der deutschen Kolonisten wuchs rasch.

Marie-Elisabeth gebar 2 Söhne und 3 Töchter und später noch einen Nachkömmling Friedrich, aber bald darauf starb sie.

Das war ein harter Schlag für Johann Fein. Er wurde immer unbeherrschter. Die Kinder verließen ihn, Schlatter wurde krank und zog zur ältesten Tochter in die Molotschna-Siedlung. Fein lebte nur noch in der Vergangenheit. Auf einem einsamen Ritt in der Steppe glitt er aus dem Sattel und verstarb mitten in der unverdorbenen Natur.

Der jüngste Sohn Friedrich betrieb in Asow ein gutgehendes Geschäft, aber er entschloß sich, das Gut zu übernehmen. Er löste das Geschäft auf und kaufte über 20 000 ha Land hinzu. Es war ein riesiges Besitztum. Im Hause der ältesten Tochter von Schlatter traf er ein angenommenes Mädchen, Anna Dorothea, das er heiratete. Sie hatten nur eine Tochter Elisabeth, die dem Vater den Sohn ersetzte; sie interessierte sich für die Natur sowie Tiere und ritt ausgezeichnet.

Askania Nova

Inzwischen entstand etwas westlicher im selben Steppengebiet ein noch größeres Besitztum, ebenfalls in deutscher Hand, aber auf ganz anderer Basis. Es war von vorn herein als Großunternehmen angelegt, da jedoch die notwendigen Erfahrungen im klimatisch so extremen Gebiet fehlten, mißlang es zunächst, bis schließlich beide Besitztümer in einer sachverständigen Hand vereint wurden.

Der Herzog von Anhalt-Köthen hatte sich mit Schafzucht beschäftigt und faßte den Plan, die schlechten Finanzen seines Staates durch die Gründung einer Kolonie in Rußland zur Einführung von veredelten Schafrassen zu verbessern.

Er wollte dabei die engen verwandtschaftlichen Beziehungen zum Zarenhaus ausnützen, denn Katherina II. war eine geborene Prinzessin von Anhalt-Zerbst.

Nach langen Verhandlungen in Sankt Petersburg wurde ihm die Steppe Nr. 71 mit 55 000 ha überlassen. Sie lag am Tschumaken-Weg, den die Salz-Fuhrleute benutzten, um Salz aus Perekop am Faulen Meer ins Innere des salzarmen Rußland zu bringen. Dazu kam noch zusätzlich die Steppe Nr. 47 mit 6600 ha am Schwarzen Meer als Reserve bei großer Trockenheit. 1828 wurde der Vertrag mit dem Zaren Nikolaus I unterschrieben. Das Besitztum wurde «Askania Nova» (Neu-Anhalt) genannt. Es entsprach flächenmäßig 1/4 des Herzogtums Anhalt-Köthen.

Aber für den Ausbau des Großunternehmens stand viel zu wenig Kapital zur Verfügung. Die direkt aus Anhalt in die wilde Steppe versetzten Beamten mit ihren Familien fühlten sich todunglücklich und strebten in die Heimat zurück. Sie hatten keine Ahnung vom Klima und den Verhältnissen in der Ursteppe weitab von jeder Zivilisation. Das Unternehmen brachte keinen Gewinn, sondern nur eine weitere Verschuldung und verlotterte immer mehr. Aber aus dieser Zeit stammt die erste genaue Beschreibung der Steppenvegetation und ihrer floristischen Zusammensetzung, die in den «Beiträgen zur Kenntnis des Russischen Reiches» Band 11, St. Petersburg 1845 (im Verlage der Kaiserlichen Akademie) in deutscher Sprache veröffentlicht wurde:

1. P. von Koeppen: Über einige Landesverhältnisse der Gegend zwischen dem unteren Dnjepr und dem Asowschen Meer (Seiten 1–85)
2. F. Teetzmann: Über die Südrussischen Steppen und über die darin im Taurischen Gouvernement gelegenen Besitzungen des Herzogs von Anhalt-Köthen (Seite 87–135).

Es war der Beginn der genauen Vegetationskunde (vgl. H. WALTER, Allgemeine Geobotanik, 3. Aufl. 1986, Seite 263–265).

Der einzige tüchtige Mann war der Schafmeister Johann Gottlieb Pfalz. Er begriff, daß man sich an die Verhältnisse in der Steppe anpassen müsse, die anders waren als in Anhalt. Er besuchte häufig den benachbarten Friedrich Fein und holte sich bei ihm Rat. Er fühlte sich in dessen Hause sehr wohl und heiratete im Jahre 1838 die Tochter Elisabeth. Fein wollte, daß sein Familienname nicht verloren ginge. Pfalz beantragte deshalb, sich Falz-Fein nennen zu dürfen («Pf» konnten die Russen nicht aussprechen). Der Antrag blieb liegen. Erst als der Zar Alexander II während des Krimkrieges als Gast bei Fein auf dessen zweitem Gut Preobrashenka mit einem Schloßbau am Schwarzen Meer wohnte und er Fein nach einem Wunsch fragte, genehmigte er die Namensgebung und verlieh der Familie Falz-Fein für ihre Verdienste bei der Erschließung des Steppengebiets den Adel.

Der Zar trug sich mit dem Gedanken, die Leibeigenschaft aufzuheben. Deshalb interessierte ihn besonders, wie man mit freien Arbeitskräften so große landwirtschaftliche Betriebe mit Gewinn führen könne. Denn damals war Rußland die Kornkammer für ganz Europa und der größte Teil des exportierten Weizens, der über den Hafen Odessa verschifft wurde, stammte aus den zahlreichen deutschen Kolonistendörfern im Steppengebiet Südrußlands. Heute dagegen, nach totaler Vernichtung dieser Kolonien und nach Einführung der Kolchoswirtschaft, die der von Moskau aus zentral gelenkten Planwirtschaft unterstellt ist, müssen jährlich riesige Getreidemengen in die USSR eingeführt werden, um die Bevölkerung mit Brot zu versorgen.

Bald nach diesem Besuch des Zaren wurde tatsächlich die Leibeigenschaft in Rußland aufgehoben.

Der Besitz von Askania Nova war nicht mehr zu halten und wurde zum Verkauf ausgeschrieben. Friedrich Fein war ein angesehener Kunde bei den Banken in Odessa, über die er seine Getreideverkäufe abwickelte. Sie räumten ihm Kredit ein. So konnte er 1856 für 525 000 Preußische Taler das riesige Besitztum «Askania Nova» mit dem ganzen lebenden Inventar (49 123 Schafen, 297 Ziegenböcken, die als Leithammel dienten, 640 Pferden und 549 Rindern) kaufen. Er erwarb noch weitere Güter für seine acht Enkelkinder und starb 1864 auf dem Gut Preobrashenka.

Askania Nova übernahm später sein Enkel Friedrich Falz-Fein, der an der Universität Dorpat und Odessa Naturwissenschaften studierte. Er faßte den Entschluß, einen großen Teil seines Besitzes, der noch Ursteppe war, als Tierpark anzulegen – es entstand das «Paradies in der Steppe»!

Auf Askania Nova gab es noch eine Tarpan-Herde. Aber es gelang nicht, sie einzufangen. Die scheuen Wildpferde ließen keinen Menschen näher herankommen. Die Herde starb aus. Friedrich Falz-Fein bemühte sich, ein wildes Przewalski-Fohlen aus der Mongolei zu bekommen. Schließlich erhielt er ein Stutenfohlen und dann auch ein Hengstfohlen, das ein Geschenk für den Zaren war, aber ihm überlassen wurde. Es kam die in den Steppen heimische Saiga-Antilope hinzu, worauf er den ökologisch besonders interessanten Versuch unternahm, Großwildarten aus anderen Klimazonen, selbst aus tropischen, in Askania Nova in freier Wildbahn einzubürgern. Der Versuch gelang: Gnus, Oryx-Antilopen, Eland-Antilopen, Zebras u.a. aus Afrika hielten den eiskalten Winter in der Steppe aus und vermehrten sich. Dazu kamen Wasserbüffel, Lamas, Yaks, Maranhirsche, Rehe und viele andere. Es waren schließlich 58 Säugetierarten. Der Versuch erregte weltweites Aufsehen. Nur die Strauße brauchten im Winter einen erwärmten Raum. Ich selbst sah sie 1942 im Freien brüten (vgl. Seite 133). Die anfangs gehaltenen Raubtiere (Bär und Wolf) wurden abgeschafft, aber in riesigen Vogelvolièren brüteten 402 Vogelarten.

Als Gründungsjahr für diesen einzigartigen Tierpark gilt das Jahr 1887.

Vier Monate vor Ausbruch des ersten Weltkrieges, also 1914, besuchte Zar Nikolaus II den Tierpark. 1917 brach die Revolution aus.

Die Familie Falz-Fein floh nach Deutschland. Nur Friedrichs alte Mutter blieb im Schloßbau am Schwarzen Meer. Sie glaubte, ihr würde nichts geschehen, aber durchziehende Revolutionäre erschossen sie und zündeten das Gebäude an. Friedrich Falz-Fein starb 1920 in Bad Kissingen am Heimweh nach seinem Steppenparadies. Der Tierbestand erlitt in den Revolutionsjahren große Verluste. 1921 wurde der Tierpark zum Naturschutzgebiet erklärt und ein Staatliches Forschungsinstitut für Tierzucht eingerichtet, dessen Leiter Professor M.F. Iwanow wurde. Er züchtete das Rambouillet-Schaf und ein besonders gutes Fleischschwein.

Im zweiten Weltkrieg mußte das Institut 1941 überstürzt evakuiert werden. Die Schweinezuchtherde wurde auf ein Gut der Landwirtschaftlichen Hochschule Woroschilowsk (Stawropol) im Nordkaukasus gebracht (vgl. Seite 142). 20% des Wildtierbestandes konnten in der Steppe nach dem Kriege wieder eingefangen werden.

1956 wurde das Forschungsinstitut der Ukrainischen Akademie der Wissenschaften unterstellt. Dieses Ukrainische Wissenschaftliche Iwanow-Forschungsinstitut ist heute zu einem Städtchen von Gelehrten und ihren Mitarbeitern mit über 5000 Einwohnern geworden.

1959 wurden 5 Millionen Rubel zum weiteren Ausbau bewilligt. Von Kachowka am Dnjepr bringt ein Kanal viel Wasser in ein 200 ha großes Wasserbecken mit Insel. Das Stück Ursteppe soll erhalten bleiben, doch wurde aus dem Tierpark eine von Wasserläufen durchzogene Waldsteppenlandschaft.

2. Anhang

Kartenskizzen zu den Forschungsreisen

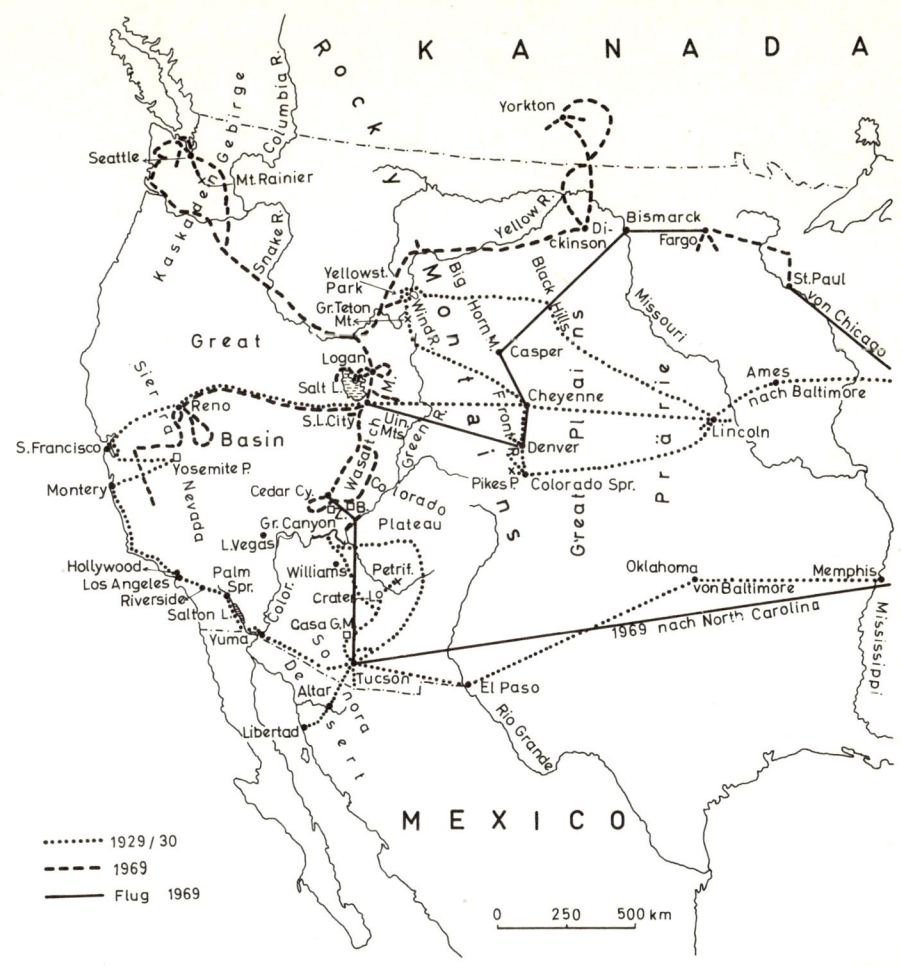

Karte 1: Forschungsreisen in Nordamerika:
1929-30 – punktiert, 1969 – gestrichelt. Reisen mit dem Flugzeug oder Schiff auf allen Karten mit
ausgezogener Linie bezeichnet

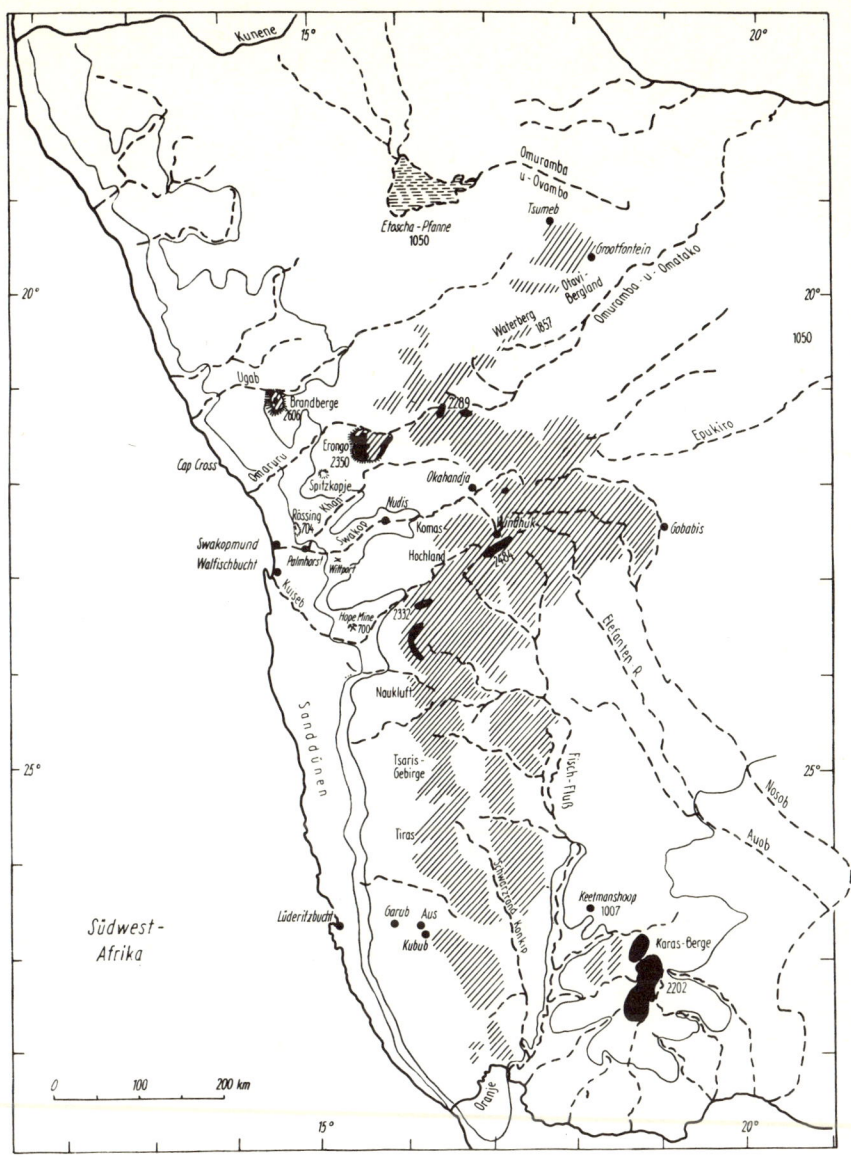

Karte 2: SW-Afrika mit der Namib-Wüste, die einen etwa 100 km breiten Streifen an der Küste einnimmt. Die beiden Höhenlinien im Westen entsprechen 500 m und 1 000 m ü. NN; schraffiert – erhöhtes Randgebiet des Hochlandes (1 500–2 000 m ü. NN), schwarz – Erhebungen über 2 000 m, gestrichelt – Riviere, d. h. Trockentäler.

Im Osten Sandfeld = Kalahari-Westrand. Da die Forschungsarbeiten in Südwestafrika in den Jahren 1935, 1937/38, 1952/53, 1963 und 1975 durchgeführt wurden, können die Reisewege nicht eingetragen werden. Die Zentrale Namib und das gesamte befarmte Gebiet wurden bereist.

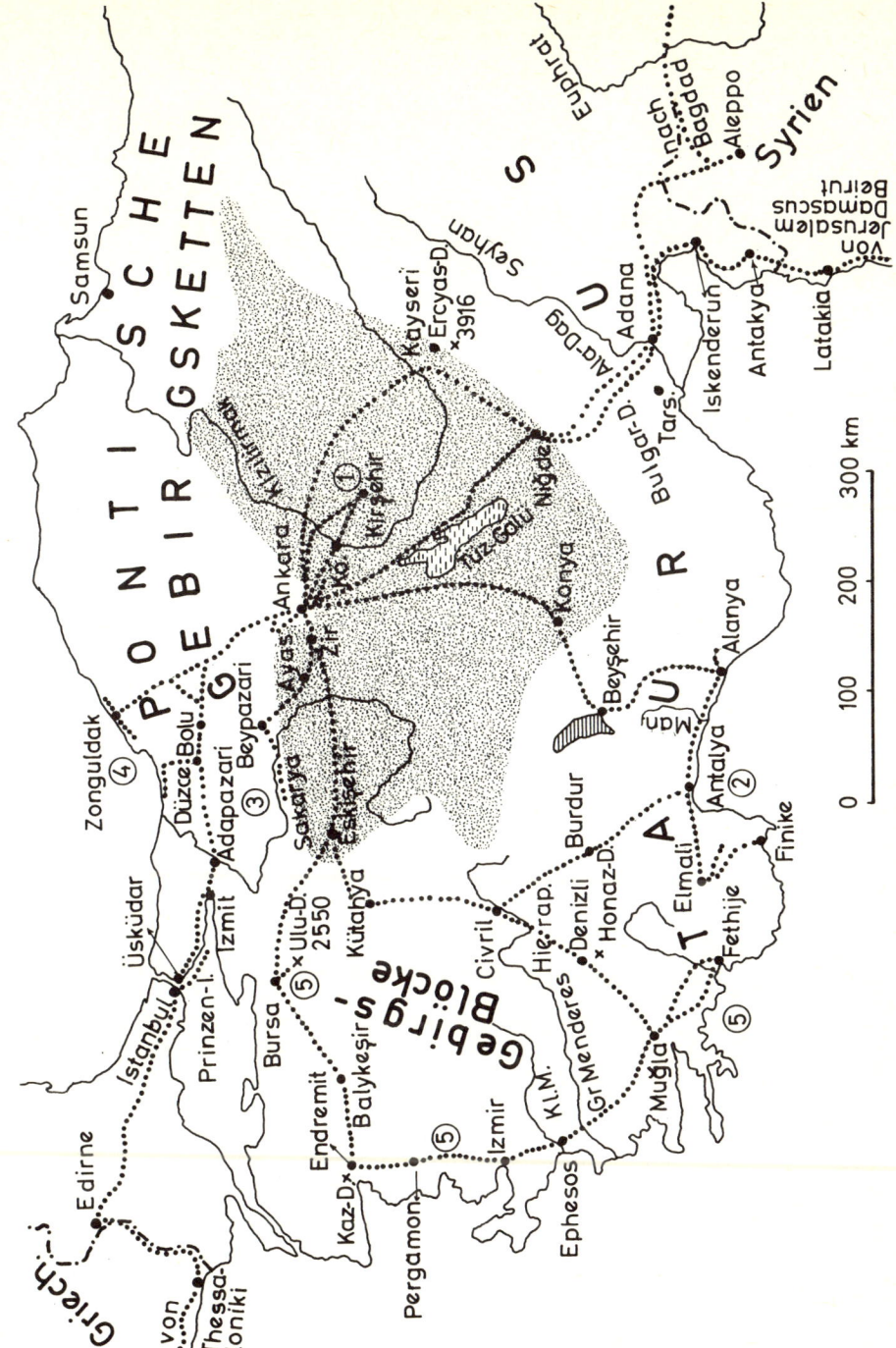

Karte 3: Forschungsreisen 1954-55 in Anatolien.
Punktierte Fläche = Zentralanatolische Hochebene (Steppengebiet). Reisen ①-⑤, vergleiche im
Text. Hierap. = Hierapolis (Pamuk Kale), Kl. M. = Kleiner Menderes, Kö = Koprüköy, Man. =
Manavgat, Tars. = Tarsus.

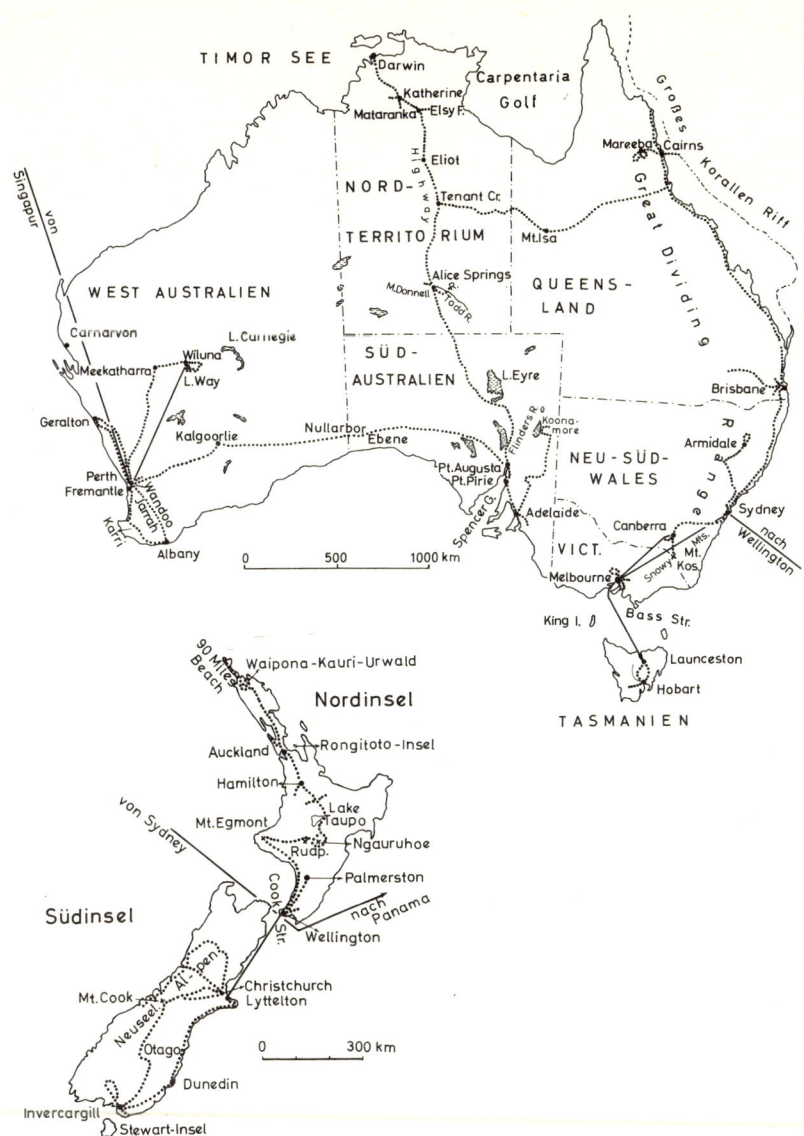

Karte 4: Forschungsreisen 1958/59 in Australien mit Tasmanien.
Mt. Kos. = Mount Kosciusko (2 296 m), höchster Berg in Australien.

Karte 5: Nord- und Südinsel von Neuseeland.
Forschungsreisen 1959. Mt. Cook (3 764 m), höchster Berg der Neuseeländischen Alpen (Süd-insel). Ruap. = Ruapehu (2 797 m), höchster Vulkan (Nordinsel).

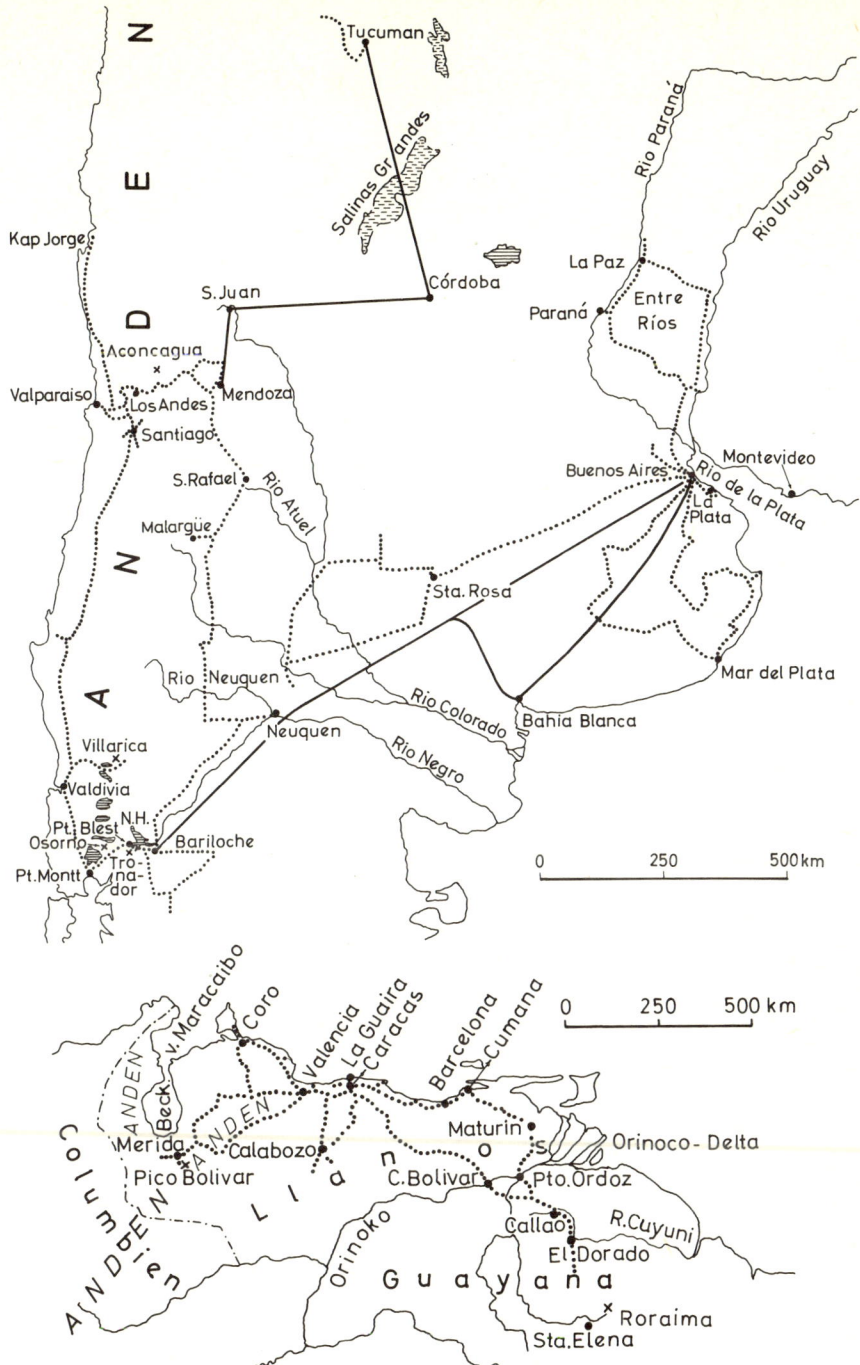

Karte 6: Forschungsreisen 1965/66 in Argentinien und Chile

Karte 7: Forschungsreisen 1968 in Venezuela.

BUCHTIPS

Ökologie der Erde
In vier Bänden
(UTB für Wissenschaft - Große Reihe)
Herausgegeben von Prof. Dr. Dr. H. Walter
und Prof. Dr. S.-W. Breckle

Band 1 • Ökologische Grundlagen in globaler Sicht
2. Aufl. 1991. XIV, 238 S., 132 Abb., 24 Tab., geb. DM 48,-

Band 2 • Spezielle Ökologie der Tropischen und Subtropischen Zonen
2. Aufl. 1991. XX, 461 S., 330 Abb., 116 Tab., geb. DM 48,-

Band 3 • Spezielle Ökologie der Gemäßigten und Arktischen Zonen Euro-Nordasiens
1989. X, 587 S., 401 Abb., 125 Tab., geb. DM 48,-

Band 4 • Spezielle Ökologie der Gemäßigten und Arktischen Zonen außerhalb Euro-Nordasiens
1991. XVI, 586 S., 401 Abb., 125 Tab., geb. DM 58,-

Walter
Die ökologischen Systeme der Kontinente (Biogeosphäre)
1976. VIII, 131 S., 63 Abb., 20 Tab., kt. DM 48,-

Walter
Die Vegetation Osteuropas, Nord- und Zentralasiens
1974. XII, 452 S., 363 Abb., Ln. DM 178,-

Preisänderungen vorbehalten

Wittig
Ökologie der Großstadtflora
1991. VIII, 261 S., 52 Abb., 45 Tab., kt. DM 29,80 UTB 1587

Schubert
Bioindikation in terrestrischen Ökosystemen
2. Aufl. 1991. 338 S., 147 Abb., 38 Tab., kt. DM 78,-

Tischler
Ökologie der Lebensräume
1990. XII, 356 S., 91 Abb., 2 Tab., kt. DM 34,80 UTB 1535

Schaefer/Tischler
Ökologie
Mit englisch-deutschem Register
3. Aufl. 1992. 433 S., 38 Abb., 7 Tab., kt. DM 38,80 UTB 430

Bick
Ökologie
1989. X, 327 S., 104 Abb., 16 farb. Taf., 23 Tab., kt. DM 58,-

Schubert
Lehrbuch der Ökologie
3. Aufl. 1991. 657 S., 354 Abb., 59 Tab., geb. DM 98,-

Müller
Ökologie
2. Aufl. 1991. 415 S., 114 Abb., 11 Tab., kt. DM 34,80 UTB 1318

Schlee
Ökologische Biochemie
2. Aufl. 1992. 587 S., 243 Abb., 61 Tab., geb. DM 138,-

GUSTAV FISCHER
SEMPER BONIS ARTIBUS

Ein Zeitbild vom Werden der Ökologie

Von Prof. Dr. Wolfgang **Tischler**, Kiel

1992. X, 185 S., 20 Abb., kt. DM 28,–

Inhalt: Vorfahren · Jugendzeit (1912 – 1931) · Studium (1931 – 1936) · Assistentenjahre bis Kriegsausbruch (1936 – 1939) · Zweiter Weltkrieg (1939 – 1945) · Aufbaujahre nach dem Krieg (1945 – 1949) · Entwicklung einer »Abteilung für Ökologie und Angewandte Biologie« (1950 – 1963) · Lehrstuhl für Ökologie (1963 – 1977) · Nach der Emeritierung (seit 1977)

Die Ökologie ist heute ein gesellschaftliches Thema allererster Ordnung. Noch vor 30 Jahren jedoch war sie in den deutschsprachigen Ländern nur Fachwissenschaftlern ein Begriff und ein langer Weg führte bis zu ihrer allgemeinen Anerkennung.

Der bekannte Ökologe und Inhaber des ersten Lehrstuhls für Ökologie im deutschen Sprachraum legt nun seine Autobiographie vor, die eng mit der historischen Entwicklung der Ökologie verknüpft ist. Die autobiographischen Daten bilden dabei den Rahmen, um die Entfaltung der Ökologie im 20. Jahrhundert, ihren gegenwärtigen Stand und künftige Aufgaben aus persönlicher Sicht zu schildern.

Neben der Entwicklung der Meeres-, Land- und Süßwasserökologie, die der Autor weitgehend miterlebte, beschreibt er seine eigene Tätigkeit und seine Gedanken zur Erforschung der Natur. Er läßt zahlreiche Begegnungen mit Ökologen der frühen und späteren Jahre wieder lebendig werden – auch mit dem Ziel, die Pioniere der ökologischen Forschung vor dem Vergessen zu bewahren.

SEMPER BONIS ARTIBUS | GUSTAV FISCHER